本书知识体系概览

本书按照由浅入深、前后照应的顺序来安排内容，其组织结构和主要内容可用下列图来表示。

知识模块	主要内容	参见
Hibernate入门	与Java对象持久化相关的各种技术和基本概念	参见第1[illegible]
	一个Hibernate应用实例	参见第3章
Hibernate工具	介绍Hibernate的一些代码转换工具的用法	参见第4章、附录C
对象-关系映射技术	本书重点：运用Hibernate工具，把对象模型映射到关系数据模型	参见第5章至第7章及第10章至第15章
通过Hibernate API操纵数据库	运用Hibernate API操纵Java对象的方法	参见第8章
	通过Hibernate API操纵数据库的高级方法	参见第9章
	Session生命周期的管理方式及会话的实现方式	参见第23章
Hibernate的检索策略和检索方式	运用Hibernate的检索策略及检索技巧	参见第16章至第18章
数据库事务、并发、缓存与性能优化	数据库事务的概念，声明事务边界的方法	参见第20章
	各种并发问题，避免并发问题的方法	参见第21章
	介绍二级缓存机制及性能优化方法	参见第22章
Hibernate高级配置	介绍Hibernate应用的两种运行环境及方法	参见第19章
综合实例	完整且综合的netstore应用实例	参见第24章和第25章
附录	标准SQL语言的用法、Java的反射机制、XDoclet工具的用法及Hibernate 3升级指南	参见附录A至附录E

随书配套光盘内容为本书所有范例源程序、本书涉及软件的最新版本的安装程序，以及由作者亲自制作的与本书配套的语音讲座。

光盘学习导航

1. 光盘使用方法

将本书配套光盘放入光驱后，可在“我的电脑”中双击CD光盘的盘符，进入配套光盘。

2. 安装程序

在software目录下包含本书内容涉及的所有软件的最新版本的安装程序，包括：Hibernate核心软件包、Hibernate工具软件包、MySQL服务器的安装软件、MySQL的JDBC驱动程序、ANT的安装软件、Tomcat的安装软件和JBoss的安装软件。

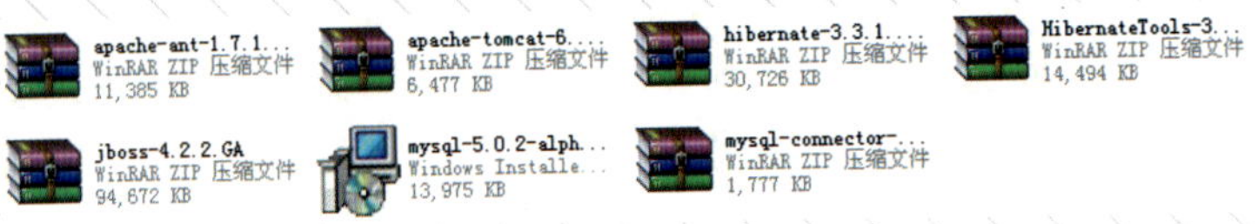

3. 源程序

在sourcecode目录下提供本书所有的源程序，第14章（对应chapter14子目录）的目录结构如下图所示。

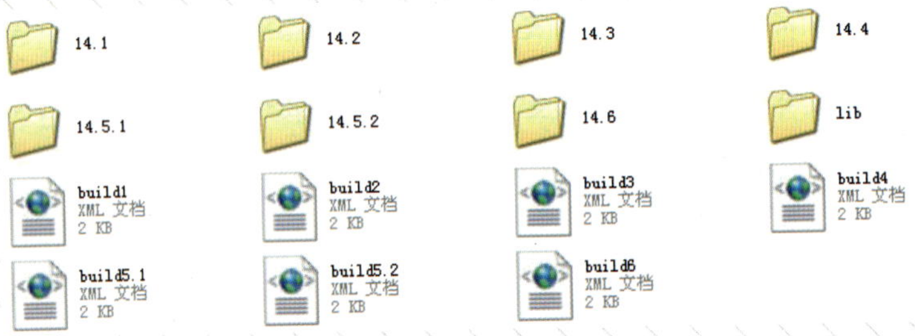

4. 语音讲座PPT

在ppt目录下提供由本书作者亲自制作的配套语音讲座PPT。下图为讲座的第1课“Java对象持久化技术概述”的目录结构，运行其中的PPT文件，就能收听讲座。

Java开发专家

孙卫琴 编著
飞思科技产品研发中心 监制

精通Hibernate：Java对象持久化技术详解（第2版）

Mastering Hibernate

Let Java objects
hibernate in the relational database.

電子工業出版社
Publishing House of Electronics Industry
北京·BEIJING

内容简介

Hibernate是非常流行的对象-关系映射工具。本书在第1版基础上，理论内容更新，并且更加注重理论与实践的结合，列举大量具有典型性和实用价值的Hibernate应用实例，并提供详细的开发和部署步骤。本书将详细介绍运用目前最成熟的Hibernate 3.3版本进行Java对象持久化的技术。Hibernate是连接Java对象模型和关系数据模型的桥梁，通过本书，读者不仅能掌握用Hibernate工具对这两种模型进行映射的技术，还能获得设计与开发Java对象模型和关系数据模型的先进经验。

随书配套光盘内容为本书所有范例源程序、本书涉及软件的最新版本的安装程序，以及由作者亲自制作的与本书配套的语音讲座。

本书无论对于Java开发的新手还是行家来说，都是精通Java对象持久化技术的必备实用手册。

图书在版编目（CIP）数据

精通Hibernate：Java对象持久化技术详解 / 孙卫琴编著. —2版. —北京：
电子工业出版社，2009.9
（Java开发专家）
ISBN 978-7-121-09373-9

Ⅰ.精… Ⅱ.孙… Ⅲ.JAVA语言—程序设计 Ⅳ.TP312

中国版本图书馆CIP数据核字（2009）第133391号

责任编辑：郭 晶 田 蕾
印　　刷：涿州市京南印刷厂
装　　订：涿州市京南印刷厂
出版发行：电子工业出版社
　　　　　北京市海淀区万寿路173信箱　邮编：100036
开　　本：787×1092　1/16　印张：44.75　字数：1148.8千字　彩插：1
版　　次：2005年5月第1版
　　　　　2009年9月第2版
印　　次：2019年1月第11次印刷
定　　价：75.00元（含光盘1张）

凡所购买电子工业出版社图书有缺损问题，请向购买书店调换。若书店售缺，请与本社发行部联系，联系及邮购电话：（010）88254888。

质量投诉请发邮件至zlts@phei.com.cn，盗版侵权举报请发邮件至dbqq@phei.com.cn。

服务热线：（010）88258888。

“开发专家之 **Sun ONE**”全新提升为“**Java** 开发专家”系列
——源自精品 成就理想

出版说明

★ 从“开发专家之 Sun ONE”到“Java 开发专家”

“开发专家之 Sun ONE”系列丛书从诞生之日至今，已经八岁了。在这个系列里面，我们一直努力体现着这么一个理念：用一种较为敏锐的视角来跟踪 IT 技术的发展轨迹，并把可能为广大程序员所希望获得的知识，用图书出版的方式奉献给大家。

在这个系列中，我们陆续出版了约 30 种图书，有《Java 与模式》、《JSP 应用开发详解（第二版）》、《精通 EJB（第三版）》、《Tomcat 与 Java Web 应用开发详解》、《精通 Struts：基于 MVC 的 Java Web 设计与开发》、《JBoss 管理与开发核心技术（第三版）》、《精通 Spring》、《精通 Hibernate：Java 对象持久化技术详解》等一大批读者朋友耳熟能详的作品。很多作品都是在国内没有同类图书的情况下出版的。在这几年的出版工作中，我们时刻感受着市场的风险，也时刻收获着无数读者给我们的认可。

在这个系列中，凝聚了大量资深技术专家的心血。有大家都熟知的阎宏、刘晓华、孙卫琴、罗时飞等，还有一些正在不断腾跃的开发高手。这些非常优秀的国内原创作者们一直都在支持着“开发专家之 Sun ONE”系列的出版工作，在这里，我们要向他们说声：谢谢。

桃李不言，下自成蹊。由于这些年“开发专家之 Sun ONE”在“两个效益”中的杰出表现，电子工业出版社授予这个系列“最佳品牌奖”。

时代不断前进，技术不断变革。为了顺应 Java 领域的技术发展态势，为了赋予这个经典的图书系列更强的生命力，我们将“开发专家之 Sun ONE”升级为“Java 开发专家”。我们将继承原有的出版理念，紧密跟踪技术热点和发展趋势，会聚更多优秀作者，全力奉献更经典的作品。

★ 规划你的 Java 开发之路

喜马拉雅山脉的最高峰不断地在温室效应中降低，而 Java 世界的颠峰永远都在技术人员的追求中不断升高。每个人都有不同的路，每个人都有不同的行路方式，不过，往往“到了山顶才发现，错误的路和正确的路就差那么几步！”

身处 Java 洪流中的程序员最累（不过大家都说 Java 程序员薪水最高，呵呵），我们简单整理了一下 Java 领域的相关技术、工具、架构，如下图所示。这个框图中的每一个英文单词（或缩写）都可以写成一本书。Java 领域还有一个特点，那就是商业产品和开源产品层出不穷，潮流不断。相比于其他领域，如.NET，Java 开发更是体现了这句谚语：条条大路通罗马。

罗马只有一个，大路却有多条。看上去，似乎到罗马很容易，反正路多嘛。不过，路多却容易迷失方向。当你在 Java 领域中摸爬滚打几年后，发现自己在无数条道路上走了很久，却不知道罗马何日才能到达，甚至连罗马的方向都不知道，这时你肯定会很失落。

很遗憾，在这个简短的出版说明文章里面，我们无法告诉你每一条连贯的、不费周折的通往罗马的道路该如何走。或许，通过“Java 开发专家”系列中的某本书，你可以找到属于你的正确道路。在一般情况下，我们不会就某一项很窄的话题来单独写一本书，我们还是希望通过我们的一些专业和智慧，尽力把一些相关技术整合起来，用较为简明的方式表达出来，最后由你来选择。

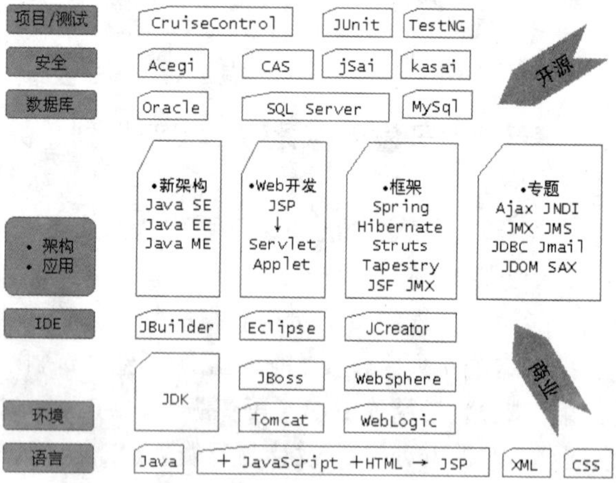

这里有句话与大家共勉：少走弯路，就是捷径！

★ “Java 开发专家”的奉献

犹如在上面那个框图中展现的那样，我们希望在各个层面、各个方向上都能给读者奉献出优秀的图书作品，全面体现技术与应用的结合。从宏观上看，我们会从语言、IDE、环境、数据库、架构与应用、安全、项目与测试等方面进行选择，选出一些读者迫切需要的技术来先行规划。

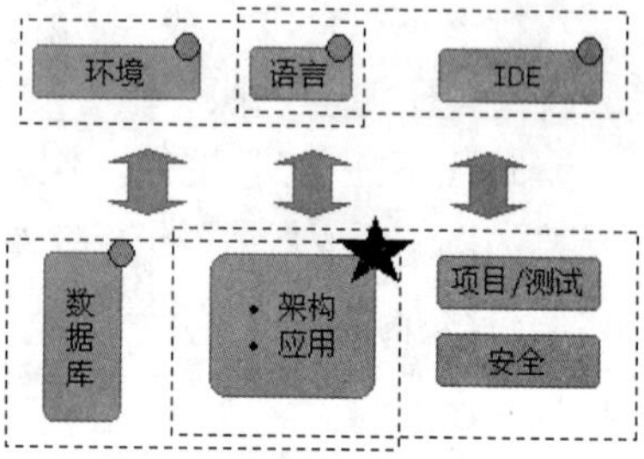

“Java 开发专家”虽然新蓓初绽，但因其源自盛放的“开发专家之 Sun ONE”系列而根基稳健，两个系列会有一段很长的并行时间，我们会用一种优化的方式来保证读者的顺利选择。无论哪一个系列，必定都有大家喜欢的图书。

在技术上，有着持久化的方法，在学习上，也需要有持久化的精神。

从“开发专家之 Sun ONE”到“Java 开发专家”，希望可以带给你持久化的动力。

联系方式

咨询电话：（010）68134545　　88254160

电子邮件：support@fecit.com.cn

服务网址：http://www.fecit.com.cn　　http://www.fecit.net

通用网址：计算机图书、飞思、飞思教育、飞思科技、FECIT

前　言

在如今的企业级应用开发环境中，面向对象的开发方法已成为主流。众所周知，对象只能存在于内存中，而内存不能永久保存数据。如果要永久保存对象的状态，需要进行对象的持久化，即把对象存储到专门的数据存储库中。目前，关系数据库仍然是使用最广泛的数据存储库。关系数据库中存放的是关系数据，它是非面向对象的。

对象和关系数据其实是业务实体的两种表现形式。业务实体在内存中表现为对象，在数据库中表现为关系数据。内存中的对象之间存在关联和继承关系，而在数据库中，关系数据无法直接表达多对多关联和继承关系。因此，把对象持久化到关系数据库中，需要进行对象-关系的映射（Object/Relation Mapping，简称 ORM），这是一项烦琐耗时的工作。

在实际应用中，除了需要把内存中的对象持久化到数据库外，还需要把数据库中的关系数据再重新加载到内存中，以满足用户查询业务数据的需求。频繁地访问数据库，会对应用的性能造成很大影响。为了降低访问数据库的频率，可以把需要经常被访问的业务数据存放在缓存中，并且通过特定的机制来保证缓存中的数据与数据库中的数据同步。

在 Java 领域，可以直接通过 JDBC 编程来访问数据库。JDBC 可以说是访问关系数据库的最原始、最直接的方法。这种方式的优点是运行效率高，缺点是在 Java 程序代码中嵌入大量 SQL 语句，使得项目难以维护。在开发企业级应用时，可以通过 JDBC 编程来开发单独的持久化层，把数据库访问操作封装起来，提供简洁的 API，供业务层统一调用。但是，如果关系数据模型非常复杂，那么直接通过 JDBC 编程来实现持久化层就需要有专业的知识。对于企业应用的开发人员，花费大量时间从头开发自己的持久化层不是很可行的。

幸运的是，目前在持久化层已经有好多种现成的持久化中间件可供选用，有些是商业性的，如 TopLink；有些是非商业性的，如 JDO 和 Hibernate。Hibernate 是一个基于 Java 的开放源代码的持久化中间件，它对 JDBC 做了轻量级封装，不仅提供 ORM 映射服务，还提供数据查询和数据缓存功能，Java 开发人员可以方便地通过 Hibernate API 来操纵数据库。

现在，越来越多的 Java 开发人员把 Hibernate 作为企业应用和关系数据库之间的中间件，以节省和对象持久化有关的 30%的 JDBC 编程工作量。2005 年，Hibernate 作为优秀的类库和组件，荣获了第 15 届 Jolt 大奖。Hibernate 之所以能够流行，归功于它的以下优势。

（1）它是开放源代码的，允许开发人员在需要的时候研究源代码，改写源代码，定制客户化功能。

（2）具有详细的参考文档。

（3）对 JDBC 仅做了轻量级封装，若有必要的话，用户还可以绕过 Hibernate，直接访问 JDBC API。

（4）具有可扩展性。

（5）使用方便，容易上手。

（6）Hibernate 既适用于独立的 Java 程序，也适用于 Java Web 应用，而且还可在 J2EE 架构中取代 CMP（Container-managered Persistence，由容器管理持久化），完成对象持久化的重任，Hibernate 能集成到会话 EJB 和基于 BMP 的实体 EJB 中，BMP（Bean- managered Persistence）是指由实体 EJB 本身管理持久化。

（7）Hibernate 可以和多种 Web 服务器、应用服务器良好集成，并且支持几乎所有流行的数据库服务器。

本书结合大量典型的实例，详细介绍运用目前最成熟的 Hibernate 3.3 版本进行 Java 对象持久化的技术。Hibernate 是连接 Java 对象模型和关系数据模型的桥梁，通过本书，读者不仅能掌握用 Hibernate 工具对这两种模型进行映射的技术，还能获得设计与开发 Java 对象模型和关系数据模型的先进经验。

本书知识体系概览

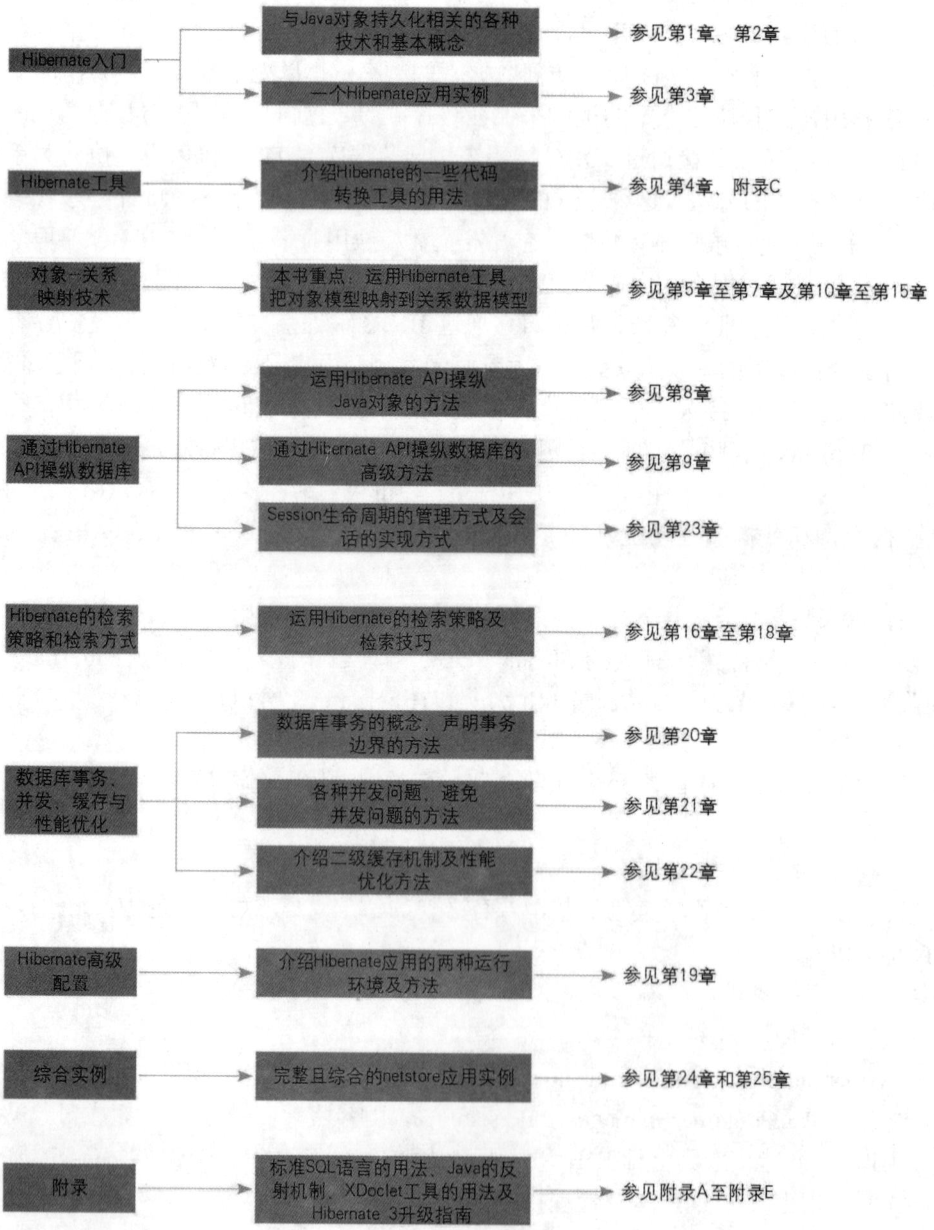

本书的组织结构和主要内容

本书按照由浅入深、前后照应的顺序来安排内容，主要包含以下内容。

1. Hibernate 入门（第 1 章、第 2 章和第 3 章）

第 1 章、第 2 章和第 3 章为入门篇。第 1 章和第 2 章概要介绍和 Java 对象持久化相关的各种技术，详细阐述中间件、Java 对象的持久化、持久化层、数据访问细节、ORM、域模型和关系数据模型等概念。

第 3 章以一个 Hibernate 应用实例—helloapp 应用为例，引导读者把握设计、开发和部署 Hibernate 应用的整体流程，理解 Hibernate 在分层的软件结构中所处的位置。

对于已经在 Java 对象持久化领域有一定工作经验的开发人员，可以从第 1 章和第 2 章入手，高屋建瓴地把握持久化领域的各种理论，对于新手，不妨先阅读第 3 章，以便快速获得开发 Hibernate 应用的实际经验。

2. Hibernate 工具（第 4 章和附录 C）

第 4 章和附录 C 介绍 Hibernate 的一些代码转换工具的用法，例如，hbm2java 工具能根据映射文件自动生成 Java 源文件，hbm2ddl 功能能根据映射文件自动生成数据库 Schema。

3. 对象-关系映射技术（第 5、6、7、10、11、12、13、14 和 15 章）

本书重点介绍的内容之一就是如何运用 Hibernate 工具，把对象模型映射到关系数据模型，相关章节包括：

第 5 章：介绍对象-关系映射的基础知识。

第 6 章：介绍对象标识符的映射方法。

第 7 章：介绍一对多关联关系的映射方法。

第 10 章：介绍组成关系的映射方法。

第 11 章：介绍 Java 类型、SQL 类型和 Hibernate 映射类型之间的对应关系。

第 12 章：介绍继承关系的映射方法。

第 13 章：介绍 Java 集合类的用法，这一章主要是为第 14 章做铺垫的。

第 14 章：介绍 Java 集合的映射方法。

第 15 章：介绍一对一和多对多关联关系的映射方法。

4. 通过 Hibernate API 操纵数据库（第 8、9 和 23 章）

第 8 章介绍运用 Hibernate API 来保存、更新、删除、加载或查询 Java 对象的方法，并介绍 Java 对象在持久化层的 4 种状态：临时状态、持久化状态、游离状态和删除状态。深入理解 Java 对象的 4 种状态及状态转化机制，是编写健壮的 Hibernate 应用程序的必要条件。

第 9 章介绍 Hibernate 与触发器协同工作的技巧、拦截器（Interceptor）的用法，以及扩展 Hibernate 的事件监听器的方法。此外，还介绍 Hibernate 提供的批量处理数据的各种方法。

第 23 章介绍 Session 的生命周期的管理方式，以及会话的实现方式。这一章的内容将帮助读者简化 Hibernate 应用的程序代码，并且为应用设计合理的软件架构。

5．Hibernate 的检索策略和检索方式（第 16、17 和 18 章）

第 16 章介绍 Hibernate 的各种检索策略，对每一种检索策略，都介绍它的适用场合。第 17 章和第 18 章介绍 HQL 查询语句的语法，以及 QBC API 的使用方法。合理运用 Hibernate 的检索策略及检索技巧，是提高 Hibernate 应用性能的重要手段。

6．数据库事务、并发、缓存与性能优化（第 20、21 和 22 章）

第 20 章先介绍数据库事务的概念，接着介绍运用 Hibernate API 和 JTA API 来声明事务边界的方法。

第 21 章介绍在并发环境中出现的各种并发问题，然后介绍采用 Hibernate 的悲观锁，以及版本控制功能来避免并发问题的方法。

第 22 章介绍 Hibernate 的二级缓存机制，并介绍如何根据实际需要来配置 Hibernate 的第二级缓存，以提高应用的性能。

7．Hibernate 高级配置（第 19 章）

第 19 章主要介绍 Hibernate 应用的两种运行环境：受管理环境与不受管理环境，然后介绍在这两种环境中配置数据库连接池、SessionFactory 实例及事务的方法。

8．综合实例（第 24、25 章）

第 24 章和第 25 章介绍一个名为 netstore 应用的电子商务网站的实例，netstore 应用是利用 Struts 作为 Java Web 框架，用 Hibernate 来完成对象持久化的任务，并且分别用普通的 JavaBean 及 EJB 组件来实现业务逻辑。

9．附录

本书的附录介绍标准 SQL 语言的主要用法、Java 的反射机制、XDoclet 工具的用法，以及把 Hibernate 2 应用升级到 Hibernate 3 应用的方法。在介绍标准 SQL 语言和 Java 反射机制时，都不是泛泛而谈，而是有针对性地介绍与 Hibernate 紧密相关的知识，如 SQL 连接查询，以及运用 Java 反射机制来实现持久化中间件的基本原理。

本书的范例程序

为了使读者不但能掌握用 Hibernate 来持久化 Java 对象的理论，并且能迅速获得开发 Hibernate 应用的实际经验，彻底掌握并会灵活运用 Hibernate 技术，本书几乎为每一章都提供完整的 Hibernate 应用范例，本书配套光盘中包含所有范例源文件。

为了方便初学者能顺利地运行本书的范例，光盘上提供的所有范例程序都是可运行的。读者只要把它们复制到本地机器上，就能够运行，不需要再做额外的配置。此外，在每个范例的根目录下还提供了 ANT 工具的工程文件 build.xml，它用于编译和运行范例程序。

本书最后还提供了一个完整的 netstore 应用例子，它实现了一个购物网站，更加贴近实际应用。本书以 netstore 应用为例，介绍软件的 MVC 框架，控制层与模型层之间通过游离对象来传输数据的方式，以及模型层采用合理的检索策略来控制检索出来的对象图的深度，从而优化应用的性能的技巧。

这本书是否适合您

把 Java 对象持久化到关系数据库，几乎是所有企业 Java 应用必不可少的重要环节，因此本书适用于所有从事开发 Java 应用的读者。Hibernate 是 Java 应用和关系数据库之间的桥梁，阅读本书，要求读者具备 Java 语言和关系数据库的基础知识。

如果您是开发 Hibernate 应用的新手，建议按照本书的先后顺序来学习。可以先从简单的 Hibernate 应用实例下手，把握开发 Hibernate 应用的大致流程，然后逐步深入地了解把对象模型映射到关系数据模型的各种细节。

如果您已经在开发 Hibernate 应用方面有着丰富的经验，则可以把本书作为实用的 Hibernate 技术参考资料。本书深入探讨把复杂的对象模型映射到关系数据模型的各种映射方案，详细介绍通过 Hibernate API 来操纵数据库的方法。灵活运用本书介绍的 Hibernate 最新技术，将使您开发 Hibernate 应用更加得心应手。

实践是掌握 Hibernate 的好方法。为了让读者彻底掌握并学会灵活运用 Hibernate，本书为每一章都提供了典型范例，本书配套光盘中提供了完整的源代码，以及软件安装程序。建议读者在学习 Hibernate 技术的过程中，善于将理论与实践相结合，以达到事半功倍的效果。

光盘使用说明

本书配套光盘包含以下目录。

1．software 目录

在该目录下包含本书内容涉及的所有软件的最新版本的安装程序，包括：

（1）Hibernate 核心软件包（Hibernate 3.3）。

（2）Hibernate 工具软件包（HibernateTools 3.2）。

（3）MySQL 服务器的安装软件（MySQL 5）。

（4）MySQL 的 JDBC 驱动程序（Mysql-Connector-Java-3.1.7）

（5）ANT 的安装软件（Ant 1.7）。

（6）Tomcat 的安装软件（Tomcat 6）。

（7）JBoss 的安装软件（JBoss 4）。

2．sourcecode 目录

在该目录下提供本书所有的源程序。

3．ppt 目录

在该目录下提供由本书作者亲自制作的配套语音讲座。

写作规范

为了节省文章的篇幅，在本书中显示范例的源代码时，有时做了一些省略。对于 Java 类，省略显示 package 语句和 import 语句。除了 netstore 应用外，本书其他范例创建的 Java 类都位于 mypack 包下。对于持久化类，还省略显示了属性的 getXXX()和 setXXX()方法。对于对象-关系映射文件，省略显示开头的<?xml>和<!DOCTYPE>元素。但在配套光盘中可获得完整的源代码。

在本书提供的 SQL 语句中，表名和字段名都采用大写形式，而 SQL 关键字，如 select、from、insert、update 和 delete 等，都采用小写形式。

在本书中，有时把运用了 Hibernate 技术的 Java 应用简称为 Hibernate 应用。此外，对象和实例是相同的概念；覆盖方法、重新定义方法，以及重新实现方法是相同的概念；继承和扩展是相同的概念；表的记录和表的数据行是相同的概念；表的字段和表的数据列是相同的概念；查询与检索是相同的概念；持久化类和 POJO 都是指其实例需要被持久化的基于 JavaBean 形式的实体域对象；对象-关系映射文件和映射文件是相同的概念；本书中的应用服务器主要指 J2EE 服务器。

本书在编写过程中得到了 Hibernate 软件组织和 SUN 公司在技术上的大力支持，飞思科技产品研发中心负责监制工作，此外本书第 1 版的读者及 JavaThinker.org 网站的网友为本书的编写提供了有益的帮助，在此表示衷心的感谢！参与编写的人员有孙卫琴、李洪成、曹文伟、李红军、孙定金、曹汉玉、张玲、吴厚鹏、刘琨、赵鹏、赵明、张黎平、刘巧云、李平安、王秀龄等十五人。尽管我们尽了最大努力，但本书难免会有不妥之处，欢迎各界专家和读者朋友批评指正。以下网址是作者为本书提供的技术支持网址，读者可通过它下载与本书相关的资源（如源代码、软件安装程序和讲义等），还可以与其他读者交流学习心得，以及对本书提出宝贵意见：

http://www.javathinker.org/hibernate_support.jsp

目　录

本章介绍软件的分层结构、关系数据模型和域模型等概念。Hibernate 位于持久化层，是域模型和关系数据模型之间的桥梁。

业务数据在内存中表现为实体域对象形式，而在关系数据库中表现为关系数据形式。数据访问代码负责把实体域对象持久化到关系数据库中。

本章通过简单的 helloapp 应用例子，演示如何利用 Hibernate 来持久化 Java 对象。

本章介绍 Hibernate 提供的两个工具 hbm2java 和 hbm2ddl，它们能简化软件开发过程。

本章主要介绍单个持久化类与单个数据库表之间进行映射的方法，尤其是当持久化类的属性不和数据库表的字段一一对应时的映射技巧。

本章主要介绍关系数据库中的代理主键（不具有业务含义），接着介绍 Hibernate 提供的几种内置标识符生成器的用法及适用范围。

本章介绍一对多关联关系的映射方法，重点介绍 inverse 属性和 cascade 属性的用法。本章还将介绍通过 Hibernate API 来保存、修改和删除具有关联关系的对象的方法。

本章站在持久化层的角度，Java 对象在生命周期中可处于临时状态、持久化状态、删除状态和游离状态。处于持久化状态的 Java 对象位于一个 Session 实例的缓存中，Session 能根据这个对象的属性变化来同步更新数据库。

本章主要内容：当程序通过 Hibernate 来加载、保存、更新或删除对象时，会触发 Hibernate 的拦截器及事件监听器而做出相应的处理。Hibernate 提供了 4 种批量处理数据的方式。

本章主要以 Customer 和 Address 类为例，详细介绍组成关系的映射，Hibernate 用<component>元素来映射 Customer 类的 homeAddress 和 comAddress 属性。Address 类作为 Hibernate 的组件，具有 5 个特征。

本章详细讲解 Hibernate 映射类型及应用，它是 Java 类型和 SQL 类型之间的桥梁。Hibernate 映射类型分为两种：内置映射类型和客户化映射类型。

的关系为例，介绍映射多对多关联的各种方法。

本章介绍 Hibernate 提供的 3 种检索策略，并总结这几种策略的优缺点，以及各自优先考虑使用的场合等。

本章主要介绍 HQL 检索方式和 QBC 检索方式的基本用法，并对此进行归纳总结。

Contents

本章和第 17 章详细介绍 Hibernate 提供的 HQL、QBC 及本地 SQL 检索方式的用法，总结比较 HQL 与 QBC 的优缺点。

本章介绍 Hibernate 的高级配置选项。在任何运行环境中，都可由 Hibernate 本身负责管理数据库连接池和 JDBC 事务；在受管理环境中，Hibernate 可以使用容器提供的数据源，使用 JTA 事务，并且把 SessionFactory 发布为 JNDI 资源。

本章重点介绍通过 Hibernate API 及 JTA API 来声明事务边界的方法，本章还简要介绍通过 MySQL.exe 客户程序，以及在程序中通过 JDBC API 来声明事务边界的过程。

本章介绍事务隔离级别、悲观锁和乐观锁等概念，并且介绍在应用程序中设置事务隔离级别及运用悲观锁和乐观锁的方法。

第 22 章 管理 Hibernate 的缓存 563

本章先介绍缓存的基本原理，然后介绍 Hibernate 的二级缓存结构，接下来介绍第一级缓存和第二级缓存的管理和配置，重点介绍第二级缓存的配置方法。

第 23 章 管理 Session 和实现对话 587

本章提供实现对话的几种方式，并且分析每一种实现方式的运行性能。这些实现方式的主要区别在于：Session 对象的生命周期、事务的生命周期及清理缓存的方式不一样。

第 24 章 Hibernate 与 Struts 框架 607

本章以一个名为 netstore 的购物网站应用为例，介绍模型层、持久化层与数据层的设计与开发，介绍把 Hibernate 集成到 Struts 框架中的方法。

本附录介绍如何发布和运行 netstore 应用。netstore 应用的模型有两种实现方式，与之对应，netstore 应用有两种工作模式。

尽管 Hibernate 3 与 Hibernate 2 的源代码是不兼容的，但对于现有的基于 Hibernate 2 的 Java 项目，可以很方便地把它升级到 Hibernate 3。本附录还描述 Hibernate 3 版本的新变化及其变化包括的 3 个方面。

第 1 章　Java 应用分层架构及软件模型

Hibernate 是什么？从不同的角度有不同的解释：

- 它是连接 Java 应用程序和关系数据库的中间件。
- 它对 JDBC API 进行了封装，负责 Java 对象的持久化。
- 在分层的软件架构中它位于持久化层，封装了所有数据访问细节，使业务逻辑层可以专注于实现业务逻辑。
- 它是一种 ORM 映射工具，能够建立面向对象的域模型和关系数据模型之间的映射。

这样的解释不一定会让初学者满意，因为这随之会带来一系列新的疑问：什么是中间件？什么是 Java 对象的持久化？什么是持久化层？什么是数据访问细节？什么是 ORM？什么是域模型？什么是关系数据模型？

由此可见，在介绍 Hibernate 之前，有必要先解释和 Java 对象持久化相关的各种技术和术语。本章首先介绍分层的应用程序结构，探讨为软件分层的基本原理，然后介绍 Hibernate 在分层软件中所处的位置：它位于持久化层。

本章接着介绍软件的 3 种模型：概念模型、域模型和数据模型，然后介绍 Java 对象的持久化概念。

本章与第 2 章主要从理论角度，阐述 Hibernate 在软件体系中所处的位置及作用。对于初学者，如果觉得直接从理论上理解 Hibernate 过于抽象，也可以先越过本章，直接阅读第 3 章。第 3 章通过具体的 Hibernate 应用范例来帮助读者获得对 Hibernate 的感性认识。

1.1　应用程序的分层体系结构

综观 40 多年来计算机应用软件的演变过程，可以看出，应用程序逐渐由单层体系结构发展为多层体系结构。最初的应用软件只是在大型机上的单层应用程序，许多程序采用文件系统来存储数据。20 世纪 70 年代数据库得到普及，20 世纪 80 年代 PC 和局域网的出现使数据库技术飞速发展，原来的单层应用发展为双层应用，如图 1-1 所示。

在双层应用中，数据库层存放持久性业务数据，应用程序作为单独的一层，在这个层中负责生成用户界面的代码和负责业务逻辑的代码混合在一起。例如，在同一个 JSP 文件中，既包含生成动态网页的代码，还包含响应用户请求，完成相应业务逻辑的代码。由于界面代码与业务逻辑代码掺杂在一起，使程序结构不清晰，而且维护很困难。对于大型复杂的应用软件，这一问题显得尤为突出。在这种环境下，三层结构应运而生，它把原来的应用程序层划分为表述层和业务逻辑层，如图 1-2 所示。

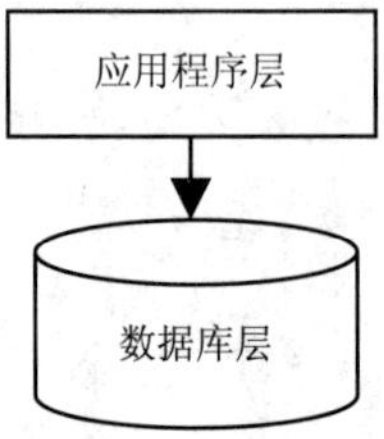

图 1-1　双层应用程序

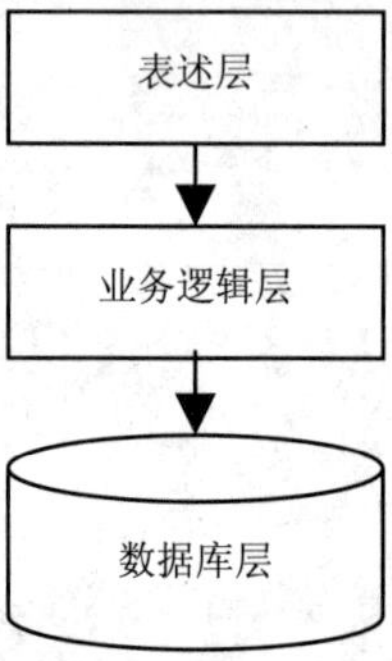

图 1-2　三层应用程序

三层结构是目前典型的一种应用软件的结构。

- 表述层：提供与用户交互的界面。GUI（Graphical User Interface，图形用户界面）和基于浏览器的 Web 页面是表述层的两个典型的例子。
- 业务逻辑层：实现各种业务逻辑。例如，当用户发出生成订单的请求时，业务逻辑层负责计算订单的价格、验证订单的信息，以及把订单信息保存到数据库中。
- 数据库层：负责存放和管理应用的持久性业务数据。例如，对于电子商务网站应用，在数据库中保存了客户、订单和商品等业务数据。关系数据库依然是目前最流行的数据库。

1.1.1　区分物理层和逻辑层

软件的分层包含两种含义：一种是物理分层，即每一层都运行在网络上的单独的机器节点上，这意味着创建分布式的软件系统；一种是逻辑分层，指的是每一层由一个相对独立的软件模块来实现，它能完成特定的功能。例如在图 1-3 中，表述层运行在一个客户机上，业务逻辑层和数据库层运行在同一台服务器上，这台服务器既是应用服务器（运行业务逻辑层），又是数据库服务器（运行数据库层），因此整个系统在物理上为两层结构，而在逻辑上为三层结构。

Tips

在本书中，如果没有特别说明，软件分层均指的是逻辑分层。

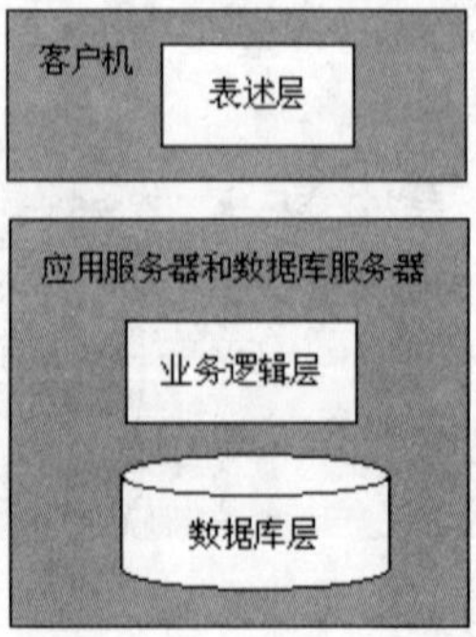

图 1-3　区分物理层和逻辑层

1.1.2　软件层的特征

由于每个软件都有自身的特点，因此不可能提供一个适合于所有软件的分层体系结构。但总的说来，软件的层必须符合以下特征：

- 每个层由一组相关的类或组件（如 EJB）构成，共同完成特定的功能。
- 层与层之间存在自上而下的依赖关系，即上层组件会访问下层组件的 API，而下层组件不应该依赖上层组件。例如：表述层依赖于业务逻辑层，业务逻辑层依赖于数据库层，但业务逻辑层不依赖于表述层，数据库层不依赖于业务逻辑层。
- 每个层对上层公开 API（Application programming Interface，应用程序接口），但具体的实现细节对外透明。当某一层的实现发生变化，只要它的 API 不变，不会影响其他层的实现。

软件分层的一个基本特征就是层与层之间存在自上而下的依赖关系，如图 1-4 所示，把电子商务网站系统按照业务功能划分为客户管理模块、订单管理模块和库存管理模块。这几个模块之间为并列关系，不存在自上而下的依赖关系，因此不算分层的结构。但是每个模块都可划分为表述层、业务逻辑层和数据库层，这两种划分方式是正交的。

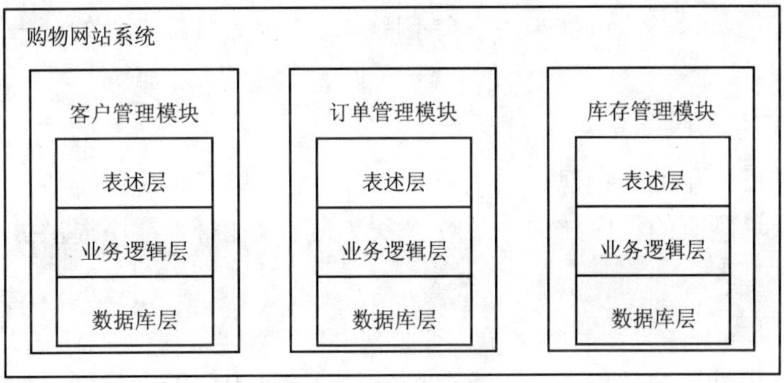

图 1-4　按业务功能划分应用的模块

每个软件层都向上公开接口，封装实现细节，如图 1-5 所示。

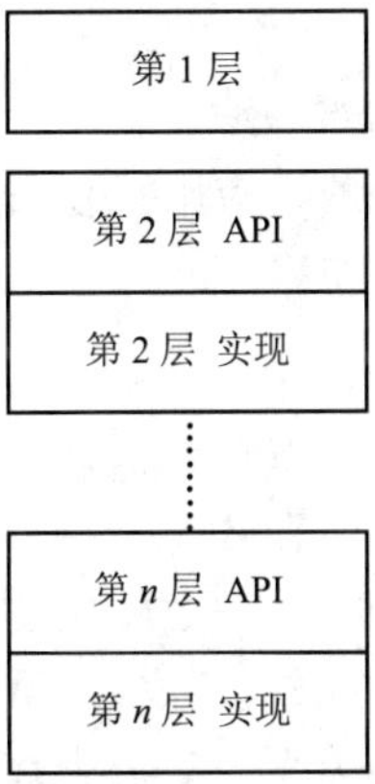

图 1-5　软件层向上公开接口，封装实现细节

由于软件上层总是依赖软件下层，因此也可以把软件上层看做是软件下层的客户程序。例如，在本章 1.1 节开头的图 1-2 的三层结构中，表述层是业务逻辑层的客户程序，业务逻辑层是数据库层的客户程序。

1.1.3 软件分层的优点

恰当地为软件分层，将会提高软件的以下性能。

1．伸缩性

伸缩性指应用程序是否能支持更多的用户。例如，在双层 GUI 应用程序中，通常对每个用户都提供一个数据库连接。如果有 10 000 个用户同时访问数据库，则需要建立 10 000 个数据库连接。而在三层结构中，可在业务逻辑层采用数据库连接池机制，用少量数据库连接支持多个用户。此外，应用的层越少，可以增加资源（如 CPU 和内存）的地方就越少。层数越多，可以将每层分布在不同的机器上，例如，用一组服务器作为 Web 服务器，一组服务器处理业务逻辑，还有一组服务器作为数据库服务器。

2．可维护性

可维护性指的是当发生需求变化，只需修改软件的某一部分，不会影响其他部分的代码。层数越多，可维护性也会不断提高，因为修改软件的某一层的实现，不会影响其他层。

3．可扩展性

可扩展性指的是在现有系统中增加新功能的难易程度。层数越少，增加新功能就越容易破坏现有的程序结构。层数越多，就可以在每个层中提供扩展点，不会打破应用的整体框架。

4．可重用性

可重用性指的是程序代码没有冗余，同一个程序能满足多种需求。例如，业务逻辑层可以被多种表述层共享，既支持基于 GUI 界面的表述层，也支持基于 Web 页面的表述层。

5．可管理性

可管理性指的是管理系统的难易程度。将应用程序分为多层后，可以将工作分解给不同的开发小组，从而便于管理。应用越复杂，规模越大，需要的层就越多。

1.1.4 软件分层的缺点

当然，软件分层越多，对软件设计人员的要求就越高。在设计阶段，必须花时间构思合理的体系结构。否则，如果在体系结构方面存在缺陷，例如，层与层之间出现了自下而上的依赖关系，那么一旦业务逻辑发生变化，不仅需要修改业务逻辑层的代码，还需要修改表述层的代码。此外，软件层数越多，调试会越困难。例如在三层结构中，由于存在自上而下的依赖关系，如果表述层运行出现了错误，该错误有可能是表述层产生的，还有可能是业务逻辑层产生的，也有可能是由数据库层产生的，在这种情况下，每个软件层的开发人员必须联合起来，才能找到错误的原因。

如果应用规模比较小，业务逻辑很简单，软件层数少反而会简化开发流程并提高开发效率。

1.1.5　Java 应用的持久化层

在本章 1.1 节开头介绍的三层软件结构中，业务逻辑层不仅负责业务逻辑，而且直接访问数据库，提供对业务数据的保存、更新、删除和查询操作。为了把数据访问细节和业务逻辑分开，可以把数据访问作为单独的持久化层。重新分层的软件结构参见图 1-6。

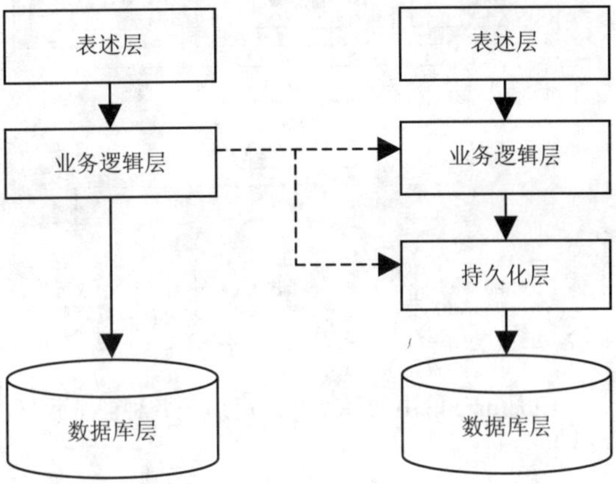

图 1-6　从业务逻辑层分离出持久化层

Tips

本书中“数据访问”是专用术语，指的是在应用程序中构造特定的 SQL 语句，然后通过 JDBC API 访问数据库，向数据库提交 SQL 语句，从而对数据进行保存、更新、删除或查询操作。

持久化层封装了数据访问细节，为业务逻辑层提供了面向对象的 API。完善的持久化层应该达到以下目标：

- 代码可重用性高，能够完成所有的数据库访问操作。
- 如果需要的话，能够支持多种数据库平台。
- 具有相对独立性，当持久化层的实现发生变化，不会影响上层的实现。

那么，到底如何来实现持久化层呢？对于复杂的数据模型，直接通过 JDBC 编程来实现健壮的持久化层需要有专业的知识，对于企业应用的开发人员，花费大量时间从头开发自己的持久化层不是很可行。

幸运的是，目前在持久化层领域，已经出现了许多优秀的 ORM 软件，有的是商业性的，有的是开放源代码的。Hibernate 就是一种越来越受欢迎的开放源代码的 ORM 软件。ORM 软件具有中间件的特性。中间件是在应用程序和其他软件系统之间的连接管道。Hibernate 可看成是连接 Java 应用和关系数据库的管道。中间件和普通的应用程序代码的区别在于，前者具有很高的可重用性，对于各种应用领域都适用；后者和特定的业务功能相关，不同业务领域的应用程序代码显然不一样。

Hibernate 作为中间件，可以为任何一个需要访问关系数据库的 Java 应用服务，图 1-7 显示了 Hibernate 的通用性。中间件的另一个特点是透明性，作为 Hibernate 的使用者，无须关心它是如何实现的，只需要知道如何访问它的接口就行了。

Tips

透明与封装具有同样的含义，软件的透明性是通过封装实现细节来达到的。

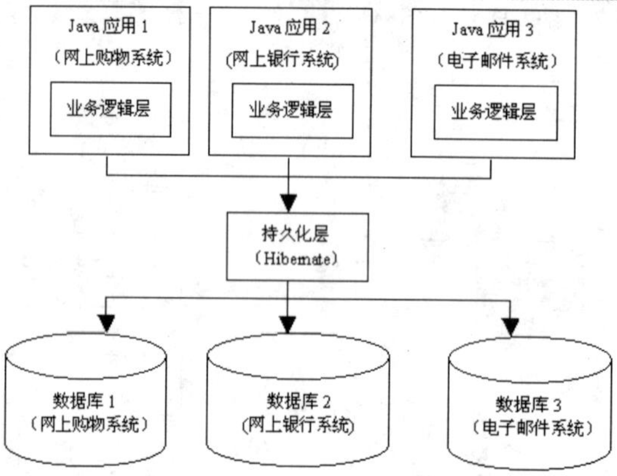

图 1-7　Hibernate 的中间件特性：适用于各种业务领域的应用

1.2　软件的模型

在科学和工程技术领域，模型是一个很有用的概念，它可以用来模拟一个真实的系统。例如，在建筑领域，设计建筑物时，会先创建按一定比例缩小的建筑模型；在天文领域，可以用计算机仿真程序为天体的运行建立模型；在数学领域，可以用一组数学方程式来为某个经济系统建立模型。建立模型最主要的目的是帮助理解、描述或模拟真实世界中目标系统的运转机制。

在软件开发领域，模型用来表示真实世界的实体。在软件开发的不同阶段，需要为目标系统创建不同类型的模型。在分析阶段，需要创建概念模型；在设计阶段，需要创建域模型和数据模型。图 1-8 显示了这几个模型之间的关系。

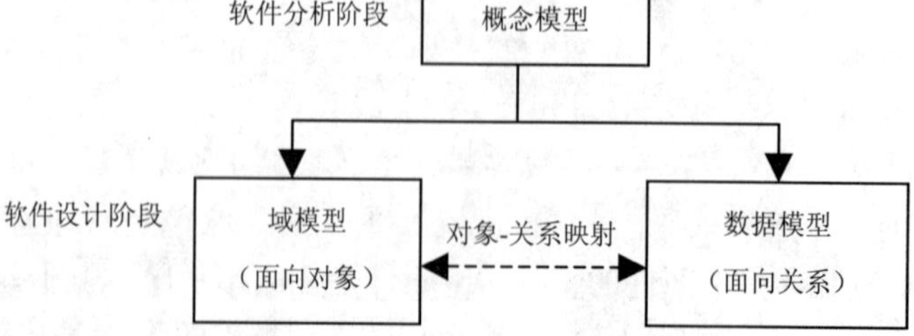

图 1-8　3 种模型之间的关系

1.2.1　概念模型

在建立模型之前，首先要对问题域进行详细的分析，确定用例，接下来就可以根据用例来创建概念模型。概念模型用来模拟问题域中的真实实体。概念模型描述了每个实体的概念和属性，以及实体之间的关系。在这个阶段，并不描述实体的行为。

创建概念模型的目的是帮助更好地理解问题域，识别系统中的实体，这些实体在设计阶段很有可能变为类。图 1-9 描述了一个购物网站 netstore 应用的概念模型。

Tips

在图 1-9 中只定义了实体的属性及实体的关系，而没有定义实体的方法。

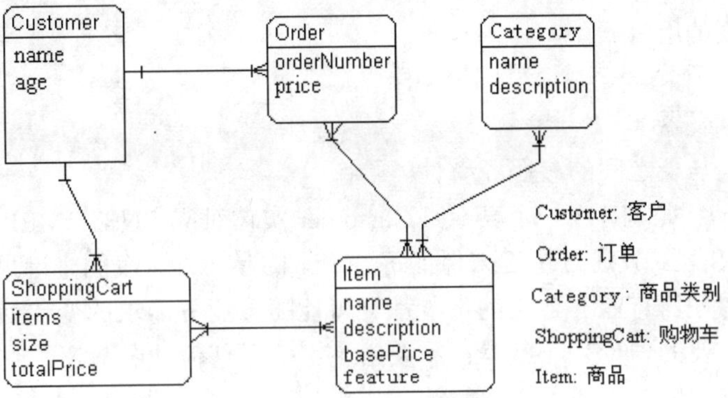

图 1-9　netstore 应用的概念模型

概念模型清楚地显示了问题域中的实体。不管是技术人员还是非技术人员都能看得懂概念模型，他们可以很容易地提出模型中存在的问题，帮助系统分析人员及早对模型进行修改。在软件设计与开发周期中，模型的变更需求提出得越晚，所耗费的开发成本就越大。

实体与实体之间存在 3 种关系：一对一、一对多和多对多。根据图 1-9 所示，可以看出 netstore 应用中的实体之间存在以下关系。

- Customer 和 Order 实体：一对多。一个客户有多个订单，而一个订单只能属于一个客户。
- Category 和 Item 实体：多对多。一个商品类别包含多个商品，而一个商品可以属于多个商品类别。
- Order 和 Item 实体：多对多。一个订单包含多个商品，而一个商品可以属于多个订单。
- Customer 和 ShoppingCart 实体：一对多。一个客户有多个购物车，而一个购物车只能属于一个客户
- ShoppingCart 和 Item 实体：多对多。一个购物车包含多个商品，而一个商品可以属于多个购物车。

Tips

商品（Item）与商品类别（Category）之间存在多对多的关系，这是因为一个商品类别包含多个商品，而一个商品也可以属于多个商品类别。例如，电动剃须刀既可以被划分为电器类商品，也可以被划分为男士用品。

1.2.2 关系数据模型

到目前为止，关系数据库仍然是使用最广泛的数据库，它存储的是关系数据。关系数据模型是在概念模型的基础上建立起来的，用于描述这些关系数据的静态结构，它由以下内容组成：

- 一个或多个表。
- 表的所有索引。
- 视图。
- 触发器。
- 表与表之间的参照完整性。

通常一个实体对应一个表，如 Customer 实体对应 CUSTOMERS 表，Order 实体对应 ORDERS 表。表通过主键来保证每条记录的唯一性，表的主键最好不具有任何业务含义，因为任何有业务含义的字段都有可能随着业务需求的变化而被改变。关系数据库学的最重要的理论之一就是：不要给主键赋予任何业务含义，这样可以提高数据库系统的可维护性。

假如主键具有了业务含义，会出现什么情况呢？以订单 ORDERS 表为例，假定把订单编号 ORDER_NUMBER 字段作为主键，这是一个具有业务含义的主键。假定一开始用户的业务需求为：订单编号是以字母“T”开头的 6 位字符串，过了一年后，用户改变了业务需求，规定订单编号是以字母“S”开头的 8 位字符串。当业务需求改变后，就必须修改 ORDERS 表中所有记录的 ORDER_NUMBER 主键的值，此外，对于那些参照 ORDERS 表，并且把 ORDER_NUMBER 字段作为外键的所有其他表，也需要修改表中所有记录的 ORDER_NUMBER 外键的值。由此可见，主键如果具有业务含义，那么即使业务含义发生很小的变化，也可能会给数据库系统造成极大的维护上的开销。

为了使表的主键不具有任何业务含义，一种比较常用的解决方法是使用代理主键，例如，为表定义一个不具有任何业务含义的 ID 字段（也可以叫其他的名字），专门作为表的主键。

对于实体和实体之间的关系，可通过表与表之间的参照完整性来实现。例如，Customer 实体和 Order 实体之间为一对多关系，那么可以在 ORDERS 表中定义外键 CUSTOMER_ID，它参照 CUSTOMERS 表的主键 ID，参见图 1-10。

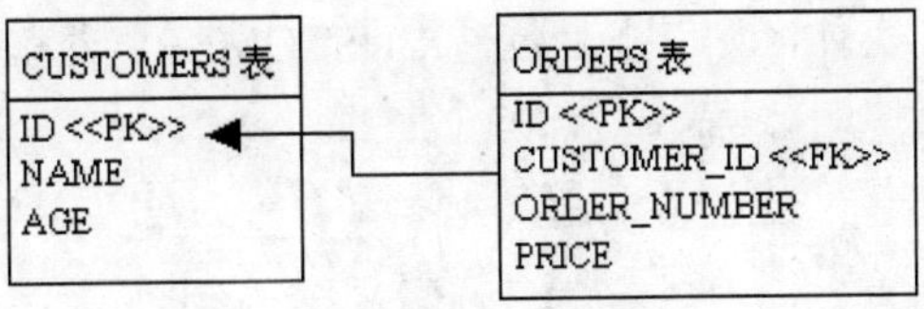

图 1-10 ORDERS 表参照 CUSTOMERS 表

商品（Item）与商品类别（Category）之间为多对多的关系，除了应该创建 ITEMS 和 CATEGORIES 表，还应该建立一个 CATEGORY_ITEM 表，这种表称为连接表，参见图 1-11。

图 1-11 CATEGORY_ITEM 表参照 CATEGORIES 表和 ITEMS 表

在 CATEGORY_ITEM 表中无须定义 ID 主键，它以 CATEGORY_ID 和 ITEM_ID 作为联合主键。此外，CATEGORY_ID 作为外键参照 CATEGORIES 表，ITEM_ID 作为外键参照 ORDERS 表。

订单和商品之间也是多对多的关系，例如，一张订单中可能包含如下信息：空调 1 台，收音机 2 只，剃须刀 3 只。采用单纯的只包含外键的连接表无法描述订单中每种商品的数量，因此在连接表 LINEITEMS 中除了需要定义两个分别参照 ORDERS 表和 ITEMS 表的外键 ORDER_ID 和 ITEM_ID，还需要定义 QUANTITY 字段和 BASE_PRICE 字段。QUANTITY 字段表示订单中购买一种商品的数量，BASE_PRICE 字段表示这种商品的单价，LINEITEMS 表以所有的字段作为联合主键，参见图 1-12。

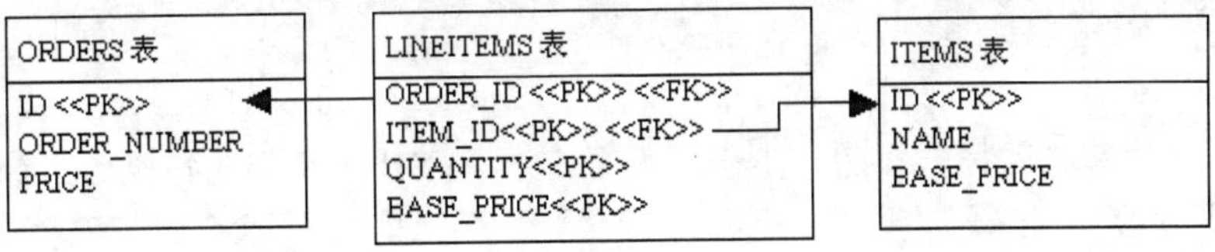

图 1-12 LINEITEMS 表参照 ORDERS 表和 ITEMS 表

Tips

LINEITEMS 表中的 BASE_PRICE 字段值是 ITEMS 表中 BASE_PRICE 字段值的复制，为什么要在 LINEITEMS 表中提供 BASE_PRICE 冗余字段呢？这是因为在实际的商品交易中，商品的价格会不断变化，而客户订单中的商品价格应该始终为生成订单时的价格。也就是说，当 ITEMS 表中的 BASE_PRICE 字段发生变化时，不会影响 LINEITEMS 表中的 BASE_PRICE 字段。

数据库 Schema 是对数据模型的实现。对于支持 SQL 的关系数据库，可以采用 SQL DDL（Data Definition Language，数据定义语言）来创建数据库 Schema。SQL DDL 用于生成数据库中的物理实体，如以下是创建 CUSTOMERS 表和 ORDERS 表的 SQL DDL。

```
create table CUSTOMERS (
  ID bigint not null,
  NAME varchar(15),
  AGE int,
  primary key (ID)
);
create table ORDERS (
  ID bigint not null,
  ORDER_NUMBER varchar(15),
  PRICE double precision,
  CUSTOMER_ID bigint,
  primary key (ID)
);
alter table ORDERS add index IDX_CUSTOMER(CUSTOMER_ID),
add constraint FK_CUSTOMER foreign key (CUSTOMER_ID) references CUSTOMERS (ID);
```

Tips

值得注意的是，数据库 Schema 有两种含义，一种是概念上的 Schema，指的是一组 DDL 语句集，该语句集完整地描述了数据库的结构。还有一种是物理上的 Schema，指的是数据库中的一个名字空间，它包含一组表、视图和存储过程等命名对象。物理 Schema 可以通过标准 SQL DDL 语句来创建、更新和修改，如以下 SQL 语句创建了两个物理 Schema。

```
create schema SCHEMA_A;
create table SCHEMA_A.CUSTOMERS(ID bigint not null …);
create table SCHEMA_A.ORDERS(ID bingint not null …);

create schema SCHEMA_B;
create table SCHEMA_B.NE_CUSTOMERS(ID bingint not null …);
create table SCHEMA_B.NE_ORDERS(ID bingint not null …);
```

Tips

如果没有特别指明，本书提及的数据库 Schema 都是指概念上的 Schema。

1.2.3 域模型

概念模型是在软件分析阶段创建的，它帮助开发人员对应用的需求获得清晰、精确的理解。在软件设计阶段，需要在概念模型的基础上创建域模型，域模型是面向对象的。在面向对象术语中，域模型也可称为设计模型。域模型由以下内容组成：

- 具有状态和行为的域对象，参见本章 1.2.4 节（域对象）。
- 域对象之间的关系，参见本章 1.2.5 节（域对象之间的关系）。

1.2.4 域对象

构成域模型的基本元素就是域对象。域对象，即 Domain Object，是对真实世界的实体的软件抽象。域对象还可叫做业务对象，即 Business Object（BO）。域对象可以代表业务领域中的人、地点、事物、概念及业务。域对象分为以下几种。

1．实体域对象

实体域对象要算是最为人熟悉的。实体域对象可以代表人、地点、事物或概念。通常，可以把业务领域中的名词，如客户、订单、商品等作为实体域对象。在 J2EE（Java2 Platform Enterprie Edition）应用中，这些名词可以作为实体 EJB。在非 J2EE 应用中，这些名词可以作为包含状态和行为的 JavaBean。采用 JavaBean 形式的实体域对象也称为 POJO（Plain Old Java Object）。在本书中，如果没有特别指明，实体域对象均是指 POJO，而不是实体 EJB。

为了使实体域对象与关系数据库表中的记录对应，可以为每个实体域对象分配唯一的 OID（Object Identifier，即对象标识符），OID 是关系数据库表中的主键（通常为代理主键）在实体域对象中的等价物。

2．过程域对象

过程域对象代表应用中的业务逻辑或流程。它们通常依赖于实体域对象。可以把业务领域中的动词，如客户发出订单、登入应用等作为过程域对象。在 J2EE 应用中，它们通常作为会话 EJB 或者消息驱动 EJB。在非 J2EE 应用中，它们可作为常规的 JavaBean，具有管理和控制应用的行为。过程域对象也可以拥有状态，如在 J2EE 应用中，会话 EJB 可分为有状态和无状态两种类型。

3．事件域对象

事件域对象代表应用中的一些事件（如异常、警告或超时）。这些事件通常由系统中的某种行为触发。例如在多用户环境中，当一个客户端程序更新了某种实时数据，服务器端程序会创建一个事件域对象，其他正在浏览相同数据的客户端程序能够接收到这一事件域对象，随即同步刷新客户界面。

在三层应用结构中，以上 3 种域对象都位于业务逻辑层，实体域对象是应用的业务数据在内存中的表现形式，而过程域对象用于执行业务逻辑。

1.2.5　域对象之间的关系

在域模型中，类之间存在 4 种关系。

1．关联（Association）

关联指的是类之间的引用关系，这是实体域对象之间最普遍的一种关系。关联可分为一对一、一对多和多对多关联。例如，Customer 对象与 Order 订单对象之间就存在一对多的关联关系，一个客户有多个订单，而一个订单只能属于一个客户。如果类 A 与类 B 关联，那么被引用的类 B 将被定义为类 A 的属性。例如，在 Order 类中定义了 Customer 类型的 customer 属性，以及相应的 getCustomer()和 setCustomer()方法。例程 1-1 为 Order 类的源代码。

例程 1-1　Order.java

```
public class Order {
   /** Order 对象的 OID */
```

```
    private Long id;

    /** Order 对象的订单编号 */
    private String orderNumber;

    /** Order 对象的订单价格 */
    private double price;

    /** 与 Order 对象关联的 Customer 对象 */
    private Customer customer;

    /** 完整的构造方法 */
    public Order(String orderNumber, double price,Customer customer) {
       this.orderNumber = orderNumber;
       this.price=price;
       this.customer = customer;
    }

    /** 默认构造方法 */
    public Order() {}

    public Long getId() {
       return this.id;
    }

    public void setId(Long id) {
       this.id = id;
    }

    public String getOrderNumber() {
       return this.orderNumber;
    }

    public void setOrderNumber(String orderNumber) {
       this.orderNumber = orderNumber;
    }

    public double getPrice() {
       return this.price;
    }

    public void setPrice(double price) {
       this.price = price;
    }

    /** 返回与当前 Order 对象关联的 Customer 对象 */
    public Customer getCustomer() {
       return this.customer;
    }

    /** 设置与当前 Order 对象关联的 Customer 对象 */
    public void setCustomer(Customer customer) {
       this.customer = customer;
    }
}
```

以上代码建立了从 Order 类到 Customer 类的关联。同样，也可以建立从 Customer 类到 Order 类的关联，由于一个 Customer 对象会对应多个 Order 对象，因此应该在 Customer 类中定义一个 orders 集合，来存放客户发出的所有订单。例程 1-2 为 Customer 类的源代码。

例程 1-2　Customer.java

```
public class Customer {
   /** Customer对象的OID */
   private Long id;

   /** Customer对象的姓名 */
   private String name;

   /** Customer对象的年龄 */
   private int age;

   /** 所有与Customer对象关联的Order对象 */
   private Set orders=new HashSet();

   /** 完整的构造方法*/
   public Customer(String name, int age,Set orders) {
      this.name = name;
      this.age = age;
      this.orders = orders;
   }

   /** 默认构造方法*/
   public Customer() {}

   public Long getId() {
      return this.id;
   }

   public void setId(Long id) {
      this.id = id;
   }

   public String getName() {
      return this.name;
   }

   public void setName(String name) {
      this.name = name;
   }

   public int getAge() {
      return this.age;
   }

   public void setAge(int age) {
      this.age = age;
   }
```

```
        /** 返回所有与 Customer 对象关联的 Order 对象 */
        public Set getOrders() {
            return this.orders;
        }

        /** 设置所有与 Customer 对象关联的 Order 对象 */
        public void setOrders(Set orders) {
            this.orders = orders;
        }
    }
```

关联是有方向的，并且还可以分为单向关联和双向关联。

- 单向关联：仅建立从 Order 到 Customer 的多对一关联，即仅在 Order 类中定义 customer 属性，参见图 1-13；或者仅建立从 Customer 到 Order 的一对多关联，即仅在 Customer 类中定义 orders 集合，如图 1-14 所示。
- 双向关联：既建立从 Order 到 Customer 的多对一关联，又建立从 Customer 到 Order 的一对多关联，如图 1-15 所示。

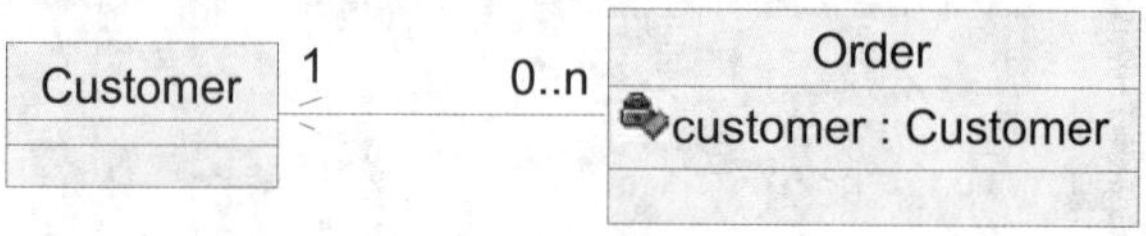

图 1-13　从 Order 到 Customer 的多对一单向关联

图 1-14　从 Customer 到 Order 的一对多单向关联

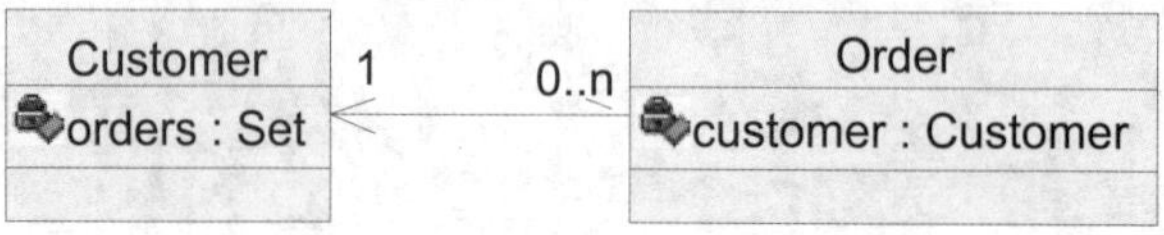

图 1-15　Customer 与 Order 的双向关联

在以上图 1-13、图 1-14 和图 1-15 中，实线箭头指示了关联的方向。关联的方向决定了程序操纵实体域对象的方式。例如，假定客户 Tom 一共发出了两个订单，订单编号分别为“Tom_Order001”和“Tom_Order002”。如果建立了从 Order 到 Customer 的多对一单向关联，那么就意味着在程序中得到了一个 Order 对象后，只要调用它的 getCustomer()方法，就可以得到与它关联的 Customer 对象，参见图 1-16。程序由 Order 对象的 getCustomer()方法得到 Customer 对象的过程也称为在内存中从 Order 对象导航到 Customer 对象。

```
//在内存中从 Order 对象导航到 Customer 对象
Customer customer=order.getCustomer();
```

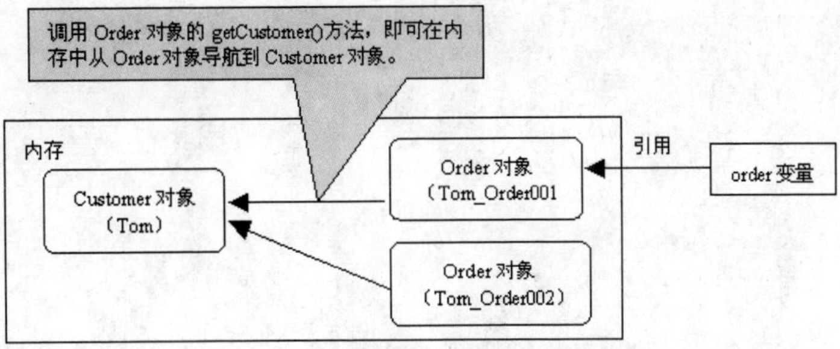

图 1-16 在内存中从 Order 对象导航到 Customer 对象

如果建立了从 Customer 到 Order 的一对多单向关联，那么就意味着在程序中得到了一个 Customer 对象后，只要调用它的 getOrders()方法，就可以得到与它关联的所有 Order 对象，参见图 1-17。程序由 Customer 对象的 getOrders()方法得到所有 Order 对象的过程也称为在内存中从 Customer 对象导航到所有 Order 对象：

```
//在内存中从 Customer 对象导航到所有 Order 对象
Set orders=customer.getOrders();
```

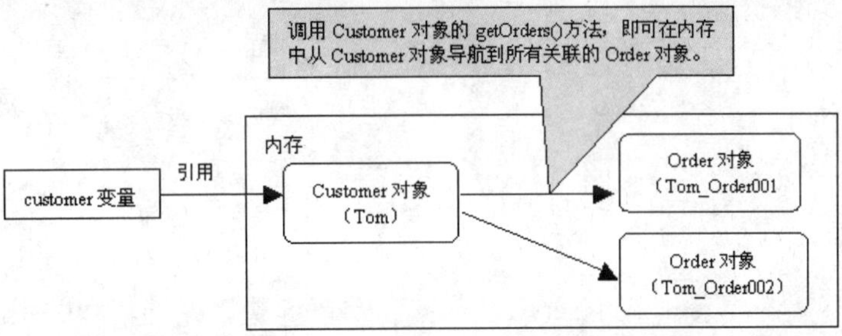

图 1-17 在内存中从 Customer 对象导航到所有 Order 对象

如果建立了 Customer 与 Order 的双向关联，那么就意味着，在内存中，既可以从 Customer 对象导航到所有与它关联的 Order 对象，也可以从 Order 对象导航到与它关联的 Customer 对象。

2．依赖（Dependency）

依赖指的是类之间的访问关系。如果类 A 访问类 B 的属性或方法，或者类 A 负责实例化类 B，那么可以说类 A 依赖类 B。和关联关系不同，无须把类 B 定义为类 A 的属性。依赖关系在实体域对象之间不常见，但是过程域对象往往依赖实体域对象，因为过程域对象会创建实体域对象，或者会访问实体域对象的属性及方法。以下是过程域对象 BusinessService 的 loadCustomer()方法，它根据参数指定的 OID 加载一个 Customer 实体域对象，在该方法中会创建一个 Customer 对象，然后把 JDBC ResultSet 结果集中的关系数据映射到 Customer 对象中：

```
public Customer loadCustomer (long customerId) throws Exception {
  Connection con=null;
  PreparedStatement stmt=null;
  ResultSet rs=null;
  try {
```

```
        con=getConnection(); //获得数据库连接

        //以下是数据访问代码，加载 Customer 对象
        stmt=con.prepareStatement("select ID,NAME,AGE from CUSTOMERS where ID=?");
        stmt.setLong(1,customerId);
        rs=stmt.executeQuery();

        if(rs.next()){//把 JDBC ResultSet 结果集的关系数据映射到 Customer 对象中
          //创建 Customer 对象，并且设置它的属性
          Customer customer=new Customer();
          customer.setId(new Long(rs.getLong(1)));
          customer.setName(rs.getString(2));
          customer.setAge(rs.getInt(3));
          return customer;
        }else{
          throw new BusinessException("OID 为"
                +customerId+"的 Customer 对象不存在");
        }
      }finally{
        try{
          rs.close();
          stmt.close();
          con.close();
        }catch(Exception e){
          e.printStackTrace();
        }
      }
    }
```

图 1-18 显示了 BusinessService 类与 Customer 类之间的依赖关系。

图 1-18　BusinessService 类依赖 Customer 类

此外，软件应用中上层的类总是依赖下层的类或接口，如业务逻辑层的类依赖持久化层的类或接口。

3．**聚集**（Aggregation）

聚集指的是整体与部分之间的关系，在实体域对象之间也很常见。例如，人与手就是聚集关系，参见图 1-19。

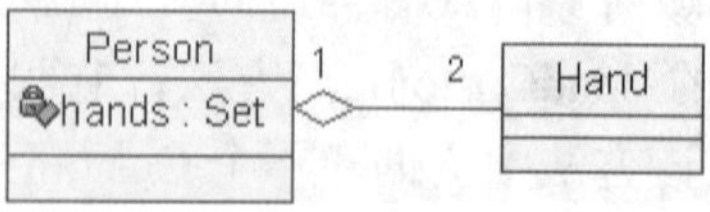

图 1-19　Person 类与 Hand 类之间的聚集关系

在 Person 类中有一个 hands 集合，它存放被聚集的 Hand 对象：

```
    public class Person{
      private Set hands=new HashSet();
```

```
    ......
}
```

可见聚集关系和关联关系在类的定义上有相同的形式，不过两者有不同的语义，对于聚集关系，部分类的对象不能单独存在，它的生命周期依赖于整体类的对象的生命周期，当整体消失，部分也就随之消失。而对于存在关联关系的两个类，可以允许每个类的对象都单独存在，如雇员和雇主就是这样的关联关系。在三层应用结构中，聚集关系和关联关系在语义上的区别是由业务逻辑来决定的，通常由过程域对象来实现；在使用 ORM 中间件的四层应用结构中，可以在对象-关系映射文件中采用不同的映射元数据来区分这两种关系，本书第 10 章的 10.3.1 节（区分值类型和实体类型）对此做了进一步的论述。

4．一般化（Generalization）

一般化指的是类之间的继承关系。例如，HourlyEmployee（按小时拿工资的雇员）和 SalariedEmployee 类（按月拿薪水的雇员）都继承 Employee 类，图 1-20 为这 3 个类的类框图。

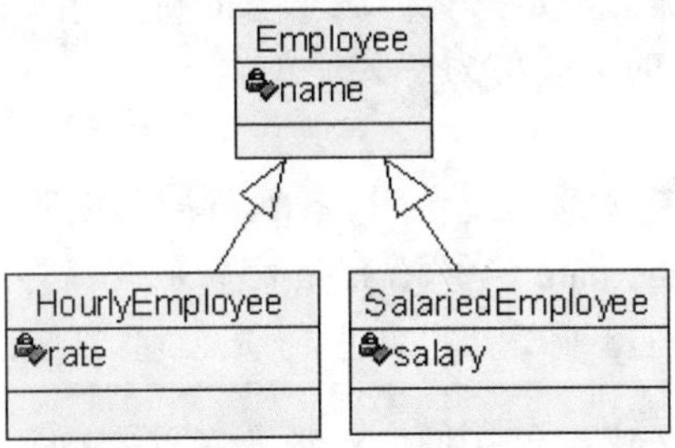

图 1-20 Employee 类之间的继承关系

1.2.6 域对象的持久化概念

对比前面介绍的域模型和关系数据模型，可以看出业务数据有两种表现形式：

- 在内存中表现为实体域对象，以及实体域对象之间的各种关系。
- 在关系数据库中表现为表，以及表与表之间的参照关系。

当 Java 程序在内存中创建了实体域对象后，它们不可能永远存在。最后，它们要么从内存中清除，要么被持久化到数据存储设备中。内存无法永久地保存数据，因此必须对实体域对象进行持久化。否则，如果对象没有被持久化，那么用户在应用程序运行时创建的订单信息将在应用程序结束运行后随之消失。netstore 应用中的订单、客户和商品信息都应该被持久化。一旦对象被持久化，它们可以在应用程序再次运行时被重新读入到内存，并重新构造出域对象。图 1-21 显示了域对象的持久化过程。

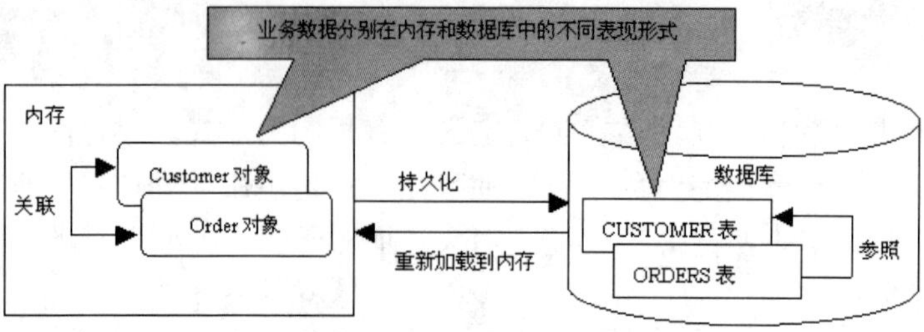

图 1-21　域对象的持久化

并不是所有的域对象都需要持久化，通常只有实体域对象才需要持久化，如 Customer、Order 和 Item，而过程域对象不需要持久化。另外，有些实体域对象也不需要持久化，如 ShoppingCart 对象，代表购物网站中虚拟的购物车，当用户登入到购物网站上，Web 服务器端为用户创建一个 ShoppingCart 对象，这个 ShoppingCart 对象存在于 HTTP 会话范围内，当用户结束 HTTP 会话，Web 服务器端就会结束这个 ShoppingCart 对象的生命周期，但不会把它的状态永久保存到数据库中，因此在关系数据模型中不必创建相应的 SHOPPINGCARTS 表。本书中提及“对象的持久化”或者“域对象的持久化”，其实都是指实体域对象的持久化。此外，本书后文还把需要被持久化的实体域对象所属的类统称为持久化类。

Tips

Hibernate 的英文原意是冬眠，冬眠与持久化之间有什么关系呢？Java 对象存在于内存中，Hibernate 能够把 Java 对象永久保存到关系数据库中。形象地理解，可以说 Hibernate 能够让内存中的 Java 对象在关系数据库中“冬眠”。

狭义的理解，“持久化”仅指把域对象永久保存到数据库中；广义的理解，“持久化”包括和数据库相关的各种操作。

- 保存：把域对象永久保存到数据库中。
- 更新：更新数据库中域对象的状态。
- 删除：从数据库中删除一个域对象。
- 加载：根据特定的 OID，把一个域对象从数据库加载到内存中。
- 查询：根据特定的查询条件，把符合查询条件的一个或多个域对象从数据库加载到内存中。

读者应该根据上下文，来区分“持久化”的具体含义。

Tips

确切地说，数据库中存放的是关系数据，而不是对象。但本书常常出现“从数据库中加载对象”、“删除数据库中的对象”，以及“更新数据库中的对象”等说法。这主要是站在持久化层（如 Hibernate）的客户端的角度来看待数据访问操作的。Hibernate 封装了数据访问细节，为客户端提供了面向对象的持久化语义。客户端可以假想数据库中存放的就是对象，只需委托 Hibernate 从数据库中加载对象、删除数据库中的对象，以及更新数据库中的对象就行了，至于 Hibernate 如何把这些对象映射为数据库中的相应关系数据，这就属于 Hibernate 的分内之事了。

1.3　小结

本章介绍了软件的分层结构、关系数据模型和域模型等概念。在三层或四层应用结构中，域对象位于业务逻辑层，实体域对象代表应用运行时的业务数据，它存在于内存中，过程域对象代表应用的业务逻辑。数据库用于存放永久性的业务数据。

Hibernate 位于持久化层，是域模型和关系数据模型之间的桥梁。Hibernate 封装了所有的数据访问操作，业务逻辑层通过持久化层来访问关系数据库，进行保存、更新、删除、加载和查询数据等操作。

1.4　思考题

1．软件分层有哪些特征？（多选）

（a）层与层之间存在自上而下的依赖关系。

（b）每个层对上层公开 API，但具体的实现细节对外透明。

（c）当某一层的实现发生变化，只要它的 API 不变，不会影响其他层的实现。

（d）各个层分别处理不同的业务逻辑。

2．以下哪个选项属于持久化层的任务？（单选）

（a）处理业务逻辑　　　　（b）提供用户界面

（c）实现数据访问细节　　（d）永久性地存储业务数据

3．关于关系数据模型，以下哪些说法正确？（多选）

（a）假定客户与订单之间为一对多的关系，那么可以在 ORDERS 表中定义一个参照 CUSTOMERS 表的外键。

（b）在 ORDERS 表中，如果把表示订单编号的 ORDER_NUMBER 字段作为主键，那么这个主键就称为代理主键。

（c）代理主键不具有任何业务含义。

（d）代理主键可以提高关系数据库的可维护性。

4．在域模型中，以下哪种类型的对象表示业务数据？（单选）

（a）实体域对象

（b）过程域对象

（c）事件域对象

5．如果希望在内存中既能从 Customer 对象导航到 Order 对象，又能从 Order 对象导航到 Customer 对象，那么 Customer 对象与 Order 对象之间应该建立什么关系？（单选）

（a）聚集关系

（b）从 Customer 对象到 Order 对象的一对多单向关联关系

（c）从 Order 对象到 Customer 对象的多对一单向关联关系

（d）Customer 对象与 Order 对象的双向关联关系

第 2 章　Java 对象持久化技术概述

第 1 章已经介绍了域模型和关系数据模型，业务数据在域模型和关系数据模型中表现出不同的形式：

- 对于域模型，业务数据在内存中表现为实体域对象，以及实体域对象之间的各种关系。
- 对于关系数据模型，业务数据表现为数据库中的表，以及表与表之间的参照关系。

对象的持久化，主要是指把内存中的对象形式的业务数据，转换为数据库中的关系数据形式的业务数据，把它永久保存下来。此外，广义理解，对象的持久化还包括在内存与关系数据库之间交换业务数据的各种操作，如保存、加载、更新和删除业务数据等。

本章主要介绍对象持久化的几种模式：

- 在业务逻辑层直接通过 JDBC API 来持久化实体域对象，业务逻辑和数据访问耦合。
- 主动域对象模式。
- ORM 模式。
- JDO 模式。
- CMP 模式。

本章和前面第 1 章主要从理论角度，阐述 Hibernate 在软件体系中所处的位置及作用。对于初学者，直接从理论上理解 Hibernate 比较抽象，可以先越过本章，直接阅读第 3 章。第 3 章通过具体的 Hibernate 应用范例来帮助读者获得对 Hibernate 的感性认识。

2.1　直接通过 JDBC API 来持久化实体域对象

实体域对象的持久化最终必须通过数据访问代码来实现。Java 应用访问数据库的最直接的方式就是通过 JDBC API 来访问数据库，JDBC 是 Java Database Connectivity 的缩写。java.sql 包提供了 JDBC API，程序员可以通过它编写访问数据库的程序代码。在 java.sql 包中常用的接口和类包括以下内容。

- DriverManager：驱动程序管理器，负责创建数据库连接。
- Connection：代表数据库连接。
- Statement：负责执行 SQL 语句。
- PreparedStatement：负责执行 SQL 语句，具有预定义 SQL 语句的功能。
- ResultSet：代表 SQL 查询语句的查询结果集。

图 2-1 显示了这些类的关系。

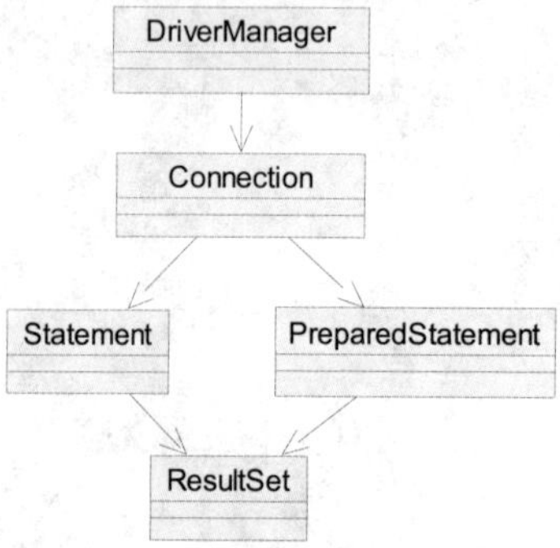

图 2-1　java.sql 包中主要类的类框图

例程 2-1 是过程域对象 BusinessService 的源程序，它提供了负责持久化 Customer 对象的一系列方法（这里的持久化是一个广义概念）。

- saveCustomer()：把 Customer 域对象永久保存到数据库中。
- updateCustomer()：更新数据库中 Customer 域对象的状态。
- deleteCustomer()：从数据库中删除一个 Customer 域对象。
- loadCustomer()：根据特定的 OID，把一个 Customer 域对象从数据库加载到内存中。
- findCustomerByName()：根据特定的客户姓名，把符合查询条件的 Customer 域对象从数据库加载到内存中。

例程 2-1　BusinessService 类

```
public class BusinessService{
 public class BusinessService{
 private String dbUrl ="jdbc:mysql://localhost:3306/SAMPLEDB";
 private String dbUser="root";
 private String dbPwd="1234";

 public BusinessService() throws Exception{
   //加载 MySQL 数据库驱动程序
   Class.forName("com.mysql.jdbc.Driver");
 }

 public Connection getConnection()throws Exception{
    //获得一个数据库连接
    return java.sql.DriverManager.getConnection(dbUrl,dbUser,dbPwd);
 }

 /**
  * 保存参数指定的 Customer 对象，并且级联保存与它关联的 Order 对象
  * 如果 Customer 对象的 name 属性为 null，或者 Order 对象的 orderNumber 属性为 null，
  * 会抛出 BusinessException
  */
 public void saveCustomer(Customer customer) throws Exception {
  Connection con=null;
  PreparedStatement stmt=null;
  try {
    con=getConnection(); //获得数据库连接
```

```
  //开始一个数据库事务
  con.setAutoCommit(false);

  //以下是业务逻辑代码，检查客户姓名是否为空
  if(customer.getName()==null)
    throw new BusinessException("客户姓名不允许为空");

  //以下是数据访问代码，持久化 Customer 对象

  //为新的 CUSTOMERS 记录分配唯一的 ID
  long customerId=getNextId(con,"CUSTOMERS");
  //把 Customer 对象映射为面向关系的 SQL 语句
  stmt=con.prepareStatement("insert into CUSTOMERS(ID,NAME,AGE) values(?,?,?)");
  stmt.setLong(1,customerId);
  stmt.setString(2,customer.getName());
  stmt.setInt(3,customer.getAge());
  stmt.execute();

  Iterator iterator =customer.getOrders().iterator();
  while (iterator.hasNext() ) {
    //以下是业务逻辑代码，检查订单编号是否为空
    Order order=(Order)iterator.next();
    if(order.getOrderNumber()==null)
      throw new BusinessException("订单编号不允许为空");

    //以下是数据访问代码，级联持久化 Order 对象

    //为新的 ORDERS 记录分配唯一的 ID
    long orderId=getNextId(con,"ORDERS");
    //把 Order 对象映射为面向关系的 SQL 语句
    stmt=con.prepareStatement("insert into ORDERS"
      +"(ID,ORDER_NUMBER,PRICE,CUSTOMER_ID)values(?,?,?,?)");
    stmt.setLong(1,orderId);
    stmt.setString(2,order.getOrderNumber());
    stmt.setDouble(3,order.getPrice());
    stmt.setLong(4,customerId);
    stmt.execute();
  }

  //提交数据库事务
  con.commit();

}catch(Exception e){
  try{//如果出现异常，撤销整个事务
    con.rollback();
  }catch(SQLException sqlex){
    sqlex.printStackTrace(System.out);
  }
  throw e;
}finally{
  try{
     stmt.close();
     con.close();
   }catch(Exception e){
```

```
        e.printStackTrace();
      }
    }
  }

  /**
   * 更新参数指定的Customer对象
   */
  public void updateCustomer(Customer customer) throws Exception {......}

  /**
   * 删除参数指定的Customer对象，并且级联删除与它关联的Order对象
   */
  public void deleteCustomer(Customer customer) throws Exception {......}

  /*
   * 根据OID加载一个Customer对象
   */
  public Customer loadCustomer (long customerId) throws Exception {
    Connection con=null;
    PreparedStatement stmt=null;
    ResultSet rs=null;
    try {
      con=getConnection(); //获得数据库连接

      //以下是数据访问代码，加载Customer对象
      stmt=con.prepareStatement("select ID,NAME,AGE from CUSTOMERS where ID=?");
      stmt.setLong(1,customerId);
      rs=stmt.executeQuery();

      if(rs.next()) {
        Customer customer=new Customer();
        customer.setId(new Long(rs.getLong(1)));
        customer.setName(rs.getString(2));
        customer.setAge(rs.getInt(3));
        return customer;
      }else{
        throw new BusinessException("OID为"+customerId+"的Customer对象不存在");
      }

    }finally{
      try{
        rs.close();
        stmt.close();
        con.close();
      }catch(Exception e){
        e.printStackTrace();
      }
    }
  }

  /*
   * 按照姓名查询满足条件的Customer对象，同时加载与它关联的Order对象
   */
  public List findCustomerByName(String name) throws Exception{
```

```
HashMap map=new HashMap();
List result=new ArrayList();

Connection con=null;
PreparedStatement stmt=null;
ResultSet rs=null;
try{
  con=getConnection(); //获得数据库连接

  String sqlString="select c.ID CUSTOMER_ID,c.NAME,c.AGE,o.ID ORDER_ID,"
  +"o.ORDER_NUMBER,o.PRICE "
  +"from CUSTOMERS c left outer join ORDERS o "
  +"on c.ID =o.CUSTOMER_ID where c.NAME=?";
  stmt = con.prepareStatement(sqlString);
  stmt.setString(1,name); //绑定参数
  rs=stmt.executeQuery();
  while (rs.next()){
    //遍历 JDBC ResultSet 结果集
    Long customerId =new Long( rs.getLong(1));
    String customerName= rs.getString(2);
    int customerAge= rs.getInt(3);
    Long orderId =new Long( rs.getLong(4));
    String orderNumber= rs.getString(5);
    double price=rs.getDouble(6);

    //映射 Customer 对象
    Customer customer=null;
    if(map.containsKey(customerId))
      //如果在 map 中已经存在 OID 匹配的 Customer 对象，就获得此对象的引用，这样
      //就避免创建重复的 Customer 对象
      customer=(Customer)map.get(customerId);
    else{
      //如果在 map 中不存在 OID 匹配的 Customer 对象，就创建一个 Customer 对象，
      //然后把它保存到 map 中
      customer=new Customer();
      customer.setId(customerId);
      customer.setName(customerName);
      customer.setAge(customerAge);
      map.put(customerId,customer);
    }

    //映射 Order 对象
    Order order=new Order();
    order.setId(orderId);
    order.setOrderNumber(orderNumber);
    order.setPrice(price);

    //建立 Customer 对象与 Order 对象的关联关系
    customer.getOrders().add(order);
    order.setCustomer(customer);
  }
  //把 map 中所有的 Customer 对象加入到 result 集合中
  Iterator iter =map.values().iterator();
  while ( iter.hasNext() ) {
     result.add(iter.next());
```

```
      }
      return result;
    }finally{
      try{
        rs.close();
        stmt.close();
        con.close();
      }catch(Exception e){
        e.printStackTrace();
      }
    }
  }

  /**
   * 生成一个新的主键值，取值为表的当前最大主键值+1，如果表不包含记录，就返回 1
   */
  private long getNextId(Connection con,String tableName) throws Exception {
    long nextId=0;
    PreparedStatement stmt = null;
    ResultSet rs = null;
    try {
      stmt = con.prepareStatement("select max(ID) from "+tableName);
      rs = stmt.executeQuery();
      if ( rs.next() ) {
        nextId = rs.getLong(1) + 1;
        if ( rs.wasNull() ) nextId = 1;
      }
      else {
        nextId = 1;
      }
      return nextId;
    }finally {
      try{
        rs.close();
        stmt.close();
      }catch(Exception e){
        e.printStackTrace();
      }
    }
  }

  /** 测试方法，用于调试本程序 */
  public void test()throws Exception{
    ……
  }

  public static void main(String args[])throws Exception{
    new BusinessService().test();
  }
}
```

JDBC API 的详细使用方法不在本书的讨论范围之内。从以上代码（以 saveCustomer()方法为例）可以看出，在业务方法中直接嵌入了大量 SQL 语句，SQL 语句是面向关系的，依赖于关系数据模型。这给应用程序带来以下缺点。

- 实现业务逻辑的代码和数据库访问代码掺杂在一起，使程序结构不清晰，可读性差。
- 在程序代码中嵌入面向关系的 SQL 语句，使开发人员不能完全运用面向对象的思维来编写程序。例如，当开发人员把一个 Customter 对象及关联的两个 Order 对象保存到数据库中时，他必须了解在数据库中存放 Customer 对象的表为 CUSTOMERS 表，存放 Order 对象的表为 ORDERS 表，此外还要了解这两张表的具体结构及参照关系。
- 业务逻辑被迫和关系数据模型绑定，如果关系数据模型发生变化，如修改了 CUSTOMERS 表的结构，把 CUSTOMERS 表中的 NAME 字段改为 FIRSTNAME 和 LASTNAME 两个字段，那么必须手工修改程序代码中所有涉及 CUSTOMERS 表的相关 SQL 语句，这增加了维护软件的难度。
- 如果程序代码中的 SQL 语句包含语法错误，在编译时不能检查这种错误，只有在运行时才能发现这种错误，这增加了调试程序的难度。

为了使程序中的业务逻辑和数据访问细节分离，在 Java 领域已经出现了好几种现成的模式：

- ORM 模式，参见本章 2.2 节（ORM 简介）。
- 主动域对象模式，参见本章 2.3.1 节（主动域对象模式）。
- JDO 模式，参见本章 2.3.2 节（JDO 模式）。
- CMP 模式，参见本章 2.3.3 节（CMP 模式）。

2.2　ORM 简介

对象-关系映射（ORM，即 Object-Relation Mapping）模式指的是在单个组件中负责所有实体域对象的持久化，封装数据访问细节。本书第 1 章的 1.1.5 节介绍了把数据访问细节从业务逻辑层分离，把它单独划分到持久化层的设计思想。那么，到底如何来实现持久化层呢？一种简单的方案是采用硬编码的方式，为每一种可能的数据库访问操作提供单独的方法。持久化层向业务逻辑层提供的 API 类似于以下形式：

```
public interface PersistenceManager{
  public void saveCustomer(Customer customer) throws Exception;
  public void deleteCustomer(Customer customer) throws Exception;
  public void updateCustomer(Customer customer) throws Exception;
  public Customer loadCustomer(long id) throws Exception;
  public List findCustomerByName(String name) throws Exception;
  public List findCustomerByAge(int age) throws Exception;
  public List findCustomerByNameAndAge(String email,int age) throws Exception;

  public boolean saveItem(Item item) throws Exception;
  public boolean deleteItem(Item item) throws Exception;
  public boolean updateItem(Item item) throws Exception;
  public Item loadItem(long id) throws Exception;
  ……
```

```
    }
```

业务逻辑层的 BusinessService 类的 saveCustomer()方法不必直接访问 JDBC API，只需要通过 PersistenceManager 的 saveCustomer()方法来保存 Customer 对象：

```
public void saveCustomer(Customer customer) throws Exception {

  //以下是业务逻辑代码，检查客户姓名是否为空
  if(customer.getName()==null)
   throw new BusinessException("客户姓名不允许为空");

  Iterator iterator =customer.getOrders().iterator();
  while (iterator.hasNext() ) {
   //以下是业务逻辑代码，检查订单编号是否为空
   Order order=(Order)iterator.next();
   if(order.getOrderNumber()==null)
    throw new BusinessException("订单编号不允许为空");
  }

  //调用持久化层的 API 来持久化 Customer 对象
  getPersistenceManager().saveCustomer(customer);
}
```

尽管以上方案是可行的，但存在以下不足：

- 持久化层产生大量冗余代码。如 findCustomerByName()、findCustomerByAge()和 findCustomerByNameAndAge()方法，它们的程序代码都很相似，仅是生成的 SQL select 语句中的查询条件不一样。
- 持久化层缺乏弹性。一旦出现业务需求的变更，如新增加了按照性别检索客户的需求，就必须修改持久化层的接口，增加 findCustomerBySex()方法。
- 持久化层同时与域模型和关系数据模型绑定。不管域模型还是关系数据模型发生变化，都要修改持久化层的相关程序代码，增加了软件维护的难度。

对于以上第一条缺陷，一种看似可行的改进措施如图 2-2 所示。

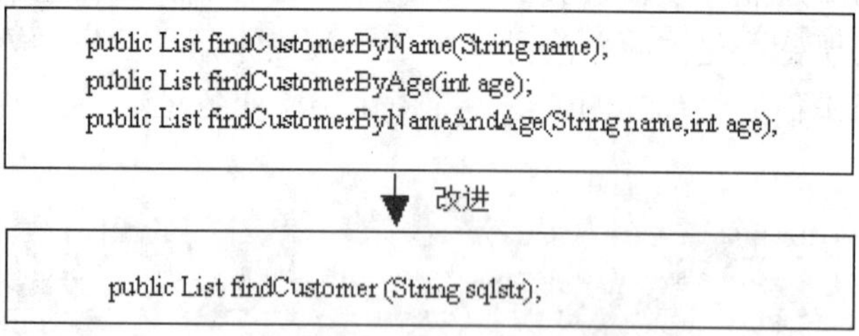

图 2-2　把 3 个 selectCustomerByXXX()方法合并为一个方法

以上措施在持久化层减少了一些重复代码，只需一个 findCustomer()方法，就能完成原来 3 个方法的任务。在 findCustomer()方法中不必组装 SQL 语句，只要直接用参数 sqlstr 提供的 SQL 语句即可。但这又带来一个新的问题，findCustomer()方法是供业务逻辑层调用的，因此业务逻辑层必须负责生成 SQL 语句，因此业务逻辑层还是必须了解关系数据库的结构，这使得业务逻辑层仍然和数据访问细节及关系数据模型纠缠在一起。

由此可见，对于复杂的关系数据模型，直接通过 JDBC 编程来实现健壮的持久化层需要有高超的开发技巧，而且编程量很大。

ORM 提供了实现持久化层的另一种模式，它采用映射元数据（Mapping Meta Data）来描述对象-关系的映射细节，使得 ORM 中间件能在任何一个 Java 应用的业务逻辑层和数据库层之间充当桥梁，参见图 2-3。

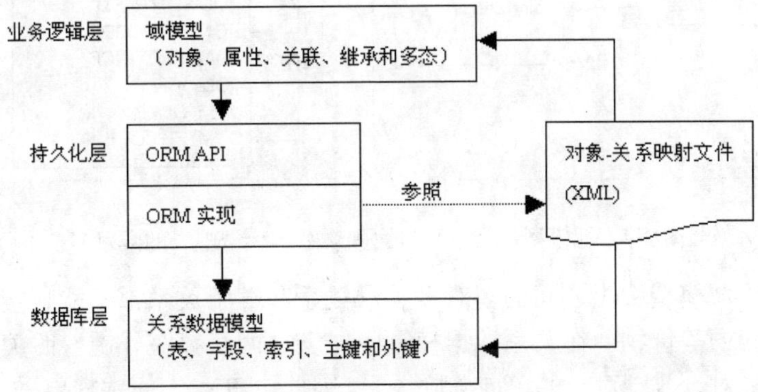

图 2-3　ORM 充当业务逻辑层和数据库层之间的桥梁

2.2.1　对象-关系映射的概念

ORM 解决的主要问题就是对象-关系的映射。域模型和关系数据模型都分别建立在概念模型的基础上。域模型是面向对象的，而关系数据模型是面向关系的，一般情况下，一个持久化类和一个表对应，类的每个实例对应表中的一条记录。表 2-1 列举了面向对象概念和面向关系概念之间的基本映射。

表 2-1　对象-关系的基本映射

面向对象概念	面向关系概念
类	表
对象	表的行（即记录）
属性	表的列（即字段）

但是域模型与关系数据模型之间还存在许多不匹配之处，如在图 2-4 中，Customer 类有两个 Address 类型的属性：homeAddress 属性（家庭地址）和 comAddress 属性（公司地址）。Address 类代表地址，它包含 province、city、street 和 zipcode 属性。Customer 类与 Address 类之间为聚集关系。而在数据库中只有 CUSTOMERS 一张表，它的 HOME_PROVINCE 和 HOME_CITY 等字段表示家庭地址，而 COM_PROVINCE 和 COM_CITY 等字段表示公司地址。本书第 10 章（映射组成关系）会介绍如何通过 Hibernate 把 Customer 类和 Address 类映射到 CUSTOMERS 表。

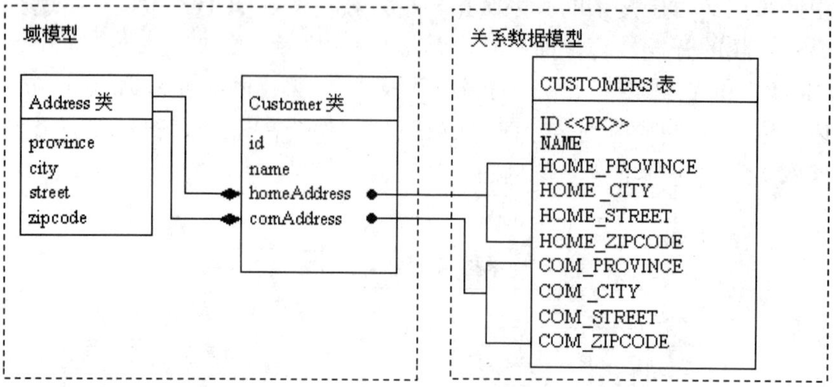

图 2-4　域模型中类的数目比关系数据模型中表的数目多

此外，域模型中类之间的多对多关联关系和继承关系都不能直接在关系数据模型中找到对应的等价物。在关系数据模型中，表之间只存在外键参照关系，有点类似于域模型中多对一或一对一的单向关联关系。因此，ORM 中间件需要采用各种映射方案，来建立两种模型之间的映射关系。以图 2-4 的例子为例，当 ORM 中间件保存一个 Customer 对象时，它必须把 Customer 对象及被聚集的 Address 对象映射为 CUSTOMERS 表中的关系数据，执行类似如下 JDBC 程序：

```
String sql="insert into CUSTOMERS"
    +"(ID,NAME,HOME_PROVINCE,HOME_CITY,HOME_STREET,HOME_ZIPCODE,"
    +"COM_PROVINE,COM_CITY,COM_STREET,COM_ZIPCODE)"
    +"values(?,?,?,?,?,?,?,?,?,?)"
PreparedStatement stmt=con.prepareStatement(sql);
//把 Customer 对象及被聚集的 Address 对象映射为 CUSTOMERS 表中的关系数据
stmt.setLong(1, getNextId("CUSTOMERS"));
stmt.setString(2,customer.getName());
stmt.setString(3,customer.getHomeAddress().getProvince());
stmt.setString(4,customer.getHomeAddress().getCity());
stmt.setString(5,customer.getHomeAddress().getStreet());
stmt.setString(6,customer.getHomeAddress().getZipcode());
stmt.setString(7,customer.getComAddress().getProvice());
stmt.setString(8,customer.getComAddress().getCity());
stmt.setString(9,customer.getComAddress().getStreet());
stmt.setString(10,customer.getComAddress().getZipcode());
stmt.executeUpdate();
```

当 ORM 中间件从数据库中根据给定的 OID 加载一个 Customer 对象时，它必须把 CUSTOMERS 表中的关系数据映射为 Customer 对象及被聚集的 Address 对象，执行类似如下 JDBC 程序：

```
String sql="select ID,NAME,"
    +"HOME_PROVINCE,HOME_CITY,HOME_STREET,HOME_ZIPCODE,"
    +"COM_PROVINE,COM_CITY,COM_STREET,COM_ZIPCODE "
    +"from CUSTOMERS where ID=?";
PreparedStatement stmt=con.prepareStatement(sql);
stmt.setLong(1,customerId);
ResultSet rs=stmt.executeQuery();
```

```
if(rs.next()) {
  //把 CUSTOMERS 表中的关系数据映射为 Customer 对象及被聚集的 Address 对象
Customer customer=new Customer();
  customer.setId(new Long(rs.getLong(1)));
  customer.setName(rs.getString(2));

  Address homeAddress=new Address();
  homeAddress.setProvice(rs.getString(3));
  homeAddress.setCity(rs.getString(4));
  homeAddress.setStreet(rs.getString(5));
  homeAddress.setZipcode(rs.getString(6));

  Address comAddress=new Address();
  comAddress.setProvice(rs.getString(7));
  comAddress.setCity(rs.getString(8));
  comAddress.setStreet(rs.getString(9));
  comAddress.setZipcode(rs.getString(10));

  customer.setHomeAddress(homeAddress);
  customer.setComAddress(comAddress);
  return customer;
}
```

2.2.2　ORM 中间件的基本使用方法

ORM 中间件采用元数据来描述对象-关系映射细节，元数据通常采用 XML 格式，并且存放在专门的对象-关系映射文件中。如果希望把 ORM 软件集成到自己的 Java 应用中，用户首先要提供对象-关系映射文件。不同 ORM 软件的元数据的语法不一样，以下是利用 Hibernate 来映射 Customer 类和 CUSTOMERS 表的元数据代码：

```
<hibernate-mapping>

  <!--Customer 类与 CUSTOMERS 表映射 -->
  <class name=" Customer" table="CUSTOMERS">

    <!--Customer 类的 id 属性与 CUSTOMERS 表的 ID 主键映射 -->
    <id name="id">
      <column name="ID"
      <generator class="native"/>
    </id>

    <!--Customer 类的 name 属性与 CUSTOMERS 表的 NAME 字段映射 -->
    <property name="NAME">
      <column name="NAME" not-null="true"/>
    </property>

    <!--Customer 类的 age 属性与 CUSTOMERS 表的 AGE 字段映射 -->
    <property name="AGE" />

    <!--Customer 类与 Order 类一对多关联 -->
    <set
```

```
        name="orders"
        cascade="delete"
        inverse="true">

        <key column="CUSTOMER_ID" />
        <one-to-many class=" Order" />
    </set>

    <!--Customer 类的 homeAddress 组件与 CUSTOMERS 表的多个字段映射 -->
    <component name="homeAddress" class="Address">
          <parent name="customer" />
          <property name="province" type="string" column="HOME_PROVINCE"/>
          <property name="city" type="string" column="HOME_CITY"/>
          <property name="street" type="string" column="HOME_STREET"/>
          <property name="zipcode" type="string" column="HOME_ZIPCODE"/>
    </component>

    <!--Customer 类的 comAddress 组件与 CUSTOMERS 表的多个字段映射 -->
    <component name="comAddress" class="mypack.Address">
         <parent name="customer" />
         <property name="province" type="string" column="COM_PROVINCE"/>
         <property name="city" type="string" column="COM_CITY"/>
         <property name="street" type="string" column="COM_STREET"/>
         <property name="zipcode" type="string" column="COM_ZIPCODE"/>
    </component>
    ……
  </class>
</hibernate-mapping>
```

只要提供了持久化类与表的映射关系，ORM 中间件在运行时就能参照映射文件的信息，把域对象持久化到数据库中。图 2-5 以 Hibernate 为例，列出了 ORM 中间件的一种静态结构。

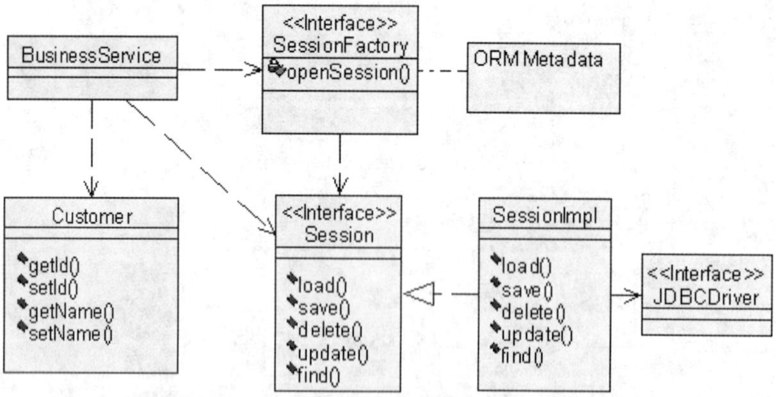

图 2-5　Hibernate 的静态结构

在图 2-5 中，Session 接口向业务逻辑层提供了读、写和删除域对象的方法，它不公开任何数据访问细节，SessionImpl 类实现了该接口。SessionFactory 类负责创建 Session 实例。Hibernate 在初始化阶段把对象-关系映射文件中的映射元数据读入到

SessionFactory 的缓存中。

如果业务逻辑层的 BusinessService 类的 deleteCustomer()方法希望从数据库中删除一个 Customer 对象，只要调用 Session 接口的 delete()方法：

```
public void deleteCustomer(Customer customer){
  Session sesion=getSession();
  //嗨，Session 总管，帮我把一个 Customer 对象删了
  session.delete(customer);
}
```

本章 2.1 节的例程 2-1 中 BusinessService 类的 deleteCustomer()方法通过 JDBC API 来删除 Customer 对象，开发人员需要了解关系数据库中 CUSTOMERS 表的结构，接着创建一个用于删除 CUSTOMERS 表的相应记录 SQL 语句，然后通过 JDBC API 来执行这条 SQL 语句。相比之下，此处的 deleteCustomer()方法的实现是多么简洁，业务逻辑层只要轻轻松松地向 Hibernate 的 Session 接口发送一条消息："嗨，Session 总管，帮我把一个 Customer 对象删了"，接下来在数据库中删除 Customer 对象的细节就由 Session 接口的实现来处理了。

Session 的 delete()方法将执行以下步骤。

（1）运用 Java 反射机制，获得 customer 对象的类型为 Customer.class。

（2）参考对象-关系映射元数据，了解到和 Customer 类对应的表为 CUSTOMERS 表，此外，Customer 类与 Order 类关联，Order 类和 ORDERS 表对应，ORDERS 表的外键 CUSTOMER_ID 参照 CUSTOMERS 表的 ID 主键。

（3）根据以上映射信息，生成 SQL 语句：

```
delete from ORDERS where CUSTOMER_ID=?;
delete from CUSTOMERS where ID=?;
```

（4）通过 JDBC API 来执行以上 SQL 语句。

Tips

确切地说，Hibernate 在初始化阶段就会根据映射信息预定义一些 SQL insert、delete 和 update 语句，这些 SQL 语句存放在 SessionFactory 的缓存中。当执行 Session 的 delete()方法时，只要直接调用相关的 SQL 语句就可以了。本书第 5 章的 5.1.5 节（控制 insert 和 update 语句）对此做了进一步解释。

对比通过 JDBC API 及通过 Hibernate API 来删除 Customer 对象的过程，可以看出，Hibernate API 向开发人员提供了面向对象的持久化语义。

2.2.3　常用的 ORM 中间件

开发 ORM 中间件需要有专业的知识。对于企业应用的开发人员，花费大量时间从头开发自己的 ORM 中间件不是很可行。通常，可以直接采用第三方提供的 ORM 中间件，有些是商业化的，有些是免费的。表 2-2 列出了一些 ORM 软件及它们的 URL 地址。

表 2-2　ORM 软件

ORM 软件	URL
Hibernate	http://www.hibernate.org/
TopLink	http://otn.oracle.com/products/ias/toplink/content.html
Torque	http://jakarta.apache.org/turbine/torque/index.html
ObjectRelationalBridge	http://db.apache.org/ojb/
FrontierSuite	http://www.objectfrontier.com
Castor	http://castor.exolab.org
FreeFORM	http://www.chimu.com/projects/form/
Expresso	http://www.jcorporate.com
JRelationalFramework	http://jrf.sourceforge.net
VBSF	http://www.objectmatter.com
Jgrinder	http://sourceforge.net/projects/jgrinder/

不管是使用商业化产品，还是非商业化产品，都应该确保选用的 ORM 中间件没有“渗透”到应用中，应用的上层组件应该和 ORM 中间件保持独立。有些 ORM 中间件要求在域对象中引入它们的类和接口，这会影响域对象的可移植性，如果日后想改用其他的 ORM 中间件，必须改写域对象的程序代码。

除了表 2-2 列出的 ORM 软件，在 JavaEE 5.0 中也引入了 ORM 框架，它以 JPA（Java Persistence API，Java 持久化接口）作为 ORM 框架的标准 API。JPA 充分吸收了现有的包括 Hibernate 在内的 ORM 软件的优点，具有易于使用和伸缩性强的优势。基于 JavaEE 5.0 的应用可通过 JPA 来对实体域对象进行持久化。

Tips

J2EE 及 JavaEE 实际上都是指 Java 企业级开发平台。当 J2EE 的版本从 1.4 升级到 1.5 时，由于 1.5 版本相对于 1.4 版本有着革命性的突破，因此 J2EE 1.5 被更名为“JavaEE 5.0”。JavaEE 5.0 废除了 J2EE 1.4 中的重量级的实体 EJB，允许应用通过 JPA 直接对轻量级的基于 JavaBean 形式的实体域对象进行持久化。

本书中提及 J2EE 时，主要指 J2EE 1.4 及以前的版本；本书中提及 JavaEE 时，主要指 JavaEE 5.0 及以后的版本，有时也泛指所有的版本，请读者根据上下文来区分。

2.3　实体域对象的其他持久化模式

除了采用 ORM 持久化模式，还有以下几种对象持久化模式：

- 主动域对象模式。
- JDO 模式。
- CMP 模式。

2.3.1 主动域对象模式

主动域对象是实体域对象的一种形式，在它的实现中封装了关系数据模型和数据访问细节。例程 2-2 的 Customer 就是一种主动域对象。

例程 2-2　Customer.java

```
public class Customer{
  private Long id;
  private String name;
  private int age;
  private Set orders=new HashSet();
  //省略显示构造方法，getXXX()方法和 setXXX()方法
  ......
  /** 从数据库中删除 Customer 对象，以及所有和 Customer 对象关联的 Order 对象*/
  public void remove()throws Exception{
    Connection con= getConnection();
    PreparedStatement stmt=null;
    try{
      //开始一个数据库事务
      con.setAutoCommit(false);

      //先删除和 Customer 对象关联的 Order 对象
      stmt=con.prepareStatement("DELETE FROM ORDERS WHERE "
                    +"CUSTOMER_ID=?" );
      stmt.setLong(1,id.longValue());
      stmt.executeUpdate();

      //删除 Customer 对象
      stmt=con.prepareStatement("DELETE FROM CUSTOMERS WHERE "
            +"ID=?" );
      stmt.setLong(1,id.longValue());
      stmt.executeUpdate();

      con.commit();       //提交数据库事务
    }catch(Exception e){
      try{//如果出现异常，撤销整个事务
        con.rollback();
      }catch(SQLException sqlex){
        sqlex.printStackTrace(System.out);
      }
      throw e;
    }finally{
      try{
        stmt.close();
        con.close();
      }catch(Exception e){e.printStackTrace();}
    }
  }

  /** 从数据库中加载当前 Customer 对象，执行 SQL select 语句 */
  public void load()throws Exception{ … }
```

```
    /** 把 Customer 对象的当前状态保存到数据库中，执行 SQL update 语句 */
    public void store()throws Exception{ … }

    /** 在数据库中创建当前 Customer 对象，执行 SQL insert 语句 */
    public void create()throws Exception{ … }

    /** 按照参数指定的客户姓名到数据库中查询匹配的 Customer 对象，执行 SQL select 语句 */
    public List findCustomerByName(String name)throws Exception{ … }
}
```

在 J2EE 架构中，EJB 组件分为会话 EJB 和实体 EJB。会话 EJB 通常实现业务逻辑，而实体 EJB 表示业务实体。实体 EJB 又分为两种：由 EJB 本身管理持久化，即 BMP（Bean- managed Persistence）；由 EJB 容器管理持久化，即 CMP（Container-managed Persistence）。图 2-6 显示了 EJB 组件的分类。BMP 就是主动域对象模式的一个例子，BMP 表示由实体 EJB 自身管理数据访问细节。

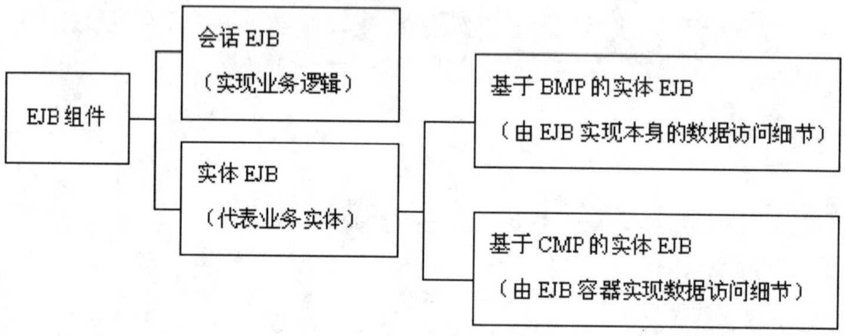

图 2-6　EJB 组件的分类

主动域对象模式有以下优点：

- 在实体域对象中封装自身的数据访问细节，过程域对象完全负责业务逻辑，使程序结构更加清晰，如在 BusinessService 类的 deleteCustomer()方法中删除一个 Customer 对象时，不需要编写数据访问代码，只要直接调用 Customer 对象的 remove()方法：

```
public void deleteCustomer(Customer customer) throws Exception{
  customer.remove();
}
```

- 如果关系数据模型发生改变，只需修改主动域对象的代码，不需要修改过程域对象的业务方法。

主动域对象模式有以下缺点：

- 在实体域对象的实现中仍然包含 SQL 语句。
- 每个实体域对象都负责自身的数据访问实现。把这一职责分散在多个对象中，这会导致实体域对象重复实现一些共同的数据访问操作，从而造成重复编码。

主动域对象本身位于业务逻辑层，因此采用主动域对象模式时，整个应用仍然是三层应用结构，并没有从业务逻辑层分离出独立的持久化层。

2.3.2　JDO 模式

Java Data Objects（JDO）是 SUN 公司制定的描述对象持久化语义的标准 API。因此，采用 JDO 模式时，整个应用为四层应用结构，如图 2-7 所示。

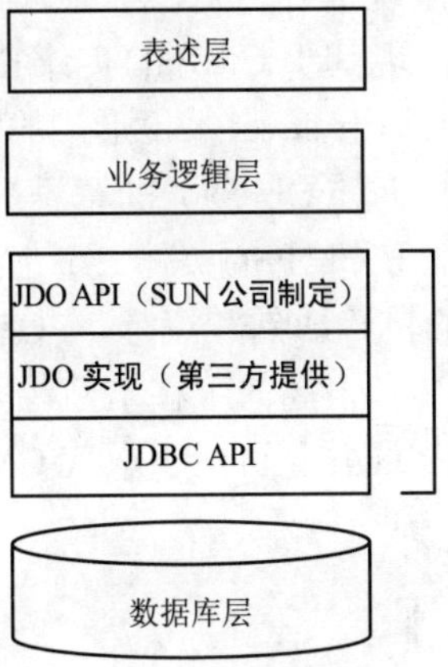

图 2-7　采用 JDO 模式的应用的分层结构

严格地说，JDO 并不是单纯的对象-关系映射接口，因为它支持把对象持久化到任意一种存储系统中，包括：

- 关系数据库
- 面向对象的数据库
- 基于 XML 的数据库
- 其他专有存储系统

由于关系数据库是目前最流行的存储系统，许多 JDO 的实现都包含了对象-关系映射服务。

2.3.3　CMP 模式

在 J2EE 架构中，CMP（Container-managed Persistence）表示由 EJB 容器来管理实体 EJB 的持久化，EJB 容器封装了对象-关系的映射及数据访问细节。CMP 与 ORM 的相似之处在于，两者都提供对象-关系映射服务，都把对象持久化的任务从业务逻辑程序中分离出来；区别在于 CMP 负责持久化实体 EJB 组件，而 ORM 负责持久化 POJO，POJO 是普通的基于 JavaBean 形式的实体域对象。CMP 和 ORM 相比，前者有以下不足：

- 开发人员开发的实体 EJB 必须遵守复杂的 J2EE 规范，而多数 ORM 中间件不强迫域对象必须满足特定的规范。
- 实体 EJB 只能运行在 EJB 容器中，而 POJO 可以运行在任何一种 Java 环境中。
- 目前，对于复杂的域模型，EJB 容器提供的对象-关系映射能力很有限。相比之下，许多 ORM 中间件提供了完善的对象-关系映射服务。

- 尽管按照 J2EE 的规范，EJB 应该是一种可移植的组件，实际上却受到很大限制。因为不同厂商生产的 CMP 引擎差异很大，它们使用的对象-关系映射元数据各不相同，使得 EJB 不能顺利地从一个 EJB 容器移植到另一个 EJB 容器中。使用 ORM 中间件就不存在这样的问题，以 Hibernate 为例，它可以无缝集成到任何一个 Java 系统中。

在 Java 软件架构领域，在出现基于 CMP 的实体 EJB 之前，基于 JavaBean 形式的实体域对象早就存在了。但是把基于 JavaBean 形式的实体域对象称为 POJO，却是最近才发生的事。POJO（Plain Old Java Object）的意思是又普通又古老的 Java 对象，之所以称它古老，是因为相对于基于 CMP 的实体 EJB 显得很古老。

随着各种 ORM 映射工具的日趋成熟和流行，POJO 又重现光彩，它和基于 CMP 的实体 EJB 相比，既简单，又具有很高的可移植性，因此联合使用 ORM 映射工具和 POJO，已经成为一种越来越受欢迎并且可用于取代 CMP 的持久化方案。

2.4 Hibernate API 简介

应用程序可以直接通过 Hibernate API 访问数据库。Hibernate API 中的接口可分为以下几类。

- 提供访问数据库的操作（如保存、更新、删除和查询对象）的接口。这些接口包括：Session、Transaction 和 Query 接口。
- 用于配置 Hibernate 的接口：Configuration。
- 使应用程序拦截 Hibernate 内部发生的事件，并做出相关的回应。这些接口包括：Interceptor、LoadEventListener 和 SaveEventListener 接口等。
- 用于扩展 Hibernate 的功能的接口，如 UserType、CompositeUserType 和 IdentifierGenerator 接口。如果需要的话，应用程序可以扩展这些接口。

Hibernate 内部封装了 JDBC、JTA（Java Transaction API）和 JNDI（Java Naming and Directory Interface）。JDBC 提供底层的数据访问操作，只要用户提供了相应的 JDBC 驱动程序，Hibernate 可以访问任何一个数据库系统。JNDI 和 JTA 使 Hibernate 能够和 JavaEE 应用服务器集成。

Tips

> 在 Hibernate 开发小组提供的文档中把 Hibernate 定义为一种对 JDBC 做了轻量级封装的对象-关系映射工具。所谓轻量级封装，是指 Hibernate 并没有完全封装 JDBC，Java 应用既可以通过 Hibernate API 访问数据库，还可以绕过 Hibernate API，直接通过 JDBC API 来访问数据库。

本章不讨论 Hibernate API 的详细用法，而是侧重介绍这些接口的主要作用，这些接口所在的包的名字都以“org.hibernate”开头。

2.4.1　Hibernate 的核心接口

所有的 Hibernate 应用中都会访问 Hibernate 的 5 个核心接口。

- Configuration 接口：配置 Hibernate，根启动 Hibernate，创建 SessionFactory 对象。
- SessionFactory 接口：初始化 Hibernate，充当数据存储源的代理，创建 Session 对象。
- Session 接口：负责保存、更新、删除、加载和查询对象。
- Transaction：管理事务。
- Query 和 Criteria 接口：执行数据库查询。

图 2-8 为这 5 个核心接口的类框图。

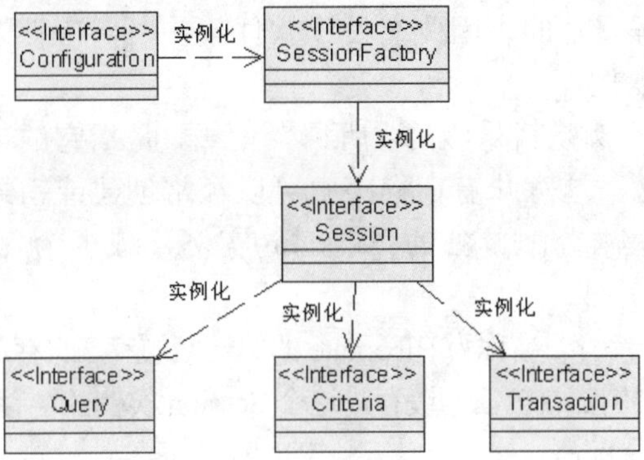

图 2-8　Hibernate 的核心接口的类框图

Tips

在本书中，有时也会把使用了 Hibernate 的 Java 应用简称为 Hibernate 应用。

1．Configuration 接口

Configuration 对象用于配置并且根启动 Hibernate。Hibernate 应用通过 Configuration 实例来获得对象-关系映射文件中的元数据，以及动态配置 Hibernate 的属性，然后创建 SessionFactory 实例。

2．SessionFactory 接口

一个 SessionFactory 实例对应一个数据存储源，应用从 SessionFactory 中获得 Session 实例。SessionFactory 有以下特点：

- 它是线程安全的，这意味着它的同一个实例可以被应用的多个线程共享。
- 它是重量级的，这意味着不能随意创建或销毁它的实例。如果应用只访问一个数据库，只需要创建一个 SessionFactory 实例，在应用初始化的时候创建该实例。如果应用同时访问多个数据库，则需要为每个数据库创建一个单独的 SessionFactory 实例。

之所以称 SessionFactory 是重量级的，是因为它需要一个很大的缓存，用来存放预定义的 SQL 语句及映射元数据等。用户还可以为 SessionFactory 配置一个缓存插件，这个缓存插件被称为 Hibernate 的第二级缓存，该缓存用来存放被工作单元读过的数据，将来其他工作单元可能会重用这些数据，因此这个缓存中的数据能够被所有工作单元共享。一个工作单元通常对应一个数据库事务。

3．Session 接口

Session 接口是 Hibernate 应用使用最广泛的接口。Session 也被称为持久化管理器，它提供了和持久化相关的操作，如保存、更新、删除、加载和查询对象。

Tips

Hibernate 的 Session 和 Java Web 中的 HttpSession 没有任何关系。如果没有特别说明，本书中的 Session 都是指 Hibernate 的 Session。

Session 有以下特点：

- 不是线程安全的，因此在设计软件架构时，应该避免多个线程共享同一个 Session 实例。
- Session 实例是轻量级的，所谓轻量级，是指它的创建和销毁不需要消耗太多的资源。这意味着在程序中可以经常创建或销毁 Session 对象，如为每个客户请求分配单独的 Session 实例，或者为每个工作单元分配单独的 Session 实例。

Session 有一个缓存，被称为 Hibernate 的第一级缓存，它存放被当前工作单元加载的对象。每个 Session 实例都有自己的缓存，这个 Session 实例的缓存只能被当前工作单元访问。

4．Transaction 接口

Transaction 接口是 Hibernate 的数据库事务接口，它对底层的事务接口做了封装，底层事务接口包括：

- JDBC API
- JTA（Java Transaction API）
- CORBA（Common Object Requet Broker Architecture）API

Hibernate 应用可通过一致的 Transaction 接口来声明事务边界，这有助于应用在不同的环境或容器中移植，参见图 2-9。

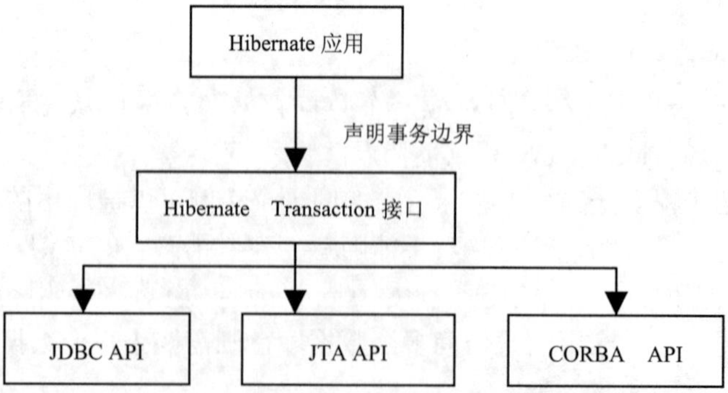

图 2-9 Hibernate 的 Transaction 接口封装底层的数据库事务接口

5．Query 和 Criteria 接口

Query 和 Criteria 接口是 Hibernate 的查询接口，用于向数据库查询对象，以及控制执行查询的过程。Query 实例包装了一个 HQL（Hibernate Query Language）查询语句，HQL 查询语句与 SQL 查询语句有些相似，但 HQL 查询语句是面向对象的，它引用类名及类的属性名，而不是表名及表的字段名。Criteria 接口完全封装了基于字符串形式的查询语句，比 Query 接口更加面向对象，Criteria 接口擅长于执行动态查询。

本书第 17 章（Hibernate 的检索方式）将介绍各个查询接口的用法。

2.4.2　事件处理接口

当程序通过 Hibernate 来加载、保存、更新或删除对象时，会触发 Hibernate 的拦截器及事件监听器做出相应的处理：

- 事件及事件监听接口：在 Hibernate API，针对每一种事件都有相应的事件监听器，如加载对象会触发 org.hibernate.event.LoadEvent 事件，该事件由 org.hibernate.event.LoadEventListener 监听器处理。保存对象触发 org.hibernate.event.SaveEvent 事件，该事件由 org.hibernate.event. SaveEventListener 监听器处理。
- org.hibernate.Interceptor 接口：应用程序可以定义实现 Interceptor 接口的类，Interceptor 实现类负责响应持久化类的实例被加载、保存、更新或删除的事件。本书第 9 章的 9.2 节（利用拦截器生成审计日志）会详细介绍 Interceptor 接口的用法。

2.4.3　Hibernate 映射类型接口

org.hibernate.type.Type 接口表示 Hibernate 映射类型，用于把域对象映射为数据库的关系数据。Hibernate 为 Type 接口提供了各种实现类，它们代表具体的 Hibernate 映射类型，例如：

- PrimitiveType 类：映射 Java 基本类型，PrimitiveType 类包括 ByteType、ShortType、IntegerType、LongType、FloatType、DoubleType、CharacterType 和 BooleanType 这八个子类。
- DateType：映射 Java 日期类型。
- BinaryType：映射 Byte[]类型。

图 2-10 显示了 Type 接口的主要类框图。

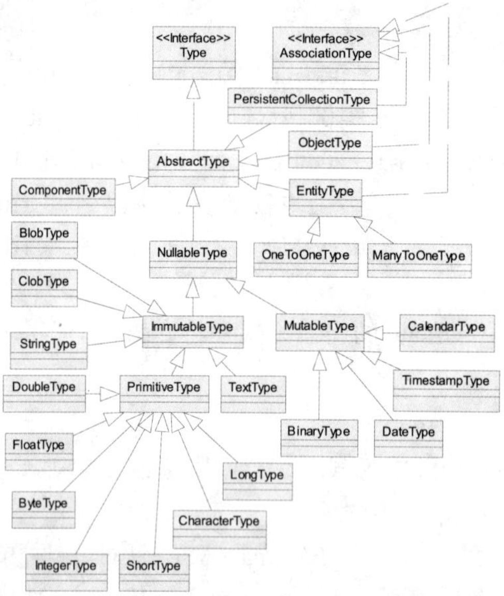

图 2-10　Type 接口的主要类框图

在 org.hibernate.Hibernate 类中创建了以上类框图中 NullableType 类的各种子类的静态实例：

```
public final class Hibernate {
  //Hibernate long type.
  public static final NullableType LONG = new LongType();
  //Hibernate short type.
  public static final NullableType SHORT = new ShortType();
  //Hibernate integer type.
  public static final NullableType INTEGER = new IntegerType();
  //Hibernate byte type.
  public static final NullableType BYTE = new ByteType();
  ……
}
```

应用程序不必自己创建 Type 实例，而应该通过 Hibernate 类访问它的静态 Type 实例，如以 Hibernate.STRING 的形式访问 StringType 实例。在通过 Query 接口动态绑定查询参数时，就可以用这种形式设定被绑定参数的映射类型：

```
Query query = session.createQuery("from Customer c where c.name= :name");
//为 name 参数设定参数值为“Tom”，并且指定 name 参数为 Hibernate.STRING 类型
query.setParameter("name","Tom",Hibernate.STRING);
```

Hibernate 还允许用户以实现 UserType 和 CompositeUserType 接口的方式，定义客户化映射类型，本书第 11 章的 11.2 节（客户化映射类型）将对此做介绍。

2.4.4　可供扩展的接口

Hibernate 提供的多数功能是可配置的，允许用户选择适当的 Hibernate 内置策略。例如，如果 Hibernate 应用访问 MySQL 数据库，可配置如下 MySQL 方言：

```
hibernate.dialect=org.hibernate.dialect.MySQLDialect
```

如果 Hibernate 应用访问 Oracle 数据库，可配置如下 Oracle 方言：

```
hibernate.dialect= org.hibernate.dialect.OracleDialect
```

如果 Hibernate 应用访问 Sybase 数据库，可配置如下 Sybase 方言：

```
hibernate.dialect= org.hibernate.dialect.SybaseDialect
```

以上 MySQLDialect、OracleDialect 和 SybaseDialect 类都扩展了 org.hibernate.dialect.Dialect 抽象类。假如对于 Hibernate 应用需要访问的某种数据库，Hibernate 没有提供相应的内置 Dialect 类，用户可以根据该数据库的 SQL 方言，自己创建扩展 Dialect 类的子类，参见图 2-11，其中 CustomDialect 类表示用户自定义的 SQL 方言。

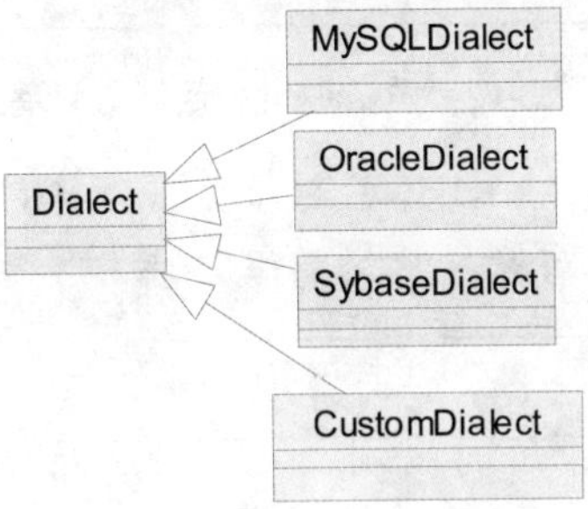

图 2-11　Dialect 类的类框图

可见，当 Hibernate 内置的策略不能满足需求时，Hibernate 允许用户以实现接口或扩展特定类的方式，定义客户化的策略。Hibernate 的扩展点包括以下内容。

- 定制主键的生成策略：IdentifierGenerator 接口。
- 定制本地 SQL 方言：Dialect 抽象类。
- 定制缓存机制：Cache 和 CacheProvider 接口。
- 定制 JDBC 连接管理：ConnectionProvider 接口。
- 定制事务管理：TransactionFactory、Transaction 和 TransactionManagerLookup 接口。
- 定制属性访问策略：PropertyAccessor 接口。
- 创建代理：ProxyFactory 接口。
- 定制客户化映射类型：UserType 和 CompositeUserType 接口。

对于以上每个接口（除了 UserType 和 CompositeUserType 接口），Hibernate 提供了至少一种实现，用户通常可以采用 Hibernate 内置的实现类。假如需要定制客户化的实现，可以参考 Hibernate 的内置实现类的源代码。

2.5　小结

业务数据在内存中表现为实体域对象形式，而在关系数据库中表现为关系数据形式。数据访问代码负责把实体域对象持久化到关系数据库中，数据访问主要有以下几种模式。

- 业务逻辑和数据访问耦合：在过程域对象中，业务逻辑和数据访问代码混杂在一起，如图 2-12 所示。

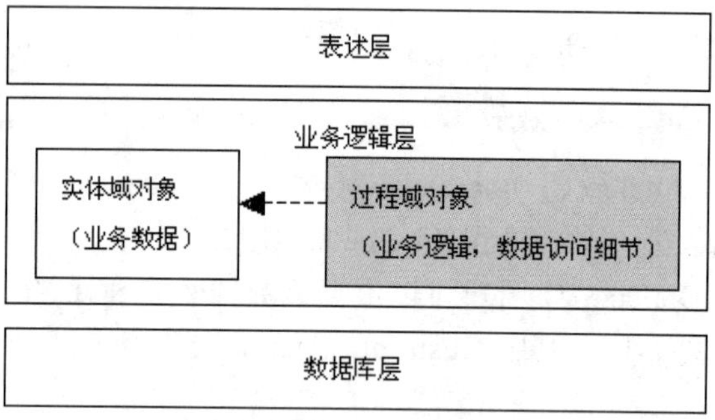

图 2-12　业务逻辑和数据访问耦合

- 主动域对象模式：由实体域对象负责自身的数据访问细节，这种实体域对象也被称为主动域对象，如图 2-13 所示。

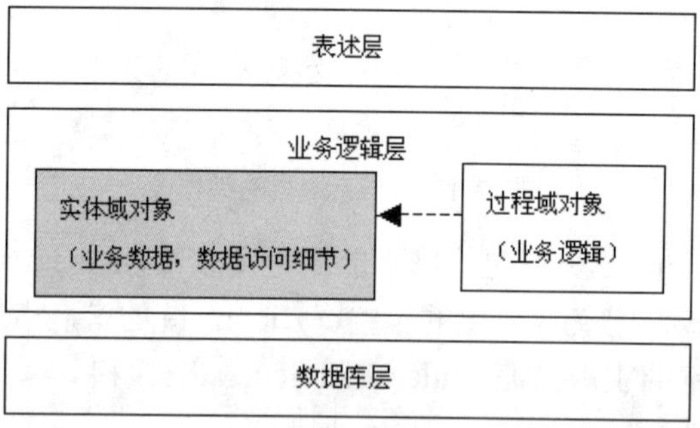

图 2-13　主动域对象模式

- ORM 模式：在单独的持久化层由 ORM 中间件封装数据访问细节，参见图 2-14。ORM 中间件提供对象-关系映射服务，当向数据库保存一个域对象时，把业务数据由对象形式映射为关系数据形式；当从数据库加载一个域对象时，把业务数据由关系数据形式映射为对象形式。

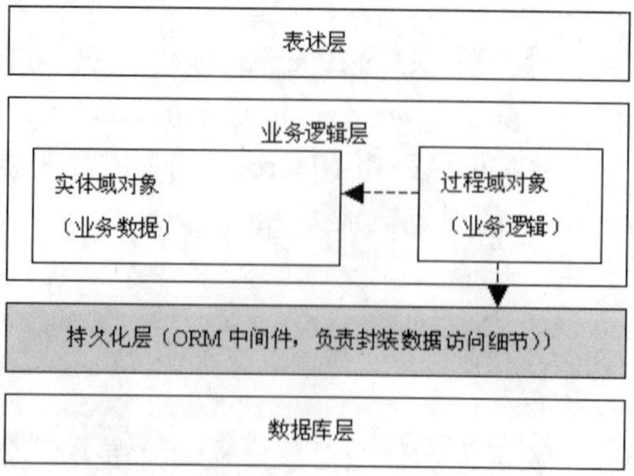

图 2-14　ORM 模式

本章的样例程序位于配套光盘的 sourcecode/chapter2 目录下，图 2-15 为它的分层结构。该程序中 Customer 和 Order 表示实体域对象，BusinessService 表示过程域对象，它的业务逻辑和数据访问耦合，本章 2.1 节的例程 2-1 列出了它的源代码。如果读者对 JDBC API 还不是很了解，也可以通过这个例子熟悉 JDBC 编程的基本方法。

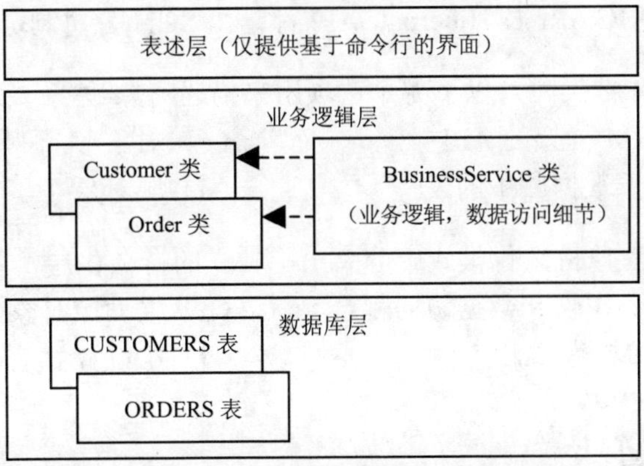

图 2-15　本章样例程序的分层结构

运行该程序的步骤如下。

（1）启动 MySQL 服务器，在 MySQL 服务器中创建 SAMPLEDB 数据库，然后在该数据库中创建 CUSTOMERS 表和 ORDERS 表，相关的 SQL 脚本文件为 schema/sampledb.sql。确保 MySQL 服务器具有 root 账号，并且口令为“1234”，因为本应用通过这个账号连接到数据库。

（2）在 DOS 命令行下进入 chapter2 根目录，然后输入命令：

```
ant run
```

以上命令将利用 ANT 工具来编译所有的 Java 源代码，然后运行 BusinessService 类的 main()方法，该方法在 DOS 控制台的输出内容如下：

```
[java] Customer:1 Tom 22
[java] Order:1 Tom_Order001 100.0
[java] Order:2 Tom_Order002 200.0
```

如果读者不熟悉 ANT 工具或者 MySQL 的用法，可以参考本书第 3 章的 3.6.1 节（创建运行本书范例的系统环境）。

2.6　思考题

1．关于 Hibernate，以下哪些说法正确？（多选）

（a）它是连接 Java 应用程序和关系数据库的中间件。

（b）它对 JDBC API 进行了轻量级的封装，负责 Java 对象的持久化。

（c）在分层的软件架构中，它位于业务逻辑层，封装了所有数据访问细节。

（d）它是一种 ORM 映射工具，能够建立面向对象的域模型和关系数据模型之间的映射。

2．关于 JDBC API 和 Hibernate API，以下哪些说法正确？（多选）

（a）JDBC API 封装了 Hibernate API。

（b）通过 JDBC API 来访问数据库的程序代码与关系数据模型绑定在一起。

（c）Hibernate API 提供了面向对象的持久化语义。

（d）JDBC API 及 Hibernate API 都是由 SUN 公司制定的。

3．采用 ORM 框架时，以下哪个选项用来描述对象-关系映射细节？（单选）

（a）ORM 框架的 API　（b）对象-关系映射文件

（c）关系数据库中的表　（d）域对象

4．以下哪些对象持久化模式中分离出了独立的持久化层？（多选）

（a）业务逻辑和数据访问耦合　（b）主动域对象模式

（c）ORM 模式　（d）JDO 模式

（e）CMP 模式

5．以下哪些属于 Hibernate 的核心接口？（多选）

（a）Session　（b）Transaction　（c）Query

（d）Connection　（e）Statement

第 3 章　第一个 Hibernate 应用

Hibernate 是 Java 应用和关系数据库之间的桥梁，它能进行 Java 对象和关系数据之间的映射。Hibernate 内部封装了通过 JDBC 访问数据库的操作，向上层应用提供面向对象的数据访问 API。在 Java 应用中使用 Hibernate 包含以下步骤。

（1）创建 Hibernate 的配置文件。

（2）创建持久化类。

（3）创建对象-关系映射文件。

（4）通过 Hibernate API 编写访问数据库的代码。

本章通过一个简单的例子 helloapp 应用，演示如何运用 Hibernate 来访问关系数据库。helloapp 应用的功能非常简单：通过 Hibernate 保存、更新、删除、加载及查询 Customer 对象。图 3-1 显示了 Hibernate 在 helloapp 应用中所处的位置。

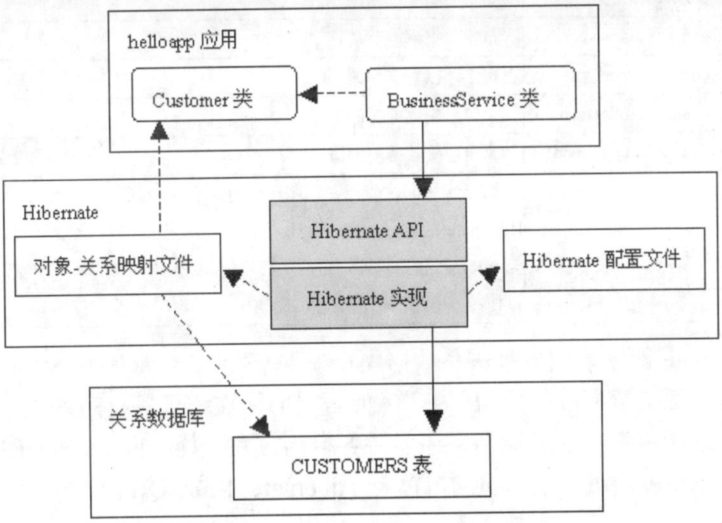

图 3-1　Hibernate 在 helloapp 应用中所处的位置

helloapp 应用既能作为独立的 Java 程序运行，还能作为 Java Web 应用运行，该应用的源代码位于配套光盘的 sourcecode/chapter3/helloapp 目录下。

3.1　创建 Hibernate 的配置文件

Hibernate 从其配置文件中读取和数据库连接有关的信息，这个配置文件应该位于应用的 classpath 中。Hibernate 的配置文件有两种形式：一种是 XML 格式的文件；还有一种是 Java 属性文件，采用"健=值"的形式。

本书第 4 章的 4.5 节将介绍 XML 格式的配置文件的创建方法。下面介绍如何以 Java

属性文件的格式来创建 Hibernate 的配置文件。这种配置文件的默认文件名为 hibernate.properties，例程 3-1 为示范代码。

例程 3-1 hibernate.properties

```
hibernate.dialect=org.hibernate.dialect.MySQLDialect
hibernate.connection.driver_class=com.mysql.jdbc.Driver
hibernate.connection.url=jdbc:mysql://localhost:3306/SAMPLEDB
hibernate.connection.username=root
hibernate.connection.password=1234
hibernate.show_sql=true
```

以上 hibernate.properties 文件包含了一系列属性及其属性值，Hibernate 将根据这些属性来连接数据库，本例为连接 MySQL 数据库的配置代码。表 3-1 对以上 hibernate.properties 文件中的所有属性做了描述。

表 3-1 Hibernate 配置文件的属性

属 性	描 述
hibernate.dialect	指定数据库使用的 SQL 方言
hibernate.connection.driver_class	指定数据库的驱动程序
hibernate.connection.url	指定连接数据库的 URL
hibernate.connection.username	指定连接数据库的用户名
hibernate.connection.password	指定连接数据库的口令
hibernate.show_sql	如果为 true，表示在程序运行时，会在控制台输出 SQL 语句，这有利于跟踪 Hibernate 的运行状态，默认为 false。在应用开发和测试阶段，可以把这个属性设为 true，以便跟踪和调试应用程序，在应用发布阶段，应该把这个属性设为 false，以便减少应用的输出信息，提高运行性能

Hibernate 能够访问多种关系数据库，如 MySQL、Oracle 和 Sybase 等。尽管多数关系数据库都支持标准的 SQL 语言，但是它们往往还有各自的 SQL 方言，就像不同地区的人既能说标准的普通话，还能讲各自的方言一样。hibernate.dialect 属性用于指定被访问数据库所使用的 SQL 方言，当 Hibernate 生成 SQL 查询语句，或者使用 native 对象标识符生成策略时，都会参考本地数据库的 SQL 方言。本书第 6 章（映射对象标识符）将介绍 Hibernate 的各种对象标识符生成策略。

Tips

在 Hibernate 核心软件包的 project/etc 目录下，有一个 hibernate.properties 文件，它提供了连接各种关系数据库的配置代码样例。

3.2 创建持久化类

持久化类是指其实例需要被 Hibernate 持久化到数据库中的类。持久化类通常都是域模型中的实体域类。持久化类符合 JavaBean 的规范，包含一些属性，以及与之对应的 getXXX()和 setXXX()方法。例程 3-2 定义了一个名为 Customer 的持久化类。

例程 3-2　Customer.java

```
package mypack;
import java.io.Serializable;
import java.sql.Date;
import java.sql.Timestamp;

public class Customer implements Serializable{
  private Long id;
  private String name;
  private String email;
  private String password;
  private int phone;
  private boolean married;
  private String address;
  private char sex;
  private String description;
  private byte[] image;
  private Date birthday;
  private Timestamp registeredTime;

  public Customer(){}

  public Long getId(){
    return id;
  }

  /* Hibernate 可以调用此方法，为 id 属性赋值，而业务逻辑层无法访问此方法。
  本章 3.5.2 节将介绍把 setId()方法设为 private 访问级别的原因。
  */
  private void setId(Long id){
    this.id = id;
  }

  public String getName(){
    return name;
  }

  public void setName(String name){
    this.name=name;
  }

  //此处省略 email、password 和 phone 等属性的 getXXX()和 setXXX()方法
  ……
}
```

持久化类符合 JavaBean 的规范，包含一些属性，以及与之对应的 getXXX()和 setXXX()方法，这些 getXXX()和 setXXX()方法可以采用任意的访问级别，包括：public、protected、默认和 private。getXXX()和 setXXX()方法必须符合特定的命名规则，"get"和"set"后面紧跟属性的名字，并且属性名的首字母为大写，如 name 属性的 get 方法为 getName()，如果把 get 方法命名为 getname()或者 getNAME()，会导致 Hibernate 在运行时抛出以下异常：

```
[java] org.hibernate.PropertyNotFoundException:
Could not find a getter for name in class mypack.Customer
```

在默认情况下，当 Hibernate 试图读取一个 Customer 对象的 name 属性时，会根据 JavaBean 的命名规则，自动去调用 Customer 对象的 getName()方法，如果不存在这个方法，就会抛出以上异常。

> **Tips**
>
> 本书第 5 章的 5.1.2 节（Hibernate 访问持久化类属性的策略）还会介绍，Hibernate 并不强迫持久化类的属性必须有相应的 get 和 set 方法，因为 Hibernate 也可以直接访问持久化类的各种访问级别的属性。

如果持久化类的属性为 boolean 类型，那么它的 get 方法名既可以用“get”作为前缀，也可以用“is”作为前缀。例如，Customer 类的 married 属性为 boolean 类型，因此以下两种 get 方法是等价的：

```
public boolean isMarried(){
  return married;
}
```

或者：

```
public boolean getMarried(){
  return married;
}
```

Hibernate 并不要求持久化类必须实现 java.io.Serializable 接口，但是对于采用 RMI 或 JavaEE 分布式结构的 Java 应用，当 Java 对象在不同的进程节点之间传输时，这个对象所属的类必须实现 Serializable 接口，此外，在 Java Web 应用中，如果希望对 HttpSession（表示 HTTP 会话）中存放的 Java 对象进行持久化，那么这个 Java 对象所属的类也必须实现 Serializable 接口。

Customer 持久化类有一个 id 属性，用来唯一标识 Customer 类的每个对象。在面向对象术语中，这个 id 属性被称为对象标识符（OID，Object Identifier），通常它都用整数表示，当然也可以设为其他类型。如果 customerA.getId().equals(customerB.getId()) 的结果是 true，就表示 customerA 和 customerB 对象指的是同一个客户，它们和 CUSTOMERS 表中的同一条记录对应。

Hibernate 要求持久化类必须提供一个不带参数的默认构造方法，因为在程序运行时，Hibernate 会运用 Java 反射机制，调用 java.lang.reflect.Constructor.newInstance()方法来构造持久化类的实例。一般情况下，这个默认构造方法可以采用任意的访问级别。但是如果对这个持久化类使用延迟检索策略，为了使 Hibernate 能够在运行时为这个持久化类创建动态代理，要求持久化类的默认构造方法的访问级别必须是 public、protected 或默认类型，而不能是 private 类型。本书第 16 章（Hibernate 的检索策略）将介绍 Hibernate 的延迟检索策略及动态代理的概念。

在 Customer 类中没有引入任何 Hibernate API，Customer 类不需要继承 Hibernate 的类，或实现 Hibernate 的接口，这提高了持久化类的独立性。如果日后要改用其他的

ORM 产品，比如由 Hibernate 改为 OJB，不需要修改持久化类的代码。

本书第 2 章介绍了 J2EE 的持久化方案，无论是基于 CMP 的实体 EJB，还是基于 BMP 的实体 EJB，它们的共同特点是都必须运行在 EJB 容器中。而 Hibernate 支持的持久化类不过是普通的 Java 类，它们能够运行在任何一种 Java 环境中。

这种具有较高独立性和可移植性的持久化类也被称为 POJO（Plain Old Java Object），本书第 2 章的 2.3.3 节（CMP 模式）已经介绍了 POJO 的概念。

3.3　创建数据库 Schema

在本例中，与 Customer 类对应的数据库表名为 CUSTOMERS，它在 MySQL 数据库中的 DDL 定义如下：

```
create table CUSTOMERS (
  ID bigint not null primary key,
  NAME varchar(15) not null,
  EMAIL varchar(128) not null,
  PASSWORD varchar(8) not null,
  PHONE int ,
  ADDRESS varchar(255),
  SEX char(1) ,
  IS_MARRIED bit,
  DESCRIPTION text,
  IMAGE blob,
  BIRTHDAY date,
  REGISTERED_TIME timestamp
);
```

CUSTOMERS 表有一个 ID 字段，它是表的主键，它和 Customer 类的 id 属性对应。CUSTOMERS 表中的字段使用了各种各样的 SQL 类型，参见表 3-2。

表 3-2　CUSTOMERS 表的字段使用的 SQL 类型

字 段 名	SQL 类型	说　明
ID	BIGINT	整数，占 8 字节，取值范围为：-2^63 ~ 2^63 - 1
NAME	VARCHAR	变长字符串，占 0 ~ 255 字节
SEX	CHAR	定长字符串，占 0 ~ 255 字节
IS_MARRIED	BIT	布尔类型
DESCRIPTION	TEXT	长文本数据，占 0 ~ 65 535 字节。如果字符串长度小于 255，可以用 VARCHAR 或 CHAR 类型来表示。如果字符串长度大于 255，可以定义为 TEXT 类型
IMAGE	BLOB	二进制长数据，占 0 ~ 65 535 字节，BLOB 是 Binary Large Object 的缩写。在本例中，IMAGE 字段用来存放图片数据
BIRTHDAY	DATE	代表日期，格式为“YYYY-MM-DD”
REGISTERED_TIME	TIMESTAMP	代表日期和时间，格式为“YYYYMMDDHHMMSS”

3.4 创建对象-关系映射文件

Hibernate 采用 XML 格式的文件来指定对象和关系数据之间的映射。在运行时，Hibernate 将根据这个映射文件来生成各种 SQL 语句。在本例中，将创建一个名为 Customer.hbm.xml 的文件，它用于把 Customer 类映射到 CUSTOMERS 表，这个文件应该和 Customer.class 文件存放在同一个目录下。例程 3-3 为 Customer.hbm.xml 文件的代码。

例程 3-3　Customer.hbm.xml

```
<?xml version="1.0"?>
<!DOCTYPE hibernate-mapping PUBLIC
    "-//Hibernate/Hibernate Mapping DTD 3.0//EN"
    "http://hibernate.sourceforge.net/hibernate-mapping-3.0.dtd">

<hibernate-mapping>
 <class name="mypack.Customer" table="CUSTOMERS">

   <id name="id" column="ID" type="long">
     <generator class="increment"/>
   </id>

   <property name="name"     column="NAME"  type="string" not-null="true" />
   <property name="email"    column="EMAIL"    type="string" not-null="true" />
   <property name="password" column="PASSWORD" type="string" not-null="true"/>
   <property name="phone"     column="PHONE"     type="int" />
   <property name="address"   column="ADDRESS"   type="string" />
   <property name="sex"       column="SEX"       type="character"/>
   <property name="married"   column="IS_MARRIED"  type="boolean"/>
   <property name="description" column="DESCRIPTION"  type="text"/>
   <property name="image"     column="IMAGE"       type="binary"/>
   <property name="birthday"    column="BIRTHDAY"     type="date"/>
  <property name="registeredTime" column="REGISTERED_TIME" type="timestamp"/>

  </class>
</hibernate-mapping>
```

3.4.1　映射文件的文档类型定义（DTD）

在例程 3-3 的 Customer.hbm.xml 文件的开头声明了 DTD（Document Type Definition，文档类型定义），它对 XML 文件的语法和格式做了定义。Hibernate 的 XML 解析器将根据 DTD 来核对 XML 文件的语法。

每一种 XML 文件都有独自的 DTD 文件。Hibernate 的对象-关系映射文件使用的 DTD 文件的下载网址为：http://hibernate.sourceforge.net/hibernate-mapping-3.0.dtd。此外，在 Hibernate 核心软件包的 project\core\src\main\resources\org\hibernate 目录下也提供了 hibernate-mapping-3.0.dtd 文件。在这个文件中，描述顶层元素<hibernate-mapping>的代码如下：

```
<!ELEMENT hibernate-mapping (
  meta*,typedef*,import*,
  (class|subclass|joined-subclass|union-subclass)*,
  resultset*,(query|sql-query)*,filter-def*,database-object*
)>
```

描述顶层元素<hibernate-mapping>的子元素<class>的代码如下：

```
<!ELEMENT class (
 meta*,subselect?,cache?,synchronize*,comment?,tuplizer*,
 (id|composite-id),discriminator?,natural-id?,(version|timestamp)?,
 (property|many-to-one|one-to-one|component
   |dynamic-component|properties|any|map|set
   |list|bag|idbag|array|primitive-array)*,
 ((join*,subclass*)|joined-subclass*|union-subclass*),
 loader?,sql-insert?,sql-update?,sql-delete?,
 filter*,resultset*,(query|sql-query)*
)>
```

<hibernate-mapping>元素是对象-关系映射文件的根元素，其他元素（即以上 DTD 代码中括号以内的元素，如<class>子元素）必须嵌入在<hibernate-mapping>元素以内。在<class>元素中又嵌套了好多子元素，如<property>子元素。在以上 DTD 代码中，还使用了一系列的特殊符号来修饰元素，表 3-3 描述了这些符号的作用。在创建自己的对象-关系映射文件时，如果不熟悉某种元素的语法，可以参考 DTD 文件。

表 3-3　DTD 中特殊符号的作用

符　号	含　义
无符号	该子元素在父元素内必须存在且只能存在一次
+	该子元素在父元素内必须存在，可以存在一次或者多次
*	该子元素在父元素内可以不存在，或者存在一次或者多次，它是比较常用的符号
?	该子元素在父元素内可以不存在，或者只存在一次，它是比较常用的符号

根据表 3-3 可以看出，在<hibernate-mapping>元素中，<meta>、<import>、<class>和<query>等子元素可以不存在，或者存在一次或者多次；在<class>元素中，<id>子元素必须存在且只能存在一次，<property>子元素可以不存在，或者存在一次或者多次。

此外，在映射文件中，父元素中的各种子元素的定义必须符合特定的顺序。例如，根据<class>元素的 DTD 可以看出，必须先定义<id>子元素，再定义<property>子元素，以下映射代码颠倒了<id>和<property>子元素的位置：

```
<class name="mypack.Customer" table="CUSTOMERS">
  <property name="name"    column="NAME"  type="string" not-null="true" />
  <property name="email"   column="EMAIL" type="string" not-null="true" />

  <id name="id" column="ID" type="long">
    <generator class="increment"/>
  </id>
```

```
    ……
</class>
```

Hibernate 的 XML 解析器在运行时会抛出 InvalidMappingException：

```
[java]org.hibernate.InvalidMappingException: Could not parse
mapping document from resource mypack/Customer.hbm.xml
[java]at org.hibernate.cfg.Configuration.addResource
(Configuration.java:572)
[java]at org.hibernate.cfg.Configuration.addClass(Configuration.java:619)
```

3.4.2 把 Customer 持久化类映射到 CUSTOMERS 表

例程 3-3 的 Customer.hbm.xml 文件用于映射 Customer 类。如果需要映射多个持久化类，那么既可以在同一个映射文件中映射所有类，也可以为每个类创建单独的映射文件，映射文件和类同名，扩展名为“hbm.xml”。后一种做法更值得推荐，因为在团队开发中，这有利于管理和维护映射文件。

<class>元素指定类和表的映射，它的 name 属性设定类名，table 属性设定表名。以下代码表明和 Customer 类对应的表为 CUSTOMERS 表：

```
<class name="mypack.Customer"  table="CUSTOMERS">
```

如果没有设置<class>元素的 table 属性，Hibernate 将直接以类名作为表名，也就是说，在默认情况下，Hibernate 认为与 mypack.Customer 类对应的表为 Customer 表。

<class>元素包含一个<id>子元素及多个<property>子元素。<id>子元素设定持久化类的 OID 和表的主键的映射。以下代码表明 Customer 类的 id 属性和 CUSTOMERS 表中的 ID 字段对应。

```
<id name="id" column="ID" type="long">
 <generator class="increment"/>
</id>
```

<id>元素的<generator>子元素指定对象标识符生成器，它负责为 OID 生成唯一标识符。本书第 6 章（映射对象标识符）将详细介绍 Hibernate 提供的各种对象标识符生成器的用法。

<property>子元素设定类的属性和表的字段的映射。<property>子元素主要包括 name、type、column 和 not-null 属性。

1．<property>元素的 name 属性

<property>元素的 name 属性指定持久化类的属性的名字。

2．<property>元素的 type 属性

<property>元素的 type 属性指定 Hibernate 映射类型。Hibernate 映射类型是 Java 类型与 SQL 类型的桥梁。表 3-4 列出了 Customer 类的属性的 Java 类型、Hibernate 映射类型，以及 CUSTOMERS 表的字段的 SQL 类型这三者之间的对应关系。

表 3-4　Java 类型、Hibernate 映射类型及 SQL 类型之间的对应关系

Customer 类的属性	Java 类型	Hibernate 映射类型	CUSTOMERS 表的字段	SQL 类型
Name	java.lang.String	String	NAME	VARCHAR(15)
Email	java.lang.String	String	EMAIL	VARCHAR(128)
Password	java.lang.String	String	PASSWORD	VARCHAR(8)
Phone	int	Int	PHONE	INT
Address	java.lang.String	String	ADDRESS	VARCHAR(255)
Sex	char	Character	SEX	CHAR(1)
Married	boolean	Boolean	IS_MARRIED	BIT
Description	java.lang.String	Text	DESCRIPTION	TEXT
Image	byte[]	Binary	IMAGE	BLOB
Birthday	java.sql.Date	Date	BIRTHDAY	DATE
RegisteredTime	java.sql.Timestamp	Timestamp	REGISTERED_TIME	TIMESTAMP

从表 3-4 看出，如果 Customer 类的一个属性为 java.lang.String 类型，并且与此对应的 CUSTOMERS 表的字段为 VARCHAR 类型，那么应该把 Hibernate 映射类型设为 string，例如对 name 属性的映射代码如下：

```
<property name="name" column="NAME" type="string" not-null="true" />
```

如果 Customer 类的一个属性为 java.lang.String 类型，并且与此对应的 CUSTOMERS 表的字段为 TEXT 类型，那么应该把 Hibernate 映射类型设为 text，例如对 description 属性的映射代码如下：

```
<property name="description" column="DESCRIPTION" type="text"/>
```

如果 Customer 类的一个属性为 byte[]类型，并且与此对应的 CUSTOMERS 表的字段为 BLOB 类型，那么应该把 Hibernate 映射类型设为 binary，例如对 image 属性的映射代码如下：

```
<property name="image" column="IMAGE" type="binary"/>
```

如果没有为某个属性显式设定映射类型，Hibernate 会运用 Java 反射机制先识别出持久化类的特定属性的 Java 类型，然后自动使用与之对应的默认的 Hibernate 映射类型。例如，Customer 类的 address 属性为 java.lang.String 类型，与 java.lang.String 对应的默认的映射类型为 string，因此以下两种设置方式是等价的：

```
<property name="address" column="ADDRESS"/>
```

或者：

```
<property name="address" column="ADDRESS" type="string" />
```

对于 Customer 类的 description 属性，尽管它是 java.lang.String 类型，由于 CUSTOMERS 表的 DESCRIPTION 字段为 text 类型，因此必须显式地把映射类型设为 text。

3．<property>元素的 not-null 属性

如果<property>元素的 not-null 属性为 true，表明不允许为 null，默认为 false。如以下代码表明不允许 Customer 类的 name 属性为 null：

```
<property name="name" column="NAME" type="string" not-null="true" />
```

Hibernate 在持久化一个 Customer 对象时，会先检查它的 name 属性是否为 null，如果为 null，就会抛出以下异常：

```
[java] Exception in thread "main" org.hibernate.PropertyValueException:
not-null property references a null or transient value: mypack.Customer.name
```

如果数据库中 CUSTOMERS 表的 NAME 字段不允许为 null，但在映射文件中没有设置 not-null 属性：

```
<property name="name" column="NAME" type="string" />
```

那么 Hibernate 在持久化一个 Customer 对象时，不会先检查它的 name 属性是否为 null，而是直接通过 JDBC API 向 CUSTOMERS 表插入相应的数据，由于 CUSTOMERS 表的 NAME 字段设置了 not null 约束，因此数据库会抛出错误：

```
708 ERROR JDBCExceptionReporter:58 - General error, message from server:
"Column 'NAME' cannot be null"
```

Tips

值得注意的是，对于实际 Java 应用，当持久化一个 Java 对象时，不应该依赖 Hibernate 或数据库来负责数据验证。在四层应用结构中，应该由表述层或者业务逻辑层负责数据验证。

例如，对于 Customer 对象的 name 属性，事实上在表述层就能检查 name 属性是否为 null，假如表述层、业务逻辑层和 Hibernate 持久化层都没有检查 name 属性是否为 null，那么数据库层会监测到 NAME 字段违反了数据完整性约束，从而抛出异常，如图 3-2 所示，包含非法数据的 Customer 对象从表述层依次传到数据库层，随后从数据库层抛出的错误信息又依次传到表述层，这种做法显然会降低数据验证的效率。

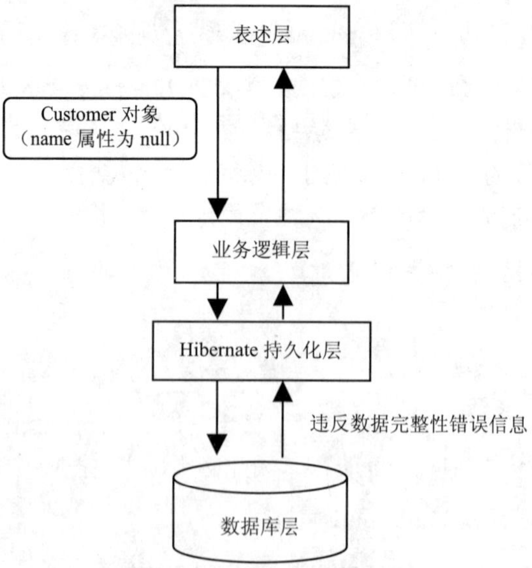

图 3-2　由数据库层负责数据验证

既然如此，把<property>元素的 not-null 属性设为 true，有何意义呢？这主要是便于在软件开发和测试阶段能捕获表述层或者业务逻辑层应该处理而未处理的异常，提醒开发人员在表述层或者业务逻辑层中加入必要的数据验证逻辑。

4．<property>元素的 column 属性

<property>元素的 column 属性指定与类的属性映射的表的字段名。以下代码表明和 address 属性对应的字段为 ADDRESS 字段：

```
<property name="address" column= "ADDRESS" type="string"/>
```

如果没有设置<property>元素的 column 属性，Hibernate 将直接以类的属性名作为字段名，也就是说，在默认情况下，Hibernate 认为与 Customer 类的 address 属性对应的字段为 address 字段。

<property>元素还可以包括<column>子元素，它和<property>元素的 column 属性一样，都可以设定与类的属性映射的表的字段名。以下两种设置方式是等价的：

```
<property name="address" column= "ADDRESS" type="string"/>
```

或者：

```
<property name="address"  type="string">
   <column  name="ADDRESS" />
</property>
```

<property>元素的<column>子元素比 column 属性提供更多的功能，它可以更加详细地描述表的字段。例如，以下<column>子元素指定 CUSTOMERS 表中的 NAME 字段的 SQL 类型为 varchar(15)，不允许为 null，并且为这个字段建立了索引：

```
<property name="name" type="string">
   <column name="NAME" sql-type="varchar(15)" not-null="true" index="idx_name" />
</property>
```

<column>子元素主要和 hbm2ddl 工具联合使用。当使用 hbm2ddl 工具来自动生成数据库 Schema 时，hbm2ddl 工具将依据<column>子元素提供的信息来定义表的字段。关于 hbm2ddl 工具的用法参见本书第 4 章（hbm2java 和 hbm2ddl 工具）。如果数据库 Schema 是通过手工方式创建的，就不必通过<column>子元素设定字段的详细信息，通常只需设定它的 name 属性和 not-null 属性就可以了，例如：

```
<property name="name"  type="string">
    <column name="NAME"  not-null="true"  />
</property>
```

或者：

```
<property name="name"  column="NAME"  type="string"  not-null="true"  />
```

除了 not-null 属性以外，<column>子元素的多数属性（如 sql-type 或 index 属性）都不会影响 Hibernate 的运行时行为。

图 3-3 显示了 Customer.hbm.xml 配置的对象-关系映射。

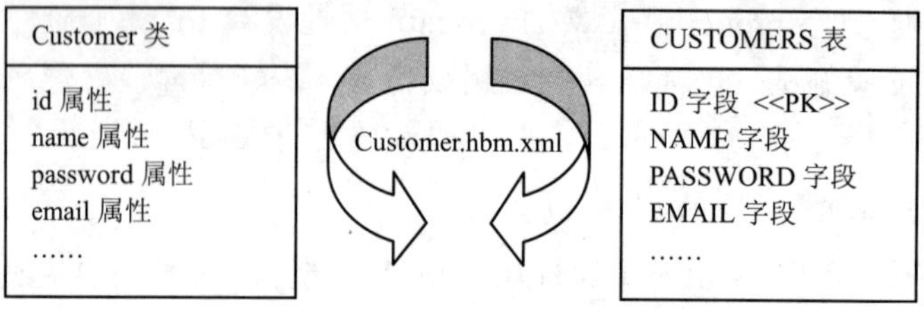

图 3-3　Customer.hbm.xml 配置的映射

Hibernate 采用 XML 文件来配置对象-关系映射，有以下优点：

- Hibernate 既不会渗透到上层域模型中，也不会渗透到下层关系数据模型中。
- 域模型和关系数据模型彼此独立。软件开发人员可以独立设计域模型，不必强迫遵守任何规范；数据库设计人员可以独立设计关系数据模型，不必强迫遵守任何规范。
- 对象-关系映射不依赖于任何程序代码，如果需要修改对象-关系映射，只需修改 XML 文件，不需要修改任何程序，提高了软件的灵活性，并且使维护更加方便。

3.5　通过 Hibernate API 操纵数据库

Hibernate 对 JDBC 进行了封装，提供了更加面向对象的 API。图 3-4 和图 3-5 对比了直接通过 JDBC API 及通过 Hibernate API 来访问数据库的两种方式。

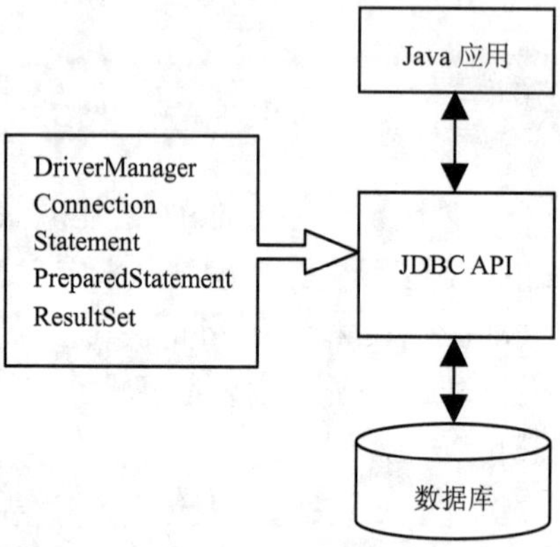

图 3-4　通过 JDBC API 访问数据库

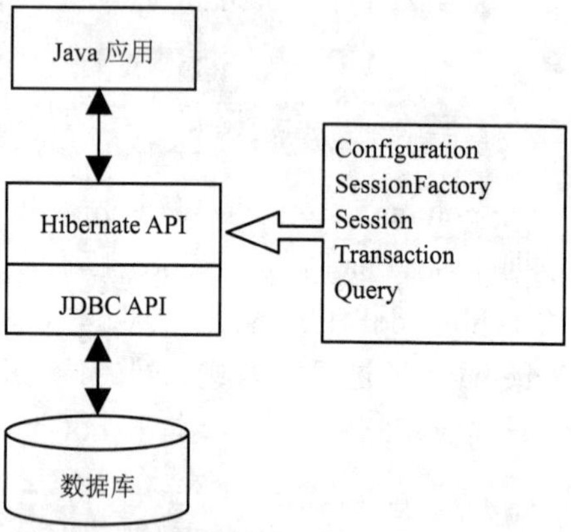

图 3-5　通过 Hibernate API 访问数据库

以下例程 3-4 的 BusinessService 类演示了通过 Hibernate API 对 Customer 对象进行持久化的操作。

Tips

本章 3.4 节提到 Hibernate 没有渗透到域模型中，即在持久化类中没有引入任何 Hibernate API。但是对于应用中负责处理业务的过程域对象，当然应该借助 Hibernate API 来操纵数据库。

例程 3-4　BusinessService.java

```
package mypack;
import javax.servlet.*;
import org.hibernate.*;
import org.hibernate.cfg.Configuration;
import java.io.*;
import java.sql.Date;
import java.sql.Timestamp;
import java.util.*;

public class BusinessService{
  public static SessionFactory sessionFactory;

  /** 初始化 Hibernate，创建 SessionFactory 实例 */
  static{
    try{
      // 根据默认位置的 Hibernate 配置文件的配置信息，创建一个 Configuration 实例
      Configuration config = new Configuration();
      //加载 Customer 类的对象-关系映射文件
      config.addClass(Customer.class);
      // 创建 SessionFactory 实例 */
      sessionFactory = config.buildSessionFactory();
    }catch(RuntimeException e){e.printStackTrace();throw e;}
  }

  /** 查询所有的 Customer 对象，然后调用 printCustomer()方法打印 Customer 对象信息 */
  public void findAllCustomers(ServletContext context,PrintWriter out)
    throws Exception{……}

  /** 持久化一个 Customer 对象 */
  public void saveCustomer(Customer customer) {
    Session session = sessionFactory.openSession();
    Transaction tx = null;
    try {
      tx = session.beginTransaction();
      session.save(customer);
      tx.commit();
    }catch (RuntimeException e) {
      if (tx != null) {
        tx.rollback();
      }
      throw e;
    } finally {
      session.close();
    }
  }

  /** 按照 OID 加载一个 Customer 对象，然后修改它的属性 */
  public void loadAndUpdateCustomer(Long customer_id,String address){……}

  /**删除 Customer 对象 */
  public void deleteCustomer(Customer customer) {
    Session session = sessionFactory.openSession();
    Transaction tx = null;
```

```
    try {
      tx = session.beginTransaction();
      session.delete(customer);
      tx.commit();

    }catch (RuntimeException e) {
      if (tx != null) {
        tx.rollback();
      }
      throw e;
    } finally {
      session.close();
    }
  }

  /** 选择向控制台还是Web网页输出Customer对象的信息 */
  private void printCustomer(ServletContext context,PrintWriter out,
    Customer customer)throws Exception{
     if(context!=null)
       printCustomerInWeb(context,out,customer);
     else
       printCustomer( out,customer);
  }

  /** 把Customer对象的信息输出到控制台，如DOS 控制台*/
  private void printCustomer(PrintWriter out,Customer customer)
   throws Exception{
    byte[] buffer=customer.getImage();
    FileOutputStream fout=new FileOutputStream("photo_copy.gif");
    fout.write(buffer);
    fout.close();

    out.println("------以下是"+customer.getName()+"的个人信息------");
    out.println("ID: "+customer.getId());
    out.println("口令: "+customer.getPassword());
    ……
  }

  /** 把Customer对象的信息输出到动态网页 */
  private void printCustomerInWeb(ServletContext context,
      PrintWriter out,Customer customer)throws Exception{    //保存照片
    byte[] buffer=customer.getImage();
    String path=context.getRealPath("/");
    FileOutputStream fout=new FileOutputStream(path+"photo_copy.gif");
    fout.write(buffer);
    fout.close();

    out.println("------以下是"+customer.getName()+"的个人信息------"+"<br>");
    out.println("ID: "+customer.getId()+"<br>");
    out.println("口令: "+customer.getPassword()+"<br>");
    ……
  }

  public void test(ServletContext context,PrintWriter out) throws Exception{
    Customer customer=new Customer();
```

```
        customer.setName("Tom");
        customer.setEmail("tom@yahoo.com");
        customer.setPassword("1234");
        customer.setPhone(55556666);
        customer.setAddress("Shanghai");
        customer.setSex('M');
        customer.setDescription("I am very honest.");

        //设置 Customer 对象的 image 属性，它是字节数组，存放 photo.gif 文件中的二进制数据
        //photo.gif 文件和 BusinessService.class 文件位于同一个目录下
        InputStream in=this.getClass().getResourceAsStream("photo.gif");
        byte[] buffer = new byte[in.available()];
        in.read(buffer);
        customer.setImage(buffer);

        //设置 Customer 对象的 birthday 属性，它是 java.sql.Date 类型
        customer.setBirthday(Date.valueOf("1980-05-06"));

        saveCustomer(customer);
        findAllCustomers(context,out);
        loadAndUpdateCustomer(customer.getId(),"Beijing");
        findAllCustomers(context,out);
        deleteCustomer(customer);
      }

      public static void main(String args[]) throws Exception {
        new BusinessService().test(null,new PrintWriter(System.out,true));
        sessionFactory.close();
      }
    }
```

以上例子演示了通过 Hibernate API 访问数据库的一般流程。首先应该在应用的启动阶段对 Hibernate 进行初始化，然后就可以通过 Hibernate 的 Session 接口来访问数据库。

3.5.1　Hibernate 的初始化

BusinessService 类的静态代码块负责 Hibernate 的初始化工作，如读取 Hibernate 的配置信息及对象-关系映射信息，最后创建 SessionFactory 实例。当 JVM（Java 虚拟机）加载 BusinessService 类时，会执行该静态代码块。初始化过程包括如下步骤。

（1）创建一个 Configuration 类的实例，Configuration 类的构造方法把默认文件路径下 hibernate.properties 配置文件中的配置信息读入到内存：

```
Configuration config = new Configuration();
```

（2）调用 Configuration 类的 addClass(Customer.class)方法：

```
config.addClass(Customer.class);
```

该方法把默认文件路径下的 Customer.hbm.xml 文件中的映射信息读入到内存中。

（3）调用 Configuration 类的 buildSessionFactory()方法：

```
sessionFactory = config.buildSessionFactory();
```

该方法创建一个 SessionFactory 实例，并把 Configuration 对象包含的所有配置信息复制到 SessionFactory 对象的缓存中。SessionFactory 代表一个数据库存储源，如果应用只有一个数据库存储源，那么只需创建一个 SessionFactory 实例。当 SessionFactory 对象创建后，该对象不和 Configuration 对象关联。因此，如果再修改 Configuration 对象包含的配置信息，不会对 SessionFactory 对象的行为有任何影响。

由于 Java 语言是纯面向对象的语言，因此不可能像 C 语言那样直接操纵内存，例如，声明一段可用的内存空间。以上步骤（3）中提到了缓存的概念，这里的缓存其实指的是 Java 对象的属性（通常是一些集合类型的属性）占用的内存空间。例如，SessionFactory 的实现类中定义了许多集合类型的属性，这些属性用于存放 Hibernate 配置信息、映射元数据信息等：

```
public final class SessionFactoryImpl
      implements SessionFactory, SessionFactoryImplementor  {
  private final transient Map entityPersisters;
  private final transient Map classMetadata;
  private final transient Map collectionPersisters;
  private final transient Map collectionMetadata;
  private final transient Map collectionRolesByEntityParticipant;
  private final transient Map identifierGenerators;
  private final transient Map namedQueries;
  private final transient Map namedSqlQueries;
  private final transient Map sqlResultSetMappings;
  private final transient Map filters;
  private final transient Map imports;
  private final transient Interceptor interceptor;
  private final transient Settings settings;
  private final transient Properties properties;
  private transient SchemaExport schemaExport;
  private final transient TransactionManager transactionManager;
  private final transient QueryCache queryCache;
  private final transient UpdateTimestampsCache updateTimestampsCache;
  private final transient Map queryCaches;
  private final transient Map allCacheRegions = new HashMap();
  ……
}
```

如果对象的缓存很大，就称为重量级对象。如果对象占用的内存空间很小，就称为轻量级对象。SessionFactory 就是个重量级对象，如果应用只有一个数据存储源，只需创建一个 SessionFactory 实例，因为随意地创建 SessionFactory 实例会占用大量内存空间。

Tips

SessionFactory 的缓存可分为两类：内置缓存和外置缓存（也称为第二级缓存）。SessionFactory 的内置缓存中存放了 Hibernate 配置信息和映射元数据信息等；SessionFactory 的外置缓存是一个可配置的缓存插件，在默认情况下，SessionFactory 不会启用这个缓存插件。外置缓存能存放大量数据库数据的拷贝，外置缓存的物理介质可以是内存或者硬盘。本书第 22 章（管理 Hibernate 的缓存）对外置缓存做了详细介绍。

Hibernate 的许多类和接口都支持方法链编程风格，Configuration 类的 addClass() 方法返回当前 Configuration 实例，因此对于以下代码：

```
Configuration config = new Configuration();
config.addClass(Customer.class);
sessionFactory = config.buildSessionFactory();
```

如果使用方法链编程风格，可以改写为：

```
sessionFactory = new Configuration()
  .addClass(Customer.class)
  .buildSessionFactory();
```

方法链编程风格能使应用程序代码更加简洁。在使用这种编程风格时，最好把每个调用方法放在不同的行，否则在跟踪程序时，无法跳入每个调用方法中。

3.5.2 访问 Hibernate 的 Session 接口

初始化过程结束后，就可以调用 SessionFactory 实例的 openSession()方法来获得 Session 实例，然后通过它执行访问数据库的操作。Session 接口提供了操纵数据库的各种方法，如：

- save()方法：把 Java 对象保存到数据库中。
- update()方法：更新数据库中的 Java 对象。
- delete()方法：把特定的 Java 对象从数据库中删除。
- load()方法或 get()方法：从数据库中加载 Java 对象。

Tips

在 Hibernate 早期的版本中，Session 接口还有一个用于查询 Java 对象的 find() 方法，在 Hibernate 3 版本中，该 find()方法已经被废弃。Hibernate 用 Query 接口及 Criteria 接口来负责查询 Java 对象。

Session 是一个轻量级对象。通常将每一个 Session 实例和一个数据库事务绑定，也就是说，每执行一个数据库事务，都应该先创建一个新的 Session 实例。如果事务执行中出现异常，应该撤销事务。不论事务执行成功与否，最后都应该调用 Session 的 close()方法，从而释放 Session 实例占用的资源。以下代码演示了用 Session 来执行事务的流程，其中 Transaction 类用来控制事务。

```
Session session = factory.openSession();
Transaction tx;
```

```
try {
   //开始一个事务
   tx = session.beginTransaction();
   //执行事务
   ...
   //提交事务
   tx.commit();
}catch (RuntimeException e) {
  //如果出现异常，就撤销事务
  if (tx!=null) tx.rollback();
  throw e;
}finally {
  //不管事务执行成功与否，最后都关闭 Session
  session.close();
}
```

Tips

从 Hibernate3 版本开始，Hibernate 抛出的异常都属于运行时异常，本书第 20 章的 20.5.1 节（处理异常）对此做了进一步阐述。

图 3-6 为正常执行数据库事务（即没有发生异常）的时序图。

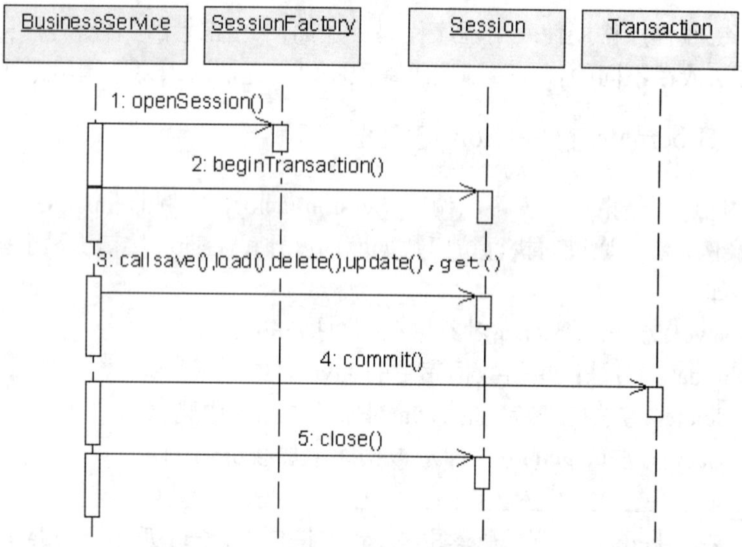

图 3-6　正常执行数据库事务的时序图

BusinessService 类提供了保存、删除、查询和更新 Customer 对象的各种方法。BusinessService 类的 main()方法调用 test()方法，test()方法又调用以下方法。

1. saveCustomer()方法

该方法调用 Session 的 save()方法，把 Customer 对象持久化到数据库中。

```
tx = session.beginTransaction();
session.save(customer);
tx.commit();
```

当运行 session.save()方法时，Hibernate 执行以下 SQL 语句：

```
insert into CUSTOMERS (ID, NAME, EMAIL, PASSWORD, PHONE, ADDRESS, SEX,
IS_MARRIED,DESCRIPTION, IMAGE, BIRTHDAY, REGISTERED_TIME)
values(1,'Tom','tom@yahoo.com','1234',55556666,'Shanghai',
'M',0,'I am very honest.', ☺,'1980-05-06',null)
```

在 test()方法中并没有设置 Customer 对象的 id 属性，Hibernate 会根据映射文件的配置，采用 increment 标识符生成器自动以递增的方式为 Customer 对象的 id 属性赋值。在 Customer.hbm.xml 文件中相关的映射代码如下：

```
<id name="id" column="ID" type="long">
 <generator class="increment"/>
</id>
```

在 test()方法中也没有设置 Customer 对象的 registeredTime 属性，因此在以上 insert 语句中，REGISTERED_TIME 字段的值为 null。但由于 REGISTERED_TIME 字段的 SQL 类型为 TIMESTAMP 类型，如果 insert 语句没有为 TIMESTAMP 类型的字段赋值，底层数据库会自动把当前的系统时间赋值给 TIMESTAMP 类型的字段。因此，执行完以上 insert 语句后，REGISTERED_TIME 字段的值并不为 null，而是为插入该记录时的系统时间。

2．findAllCustomers()方法

该方法通过 Query 接口来查询所有的 Customer 对象。

```
tx = session.beginTransaction(); //开始一个事务
Query query=session.createQuery("from Customer as c order by c.name asc");
List customers=query.list();
for (Iterator it = customers.iterator(); it.hasNext();) {
 printCustomer(context,out,(Customer) it.next());
}
tx.commit(); //提交事务
```

Query 接口是 Hibernate API 中的查询接口。以上代码先通过 Session 的 createQuery()方法创建了一个 Query 实例。以上代码向 Session 的 createQuery()方法传递的参数为“from Customer as c order by c.name asc”，它使用的是面向对象的 HQL（Hibernate Query Language，Hibernate 查询语言），本书第 16 章（Hibernate 的检索策略）将介绍这种查询语言。运行 query.list()方法时，Hibernate 执行以下 SQL 语句：

```
select * from CUSTOMERS order by NAME asc;
```

3．loadAndUpdateCustomer ()方法

该方法调用 Session 的 get()方法，加载 Customer 对象，然后再修改 Customer 对象的属性。

```
tx = session.beginTransaction();
Customer c=(Customer)session.get(Customer.class,customer_id);
c.setAddress(address);
tx.commit();
```

以上代码先调用 Session 的 get()方法，它按照参数指定的 OID 从数据库中检索出匹配的 Customer 对象，Hibernate 会执行以下 SQL 语句：

```
select * from CUSTOMERS where ID=1;
```

loadAndUpdateCustomer()方法接着修改 Customer 对象的 address 属性。那么，Hibernate 会不会同步更新数据库中相应的 CUSTOMERS 表的记录呢？答案是肯定的。Hibernate 会自动进行脏检查（dirty check），按照内存中的 Customer 对象的状态的变化，来同步更新数据库中相关的数据，Hibernate 会执行以下 SQL 语句：

```
update CUSTOMERS set NAME="Tom",EMAIL="Tom@yahoo.com"…ADDRESS="Beijing"…
where ID=1;
```

尽管只有 Customer 对象的 address 属性发生了变化，但是 Hibernate 执行的 update 语句中会包含所有的字段。

在 BusinessService 类的 test()方法中按如下方式调用 loadAndUpdateCustomer ()方法：

```
saveCustomer(customer);
loadAndUpdateCustomer(customer.getId(),"Beijing");
```

以上代码并没有直接给 customer 对象的 id 属性赋值，当执行 saveCustomer(customer)方法时，Session 的 save()方法把 customer 对象持久化到数据库中，并自动为 customer 对象的 id 属性赋值。

customer 对象的 id 属性与 CUSTOMERS 表的 ID 主键对应，这是一个代理主键，不具有任何业务含义，主键的取值通常由持久化层的 Hibernate 或者由数据库系统来自动生成。业务逻辑层一般不负责为不具有业务含义的 OID 赋值。因此，作为一种良好的编程规范，可以在 Customer 类的定义中把 setId()方法的访问级别设为 private：

```
private void setId(Long id)
```

这样，业务逻辑层就无法为 customer 对象的 id 属性赋值了，但是 Hibernate 能通过 Java 反射机制来访问 customer 对象的 setId()方法，从而为 customer 对象的 id 属性赋值。关于如何为持久化类的 OID 赋值，本书第 6 章（映射对象标识符）对此将做进一步介绍。

4．printCustomer(ServletContext context,PrintWriter out,Customer customer)方法

该方法打印 Customer 对象的信息。当 helloapp 应用作为独立应用程序运行时，将调用 printCustomer(PrintWriter out,Customer customer)方法，向控制台输出 Customer 信息；当 helloapp 应用作为 Java Web 应用运行时，将调用 printCustomerInWeb (ServletContext context,PrintWriter out,Customer customer) 方法向 Web 客户输出 Customer 信息：

```
private void printCustomerInWeb(ServletContext context,
   PrintWriter out,Customer customer)throws Exception{

   //把 Customer 对象的 image 属性包含的二进制图片数据保存到 photo_copy.gif 文件中
   byte[] buffer=customer.getImage();
   String path=context.getRealPath("/");
   FileOutputStream fout=new FileOutputStream(path+"photo_copy.gif");
   fout.write(buffer);
   fout.close();
```

```
    out.println("------以下是"+customer.getName()+"的个人信息------"+"<br>");
    out.println("ID: "+customer.getId()+"<br>");
    out.println("口令: "+customer.getPassword()+"<br>");
    out.println("E-Mail: "+customer.getEmail()+"<br>");
    out.println("电话: "+customer.getPhone()+"<br>");
    out.println("地址: "+customer.getAddress()+"<br>");
    String sex=customer.getSex()=='M'? "男":"女";
    out.println("性别: "+sex+"<br>");
    String marriedStatus=customer.isMarried()? "已婚":"未婚";
    out.println("婚姻状况: "+marriedStatus+"<br>");
    out.println("生日: "+customer.getBirthday()+"<br>");
    out.println("注册时间: "+customer.getRegisteredTime()+"<br>");
    out.println("自我介绍: "+customer.getDescription()+"<br>");
    out.println("<img src='photo_copy.gif' border=0><p>");
}
```

5．deleteCustomer()方法

该方法调用 Session 的 delete()方法，删除参数指定的 Customer 对象：

```
tx = session.beginTransaction();
session.delete(customer);
tx.commit();
```

运行 session.delete()方法时，Hibernate 根据 Customer 对象的 OID，执行以下 delete 语句：

```
delete from CUSTOMERS where ID=1;
```

3.6　运行 helloapp 应用

helloapp 应用既能作为独立的 Java 程序来运行，还能作为 Java Web 应用来运行。当作为独立应用程序时，将直接运行 BusinessService 类的 main()方法；当作为 Java Web 应用时，需要在 Java Web 服务器上才能运行，本书采用 Tomcat 服务器。

3.6.1　创建运行本书范例的系统环境

运行本书的例子，需要安装以下软件。

（1）JDK 1.4、JDK 1.5 或者以上版本：Hibernate 要求 JDK 1.4 以上的版本，如果安装 JDK 1.3，可能会导致程序无法正常编译或运行。

（2）ANT：它是发布、编译和运行 Java 应用的工具软件。

（3）Hibernate: 它是本书介绍的 ORM 工具软件。

（4）MySQL：它是本书范例使用的关系数据库。

（5）Tomcat：它是本章范例以及购物网站 netstore 应用使用的 Java Web 服务器，其他章节的范例都不需要用到它。

（6）JBoss：它是购物网站 netstore 应用使用的 J2EE 应用服务器，其他章节的范例都不需要用到它。

表 3-5 列出了以上软件的下载网址。此外，本书配套光盘的 software 目录下也提供了以上软件（不包括 JDK 软件）。

表 3-5　本书使用的软件的下载网址

软　　件	下载网地址
JDK1.5	java.sun.com
ANT	www.apache.org
Tomcat	www.apache.org
MySQL	www.mysql.com
Hibernate	www.hibernate.org
JBoss	www.jboss.com

以上软件的安装都很简单，其中 JDK 和 MySQL 的安装软件是可运行程序，只需直接运行安装程序。对于 MySQL 5.x 版本，在安装 MySQL 的过程中，会出现为“root”用户输入口令的窗口，在该窗口中设置口令为“1234”，如图 3-7 所示。在本书中，登入 MySQL 服务器的用户名一律为“root”，口令为“1234”。

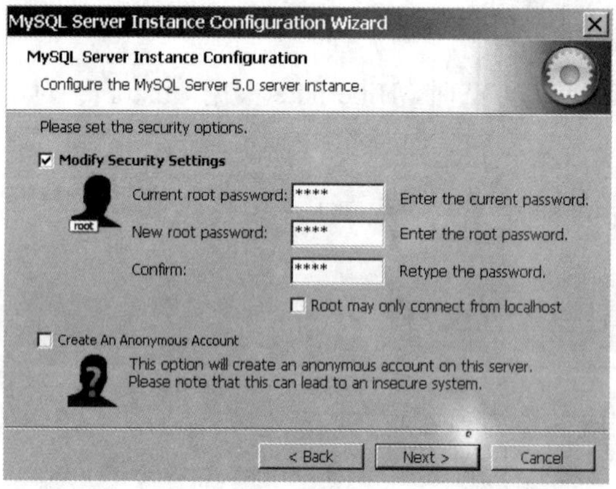

图 3-7　设置 MySQL 的“root”用户的口令

Tips

MySQL 版本 4 不支持 SQL 子查询语句。本书配套光盘提供了 MySQL 5 版本，选用这个版本，是为了便于演示 Hibernate 的各种高级功能。

Tomcat、ANT 和 Hibernate 的安装软件是压缩软件包，只需把压缩文件解压到本地硬盘。安装好以上软件后需要在操作系统中设置以下系统环境变量：

- JAVA_HOME：JDK 的安装目录。
- ANT_HOME：ANT 的安装目录。
- CATALINA_HOME：Tomcat 的安装目录。
- PATH：把%JAVA_HOME%/bin 目录添加到 PATH 变量中，以便于在当前路径下，从 DOS 命令行直接运行 JDK 的 javac 和 java 命令；把%ANT_HOME%/bin 目录添加到 PATH 变量中，以便于在当前路径下，从 DOS 命令行直接运行 ANT。

JAVA_HOME 和 ANT_HOME 环境变量是必须设置的，而 CATALINA_HOME 和 PATH 环境变量不是必须设置的。

在 Windows XP 操作系统中创建 JAVA_HOME 环境变量的步骤如下。

（1）打开“控制面板”，选择“系统”图标。

（2）双击“系统”图标，运行 Windows XP 系统程序，选择“高级”标签，如图 3-8 所示。

（3）在图 3-8 中单击【环境变量】按钮，将会出现设置环境变量的窗口，如图 3-9 所示。

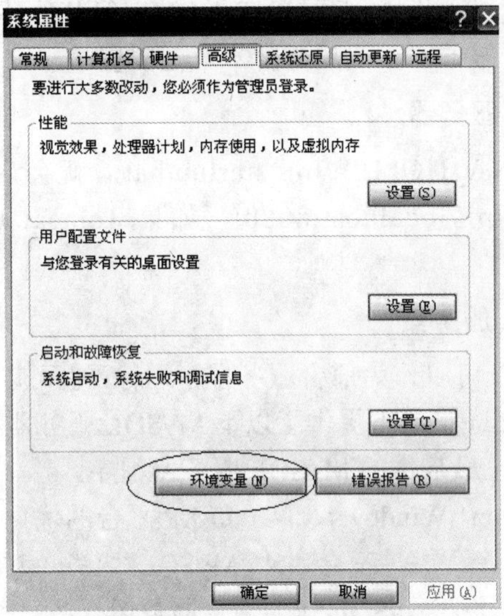

图 3-8　Windows XP 的系统程序

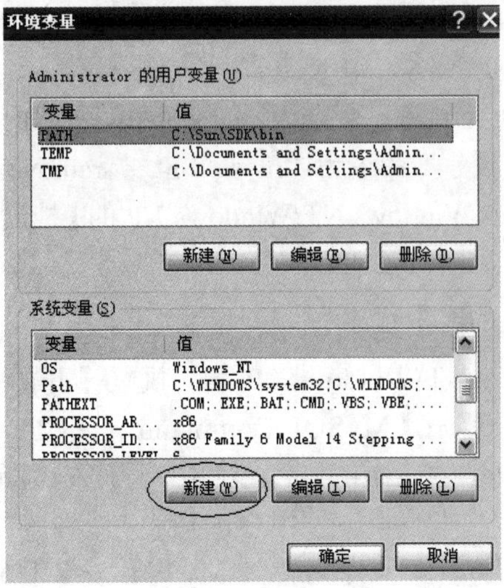

图 3-9　“环境变量”对话框

（4）单击图 3-9 中“系统变量”区域的【新建】按钮，将会出现“新建系统变量”对话框，在对话框中新建 JAVA_HOME 环境变量，环境变量值为 C:\jdk1.5，如图 3-10

所示。

图 3-10　设置 JAVA_HOME 环境变量

接下来可以重复以上步骤创建 ANT_HOME 等其他环境变量。环境变量创建好以后，就可以启动各个服务器，然后运行本章范例程序。

1．启动 Tomcat 服务器

运行<CATALINA_HOME>\bin\startup.bat，就会启动 Tomcat 服务器，然后通过浏览器访问 http://localhost:8080/，如果 Tomcat 启动成功，可看到 Tomcat 的主页。

2．启动 MySQL 服务器

MySQL 服务器既可以作为前台服务程序运行，也可以作为后台服务程序运行。在 MySQL 安装目录的 bin 目录下提供了以下 MySQL 服务器程序：

- mysqld.exe：最基本的 MySQL 服务器程序。
- mysqld-nt.exe：Windows NT/2000/XP 平台的优化版本，支持命名管道。

执行以上任意一个程序，都会启动 MySQL 服务，它以前台服务的形式运行。此外，也可以按以下步骤把 MySQL 作为后台服务运行：

（1）在 DOS 下转到 MySQL 的安装目录的 bin 子目录下。

（2）在 NT/Windows 2000 中注册 MySQL 服务，输入命令：mysqld-nt　--install。

（3）启动 MySQL 服务，输入命令：net start mysql。

如果要停止 MySQL 服务，命令为：net stop mysql。如果要从 Windows NT/Windows 2000 中删除 MySQL 服务，命令为：mysqld-nt　--remove。

此外，也可以通过 Windows NT/Windows XP 的【控制面板】→【管理工具】→【服务】程序来管理注册过的 MySQL 服务。

3．运行 MySQL 的客户程序

（1）在 Windows NT/WindowsXP 下，执行【开始】→【程序】→【MySQL】→【MySQL Server 5.0】→【MySQL CommandLine Client】菜单，就会运行 MySQL 的客户程序 mysql.exe，参见图 3-11，该客户程序先提示输入 root 用户的口令，此处应该输入口令“1234”，即 root 用户的口令。此外，也可以直接在 DOS 命令行下运行 mysql.exe 程序，步骤为先转到 MySQL 安装目录的 bin 目录下，输入如下命令：

```
C:\mysql\bin> mysql -u root -p
```

接下来会提示输入 root 用户的口令，此处输入口令“1234”：

```
Enter password: ****
```

然后就会进入图 3-11 所示的命令行客户程序。

（2）创建数据库 SAMPLEDB，SQL 命令如下:

```
create database SAMPLEDB;
```

（3）进入 SAMPLEDB 数据库，SQL 命令如下:

```
use SAMPLEDB;
```

（4）在 SAMPLEDB 数据库中创建 CUSTOMERS 表，SQL 命令如下:

```
create table CUSTOMERS (
  ID bigint not null primary key,
  NAME varchar(15) not null,
  EMAIL varchar(128) not null,
  PASSWORD varchar(8) not null,
  PHONE int ,
  ADDRESS varchar(255),
  SEX char(1) ,
  IS_MARRIED bit,
  DESCRIPTION text,
  IMAGE blob,
  BIRTHDAY date,
  REGISTERED_TIME timestamp
);
```

（5）退出 MySQL 客户程序，输入命令：exit。

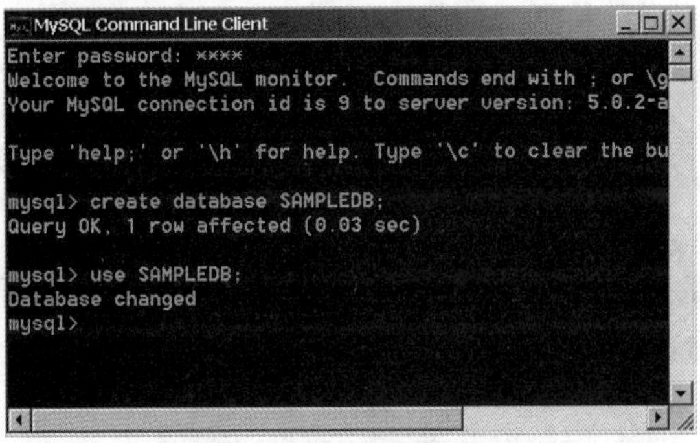

图 3-11　MySQL 的客户程序

在配套光盘的 sourcecode\chapter3\helloapp\schema 目录下提供了创建 SAMPLEDB 数据库和 CUSTOMERS 表的 SQL 脚本文件，文件名为 sampledb.sql。

如果不想在 MySQL.exe 程序中手工输入 SQL 语句，也可以直接运行 sampledb.sql，步骤为先转到 MySQL 安装目录的 bin 目录下，输入如下命令：

```
C:\mysql\bin> mysql -u root -p <C:\helloapp\schema\sampledb.sql
```

接下来会提示输入 root 用户的口令，此处输入口令“1234”:

```
Enter password: ****
```

接下来 MySQL 客户程序就会自动执行 C:\helloapp\schema\sampledb.sql 文件中的

所有 SQL 语句。在以上 mysql 命令中，“<”后面设定 SQL 脚本文件的路径。

假如 MySQL 中 root 用户的口令不是“1234”，也可以按照如下步骤修改 root 用户的口令。

（1）打开 MySQL 客户程序。

（2）输入 SQL 命令：use mysql，该命令进入 mysql 数据库。

（3）为 root 用户重新设置口令，新的口令为：1234。SQL 命令如下：

```
update USER set PASSWORD=password('1234') where USER='root';
flush privileges;
```

3.6.2 创建 helloapp 应用的目录结构

本书提供的 helloapp 应用采用 Java Web 应用的标准目录结构。当应用中使用了 Hibernate，要求在其目录结构中添加如下文件。

（1）在 WEB-INF/classes 目录下添加 Hibernate 的配置文件，如 hibernate.properties 文件。

（2）在 WEB-INF/classes 目录下添加对象-关系映射文件，在默认情况下，存放位置和相应的类文件在同一个位置。如在本例中，Customer.class 和 Customer.hbm.xml 均位于 WEB-INF/classes/mypack 目录下。

（3）在 WEB-INF/lib 目录下添加数据库的 JDBC 驱动程序 JAR 文件。本范例需要添加 MySQL 的驱动程序类库 mysqldriver.jar 文件。该类库文件可从 MySQL 的官方网站（www.mysql.com）下载。

（4）在 WEB-INF/lib 目录下添加 Hibernate 所需的 JAR 文件。Hibernate 3.3 需要以下类库文件：

- hibernate3.jar：Hibernate 的核心 API 及实现。
- antlr-2.7.6.jar：语言转换工具，Hibernate 利用它进行 HQL（Hibernate Query Language，Hibernate 查询语言）到 SQL 的转换。
- commons-collections-3.1.jar：由开源软件组织 Apache 提供的集合工具集，用来增强 Java 程序对集合的处理能力。
- dom4j-1.6.1.jar：XML 解析器。
- javassist.jar：动态 Java 代码生成工具，Hibernate 通过它在运行时扩展 Java 类并生成实现代码。
- jta-1.1.jar：标准的 JAVA 事务处理接口。
- slf4j-api-1.5.6.jar：hibernate 使用的 SLF4J 日志系统的 API。
- slf4j-nop-1.5.6.jar：hibernate 使用的 SLF4J 日志系统的 NOP（No Operation）类库。NOP 类库实现了 SLF4J 日志系统的默认行为，即不输出任何日志。

以上 slf4j-api-1.5.6.jar 和 slf4j-nop-1.5.6.jar 文件需从 SLF4J 的官方网站（www.slf4j.org）下载，其余 JAR 文件均来自于 Hibernate 3.3 的核心软件包（Hibernate Core）。值得注意的是，不同 Hibernate 版本所需要的 JAR 文件不完全一样，读者可参考 Hibernate 的文档来了解运行当前版本所需的 JAR 文件。

图 3-12 显示了在编译 helloapp 应用之前的初始目录结构。

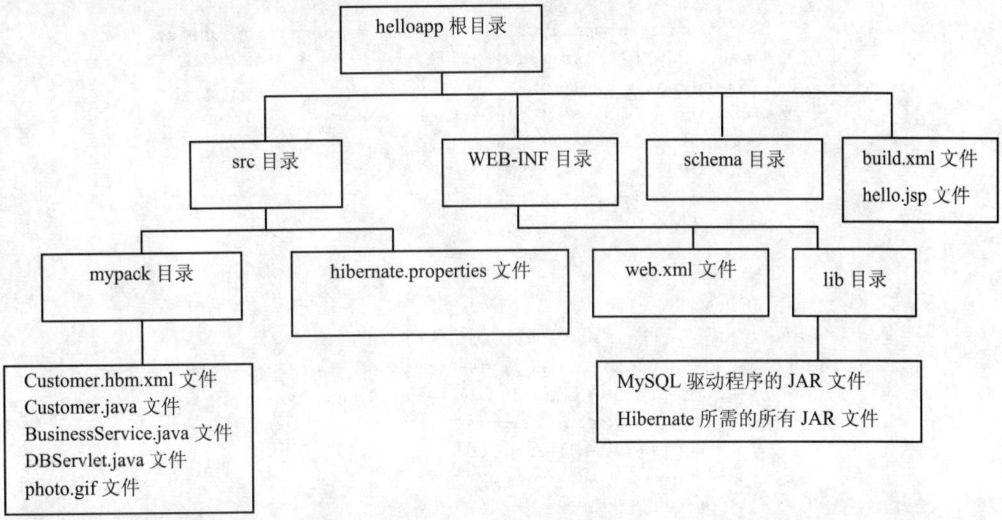

图 3-12　helloapp 应用的初始目录结构

src 子目录用于存放 Java 源文件、hibernate.properties 及 Customer.hbm.xml 文件。接下来采用 ANT 工具创建 classes 子目录，把 hibernate.properties 和 Customer.hbm.xml 文件复制到 classes 目录下，编译生成的 Java 类文件也放在 classes 目录下。

3.6.3　把 helloapp 应用作为独立应用程序运行

在 helloapp 应用的根目录下有一个 build.xml 文件，它是 ANT 的工程文件，参见例程 3-5。

例程 3-5　build.xml

```
<?xml version="1.0"?>
<?xml version="1.0"?>
<project name="Learning Hibernate"  default="prepare" basedir=".">

  <!-- Set up properties containing important project directories -->
  <property name="source.root" value="src"/>
  <property name="class.root" value="WEB-INF/classes"/>
  <property name="lib.dir" value="WEB-INF/lib"/>

  <!-- Set up the class path for compilation and execution -->
  <path id="project.class.path">
     <!-- Include our own classes, of course -->
     <pathelement location="${class.root}" />
     <!-- Include jars in the project library directory -->
     <fileset dir="${lib.dir}">
       <include name="*.jar"/>
     </fileset>
  </path>

  <!-- Create our runtime subdirectories and copy resources into them -->
  <target name="prepare" description="Sets up build structures">
```

```
      <delete dir="${class.root}"/>
      <mkdir dir="${class.root}"/>

      <!-- Copy our property files and O/R mappings for use at runtime -->
      <copy todir="${class.root}" >
        <fileset dir="${source.root}" >
          <include name="**/*.properties"/>
          <include name="**/*.hbm.xml"/>
          <include name="**/*.xml"/>
          <include name="**/*.gif"/>
        </fileset>
      </copy>
    </target>

    <!-- Compile the java source of the project -->
    <target name="compile" depends="prepare"
          description="Compiles all Java classes">
      <javac srcdir="${source.root}"
             destdir="${class.root}"
             debug="on"
             optimize="off"
             deprecation="on">
        <classpath refid="project.class.path"/>
      </javac>
    </target>

    <target name="run" description="Run a Hibernate sample"
          depends="compile">
      <java classname="mypack.BusinessService" fork="true">
        <classpath refid="project.class.path"/>
      </java>
    </target>

  </project>
```

在 build.xml 文件中先定义了 3 个属性：

```
<property name="source.root" value="src"/>
<property name="class.root" value="WEB-INF/classes"/>
<property name="lib.dir" value="WEB-INF/lib"/>
```

source.root 属性指定 Java 源文件的路径，class.root 属性指定 Java 类的路径，lib.dir 属性指定所有 JAR 文件的路径。

在 build.xml 文件中接着定义了 3 个 target（任务）。

- prepare target：如果存在 classes 子目录，先将它删除。接着重新创建 classes 子目录。然后把 src 子目录下所有扩展名为“.properties”、“.hbm.xml”、“.xml”，以及“.gif”的文件复制到 WEB-INF/classes 目录下。
- compile target：编译 src 子目录下的所有 Java 源文件。编译生成的类文件存放在 WEB-INF/classes 子目录下。
- run target：运行 BusinessService 类。

以上 3 个 target 的依赖关系参见图 3-13。所谓依赖，是指在执行当前 target 之前必须先执行所依赖的 target。<target>元素的 depends 属性指定所依赖的 target。根据图 3-13 可以看出，当运行 run target 时，会依次执行 prepare target、compile target 和 run target。

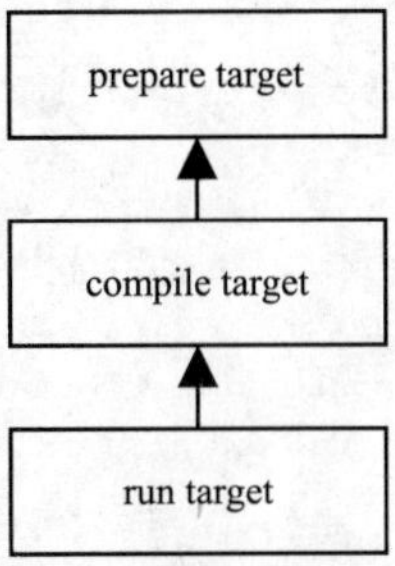

图 3-13 build.xml 文件中 3 个 target 的依赖关系

把 helloapp 应用作为独立应用程序运行的步骤如下。

（1）启动 MySQL 服务器。

（2）在 MySQL 服务器中安装 helloapp 应用的数据库。创建数据库的脚本为 schema/sampledb.sql。在 MySQL 中运行该脚本，它负责创建 SAMPLEDB 数据库，然后在该数据库中创建 CUSTOMERS 表。

（3）在 DOS 命令行下进入 helloapp 根目录，然后输入如下命令：

```
ant run
```

以上命令将依次执行 prepare target、compile target 和 run target，run target 运行 BusinessService 类的 main()方法，在 DOS 控制台输出很多信息，以下是部分内容：

```
[java] Hibernate: select max(ID) from CUSTOMERS
[java] Hibernate: insert into CUSTOMERS (NAME, EMAIL, PASSWORD, PHONE,
ADDRESS, SEX, IS_MARRIED, DESCRIPTION, IMAGE, BIRTHDAY, REGISTERED_TIME,
ID) values(?, ?, ?, ?, ?, ?, ?, ?, ?, ?, ?, ?)
[java] Hibernate: select customer0_.ID as ID0_, customer0_.NAME
as NAME0_,customer0_.EMAIL as EMAIL0_, customer0_.PASSWORD
as PASSWORD0_, customer0_.PHONE as PHONE0_, customer0_.ADDRESS
as ADDRESS0_, customer0_.SEX as SEX0_, customer0
_.IS_MARRIED as IS8_0_, customer0_.DESCRIPTION as DESCRIPT9_0_,
customer0_.IMAGE as IMAGE0_, customer0_.BIRTHDAY as BIRTHDAY0_,
customer0_.REGISTERED_TIME as REGISTERED12_0_
from CUSTOMERS customer0_ order by customer0_.NAME asc
[java] ------以下是 Tom 的个人信息------
[java] ID: 1
[java] 口令: 1234
[java] E-Mail: tom@yahoo.com
[java] 电话: 55556666
[java] 地址: Shanghai
[java] 性别: 男
[java] 婚姻状况: 未婚
[java] 生日: 1980-05-06
[java] 注册时间: 2009-04-23 09:24:46.0
[java] 自我介绍: I am very honest.
[java] Hibernate: select customer0_.ID as ID0_0_, customer0_.NAME
as NAME0_0_, customer0_.EMAIL as EMAIL0_0_, customer0_.PASSWORD
```

```
as PASSWORD0_0_, customer0_.PHONE as PHONE0_0_, customer0_.ADDRESS
as ADDRESS0_0_, customer0_.SEX as SEX0_0_, customer0_.IS_MARRIED
as IS8_0_0_, customer0_.DESCRIPTION as DESCRIPT9_0_0_
, customer0_.IMAGE as IMAGE0_0_, customer0_.BIRTHDAY
as BIRTHDAY0_0_, customer0_.REGISTERED_TIME as REGISTERED12_0_0_
from CUSTOMERS customer0_ where customer0_.ID=?
[java] Hibernate: update CUSTOMERS set NAME=?, EMAIL=?,
PASSWORD=?, PHONE=?, ADDRESS=?, SEX=?, IS_MARRIED=?, DESCRIPTION=?,
IMAGE=?, BIRTHDAY=?, REGISTERED_TIME=? where ID=?
[java] Hibernate: select customer0_.ID as ID0_,
customer0_.NAME as NAME0_,customer0_.EMAIL as EMAIL0_,
customer0_.PASSWORD as PASSWORD0_, customer0_.PHONE
 as PHONE0_, customer0_.ADDRESS as ADDRESS0_, customer0_.SEX
as SEX0_, customer0_.IS_MARRIED as IS8_0_, customer0_.DESCRIPTION
as DESCRIPT9_0_, customer0_.IMAGE as IMAGE0_, customer0_.BIRTHDAY
as BIRTHDAY0_, customer0_.REGISTERED_TIME as REGISTERED12_0_
from CUSTOMERS customer0_ order by customer0_.NAME asc
[java] ------以下是 Tom 的个人信息------
[java] ID: 1
[java] 口令: 1234
[java] E-Mail: tom@yahoo.com
[java] 电话: 55556666
[java] 地址: Beijing
[java] 性别: 男
[java] 婚姻状况: 未婚
[java] 生日: 1980-05-06
[java] 注册时间: 2009-04-23 09:24:46.0
[java] 自我介绍: I am very honest.
[java] Hibernate: delete from CUSTOMERS where ID=?
```

由于 hibernate.properties 文件的 show_sql 属性为 true，因此 Hibernate 把运行时执行的 SQL 语句输出到了控制台。当运行 session.get(Customer.class,customer_id)方法时，Hibernate 执行的 SQL 语句为：

```
select customer0_.ID as ID0_0_, customer0_.NAME as NAME0_
0_, customer0_.EMAIL as EMAIL0_0_, customer0_.PASSWORD as PASSWORD0_0_,
customer0_.PHONE as PHONE0_0_, customer0_.ADDRESS as ADDRESS0_0_,
customer0_.SEX as SEX0_0_, customer0_.IS_MARRIED as IS8_0_0_,
customer0_.DESCRIPTION as DESCRIPT9_0_0_, customer0_.IMAGE as IMAGE0_0_,
customer0_.BIRTHDAY as BIRTHDAY0_0_,
customer0_.REGISTERED_TIME as REGISTERED12_0_0_
from CUSTOMERS customer0_ where customer0_.ID=?
```

当运行 session.save(customer)方法时，Hibernate 执行的 SQL 语句为：

```
select max(ID) from CUSTOMERS;
insert into CUSTOMERS (NAME, EMAIL, PASSWORD, PHONE, ADDRESS,
SEX, IS_MARRIED, DESCRIPTION, IMAGE, BIRTHDAY, REGISTERED_TIME, ID)
values(?, ?, ?, ?, ?, ?, ?, ?, ?, ?, ?, ?);
```

确切地说，以上 SQL 语句是在 Hibernate 初始化的时候创建的。在初始化时，Hibernate 会根据对象-关系映射文件中的映射信息，预定义一些带参数的 SQL 语句，以上 SQL 语句中的“?”表示参数。这些预定义 SQL 语句存放在 SessionFactory 的缓存中。在运行时，Hibernate 会把具体的参数值插入到 SQL 语句中。

图 3-14 显示了运行完 run target 之后的 helloapp 应用的主要目录结构，其中，classes 子目录及它包含的内容是新建的，此外，在 helloapp 根目录下还新建了 photo_copy.gif 文件。

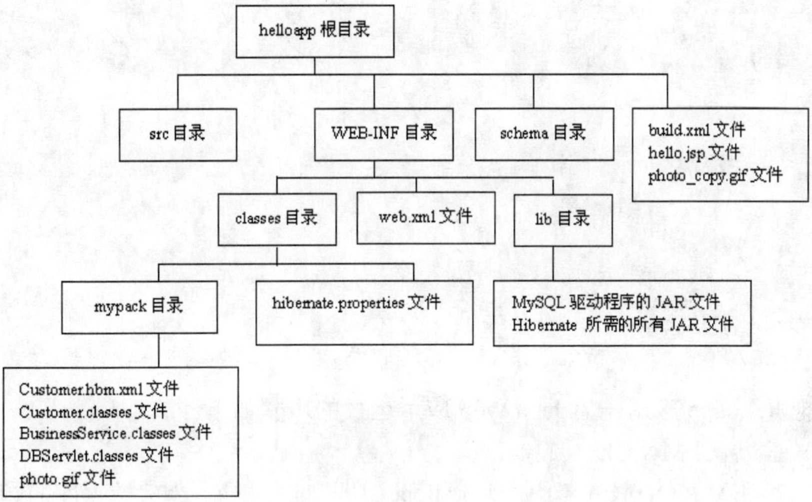

图 3-14　运行完 run target 之后的 helloapp 应用的主要目录结构

除了用 ANT 来运行 BusinessService 类外，也可以在 DOS 命令行下直接运行 BusinessService 类。假如当前路径为\helloapp，先设置 classpath，把 WEB-INF\classes 目录及 WEB-INF\lib 目录下的所有 JAR 文件都添加到 classpath 中，命令如下：

```
set classpath=WEB-INF\classes; WEB-INF\lib\hibernate3.jar; WEB-INF\lib\mysqldriver.jar;.....
```

然后再执行如下命令：

```
java mypack.BusinessService
```

3.6.4 把 helloapp 应用作为 Java Web 应用运行

在本应用中创建了一个 Servlet 类，名为 DBServlet，它在 doPost()方法中调用 BusinessService 类的 test()方法，参见例程 3-6；在本应用中还创建了一个 JSP 文件，名为 hello.jsp，它负责把请求转发给 DBServlet，参见例程 3-7。

例程 3-6　DBServlet.java

```
package mypack;
import javax.servlet.*;
import javax.servlet.http.*;
import java.io.*;
import java.util.*;

public class DBServlet extends HttpServlet {
  public void doGet(HttpServletRequest request,
    HttpServletResponse response)throws ServletException, IOException {
    doPost(request, response);
  }

  public void doPost(HttpServletRequest request,
```

```
      HttpServletResponse response)throws ServletException, IOException {
      try{
        response.setContentType("text/html;charset=GBK");
        new BusinessService()
          .test(this.getServletContext(),response.getWriter());
      }catch(Exception e){e.printStackTrace();}
    }
  }
```

例程 3-7　hello.jsp

```
<html locale="true">
  <head>
    <title>hello.jsp</title>
  </head>
  <body bgcolor="white">
    <jsp:forward page="DBServlet" />
  </body>
</html>
```

把 helloapp 应用作为 Java Web 应用运行的步骤如下。

（1）启动 MySQL 服务器。

（2）在 MySQL 服务器中安装 helloapp 应用的数据库。创建数据库的脚本为 schema/sampledb.sql。在 MySQL 中运行该脚本，它负责创建 SAMPLEDB 数据库，然后在该数据库中创建 CUSTOMERS 表。

（3）把整个 helloapp 目录复制到<CATALINA_HOME>\webapps 目录下，然后启动 Tomcat 服务器。

（4）在 IE 浏览器中访问 http://localhost:8080/helloapp/DBServlet 或 http://localhost:8080/helloapp/hello.jsp，都会看到如图 3-15 所示的输出结果。

图 3-15　DBServlet 的输出网页

3.7　小结

本章通过简单的 helloapp 应用例子，演示如何利用 Hibernate 来持久化 Java 对象。通过这个例子，读者应该掌握以下内容。

（1）创建 Hibernate 的配置文件，在配置文件中提供连接特定数据库的信息。

（2）创建对象-关系映射文件，Hibernate 根据该映射文件来生成 SQL 语句。本例的 Customer 类中包含各种 Java 类型的属性，如：

```
long、char、boolean、java.lang.String、java.sql.Date、java.sql.Timestamp 和 byte[]
```

在 CUSTOMERS 表中包含各种 SQL 类型的字段，如：

```
BIGINT、CHAR、BIT、VARCHAR、TEXT、DATE、TIMESTAMP 和 BLOB
```

Hibernate 提供了一组内置的映射类型作为连接 Java 类型和 SQL 类型的桥梁，常用的映射类型包括：

```
long、character、boolean、string、text、date、timestamp 和 binary
```

（3）在应用程序中通过 Hibernate API 来访问数据库。在应用启动时先初始化 Hibernate，创建一个 SessionFactory 实例；接下来每次执行数据库事务时，先从 SessionFactory 中获得一个 Session 实例，再通过 Session 实例来保存、更新、删除、加载 Java 对象，以及通过 Query 实例来查询 Java 对象。

（4）掌握存储二进制大数据及长文本数据的技巧。Customer 类的 image 属性为 byte[]类型，代表二进制大数据，用于存放 GIF 图片的二进制数据；description 属性为 java. lang.String 类型，代表长文本数据，可以存放长度超过 255 的字符串。在 CUSTOMERS 表中，IMAGE 字段为 BLOB 类型，DESCRPTION 字段为 text 类型。Hibernate 的 binary 映射类型用于映射字节数组，text 映射类型用于映射长字符串。

BusinesssService 类通过 Hibernate API 很方便地把 GIF 图片及长文本数据存储到数据库中，然后又把它们检索出来。

（5）创建持久化类。持久化类不过是普通的 JavaBean，Hibernate 不强迫持久化类遵守特定的规范，并且持久化类无须引入任何 Hibernate API，由此可以看出 Hibernate 没有渗透到域模型中。如果 ORM 软件渗透到域模型中，就意味着在持久化类中必须引入 ORM 软件的 API，或者类的设计必须符合特定规范，这削弱了域模型的独立性和灵活性，如果日后要改用其他 ORM 软件，必须对模型做较大的改动。

当然，任何 ORM 软件都很难做到对持久化类完全没有限制，Hibernate 也不例外，Hibernate 要求持久化类必须提供不带参数的默认构造方法，此外，对于持久化类的集合类型的属性，Hibernate 要求把属性定义为 Java 集合接口类型，本书第 14 章的 14.7 节（小结）将对此做详细解释。

（6）在开发 Java 应用时，为了提高开发效率，缩短开发周期，常常需要集成第三方提供的 Java 软件，除了本书重点介绍的 ORM 映射工具 Hibernate 外，还有其他如 MVC 框架 Struts、日志工具 Log4J、Web 服务软件 Apache AXIS 等。在自己的应用中集成这些第三方软件时，大体步骤都很相似。

1）把它们的 JAR 文件复制到 classpath 中。

2）创建它们的配置文件（XML 格式的文件或者 Java 属性文件），这些配置文件通常也位于 classpath 中。

3）在程序中访问它们的 API。

作为软件使用者，如果仅仅想快速掌握一个新的 Java 软件的使用方法，而不打算深入了解软件内在原理和结构，无非就是了解它的 API 及配置文件的使用方法。当然，如果想对软件的运用达到得心应手的地步，还应该了解软件本身的组成原理和结构。

3.8 思考题

1．为了让 Hibernate 顺利操纵持久化类的实例，持久化类的定义必须遵守哪些规范？（多选）

（a）持久化类必须提供默认的不带参数的构造方法。
（b）持久化类的属性必须有相应的 get 和 set 方法。
（c）持久化类的 get 和 set 方法必须为 public 类型。
（d）与持久化类的属性对应的 get 和 set 方法必须符合特定的命名规则。

2．在对象-关系映射文件中，<property>元素的 type 属性指定什么类型？（单选）

（a）SQL 类型　（b）Hibernate 映射类型　（c）SQL 类型

3．在本章介绍的 helloapp 应用中，向数据库中保存一个 Customer 对象时，它的 OID（即 id 属性）是由谁来赋值的？（单选）

（a）在 Customer.hbm.xml 文件中预先设定。
（b）由 Hibernate 赋值。
（c）由数据库赋值。
（d）由业务逻辑层的 BusinessService 类赋值。

4．关于 Hibernate 的配置文件，以下哪些说法正确？（多选）

（a）配置文件可以采用 Java 属性文件格式，也可以采用 XML 格式。
（b）当配置文件采用 Java 属性文件格式时，默认的文件名为 hibernate.properties。
（c）在 Hibernate 的配置文件中可指定持久化类与表的具体映射信息。
（d）在 Hibernate 的配置文件中可指定数据库的连接信息。

5．假定有一个持久化类的 data 属性为 byte[]类型，在数据库中相应表的 DATA 字段为 BLOB 类型。在对象-关系映射文件中，应该为这个持久化类的 data 属性指定什么 Hibernate 映射类型？（单选）

（a）byte[]　（b）blob　（c）text　（d）binary

6．在 Hibernate API 中，哪个接口提供了用于保存、更新、加载和删除实体域对象的方法？（单选）

（a）Configuration　（b）SessionFactory　（c）Session　（d）Transaction

7．在 Hibernate API 中，哪个接口的实例属于重量级对象，对于一个数据库存储

源，通常只需创建该接口的一个实例？（单选）

（a）Configuration　（b）SessionFactory　（c）Session　（d）Transaction

8．关于 Hibernate API，以下哪些说法正确？（多选）

（a）SessionFactory 提供了创建 Session 实例的方法。

（b）Session 提供了创建 Configuration 实例的方法。

（c）Session 提供了创建 Transaction 实例的方法。

（d）Session 提供了创建 Query 实例的方法。

第 4 章　hbm2java 和 hbm2ddl 工具

在第 3 章的例子中，先分别创建 Customer 类和 CUSTOMERS 表，然后再手工创建映射文件 Customer.hbm.xml。为了简化开发，Hibernate 提供了一些实用工具，用于在映射文件、Java 源文件和数据库 Schema 之间自动转化，图 4-1 显示了这些工具的作用。

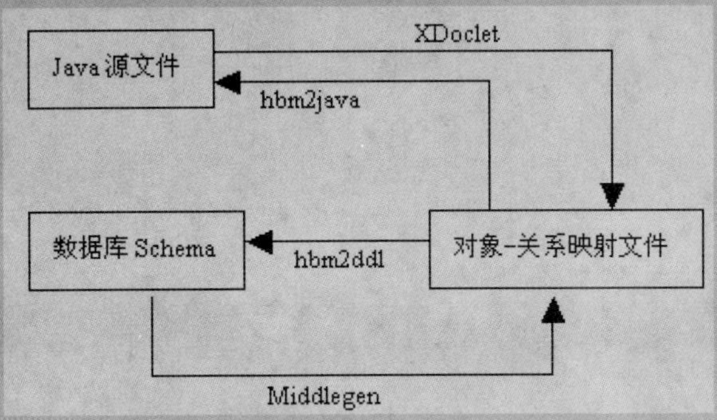

图 4-1　Hibernate 的实用工具

图 4-1 显示了以下转换工具。

- hbm2java：根据映射文件自动生成 Java 源文件。
- hbm2ddl：根据映射文件自动生成数据库 Schema。
- XDoclet：根据带有 XDoclet 标记的 Java 源文件生成映射文件，本书附录 C（用 XDoclet 工具生成映射文件）将介绍 XDoclet 的用法。
- Middlegen：根据数据库 Schema 自动生成映射文件，下载网址为：http://sourceforge.net/projects/middlegen。

Tips

hbm2java 中的“2”的英文为“two”，它和“to”谐音，因此，hbm2java 可理解为 from hbm to java，即由映射文件生成 Java 源代码。

本章主要介绍 hbm2java 和 hbm2ddl 工具的用法。本章先创建了 Customer.hbm.xml 映射文件，接下来利用 hbm2java 工具自动生成 Customer.java 源文件，然后利用 hbm2ddl 工具自动生成 CUSTOMERS 表的 DDL 定义。

4.1　创建对象-关系映射文件

下面先创建 Customer.hbm.xml 文件，参见例程 4-1，它和第 3 章的 3.4 节（创建对象-关系映射文件）的例程 3-3 很相似，主要区别在于前者增加了<meta>元素和<column>元素，这两个元素分别用于更加精粒度地描述类和表的定义。

例程 4-1　Customer.hbm.xml

```
<hibernate-mapping>

  <class name="mypack.Customer" table="CUSTOMERS" >
    <meta attribute="class-description">
      Represents a single customer.
      @author LindaSun
    </meta>

    <meta attribute="class-scope">public</meta>

    <id name="id" type="long" column="ID" >
      <meta attribute="scope-set">private</meta>
      <generator class="native"/>
    </id>

    <property name="name" type="string" >
      <meta attribute="use-in-tostring">true</meta>
      <column name="NAME" length="15" not-null="true" unique="true" />
    </property>

    <property name="registeredTime" type="timestamp" >
      <meta attribute="field-description">When the customer was registered</meta>
      <meta attribute="use-in-tostring">true</meta>
      <column name="REGISTERED_TIME" index="IDX_REGISTERED_TIME"
      sql-type="timestamp" />
    </property>

    <property name="age" type="int">
      <meta attribute="field-description">How old is the customer</meta>
      <meta attribute="use-in-tostring">true</meta>
      <column name="AGE" check="AGE>10" not-null="true"/>
    </property>

    <property name="sex" type="char" column="SEX"/>

    <property name="married" type="boolean" column="IS_MARRIED">
      <meta attribute="field-description">Is the customer married</meta>
      <meta attribute="use-in-tostring">true</meta>
    </property>

    <property name="description" type="string">
       <meta attribute="use-in-tostring">true</meta>
       <column name="DESCRIPTION" sql-type="text"/>
    </property>

  </class>
</hibernate-mapping>
```

Tips

对于同一个 Customer 实体，在本书不同的章节，对它的类及表给出了不同的定义，这主要是为了侧重讲解 Hibernate 的某种用法。

4.1.1　定制持久化类

Customer.hbm.xml 文件中的<meta>元素用于精粒度地控制 Java 源代码的内容。下面举例说明它的主要用法。

（1）指定描述类的 JavaDoc，如对于以下代码：

```
<class name="mypack.Customer" >
   <meta attribute="class-description">
    Represents a single customer.
    @author LindaSun
   </meta>
   ……
</class>
```

表示在 Customer 类中添加描述类的 JavaDoc，hbm2java 工具生成的 Java 源代码如下：

```
/**
 *      Represents a single customer.
 *      @author LindaSun
 *
*/
public class Customer implements Serializable
```

（2）指定类所继承的类，如对于以下代码：

```
<class name="mypack.Customer"  >
  <meta attribute="extends">mypack.BusinessObject</meta>
……
</class>
```

表示 Customer 类继承了 mypack.BusinessObject 类，hbm2java 工具生成的 Java 源代码如下：

```
public class Customer extends mypack.BusinessObject implements Serializable
```

Tips

Hibernate 的 hbm2java 工具自动使持久化类实现 java.io.Serializable 接口。

（3）指定描述类的属性的 JavaDoc，如对于以下代码：

```
<property name="married" type="boolean" column="IS_MARRIED">
    <meta attribute="field-description">Is the customer married</meta>
    ……
</property>
```

表示为 married 属性的 getMarried()方法添加 JavaDoc，hbm2java 工具生成的 Java 源代码如下：

```
/**
 *     * Is the customer married
 */
public Boolean getMarried() {
   return this.married;
}
```

（4）指定类、类的属性及类属性的 getXXX()方法或 setXXX()方法的修饰符，可选值包括：static、final、abstract、public、protected 和 private。如对于以下代码：

```
<id name="id" type="long">
  <meta attribute="scope-set">private</meta>
  <generator class="native"/>
</id>
```

表示 setID()方法为 private 类型，hbm2java 工具生成的 Java 源代码如下：

```
private void setId(long id) {
  this.id = id;
}
```

Tips

值得注意的是，在用 hbm2java 工具生成 Java 源代码时，不会检查设置的修饰符是否正确。

例如对于以下代码：

```
<id name="id" type="long">
    <meta attribute="scope-set">static protected</meta>
    <generator class="native"/>
</id>
```

表示 setID()方法为 static protected 类型，hbm2java 工具生成的 Java 源代码如下：

```
static protected void setId(long id) {
      this.id = id;
}
```

以上代码显然不符合 Java 语法，因为在静态方法中不能访问“this”，但是这种错误只有在编译阶段才会发现。

以下代码表明 Customer 类为 public 类型：

```
<class name="mypack.Customer" table="CUSTOMERS" >
   <meta attribute="class-scope">public</meta>
   ……
</class>
```

（5）指定在类的 toString()方法返回的字符串中是否包含特定的属性，如对于以下代码：

```
<property name="name" type="string" not-null="true">
    <meta attribute="use-in-tostring">true</meta>
</property>
```

表示在 toString()方法返回的字符串中包含 name 属性，hbm2java 工具生成的 Java 源代码如下：

```
public String toString() {
 StringBuffer buffer = new StringBuffer();
 buffer.append(getClass().getName())
      .append("@").append(Integer.toHexString(hashCode())).append(" [");
 buffer.append("name").append("='")
```

```
        .append(getName()).append("' ");
    buffer.append("registeredTime").append("='")
        .append(getRegisteredTime()).append("' ");
    buffer.append("age").append("='")
        .append(getAge()).append("' ");
    buffer.append("married").append("='")
        .append(isMarried()).append("' ");
    buffer.append("description").append("='")
        .append(getDescription()).append("' ");
    buffer.append("]");

    return buffer.toString();
}
```

表 4-1 列出了<meta>元素的所有属性的用法。

表 4-1　<meta>元素的属性

属　性	描　述
class-description	指定描述类的 JavaDoc
field-description	指定描述类的属性的 JavaDoc
Interface	如果为 true，表示生成接口而非类，默认为 false
Implements	指定类所实现的接口
Extends	指定类继承的父类名
generated-class	重新指定生成的类名
scope-class	指定类的修饰符， 默认为 public
scope-set	指定 set 方法的修饰符，默认为 public
scope-get	指定 get 方法的修饰符，默认为 public
scope-field	指定类的属性的修饰符，默认为 private
use-in-tostring	如果为 true，表示在 toString()方法中包含此属性
gen-property	如果是 false，不会在 Java 类中生成此属性，默认为 true

<meta>元素是有作用范围的，如果在映射文件的开头声明了如下<meta>元素：

```
<hibernate-mapping>
  <meta attribute="extends">mypack.BusinessObject</meta>
  <class name="mypack.MyClass1" > … </class>
  <class name="mypack.MyClass2" > … </class>
  ……
</hibernate-mapping>
```

那么映射文件中所有的类都会扩展 mypack.BusinessObject 类。如果只希望紧靠<meta>元素的 MyClass1 类扩展 mypack.BusinessObject 类，一种办法是把<meta>元素的 inherit 属性设为 false，例如：

```
<hibernate-mapping>
  <meta attribute="extends"  inherit="false">mypack.BusinessObject</meta>
  <class name="mypack.MyClass1" > … </class>
  <class name="mypack.MyClass2" > … </class>
  ……
</hibernate-mapping>
```

以上代码表明只有 MyClass1 继承 BusinessObject 类，而 MyClass2 不会继承该类。还有一种办法是把<meta>元素嵌套在 MyClass1 的<class>元素里面，例如：

```
<hibernate-mapping>
  <class name="mypack.MyClass1" >
    <meta attribute="extends" > mypack.BusinessObject </meta>
    ……
  </class>
  <class name="mypack.MyClass2" > … </class>
</hibernate-mapping>
```

以上<meta>元素只在当前的<class>元素中起作用。再看下面的例子：

```
<hibernate-mapping>
  <class name="mypack.MyClass1" >
    <meta attribute="scope-field">protected</meta>
    <property name="field1" type="string" />
    <property name="field2" type="string" />
    <property name="field3" type="string" >
      <meta attribute="scope-field">public</meta>
    </property>
  </class>
</hibernate-mapping>
```

以上代码为 MyClass1 定义了 3 个属性：field1、field2 和 field3，它们的修饰符分别为：

```
protected String field1;
protected String field2;
public String field3;
```

4.1.2 定制数据库表

<property>元素的<column>子元素用于精粒度的控制表的定义。下面举例说明<column>元素的主要用法。

（1）设定字段名、字段长度及唯一性。如对于以下代码：

```
<property name="name" type="string" >
  <meta attribute="use-in-tostring">true</meta>
  <column name="NAME" length="15" not-null="true" unique="true" />
</property>
```

表示和 Customer 类的 name 属性对应的字段名为“NAME”，长度为 15，不允许为 null，并且具有唯一性，即不允许在 CUSTOMERS 表中出现客户姓名相同的两条记录。hbm2ddl 工具生成的 SQL 语句如下：

```
create table CUSTOMERS(
  NAME varchar(15)  not null  unique,
  ……
)
```

（2）设定字段不允许为空，并且为这个字段设立检查约束。如对于以下代码：

```
<property name="age" type="int">
```

```
    <meta attribute="field-description">How old is the customer</meta>
    <meta attribute="use-in-tostring">true</meta>
    <column name="AGE" check="AGE>10" not-null="true"/>
</property>
```

表示和 Customer 类的 age 属性对应的字段名为 AGE，对它建立了一个检查约束，要求插入到 CUSTOMERS 表中的记录都满足客户年龄超过 10 岁，并且该字段不允许为 null。hbm2ddl 工具生成的 SQL 语句如下：

```
create table CUSTOMERS(
  AGE integer not null check(AGE>10),
  ……
)
```

Tips

值得注意的是，<column>元素的所有属性都会影响 hbm2ddl 工具生成的 DDL，但是只有 not-null 属性会影响 Hibernate 的运行时行为。对于以上<column>元素，如果 not-null 属性为 true，Hibernate 在保存 Customer 对象时，会先检查它的 age 属性是否为 null。<column>元素的其他属性不会影响 Hibernate 的运行时行为，例如，尽管为 CUSTOMERS 表的 AGE 字段定义了 check 约束，但是当 Hibernate 保存 Customer 对象时，不会检查 age 属性是否大于 10。

（3）设置索引，如对于以下代码：

```
<property name="registeredTime" type="timestamp" >
  <meta attribute="field-description">When the customer was registered</meta>
  <meta attribute="use-in-tostring">true</meta>
  <column name="REGISTERED_TIME"
       index="IDX_REGISTERED_TIME" sql-type="timestamp" />
</property>
```

表示在 REGISTERED_TIME 字段上建立索引，索引名为 IDX_REGISTERED_TIME。hbm2ddl 工具生成的 SQL 语句如下：

```
create table CUSTOMERS (
   REGISTERED_TIME timestamp,
   ……
);
create index IDX_REGISTERED_TIME on CUSTOMERS (REGISTERED_TIME);
```

以上索引能加速数据库系统按照 REGISTERED_TIME 字段查询 CUSTOMERS 表，或按照 REGISTERED_TIME 字段排序的过程。

（4）设置字段的 SQL 类型，如对于以下代码：

```
<property name="description" type="string">
     <meta attribute="use-in-tostring">true</meta>
     <column name="DESCRIPTION" sql-type="text"/>
</property>
```

表示 DESCRIPTION 字段为 text 类型。hbm2ddl 工具生成的 SQL 语句如下：

```
create table CUSTOMERS (
```

```
    DESCRIPTION text,
    ……
);
```

如果没有设定 sql-type 属性，hbm2ddl 工具会根据<property>元素的 type 属性所指定的 Hibernate 映射类型来推断 SQL 类型；hbm2ddl 工具是跨数据库平台的，以上 description 属性的 Hibernate 映射类型为“string”，如果底层数据库为 MySQL，hbm2ddl 工具会把 DESCRIPTION 字段定义为 varchar 类型；如果底层数据库为 Oracle，hbm2ddl 工具会把 DESCRIPTION 字段定义为 varchar2 类型。

如果显式设定了 sql-type 属性，就失去了以上跨数据库平台特性，hbm2ddl 工具直接把 DESCRIPTION 字段定义为由 sql-type 属性显式设定的 SQL 类型。

表 4-2 列出了<column>元素的所有属性的用法。

表 4-2　<column>元素的属性

属　性	描　述
name	设定字段的名字
length	设定字段长度
not-null	如果为 true，指明该字段不允许为 null。默认值为 false
unique	如果为 true，指明该字段具有唯一约束。默认值为 false
index	给一个或多个字段建立索引
unique-key	为多个字段设定唯一约束
foreign-key	为外键约束命名，在<many-to-one>、<one-to-one>、<key>和<many-to-many>元素中包含 foreign-key 属性，如果没有设定此属性，hbm2ddl 工具会自动为外键约束随机生成唯一的名字。在双向关联中，inverse 属性为 true 的一端不能设置 foreign-key 属性
sql-type	设定字段的 SQL 类型
check	设定 SQL 检查约束

4.2　建立项目的目录结构

hbm2ddl 工具位于 Hibernate 核心软件包中，而 hbm2java 工具位于 Hibernate 工具包中，因此还需要从 www.hibernate.org 网站上另外下载 Hibernate 工具包，文件形式为 HibernateTools-X.zip。运行本章范例，需要在 classpath 中提供以下类库：

- 第 3 章的 3.6.2 节（创建 helloapp 应用的目录结构）列出的所有类库，包括 MySQL 驱动程序的 JAR 文件，以及 Hibernate 核心软件包中的 JAR 文件。
- Hibernate 工具包中的两个 JAR 文件：hibernate-tools.jar 和 freemarker.jar。
- Apache 通用日志软件包类库 commons-logging-X.jar，该类库的下载网址为 www.apache.org。

本章应用的源代码位于配套光盘的 sourcecode\chapter4 目录下，图 4-2 显示了本章应用的初始目录结构。

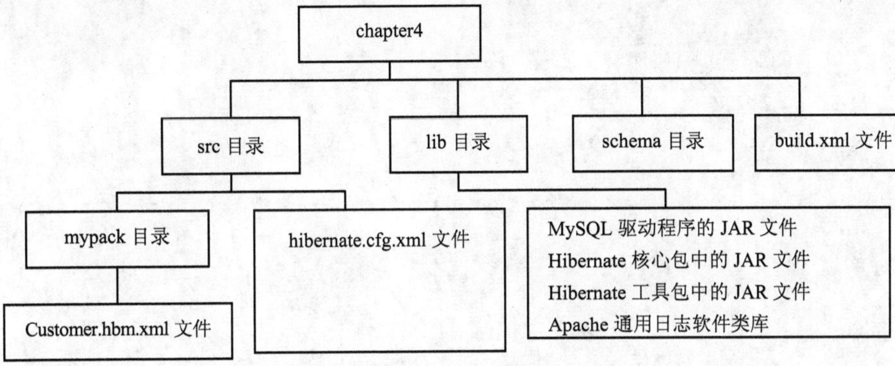

图 4-2　本章应用的初始目录结构

在图 4-2 中，schema 目录用于存放由 hbm2ddl 工具生成的数据库 Schema 的脚本文件。本章利用 ANT 工具来运行 hbm2java 和 hbm2ddl 工具，例程 4-2 为 build.xml 文件的源代码。

例程 4-2　build.xml 文件

```
<?xml version="1.0"?>
<project name="Learning Hibernate" default="prepare" basedir=".">

  <!-- Set up properties containing important project directories -->
  <property name="source.root" value="src"/>
  <property name="class.root" value="classes"/>
  <property name="lib.dir" value="lib"/>
  <property name="schema.dir" value="schema"/>

  <!-- Set up the class path for compilation and execution -->
  <path id="project.class.path">
     <!-- Include our own classes, of course -->
     <pathelement location="${class.root}" />
     <!-- Include jars in the project library directory -->
     <fileset dir="${lib.dir}">
       <include name="*.jar"/>
     </fileset>
  </path>


  <!-- Create our runtime subdirectories and copy resources into them -->
  <target name="prepare" description="Sets up build structures">
    <delete dir="${class.root}"/>
    <mkdir dir="${class.root}"/>

    <!-- Copy our property files and O/R mappings for use at runtime -->
    <copy todir="${class.root}" >
      <fileset dir="${source.root}" >
        <include name="**/*.properties"/>
        <include name="**/*.hbm.xml"/>
        <include name="**/*.cfg.xml"/>
      </fileset>
```

```
    </copy>
  </target>

  <target name="codegen" depends="prepare">
    <taskdef name="hbm2javaTask"
        classname="org.hibernate.tool.ant.HibernateToolTask"
        classpathref="project.class.path"/>
    <hbm2javaTask destdir="${source.root}">
      <configuration configurationfile="${class.root}/hibernate.cfg.xml" />
      <hbm2java/>
    </hbm2javaTask>
  </target>

  <!-- Compile the java source of the project -->
  <target name="compile" depends="codegen"
        description="Compiles all Java classes">
    <javac srcdir="${source.root}"
         destdir="${class.root}"
         debug="on"
         optimize="off"
         deprecation="on">
      <classpath refid="project.class.path"/>
    </javac>
  </target>

  <target name="schema" depends="compile">
    <taskdef name = "hbm2ddlTask"
       classname = "org.hibernate.tool.ant.HibernateToolTask"
       classpathref = "project.class.path" />
    <hbm2ddlTask destdir = "${schema.dir}">
      <configuration configurationfile ="${class.root}/hibernate.cfg.xml" />
      <hbm2ddl export="true" console="true" create="true"
        drop="true" outputfilename="sampledb.sql" />
    </hbm2ddlTask>
  </target>

  <target name="run" description="Run a Hibernate sample" depends="schema">
    <java classname="mypack.BusinessService" fork="true">
      <classpath refid="project.class.path"/>
    </java>
  </target>
</project>
```

在 build.xml 文件中定义了 5 个 target：

- prepare target：如果存在 classes 子目录，先将它删除。接着重新创建 classes 子目录。然后把 src 子目录下所有扩展名为 properties、hbm.xml 或 cfg.xml 的文件复制到 classes 目录下。
- codegen target：利用 hbm2java 工具生成 Java 源代码，这些 Java 源文件存放在 src 子目录下。
- compile target：编译 src 子目录下的所有 Java 源文件。编译生成的类文件存放在 classes 子目录下。

- schema target：利用 hbm2ddl 工具生成数据库 Schema，数据库 Schema 的脚本文件存放在 schema 子目录下，文件名为 sampledb.sql。
- run target：运行 BusinessService 类。

图 4-3 显示了以上 5 个 target 的依赖关系。

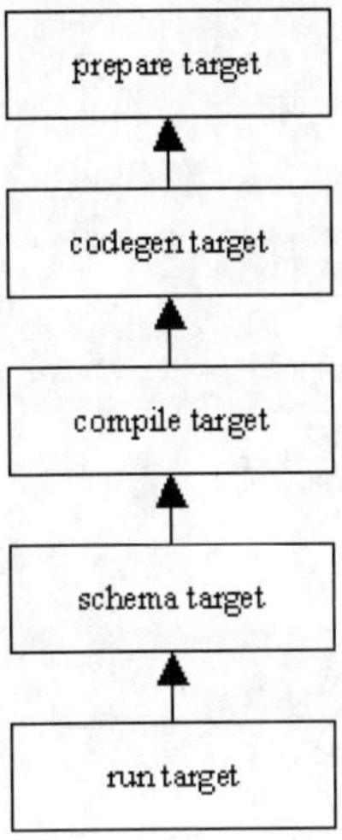

图 4-3　build.xml 文件中 5 个 target 的依赖关系

从图 4-3 看出，如果用 ANT 工具运行 run target，将依次执行 prepare、codegen、compile、schema 和 run target。

Tips

在 ANT 1.7 及更高版本中集成了 Hibernate 3 中的 hbm2java 和 hbm2ddl 工具。所以运行本章范例，需要 ANT 1.7 及更高版本。

4.3　运行 hbm2java 工具

Hibernate 提供了从映射文件到 Java 源代码的转换工具，名为 hbm2java 工具。可以利用 ANT 工具来运行它，先在 build.xml 文件中定义如下 codegen target:

```
<target name="codegen" depends="prepare">
 <taskdef name="hbm2javaTask"
     classname="org.hibernate.tool.ant.HibernateToolTask"
     classpathref="project.class.path"/>
 <hbm2javaTask destdir="${source.root}">
  <configuration configurationfile="${class.root}/hibernate.cfg.xml" />
  <hbm2java/>
 </hbm2javaTask>
</target>
```

以上代码定义了一个 hbm2javaTask 任务，它的 destdir 属性指定 Java 源文件存放在${source.root}目录（即 src 子目录）下，<configuration>子元素指定 Hibernate 的配置文件为 classes/hibernate.cfg.xml。hibernate.cfg.xml 文件是 XML 格式的配置文件，本

章 4.5 节将介绍 XML 格式的配置文件的用法。hbm2javaTask 任务中的<hbm2java>子任务就是 Hibernate 提供的 hbm2java 工具，它能根据 Customer.hbm.xml 映射文件生成 Customer.java 源文件。

<hbm2java>任务还可以包含两个属性“jdk5”和“ejb3”，用法如下：

```
<hbm2java   jdk5="true|false"    ejb3="true|false">
```

<hbm2java>任务的 jdk5 属性指定是否在生成的 Java 源代码中包含 JDK5 的语法特征，ejb3 属性指定是否在生成的 Java 源代码中包含 ejb3 的特征，这两个属性的默认值都是 false。在本范例中，这两个属性都使用默认值。

如果要运行 codegen target，只需要在 DOS 命令行下进入 chapter4 根目录，然后输入如下命令：

```
ant codegen
```

以上命令会自动在 src 子目录下创建 Customer.java 文件。

4.4 运行 hbm2ddl 工具

Hibernate 提供了从映射文件到数据库 Schema 的转换工具，名为 hbm2ddl 工具。使用 hbm2ddl 工具时，必须在 Hibernate 的配置文件中设置 hibernate.dialect 属性，显式指定底层数据库的 SQL 方言，因为 hbm2ddl 工具会根据数据库的 SQL 方言来生成相应的数据库 Schema。

可以利用 ANT 工具来运行 hbm2ddl 工具，先在 build.xml 中定义如下 schema target：

```
<target name="schema" depends="compile">
  <taskdef name = "hbm2ddlTask"
      classname = "org.hibernate.tool.ant.HibernateToolTask"
      classpathref = "project.class.path" />
  <hbm2ddlTask destdir = "${schema.dir}">
    <configuration configurationfile ="${class.root}/hibernate.cfg.xml" />
    <hbm2ddl export="true" console="true" create="true"
       drop="true" outputfilename="sampledb.sql" />
  </hbm2ddlTask>
</target>
```

以上代码定义了一个 hbm2ddlTask 任务，它的 destdir 属性指定生成的 DDL 脚本文件存放在${schema.dir}目录（即 schema 子目录）下，<configuration>子元素指定 Hibernate 的配置文件为 classes/hibernate.cfg.xml。

hbm2ddlTask 任务中的<hbm2ddl>子任务就是 Hibernate 提供的 hbm2ddl 工具，它能根据 Customer.hbm.xml 映射文件来生成 CUSTOMERS 表。表 4-3 列出了<hbm2ddl>任务的属性的用法。

表 4-3　<hbm2ddl>任务的属性

选　　项	描　　述
export	如果为 true，表示会在数据库中执行所生成的 DDL 脚本。默认值为 true
drop	如果为 true，表示会生成删除数据库中表的 DDL 脚本。默认值为 false
create	如果为 true，表示会生成创建数据库中表的 DDL 脚本。默认值为 true
outputfilename	指定存放 DDL 脚本的文件
update	如果为 true，表示会对比现有数据库及映射文件，生成用于增量更新数据库的 DDL。值得注意的是，不能在正式投入运行的数据库中采用这种增量更新。因为它目前还不是非常健壮，不能保证生成准确的增量更新 DDL，也不能保证底层数据库可以顺利执行增量更新 DDL。默认值为 false
haltonerror	如果为 true，表示遇到错误时会终止运行 ANT 工程。默认值为 false
format	设定 DDL 脚本中 SQL 语句的格式
delimiter	为 DDL 脚本设置行结束符
console	如果为 true，表示会在控制台显示生成的 DDL 脚本。默认值为 true

Tips

值得注意的是，hbm2ddl 工具只需要根据 Customer.hbm.xml 映射文件就能生成数据库 Schema，而不依赖 Customer 类文件。因此在执行 schema target 时，先执行 codegen target 及 compile target 其实并不是必须的。在本例中让 schema target 依赖于 compile target，仅仅是为了让这些 target 能够自动依次执行。

运行 schema target 的步骤如下。

（1）启动 MySQL 服务器。

（2）通过 mysql.exe 客户程序创建 SAMPLEDB 数据库，sql 命令为：

```
create database SAMPLEDB;
```

（3）在 DOS 命令行下进入 chapter4 根目录，然后输入如下命令：

```
ant schema
```

以上命令将在 SAMPLEDB 数据库中创建 CUSTOMERS 表，并且在 schema 子目录下生成 sampledb.sql 文件，参见例程 4-3。

例程 4-3　sampledb.sql

```
drop table if exists CUSTOMERS;
create table CUSTOMERS (
  ID bigint not null auto_increment,
  NAME varchar(15) not null unique,
  REGISTERED_TIME timestamp,
  AGE integer not null check(AGE>10),
  SEX char(1),
  IS_MARRIED bit,
  DESCRIPTION text,
  primary key (ID)
);
create index IDX_REGISTERED_TIME on CUSTOMERS (REGISTERED_TIME);
```

<hbm2ddl>任务还有一个 update 属性，如果为 true，表示对已存在的数据库 Schema 采用增量方式进行更新。<hbm2ddl>任务把原有的数据库 Schema 与更新后的映射文件进行比较，然后删除数据库中过时的表、字段或约束，并创建新的表、字段或约束。例如，以下代码定义了一个 schemaUpdate target，它的<hbm2ddl>任务的 update 属性为 true，它将以增量方式更新数据库：

```
<target name="schemaUpdate" depends="compile">
  <taskdef name = "hbm2ddlTask"
     classname = "org.hibernate.tool.ant.HibernateToolTask"
     classpathref = "project.class.path" />
  <hbm2ddlTask destdir = "${schema.dir}">
   <configuration configurationfile ="${class.root}/hibernate.cfg.xml" />
   <hbm2ddl export="true" console="true" update="true"
      outputfilename="sampledb.sql" />
  </hbm2ddlTask>
</target>
```

Tips

值得注意的是，<hbm2ddl>任务完全依赖于 JDBC 驱动程序提供的元数据，对于某些数据库和 JDBC 驱动程序，<hbm2ddl>任务有可能无法正常工作。

4.5 使用 XML 格式的配置文件

Hibernate 的配置文件有两种形式：一种是 XML 格式的文件；还有一种是 Java 属性文件，采用“健=值”的形式。本书第 3 章使用的是 Java 属性文件，本章及后面的章都使用 XML 格式的配置文件。XML 格式的配置文件的默认名字为“hibernate.cfg.xml”，这个文件也应该放在 classpath 中。

XML 格式的配置文件不仅能设置所有的 Hibernate 配置选项，还能够通过<mapping>元素声明需要加载的映射文件，参见例程 4-4。

例程 4-4　hibernate.cfg.xml 文件

```
<hibernate-configuration>
  <session-factory >
    <property name="dialect">org.hibernate.dialect.MySQLDialect
    </property>

    <property name="connection.driver_class">
      com.mysql.jdbc.Driver
    </property>

    <property name="connection.url">
      jdbc:mysql://localhost:3306/sampledb
    </property>

    <property name="connection.username">root</property>
    <property name="connection.password">1234</property>
    <property name="show_sql">true</property>

    <mapping resource="mypack/Customer.hbm.xml" />
```

```
  </session-factory>
</hibernate-configuration>
```

以上<session-factory>元素的<mapping>子元素指定需要加载的映射文件。一个<session-factory>元素中可以包含多个<mapping>子元素。

如果 Hibernate 的配置文件为 Java 属性文件，那么必须以编程方式声明需要加载的映射文件：

```
SessionFactory sessionFactory = new Configuration()
.addClass(mypack.Cutomer.class)
.addClass(mypack.Order.class)
.buildSessionFactory();
```

如果 Hibernate 的配置文件为 XML 格式，只需在配置文件中声明映射文件，在程序中不必调用 Configuration 类的 addClass()方法来加载映射文件。当映射文件名发生变化，只需修改 XML 格式的配置文件，不需要修改程序代码，因此 XML 格式的配置文件会提高应用程序的可维护性。

当通过 Configuration 的默认构造方法 Configuration()来创建 Configuration 实例时，Hibernate 会到 classpath 中查找默认的 hibernate.properties 文件，如果找到，就把它的配置信息加载到内存中。在默认情况下，Hibernate 不会加载 hibernate.cfg.xml 文件，必须通过 Configuration 的 configure()方法来显式加载 hibernate.cfg.xml 文件：

```
SessionFactory sessionFactory = new Configuration()
.configure()  //加载 hibernate.cfg.xml 文件
.buildSessionFactory();
```

Configuration 的 configure()方法会到 classpath 中查找 hibernate.cfg.xml 文件，如果找到，就把它的配置信息加载到内存中，如果没有找到该文件，会抛出异常：

```
org.hibernate.HibernateException: /hibernate.cfg.xml not found
```

本书第 19 章的 19.5 节（使用 XML 格式的配置文件）还会进一步介绍 Hibernate 的 XML 格式配置文件的用法。

4.6　小结

本章介绍了 Hibernate 提供的两个工具 hbm2java 和 hbm2ddl，它们能简化软件开发过程。例如，当从头开发软件时，可以直接从创建对象-关系映射文件入手，然后用 hbm2java 工具自动生成 Java 源文件，并且用 hbm2ddl 工具自动生成数据库 Schema。本书后面有些章节介绍的例子就是基于这种开发流程。

Tips

值得注意的是，在实际应用中，由 hbm2java 和 hbm2ddl 工具生成的 Java 源文件和数据库 Schema 通常只能作为初稿，还需要根据实际需求，对 Java 源文件和数据库 Schema 进行相应的修改，如在 Java 源文件中加入业务逻辑，或者在数据库 Schema 中定义触发器或视图等。

在本章的 build.xml 文件中还定义了 run target，在 DOS 命令行下进入 chapter4 根目录，然后输入如下命令：

```
ant run
```

以上命令将依次执行 prepare、codegen、compile、schema 和 run target。run target 运行 BusinessService 类。BusinessService 类的 main()方法调用 test()方法，test()方法又调用 saveCustomer()方法保存一个 Customer 对象，然后调用 loadCustomer()方法加载这个 Customer 对象，接着调用 printCustomer()方法打印这个 Customer 对象，printCustomer()方法的输出结果如下：

```
mypack.Customer@419d05[id=1,name=Tom,registeredTime=2009-05-11 13:27:43.0,
age=21,married=false,description=I am very honest.]
```

除了 hbm2java 和 hbm2ddl 工具，早期的 Hibernate 版本还提供了一个 ddl2hbm 工具，它能根据已经存在的数据库 Schema 自动生成映射文件。但是它已经被废弃，不再被维护。由第三方提供的 Middlegen 工具能完成同样的任务，并且更加出色，关于它的详细用法可参考 Hibernate 的文档。

如果要根据已有的 Java 源文件自动生成映射文件，可以使用第三方提供的 XDoclet 工具，关于它的详细用法可参考本书附录 C（用 XDoclet 工具生成映射文件）。

4.7 思考题

1．以下哪个工具能够根据对象-关系映射文件生成持久化类的源代码？（单选）

（a）JDK 的 javac 编译工具　　（b）XDoclet 工具

（c）hbm2ddl 工具　　（d）hbm2java 工具

2．在对象-关系映射文件中，如何把一个持久化类的 price 属性的 setPrice()方法设为 private 访问级别？（单选）

（a）

```
<property name="price" type="double">
  <meta attribute="scope-set">private</meta>
</property>
```

（b）

```
<property name="price" type="double" scope-set="private" />
```

（c）

```
<property name="price" type="double">
  <meta attribute="set">private</meta>
</property>
```

（d）

```
<property name="price" type="double">
  <code attribute="scope-set">private</code>
</property>
```

3．在对象-关系映射文件中，以下哪些属于<meta>元素的属性？（多选）

（a）use-in-tostring　　（b）extends

（c）field-description　　（d）sql-type

4．在对象-关系映射文件中，以下哪些属于<column>元素的属性？（多选）

（a）index　　（b）check

（c）field-description　　（d）sql-type

5．对于 ANT 的 build.xml 工程文件中的以下代码：

```
<hbm2ddl export="true" console="true" create="true"
    drop="true" outputfilename="sampledb.sql" />
```

以下哪些说法正确？（多选）

（a）<hbm2ddl>任务会生成用于增量更新数据库表的 DDL 脚本。

（b）<hbm2ddl>任务会在数据库中执行所生成的 DDL 脚本。

（c）<hbm2ddl>任务所生成的 DDL 脚本存放在 sampledb.sql 文件中。

（d）<hbm2ddl>任务会在控制台显示所生成的 DDL 脚本。

第 5 章　对象-关系映射基础

本书第 3 章已经介绍了对象-关系映射的基本方法，本章将进一步介绍单个持久化类与单个数据库表之间进行映射的技巧。本章主要解决以下映射问题：

- 持久化类的属性没有相关的 getXXX()和 setXXX()方法。
- 持久化类的属性在数据库表中没有对应的字段，或者数据库表中的字段在持久化类中没有对应的属性。
- 控制 Hibernate 生成的 insert 和 update 语句。
- 设置从持久化类映射到数据库表，以及持久化类的属性映射到数据库表的字段的命名策略。

5.1　持久化类的属性及访问方法

持久化类使用 JavaBean 的风格，为需要被访问的属性提供 getXXX()和 setXXX()方法，这两个方法也称为持久化类的访问方法。例如，Customer 类有一个 name 属性，代表客户名字，与此对应，Customer 类提供了 getName()和 setName()方法。外部程序通过 getName()方法来读取 Customer 对象的 name 属性，例如：

```
System.out.println(customer.getName());
```

外部程序通过 setName()方法来修改 Customer 对象的 name 属性，例如：

```
customer.setName("Tom");
```

也许你会问，如果直接把 name 属性定义为 public 类型，而不用提供 getName()或 setName()方法，那么外部程序就可以直接通过 customer.name 的形式来读取或修改 name 属性，这样不是更方便吗？例如：

```
//读取 Customer 对象的 name 属性
System.out.println(customer.name);

//修改 Customer 对象的 name 属性
customer.name="Tom";
```

这是因为仅定义一个 public 类型的 name 属性，不能分别控制 name 属性的读访问级别权限及修改访问级别权限。假如有这样的业务需求：不允许修改客户的名字。在域模型中，该业务需求意味着一旦创建了一个 Customer 对象，就只允许读取 name 属性，但不允许修改 name 属性。采用 JavaBean 风格，很容易做到这一点，只需把 setName() 方法设为 private 类型，而把 getName()方法设为 public 类型：

```
private String name;
public Customer(String name,…){
  this.name=name;
```

```
    ......
  }
  private void setName(String name){
    this.name=name;
  }
  public String getName(){
    return name;
  }
```

Tips

JavaBean 的另一个优点是可以简化 Hibernate 通过 Java 反射机制来获得持久化类的访问方法的过程。本书附录 B（Java 语言的反射机制）将对此做解释。

在 Hibernate 应用中，持久化类的访问方法有两个调用者：

- Java 应用程序：调用 Customer 对象的 getXXX()方法，读取 Customer 信息，把它输出到用户界面。调用 Customer 对象的 setXXX()方法，把用户输入的 Customer 信息写入到 Customer 对象中。
- Hibernate：调用 Customer 对象的 getXXX()方法，读取 Customer 信息，把它保存到数据库。调用 Customer 对象的 setXXX()方法，把从数据库中读出的 Customer 信息写入到 Customer 对象。

图 5-1 显示了 Java 应用程序和 Hibernate 调用 Customer 对象的访问方法的过程。

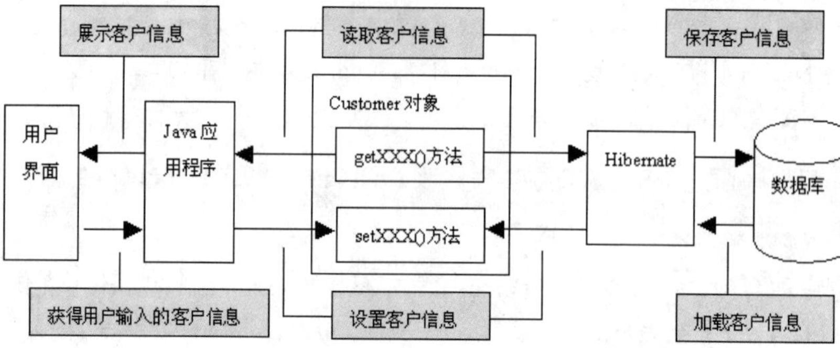

图 5-1　持久化类的访问方法的两个调用者

确切地说，当 Hibernate 的 Session 执行 save()、update()或 saveOrUpdate()方法时会调用 Customer 对象的 getXXX()方法；当 Session 执行 get()或 load()方法，以及 Query 执行查询操作时会调用 Customer 对象的 setXXX()方法。

Tips

值得注意的是，Java 应用程序不能访问持久化类的 private 类型的 getXXX()和 setXXX()方法，而 Hibernate 没有这个限制，它能够访问各种访问级别的 getXXX()和 setXXX()方法，Java 访问级别包括：private、默认、protected 和 public。

5.1.1　基本类型属性和包装类型属性

Java 有 8 种基本类型：byte、short、char、int、long、float、double 和 boolean，与此对应，Java 提供了 8 种包装类型：Byte、Short、Character、Integer、Long、Float、

Double 和 Boolean。基本类型与包装类型之间可以方便地转换，例如：

```
double primitiveDouble=1;
//把 double 基本类型转换为 Double 包装类型
Double wrapperDouble= new Double(primitiveDouble);
//把 Double 包装类型转换为 double 基本类型
primitiveDouble=wrapperDouble.doubleValue();
```

在持久化类中，既可以把属性定义为基本类型，也可以定义为包装类型，它们对应相同的 Hibernate 映射类型。例如，不管 Order 类的 price 属性是 double 类型，还是 Double 类型，都采用如下映射方式：

```
<property name= "price"  type= "double"  column= "PRICE"/>
```

基本类型和包装类型各有优缺点。基本类型的优点是使用方便，可以直接把它显示到用户界面上，而且对于数字类型，可以直接进行数学运算，例如：

```
double price1=100;
double price2=100;
double price3=price1+price2; //数学运算
```

相对而言，包装类型使用起来要稍微麻烦些，例如，在 JDK 1.4 及以前的版本中，对于数字类型的包装类型，必须先转换为基本类型，才能进行数学运算：

```
Double price1=new Double(100);
Double price2=new Double(100);
Double price3=new Double(price1.doubleValue()+price2.doubleValue());
```

幸运的是，从 JDK 1.5 版本开始，数字类型的包装类型可以直接参与数学运算，这大大简化了包装类型的使用方式。如在 JDK 1.5 中，以下代码都是合法的：

```
double d1=11;
double d2=new Double(11)+new Double(11)+d1; //d2 的值为 33.0
Double d3=new Double(11)+new Double(11)+d1; //d3 的值为 33.0
```

基本类型的缺点在于无法表达 null 值。所有基本类型的默认值都不是 null，如数字类型的基本类型的默认值为 0。在某些场合，可以用基本类型的默认值来表示属性值是未知的。例如，对于 Customer 类的 int 类型的 age 属性，如果 age 属性为 0，可以把它理解为该客户的年龄是未知的。

但在某些场合，如果“0”本身包含特定业务含义，就无法用“0”来表示未知状态。例如，Student 类有一个 int 类型的 score 属性，表示学生的考试分数。int 类型的 score 属性无法表达这样的业务需求：

- 如果 score 属性为 null，表示该学生的成绩是未知的，有可能得了 100 分，也有可能得了 0 分，只是暂时还不知道成绩。
- 如果 score 属性为 0，表示学生考试成绩为 0 分。

在以上情况中，必须使用包装类型。包装类型都是 Java 类，它们的默认值是 null。如果把 Student 类的 score 属性定义为 Integer 类型，score 属性既可以取默认值 null，也可以被显式赋值为 0：

```
student.setScore(new Integer(0));
```

在 SQL 中，所有数据类型的默认值都是 null，当通过 insert 语句向 STUDENTS 表插入一条记录时，如果没有为 SCORE 字段赋值，那么这个字段就被自动赋值为 null，当然，也可以在 insert 语句中显式地把 SCORE 字段赋值为 null。可见，Java 包装类型与 SQL 数据类型之间具有更直接的对应关系。

Hibernate 既支持包装类型，也支持基本类型。开发人员可以根据编程习惯及业务需求来决定使用何种类型。对于持久化类的 OID，推荐使用包装类型，Hibernate API 对 Java 包装类型提供了友好的支持，它的接口或类的许多方法都接受包装类型的参数，例如：

```
session.get(Customer.class, new Long(1));
```

此外，在默认情况下，Hibernate 根据对象的 OID 是否为 null，来判断对象是否处于临时状态，参见第 8 章的 8.4.4 节（Session 的 saveOrUpdate()方法）。

5.1.2 Hibernate 访问持久化类属性的策略

在对象-关系映射文件中，<property>元素的 access 属性用于指定 Hibernate 访问持久化类的属性的方式。access 属性有以下两个可选值。

- property：这是默认值，表明 Hibernate 通过相应的 setXXX()和 getXXX()方法来访问类的属性。这是优先推荐的方式，为持久化类的每个属性提供 setXXX()和 getXXX()方法，可以更灵活地封装持久化类，提高域模型的透明性。
- field：表明 Hibernate 运用 Java 反射机制直接访问类的属性。例如，如果 Customer 类没有为 name 属性提供 setName()和 getName()方法，就可以把 access 属性设为 field，使 Hibernate 能直接访问 name 属性：

```
<property name="name" access="field" />
```

Tips

除了把<property>的 access 属性设为“field”或“property”，还可以自定义持久化类的属性的访问方式。这需要创建一个实现 org.hibernate. property. PropertyAccessor 接口的类，然后把类的完整名字赋值给<property>元素的 access 属性。

5.1.3 在持久化类的访问方法中加入程序逻辑

在持久化类的访问方法中，可以加入程序逻辑，下面举例说明。

1．在 Customer 类的 getName()和 setName()方法中加入程序逻辑

假如在 Customer 类中有 firstname 属性和 lastname 属性，但没有 name 属性，而在数据库中的 CUSTOMERS 表中只有 NAME 字段。当 Hibernate 从数据库中取得了 CUSTOMERS 表的 NAME 字段值后，会调用 setName()方法，此时应该让 Hibernate 通过 setName()方法来自动设置 firstname 属性和 lastname 属性。这需要在 setName()方法中加入额外的程序逻辑，参见例程 5-1。

例程 5-1　Customer.java

```
package mypack;
import java.io.Serializable;
import java.util.StringTokenizer;
public class Customer implements Serializable{
  ……
  private String firstname;
  private String lastname;

  public String getName(){
    return firstname+ " "+lastname;
  }
  public void setName(String name){
    StringTokenizer t=new StringTokenizer(name);
    firstname=t.nextToken();
    lastname=t.nextToken();
  }
}
```

在 Customer.hbm.xml 文件中，无须映射 Customer 类的 firstname 和 lastname 属性，而是映射 name 属性，它和 CUSTOMERS 表的 NAME 字段对应。

```
<property name="name"  column="NAME"  />
```

尽管在 Customer 类中并没有定义 name 属性，由于 Hibernate 并不会直接访问 name 属性，而是调用 getName()和 setName()方法，因此，实际上建立了 Customer 类的 firstname 和 lastname 属性与 CUSTOMERS 表的 NAME 字段的映射，参见图 5-2。

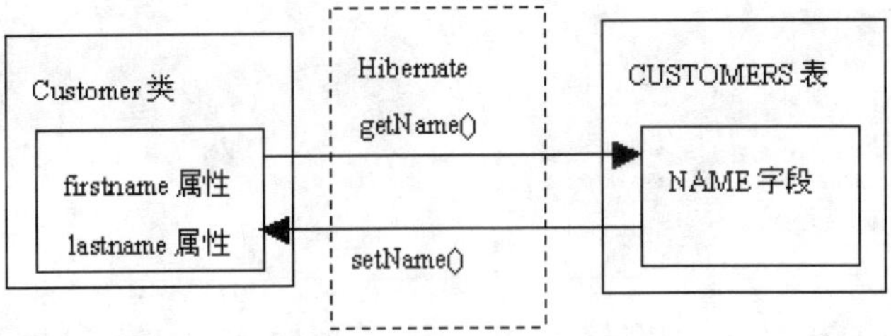

图 5-2　Customer 类的 firstname 和 lastname 属性与 CUSTOMERS 表的 NAME 字段的映射

不管在 Customer 类中是否存在 name 属性，只要在 Customer.hbm.xml 文件中映射了 name 属性，在 HQL 语句中就能访问它：

```
Query query=session.createQuery("from Customer as c where c.name= 'Tom' ");
```

如果把 Customer.hbm.xml 文件中 name 属性的配置代码中<property>元素的 access 属性设为“field”：

```
<property name="name"  column="NAME" access="field" />
```

程序运行时，Hibernate 就会试图直接访问 Customer 实例的 name 属性，因此抛出 org.hibernate.PropertyNotFoundException 异常。

尽管在 Customer 类中定义了 firstname 属性，但是没有在 Customer.hbm.xml 文件

中映射 firstname 属性，因此以下 HQL 语句是不正确的：

```
Query query =session.createQuery
    ("from Customer as c where c.firstname= 'Tom' ");
```

当 Hibernate 执行以上 HQL 语句时，会抛出以下错误信息：

```
org.hibernate.QueryException: could not resolve property:
firstname of: mypack.Customer
[from mypack.Customer as c where c.firstname='Tom' ]
```

2．在 Customer 类的 setOrders ()方法中加入程序逻辑

假定 Customer 类有一个 avgPrice 属性，表示这个客户的所有订单的平均价格。它的取值为与它关联的所有 Order 对象的 price 的平均值。在 CUSTOMERS 表中没有 AVG_PRICE 字段。可以在 Customer 类的 setOrders()方法中加入程序逻辑：

```
private Set orders=new HashSet();
private Double avgPrice;
public Double getAvgPrice(){
   return this.avgPrice;
}
private void setAvgPrice( Double avgPrice ){
   this.avgPrice = avgPrice;
}
public void setOrders( Set orders ){
   this.orders = orders;
   calculatePrice();
}
public Set getOrders(){
   return orders;
}
private void calculatePrice(){
  double avgPrice = 0.0;
  double totalPrice = 0.0;
  int count=0;

  if ( getOrders() != null ){
   Iterator iter = getOrders().iterator();
   while( iter.hasNext() ){
    double orderPrice = ((Order)iter.next()).getPrice();
    totalPrice += orderPrice;
    count++;
   }
   // 计算客户的所有订单的平均价格
   avgPrice=totalPrice/count;
   setAvgPrice( new Double(avgPrice) );
  }
}
```

Customer 类的 getAvgPrice()方法为 public 类型，而 setAvgPrice()方法为 private 类型，因此 Java 应用程序只能读取 avgPrice 属性，但是不能直接修改 avgPrice 属性。当 Java 应用程序或者 Hibernate 调用 setOrders()方法时，会自动调用 calculatePrice()方法，calculatePrice()方法又调用 setAvgPrice()方法，从而给 avgPrice 属性赋值。由此可见，

如果希望把为持久化类的某个属性赋值的行为封装起来，可以把相应的 setXXX()方法设为 private 类型。

在 Customer.hbm.xml 文件中无须映射 Customer 类的 avgPrice 属性，因此 Hibernate 既不会直接访问 avgPrice 属性，也不会调用 getAvgPrice()和 setAvgPrice()方法。

3．在 Customer 类的 setSex()方法中加入数据验证逻辑

在持久化类的访问方法中，还可以加入数据验证逻辑。例如，以下代码在 setSex()方法中先判断参数 sex 是否为'F'或者'M'，如果不是，就抛出异常。

```
public void setSex(char sex){
   if(sex!='F' && sex!='M'){
    throw new IllegalArgumentException("Invalid Sex");
   }
   this.sex =sex ;
}
```

setSex()方法有两个调用者：Java 应用程序和 Hibernate。当 Java 应用程序调用 setSex(char sex)方法时，参数值很有可能来自于从用户界面输入的数据，因此有必要执行数据验证。而当 Hibernate 调用 setSex(char sex)方法时，参数值来自于从数据库读出的数据，通常都是合法数据，因此没必要执行数据验证。解决这一矛盾的办法是把 Customer.hbm.xml 文件中映射 sex 属性的<property>元素的 access 属性设为“field”：

```
<property name="sex" access="field">
    <column name="SEX"  not-null="true"  />
</property>
```

这样，Hibernate 就会直接访问 Customer 实例的 sex 属性，而不是调用 setSex()和 getSex()方法。

Tips

在实际应用中，数据验证逻辑通常由表述层或者业务逻辑层的过程域对象来实现。在实体域对象中加入数据验证逻辑，主要是便于在软件开发和测试阶段能捕获表述层或者过程域对象应该处理而未处理的异常，提醒开发人员在表述层或者过程域对象中加入相关的数据验证逻辑。

5.1.4　设置派生属性

并不是持久化类的所有属性都直接和表的字段匹配，持久化类的有些属性的值必须在运行时通过计算才能得出来，这种属性称为派生属性。本章 5.1.3 节已经给出了一种解决方案，以 Customer 类的 avgPrice 属性为例，该方案包括两个步骤。

（1）在映射文件中不映射 avgPrice 属性。

（2）在 Customer 类的 setOrders()方法中加入程序逻辑，自动为 avgPrice 属性赋值。

本节给出另一种解决方案：利用<property>元素的 formula 属性。formula 属性用来设置一个 SQL 表达式，Hibernate 将根据它来计算出派生属性的值。下面以 Customer 类的 totalPrice 属性为例，介绍<property>元素的 formula 属性的用法。Customer 类的

totalPrice 属性表示客户的所有订单的价格总和，它的取值为与 Customer 对象关联的所有 Order 对象的 price 属性值的和。在 CUSTOMERS 表中没有对应的 TOTAL_PRICE 字段。在 Customer.xml 文件中映射 totalPrice 属性的代码如下：

```
<property name="totalPrice"
  formula="(select sum(o.PRICE) from ORDERS o where o.CUSTOMER_ID=ID)" />
```

当 Hibernate 从数据库中查询 Customer 对象时，在 select 语句中会包含以上用于计算 totalPrice 派生属性的子查询语句：

```
select ID,NAME, SEX, `CUSTOMER DESCRIPTION`,
(select sum(o.PRICE) from ORDERS o where o.CUSTOMER_ID=1) from CUSTOMERS;
```

如果子查询语句的查询结果为空，即客户没有任何订单时，Hibernate 会把 totalPrice 属性赋值为 null，如果 totalPrice 属性为 double 基本类型，会抛出以下异常：

```
[java] org.hibernate.PropertyAccessException: Null value was assigned to
a property of primitive type setter of mypack.Customer.totalPrice
```

为了避免以上异常，应该把 totalPrice 属性定义为 Double 包装类型。

<property>元素的 formula 属性指定一个 SQL 表达式，该表达式可以引用表的字段，调用 SQL 函数或者包含子查询语句。例如，表示客户购买单项商品信息的 LineItem 类中有一个 unitPrice 属性，取值为：

```
商品单价（BASE_PRICE） * 购买数量（QUANTITY）
```

而在 LINEITEMS 表中没有对应的 UNIT_PRICE 字段，只有 BASE_PRICE 和 QUANTITY 字段，可以通过以下方式映射 unitPrice 属性：

```
<property name="unitPrice"
   formula="BASE_PRICE*QUANTITY" />
```

5.1.5 控制 insert 和 update 语句

Hibernate 在初始化阶段，就会根据映射文件的映射信息，为所有的持久化类预定义以下 SQL 语句。

- insert 语句，如 Order 类的 insert 语句：

```
insert into ORDERS(ID,ORDER_NUMBER,PRICE,CUSTOMER_ID) values(?,?,?,?)
```

- update 语句，如 Order 类的 update 语句：

```
update ORDERS set ORDER_NUMBER=?, PRICE=?,CUSTOMER_ID=? where ID=?
```

- delete 语句，如 Order 类的 delete 语句：

```
delete from ORDERS where ID=?
```

- 根据 OID 来从数据库加载持久化类实例的 select 语句，如 Order 类的 select 语句：

```
select ID,ORDER_NUMBER,PRICE,CUSTOMER_ID from ORDERS where ID=?
```

Tips

HQL 或 QBC 查询对应的 select 语句是在执行该代码时才动态生成的。

以上 SQL 语句中的问号代表 JDBC PreparedStatement 中的参数。这些 SQL 语句都存放在 SessionFactory 的内置缓存中，当执行 Session 的 save()、update()、delete()、load() 和 get()方法时，将从缓存中找到相应的预定义 SQL 语句，再把具体的参数值绑定到该 SQL 语句中。

在默认情况下，预定义的 SQL 语句中包含了表的所有字段。此外，Hibernate 还允许在映射文件中控制 insert 和 update 语句的内容，例如：

```
<property name="price" update="false" column="PRICE"/>
```

以上代码把<property>元素的 update 属性设为 false，这表明在 update 语句中不会包含 PRICE 字段。表 5-1 列出了所有用于控制 insert 和 update 语句的映射属性，本章 5.6 节将举例演示这几个映射属性对 Hibernate 运行时行为的影响。

表 5-1　用于控制 insert 和 update 语句的映射属性

映射属性	作　用
<property>元素的 insert 属性	如果为 false，在 insert 语句中不包含该字段，表明该字段永远不能被插入。默认值为 true
<property>元素的 update 属性	如果为 false，　update 语句中不包含该字段，表明该字段永远不能被更新。默认值为 true
<class>元素的 mutable 属性	如果为 false，等价于所有的<property>元素的 update 属性为 false，表示整个实例不能被更新。默认值为 true
<class>元素的 dynamic-insert 属性	如果为 true，表示当保存一个对象时，会动态生成 insert 语句，insert 语句中仅包含所有取值不为 null 的字段。默认值为 false
<class>元素的 dynamic-update 属性	如果为 true，表示当更新一个对象时，会动态生成 update 语句，update 语句中仅包含所有取值需要更新的字段。默认值为 false

Hibernate 生成动态 SQL 语句的系统开销（如占用 CPU 的时间和占用的内存）很小，因此不会影响应用的运行性能。如果表中包含许多字段，建议把 dynamic-insert 属性和 dynamic-update 属性都设为 true。这样，在 insert 和 update 语句中就只包含需要插入或更新的字段，这可以节省数据库执行 SQL 语句的时间，从而提高应用的运行性能。

5.2　处理 SQL 引用标识符

在 SQL 语法中，标识符是指用于为数据库表、视图、字段或索引等命名的字符串，常规标识符不包含空格，也不包含特殊字符，因此无须使用引用符号，如以下 SQL 语句中，CUTOMERS、ID 和 NAME 都是标识符：

```
create table CUSTOMERS (
ID bigint not null,
NAME varchar(15) not null,
……
```

```
);
```

如果数据库表名或字段名中包含空格，或者包含特殊字符，那么可以使用引用标识符。在 MySQL 中，引用标识符的形式为`IDENTIFIER NAME`。例如，以下 SQL 语句创建的 CUSTOMERS 表中有一个引用标识符字段` CUSTOMER DESCRIPTION `:

```
create table CUSTOMERS (
 ID bigint not null,
 ……
 `CUSTOMER DESCRIPTION` text
);
```

在映射 Customer 类的 description 属性时，也应该使用引用标识符，例如：

```
<property name="description"  column="`CUSTOMER DESCRIPTION`"/>
```

当 Hibernate 生成 SQL 语句时，将始终采用引用标识符的形式，来访问`CUSTOMER DESCRIPTION `字段。例如，以下是 Hibernate 生成的 insert 语句的形式：

```
insert into CUSTOMERS (ID,NAME, SEX, `CUSTOMER DESCRIPTION`)values(?,?,?,?);
```

对于不同数据库系统，引用标识符有不同的形式。在 MS SQL Server 中，引用标识符的形式为[IDENTIFIER NAME]; 在 MySQL 中，引用标识符的形式为`IDENTIFIER NAME`。但是在设置 Hibernate 的映射文件时，可以一律采用`IDENTIFIER NAME`的形式。Hibernate 会自动根据 Hibernate 配置文件中设置的 SQL 方言（即 hibernate.dialect 属性），来生成正确的 SQL 语句。

5.3 创建命名策略

在开发软件时，通常会要求每个开发人员遵守共同的命名策略。例如，数据库的表名及字段名的所有字符都为大写，表名以“S”结尾。对于 Customer 类，对应的数据库表名为 CUSTOMERS。为了在映射文件中遵守这种命名约定，一种方法是手工设置表名和字段名，但这种方式很耗时，而且容易出错。还有一种方式是实现 Hibernate 的 org.hibernate.cfg.NamingStrategy 接口。对于这一接口，Hibernate 已经提供了两个参考实现类：

- org.hibernate.cfg.DefaultNamingStrategy 类：这是 NamingStrategy 接口的默认实现类。
- org.hibernate.cfg.ImprovedNamingStragegy 类：这是 NamingStrategy 接口的高级实现类。

自定义的实现类可以继承以上两个参考实现类之一，然后覆盖其中的部分方法。以下例程 5-2 的 MyNamingStrategy 类就继承了 ImprovedNamingStragegy 类。

例程 5-2　MyNamingStrategy.java

```
package mypack;
import org.hibernate.cfg.ImprovedNamingStrategy;
import org.hibernate.util.StringHelper;
```

```
public class MyNamingStrategy extends ImprovedNamingStrategy {
  public String classToTableName(String className) {
      return StringHelper.unqualify(className).toUpperCase()+'S';
  }
  public String propertyToColumnName(String propertyName) {
     return propertyName.toUpperCase();
  }
  public String tableName(String tableName) {
     return tableName;
  }
  public String columnName(String columnName) {
     return columnName;
  }
  public String propertyToTableName(String className, String propertyName)
  {
     return classToTableName(className) + '_' +
         propertyToColumnName(propertyName);
  }
}
```

在例程 5-2 中，unqualify()是 Hibernate 软件包中的 StringHelper 类提供的实用方法，它的参数为一个类名，返回值是不带包名的类名。例如，调用 unqualify("mypack.Customer")的返回值是“Customer”。unqualify()方法的实现代码如下：

```
public static String unqualify(String qualifiedName) {
return unqualify(qualifiedName, ".");
}

public static String unqualify(String qualifiedName, String seperator) {
return qualifiedName.substring( qualifiedName.lastIndexOf(seperator) + 1 );
}
```

MyNamingStrategy 类继承了 ImprovedNamingStragegy 类，并覆盖了它的部分方法。MyNamingStrategy 类提供了把类名映射为表名的两个方法。

（1）classToTableName(String className)方法：如果在<class>元素中没有显式设置表名，Hibernate 调用该方法。对于以下映射代码：

```
<class name="mypack.Dictionary">
```

Hibernate 会自动调用 classToTableName()方法，参数为“mypack.Dictionary”，返回的表名为“DICTIONARYS”。

（2）tableName(String tableName)：如果在<class>元素中显式设置了表名，Hibernate 调用该方法。对于以下映射代码：

```
<class name="mypack.Dictionary" table="DICTIONARIES">
```

Hibernate 会自动调用 tableName()方法，参数为“DICTIONARIES”，返回的表名仍然是“DICTIONARIES”。

MyNamingStrategy 类还提供了把类的属性名映射为字段名的两个方法。

（1）propertyToColumnName(String propertyName)方法：如果在<property>元素中没有显式设置字段名，Hibernate 调用该方法。对于以下映射代码：

```
<property name="orderNumber" />
```

Hibernate 会自动调用 propertyToColumnName()方法，参数为“orderNumber”，返回的字段名为“ORDERNUMBER”。

（2）columnName(String columnName)：如果在<property>元素中显式设置了字段名，Hibernate 调用该方法。对于以下映射代码：

```
<property name="orderNumber" column="ORDER_NUMBER" />
```

Hibernate 会自动调用 columnName()方法，参数为“ORDER_NUMBER”，返回的字段名仍然是“ORDER_NUMBER”。

为了让 Hibernate 采用以上命名方案，需要在 Hibernate 初始化阶段设置 Configuration 对象的 NamingStrategy 属性，代码如下：

```
Configuration config = new Configuration()
  .setNamingStrategy( new MyNamingStrategy() )
  .configure();
SessionFactory sessionFactory = config.buildSessionFactory();
```

通常，在 NamingStrategy 的 classToTableName()和 propertyToColumnName()方法中定义从类名到表名，以及从属性名到字段名的默认命名规则。如果在某些情况下需要覆盖默认命名规则，只需在映射文件中显式指定表名或字段名，此时会调用 tableName()或 columnName()方法。

在多用户环境中，如果每个用户需要不同的数据库命名策略，但是共享同样的关系数据模型，无须修改映射文档，只要为每个用户分配一个 SessionFactory 对象，各自使用单独的命名策略。如以下程序中创建了两个 SessionFactory 对象：sessionFactory1 和 sessionFactory 2，它们使用的命名策略分别为 NamingStrategy1 和 NamingStrategy2，这两个类都实现了 NamingStrategy 接口。

```
Configuration config1 = new Configuration()
  .setNamingStrategy(new NamingStrategy1())
  .configure();
SessionFactory sessionFactory1= config1.buildSessionFactory();

Configuration config2 = new Configuration()
  .setNamingStrategy(new NamingStrategy2())
  .configure();
SessionFactory sessionFactory2= config2.buildSessionFactory();
```

5.4 设置数据库 Schema

一个数据库系统可以包含多个 schema，一个 schema 中有多个表。同一个 schema 中的表不允许同名，而不同 schema 中可以存在同名的表。例如，假定在 schema1 和 schema2 中都有一个名为 CUSTOMERS 的表，在 SQL 语句中可以通过 schema1.CUSTOMERS 和 schema2.CUSTOMERS 的形式来分别访问这两张表。

在一个对象-关系映射文件中，可以为多个持久化类进行映射，如果这些类都和

schema1 中的各个表映射，那么可以在<hibernate-mapping>元素中设置一个 schema 属性：

```
<hibernate-mapping  schema="schema1">
  <class  name="mypack.Customer"  table="CUSTOMERS" >
   ......
  </class>
  <class  name="mypack.Order"  table="ORDERS" >
   ......
  </class>
  ......
</hibernate-mapping>
```

对于以上映射文件中的 Customer 类，Hibernate 会把它映射为表 schema1.CUSTOMERS，对于 Order 类，Hibernate 会把它映射为表 schema1.ORDERS。

如果对象-关系映射文件中的大多数类都和 schema1 中的表映射，还有个别类和 schema2 中的表映射，那么可以在这些个别类的<class>元素中设置一个 schema 属性：

```
<hibernate-mapping  schema="schema1">
  <class  name="mypack.Customer"  table="CUSTOMERS" >
    ......
  </class>
  <class  name="mypack.Order"  table="ORDERS" schema="schema2">
    ......
  </class>
  ......
</hibernate-mapping>
```

在<class>元素中设置的 schema 属性会覆盖在<hibernate-mapping>元素中设置的 schema 属性。对于以上映射文件中的 Customer 类，Hibernate 会把它映射为表 schema1.CUSTOMERS，而对于 Order 类，Hibernate 会把它映射为表 schema2.ORDERS。

5.5　设置类的包名

在默认情况下，在设置<class>元素的 name 属性时，必须提供完整的类名，即包括类所在的包的名字。如果在一个映射文件中包含多个类，并且这些类都位于同一个包中，每次都设定完整的类名很烦琐。此时可以设置<hibernate-mapping>元素的 package 属性，避免为每个类提供完整的类名。例如，以下两种映射方式是等价的：

```
<hibernate-mapping  package="mypack"  >
  <class name="Customer"  table="CUSTOMERS">
   ......
  </class>
  <class name="Order"  table="ORDERS">
  ……
  </class>
</hibernate-mapping>
```

或者：

```
<hibernate-mapping>
  <class
```

```
        name="mypack.Customer"
        table="CUSTOMERS">
        ……
    </class>
    <class
        name="mypack.Order"
        table="ORDERS">
        ……
    </class>
</hibernate-mapping>
```

5.6 运行本章的范例程序

本章范例程序位于配套光盘的 sourcecode\chapter5 目录下，它用于演示本章介绍的各种映射技巧。例程 5-3、例程 5-4、例程 5-5 和例程 5-6 分别是 Customer.java、Customer.hbm.xml、Order.hbm.xml 和 Dictionary.hbm.xml 的源代码，例程中的粗体字部分为需要特别注意的地方，在这些地方都给出了详细的中文注解。

例程 5-3 Customer.java

```
package mypack;
import java.io.Serializable;
import java.util.*;

public class Customer implements Serializable {

  private Long id;
  private String firstname;
  private String lastname;
  private char sex;
  private Set orders=new HashSet();
  private Double avgPrice;
  private Double totalPrice;
  private String description;

  //此处省略构造方法，
  //以及 id,firstname,lastname,avgPrice,totalPrice 和 description 属性的访问方法
  ……

  /** 在 getName()方法中加入逻辑 */
  public String getName(){
    return firstname+ " "+lastname;
  }

  /** 在 setName()方法中加入逻辑 */
  public void setName(String name){
    StringTokenizer t=new StringTokenizer(name);
    firstname=t.nextToken();
    lastname=t.nextToken();
  }

  /** 在 setOrders()方法中加入逻辑，设置 avgPrice 属性 */
```

```
    public void setOrders( Set orders ){
      this.orders = orders;
      calculatePrice();
    }

    public Set getOrders(){
      return orders;
    }

    private void calculatePrice(){
      double avgPrice = 0.0;
      double totalPrice = 0.0;
      int count=0;

      if ( getOrders() != null ){
        Iterator iter = getOrders().iterator();
        while( iter.hasNext() ){
          double orderPrice = ((Order)iter.next()).getPrice();
          totalPrice += orderPrice;
          count++;
        }
        avgPrice=totalPrice/count;
        setAvgPrice( new Double(avgPrice) );
      }
    }

    public char getSex(){
      return this.sex;
    }

    /** 在 setSex()方法中加入数据验证逻辑 */
    public void setSex(char sex){
      if(sex!='F' && sex!='M'){
        throw new IllegalArgumentException("Invalid Sex");
      }
      this.sex =sex ;
    }
}
```

例程 5-4　Customer.hbm.xml

```
<!--设置了 package 属性，因此<class>元素中定义的类来自 mypack 包 -->
<hibernate-mapping  package="mypack">

  <!--设置了 dynamic-insert 和 dynamic-update 属性，
  表示会动态生成 CUSTOMERS 表的 insert 和 update 语句 -->
  <class name="Customer" dynamic-insert="true" dynamic-update="true">

    <id name="id">
      <generator class="increment"/>
    </id>

    <property name="name"/>

    <!--把 access 属性设为 field，因此 Hibernate 会直接访问 sex 属性，
```

```
    而不会调用 getSex()和 setSex()方法，
    这可以避免 Hibernate 执行 setSex()方法中的数据验证逻辑 -->
    <property name="sex" access="field" />

    <set
      name="orders"
      inverse="true"
      cascade="save-update"   >
      <key column="CUSTOMER_ID" />
      <one-to-many class="mypack.Order" />
    </set>

    <!--totalPrice 为派生属性 -->
    <property name="totalPrice"
    formula="(select  sum(o.PRICE)  from ORDERS  o where o.CUSTOMER_ID=ID)" />

    <!--description 属性对应的字段名中有引用标识符 -->
    <property name="description"  type="text" column="`CUSTOMER  DESCRIPTION`"/>

  </class>
</hibernate-mapping>
```

例程 5-5　Order.hbm.xml

```
<!--设置了 package 属性，因此<class>元素中定义的类来自 mypack 包  -->
<hibernate-mapping  package="mypack">

  <!--设置了 dynamic-insert 和 dynamic-update 属性，
  表示会动态生成 ORDERS 表的 insert 和 update 语句 -->
  <class name="Order" dynamic-insert="true" dynamic-update="true" >

    <id name="id">
       <generator class="increment"/>
    </id>

    <!--显式指定 orderNumber 属性对应的字段名，
    否则 MyNamingStrategy 会把 orderNumber 属性映射为 ORDERNUMBER 字段-->
    <property name="orderNumber" column="ORDER_NUMBER"/>

    <property name="price" />

    <many-to-one
       name="customer"
       column="CUSTOMER_ID"
       class="Customer"
       not-null="true"
    />

  </class>
</hibernate-mapping>
```

例程 5-6　Dictionary.hbm.xml

```
<!--设置了 package 属性，因此<class>元素中定义的类来自 mypack 包  -->
<hibernate-mapping  package="mypack">
```

```
<!--显式指定Dictionary类对应的表名,
否则MyNamingStrategy会把Dictionary类映射为DICTIONARYS表-->
<!--把mutable属性设为false，因此Hibernate不会更新DICTIONARIES表 -->
<class name="Dictionary" table="DICTIONARIES" mutable="false">

  <id name="id">
    <generator class="increment"/>
  </id>

  <property name="type" access="field"/>

  <!--显式指定key属性对应的字段名,
  否则MyNamingStrategy会把key属性映射为KEY字段-->
  <property name="key" access="field" column="TYPE_KEY"/>

  <property name="value" access="field" />

 </class>
</hibernate-mapping>
```

运行本章程序前，需要在 SAMPLEDB 数据库中手工创建 CUSTOMERS 表、ORDERS 表和 DICTIONARIES 表，相关的 SQL 脚本文件为 schema\sampledb.sql。DICTIONARIES 表代表应用的数据字典，它的数据是不允许被改变的。在 DOS 命令行下进入 chapter5 根目录，然后输入命令：ant　run，就会运行 BusinessService 类。例程 5-7 是 BusinessService 类的源程序。

例程 5-7　BusinessService.java

```
package mypack;

import org.hibernate.*;
import org.hibernate.cfg.Configuration;
import java.util.*;

public class BusinessService{
  public static SessionFactory sessionFactory;
  static{
     try{
       Configuration config = new Configuration();
       //设置命名策略
       config.setNamingStrategy( new MyNamingStrategy() )
            .configure();
      sessionFactory = config.buildSessionFactory();
    }catch(RuntimeException e){e.printStackTrace(); throw e;}

  }

   public Customer loadCustomer(long customer_id){......}
   public void saveCustomer(Customer customer){......}
   public void loadAndUpdateCustomer(long customerId){......}
   public void updateCustomer(Customer customer){......}
   public void saveDictionary(Dictionary dictionary){......}
   public void updateDictionary(Dictionary dictionary){......}
```

```
    public Dictionary loadDictionary(long dictionary_id){……}

    public void printCustomer(Customer customer){……}
    public void printDictionary(Dictionary dictionary){……}
    public void test(){……}

     public static void main(String args[]){
       new BusinessService().test();
       sessionFactory.close();
     }
    }
```

BusinessService 的 main()方法调用 test()方法，test()方法执行以下步骤。

（1）保存一个所有属性都不为 null 的 Customer 对象：

```
Customer customer=new Customer("Laosan","Zhang",'M',new HashSet(),
"A good citizen!");
Order order1=new Order("Order001",new Double(100),customer);
Order order2=new Order("Order002",new Double(200),customer);
customer.getOrders().add(order1);
customer.getOrders().add(order2);

saveCustomer(customer);
```

当 Session 的 save()方法保存以上 Customer 对象时，还会级联保存两个 Order 对象，Session 执行的 insert 语句为：

```
insert into CUSTOMERS (ID,NAME, SEX, `CUSTOMER DESCRIPTION`)
values (1,'Laosan Zhang', 'M', 'A good citizen!');
insert into ORDERS (ID,ORDER_NUMBER, PRICE, CUSTOMER_ID)
values (1,'Order001', 100, 1);
insert into ORDERS (ID,ORDER_NUMBER, PRICE, CUSTOMER_ID)
values (2,'Order002', 200, 1);
```

（2）保存一个 description 属性为 null 的 Customer 对象：

```
customer=new Customer("Laowu","Wang",'M',new HashSet(),null);
saveCustomer(customer);
```

由于 Customer.hbm.xml 文件中<class>元素的 dynamic-insert 属性为 true，因此在动态生成的 insert 语句中不会包含取值为 null 的`CUSTOMER DESCRIPTION`字段，Session 执行的 insert 语句为：

```
insert into CUSTOMERS (ID,NAME,SEX) values (2, 'Laowu Wang', 'M');
```

（3）加载并打印 OID 为 1 的 Customer 对象：

```
customer=loadCustomer(1);
printCustomer(customer);
```

当加载 Customer 对象时，为了计算 totalPrice 派生属性的值，在 select 语句中包含子查询语句：

```
select ID,NAME, SEX, `CUSTOMER DESCRIPTION`,
(select sum(o.PRICE) from ORDERS o where o.CUSTOMER_ID=1) from CUSTOMERS
where ID=1;
```

Tips

如果在 MySQL 4.x 版本中运行本程序会出错，这是因为该版本还不支持子查询语句。

printCustomer()方法的打印结果如下：

```
[java] name:Laosan Zhang
[java] sex:M
[java] description:A good citizen!
[java] avgPrice:150.0
[java] totalPrice:300.0
```

（4）修改 Customer 对象的 description 属性，然后更新 Customer 对象：

```
customer.setDescription("An honest customer!");
updateCustomer(customer);
```

updateCustomer()方法的代码如下：

```
tx = session.beginTransaction();
session.update(customer);
tx.commit();
```

在运行以上 Session 的 update()方法时，Hibernate 执行以下 update 语句：

```
update CUSTOMERS set NAME='Laosan Zhang', SEX='M',
`CUSTOMER DESCRIPTION`='An honest customer!' where ID=1;
update ORDERS set ORDER_NUMBER='Order001', PRICE=100, CUSTOMER_ID=1 where ID=1;
update ORDERS set ORDER_NUMBER='Order001', PRICE=200, CUSTOMER_ID=1 where ID=2;
```

尽管 Customer.hbm.xml 文件和 Order.hbm.xml 文件中<class>元素的 dynamic-update 属性为 true，但是在动态生成的 update 语句中仍然包含所有的字段，这是什么原因呢？这是因为对于以上 updateCustomer()方法，在 Session 的缓存中没有原先 Customer 对象的快照（Snapshot，即 Customer 对象的复制），因此无法判断当前 Customer 对象的哪些属性被修改，哪些属性没有被修改，所以只能在 update 语句中会包含所有的字段。如果读者对此难以理解，可以在阅读完第 8 章（通过 Hibernate 操纵对象（上））后再来回顾这段内容。

（5）加载并修改 OID 为 1 的 Customer 对象：

```
loadAndUpdateCustomer(1);
```

loadAndUpdateCustomer()方法的代码如下：

```
tx = session.beginTransaction();
Customer customer=(Customer)session.get(Customer.class,new Long(customerId));
customer.setDescription("A lovely customer!");
tx.commit();
```

当 Session 加载了 Customer 对象后，会在缓存中生成该 Customer 对象的快照，通过比较当前 Customer 对象与它的快照，Hibernate 能够判断当前 Customer 对象的哪些属性被修改，哪些属性没有被修改，因此在 update 语句中只会包含需要更新的字段，Hibernate 执行的 update 语句为：

```
update CUSTOMERS set `CUSTOMER DESCRIPTION`='A lovely customer!' where ID=1;
```

（6）保存一个 Dictionary 对象：

```
Dictionary dictionary=new Dictionary("SEX","M","MALE");
saveDictionary(dictionary);
```

（7）加载 OID 为 1 的 Dictionary 对象，修改它的 value 属性，然后更新这个对象：

```
dictionary=loadDictionary(1);
dictionary.setValue("MAN");
updateDictionary(dictionary);
```

由于 Dictionary.hbm.xml 文件中<class>元素的 mutable 属性为 false，因此 Hibernate 不会执行更新 DICTIONARIES 表的 update 语句。

（8）再次加载 OID 为 1 的 Dictionary 对象，然后打印它的信息：

```
dictionary=loadDictionary(1);
printDictionary(dictionary);
```

由于 updateDictionary()方法并没有更新数据库中 OID 为 1 的 Dictionary 对象，因此它的属性没有被改变，printDictionary()方法的打印结果如下：

```
[java] type:SEX
[java] key:M
[java] value:MALE
```

5.7 小结

本章主要介绍了单个持久化类与单个数据库表之间进行映射的方法，尤其是当持久化类的属性不和数据库表的字段一一对应时的映射技巧。也许你会问，为什么不让持久化类的属性和数据库表的字段都直接对应，从而简化两者之间的映射过程呢？对这个问题有以下三点解释。

（1）在第 1 章已经介绍过，域模型和关系数据模型都是各自在概念模型的基础上独立设计出来的，域模型和关系数据模型有不同的设计原则，不能强迫某一方放弃本身的设计原则，从而和另一方建立直接的对应关系。举例来说，假如经常有这样的业务需求，查询一个客户的所有订单的平均价格和总价格。为了方便业务逻辑层的编程，不妨在 Customer 类中定义一个 avgPrice 和 totalPrice 属性，每次从数据库中查询 Customer 对象时，Hibernate 都会自动为 avgPrice 和 totalPrice 属性赋值。如果在 Customer 类中没有这两个属性，业务逻辑层查询出 Customer 对象后，还必须再单独到数据库中查询该客户的所有订单，然后计算出总价格和平均价格。

另一方面，在 CUSTOMERS 表中没有必要提供 AVG_PRICE 和 TOTAL_PRICE 字段，关系数据库中存放的是永久数据，应该尽量避免数据的冗余。为什么称 AVG_PRICE 和 TOTAL_PRICE 是冗余字段呢？因为它们的值都是根据 ORDERS 表的 PRICE 字段计算出来的。冗余字段有两个缺点：一是浪费数据库存储空间；二是增加维护数据库的难度，如果修改了 ORDERS 表的 PRICE 字段，就必须同时修改 CUSTOMERS 表中相关的 AVG_PRICE 字段和 TOTAL_PRICE 字段。

（2）有的软件项目可能不是从头开发，而是建立在遗留的关系数据模型或域模型的基础上，两种模型已经存在不对应之处，如 Customer 类中有 firstname 和 lastname 属性，而在 CUSTOMERS 表中只有 NAME 字段。由于升级或维护的困难，无法修改这两种模型的不对应之处。

（3）假如软件项目是从头开发，在不违反域模型和关系数据模型各自的设计原则的前提下，不妨尽量让它们保持直接的对应关系，这可以简化映射工作。如 Customer 类中有 firstname 和 lastname 属性，那么在 CUSTOMERS 表中提供 FIRSTNAME 和 LASTNAME 字段。

5.8　思考题

1．假定在 Customer 类中有一个 name 属性，但没有相应的 getName()和 setName()方法，在 CUSTOMERS 表中有一个 NAME 字段，应该如何映射 Customer 类的 name 属性？（单选）

（a）<property name="NAME"　column="name" access="field"/>

（b）<property name="name"　column="NAME" access="field"/>

（c）<property name="name"　column="NAME" access="property"/>

（d）<property name="name"　column="NAME"/>

2．订单 Order 类有一个浮点数类型的 price 属性，表示订单的价格。如果 price 属性为零，表示免费的订单；如果 price 属性为 null，表示订单价格未知。Order 类的 price 属性应该采用什么 Java 类型？（单选）

（a）double

（b）Double

（c）double 或者 Double

（d）由数据库中 ORDERS 表的 PRICE 字段的 SQL 类型来决定

3．在 Test 类中有一个 Double 类型的 total 属性，以及相应的 getTotal()和 setTotal()方法，在 TESTS 表中有一个 PRICE 和 COUNT 字段，total 属性的取值为 PRICE*COUNT。应该如何映射 Test 类的 total 属性？（单选）

（a）<property name="total"　column="PRICE*COUNT" />

（b）<property name="total"　column="PRICE*COUNT"　access="field"/>

（c）<property name="total"　formula="PRICE*COUNT"/>

（d）无法映射 total 属性

4．如果数据库中 DICTIONARIES 表的数据不允许被更新，应该如何映射与它对应的 Dictionary 类？（多选）

（a）把<class>元素的 mutable 属性设为 false。

（b）把所有<property>元素的 insert 属性设为 false。

（c）把所有<property>元素的 update 属性设为 false。

（d）把<class>元素的 dynamic-update 属性设为 false。

5．以下哪段代码可以为 Hibernate 配置 MyNamingStrategy，并且保证对象-关系映射文件中的配置可以覆盖 MyNamingStrategy 中的命名策略？（单选）

（a）

```
Configuration config = new Configuration()
  .configure()
  .setNamingStrategy(new MyNamingStrategy());
SessionFactory sessionFactory = config.buildSessionFactory();
```

（b）

```
Configuration config = new Configuration(new MyNamingStrategy())
  .configure();
SessionFactory sessionFactory = config.buildSessionFactory();
```

（c）

```
Configuration config = new Configuration().configure();
SessionFactory sessionFactory = config.buildSessionFactory()
   .setNamingStrategy(new MyNamingStrategy());
```

（d）

```
Configuration config = new Configuration()
  .setNamingStrategy(new MyNamingStrategy())
  .configure();
SessionFactory sessionFactory = config.buildSessionFactory();
```

第 6 章　映射对象标识符

Java 语言按内存地址来识别或区分同一个类的不同对象，而关系数据库按主键值来识别或区分同一个表的不同记录。Hibernate 使用对象标识符（OID）来建立内存中的对象和数据库表中记录的对应关系，对象的 OID 和数据库表的主键对应。为了保证 OID 的唯一性和不可变性，应该让 Hibernate，而不是应用程序来为 OID 赋值。Hibernate 通过标识符生成器来为 OID 赋值。本章主要介绍 Hibernate 提供的几种内置标识符生成器的用法。

本章最后的 6.5 节将介绍映射自然主键的方法，由于这一节的内容涉及游离对象和临时对象等概念，以及关联关系的映射，建议在阅读第 7 章和第 8 章的内容后再来看这一节。

6.1　关系数据库按主键区分不同的记录

在关系数据库表中，用主键来识别记录并保证每条记录的唯一性。作为主键的字段必须满足以下条件：

- 不允许为 null。
- 每条记录具有唯一的主键值，不允许主键值重复。
- 每条记录的主键值永远不会改变。

在 CUSTOMERS 表中，如果把 NAME 字段作为主键，前提条件是：

- 每条记录的客户姓名不允许为 null。
- 不允许客户重名。
- 不允许修改客户姓名。

NAME 字段是具有业务含义的字段，把这种字段作为主键，称为自然主键。尽管也是可行的，但是不能满足不断变化的业务需求，一旦出现了允许客户重名的业务需求，就必须修改数据模型，重新定义表的主键，这给数据库的维护增加了难度。

因此，更合理的方式是使用代理主键，即不具备业务含义的字段，该字段一般取名为“ID”。代理主键通常为整数类型，因为整数类型比字符串类型要节省更多的数据库空间。那么代理主键的值从何而来呢？许多数据库系统都提供了自动生成代理主键值的机制。下面将会举例说明。

6.1.1　把主键定义为自动增长标识符类型

在 MySQL 中，如果把表的主键设为 auto_increment 类型，数据库就会自动为主键赋值。例如：

```
create table CUSTOMERS(ID int auto_increment primary key not null, NAME varchar(15));
insert into CUSTOMERS (NAME) values("Tom");
```

```
insert into CUSTOMERS (NAME) values("Mike");
select ID,NAME from CUSTOMERS;
```

以上 SQL 语句先创建了 CUSTOMERS 表，然后插入两条记录，在插入时仅仅设定了 NAME 字段的值。最后查询 CUSTOMERS 表中的记录，查询结果为：

```
ID  NAME
1   Tom
2   Mike
```

由此可见，一旦把 ID 字段设为 auto_increment 类型，MySQL 数据库会自动按递增的方式为主键赋值。

在 MS SQL Server 中，如果把表的主键设为 identity 类型，数据库就会自动为主键赋值。例如：

```
create table CUSTOMERS(ID int identity(1,1) primary key not null, NAME varchar(15));
insert into CUSTOMERS (NAME) values("Tom");
insert into CUSTOMERS (NAME) values("Mike");
select ID, NAME from CUSTOMERS;
```

在 MS SQL Server 中执行以上 SQL 语句，最后查询结果为：

```
ID  NAME
1   Tom
2   Mike
```

由此可见，一旦把 ID 字段设为 identity 类型，MS SQL Server 数据库会自动按递增的方式为主键赋值。identity 包含两个参数，第一个参数表示起始值，第二个参数表示增量。

6.1.2 从序列（Sequence）中获取自动增长的标识符

在 Oracle 数据库系统中，可以为每张表的主键创建一个单独的序列，然后从这个序列中获得自动增加的标识符，把它赋值给主键。例如，以下语句创建了一个名为 CUSTOMERS_ID_SEQ 的序列，这个序列的起始值为 1，增量为 2。

```
create sequence CUSTOMERS_ID_SEQ  increment by 2 start with 1
```

一旦定义了 CUSTOMERS_ID_SEQ 序列，就可以访问序列的 curval 和 nextval 属性。

```
curval：返回序列的当前值。
nextval：先增加序列的值，然后返回增加后的序列值。
```

以下 SQL 语句先创建了 CUSTOMERS 表，然后插入两条记录，在插入时设定了 ID 和 NAME 字段的值，其中 ID 字段的值来自于 CUSTOMERS_ID_SEQ 序列。最后查询 CUSTOMERS 表中的记录。

```
create table CUSTOMERS (ID int primary key not null, NAME varchar(15));
insert into CUSTOMERS values(CUSTOMERS_ID_SEQ.curval, 'Tom');
insert into CUSTOMERS values(CUSTOMERS_ID_SEQ.nextval, 'Mike');
select ID,NAME from customers;
```

如果在 Oracle 中执行以上 SQL 语句，查询结果为：

```
ID  NAME
1    Tom
3    Mike
```

6.2　Java 语言按内存地址区分不同的对象

在 Java 语言中，判断两个对象引用变量是否相等，有以下两种比较方式。

（1）比较两个变量所引用的对象的内存地址是否相同，“= =”运算符就是比较的内存地址。此外，在 Object 类中定义的 equals(Object o)方法，也是按内存地址来比较的。如果用户自定义的类没有覆盖 Object 类的 equals(Object o)方法，也按内存地址比较。例如，以下代码用 new 语句共创建了两个 Customer 对象，并定义了 3 个 Customer 类型的引用变量 c1、c2 和 c3：

```
Customer c1=new Customer("Tom"); //line1
Customer c2=new Customer("Tom"); //line2
Customer c3=c1; //line3
c3.setName("Mike"); //line4
```

图 6-1 和图 6-2 显示了程序执行到第 3 行及第 4 行的对象图。

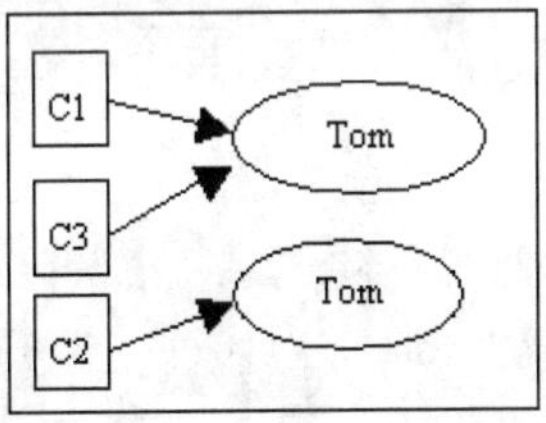

图 6-1　程序执行到第 3 行的对象图

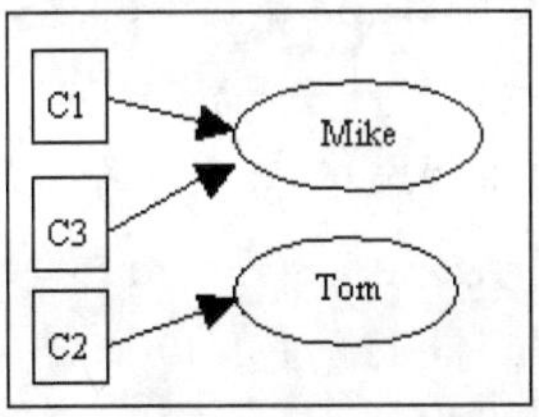

图 6-2　程序执行到第 4 行的对象图

从图 6-1 和图 6-2 看出，c1 和 c3 变量引用同一个 Customer 对象，而 c2 变量引用另一个 Customer 对象。因此，表达式“c1 = = c3”及 c1.equals(c3) 的值都是 true，而表达式“c1 = = c2”及 c1.equals(c2) 的值都是 false。

（2）比较两个变量所引用的对象的值是否相同，Java API 中的一些类覆盖了 Object 类的 equals(Object o)方法，实现按对象值比较。这些类包括：

- String 类和 Date 类。
- Java 包装类，包括：Byte、Integer、Short、Character、Long、Float、Double 和 Boolean。

例如：

```
String s1=new String("hello");
String s2=new String("hello");
```

尽管 s1 和 s2 引用不同的 String 对象，但它们的字符串值都是“hello”，因此表达式“s1 = = s3”的值是 false，而表达式 s1.equals(s2)的值是 true。

用户自定义的类也可以覆盖 Object 类的 equals(Object o)方法，从而实现按对象值比较。例如，在 Customer 类中添加如下 equals(Object o)方法，使它按客户的姓名来比较两个 Customer 对象是否相等：

```
public boolean equals(Object o){
  if(this==o)return true;
  if (!o instanceof Customer)
    return false;
  final Customer other=(Customer)o;
  if(this.getName().equals(other.getName()))
    return true;
  else
    return false;
}
```

以下代码用 new 语句共创建了两个 Customer 对象，并定义了两个 Customer 类型的引用变量 c1 和 c2：

```
Customer c1=new Customer("Tom");
Customer c2=new Customer("Tom");
```

尽管 c1 和 c2 引用不同的 Customer 对象，但它们的 name 值都是“Tom”，因此表达式“c1 = = c2”的值是 false，而表达式 c1.equals(c2)的值是 true。

6.3 Hibernate 用对象标识符（OID）来区分对象

从以上两节内容可以看出，Java 语言按内存地址来识别或区分同一个类的不同对象，而关系数据库按主键值来识别或区分同一个表的不同记录。Hibernate 使用 OID 来统一两者之间的矛盾，OID 是关系数据库中的主键（通常为代理主键）在 Java 对象模型中的等价物。在运行时，Hibernate 根据 OID 来维持 Java 对象和数据库表中记录的对应关系。例如：

```
Transaction tx = session.beginTransaction(); //line1
Customer c1=(Customer)session.get(Customer.class, new Long(1)); //line2
Customer c2=(Customer)session.get(Customer.class, new Long(1)); //line3
Customer c3=(Customer)session.get(Customer.class,new Long(3)); //line4
System.out.println(c1==c2); //line5
System.out.println(c1==c3); //line6

tx.commit();
```

在以上程序中，3 次调用了 Session 的 get()方法，分别加载 OID 为 1 或 3 的 Customer 对象。以下是 Hibernate3 次加载 Customer 对象的流程。

（1）第一次加载 OID 为 1 的 Customer 对象时，先从数据库的 CUSTOMERS 表中查询 ID 为 1 的记录，再创建相应的 Customer 实例，把它保存在 Session 缓存中，最后把这个对象的引用赋值给变量 c1。

（2）第二次加载 OID 为 1 的 Customer 对象时，直接把 Session 缓存中 OID 为 1 的 Customer 对象的引用赋值给 c2，因此 c1 和 c2 引用同一个 Customer 对象。

（3）当加载 OID 为 3 的 Customer 对象时，由于在 Session 缓存中还不存在这样的对象，所以必须再次到数据库中查询 ID 为 3 的记录，再创建相应的 Customer 实例，把它保存在 Session 缓存中，最后把这个对象的引用赋值给变量 c3。

因此，表达式“c1= =c2”的结果为 true，表达式“c1= =c3”的结果为 false。图 6-3 显示了 Session 缓存中的 Customer 对象和 CUSTOMERS 表中记录的对应关系。

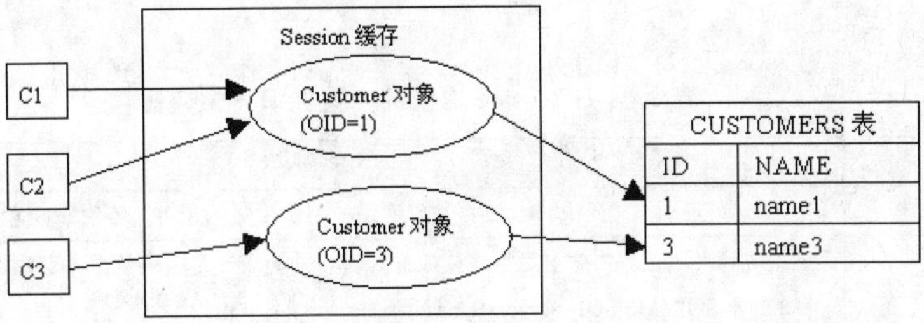

图 6-3　Session 缓存中的 Customer 对象和 CUSTOMERS 表中记录的对应关系

与表的代理主键对应，OID 也是整数类型，Hibernate 允许在持久化类中把 OID 定义为以下整数类型。

- short（或包装类 Short）：2 个字节，取值范围是：-2^15 ~ 2^15-1
- int（或包装类 Integer）：4 个字节，取值范围是：-2^31 ~ 2^31-1
- long（或包装类 Long）：8 个字节，取值范围是：-2^63 ~ 2^63-1

为了保证持久化对象的 OID 的唯一性和不可变性，通常由 Hibernate 或底层数据库来给 OID 赋值。因此，可以把持久化类的 OID 的 setId()方法设为 private 类型，以禁止 Java 应用程序随便修改 OID。而把 getId()方法设为 public 类型，这使得 Java 应用程序可以读取持久化对象的 OID：

```
private Long id;
private void setId(Long id){
  this.id=id;
}
public Long getId(){
  return id;
}
```

在对象-关系映射文件中，<id>元素用来设置对象标识符，例如：

```
<id name="id" type="long" column="ID">
    <generator class="increment"/>
</id>
```

<generator>子元素用来设定标识符生成器。Hibernate 提供了标识符生成器接口：org.hibernate.id.IdentifierGenerator 接口，并且提供了多种内置的实现。例如 org.hibernate.id.IdentityGenerator 和 org.hibernate.id.IncrementGenerator，它们的缩写名分别为“identity”和“increment”。在设置<generator>子元素的 class 属性时，既可以提供完整的标识符生成器的类名，也可以给定缩写名，因此以下两种配置方式是等价的：

```
<id name="id" type="long" column="ID">
    <generator class="increment"/>
</id>
```

```
<!-- 或者 -->
<id name="id" type="long" column="ID">
    <generator class="org.hibernate.id.IncrementGenerator"/>
</id>
```

表 6-1 列出了 Hibernate 提供的几种内置标识符生成器，下一节将详细介绍一些常用标识符生成器的用法。

表 6-1　Hibernate 提供的内置标识符生成器

标识符生成器	描　　述
increment	适用于代理主键。由 Hibernate 自动以递增的方式生成标识符，每次增量为 1
identity	适用于代理主键。由底层数据库生成标识符。前提条件是底层数据库支持自动增长字段类型，例如 DB2, MySQL, MS SQL Server, Sybase 和 HypersonicSQL
sequence	适用于代理主键。Hibernate 根据底层数据库的序列来生成标识符。前提条件是底层数据库支持序列，例如 DB2, PostgreSQL, Oracle 和 SAP DB
hilo	适用于代理主键。Hibernate 根据 high/low 算法来生成标识符。Hibernate 把特定表的字段作为"high"值。在默认情况下选用 hibernate_unique_key 表的 next_hi 字段
native	适用于代理主键。根据底层数据库对自动生成标识符的支持能力，来选择 identity、sequence 或 hilo
uuid.hex	适用于代理主键。Hibernate 采用 128 位的 UUID（Universal Unique Identification）算法来生成标识符。UUID 算法能够在网络环境中生成唯一的字符串标识符。这种标识符生成策略并不流行，因为字符串类型的主键比整数类型的主键占用更多的数据库空间
assigned	适用于自然主键。由 Java 应用程序负责生成标识符，为了能让 Java 应用程序设置 OID，不能把 setId()方法声明为 private 类型。应该尽量避免使用自然主键
select	适用于遗留数据库中的代理主键或自然主键。由数据库中的触发器来生成标识符
foreign	用另一个关联的对象的标识符来作为当前对象的标识符，主要适用于一对一关联的场合

6.4　Hibernate 的内置标识符生成器的用法

本节结合具体例子来演示几种常用标识符生成器的用法。本章的范例程序位于配套光盘的 sourcecode\chapter6 目录下。本章的例子采用从映射文档入手的开发流程，仅仅定义对象-关系映射文件，然后分别通过 hbm2java 和 hbm2dll 工具，来生成持久化类源代码和数据库 Schema。下面是本例提供的映射文件。

- IncrementTester.hbm.xml：演示 increment 标识符生成器的用法。
- IdentityTester.hbm.xml：演示 identity 标识符生成器的用法。
- NativeTester.hbm.xml：演示 native 标识符生成器的用法。
- HiloTester.hbm.xml：演示 hilo 标识符生成器的用法。

本例还提供了一个 BusinessService 类，用来测试各中标识符生成器的用法。它的源程序参见例程 6-1。

例程 6-1　BusinessService 类

```
package mypack;
```

```
//此处省略 import 语句
……
public class BusinessService{
  public static SessionFactory sessionFactory;
  static{
     try{
      Configuration config = new Configuration().configure();
      sessionFactory = config.buildSessionFactory();
    }catch(RuntimeException e){e.printStackTrace();throw e;}
  }

  public void findAllObjects(String className){
    Session session = sessionFactory.openSession();
    Transaction tx = null;
    try {
      tx = session.beginTransaction();
      List objects=session.createQuery("from " +className).list();
      for (Iterator it = objects.iterator(); it.hasNext();) {
         Long id=new Long(0);
         if(className.equals("mypack.NativeTester"))
           id=((NativeTester) it.next()).getId();
         if(className.equals("mypack.IncrementTester"))
           id=((IncrementTester) it.next()).getId();
         if(className.equals("mypack.IdentityTester"))
           id=((IdentityTester) it.next()).getId();
         if(className.equals("mypack.HiloTester"))
           id=((HiloTester) it.next()).getId();
         System.out.println("ID of "+ className+":"+id);
      }

      tx.commit();

    }catch (RuntimeException e) {
      if (tx != null) {
        tx.rollback();
      }
      throw e;
    } finally {
      session.close();
    }
  }
  public void saveObject(Object object){
    Session session = sessionFactory.openSession();
    Transaction tx = null;
    try {
      tx = session.beginTransaction();
      session.save(object);
      tx.commit();

    }catch(RuntimeException e) {
      if (tx != null) {
        tx.rollback();
      }
      throw e;
    } finally {
```

```
      session.close();
    }
  }

  public void deleteAllObjects(String className){
    Session session = sessionFactory.openSession();
    Transaction tx = null;
    try {
      tx = session.beginTransaction();
      Query query=session.createQuery("delete from " +className);
      query.executeUpdate();
      tx.commit();

    }catch (RuntimeException e) {
      if (tx != null) {
        tx.rollback();
      }
      throw e;
    } finally {
      session.close();
    }
  }

  public void test(String className) throws Exception{
    deleteAllObjects(className);
    Object o1=Class.forName(className).newInstance();
    saveObject(o1);
    Object o2=Class.forName(className).newInstance();
    saveObject(o2);
    Object o3=Class.forName(className).newInstance();
    saveObject(o3);
    findAllObjects(className);
  }

  public static void main(String args[]) throws Exception {
    String className;
    if(args.length==0)
      className="mypack.NativeTester";
    else
      className=args[0];
    new BusinessService().test(className);

    sessionFactory.close();
  }
}
```

在 BusinessService 类的 test(String className)方法中，按照参数 className 给定的类名，先删除与这个类映射的表中的所有记录，然后创建这个类的 3 个对象，把它们持久化到表中，最后把表中所有记录的 ID 打印出来。由源程序可以看出，在 test(String className)方法中并没有为这些对象设置 OID。参数 className 的可选值包括：

- mypack.IncrementTester
- mypack.IdentityTester

- mypack.NativeTester
- mypack.HiloTester

可以利用 ANT 工具来运行 BusinessService 类，在范例程序的根目录 chapter6 下提供了 build.xml 程序，它定义了 run_native、run_increment、run_identity 和 run_hilo target。run_increment target 的定义如下，其中<arg>子元素用于设定 BusinessService 类的 main()方法的参数：

```
<target name="run_increment" description="Run a Hibernate sample"
        depends="schema">
   <java classname="mypack.BusinessService" fork="true">
     <arg value="mypack.IncrementTester" />
     <classpath refid="project.class.path"/>
   </java>
</target>
```

在 DOS 命令行下，转到范例程序的根目录 chapter6，输入命令: ant run_increment，就会依次执行 prepare、codegen、compile、schema 和 run_increment target。

6.4.1 increment 标识符生成器

increment 标识符生成器由 Hibernate 以递增的方式为代理主键赋值。例如，在 IncrementTester.hbm.xml 文件中声明使用 increment 标识符生成器:

```
<hibernate-mapping>
  <class name="mypack.IncrementTester"  table="INCREMENT_TESTER">

    <id name="id" type="long" column="ID">
      <meta attribute="scope-set">private</meta>
      <generator class="increment"/>
    </id>

    <property name="name" type="string" >
        <column name="NAME" length="15" />
    </property>

  </class>
</hibernate-mapping>
```

运行 hbm2java 工具后生成的 IncrementTester.java 的代码参见例程 6-2。

例程 6-2　IncrementTester.java

```
public class IncrementTester implements Serializable {
   private Long id;

   public Long getId() {
      return this.id;
   }

   private void setId(Long id) {
      this.id = id;
   }
   ……
```

```
    }
```

从例程 6-2 可以看出，在默认情况下，Hibernate 的 hbm2java 工具把 OID 定义为 Java 基本数据类型的包装类型，如 long 类型的包装类为 Long。

运行 hbm2ddl 工具后生成的 INCREMENT_TESTER 表的代码如下：

```
create table INCREMENT_TESTER (
  ID bigint not null,
  NAME varchar(15) not null,
  primary key (id)
);
```

hbm2ddl 工具根据底层数据库来为主键定义合适的数据类型。由于 Hibernate 的 long 映射类型占 8 个字节，在 MySQL 中与之对应的是 bigint 类型，因此以上 ID 字段为 bigint 类型。

在 DOS 下运行 ant run_increment，以下是在控制台输出的部分信息：

```
[java] insert into INCREMENT_TESTER (NAME, ID) values (?, ?)
[java] insert into INCREMENT_TESTER (NAME, ID) values (?, ?)
[java] insert into INCREMENT_TESTER (NAME, ID) values (?, ?)
[java] ID of mypack.IncrementTester:1
[java] ID of mypack.IncrementTester:2
[java] ID of mypack.IncrementTester:3
```

在以上 insert 语句中包含 ID 字段，由此可见，Hibernate 在持久化一个 IncrementTester 对象时，会以递增的方式自动生成标识符。事实上，Hibernate 会先读取 INCREMENT_TESTER 表中的最大主键值：

```
select max(ID) from INCREMENT_TESTER;
```

接下来向 INCREMENT_TESTER 表中插入记录时，就在 max(ID)的基础上递增，增量为 1。下面考虑有两个 Hibernate 应用进程向同一个数据库的同一张表插入记录的情景。

（1）假定第一个进程中的 Hibernate 先读取 INCREMENT_TESTER 表中的最大主键值为 6。

（2）接着第二个进程中的 Hibernate 也读取 INCREMENT_TESTER 表中的最大主键值仍然为 6。

（3）接下来两个进程中的 Hibernate 各自向 INCREMENT_TESTER 表中插入主键值为 7 的记录，这违反了数据库的完整性约束，导致有一个进程中的插入操作失败。

由此可见，increment 标识符生成器仅仅在只有单个 Hibernate 应用进程访问数据库的情况下才能有效工作。更确切地说，即使在同一个进程中创建了连接同一个数据库的多个 SessionFactory 实例，也会导致插入操作失败。在 JavaEE 软件架构中，Hibernate 通常作为 JNDI 资源运行在应用服务器上。如图 6-4 所示，如果 Hibernate 仅运行在单个应用服务器上，increment 标识符生成器能有效工作；如图 6-5 所示，如果 Hibernate 运行在多个应用服务器上（即在集群环境下），increment 标识符生成器工作会失效。

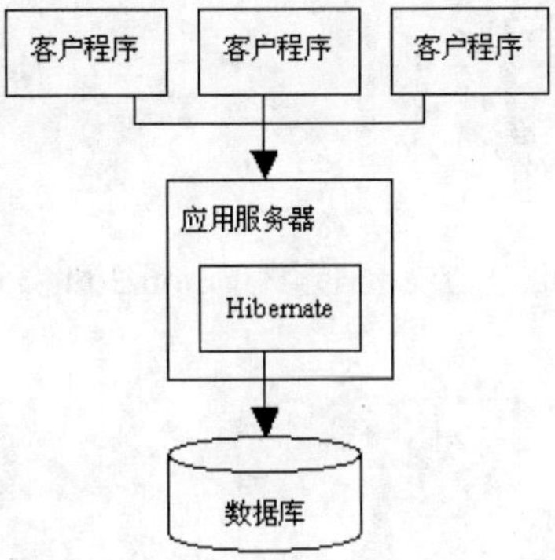

图 6-4　Hibernate 运行在单个应用服务器上

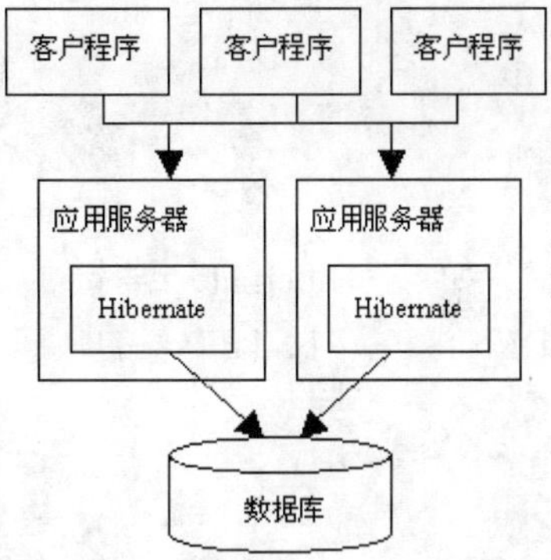

图 6-5　Hibernate 运行在多个应用服务器上

increment 标识符生成器具有以下适用范围。

- 由于 increment 生成标识符的机制不依赖于底层数据库系统，因此它适合于所有的数据库系统。
- 适用于只有单个 Hibernate 应用进程访问同一个数据库的场合，在集群环境下不推荐使用它。
- OID 必须为 long、int 或 short 类型，如果把 OID 定义为 byte 类型，在运行时会抛出如下异常：

```
[java] org.hibernate.id.IdentifierGenerationException: this id generator
generates long, integer, short identity
```

6.4.2　identity 标识符生成器

identity 标识符生成器由底层数据库来负责生成标识符，它要求底层数据库把主键定义为自动增长字段类型。例如，在 MySQL 中，应该把主键定义为 auto_increment 类型；在 MS SQL Server 中，应该把主键定义为 identity 类型。在 IdentityTester.hbm.xml 文件中声明使用 identity 标识符生成器：

```
<hibernate-mapping>
  <class name="mypack.IdentityTester"  table="IDENTITY_TESTER">

    <id name="id" type="long" column="ID">
      <meta attribute="scope-set">private</meta>
      <generator class="identity"/>
    </id>

    <property name="name" type="string" >
        <column name="NAME" length="15" />
    </property>

  </class>
</hibernate-mapping>
```

运行 hbm2java 工具后生成的 IdentityTester.java 的代码和 6.4.1 节的例程 6-2 相似。如果 Hibernate 连接的是 MySQL，运行 hbm2ddl 工具后生成的 IDENTITY_TESTER 表的代码如下：

```
create table IDENTITY_TESTER (
  ID bigint not null auto_increment,
  NAME varchar(15) not null,
  primary key (id)
);
```

如果 Hibernate 连接的是 MS SQL Server，运行 hbm2ddl 工具后生成的 IDENTITY_TESTER 表的代码如下：

```
create table NATIVE_TESTER (
  ID bigint not null identity,
  NAME varchar(15) not null,
  primary key (id)
);
```

在 DOS 下运行 ant run_identity，以下是在控制台输出的部分信息：

```
[java] insert into IDENTITY_TESTER (NAME) values (?)
[java] insert into IDENTITY_TESTER (NAME) values (?)
[java] insert into IDENTITY_TESTER (NAME) values (?)
[java] ID of mypack.IdentityTester:1
[java] ID of mypack.IdentityTester:2
[java] ID of mypack.IdentityTester:3
```

在以上 insert 语句中不包含 ID 字段，由此可见，Hibernate 在持久化一个 IdentityTester 对象时，由底层数据库负责生成主键值。

identity 标识符生成器具有以下适用范围。

- 由于 identity 生成标识符的机制依赖于底层数据库系统，因此，要求底层数据库系统必须支持自动增长字段类型。支持自动增长字段类型的数据库包括：DB2、MySQL、Ms SQL Server、Sybase、HypersonicSQL、HSQLDB 和 Informix 等。
- OID 必须为 long、int 或 short 类型，如果把 OID 定义为 byte 类型，在运行时会抛出如下异常：

```
[java] org.hibernate.id.IdentifierGenerationException: this id generator
generates long, integer, short identity
```

6.4.3 sequence 标识符生成器

sequence 标识符生成器利用底层数据库提供的序列来生成标识符。例如，在 SequenceTester.hbm.xml 中声明使用 sequence 标识符生成器:

```
<hibernate-mapping>
 <class name="mypack.SequenceTester"  table="SEQUENCE_TESTER">

   <id name="id" type="long" column="ID">
     <meta attribute="scope-set">private</meta>
     <generator class="sequence">
       <param name="sequence">tester_id_seq</param>
     </generator>
   </id>
```

```
    <property name="name" type="string" >
      <column name="NAME" length="15" />
    </property>

  </class>
</hibernate-mapping>
```

运行 hbm2java 工具后生成的 SequenceTester.java 的代码和 6.4.1 节的例程 6-2 相似。如果 Hibernate 连接的是 MySQL，运行 hbm2ddl 工具会抛出数据库错误，提示“create sequence”是非法的 SQL 语句，这是因为 MySQL 不支持序列。

Tips

由于本书例子使用的都是 MySQL，因此在配套光盘中没有提供 SequenceTester.hbm.xml 文件的源代码。

如果 Hibernate 连接的是 Oracle，运行 hbm2ddl 工具后生成的 DDL 代码如下：

```
create table SEQUENCE_TESTER (
   ID bigint not null,
   NAME varchar(15) not null,
   primary key (id)
);
create sequence tester_id_seq;
```

在 DOS 下运行 ant　run_sequence，以下是在控制台输出的部分信息：

```
[java] insert into SEQUENCE_TESTER (ID,NAME) values (?,?)
[java] insert into SEQUENCE_TESTER (ID,NAME) values (?,?)
[java] insert into SEQUENCE _TESTER (ID,NAME) values (?,?)
[java] ID of mypack.SequenceTester:1
[java] ID of mypack.SequenceTester:2
[java] ID of mypack.SequenceTester:3
```

以上 insert 语句中包含 ID 字段，由此可见，Hibernate 在持久化一个 SequenceTester 对象时，先从底层数据库的 tester_id_seq 序列中获得一个唯一的序列号，再把它作为主键值。

sequence 标识符生成器具有以下适用范围。

- 由于 sequence 生成标识符的机制依赖于底层数据库系统的序列，因此，要求底层数据库系统必须支持序列。支持序列的数据库包括：Oracle、DB2、SAP DB 和 PostgreSQL 等。
- OID 必须为 long、int 或 short 类型，如果把 OID 定义为 byte 类型，在运行时会抛出如下异常：

```
[java] org.hibernate.id.IdentifierGenerationException: this id generator
generates long, integer, short identity
```

6.4.4　hilo 标识符生成器

hilo 标识符生成器由 Hibernate 按照一种 high/low 算法来生成标识符，它从数据库的特定表的字段中获取 high 值。例如，在 HiloTester.hbm.xml 中声明使用 hilo 标识符生成器，其中 high 值存放在 hi_value 表的 next_value 字段中：

```
<hibernate-mapping>
  <class name="mypack.HiloTester"  table="HILO_TESTER">

    <id name="id" type="long" column="ID">
      <meta attribute="scope-set">private</meta>
      <generator class="hilo">
            <param name="table">hi_value</param>
            <param name="column">next_value</param>
            <param name="max_lo">100</param>
      </generator>
    </id>

    <property name="name" type="string" >
      <column name="NAME" length="15" />
    </property>

  </class>
</hibernate-mapping>
```

运行 hbm2java 工具后生成的 HiloTester.java 的代码和 6.4.1 节的例程 6-2 相似。运行 hbm2ddl 工具后生成的 SQL 代码如下：

```
create table HILO_TESTER (
  ID bigint not null,
  name varchar(15),
  primary key (ID)
);
create table hi_value (
   next_value integer
);
insert into hi_value values ( 0 );
```

在 DOS 下运行 ant run_hilo，以下是在控制台输出的部分信息：

```
[java] insert into HILO_TESTER (ID,NAME) values (?,?)
[java] insert into HILO_TESTER (ID,NAME) values (?,?)
[java] insert into HILO _TESTER (ID,NAME) values (?,?)
[java] ID of mypack.HiloTester:1
[java] ID of mypack. HiloTester:2
[java] ID of mypack. HiloTester:3
```

以上 insert 语句中包含 ID 字段，由此可见，Hibernate 在持久化一个 HiloTester 对象时，由 Hibernate 负责生成主键值。hilo 标识符生成器在生成标识符时，需要读取并修改 hi_value 表中的 next_value 值。这段操作需要在单独的事务中处理。如在以下代码中，当执行 session.save(object)方法时，hilo 标识符生成器不使用代码中的 Session 对象的当前数据库连接和事务，而是单独在一个新的数据库连接中创建新的事务，然后访问 hi_value 表，当然，hilo 标识符生成器所执行的操作对应用程序是透明的：

```
tx = session.beginTransaction();
session.save(object);
tx.commit();
```

hilo 标识符生成器具有以下适用范围。

- 由于 hilo 生成标识符的机制不依赖于底层数据库系统，因此适用于所有的数据库系统。
- OID 必须为 long、int 或 short 类型，如果把 OID 定义为 byte 类型，在运行时会抛出如下异常：

```
[java] org.hibernate.id.IdentifierGenerationException: this id generator
generates long, integer, short identity
```

- hign/low 算法生成的标识符只能在一个数据库中保证唯一。
- 当用户为 Hibernate 自行提供数据库连接，或者 Hibernate 通过 JTA，从应用服务器的数据源获得数据库连接的时候无法使用 hilo，因为这不能保证 hilo 单独在新的数据库连接的事务中访问 hi_value 表。在这种情况下，如果数据库系统支持序列，可以使用 seqhilo 生成器。

对于支持序列的数据库系统，如 Oracle，可以使用 seqhilo，它从序列中获取 high 值。例如，以下映射代码指定使用 seqhilo，seqhilo 从名为 hi_sequence 的序列中获取 high 值：

```
<id name="id" type="long" column="ID">
      <generator class="seqhilo">
            <param name="sequence">hi_sequence</param>
            <param name="max_lo">100</param>
      </generator>
</id>
```

6.4.5　native 标识符生成器

native 标识符生成器依据底层数据库对自动生成标识符的支持能力，来选择使用 identity、sequence 或 hilo 标识符生成器。native 能自动判断底层数据库提供的生成标识符的机制。例如，如果底层数据库为 MySQL 和 MS SQL Server，就选择 identity 标识符生成器；如果底层数据库为 Oracle，就选择 sequence 标识符生成器。在 NativeTester.hbm.xml 文件中声明使用 native 标识符生成器：

```
<hibernate-mapping>
 <class name="mypack.NativeTester"  table="NATIVE_TESTER">

   <id name="id" type="long" column="ID">
   <meta attribute="scope-set">private</meta>
    <generator class="native"/>
   </id>

   <property name="name" type="string" >
      <column name="NAME" length="15" />
   </property>

 </class>
</hibernate-mapping>
```

运行 hbm2java 工具后生成的 NativeTester.java 的代码和 6.4.1 节的例程 6-2 相似。如果 Hibernate 连接的是 MySQL，运行 hbm2ddl 工具后生成的 NATIVE_TESTER 表的

代码如下：

```
create table NATIVE_TESTER (
  ID bigint not null auto_increment,
  NAME varchar(15) not null,
  primary key (id)
);
```

如果 Hibernate 连接的是 MS SQL Server，运行 hbm2ddl 工具后生成的 NATIVE_TESTER 表的代码如下：

```
create table NATIVE_TESTER (
  ID bigint not null identity,
  NAME varchar(15) not null,
  primary key (id)
);
```

在 DOS 下运行 ant　run_native，以下是在控制台输出的部分信息：

```
[java] insert into NATIVE_TESTER (NAME) values (?)
[java] insert into NATIVE_TESTER (NAME) values (?)
[java] insert into NATIVE_TESTER (NAME) values (?)
[java] ID of mypack.NativeTester:1
[java] ID of mypack.NativeTester:2
[java] ID of mypack.NativeTester:3
```

在以上 insert 语句中不包含 ID 字段，这是因为当底层数据库为 MySQL 时，其实使用的是 identity 标识符生成器，因此，当 Hibernate 在持久化一个 NativeTester 对象时，由底层数据库负责生成主键值。native 标识符生成器具有以下适用范围。

- 由于 native 能根据底层数据库系统的类型，自动选择合适的标识符生成器，因此很适合于跨数据库平台开发，即同一个 Hibernate 应用需要连接多种数据库系统的场合。
- OID 必须为 long、int 或 short 类型，如果把 OID 定义为 byte 类型，在运行时会抛出如下异常：

```
[java] org.hibernate.id.IdentifierGenerationException: this id generator
generates long, integer, short identity
```

6.5 映射自然主键

自然主键是具有业务含义的主键。如果从头设计数据库表，应该避免使用自然主键，而尽量使用不具有业务含义的代理主键。对于原有的数据库系统，假如已经使用了自然主键，并且不允许修改关系数据模型，Hibernate 对此也提供了映射方案。下面以 CUSTOMERS 表为例，分别介绍映射单个自然主键及复合自然主键的方案。

6.5.1 映射单个自然主键

假如 CUSTOMERS 表没有定义 ID 代理主键，而是以 NAME 字段作为主键，那么相应的，在 Customer 类中不必定义 id 属性，Customer 类的 OID 为 name 属性，它的映射代码如下：

```
<class name="mypack.Customer" table="CUSTOMERS">
  <id name="name" column="NAME" type="string">
   <generator class="assigned"/>
  </id>

  <version name="version" column="VERSION" unsaved-value="null" />
  ……
</class>
```

在以上代码中，标识符生成策略为“assigned”，表示由应用程序为 name 属性赋值。不管 Customer 对象是临时对象，还是游离对象，name 属性永远不会为 null，因此 Session 的 saveOrUpdate()方法无法通过判断 name 属性是否为 null 来确定 Customer 对象的状态。在这种情况下，可以设置<version>版本控制元素的 unsaved-value 属性。以上代码表明，如果 Customer 对象的 version 属性为 null，就表示临时对象，否则为游离对象。

与<version>元素对应，在 Customer 类中有一个 version 属性：

```
private Integer version;

public Integer getVersion() {
  return this.version;
}

private void setVersion(Integer version) {
  this.version = version;
}
与<version>元素对应，在 CUSTOMERS 表中有一个 VERSION 字段：
create table CUSTOMERS (
NAME varchar(255) not null,
VERSION integer not null,
.....;
primary key (NAME));
```

Tips

本书第 21 章的 21.5.1 节（使用<version>元素）将进一步介绍版本控制元素<version>的用法。

以下程序创建了一个 Customer 对象，然后调用 Session 的 saveOrUpdate()方法保存它：

```
Customer customer=new Customer();
customer.setName("Tom");
//由于 customer 对象的 version 属性为 null，因此实际上调用 save()方法
session.saveOrUpdate(customer);
System.out.println(session.getIdentifier(customer));
```

Session 的 getIdentifier()方法返回 Customer 对象的 OID，在以上程序中它返回 Customer 对象的 name 属性，因此以上程序的打印结果为“Tom”。

如果在 Customer 类中没有定义 version 版本控制属性，那么 Session 的 saveOrUpdate()方法无法区分临时对象和游离对象，有两种解决办法。

（1）避免使用 saveOrUpdate()方法。如果保存 Customer 临时对象，就调用 Session 的 save()方法，如果更新 Customer 游离对象，就调用 Session 的 update()方法。

（2）使用 Hibernate 的拦截器（Interceptor），在 Interceptor 实现类的 isUnsaved()方法中区分临时对象和游离对象，本书第 9 章的 9.2 节将介绍拦截器的用法。

6.5.2 映射复合自然主键

假如 CUSTOMERS 表没有定义 ID 代理主键，而是以 NAME 字段和 COMPANY_ID 字段作为复合主键，那么相应地，在 Customer 类中也不必定义 id 属性，而是以 name 属性和 companyId 属性作为 OID，它的映射代码如下：

```
<class name="mypack.Customer" table="CUSTOMERS">
   <composite-id>
     <key-property name="name" column="NAME"  type= "string" />
     <key-property name="companyId" column="COMPANY_ID"  type= "long" />
   </composite-id>

   <version name="version" column="VERSION" unsaved-value="null" />
   ……
</class>
```

以下程序创建了一个 Customer 对象，然后调用 Session 的 saveOrUpdate()方法保存它：

```
Customer customer=new Customer();
customer.setName("Tom");
customer.setCompanyId(new Long(11));
//由于 customer 对象的 version 属性为 null，因此实际调用 save()方法
session.saveOrUpdate(customer);
```

以下程序演示如何加载 Customer 对象：

```
Customer customer=new Customer();
customer.setName("Tom");
customer.setCompanyId(new Long(11));
session.get(Customer.class,customer);
```

Session 的 get()方法会从数据库中检索 NAME 字段为“Tom”，并且 COMPANY_ID 字段为 11 的 CUSTOMERS 记录，然后把它的数据复制到 customer 参数引用的 Customer 对象中。

Tips

值得注意的是，为了能使以上 Session 的 get()方法正常运行，要求 Customer 类必须实现 java.io.Serializable 接口，并且重新定义 equals()和 hashcode()方法，equals()方法判断两个 Customer 对象相等的条件为：这两个 Customer 对象的 name 属性和 companyId 属性都相等。hashcode()方法的实现原则为：用 equals()方法判断相等的两个 Customer 对象具有相同的哈希码。

映射复合主键的另一种方式是先定义单独的主键类，在本例中，将创建名为 CustomerId 的主键类，例程 6-3 是它的源程序。CustomerId 类必须实现 java.io.Serializable 接口，并且重新定义 equals()和 hashcode()方法。

例程 6-3　CustomerId.java

```
public class CustomerId implements Serializable {

   private final String name;
   private final Long companyId;

   public CustomerId(){}

   public CustomerId(String name, Long companyId) {
      this.companyId = companyId;
      this.name = name;
   }

   //此处省略 name 属性和 companyId 属性的 getXXX()和 setXXX()方法
   ……

  public boolean equals(Object o){
   if (this == o) return true;
   if (!(o instanceof CustomerId)) return false;

   final CustomerId other = (CustomerId) o;

   if(!name.equals(other.getName())) return false;
   if(!companyId.equals(other.getCompanyId())) return false;

   return true;
  }

  /*用 equals()方法判断相等的两个 CustomerId 对象具有相同的哈希码*/
  public int hashCode(){
   int result;
   result= (name==null?0:name.hashCode());
   result = 29 * result + (companyId==null?0:companyId.hashCode());
   return result;
  }
}
```

在 Customer 类中，不必定义 name 和 companyId 属性，而是定义 customerId 属性：

```
private CustomerId customerId;
```

customerId 属性的映射代码如下：

```
<class name="mypack.Customer" table="CUSTOMERS">
 <composite-id name="customerId" class="mypack.CustomerId" >
   <key-property name="name" column="NAME" type= "string" />
   <key-property name="companyId" column="COMPANY_ID" type="long" />
 </composite-id>
```

```
  <version name="version" column="VERSION" unsaved-value="null" />
  ……
</class>
```

以下程序创建了一个 Customer 对象，然后调用 Session 的 saveOrUpdate()方法保存它：

```
CustomerId customerId=new CustomerId("Tom",new Long(11));
Customer customer=new Customer();
customer.setCustomerId(customerId);
//由于 customer 对象的 version 属性为 null，因此实际调用 save()方法
session.saveOrUpdate(customer);
```

以下程序演示如何加载 Customer 对象：

```
CustomerId customerId=new CustomerId("Tom",new Long(11));
Customer customer=(Customer)session.get(Customer.class,customerId);
```

假定 CUSTOMERS 表的 COMPANY_ID 还作为外键参照 COMPANYS 表，那么在 Customer 类中除了定义 customerId 属性，还必须定义 company 属性：

```
private CustomerId customerId;
private Company company;
```

映射 company 属性的代码如下：

```
<class name="mypack.Customer" table="CUSTOMERS">
  <composite-id name="customerId" class="mypack.CustomerId" >
    <key-property name="name" column="NAME"  type= "string" />
    <key-property name="companyId" column="COLUMN_ID"  type= "long" />
  </composite-id>

  <version name="version" column="VERSION" unsaved-value="null" />

  <many-to-one name="company" class="mypack.Company" column="COMPANY_ID"
        insert="false"  update="false"  />
  ……
</class>
```

以上<many-to-one>元素的 insert 和 update 属性都是 false，表明当 Hibernate 保存或更新 Customer 对象时，会忽略 company 属性。

也可以用<key-many-to-one>元素来映射 company 属性：

```
<class name="mypack.Customer" table="CUSTOMERS">
    <composite-id name="customerId" class="mypack.CustomerId" >
      <key-property name="name" column="NAME"  type= "string" />

      <key-many-to-one name="company"
        class="mypack.Company"
        column="COMPANY_ID" />

    </composite-id>

    <version name="version" column="VERSION" unsaved-value="null" />
    ……
</class>
```

Customer 类与 Order 类之间为双向一对多关联关系，可以按以下方式映射 Customer 类的 orders 属性：

```
<set name="orders" lazy="true" inverse="true">
  <key>
    <column name="NAME" />
    <column name="COMPANY_ID" />
  </key>

  <one-to-many class="mypack.Order" />
</set>
```

Order 类的 customer 属性的映射代码如下：

```
<many-to-one name="customer" class="mypack.Customer" >
     <column name="NAME" />
     <column name="COMPANY_ID" />
</many-to-one>
```

Tips

值得注意的是，在<set>及<many-to-one>元素中两个<column>子元素的顺序必须和<composite-id>元素中声明复合主键字段的顺序一致。在配套光盘的 sourcecode/chapter6 目录下提供了本节部分映射文件的源代码，包括：Customer.hbm.xml、Company.hbm.xml 和 Order.hbm.xml。

6.6　小结

关系数据库中的主键可分为自然主键（具有业务含义）和代理主键（不具有业务含义），其中代理主键可以适应不断变化的业务需求，因此更加流行。代理主键通常为整数类型，与此对应，在持久化类中也应该把 OID 定义为整数类型，Hibernate 允许把 OID 定义为 short、int 和 long 类型，以及它们的包装类型。

本章接着介绍了 Hibernate 提供的几种内置标识符生成器的用法。每一种标识符生成器都有它的适用范围，应该根据所使用的数据库和 Hibernate 应用的软件架构来选择合适的标识符生成器。以下总结了几种常用数据库系统可使用的标识符生成器。

- MySQL：identity、increment、hilo、native
- MS SQL Server：identity、increment、hilo、native
- Oracle：sequence、seqhilo、hilo、increment、native
- 跨平台开发：native

OID 是为持久化层服务的，通常不具备业务含义，而域对象位于业务逻辑层，用来描述业务模型。因此，在域对象中强行加入不具备业务含义的 OID，可以看做是持久化层对业务逻辑层的一种渗透，但这种渗透是不可避免的，否则 Hibernate 就无法建立 Session 缓存中的持久化对象与数据库中记录的对应关系。

本章最后介绍了自然主键的映射方案。对于从头设计的关系数据模型，应该优先考虑使用代理主键。

6.7 思考题

1．以下哪些标识符生成器实际上由底层数据库来生成主键值？（多选）

（a）increment 标识符生成器

（b）identity 标识符生成器

（c）sequence 标识符生成器

（d）hilo 标识符生成器

（e）native 标识符生成器

2．以下程序代码的打印结果是什么？（单选）

```
Transaction tx = session.beginTransaction();
Customer a=(Customer)session.get(Customer.class, new Long(1));
Customer b=(Customer)session.get(Customer.class, new Long(1));
Order c=(Order)session.get(Order.class,new Long(1));
System.out.println(a==b);
System.out.println(a==c);
tx.commit();
```

（a）true true

（b）true false

（c）false true

（d）false false

3．以下哪些说法正确？（多选）

（a）代理主键不具有业务含义。

（b）代理主键的值由业务逻辑层的程序代码产生。

（c）在对象-关系映射文件中，对于自然主键，可以为其设置 assigned 标识符生成器。

（d）在一个 Session 对象的缓存中，不会存在两个 OID 相同的 Customer 对象。

4．以下哪些标识符生成器适合于跨数据库平台开发，即同一个 Hibernate 应用需要连接多种数据库系统的场合？（多选）

（a）increment 标识符生成器

（b）identity 标识符生成器

（c）sequence 标识符生成器

（d）native 标识符生成器

5．假设 Customer 类有一个 Long 类型的 id 属性，它是没有业务含义的 OID，在对象-关系映射文件中，为 OID 设置了 increment 标识符生成器。运行以下程序代码会

出现什么情况？（单选）

```
Customer c=new Customer(); //第1行
c.setName("Tom"); //第2行
Transaction tx = session.beginTransaction(); //第3行
session.save(c); //第4行
System.out.println(c.getId()); //第5行
tx.commit(); //第6行
```

（a）第 4 行抛出异常：Customer 对象的 OID 不允许为 null。

（b）运行第 4 行时，Customer 对象的 OID 的值由底层数据库系统自动生成。

（c）运行第 4 行时，Customer 对象的 OID 的值由 Hibernate 自动生成。

（d）运行第 6 行时，底层数据库的 CUSTOMERS 表中插入一条主键为 null 的记录。

（e）第 5 行打印 null。

第 7 章 映射一对多关联关系

在域模型中，类与类之间最普遍的关系就是关联关系。在 UML 语言中，关联是有方向的。以客户（Customer）和订单（Order）的关系为例，一个客户能发出多个订单，而一个定单只能属于一个客户。从 Order 到 Customer 的关联是多对一关联，这意味着每个 Order 对象都会引用一个 Customer 对象，因此在 Order 类中应该定义一个 Customer 类型的属性，来引用所关联的 Customer 对象。

从 Customer 到 Order 是一对多关联，这意味着每个 Customer 对象会引用一组 Order 对象，因此在 Customer 类中应该定义一个集合类型的属性，来引用所有关联的 Order 对象。

如果仅有从 Order 到 Customer 的关联（参见图 7-1），或者仅有从 Customer 到 Order 的关联（参见图 7-2），就称为单向关联。如果同时包含两种关联，就称为双向关联（参见图 7-3）。

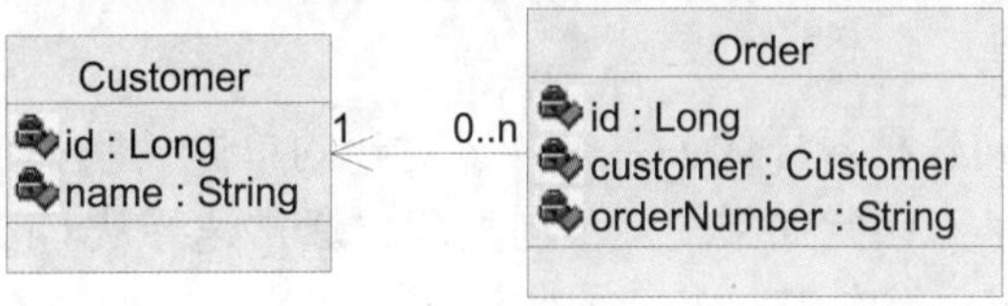

图 7-1　Order 到 Customer 的多对一单向关联

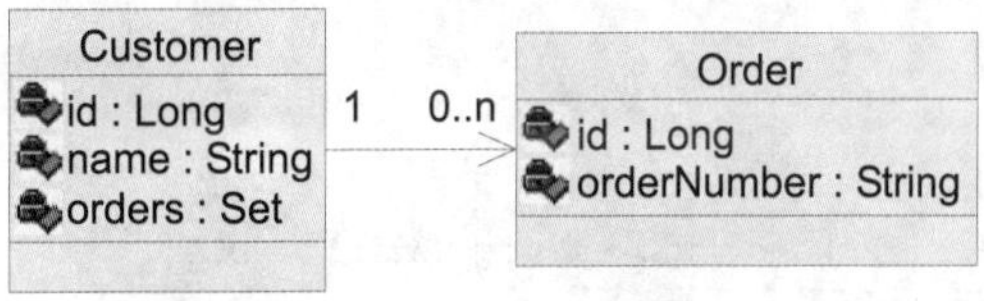

图 7-2　Customer 到 Order 的一对多单向关联

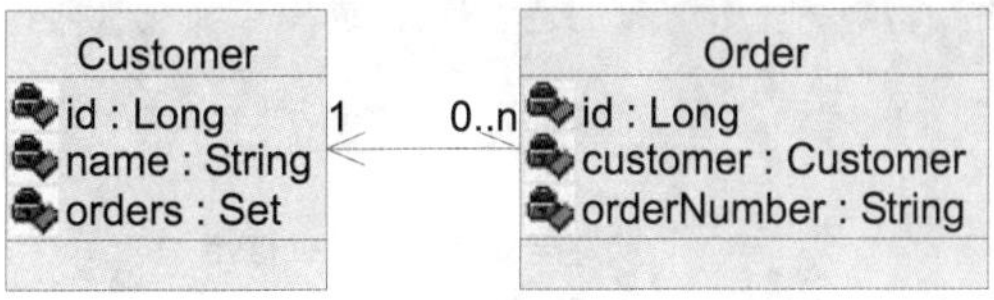

图 7-3　Customer 和 Order 的一对多双向关联

在关系数据库中，只存在外键参照关系，而且总是由“many”方参照“one”方（参见图 7-4），因为这样才能消除数据冗余，因此关系数据库实际上只支持多对一或一对一的单向关联。

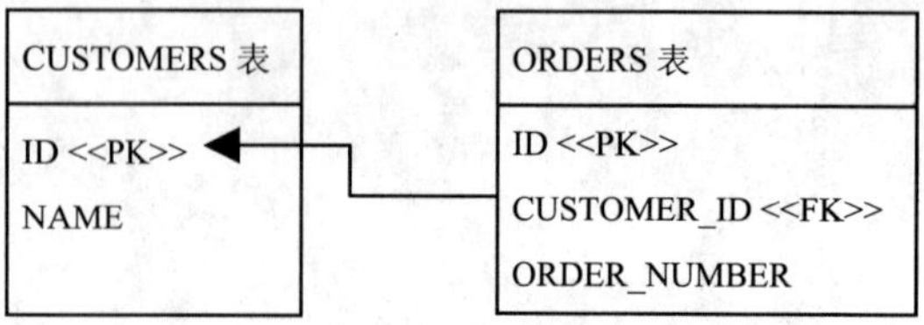

图 7-4　ORDERS 表参照 CUSTOMERS 表

本章结合具体的例子来介绍如何映射以下关联关系：

- 以 Order 和 Customer 类为例，介绍如何映射多对一单向关联关系。
- 以 Order 和 Customer 类为例，介绍如何映射一对多双向关联关系。
- 以 Category 类为例，介绍如何映射一对多双向自身关联关系。

本章采用从映射文档入手的开发流程，仅定义了映射文件，然后分别通过 hbm2java 和 hbm2ddl 工具，来生成持久化类源代码和数据库 Schema。对于每一种关联关系，都提供了 BusinessService 类，它用于演示如何查询、保存、更新或删除关联的 Java 对象。

7.1　建立多对一的单向关联关系

在类与类之间各种各样的关系中，多对一的单向关联关系和关系数据库中的外键参照关系最匹配了。因此如果使用单向关联，通常选择从 Order 到 Customer 的多对一单向关联。在 Order 类中需要定义一个 customer 属性，而在 Customer 类中无须定义用于存放 Order 对象的集合属性。例程 7-1 和例程 7-2 分别是 Customer 类和 Order 类的源程序。

例程 7-1　Customer.java

```
package mypack;
public class Customer implements Serializable{
private Long id;
  private String name;

  //此处省略构造方法，以及 id 和 name 属性的访问方法
  ……
}
```

例程 7-2　Order.java

```
package mypack;
import java.io.Serializable;
public class Order implements Serializable{
  private Long id;
  private String orderNumber;
  private Customer customer;

  //此处省略构造方法，以及 id 和 orderNumber 属性的访问方法
  ……

  public Customer getCustomer(){
```

```
      return customer;
    }
    public void setCustomer(Customer customer) {
      this.customer=customer;
    }
  }
```

Customer 类的所有属性和 CUSTOMERS 表的字段一一对应，因此把 Customer 类映射到 CUSTOMERS 表非常简单，参见例程 7-3。Order 类的 orderNumber 属性和 ORDERS 表的 ORDER_NUMBER 字段对应，映射代码如下：

```
<property name="orderNumber" type="string" >
     <column name="ORDER_NUMBER" length="15" />
</property>
```

Order 类的 customer 属性是 Customer 类型，和 ORDERS 表的外键 CUSTOMER_ID 对应，那么能否按如下方式映射 customer 属性呢？

```
<property name="customer" column="CUSTOMER_ID" />
```

在以上映射代码中，customer 属性是 Customer 类型，而 ORDERS 表的外键 CUSTOMER_ID 是整数类型，显然类型不匹配，因此不能使用<property>元素来映射 customer 属性，而要使用<many-to-one>元素：

```
<many-to-one
      name="customer"
      column="CUSTOMER_ID"
      class="mypack.Customer"
      not-null="true"
      lazy="false"
/>
```

<many-to-one>元素建立了 customer 属性和 ORDERS 表的外键 CUSTOMER_ID 之间的映射。它包括以下属性。

- name：设定待映射的持久化类的属性的名字，此处为 Order 类的 customer 属性。
- column：设定和持久化类的属性对应的表的外键，此处为 ORDERS 表的外键 CUSTOMER_ID。
- class ：设定待映射的持久化类的属性的类型，此处设定 customer 属性为 Customer 类型。
- not-null：如果为 true，表示 customer 属性不允许为 null，该属性的默认值为 false。not-null 属性会影响 hbm2ddl 工具生成的数据库 Schema，hbm2ddl 工具会为 ORDERS 表的 CUSTOMER_ID 外键设置 not null 约束，但 not-null 属性不会影响 hbm2java 工具生成的 Java 源代码。此外，not-null 属性还会影响 Hibernate 的运行时行为，Hibernate 在向数据库中保存 Order 对象时，会先检查它的 customer 属性是否为 null。
- lazy：如果为 proxy，表示对关联的 Customer 对象使用延迟检索策略并且使用代理，这是默认值。如果为 false，就意味着当 Hibernate 从数据库中加载 Order

对象时，还会立即自动加载与它关联的 Customer 对象。本书第 16 章（Hibernate 的检索策略）将进一步详细介绍 lazy 属性的用法。

- 例程 7-3 和例程 7-4 分别是 Customer.hbm.xml 和 Order.hbm.xml 的源代码。

例程 7-3　Customer.hbm.xml

```
<hibernate-mapping >
  <class name="mypack.Customer" table="CUSTOMERS" >
    <id name="id" type="long" column="ID">
      <generator class="increment"/>
    </id>
    <property name="name" type="string" >
        <column name="NAME" length="15" />
    </property>
  </class>
</hibernate-mapping>
```

例程 7-4　Order.hbm.xml

```
<hibernate-mapping >
   <class name="mypack.Order" table="ORDERS">
      <id name="id" type="long" column="ID">
        <generator class="increment"/>
      </id>
      <property name="orderNumber" type="string" >
        <column name="ORDER_NUMBER" length="15" />
      </property>

     <many-to-one
        name="customer"
        column="CUSTOMER_ID"
        class="mypack.Customer"
        not-null="true"
        lazy="false"
     />
   </class>
</hibernate-mapping>
```

本节的范例程序位于配套光盘的 sourcecode\chapter7\7.1 目录下。在 chapter7 目录下有 4 个 ANT 的工程文件，分别为 build1.xml、build2.xml、build3.xml 和 build4.xml，它们的区别在于文件开头设置的路径不一样，如在 build1.xml 文件中设置了以下路径：

```
<property name="source.root" value="7.1/src"/>
<property name="class.root" value="7.1/classes"/>
<property name="lib.dir" value="lib"/>
<property name="schema.dir" value="7.1/schema"/>
```

在 DOS 命令行下进入 chapter7 根目录，然后输入命令：

```
ant -file build1.xml run
```

ANT 命令的-file 选项用于显式指定工程文件。该命令将依次执行 prepare target、codegen target、compile target、schema target 和 run target。codegen target 生成的 Customer.java 和 Order.java 文件参见例程 7-1 和例程 7-2。由 schema target 生成的数据

库 Schema 参见例程 7-5。

例程 7-5　数据库 Schema

```
create table CUSTOMERS (
  ID bigint not null ,
  NAME varchar(15),
  primary key (ID)
);
create table ORDERS (
  ID bigint not null ,
  ORDER_NUMBER varchar(15),
  CUSTOMER_ID bigint not null,
  primary key (ID)
);
alter table ORDERS add index FK8B7256E516B4891C (CUSTOMER_ID),
add constraint FK8B7256E516B4891C foreign key (CUSTOMER_ID) references CUSTOMERS (ID);
```

从例程 7-5 可以看出，在 ORDERS 表中定义了一个外键 CUSTOMER_ID，它参照 CUSTOMERS 表的主键 ID。run target 最后运行 BusinessService 类，它的源程序参见例程 7-6。

例程 7-6　BusinessService 类

```
package mypack;

import org.hibernate.*;
import org.hibernate.cfg.Configuration;
import java.util.*;

public class BusinessService{
  public static SessionFactory sessionFactory;

  /** 初始化 Hibernate，创建 SessionFactory 实例 */
  static{……}

  /**查询与参数指定的 Customer 对象关联的所有 Order 对象
  public List findOrdersByCustomer(Customer customer){……}

  /** 按照参数指定的 OID 查询 Customer 对象 */
  public Customer findCustomer(long customer_id){……}

  /**级联保存 Order 和 Customer 对象 */
  public void saveCustomerAndOrderWithCascade(){…… }

  /**分别保存 Customer 和 Order 对象 */
  public void saveCustomerAndOrder(){……}

  /**打印 Order 对象信息 */
  public void printOrders(List orders){
      for (Iterator it = orders.iterator(); it.hasNext();) {
         Order order=(Order)it.next();
         System.out.println("OrderNumber of "+order.getCustomer().getName()+
         " :"+order.getOrderNumber());
      }
```

```
    }

    public void test(){
       saveCustomerAndOrder();
       saveCustomerAndOrderWithCascade();
       Customer customer=findCustomer(1);
       List orders=findOrdersByCustomer(customer);
       printOrders(orders);
    }

    public static void main(String args[]){
      new BusinessService().test();
      sessionFactory.close();
    }
  }
```

BusinessService 类的 main()方法调用 test()方法，test()方法又依次调用以下方法。

（1）saveCustomerAndOrder()：先创建并持久化一个 Customer 对象，然后创建两个 Order 对象，它们都和这个 Customer 对象关联，最后持久化这两个 Order 对象：

```
tx = session.beginTransaction();
Customer customer=new Customer("Tom");
session.save(customer);

Order order1=new Order("Tom_Order001",customer);
Order order2=new Order("Tom_Order002",customer);
session.save(order1);
session.save(order2);
tx.commit();
```

运行 saveCustomerAndOrder()方法时，Hibernate 将执行以下 3 条 insert 语句：

```
insert into CUSTOMERS (ID,NAME) values (1, 'Tom ');
insert into ORDERS (ID,ORDER_NUMBER, CUSTOMER_ID) values (1, 'Tom_Order001', 1);
insert into ORDERS (ID,ORDER_NUMBER, CUSTOMER_ID) values (2, 'Tom_Order002', 1);
```

（2）saveCustomerAndOrderWithCascade()：该方法和 saveCustomerAndOrder()方法只有一个区别，前者没有先调用 session.save(customer)方法持久化 Customer 对象，而是仅持久化了两个 Order 对象：

```
tx = session.beginTransaction();
Customer customer=new Customer("Jack");
//session.save(customer); 不保存 customer 对象

Order order1=new Order("Jack_Order001",customer);
Order order2=new Order("Jack_Order002",customer);

session.save(order1);
session.save(order2);

tx.commit();
```

执行该方法时会抛出异常，7.1.1 节会详细分析出现异常的原因。

（3）findCustomer()：按照参数指定的 OID 来查询 Customer 对象。

（4）findOrdersByCustomer(): 按照参数指定的 Customer 对象来查询相关的 Order 对象，它使用了如下 HQL 查询语句：

```
List orders=
session.createQuery("from Order as o where o.customer.id="+customer.getId()).list();
```

运行 findOrdersByCustomer()方法时，Hibernate 将执行以下 select 语句：

```
select * from ORDERS where CUSTOMER_ID=1;
```

（5）printOrders()：打印参数指定的 orders 集合中所有的 Order 对象及所关联的 Customer 对象的信息。由于 Order 和 Customer 之间存在多对一的单向关联关系，因此只要调用 order.getCustomer()方法，就可以方便地从 Order 对象导航到 Customer 对象：

```
System.out.println("OrderNumber of "+order.getCustomer().getName()+
":"+order.getOrderNumber());
```

printOrders()方法在 DOS 控制台输出的结果为：

```
[java] OrderNumber of Tom :Tom_Order001
[java] OrderNumber of Tom :Tom_Order002
```

7.1.1　<many-to-one>元素的 not-null 属性

当执行 saveCustomerAndOrderWithCascade()方法时，会抛出如下异常：

```
org.hibernate.PropertyValueException: not-null property
references a null or transient value: mypack.Order.customer
```

这是在执行 session.save(order1)方法时抛出的异常：

```
tx = session.beginTransaction();
Customer customer=new Customer("Jack");
//session.save(customer);  不保存 customer 对象

Order order1=new Order("Jack_Order001",customer);
Order order2=new Order("Jack_Order002",customer);

session.save(order1); //抛出 PropertyValueException 异常
session.save(order2);

tx.commit();
```

下面分析产生异常的原因。在调用 session.save(order1)方法之前，order1 和 customer 对象都是临时（transient）对象。临时对象是指刚通过 new 语句创建，并且还没有被持久化的对象。假定 session.save(order1)方法执行成功，order1 对象被成功持久化，就变成了持久化对象，而 Hibernate 不会自动持久化 order1 所关联的 customer 对象，在数据库中意味着仅向 ORDERS 表中插入了一条记录，并且该记录的 CUSTOMER_ID 字段为 null，这违反了数据库完整性约束，因为不允许 ORDERS 表的 CUSTOMER_ID 字段为 null。所以在这种情况下，Hibernate 不允许持久化 order1 对象，会抛出

PropertyValueException 异常，错误原因为 order1 对象的非空属性 customer 引用了一个临时对象 customer。如果要更加详细地了解持久化对象和临时对象的区别，参见本书第 8 章（通过 Hibernate 操纵对象（上）。

假定允许 ORDERS 表的 CUSTOMER_ID 字段为 null，因此删除 Order.hbm.xml 文件的<many-to-one>元素的 not-null 属性，此时 Hibernate 会采用 not-null 属性的默认值 false，修改后的代码如下：

```
<many-to-one
    name="customer"
    column="CUSTOMER_ID"
    class="mypack.Customer"
    lazy="false"
/>
```

Tips

是否应该把<many-to-one>的 not-null 属性设为 true，这是由实际业务需求决定的。通常，每个订单总是由某个客户发出，因此应该把 not-null 属性设为 true。本章在某些场合，如本节和 7.2.1 节，允许 ORDERS 表的 CUSTOMER_ID 外键为 null，仅仅是为了便于举例演示当映射文件的某些属性取不同值时 Hibernate 的运行时行为。

再次运行 saveCustomerAndOrderWithCascade()方法，这次 Hibernate 成功地持久化了 order1 和 order2 对象，执行的 insert 语句为：

```
insert into ORDERS (ID, ORDER_NUMBER, CUSTOMER_ID) values (3,"Jack_Order001", null)
insert into ORDERS (ID, ORDER_NUMBER, CUSTOMER_ID) values (4,"Jack_Order002", null)
```

但是当 Hibernate 自动清理（flush）缓存中所有持久化对象时，抛出了新的异常：

```
[java]org.hibernate.TransientObjectException: object references an unsaved transient
instance - save the transient instance before flushing: mypack.Customer
```

所谓清理，是指 Hibernate 按照持久化对象的属性变化来同步更新数据库。Hibernate 发现持久化对象 order1 和 order2 都引用临时对象 customer，而在 ORDERS 表中相应的两条记录的 CUSTOMER_ID 字段为 null，这意味着内存中的持久化对象的属性和数据库中记录不一致，参见图 7-5，而且在这种情况下，Hibernate 没办法使两者同步，因为 Hibernate 不会自动持久化 Customer 对象，所以 Hibernate 会抛出 TransientObjectException 异常，错误原因是持久化对象 order1 的 customer 属性引用了一个临时对象 Customer。

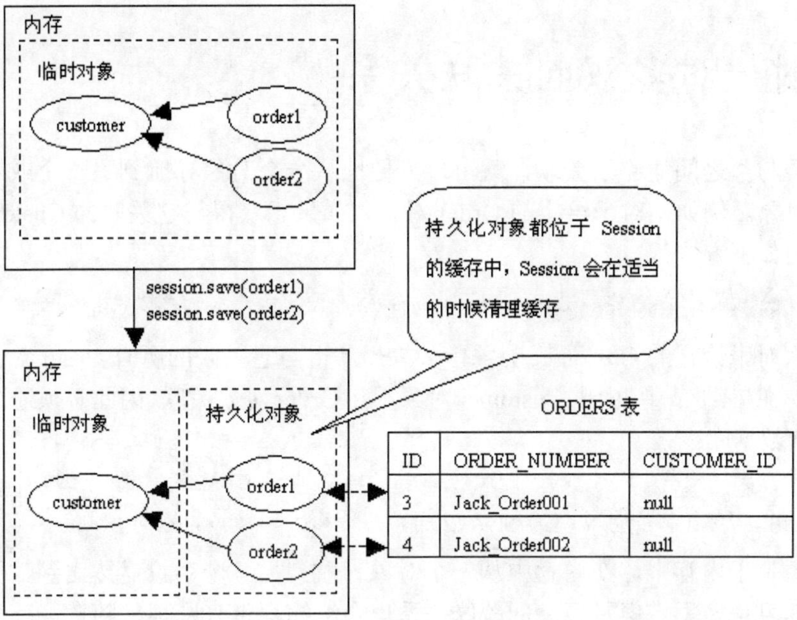

图 7-5　持久化对象 order1 和 order2 引用临时对象 customer

7.1.2　级联保存和更新

根据 7.1.1 节可以看出，当 Hibernate 持久化一个临时对象时，在默认情况下，它不会自动持久化所关联的其他临时对象，所以会抛出 TransientObjectException 异常。如果希望当 Hibernate 持久化 Order 对象时自动持久化所关联的 Customer 对象，可以把<many-to-one>的 cascade 属性设为“save-update”，cascade 属性的默认值为“none”：

```
<many-to-one
      name="customer"
      column="CUSTOMER_ID"
      class="mypack.Customer"
      cascade="save-update"
      not-null="true"
      lazy="false"
/>
```

再执行 saveCustomerAndOrderWithCascade()方法中的 session.save(order1)方法时，Hibernate 把 order1 和 customer 对象一起持久化，此时 Hibernate 执行的 SQL 语句如下：

```
insert into CUSTOMERS (ID,NAME) values (2, "Jack")
insert into ORDERS(ID,ORDER_NUMBER,CUSTOMER_ID)values(3,"Jack_Order001",2)
```

当 cascade 属性为“save-update”，表明保存或更新当前对象时（即执行 insert 或 update 语句时），会级联保存或更新与它关联的对象。

7.2 映射一对多双向关联关系

当类与类之间建立了关联，就可以方便地从一个对象导航到另一个或者一组与它关联的对象。例如，对于给定的 Order 对象，如果想获得与它关联的 Customer 对象，只要调用如下方法：

```
Customer customer=order.getCustomer();//从 Order 对象导航到关联的 Customer 对象
```

那么对于给定的 Customer 对象，如果想获得与它关联的所有 Order 对象，该如何处理呢？在 7.1.1 节中，由于 Customer 对象不和 Order 对象关联，因此必须通过 Hibernate API 查询数据库：

```
List orders=
session.createQuery("from Order as o where o.customer.id="+customer.getId()).list();
```

对象位于内存中，在内存中从一个对象导航到另一个对象显然比到数据库中查询数据的速度快多了。但是复杂的关联关系也会给编程带来麻烦，随意修改一个对象，就有可能牵一发而动全身，必须调整许多与之关联的对象之间的关系。类与类之间到底是建立单向关联，还是双向关联，这是由业务需求决定的。以 Customer 类和 Order 类为例，如果软件应用有大量这样的需求：

- 根据给定的客户，查询该客户的所有订单。
- 根据给定的订单，查询发出订单的客户。

根据以上需求，不妨为 Customer 类和 Order 类建立一对多双向关联。在 7.1.1 节的例子中，已经建立了 Order 类到 Customer 的多对一关联，下面再增加 Customer 到 Order 类的一对多关联，这需要在 Customer 类中增加一个集合类型的 orders 属性：

```
private Set orders=new HashSet();
public Set getOrders(){
   return orders;
}
public void setOrders(Set orders){
   this.orders=orders;
}
```

Tips

既然是双向关联，“一对多双向关联”和“多对一双向关联”是同一回事，只不过“一对多双向关联”听起来更顺口。

有了以上属性，对于给定的客户，查询该客户的所有订单，只需要调用 customer.getOrders()方法。Hibernate 要求在持久化类中定义集合类属性时，必须把属性声明为接口类型，如 java.util.Set、java.util.Map 和 java.util.List，关于这几个接口的用法，参见本书第 13 章（Java 集合类）。声明为接口可以提高持久化类的透明性，当 Hibernate 调用 setOrders(Set orders)方法时，传递的参数是 Hibernate 自定义的实现该接口的类的实例。如果把 orders 声明为 java.util.HashSet 类型（它是 java.util.Set 接口的一个实现类），就强迫 Hibernate 只能把 HashSet 类的实例传给 setOrders()方法，本书第

14 章的 14.7 节（小结）对此会做进一步解释。

在定义 orders 集合属性时，通常把它初始化为集合实现类的一个实例，例如：

```
private Set orders=new HashSet();
```

这可以提高程序的健壮性，避免应用程序访问取值为 null 的 orders 集合的方法而抛出 NullPointerException。例如，以下程序访问 Customer 对象的 orders 集合，即使 orders 集合中不包含任何元素，但是调用 orders.iterator()方法也不会抛出 NullPointerException 异常，因为 orders 集合并不为 null：

```
Set orders=customer.getOrders();
Iterator it=orders.iterator();
while(it.hasNext()){
  ……
}
```

例程 7-7 是本节的 Customer.java 的源程序。

例程 7-7　Customer.java

```
package mypack;
import java.io.Serializable;
import java.util.Set;
import java.util.HashSet;
public class Customer implements Serializable{
  private Long id;
  private String name;
  private Set orders=new HashSet();

  //此处省略构造方法，以及 id 和 name 属性的访问方法
  ……
  public Set getOrders(){
    return orders;
  }
  public void setOrders(Set orders) {
    this.orders=orders;
  }
}
```

接下来的问题是如何在映射文件中映射集合类型的 orders 属性，由于在 CUSTOMERS 表中没有直接与 orders 属性对应的字段，因此不能用<property>元素来映射 orders 属性，而是要使用<set>元素：

```
<set
        name="orders"
        cascade="save-update"
        >

        <key column="CUSTOMER_ID" />
        <one-to-many class="mypack.Order" />
</set>
```

<set>元素包括以下属性。

- name：设定待映射的持久化类的属性名，这里为 Customer 类的 orders 属性。

- cascade：当取值为“save-update”，表示级联保存和更新。

<set>元素还包含两个子元素：<key>和<one-to-many>。<one-to-many>元素设定所关联的持久化类，此处为 Order 类，<key>元素设定与所关联的持久化类对应的表的外键，此处为 ORDERS 表的 CUSTOMER_ID 字段。

Hibernate 根据以上映射代码获得以下信息。

- <set>元素表明 Customer 类的 orders 属性为 java.uitl.Set 集合类型。
- <one-to-many>子元素表明 orders 集合中存放的是一组 Order 对象。
- <key>子元素表明 ORDERS 表通过外键 CUSTOMER_ID 参照 CUSTOMERS 表。
- cascade 属性取值为“save-update”，表明当保存或更新 Customer 对象时，会级联保存或更新 orders 集合中的所有 Order 对象。

例程 7-8 是 Customer.hbm.xml 的源代码。Order.hbm.xml 的源代码和 7.1 节的例程 7-4 相同。

例程 7-8　Customer.hbm.xml

```
<hibernate-mapping >

  <class name="mypack.Customer" table="CUSTOMERS" >
    <id name="id" type="long" column="ID">
      <generator class="increment"/>
    </id>

    <property name="name" type="string" >
        <column name="NAME" length="15" />
    </property>

    <set
        name="orders"
        cascade="save-update"
        >

        <key column="CUSTOMER_ID" />
        <one-to-many class="mypack.Order" />
     </set>
  </class>
</hibernate-mapping>
```

本节的范例程序位于配套光盘的 sourcecode\chapter7\7.2 目录下。在 DOS 命令行下进入 chapter7 根目录，然后输入命令：

```
ant -file build2.xml run
```

该命令将依次执行 prepare target、codegen target、compile target、schema target 和 run target。codegen target 生成的 Customer.java 参见例程 7-7，Order.java 和 7.1 节的例程 7-2 一样。由 schema target 生成的数据库 Schema 和 7.1 节的例程 7-5 相同。

由此可见，Hibernate 提高了域模型和关系数据模型彼此之间的独立性。当域模型发生变化（把 Order 和 Customer 之间的单向多对一关联变为双向一对多关联），只需修改持久化类及映射文件，但不会影响数据库 Schema。

run target 最后运行 BusinessService 类，它的源程序参见例程 7-9。

例程 7-9　BusinessService.java

```
package mypack;

import org.hibernate.*;
import org.hibernate.cfg.Configuration;
import java.util.*;

public class BusinessService{
  public static SessionFactory sessionFactory;
  private Long idOfTom;
  private Long idOfTomOrder;
  private Long idOfJack;
  private Long idOfJackOrder;

  /** 初始化 Hibernate，创建 SessionFactory 实例 */
  static{……}

  /** 打印 Customer 对象的所有 Order 对象 */
  public void printOrdersOfCustomer(Long customerId){…… }

  /** 级联保存 Customer 和 Order 对象 */
  public void saveCustomerAndOrderWithCascade(){…… }

  /** 建立 Customer 和 Order 对象的关联关系 */
  public void associateCustomerAndOrder(){…… }

  /** 分别保存 Customer 和 Order 对象 */
  public void saveCustomerAndOrderSeparately(){…… }

  /** 删除一个 Customer 对象 */
  public void deleteCustomer(Long customerId){…… }

  /** 解除一个 Order 对象和 Customer 对象的关联关系 */
  public void removeOrderFromCustomer(Long customerId)  {…… }

  /**打印 Order 对象的信息 */
  public void printOrders(Set orders){…… }

  public void saveCustomerAndOrderWithInverse(){
     saveCustomerAndOrderSeparately();
     associateCustomerAndOrder();
   }

  public void test(){
     saveCustomerAndOrderWithCascade();
     saveCustomerAndOrderWithInverse();
     printOrdersOfCustomer(idOfTom);
     deleteCustomer(idOfJack);
     removeOrderFromCustomer(idOfTom);
  }

  public static void main(String args[]){
```

```
      new BusinessService().test();
      sessionFactory.close();
    }
  }
```

BusinessService 类的 main()方法调用 test()方法，test()方法又依次调用以下方法。

（1）saveCustomerAndOrderWithCascade()：该方法用于演示当<set>元素的 cascade 属性为“save-update”时 Hibernate 的运行时行为。该方法先创建一个 Customer 对象和 Order 对象，接着建立两者的一对多双向关联关系，最后调用 session.save(customer)方法持久化 Customer 对象：

```
tx = session.beginTransaction();
//创建一个 Customer 对象和 Order 对象
Customer customer=new Customer("Tom",new HashSet());
Order order=new Order();
order.setOrderNumber("Tom_Order001");

//建立 Customer 对象和 Order 对象的一对多双向关联关系
order.setCustomer(customer);
customer.getOrders().add(order);

//保存 Customer 对象
session.save(customer);

tx.commit();

idOfTom=customer.getId();
idOfTomOrder=order.getId();
```

当<set>元素的 cascade 属性为“save-update”时，Hibernate 在持久化 Customer 对象时，会自动持久化关联的所有 Order 对象。Hibernate 将执行以下两条 insert 语句：

```
insert into CUSTOMERS (ID,NAME) values (1, "Tom")
insert into ORDERS (ID,ORDER_NUMBER,CUSTOMER_ID) values
(1, "Tom_Order001",1)
```

（2）saveCustomerAndOrderWithInverse()：该方法用于演示<set>元素的 inverse 属性的用法，7.2.1 节会对此详细介绍。

（3）printOrdersOfCustomer()：打印与 Customer 对象关联的 Order 对象。该方法先加载 Customer 对象，接下来调用 customer.getOrders()方法，就能在内存中从 Customer 对象导航到所有关联的 Order 对象。

```
tx = session.beginTransaction();
Customer customer=
  (Customer)session.get(Customer.class,new Long(customerId));
printOrders(customer.getOrders());
tx.commit();
```

（4）deleteCustomer()：该方法用于演示当<set>元素的 cascade 属性取值为“delete”时，Hibernate 的运行时行为。7.2.2 节会对此详细介绍。

（5）removeOrderFromCustomer()：该方法用于演示当<set>元素的 cascade 属性取值为“all-delete-orphan”时，Hibernate 的运行时行为。7.2.3 节会对此详细介绍。

7.2.1 <set>元素的 inverse 属性

saveCustomerAndOrderWithInverse()方法用于演示<set>元素的 inverse 属性的用法。该方法依次调用以下两个方法。

（1）saveCustomerAndOrderSeparately()方法：先创建一个 Customer 对象和一个 Order 对象，不建立它们的关联关系，最后分别持久化这两个对象：

```
tx = session.beginTransaction();

Customer customer=new Customer();
customer.setName("Jack");

Order order=new Order();
order.setOrderNumber("Jack_Order001");

session.save(customer);
session.save(order);

tx.commit();
idOfJack=customer.getId();
idOfJackOrder=order.getId();
```

为了使这段代码正常运行，需要确保 Order.hbm.xml 文件中的<many-to-one>元素的 not-null 属性取默认值 false，否则会因为违反参照完整性约束而产生异常。Hibernate 将执行以下两条 insert 语句：

```
insert into CUSTOMERS (ID,NAME) values (2, "Jack");
insert into ORDERS (ID,ORDER_NUMBER,CUSTOMER_ID) values (2, "Jack_Order001",null);
```

（2）associateCustomerAndOrder()：该方法加载由 saveCustomerAndOrderSeparately()方法持久化的 Customer 和 Order 对象，然后建立两者的一对多双向关联关系：

```
tx = session.beginTransaction();

//加载持久化对象 Customer 和 Order
Customer customer=(Customer)session.load(Customer.class,idOfJack);
Order order=(Order)session.load(Order.class,idOfJackOrder);

//建立 Customer 和 Order 的关联关系
order.setCustomer(customer);
customer.getOrders().add(order);

tx.commit();
```

Hibernate 会自动清理缓存中的所有持久化对象，按照持久化对象的属性变化来同步更新数据库。如果把 Customer.hbm.xml 文件中<set>元素的 inverse 属性设为 false，那么 Hibernate 在清理以上 Customer 对象和 Order 对象时执行以下两条 SQL 语句。

```
update ORDERS set ORDER_NUMBER= 'Jack_Order001', CUSTOMER_ID=2 where ID=2;
update ORDERS set CUSTOMER_ID=2 where ID=2;
```

尽管实际上只是修改了 ORDERS 表的一条记录，但是以上 SQL 语句表明 Hibernate 执行了两次 update 操作。这是因为 Hibernate 根据内存中持久化对象的属性变化来决定需要执行哪些 SQL 语句。当建立 order 对象和 customer 对象的双向关联关系时，需要在程序中分别修改这两个对象的属性：

（1）修改 Order 对象，建立 Order 对象到 Customer 对象的多对一关联关系：

```
order.setCustomer(customer);
```

Hibernate 探测到持久化对象 Order 的属性的上述变化后，执行相应的 SQL 语句为：

```
update ORDERS set ORDER_NUMBER= 'Jack_Order001', CUSTOMER_ID=2 where ID=2;
```

（2）修改 Customer 对象，建立 Customer 对象到 Order 对象的一对多关联关系：

```
customer.getOrders().addOrder(order);
```

Hibernate 探测到持久化对象 Customer 的属性的上述变化后，执行相应的 SQL 语句为：

```
update ORDERS set CUSTOMER_ID=2 where ID=2;
```

重复执行多余的 SQL 语句会影响 Java 应用的性能，解决这一问题的办法是把<set>元素的 inverse 属性设为 true，该属性的默认值为 false：

```
<set
      name="orders"
      cascade="save-update"
      inverse="true" >

      <key column="CUSTOMER_ID" />
      <one-to-many class="mypack.Order" />
</set>
```

以上代码表明在 Customer 和 Order 的双向关联关系中，Customer 端的关联只是 Order 端关联的镜像。当 Hibernate 探测到持久化对象 Customer 和 Order 的属性均发生变化时，仅按照 Order 对象属性的变化来同步更新数据库。

按照上述方式修改 Customer.hbm.xml，再运行 associateCustomerAndOrder()方法，Hibernate 仅执行一条 SQL 语句：

```
update ORDERS set ORDER_NUMBER= 'Jack_Order001', CUSTOMER_ID=2 where ID=2;
```

如果对 associateCustomerAndOrder()方法做如下修改，粗体字为修改部分：

```
tx = session.beginTransaction();

//加载持久化对象 Customer 和 Order
Customer customer=(Customer)session.load(Customer.class,idOfJack);
Order order=(Order)session.load(Order.class,idOfJackOrder);

order.setCustomer(customer);  //建立 Order 到 Customer 的关联关系
//customer.getOrders().add(order); 不建立 Customer 到 Order 的关联
```

```
tx.commit();
```

以上代码仅设置了 Order 对象的 customer 属性，Hibernate 仍然会按照 Order 对象的属性的变化来同步更新数据库，执行以下 SQL 语句：

```
update ORDERS set ORDER_NUMBER= 'Jack_Order001', CUSTOMER_ID=2 where ID=2;
```

如果对 associateCustomerAndOrder()方法做如下修改，粗体字为修改部分：

```
tx = session.beginTransaction();

//加载持久化对象 Customer 和 Order
Customer customer=(Customer)session.load(Customer.class,idOfJack);
Order order=(Order)session.load(Order.class,idOfJackOrder);

//order.setCustomer(customer); 不建立 Order 到 Customer 的关联
customer.getOrders().add(order);    //建立 Customer 到 Order 的关联关系

tx.commit();
```

以上代码仅设置了 Customer 对象的 orders 属性，由于<set>元素的 inverse 属性设为 true，因此，Hibernate 不会按照 Customer 对象的属性变化来同步更新数据库。

根据上述实验，可以得出这样的结论。

- 在映射一对多的双向关联关系时，应该在“one”方把<set>元素的 inverse 属性设为 true，这可以提高应用的性能。
- 在建立两个对象的双向关联时，应该同时修改关联两端的对象的相应属性：

```
customer.getOrders().add(order);
order.setCustomer(customer);
```

这样才会使程序更加健壮，提高业务逻辑层的独立性，使业务逻辑层的程序代码不受 Hibernate 实现的影响。同理，当解除双向关联的关系时，也应该修改关联两端的对象的相应属性：

```
customer.getOrders().remove(order);
order.setCustomer(null);
```

7.2.2　级联删除

在 deleteCustomer()方法中，先加载一个 Customer 对象，然后删除这个对象：

```
tx = session.beginTransaction();
Customer customer=(Customer)session.load(Customer.class,customerId);
session.delete(customer);
tx.commit();
```

如果 cascade 属性取默认值“none”，当 Hibernate 删除一个持久化对象时，不会自动删除与它关联的其他持久化对象。如果希望 Hibernate 删除 Customer 对象时，自动删除和 Customer 关联的 Order 对象，可以把 cascade 属性设为“delete”：

```
<set
      name="orders"
```

```
        cascade="delete"
        inverse="true"
        >
        <key column="CUSTOMER_ID" />
        <one-to-many class="mypack.Order" />
</set>
```

再运行 deleteCustomer()方法时，Hibernate 会同时删除 Customer 对象及关联的 Order 对象，此时 Hibernate 执行以下 SQL 语句：

```
delete from ORDERS where CUSTOMER_ID=2;
delete from CUSTOMERS where ID=2;
```

Tips

所谓删除一个持久化对象，并不是指从内存中删除这个对象，而是指从数据库中删除相关的记录。这个对象依然存在于内存中，只不过由持久化状态转变为临时状态。

7.2.3 父子关系

removeOrderFromCustomer()方法先加载一个 Customer 对象，然后获得与 Customer 对象关联的一个 Order 对象的引用，最后解除 Customer 和 Order 对象之间的关系：

```
tx = session.beginTransaction();

//加载 Customer 对象
Customer customer=(Customer)session.load(Customer.class,customerId);

//获得与 Customer 对象关联的一个 Order 对象的引用
Order order=(Order)customer.getOrders().iterator().next();

//解除 Customer 对象和 Order 对象的关联关系
customer.getOrders().remove(order);
order.setCustomer(null);

tx.commit();
```

如果 cascade 属性取默认值“none”，当 Hibernate 解除 Customer 和 Order 对象之间的关系时，会执行以下语句，使得 ORDERS 表中的相应记录不再参照 CUSTOMERS 表：

```
update ORDERS set CUSTOMER_ID=null where ID=2;
```

如果希望 Hibernate 自动删除不再和 Customer 对象关联的 Order 对象，可以把 cascade 属性设为“all-delete-orphan”：

```
<set
        name="orders"
        cascade="all-delete-orphan"
        inverse="true"
        >
```

```
            <key column="CUSTOMER_ID" />
            <one-to-many class="mypack.Order" />
        </set>
```

再运行 removeOrderFromCustomer()方法时，Hibernate 会执行以下 SQL 语句：

```
        delete from ORDERS where CUSTOMER_ID=2 and ID=2;
```

当 Customer.hbm.xml 的<set>元素的 cascade 属性取值为“all-delete-orphan”，它将包含“all”和“delete-orphan”的行为。关于 cascade 属性的所有可选值的用法可参考第 8 章的 8.5 节的表 8-3（cascade 属性）。

当关联双方存在父子关系，就可以把父方的 cascade 属性设为“all-delete-orphan”。所谓父子关系，是指由父方来控制子方的持久化生命周期，子方对象必须和一个父方对象关联，而不允许单独存在。如果删除父方对象，应该级联删除所有关联的子方对象；如果一个子方对象不再和一个父方对象关联，应该把这个子方对象删除。

类与类之间是否存在父子关系是由业务需求决定的。通常认为客户（Customer）和订单（Order）之间存在父子关联关系，订单总是由某个客户发出的，因此一条不属于任何客户的订单是没有存在意义的。

而公司（Company）和职工（Worker）之间不存在父子关联关系，当职工从某个公司跳槽后，可以选择一个新的公司，或者处于待业状态。在域模型中，意味着当一个 Worker 对象和一个 Company 对象解除关联关系后，Worker 对象既可以和一个新的 Company 对象关联，也可以不再和任何 Company 对象关联。

7.3　映射一对多双向自身关联关系

以 Category 类为例，它代表商品类别，存在一对多双向自身关联关系。如图 7-6 所示，水果类别属于食品类别，同时它又包含两个子类别：苹果类别和橘子类别。

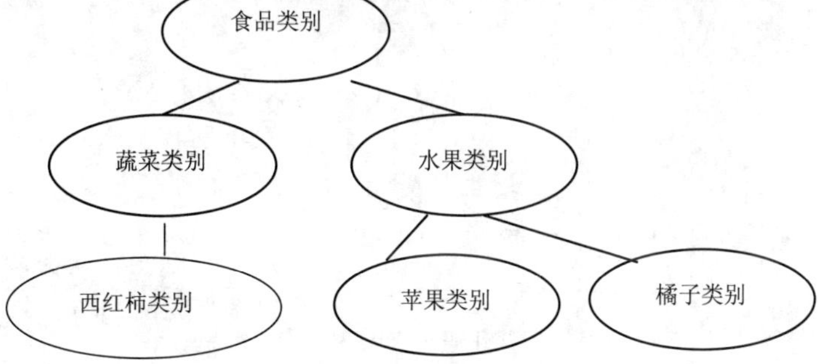

图 7-6　Category 类的对象图

图 7-6 中的每一种商品类别代表一个 Category 对象，这些对象形成了树型数据结构。每个 Category 对象可以和一个父类别 Category 对象关联，同时还可以和一组子类别 Category 对象关联。为了表达这种一对多双向自身关联关系，可以在 Category 类中

定义两个属性：

- parentCategory：引用父类别 Category 对象。
- childCategories：引用一组子类别 Category 对象。

下面根据图 7-6 再精确地分析关联双方的数量比：

- 一个 Category 对象（如食品类别）可以和零个父类别 Category 对象关联；一个 Category 对象（如水果类别）也可以和一个父类别 Category 对象关联；
- 一个 Category 对象（如苹果类别）可以和零个子类别 Category 对象关联；一个 Category 对象（如水果类别）也可以和多个子类别 Category 对象关联；

图 7-7 是 Category 类的类框图，在一对多的双向关联中，one 方（父类别 Category）的数量为 0..1，many 方（子类别 Category）的数量为 0..n。Category 类还有一个 name 属性，代表商品类别的名字。

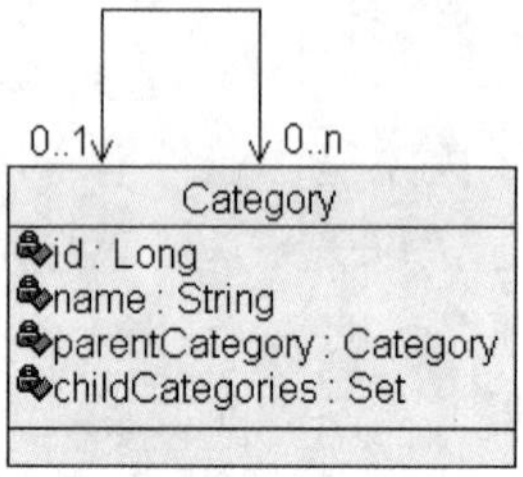

图 7-7　Category 类的类框图

例程 7-10 是 Category 类的源程序。

例程 7-10　Category.java

```
package mypack;
import java.io.Serializable;
import java.util.Set;
public class Category implements Serializable{
  private Long id;
  private String name;
  private Category parentCategory;
  private Set childCategories=new HashSet();

  //此处省略 id 和 name 属性的 getXXX()和 setXXX()方法
  ......

  public Category getParentCategory(){
    return parentCategory;
  }

  public void setParentCategory(Category parentCategory){
    this.parentCategory=parentCategory;
  }

  public Set getChildCategories(){
    return childCategories;
  }
```

```
    public void setChildCategories(Set childCategories){
      this.childCategories=childCategories;
    }
  }
```

接下来创建 Category 类的映射文件。

（1）映射 name 属性：

```
<property name="name" type="string" >
      <column name="NAME" length="15" />
</property>
```

（2）映射 parentCategory 属性：

```
<many-to-one
      name="parentCategory"
      column="CATEGORY_ID"
      class="mypack.Category"
/>
```

由于一个 Category 对象可以和零个或一个父类别 Category 对象关联，这说明允许 parentCategory 属性为 null，所以不用把<many-to-one>元素的 not-null 属性设为 true。

（3）映射 childCategories 属性：

```
<set
      name="childCategories"
      cascade="save-update"
      inverse="true"
      >
      <key column="CATEGORY_ID" />
      <one-to-many class="mypack.Category" />
</set>
```

完整的 Category.hbm.xml 文件参见例程 7-11。

例程 7-11　Category.hbm.xml

```
<hibernate-mapping >

  <class name="mypack.Category" table="CATEGORIES" >
    <id name="id" type="long" column="ID">
      <generator class="increment"/>
    </id>

    <property name="name" type="string" >
       <column name="NAME" length="15" />
    </property>

    <many-to-one
       name="parentCategory"
       column="CATEGORY_ID"
       class="mypack.Category"
    />

    <set
       name="childCategories"
```

```
        cascade="save-update"
        inverse="true"
        >
        <key column="CATEGORY_ID" />
        <one-to-many class="mypack.Category" />
      </set>
    </class>

</hibernate-mapping>
```

本节的范例程序位于配套光盘的 sourcecode\chapter7\7.3 目录下。在 DOS 命令行下进入 chapter7 根目录，然后输入命令：

```
ant -file build3.xml run
```

该命令将依次执行 prepare target、codegen target、compile target、schema target 和 run target。由 codegen target 生成的 Category.java 参见例程 7-10。由 schema target 生成的数据库 Schema 参见例程 7-12。

例程 7-12　数据库 Schema

```
create table CATEGORIES (
  ID bigint not null ,
  NAME varchar(15),
  CATEGORY_ID bigint,
  primary key (ID)
);
alter table CATEGORIES add index FK6A31321CDBFCB7FC (CATEGORY_ID), add constraint
FK6A31321CDBFCB7FC foreign key (CATEGORY_ID) references CATEGORIES (ID);
```

从例程 7-12 看出，CATEGORIES 表包含一个外键 CATEGORY_ID，它参照本表的 ID 主键，参见图 7-8。

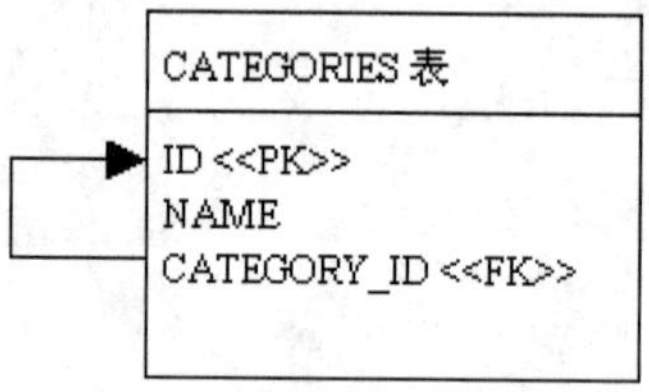

图 7-8　CATEGORIES 表的结构

run target 最后运行 BusinessService 类，它的源程序参见例程 7-13。

例程 7-13　BusinessService.java

```
package mypack;

import org.hibernate.*;
import org.hibernate.cfg.Configuration;
import java.util.*;

public class BusinessService{
  public static SessionFactory sessionFactory;
```

```
    /** 静态代码块，初始化 Hibernate，创建 SessionFactory */
    static{……}

    /** 级联保存 Category 对象*/
    public void saveCategoryWithCascade(){…… }

    /** 修改 Category 对象之间的关联关系 */
    public void modifyCategoryAssociation(){…… }

    /** 按照商品类别名查询 Category 对象
    private Category findCategoryByName(Session session,String name){……}

    public void test(){
       saveCategoryWithCascade();
       modifyCategoryAssociation();
    }

    public static void main(String args[]){
      new BusinessService().test();
      sessionFactory.close();
    }
  }
```

BusinessService 类的 main()方法调用 test()方法，test()方法又依次调用以下方法。

（1）saveCategoryWithCascade()：该方法用于演示当<set>元素的 cascade 属性为"save-update"时 Hibernate 的运行时行为。该方法先创建图 7-6 中的所有 Category 对象，然后建立这些对象之间的关联关系。最后调用 session.save()方法来持久化在图 7-6 的对象图中最顶层的食品类别 Category 对象：

```
tx = session.beginTransaction();

Category  foodCategory=new Category("food",new HashSet(),null);
Category  fruitCategory=new Category("fruit",new HashSet(),null);
Category  vegetableCategory=new Category("vegetable",new HashSet(),null);
Category  appleCategory=new Category("apple",new HashSet(),null);
Category  orangeCategory=new Category("orange",new HashSet(),null);
Category  tomatoCategory=new Category("tomato",new HashSet(),null);

//建立食品类别和水果类别之间的关联关系
foodCategory.getChildCategories().add(fruitCategory);
fruitCategory.setParentCategory(foodCategory);

//建立食品类别和蔬菜类别之间的关联关系
foodCategory.getChildCategories().add(vegetableCategory);
vegetableCategory.setParentCategory(foodCategory);

//建立水果类别和苹果类别之间的关联关系
fruitCategory.getChildCategories().add(appleCategory);
appleCategory.setParentCategory(fruitCategory);

//建立水果类别和橘子类别之间的关联关系
fruitCategory.getChildCategories().add(orangeCategory);
orangeCategory.setParentCategory(fruitCategory);
```

```
//建立西红柿类别和水果类别之间的关联关系
tomatoCategory.setParentCategory(fruitCategory);
fruitCategory.getChildCategories().add(tomatoCategory);

session.save(foodCategory);
tx.commit();
```

当<set>元素的 cascade 属性为“save-update”时，Hibernate 在持久化一个 Category 对象时，会自动持久化关联的其他 Category 对象。因此，Hibernate 会把图 7-6 中所有的 Category 对象持久化。执行完 saveCategoryWithCascade()后，CATEGORIES 表中的记录如图 7-9 所示。

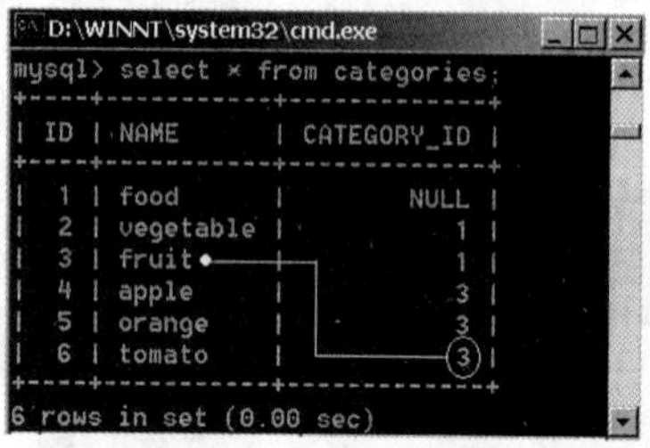

图 7-9　执行完 saveCategoryWithCascade()后 CATEGORIES 表中的记录

（2）modifyCategoryAssociation()：该方法用于演示如何修改关联对象之间的关系。在 saveCategoryWithCascade()方法中，建立了西红柿类别对象和水果类别对象的关联关系。众所周知，西红柿属于蔬菜类别，而不是水果类别。modifyCategoryAssociation()方法负责重新调整这几个 Category 对象之间的关系：

```
tx = session.beginTransaction();
Category tomatoCategory=findCategoryByName(session,"tomato");
Category fruitCategory=findCategoryByName(session,"fruit");
Category vegetableCategory=findCategoryByName(session,"vegetable");

//建立西红柿类和蔬菜类之间的关联关系
tomatoCategory.setParentCategory(vegetableCategory);
vegetableCategory.getChildCategories().add(tomatoCategory);
//删除西红柿类和水果类之间的关联关系
fruitCategory.getChildCategories().remove(tomatoCategory);

tx.commit();
```

该方法先调用 findCategoryByName()方法依次加载西红柿类别对象、水果类别对象和蔬菜类别对象。findCategoryByName()方法按照参数指定的商品类别名字，查询匹配的 Category 对象，然后将它返回：

```
private Category findCategoryByName(Session session,String name){
  List results=session
          .createQuery("from Category as c where c.name='"+name+"'")
          .list();
  return (Category)results.iterator().next();
}
```

findCategoryByName() 方 法 和 modifyCategoryAssociation() 方 法 共 用 一 个 Session 实例，这使得从 findCategoryByName()方法返回的 Category 对象仍然处于持久化状态。

modifyCategoryAssociation()方法接着调整 3 个 Category 持久化对象之间的关联关系，当 Hibernate 在清理缓存中的持久化对象时，会自动按照它们的属性变化来同步更新数据库。

虽然缓存中 tomatoCategory、vegetableCategory 和 fruitCategory 这 3 个持久化对象的属性都发生了变化，但由于<set>元素的 inverse 属性为 true，Hibernate 只需执行一条 SQL 语句：

```
update CATEGORIES set CATEGORY_ID=2 where ID=6
```

执行完 modifyCategoryAssocaition ()后，CATEGORIES 表中的记录如图.7-10 所示。

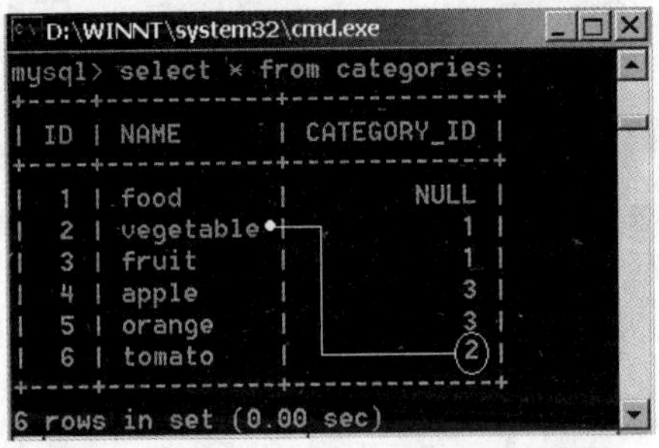

图 7-10　执行完 modifyCategoryAssocaition ()后 CATEGORIES 表中的记录

7.4　改进持久化类

以上几节都是通过 hbm2java 工具来自动生成持久化类的源文件。在实际开发中，常常把这些源文件作为持久化类的原形，然后根据实际需要在持久化类中加入适当的业务逻辑或实用方法。

从 7.3 节的例程 7-13 可以看出，如果要建立西红柿类和水果类之间的关联关系，必须分别调用 tomatoCategory. setParentCategory()和 fruitCategory.getChild Categories ().add()方法：

```
//建立西红柿类和水果类之间的关联关系
tomatoCategory.setParentCategory(fruitCategory);
fruitCategory.getChildCategories().add(tomatoCategory);
```

如果要把西红柿类别重新划分到蔬菜类别，必须调用 tomatoCategory. setParentCategory()和 vegetableCategory.getChildCategories().add()方法，建立这两个对象之间的关联关系，此外，还要调用 fruitCategory.getChild Categories(). remove()方法，删除西红柿类和水果类之间的关联关系：

```
//建立西红柿类和蔬菜类之间的关联关系
tomatoCategory.setParentCategory(vegetableCategory);
vegetableCategory.getChildCategories().add(tomatoCategory);
```

```
//删除西红柿类和水果类之间的关联关系
fruitCategory.getChildCategories().remove(tomatoCategory);
```

为了简化管理对象之间的关联关系的编程，可以为 Category 类添加一个实用方法：

```
public void addChildCategory(Category category) {
  if (category == null)
    throw new IllegalArgumentException("Can't add a null Category as child.");

  // 删除旧的父类别 Category
  if (category.getParentCategory() != null)
    category.getParentCategory().getChildCategories().remove(category);

  //设置新的父类别 Category
  category.setParentCategory(this);

  //向当前 Category 对象中加入子类别
  this.getChildCategories().add(category);
}
```

这样，如果把一个西红柿类对象划分到水果类，只需编写如下代码：

```
//建立西红柿类和水果类之间的关联关系
fruitCategory.addChildCategory(tomatoCategory);
```

如果要把西红柿类重新划分到蔬菜类，只需编写如下代码：

```
//建立西红柿类和蔬菜类之间的关联关系
vegetableCategory.addChildCategory(tomatoCategory);
```

Tips

在 Category 类中添加的 addChildCategory()实用方法，是供应用程序调用的。该实用方法对 Hibernate 是透明的。在运行时，Hibernate 只会访问 Category 类的 setChildCategories ()和 getChildCategories()方法。

改进后的 Category 类参见例程 7-14，粗体字为修改部分。

例程 7-14　Category.java

```
package mypack;
import java.io.Serializable;
import java.util.Set;
import java.util.HashSet;
public class Category implements Serializable{
  private Long id;
  private String name;
  private Category parentCategory;
  private Set childCategories=new HashSet();

  //此处省略 id,name,parentCategory 和 childCategories 的 getXXX()和 setXXX()方法
  ......

  public void addChildCategory(Category category) {
    if (category == null)
      throw new IllegalArgumentException("Can't add a null Category as child.");
```

```
        // 删除旧的父类别 Category
        if (category.getParentCategory() != null)
          category.getParentCategory().getChildCategories().remove(category);
        //设置新的父类别 Category
        category.setParentCategory(this);
        //向当前 Category 对象中加入子类别
        this.getChildCategories().add(category);
      }
    }
```

在例程 7-14 中，对 childCategories 属性进行了初始化，使它引用一个 HashSet 实例，这可以保证应用程序调用 category.getChildCategories().add()方法时不会抛出 NullPointerException 异常。

Tips

值得注意的是，在应用程序中访问 childCategories 属性时，还是应该通过 Set 接口来引用它：

```
Set childCategories= category.getChildCategories();
```

以下方式会导致 ClassCastException（类型转换异常）：

```
HashSet childCategories= (HashSet)category.getChildCategories();
```

这是因为 Hibernate 会在应用程序不知道的情况下悄悄用它自定义的 Set 实例来替换以上的 HashSet 实例。也就是说，category.getChildCategories()方法返回的 Set 实例未必是 HashSet 类型，而是由 Hibernate 自定义的类型。

本节的范例程序位于配套光盘的 sourcecode\chapter7\7.4 目录下。由于本节的 Category 类不是通过 hbm2java 工具生成的，因此在执行 run target 时，应该避免先执行 codegen target，所以对 build4.xml 文件做如下修改：

```
<target name="compile" depends="codegen"
        description="Compiles all Java classes">
```

改为：

```
<target name="compile" depends="prepare"
        description="Compiles all Java classes">
```

在 DOS 命令行下进入 chapter7 根目录，然后输入命令：

```
ant -file build4.xml run
```

该命令将依次执行 prepare target、compile target、schema target 和 run target。run target 最后运行 BusinessService 类，它的源程序参见例程 7-15。

例程 7-15　BusinessService.java

```
package mypack;

import org.hibernate.*;
import org.hibernate.cfg.Configuration;
import java.util.*;
```

```
public class BusinessService{
  public static SessionFactory sessionFactory;

  /** 静态代码块，初始化 Hibernate，创建 SessionFactory 实例 */
  static{……}

  /** 级联保存 Category 对象*/
  public void saveCategoryWithCascade(){
    Session session = sessionFactory.openSession();
    Transaction tx = null;
    try{
     tx = session.beginTransaction();

     Category foodCategory=new Category("food",new HashSet(),null);
     Category fruitCategory=new Category("fruit",new HashSet(),null);
     Category vegetableCategory=
        new Category("vegetable",new HashSet(),null);
     Category appleCategory=new Category("apple",new HashSet(),null);
     Category orangeCategory=new Category("orange",new HashSet(),null);
     Category tomatoCategory=new Category("tomato",new HashSet(),null);

      //建立食品类别和水果类别之间的关联关系
      foodCategory.addChildCategory(fruitCategory);

      //建立食品类别和蔬菜类别之间的关联关系
      foodCategory.addChildCategory(vegetableCategory);

      //建立水果类别和苹果类别之间的关联关系
      fruitCategory.addChildCategory(appleCategory);

      //建立水果类别和橘子类别之间的关联关系
      fruitCategory.addChildCategory(orangeCategory);

      //建立西红柿类别和水果类别之间的关联关系
      fruitCategory.addChildCategory(tomatoCategory);

      session.save(foodCategory);
      tx.commit();
              ;
    }catch (RuntimeException e) {
      if (tx != null) {
        tx.rollback();
      }
      throw e;
    } finally {
      session.close();
    }
  }

  /** 修改 Category 对象之间的关联关系 */
  public void modifyCategoryAssociation(){
     Session session = sessionFactory.openSession();
     Transaction tx = null;
     try {
      tx = session.beginTransaction();
```

```
        Category tomatoCategory=findCategoryByName(session,"tomato");
        Category fruitCategory=findCategoryByName(session,"fruit");
        Category vegetableCategory=findCategoryByName(session,"vegetable");

        //建立西红柿类和蔬菜类之间的关联关系,
        //并且删除西红柿类和水果类之间的关联关系
        vegetableCategory.addChildCategory(tomatoCategory);

        tx.commit();
                ;
      }catch (RuntimeException e) {
        if (tx != null) {
          tx.rollback();
        }
        throw e;
      } finally {
        session.close();
      }
  }

    /** 按照商品类别名查询 Category 对象
  private Category findCategoryByName(Session session,String name) {.....}

  public void test(){
        saveCategoryWithCascade();
        modifyCategoryAssociation();
    }

    public static void main(String args[]){
      new BusinessService().test();
      sessionFactory.close();
    }
  }
```

本节的 BusinessService 类和 7.3 节例程 7-13 的 BusinessService 类相似，两者都包含 saveCategoryWithCascade()和 modifyCategoryAssociation()方法。这两个方法的功能相同，但是实现不一样，本例的这两个方法通过 Category 类的 addChildCategory()实用方法来建立或修改 Category 对象之间的关联关系，从而简化了编程。

7.5　小结

本章介绍了一对多关联关系的映射方法，重点介绍了 inverse 属性和 cascade 属性的用法。在映射双向关联关系时，应该在“one”方把<set>元素的 inverse 属性设为 true。cascade 属性用来控制级联操作，可选值包括 save-update、delete 和 all-delete-orphan 等，默认值为 none。第 8 章 8.5 节的表 8-3 归纳了 cascade 属性的用法。

本章还介绍了通过 Hibernate API 来保存、修改和删除具有关联关系的对象的方法。当 inverse 和 cascade 属性取不同值时，Hibernate 有着不同的运行时行为。本章涉及了好几个新概念：临时对象、持久化对象和清理（flush），第 8 章（通过 Hibernate 操纵对象（上））会对此做进一步解释。

7.6 思考题

以下思考题 1、思考题 2 和思考题 3 都基于这样的前提：假定 Customer 类与 Order 类为双向关联关系。在 Customer.hbm.xml 文件中，orders 集合属性的映射代码如下：

```
<set    name="orders"      inverse="true"      cascade="save-update"  >
      <key column="CUSTOMER_ID" />
      <one-to-many class="mypack.Order" />
</set>
```

在 Order.hbm.xml 文件中，customer 属性的映射代码如下：

```
<many-to-one
      name="customer"
      column="CUSTOMER_ID"
      class="mypack.Customer"  />
```

1．运行以下程序代码会出现什么情况？（单选）

```
Transaction tx = session.beginTransaction();
Customer customer=new Customer("Tom",new HashSet());
Order order1=new Order();
order1.setOrderNumber("Tom_Order001");

Order order2=new Order();
order2.setOrderNumber("Tom_Order002");

order1.setCustomer(customer);
customer.getOrders().add(order1);

session.save(customer);
tx.commit();
```

（a）仅在 CUSTOMERS 表中插入一条记录。
（b）分别在 CUSTOMERS 表和 ORDERS 表中插入一条记录。
（c）在 CUSTOMERS 表中插入一条记录，在 ORDERS 表中插入两条记录。
（d）程序运行出错，因为没有建立 customer 对象和 order2 对象的关联关系。

2．运行以下程序代码会出现什么情况？（单选）

```
Transaction tx = session.beginTransaction();
Customer customer=(Customer)session.get(Customer.class,new Long(1));
Order order=(Order)customer.getOrders().iterator().next();

customer.getOrders().remove(order);
order.setCustomer(null);

tx.commit();
```

（a）仅在 ORDERS 表中删除一条记录。

（b）分别在 CUSTOMERS 表和 ORDERS 表中删除一条记录。

（c）修改 ORDERS 表中的一条记录，使得这条记录的 CUSTOMER_ID 外键取值为 NULL。

（d）程序运行出错，因为 order 对象的 customer 属性不允许为 null。

3．对于思考题 2 中的程序代码，如果该程序能从数据库中删除与 Customer 对象解除关联关系的 Order 对象，应该如何修改映射文件？（单选）

（a）修改 Customer.hbm.xml 文件，把<set>元素的 inverse 属性设为 false。

（b）修改 Customer.hbm.xml 文件，把<set>元素的 cascade 属性设为 delete。

（c）修改 Customer.hbm.xml 文件，把<set>元素的 cascade 属性设为 all-delete-orphan。

（d）修改 Order.hbm.xml 文件，把<many-to-one>元素的 not-null 属性设为 true。

4．假定 Order 类与 Customer 类为单向多对一关联关系。在 Order.hbm.xml 文件中，customer 属性的映射代码如下：

```
<many-to-one
      name="customer"
      column="CUSTOMER_ID"
      class="mypack.Customer"      />
```

运行以下程序代码会出现什么情况？（单选）

```
tx = session.beginTransaction();
Customer customer=new Customer("Jack");
Order order=new Order("Jack_Order001",customer);
session.save(order);
tx.commit();
```

（a）抛出 PropertyValueException 异常。

（b）抛出 TransientObjectException 异常。

（c）仅向数据库保存 Order 对象。

（d）向数据库保存 Customer 对象和 Order 对象。

5．假定 Customer 类与 Order 为单向一对多关联关系。删除一个 Customer 对象时，可以级联删除与它关联的 Order 对象。应该如何在 Customer.hbm.xml 文件中映射 orders 集合属性？（单选）

（a）

```
<set   name="orders"      inverse="true"       cascade="save-update" >
      <key column="CUSTOMER_ID" />
      <one-to-many class="mypack.Order" />
</set>
```

（b）

```
<set   name="orders"      inverse="true"       not-null="true" >
      <key column="CUSTOMER_ID" />
```

```
        <one-to-many class="mypack.Order" />
</set>
```

（c）

```
<set  name="orders"      cascade="delete" >
      <key column="CUSTOMER_ID" />
      <one-to-many class="mypack.Order" />
</set>
```

（d）

```
<one-to-many  name="orders"  cascade="save-update" type="mypack.Order">
      <key column="CUSTOMER_ID" />
</one-to-many>
```

第 8 章　通过 Hibernate 操纵对象（上）

Session 接口是 Hibernate 向应用程序提供的操纵数据库的最主要接口，它提供了基本的保存、更新、删除和加载 Java 对象的方法。Session 具有一个缓存，位于缓存中的对象称为持久化对象，它和数据库中的相关记录对应，Session 能够在某些时间点，按照缓存中对象的变化来执行相关 SQL 语句，来同步更新数据库，这一过程被称为清理缓存（flush）。

站在持久化层的角度，Hibernate 把对象分为 4 种状态：持久化状态、临时状态、游离状态和删除状态。Session 的特定方法能使对象从一个状态转换到另一个状态。

本章先介绍 Session 的缓存，然后介绍对象的 4 种状态及状态转换条件，接着介绍 Session 接口的主要方法，以及级联操纵对象图的方法。

8.1 Java 对象在 JVM 中的生命周期

当应用程序通过 new 语句创建一个 Java 对象时，JVM（Java 虚拟机）会为这个对象分配一块内存空间，只要这个对象被引用变量引用，它就一直存在于内存中。如果这个对象不被任何引用变量引用，它就结束生命周期，此时 JVM 的垃圾回收器会在适当时候回收它占用的内存。下面通过一段程序代码来解释 Java 对象的生命周期。

```
//创建一个 Customer 对象和两个 Order 对象，并定义 3 个引用变量 c、o1 和 o2
Customer c=new Customer("Tom",new HashSet());
Order o1=new Order("Order1",null); //创建第一个 Order 对象
Order o2=new Order("Order2",null); //创建第二个 Order 对象

//建立 Customer 对象和第一个 Order 对象的一对多双向关联关系
o1.setCustomer(c);
c.getOrders().add(o1);

//将引用变量 o1、o2 和 c 分别置为 null
o1=null; //第 6 行
o2=null; //第 7 行
c=null; //第 8 行
```

对于以上代码，第二个 Order 对象在第 7 行结束生命周期，第一个 Order 对象和 Customer 对象在第 8 行结束生命周期。下面仔细分析程序代码控制 Java 对象的生命周期的流程。

（1）如图 8-1 所示，创建一个 Customer 对象和两个 Order 对象，并且定义 3 个引用变量 c、o1 和 o2，它们分别引用 Customer 对象、Order1 对象和 Order2 对象：

```
Customer c=new Customer("Tom",new HashSet());
Order o1=new Order("Order1",null);
Order o2=new Order("Order2",null);
```

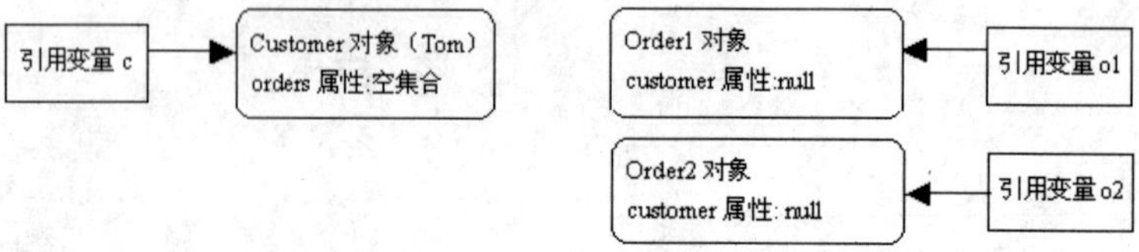

图 8-1　引用变量 c、o1 和 o2 分别引用 Customer 对象、Order1 对象和 Order2 对象

（2）如图 8-2 所示，建立 Customer 对象和 Order1 对象的双向关联关系，这意味着在 Customer 对象的 orders 集合中存放了 Order1 对象的引用，而 Order1 对象的 customer 属性引用 Customer 对象：

```
o1.setCustomer(c);
c.getOrders().add(o1);
```

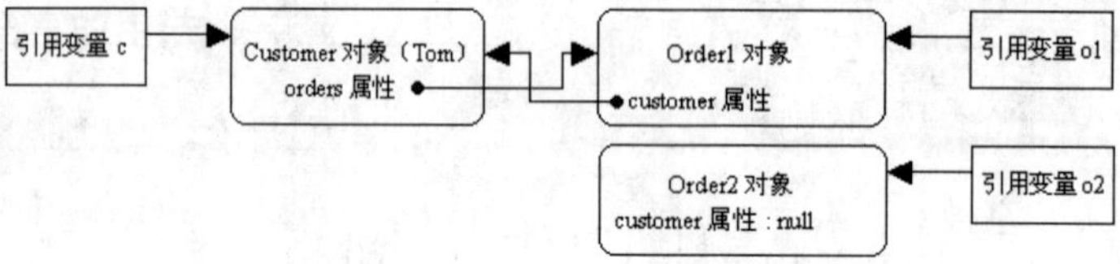

图 8-2　Customer 对象与 Order1 对象双向引用

Tips

Java 集合（如 Set、List 和 Map）的一个重要特性是：集合中存放的是 Java 对象的引用。当向集合中添加一个对象时，其实是把这个对象的引用添加到集合中。

（3）把 o1 变量置为 null，尽管 o1 变量不再引用 Order1 对象，但 Customer 对象的 orders 集合属性中还存放了 Order1 对象的引用，程序代码可以通过 c.getOrders()方法，从 Customer 对象导航到 Order1 对象，因此 Order1 对象并没有结束生命周期：

```
o1=null;
```

（4）把 o2 变量置为 null，Order2 对象不再被任何引用变量引用，因此结束生命周期，它占用的内存会被垃圾回收器回收：

```
o2=null;
```

（5）如图 8-3 所示，把 c 变量置为 null，Customer 对象不再被任何引用变量引用，因此结束生命周期。相应地，Order1 对象也不被任何引用变量引用，因此也结束生命周期。

```
c=null;
```

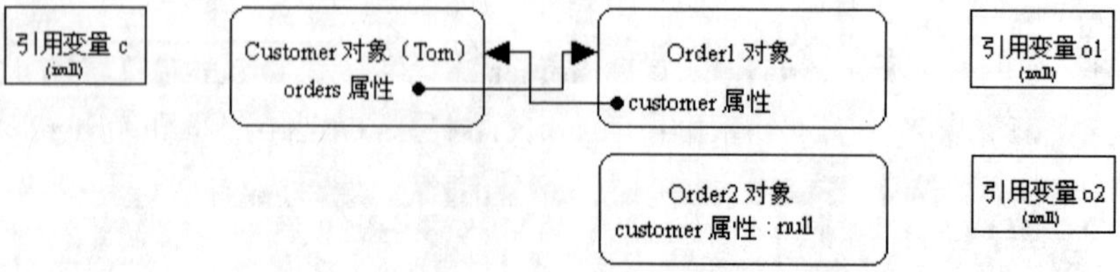

图 8-3　Customer、Order1 和 Order2 对象结束生命周期

在图 8-3 中，尽管 Customer 对象和 Order1 对象之间还存在双向引用，但程序代码中没有任何引用变量引用这两个对象，因此程序代码无法访问到这两个对象，所以它们是可以被 JVM 进行垃圾回收的无用对象。

8.2　理解 Session 的缓存

如果希望一个 Java 对象 A 一直处于生命周期中，就必须保证至少有一个变量引用它，或者可以从其他处于生命周期中的对象 B 导航到这个对象 A，比如在对象 B 的 Java 集合属性中存放了对象 A 的引用。在 Session 接口的实现中包含一系列的 Java 集合，这些 Java 集合构成了 Session 的缓存。如图 8-4 所示，只要 Session 实例没有结束生命周期，存放在它缓存中的对象也不会结束生命周期。

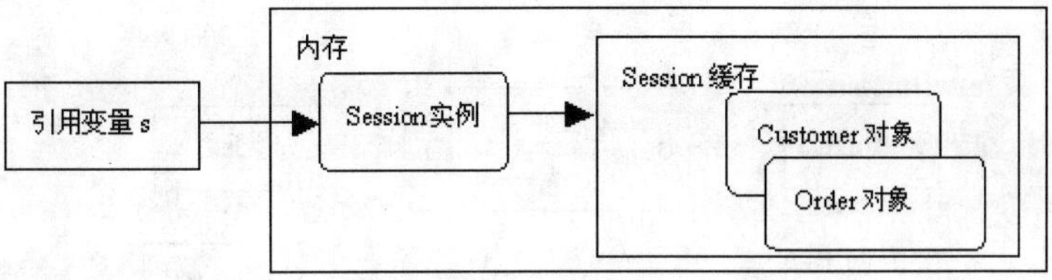

图 8-4　Session 缓存中对象的生命周期依赖于 Session 实例

当 Session 的 save()方法持久化一个 Customer 对象时，Customer 对象被加入到 Session 的缓存中，以后即使应用程序中的引用变量不再引用 Customer 对象，只要 Session 的缓存还没有被清空，Customer 对象仍然处于生命周期中。

当 Session 的 get()方法试图从数据库中加载一个 Customer 对象时，Session 先判断缓存中是否已经存在这个 Customer 对象，如果存在，就不需要再到数据库中检索，而直接从缓存中获得这个 Customer 对象。

在以下例程 8-1 的程序代码中，当调用 Session 的 save()方法持久化 Customer 对象时，Customer 对象被加入到 Session 的缓存中。接下来把引用变量 c1 置为 null，但是 Customer 对象仍然位于 Session 的缓存中，因此它仍然处于生命周期中。当调用 Session 的 get()方法再加载该对象时，只需从缓存中读取 Customer 对象，而不需要通过 SQL select 语句到数据库中重新加载。

例程 8-1　Session 的缓存与 Customer 对象

```
Transaction tx = session.beginTransaction();
Customer c1=new Customer("Tom",new HashSet());

//Customer 对象被持久化，并且加入到 Session 的缓存中
session.save(c1);
Long id=c1.getId();

//c1 变量不再引用 Customer 对象
c1=null;
//从 Session 缓存中读取 Customer 对象，使 c2 变量引用 Customer 对象
```

```
Customer c2=(Customer)session.get(Customer.class,id);
tx.commit();
//关闭 Session，清空缓存,Customer 对象不再位于 Session 缓存中
session.close();

//访问 Customer 对象
System.out.println(c2.getName());

// c2 变量不再引用 Customer 对象，此时 Customer 对象结束生命周期
c2=null;
```

对于以上程序代码，当调用 session.close()方法时，Session 的缓存被清空，但是由于引用变量 c2 仍然引用 Customer 对象，所以 Customer 对象依然处于生命周期中。当程序代码最后把 c2 变量置为 null，此时 Customer 对象不再被任何变量或缓存引用，这时它才结束生命周期。图 8-5 显示了先后引用 Customer 对象的变量 c1、Session 的缓存和变量 c2。

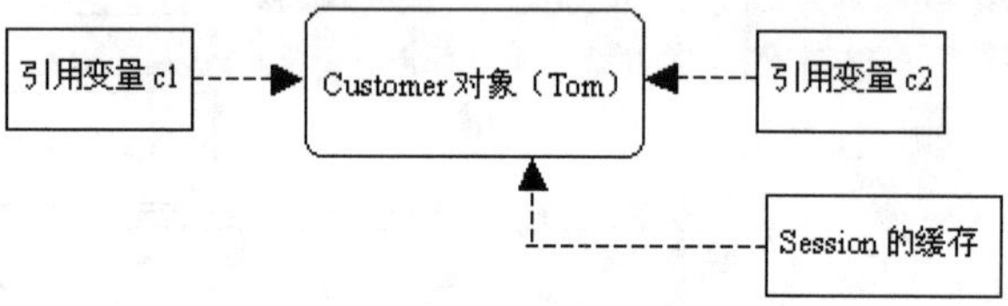

图 8-5　Customer 对象先后被变量 c1、Session 的缓存和变量 c2 引用

8.2.1　Session 的缓存的作用

Session 的缓存有三大作用。

（1）减少访问数据库的频率。应用程序从缓存中读取持久化对象的速度显然比到数据库中查询数据的速度快多了，因此 Session 的缓存可以提高数据访问的性能。

例如，以下代码试图两次加载同一个 Customer 对象：

```
Transaction tx = session.beginTransaction();
//第一次执行 Session 的 get()方法
Customer c1=(Customer)session.get(Customer.class,new Long(1));
//第二次执行 Session 的 get()方法
Customer c2=(Customer)session.get(Customer.class,new Long(1));
System.out.println(c1==c2); //true
tx.commit();
```

以下图 8-6 显示了第一次执行 Session 的 get()方法的过程。get()方法先到 Session 缓存中查找 OID 为 1 的 Customer 对象，由于还不存在这样的 Customer 对象，因此只好通过 SQL select 语句到数据库中去加载该对象，并把它放到 Session 缓存中。

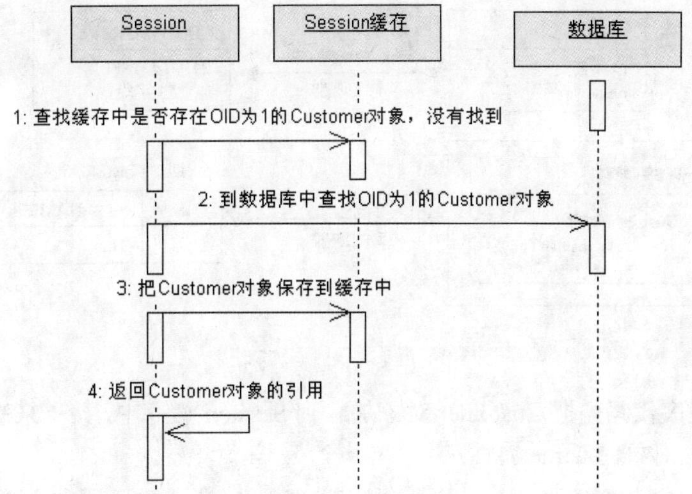

图 8-6　第一次执行 Session 的 get()方法的过程

以下图 8-7 显示了第二次执行 Session 的 get()方法的过程。get()方法先到 Session 缓存中查找 OID 为 1 的 Customer 对象，由于已经存在这样的 Customer 对象，就直接返回该 Customer 对象的引用。因此在以上程序代码中，变量 c1 和变量 c2 引用的是同一个 Customer 对象。

图 8-7　第二次执行 Session 的 get()方法的过程

（2）当缓存中的持久化对象之间存在循环关联关系时，Session 会保证不出现访问对象图的死循环，以及由死循环引起的 JVM 堆栈溢出异常。

（3）保证数据库中的相关记录与缓存中的相应对象保持同步。如图 8-8 所示，对象-关系映射文件建立了 CUSTOMERS 表与 Customer 类的静态映射，而 Session 则建立了 CUSTOMERS 表中的关系数据与程序运行时的 Session 缓存中的 Customer 对象的动态映射。

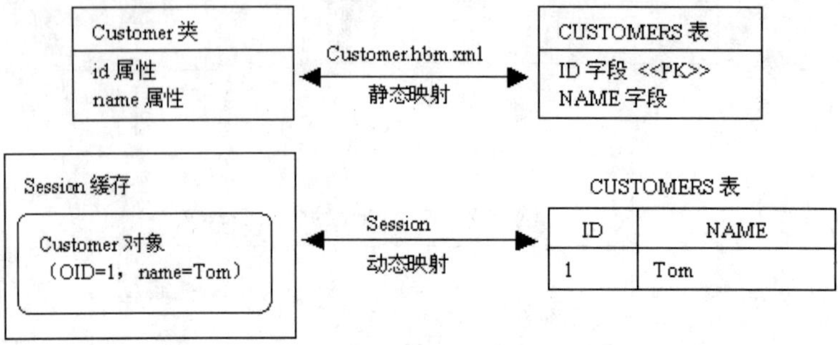

图 8-8　静态映射和动态映射

以下程序代码先把 Customer 对象加载到 Session 缓存中，接下来修改 Session 缓存中 Customer 对象的 name 属性：

```
Transaction tx = session.beginTransaction();
Customer customer=(Customer)session.get(Customer.class,new Long(1));
customer.setName("Jack"); //修改 Customer 对象的 name 属性
tx.commit();
```

如图 8-9 所示，执行完 customer.setName("Jack")语句后，Session 缓存中 Customer 对象的 name 属性与 CUSTOMERS 表中对应记录的 NAME 字段的值不一致了。

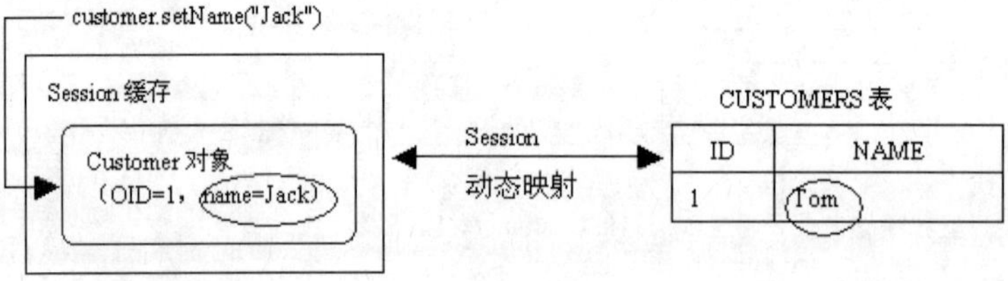

图 8-9　Session 缓存中对象与数据库中相应记录不匹配

幸运的是，Session 在清理缓存的时候，会自动进行脏检查（dirty-check），如果发现 Session 缓存中的对象与数据库中相应记录不一致，就会根据对象的最新属性去同步更新数据库。在本例中，Session 会向数据库提交一条 update 语句，把 CUSTOMERS 表中对应记录的 NAME 字段的值改为“Jack”。

8.2.2　脏检查及清理缓存的机制

Session 到底是如何进行脏检查的呢？当一个 Customer 对象被加入到 Session 缓存中时，Session 会为 Customer 对象的值类型的属性复制一份快照（SnapShot）。当 Session 清理缓存时，会先进行脏检查，即比较 Customer 对象的当前属性与它的快照，来判断 Customer 对象的属性是否发生了变化，如果发生了变化，就称这个对象是“脏对象”，Session 会根据脏对象的最新属性来执行相关 SQL 语句，从而同步更新数据库。图 8-10 显示了 Session 加载 Customer 对象、脏检查及同步更新数据库的过程。

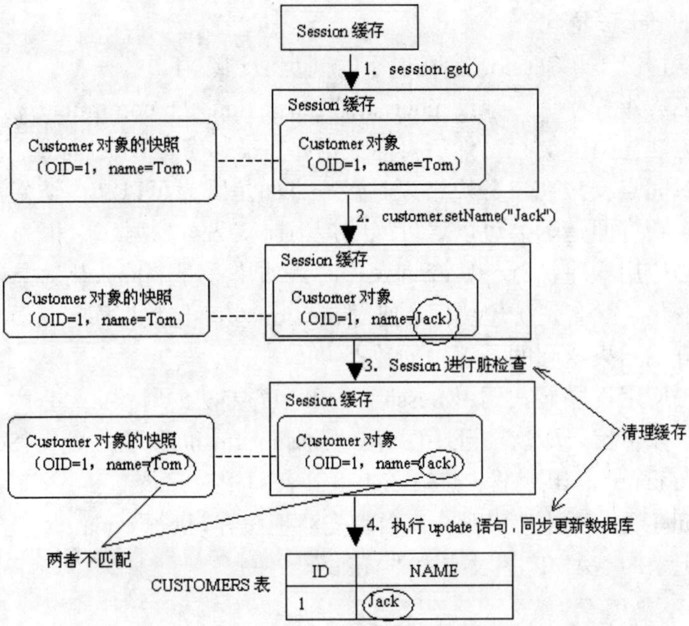

图 8-10　Session 加载 Customer 对象、脏检查及同步更新数据库的过程

当 Session 缓存中对象的属性每次发生了变化，Session 并不会立即清理缓存及执行相关的 SQL update 语句，而是在特定的时间点才清理缓存，这使得 Session 能够把几条相关的 SQL 语句合并为一条 SQL 语句，以便减少访问数据库的次数，从而提高应用程序的数据访问性能。例如，以下程序代码对 Customer 对象的 name 属性修改了两次：

```
Transaction tx = session.beginTransaction();
Customer customer=(Customer)session.get(Customer.class,new Long(1));
customer.setName("Jack");
customer.setName("Mike");
tx.commit();
```

当 Session 清理缓存时，不必先后执行两条 update 语句：

```
update CUSTOMERS set NAME= 'Jack'...... where ID=1;
update CUSTOMERS set NAME= 'Mike'...... where ID=1;
```

而只需执行一条 update 语句：

```
update CUSTOMERS set NAME= 'Mike'...... where ID=1;
```

Session 在清理缓存时，按照以下顺序执行 SQL 语句。

按照应用程序调用 session.save()方法的先后顺序，执行所有对实体进行插入的 insert 语句。

- 执行所有对实体进行更新的 update 语句。
- 执行所有对集合进行删除的 delete 语句。
- 执行所有对集合元素进行删除、更新或者插入的 SQL 语句。
- 执行所有对集合进行插入的 insert 语句。
- 按照应用程序调用 session.delete()方法的先后顺序，执行所有对实体进行删除的 delete 语句。

在默认情况下，Session 会在以下时间点清理缓存。

- 当应用程序调用 org.hibernate.Transaction 的 commit()方法的时候，commit()方法先清理缓存，然后再向数据库提交事务。Hibernate 之所以把清理缓存的时间点安排在事务快结束时，一方面是因为可以减少访问数据库的频率，还有一方面是因为可以尽可能缩短当前事务对数据库中相关资源的锁定时间。
- 当应用程序执行一些查询操作时，如果缓存中持久化对象的属性已经发生了变化，就会先清理缓存，使得 Session 缓存与数据库已进行了同步，从而保证查询结果返回的是正确的数据。
- 当应用程序显式调用 Session 的 flush()方法的时候。

例如，以下代码两次清理了缓存。“session.flush()”语句使得 Session 立即清理缓存，执行 update 语句，把 CUSTOMERS 表的相应记录的 NAME 字段改为“Jack”；“tx.commit()”语句会使得 Session 自动先清理缓存，执行 update 语句，把 CUSTOMERS 表的相应记录的 NAME 字段改为“Mike”。

```
Transaction tx = session.beginTransaction();
Customer customer=(Customer)session.get(Customer.class,new Long(1));
customer.setName("Jack");
session.flush(); //显式清理缓存，执行 update 语句
customer.setName("Mike");
tx.commit(); //自动清理缓存，执行 update 语句，再提交事务
```

Session 进行清理缓存的例外情况是，如果对象使用 native 生成器来生成 OID，那么当调用 Session 的 save()方法保存该对象时，会立即执行向数据库插入该实体的 insert 语句。

Tips

注意 Session 的 commit()和 flush()方法的区别。flush()方法进行清理缓存的操作，执行一系列的 SQL 语句，但不会提交事务；commit()方法会先调用 flush()方法，然后提交事务。提交事务意味着对数据库所做的更新被永久保存下来。

如果不希望 Session 在以上默认的时间点清理缓存，也可以通过 Session 的 setFlushMode()方法来显式设定清理缓存的时间点。FlushMode 类定义了 3 种不同的清理模式：FlushMode.AUTO、FlushMode.COMMIT 和 FlushMode.NEVER。例如，以下代码用于把清理模式设为 FlushMode.COMMIT：

```
session.setFlushMode(FlushMode.COMMIT);
```

表 8-1 列出了 3 种清理模式各自执行清理缓存操作的时间点。

表 8-1 3 种清理模式

清理缓存的模式	各种查询方法	Transaction 的 commit()方法	Session 的 flush()方法
FlushMode.AUTO（默认模式）	清理	清理	清理
FlushMode.COMMIT	不清理	清理	清理
FlushMode.NEVER	不清理	不清理	清理

FlushMode.AUTO 是默认值，这也是优先考虑的清理模式，它会保证在整个事务中，Session 缓存中的对象和数据库数据保持一致。如果事务仅包含查询数据库的操作，而不会修改数据库的数据，也可以选用 FlushMode.COMMIT 模式，这可以避免在执行各种查询操作时先清理缓存，以稍微提高应用程序的性能。FlushMode.NEVER 模式意味着只有当程序显式调用 Session 的 flush()方法的时候才会清理缓存，这适用于需要长时间运行的复杂事务。

在多数情况下，应用程序不需要显式调用 Session 的 flush()方法，flush()方法适用于以下场合。

（1）插入、删除或更新某个持久化对象会引发数据库中的触发器。假定向 CUSTOMERS 表新增一条记录时会引发一个数据库触发器，在应用程序中，通过 Session 的 save()方法保存了一个 Customer 对象后，应该随后调用 Session 的 flush()方法：

```
session.save(customer);  //计划执行一条 insert 语句
session.flush(); //真正执行 insert 语句
```

Session 的 flush()方法会立即执行 insert 语句，该语句接着引发相关的触发器工作，第 9 章的 9.1 节（与触发器协同工作）会对此做进一步介绍。

（2）在应用程序中混合使用 Hibernate API 和 JDBC API。

（3）JDBC 驱动程序不健壮，导致 Hibernate 在自动清理缓存的模式下无法正常工作。

8.3　Java 对象在 Hibernate 持久化层的状态

本章 8.1 节介绍了 Java 对象在内存中的生命周期。当应用程序通过 new 语句创建了一个对象，这个对象的生命周期就开始了，当不再有任何引用变量引用它，这个对象就结束生命周期，它占用的内存就可以被 JVM 的垃圾回收器回收。

站在持久化层的角度，一个 Java 对象在它的生命周期中，可处于以下 4 个状态之一。

- 临时状态(transient)：刚用 new 语句创建，还没有被持久化，并且不处于 Session 的缓存中。处于临时状态的 Java 对象被称为临时对象。
- 持久化状态（persistent)：已经被持久化，并且加入到 Session 的缓存中。处于持久化状态的 Java 对象被称为持久化对象。
- 删除状态（removed)：不再处于 Session 的缓存中，并且 Session 已经计划将其从数据库中删除。处于删除状态的 Java 对象被称为被删除对象。
- 游离状态（detached)：已经被持久化，但不再处于 Session 的缓存中。处于游离状态的 Java 对象被称为游离对象。

Tips

持久化类与持久化对象是不同的概念。持久化类的实例可以处于临时状态、持久化状态、删除状态和游离状态，其中处于持久化状态的实例被称为持久化对象。

在本书中，对象的状态有两种含义：一种含义是指由对象的属性表示的数据，一种含义是指以上的临时状态、持久化状态、删除状态或游离状态之一。读者应该根据上下文来辨别状态的具体含义，当文中提到 Session 按照对象的状态变化来同步更新数据库，这里的状态是指对象的属性表示的数据。

表 8-2 列出了 8.2 节的例程 8-1 中 Customer 对象的状态转换过程。

表 8-2　Customer 对象的状态转换过程

程序代码	Customer 对象的生命周期	Customer 对象的状态
tx = session.beginTransaction(); Customer c1=new Customer("Tom",new HashSet());	开始生命周期	临时状态
session.save(c1);	处于生命周期中	转变为持久化状态

Long id=c1.getId();
c1=null;
Customer c2=(Customer)session.get(Customer.class,id);
tx.commit();
	处于生命周期中	处于持久化状态

session.close();	处于生命周期中	转变为游离状态
System.out.println(c2.getName());	处于生命周期中	处于游离状态
c2=null;	结束生命周期	结束生命周期

从表 8-2 看出，Session 的 save()方法使 Customer 对象由临时状态转变为持久化状态，close()方法使 Customer 对象由持久化状态转变为游离状态。图 8-11 为 Java 对象的完整状态转换图，Session 的特定方法使 Java 对象由一个状态转换到另一个状态。从图 8-11 看出，当 Java 对象处于临时状态、删除状态或游离状态，只要不被任何变量引用，就会结束生命周期，它占用的内存就可以被 JVM 的垃圾回收器回收；当处于持久化状态，由于 Session 的缓存会引用它，因此它始终处于生命周期中。

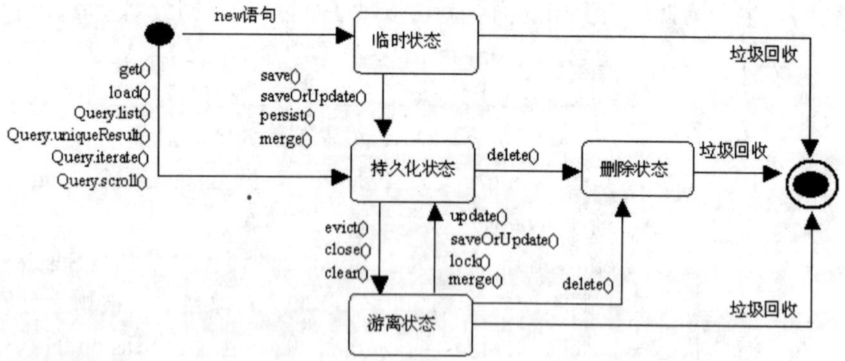

图 8-11　对象在 Hibernate 持久化层的状态转换图

8.3.1　临时对象的特征

临时对象具有以下特征。

- 在使用代理主键的情况下，OID 通常为 null。
- 不处于 Session 的缓存中，也可以说，不被任何一个 Session 实例关联。

- 在数据库中没有对应的记录。

在以下情况下，Java 对象进入临时状态。

- 当通过 new 语句刚创建了一个 Java 对象，它处于临时状态，此时不和数据库中的任何记录对应。
- 在 Hibernate 的配置文件中的 hibernate.use_identifier_rollback 属性为 true 的情况下，Session 的 delete()方法能使一个持久化对象或游离对象转变为临时对象，本章 8.4.6 节将对此做进一步介绍。

8.3.2　持久化对象的特征

持久化对象具有以下特征。

- OID 不为 null。
- 位于一个 Session 实例的缓存中，也可以说，持久化对象总是被一个 Session 实例关联。
- 持久化对象和数据库中的相关记录对应。
- Session 在清理缓存时，会根据持久化对象的属性变化，来同步更新数据库。

Session 的许多方法都能够使 Java 对象进入持久化状态：

- Session 的 save()方法把临时对象转变为持久化对象。
- Session 的 load()或 get()方法返回的对象总是处于持久化状态。
- Query 的 list()方法返回的 List 集合中存放的都是持久化对象。
- Session 的 update()、saveOrUpdate()和 lock()方法使游离对象转变为持久化对象。
- 当一个持久化对象关联一个临时对象，在允许级联保存的情况下，Session 在清理缓存时会把这个临时对象也转变为持久化对象。

Hibernate 保证在同一个 Session 实例的缓存中，数据库表中的每条记录只对应唯一的持久化对象。如对于以下代码，共创建了两个 Session 实例：session1 和 session2。session1 和 session2 拥有各自的缓存。在 session1 的缓存中，只会有唯一的 OID 为 1 的 Customer 持久化对象，在 session2 的缓存中，也只会有唯一的 OID 为 1 的 Customer 持久化对象。因此在内存中共有两个 Customer 持久化对象，一个属于 session1 的缓存，一个属于 session2 的缓存。引用变量 a 和 b 都引用 session1 缓存中的 Customer 持久化对象，而引用变量 c 引用 session2 缓存中的 Customer 持久化对象：

```
Session session1=sessionFactory.openSession();
Session session2=sessionFactory.openSession();
Transaction tx1 = session1.beginTransaction();
Transaction tx2 = session2.beginTransaction();

Customer a=(Customer)session1.get(Customer.class,new Long(1));
Customer b=(Customer)session1.get(Customer.class,new Long(1));
Customer c=(Customer)session2.get (Customer.class,new Long(1));

System.out.println(a==b);  //true
System.out.println(a==c);  //false

tx1.commit();
```

```
tx2.commit();
session1.close();
session2.close();
```

Java 对象的持久化状态是相对于某个具体的 Session 实例的，以下代码试图使一个 Java 对象同时被两个 Session 实例关联：

```
Session session1=sessionFactory.openSession();
Session session2=sessionFactory.openSession();
Transaction tx1 = session1.beginTransaction();
Transaction tx2 = session2.beginTransaction();

Customer c=(Customer)session1.get(Customer.class,new Long(1));//Customer 对象被 session1 关联
session2.update(c); //Customer 对象被 session2 关联
c.setName("Jack"); //修改 Customer 对象的属性

tx1.commit(); //执行 update 语句
tx2.commit(); //执行 update 语句
session1.close();
session2.close();
```

当执行 session1 的 get()方法时，OID 为 1 的 Customer 对象被加入到 session1 的缓存中，因此它是 session1 的持久化对象，此时它还没有被 session2 关联，因此相对于 session2，它处于游离状态。当执行 session2 的 update()方法时，Customer 对象被加入到 session2 的缓存中，因此也成为 session2 的持久化对象。接下来修改 Customer 对象的 name 属性，会导致两个 Session 实例在清理各自的缓存时，都执行相同的 update 语句：

```
update CUSTOMERS set NAME='Jack' …… where ID=1;
```

在实际应用程序中，应该避免一个 Java 对象同时被多个 Session 实例关联，因为这会导致重复执行 SQL 语句，并且极容易出现一些并发问题。本书的第 21 章（处理并发问题）将介绍出现并发问题的原因及解决方法。

8.3.3 被删除对象的特征

被删除对象具有以下特征。

- OID 不为 null。
- 从一个 Session 实例的缓存中删除。
- 被删除对象和数据库中的相关记录对应。
- Session 已经计划将其从数据库中删除。
- Session 在清理缓存时，会执行 SQL delete 语句，删除数据库中的相应记录。
- 一般情况下，应用程序不应该再使用被删除的对象。

在以下情况，Java 对象进入删除状态：

- 在 Hibernate 的配置文件中的 hibernate.use_identifier_rollback 属性取默认值 false 的情况下，Session 的 delete()方法把持久化对象及游离对象转变为被删除对象，本章 8.4.6 节将对此做进一步介绍。
- 当一个持久化对象 A 关联一个持久化对象 B，在允许级联删除的情况下，

Session 删除持久化对象 A 时，会级联删除持久化对象 B，使得持久化对象 A 和持久化对象 B 都进入删除状态。

8.3.4　游离对象的特征

游离对象具有以下特征。

- OID 不为 null。
- 不再位于 Session 的缓存中，也可以说，游离对象不被 Session 关联。
- 游离对象是由持久化对象转变过来的，因此在数据库中可能还存在与它对应的记录（前提条件是没有其他程序删除这条记录）。

游离对象与临时对象的相同之处在于，两者都不被 Session 关联，因此 Hibernate 不会保证它们的属性变化与数据库保持同步。游离对象与临时对象的区别在于：前者是由持久化对象转变过来的，因此可能在数据库中还存在对应的记录，而后者在数据库中没有对应的记录。

游离对象与被删除对象的相同之处在于，两者都不位于 Session 的缓存中，并且在数据库中都可能存在对应的记录。两者的区别在于，游离对象与 Session 完全脱离关系，而对于被删除对象，Session 会计划将其从数据库中删除，等到 Session 清理缓存时，会执行相应的 SQL delete 语句，从数据库中删除对应的记录。

Session 的以下方法使持久化对象转变为游离对象。

- 当调用 Session 的 close()方法时，Session 的缓存被清空，缓存中的所有持久化对象都变为游离对象。如果在应用程序中没有引用变量引用这些游离对象，它们就会结束生命周期。
- Session 的 evict()方法能够从缓存中清除一个持久化对象，使它变为游离对象。当 Session 的缓存中保存了大量的持久化对象，会消耗许多内存空间，为了提高性能，可以考虑调用 evict()方法，从缓存中清除一些持久化对象。但是在多数情况下不推荐使用 evict()方法，而应该通过查询语言或者显式的导航来控制对象图的深度。
- Session 的 clear()方法能够清除缓存中的所有持久化对象，使它们变为游离对象。本书第 9 章的 9.4.1 节（通过 Session 来进行批量操作）将介绍 clear()方法在批量操作中的用途。

8.4　Session 接口的详细用法

Session 接口是 Hibernate 向应用程序提供的操纵数据库的最主要的接口，它提供了基本的保存、更新、删除和加载等方法。

8.4.1　Session 的 save()和 persist()方法

Session 的 save()方法使一个临时对象转变为持久化对象。例如，以下代码保存一个 Customer 对象：

```
Customer customer=new Customer(); //创建 Customer 临时对象
//为 Customer 临时对象设置 OID 是无效的。假定 Customer 类的 setId()方法为 public 类型
customer.setId(new Long(9));
customer.setName("Tom");
Session session=sessionFactory.openSession();
Transaction tx = session.beginTransaction();
session.save(customer); //计划执行 insert 语句
System.out.println(customer.getId()); //id=1
tx.commit(); //真正执行 insert 语句
session.close();
```

Session 的 save()方法完成以下操作。

（1）把 Customer 对象加入到 Session 缓存中，使它进入持久化状态。

（2）选用映射文件指定的标识符生成器，为持久化对象分配唯一的 OID。Customer.hbm.xml 文件中<id>元素的<generator>子元素指定标识符生成器：

```
<id name="id" column="ID">
    <generator class="increment"/>
</id>
```

在使用代理主键而非自然主键的情况下，程序代码试图通过 setId()方法为 Customer 临时对象设置 OID 是无效的。假如起初 CUSTOMERS 表中没有记录，那么执行完 save()方法后，Customer 对象的 OID 为 1，这个 OID 的值是由 Hibernate 的特定标识符生成器产生的。如果希望由程序来为 Customer 对象指定 OID，可以调用 save()的另一个重载方法：

```
session.save(customer, new Long(9));
```

以上 save()方法的第二个参数显式指定 Customer 对象的 OID。这种形式的 save()方法不推荐使用，尤其在使用代理主键的场合，不应该由程序为持久化对象指定 OID。

（3）计划执行一个 insert 语句，把 Customer 对象当前的属性值组装到 insert 语句中：

```
insert into CUSTOMERS(ID,NAME,......) values(1, 'Tom',...);
```

Tips

值得注意的是，save()方法并不立即执行 SQL insert 语句。只有当 Session 清理缓存时，才会执行 SQL insert 语句。如果在 save()方法之后，又修改了持久化对象的属性，这会使得 Session 在清理缓存时，额外执行 SQL update 语句。

以下两段代码尽管都能完成相同的功能，但是左边代码仅执行一条 SQL insert 语句，而右边代码执行一条 SQL insert 和一条 SQL update 语句。左边的代码减少了操纵数据库的次数，具有更好的运行性能。

```
Customer customer=new Customer();
//先设置 Customer 对象的属性,
//再保存它
customer.setName("Tom");
session.save(customer);
tx.commit(); //执行 insert 语句
```

```
Customer customer=new Customer();
//先保存 Customer 对象，再修改它的的属性
session.save(customer);
customer.setName("Tom");
tx.commit(); //执行 insert 和 update 语句
```

Hibernate 通过持久化对象的 OID 来维持它和数据库相关记录的对应关系。当 Customer 对象处于持久化状态时，不允许程序随意修改它的 OID，例如：

```
Customer customer=new Customer();
session.save(customer);
//假定 Customer 类的 setId()方法为 public 访问级别
customer.setId(new Long(100)); //抛出 HibernateException
tx.commit();
```

以上代码会导致 Session 在清理缓存时抛出异常：

```
[java] org.hibernate.HibernateException: identifier of an instance of
mypack.Customer altered from 1 to 100
```

Tips

在使用代理主键的场合，无论 Java 对象处于临时状态、持久化状态、删除状态还是游离状态，应用程序都不应该修改它的 OID。因此，比较安全的做法是，在定义持久化类时，把它的 setId()方法设为 private 类型，禁止外部程序访问该方法。

Session 的 save()方法是用来持久化一个临时对象的。在应用程序中不应该把持久化对象或游离对象传给 save()方法。例如，以下代码两次调用了 Session 的 save()方法，第二次传给 save()方法的 Customer 对象处于持久化状态，这步操作其实是多余的：

```
Customer customer=new Customer();
session.save(customer);
customer.setName("Tom");
session.save(customer); //这步操作是多余的
tx.commit();
```

再例如，以下代码把 Customer 游离对象传给 session2 的 save()方法，session2 会把它当做临时对象处理，再次向数据库中插入一条 Customer 记录：

```
Customer customer=new Customer();
customer.setName("Tom");
Session session1=sessionFactory.openSession();
Transaction tx1 = session1.beginTransaction();
session1.save(customer); //此时 Customer 对象的 ID 变为 1
tx1.commit();
session1.close(); //此时 Customer 对象变为游离对象

Session session2=sessionFactory.openSession();
Transaction tx2 = session2.beginTransaction();
session2.save(customer); //此时 Customer 对象的 ID 变为 2
tx2.commit();
session2.close();
```

尽管以上程序代码能正常运行，但是会导致 CUSTOMERS 表中有两条代表相同业务实体的记录，因此不符合业务逻辑。所以让 Session 的 save()方法保存游离对象是不符合持久化规范的操作。

Session 的 persist()方法和 save()方法的作用类似，也能把一个临时对象转变为持久化对象。例如：

```
Transaction tx = session.beginTransaction();
session.persist(customer); //把 Customer 临时对象转变为持久化对象
tx.commit();
```

persist()方法和 save()方法的区别在于，persist()方法是在 Hibernate 3 版本中才出现的，它实现了 EJB 3 规范中定义的持久化语义。persist()方法不保证立即为持久化对象的 OID 赋值，而是有可能在 Session 清理缓存时才为 OID 赋值。

此外，如果在事务边界以外调用 persist()方法，那么该方法不会计划执行 SQL insert 语句，这可以提高负责处理长时间运行事务的程序的健壮性。而对于 save()方法，不管是在事务边界以外或以内调用它，它都会计划执行 SQL insert 语句。

8.4.2 Session 的 load()和 get()方法

Session 的 load()和 get()方法都能根据给定的 OID 从数据库中加载一个持久化对象，这两个方法的一个区别在于：当数据库中不存在与 OID 对应的记录时，load()方法抛出 org.hibernate.ObjectNotFoundException 异常，而 get()方法返回 null。

load()和 get()方法的一个更重要的区别在于两者采用不同的检索策略。如果读者不了解检索策略的概念，建议先阅读本书第 16 章（Hibernate 的检索策略），了解了检索策略的概念后再来阅读以下这段内容。在默认情况下，所有的持久化类都采用延迟检索策略，即映射文件中<class>元素的 lazy 属性取默认值“true”：

```
<class name="mypack.Customer" table="CUSTOMERS" lazy="true" >
```

在默认情况下，load()方法会采用延迟检索策略加载持久化对象。除非把<class>元素的 lazy 属性的值设为“false”，load()方法才会采用立即检索策略：

```
<class name="mypack.Customer" table="CUSTOMERS" lazy="false" >
```

而 get()方法会忽略<class>元素的 lazy 属性，即不管 lazy 属性取什么值，get()方法总是采用立即检索策略。

假定<class>元素的 lazy 属性取默认值“true”，则 load()方法采用延迟检索策略，而 get()方法采用立即检索策略，此时这两个方法有各自的使用场合：

（1）如果加载一个对象的目的是为了访问它的各个属性，可以用 get()方法。

（2）如果加载一个对象的目的是为了删除它（参见本章 8.4.6 节），或者为了建立与别的对象的关联关系，可以用 load()方法。例如，假定有一个 Order 对象和 Customer 对象尚未建立关联关系，以下代码试图建立两者的多对一单向关联关系：

```
Transaction tx = session.beginTransaction();
//立即检索策略
Order order=(Order)session.get(Order.class,new Long(1));
//延迟检索策略
Customer customer=(Customer)session.load(Customer.class,new Long(1));
order.setCustomer(customer); //建立 Order 和 Customer 的多对一单向关联关系
tx.commit(); //执行 update 语句
```

Session 不需要知道 Customer 对象的各个属性的值，而只要知道 Customer 对象的 OID，就可以生成以下 update 语句：

```
update ORDERS set CUSTOMER_ID=1,ORDER_NUMBER= … where ID=1;
```

由 get()、load()或其他查询方法返回的对象都位于当前 Session 的缓存中，处于持久化状态，因此接下来修改了持久化对象的属性后，当 Session 清理缓存时，会根据持久化对象的属性变化来同步更新数据库。

8.4.3　Session 的 update()方法

Session 的 update()方法使一个游离对象转变为持久化对象，并且会计划执行一条 update 语句。例如，以下代码在 session1 中保存一个 Customer 对象，然后在 session2 中更新这个 Customer 对象：

```
Customer customer=new Customer();
customer.setName("Tom");
Session session1=sessionFactory.openSession();
Transaction tx1 = session1.beginTransaction();
session1.save(customer);
tx1.commit(); //清理缓存，提交事务
session1.close(); //此时 Customer 对象变为游离对象

Session session2=sessionFactory.openSession();
Transaction tx2 = session2.beginTransaction();
customer.setName("Linda") //在和 session2 关联之前修改 Customer 对象的属性
session2.update(customer); //Customer 对象和 session2 关联
customer.setName("Jack"); //在和 session2 关联之后修改 Customer 对象的属性
tx2.commit(); //清理缓存，提交事务
session2.close();
```

Session 的 update()方法完成以下操作：

（1）把 Customer 游离对象加入到当前 Session 缓存中，使它变为持久化对象。

（2）计划执行一个 update 语句。

Tips

值得注意的是，Session 只有在清理缓存的时候才会执行 update 语句，并且在执行时才会把 Customer 对象当前的属性值组装到 update 语句中。因此，即使程序中多次修改了 Customer 对象的属性，在清理缓存时只会执行一次 update 语句。

以下两段代码是等价的，无论是左边的代码，还是右边的代码，Session 都只会执行一条 update 语句：

```
……
Session session2=sessionFactory.openSession();
Transaction tx2 = session2.beginTransaction();
customer.setName("Linda")
session2.update(customer);
customer.setName("Jack");
tx2.commit();  //清理缓存，提交事务
session2.close();
```

```
……
Session session2=sessionFactory.openSession();
Transaction tx2 = session2.beginTransaction();
session2.update(customer);
customer.setName("Linda")
customer.setName("Jack");
tx2.commit(); //清理缓存，提交事务
session2.close();
```

以上代码尽管把 Customer 对象的 name 属性修改了两次，但 Session 在清理缓存时，根据 Customer 对象的当前属性来组装 update 语句，因此执行的 update 语句为：

```
update CUSTOMERS set name='Jack' …… where ID=1;
```

只要通过 update()方法使游离对象被一个 Session 关联，即使没有修改 Customer 对象的任何属性，Session 在清理缓存时也会执行由 update()方法计划的 update 语句。例如，以下程序使 Customer 对象被 session2 关联，但是没有修改 Customer 对象的任何属性：

```
//假定 customer 对象为游离对象
……
Session session2=sessionFactory.openSession();
Transaction tx2 = session2.beginTransaction();
session2.update(customer);
tx2.commit();
session2.close();
```

Session 在清理缓存时，会执行由 update()方法计划的 update 语句，并且根据 Customer 对象的当前属性来组装 update 语句：

```
update CUSTOMERS set name='Tom' …… where ID=1;
```

如果希望 Session 仅当修改了 Customer 对象的属性时，才执行 update 语句，可以把映射文件中<class>元素的 select-before-update 设为 true，该属性的默认值为 false：

```
<class name="mypack.Customer"  table="CUSTOMERS"  select-before-update="true">
```

如果按以上方式修改了 Customer.hbm.xml 文件，当 Session 清理缓存时，会先执行一条 select 语句：

```
select * from CUSTOMERS where ID=1;
```

然后比较 Customer 对象的属性是否和从数据库中检索出来的记录一致，只有在不一致的情况下，才执行 update 语句。

应该根据实际情况来决定是否应该把 select-before-update 设为 true。如果 Java 对象的属性不会经常变化，可以把 select-before-update 属性设为 true，避免 Session 执行不必要的 update 语句，这样会提高应用程序的性能。如果程序需要经常修改 Java 对象的属性，就没必要把这个 select-before-update 属性设为 true，因为它会导致在执行 update 语句之前，执行一条多余的 select 语句。

当 update()方法关联一个游离对象时，如果在 Session 的缓存中已经存在相同 OID 的持久化对象，会抛出异常。例如，以下代码通过 session2 先加载了 OID 为 1 的 customerB 持久化对象，接下来又试图把 OID 为 1 的 customerA 游离对象加入到 session2 的缓存中：

```
//假定 customerA 对象为游离对象
……

Session session2=sessionFactory.openSession();
Transaction tx2 = session2.beginTransaction();
```

```
//session2 加载 OID 为 1 的 customerB 持久化对象
Customer customerB=(Customer)session2.get(Customer.class,new Long(1));
//把 OID 为 1 的 customerA 游离对象加入到 session2 的缓存中
session2.update(customerA); //抛出 NonUniqueObjectException

tx2.commit();
session2.close();
```

当执行 session2 的 update()方法时，由于在 session2 的缓存中已经存在了 OID 为 1 的 customerB 持久化对象，因此不允许把 OID 为 1 的 customerA 游离对象再加入到 session2 的缓存中，Session 在运行时会抛出 NonUniqueObjectException 异常。此外，当 update()方法关联一个游离对象时，如果在数据库中不存在相应的记录，也会抛出异常。

在分层的软件结构中，临时对象和游离对象会在客户层与业务逻辑层之间传递。例如，对于一个购物网站会包含以下业务过程。

（1）创建客户账号：客户层创建一个 Customer 临时对象，里面包含用户输入的注册信息，业务逻辑层调用 Session 的 save()方法持久化这个临时对象。

（2）查询客户账号：业务逻辑层按照客户层给定的查询条件，调用 Query 接口的 list()方法，查询出符合条件的 Customer 对象，向客户层返回处于游离状态的 Customer 对象。

（3）修改客户账号：客户层修改步骤（2）返回的 Customer 游离对象的属性，然后再把它传给业务逻辑层，业务逻辑层调用 Session 的 update()方法更新数据库。

（4）注销客户账号：客户层把步骤（2）返回的 Customer 游离对象再传给业务逻辑层，业务逻辑层调用 Session 的 delete()方法从数据库中删除相关的记录。

在业务逻辑层，每当事务结束，都会关闭 Session，使 Customer 对象进入游离状态。图 8-12 显示了客户层与业务逻辑层之间传递临时对象和游离对象的过程。

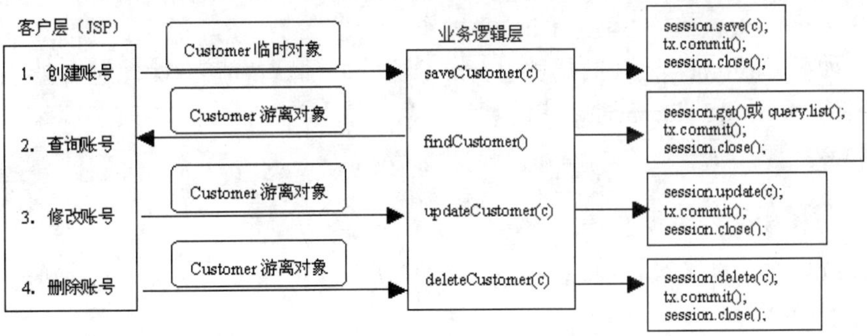

图 8-12　客户层与业务逻辑层之间传递临时对象和游离对象的过程

8.4.4　Session 的 saveOrUpdate()方法

Session 的 saveOrUpdate()方法同时包含了 save()与 update()方法的功能，如果传入的参数是临时对象，就调用 save()方法；如果传入的参数是游离对象，就调用 update()方法；如果传入的参数是持久化对象，那就直接返回。在传入参数不是持久化对象的前提下，saveOrUpdate()方法如何判断一个对象处于临时状态还是游离状态呢？如果满足以下情况之一，Hibernate 就把它作为临时对象，否则就作为游离对象。

- Java 对象的 OID 取值为 null。
- Java 对象具有 version 版本控制属性并且取值为 null。
- 在映射文件中为<id>元素设置了 unsaved-value 属性，并且 Java 对象的 OID 取值与这个 unsaved-value 属性值匹配。
- 在映射文件中为 version 版本控制属性设置了 unsaved-value 属性，并且 Java 对象的 version 版本控制属性的取值与映射文件中 unsaved-value 属性值匹配。
- 为 Hibernate 的 Interceptor（拦截器）提供了自定义的实现，并且 Interceptor 实现类的 isUnsaved()方法返回 Boolean.TRUE。本书第 9 章的 9.2 节将介绍 Interceptor 的用法。

在以下程序中，假定 customerA 起初为游离对象，customerB 起初为临时对象，session2 的 saveOrUpdate()方法分别将它们变为持久化对象：

```
//假定 customerA 为游离对象
……
Session session2=sessionFactory.openSession();
Transaction tx2 = session2.beginTransaction();
Customer customerB=new Customer(); //创建临时对象
customerB.setName("Tom");

session2.saveOrUpdate(customerA); //使 customerA 游离对象被 session2 关联
session2.saveOrUpdate(customerB); //使customerB 临时对象被 session2 关联

tx2.commit();
session2.close();
```

如果 Customer 类的 id 属性为 java.lang.Long 类型，它的默认值为 null，那么 session2 很容易就判断出 customerA 对象为游离对象，因为它的 id 属性不为 null，而 customerB 对象为临时对象，因为它的 id 属性为 null。因此 session2 对 customerA 对象执行 update 操作，对 customerB 对象执行 insert 操作。

如果 Customer 类的 id 属性为 long 类型，它的默认值为 0，此时需要显式设置<id>元素的 unsaved-value 属性，它的默认值为 null：

```
<id name="id" column="ID" unsaved-value="0">
    <generator class="increment"/>
</id>
```

这样，如果一个 Customer 对象的 id 取值为 0，saveOrUpdate()方法就会把它作为临时对象。

8.4.5 Session 的 merge()方法

Session 的 merge()方法能够把一个游离对象的属性复制到一个持久化对象中。本章 8.4.3 节讲过，当 Session 用 update()方法关联一个游离对象时，如果在 Session 缓存中已经存在一个同类型的并且 OID 相同的持久化对象，那么 update()方法会抛出 NonUniqueException：

```
customer1.setName("Jack");//假定 customer1 为游离对象，OID 为 1
```

```
Session session=sessionFactory.openSession();
Transaction tx = session.beginTransaction();
//session 加载 OID 为 1 的 Customer 持久化对象
Customer customer2=(Customer)session.get(Customer.class,new Long(1));
//把 OID 为 1 的 customer1 游离对象加入到 session 的缓存中
session.update(customer1); //抛出 NonUniqueException

tx.commit();
session.close();
```

下面的代码把 update()方法改为 merge()方法：

```
customer1.setName("Jack");//假定 customer1 为游离对象，OID 为 1

Session session=sessionFactory.openSession();
Transaction tx = session.beginTransaction();
//session 加载 OID 为 1 的 Customer 持久化对象
Customer customer2=(Customer)session.get(Customer.class,new Long(1));
//把 customer1 对象的属性复制到 Session 缓存中的相应持久化对象中
Customer customer3=(Customer)session.merge(customer1);

customer1==customer2; //false
customer1==customer3; //false
customer2==customer3; //true

tx.commit(); //执行 update 语句，把 CUSTOMERS 表中 ID 为 1 记录的 NAME 字段改为 Jack
session.close();
return customer3;
```

如图 8-13 所示，Session 的 merge()方法的处理流程如下：

（1）根据 customer1 游离对象的 OID 到 Session 缓存中查找匹配的持久化对象。在本例中，找到了匹配的 customer2 持久化对象，就把 customer1 游离对象的属性复制到 customer2 持久化对象中，计划执行一条 update 语句，再返回 customer2 持久化对象的引用，所以表达式“customer2==customer3”的值为 true。

（2）如果在 Session 缓存中没有找到与 customer1 游离对象的 OID 一致的 Customer 持久化对象，那么就试图根据这个 OID 从数据库中加载 Customer 持久化对象。如果在数据库中存在这样的 Customer 持久化对象，就把 customer1 游离对象的属性复制到这个刚加载的 Customer 持久化对象中，计划执行一条 update 语句，再返回这个 Customer 持久化对象的引用。如果在数据库中不存在这样的 Customer 持久化对象，就会创建一个新的 Customer 对象，把 customer1 游离对象的属性复制到这个新建的 Customer 对象中，再调用 save()方法持久化这个 Customer 对象，最后返回这个 Customer 持久化对象的引用。

（3）如果 merge()方法的参数 customer1 为一个临时对象，那么也会创建一个新的 Customer 对象，把 customer1 临时对象的属性复制到这个新建的 Customer 对象中，再调用 save()方法持久化这个 Customer 对象，最后返回这个 Customer 持久化对象的引用。

从 merge()方法的处理流程可以看出，merge()方法返回的 customer3 是一个持久化对象。参数传入的 customer1 为游离对象或临时对象，customer1 的属性被复制到 custome3 持久化对象中。程序调用完 merge()方法，customer1 对象就没有使用价值，可以结束生命周期了，程序接下来可以继续操纵 customer3 对象。

merge()方法到底把 customer1 对象的哪些属性复制到 customer3 持久化对象中呢？主要包括以下内容：

（1）customer1 对象的所有值类型的属性。关于值类型属性的概念参见第 10 章的 10.3.1 节（区分值类型和实体类型）。

（2）customer1 对象的集合类型属性中的元素。例如，假定 customer1 对象的 orders 集合属性中存放了 Order 对象，以下代码先对 orders 集合做添加及删除操作。那么 merge()方法会对 customer3 持久化对象的 orders 集合属性也做相应的添加及删除操作。

```
customer1.getOrders().add(order1); //加入一个订单
customer1.getOrders().remove(order2); //删除一个订单
……
Customer customer3=(Customer)session.merge(customer1);
```

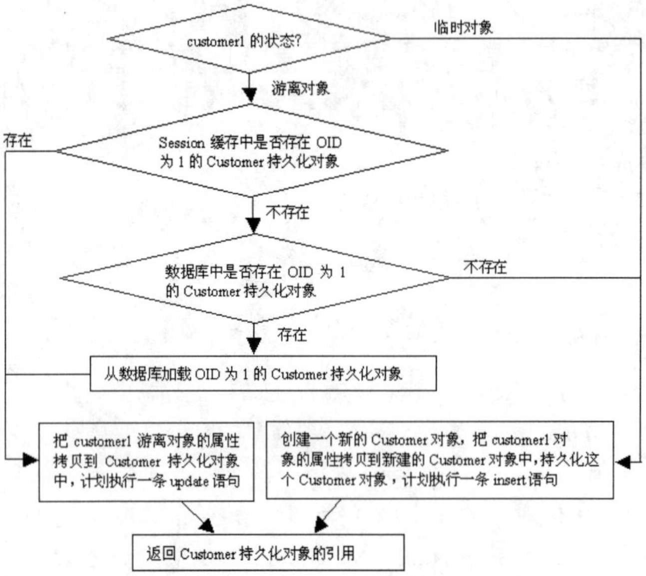

图 8-13　merge()方法的处理流程

8.4.6　Session 的 delete()方法

Session 的 delete()方法用于从数据库中删除一个 Java 对象。delete()方法既可以删除持久化对象，也可以删除游离对象。delete()方法的处理过程如下。

（1）如果传入的参数是游离对象，先使游离对象被当前 Session 关联，使它变为持久化对象。如果传入的参数是持久化对象，则忽略这一步。之所以让游离对象先变为持久化对象，是为了确保在使用了拦截器（Interceptor）的场合，拦截器能正常工作，本书第 9 章 9.2 节将介绍拦截器的用法。

（2）计划执行一个 delete 语句。

（3）把对象从 Session 缓存中删除，该对象进入删除状态。

Tips

值得注意的是，Session 只有在清理缓存的时候才会执行 delete 语句。

例如，以下代码先加载一个持久化对象，然后通过 delete()方法将它删除：

```
Session session=sessionFactory.openSession();
Transaction tx = session.beginTransaction();
//先加载一个持久化对象，
//此处加载持久化对象是为了删除它，无须访问它的属性，
//因此用 load()方法而不是 get()方法，可以获得更好的性能
Customer customer=(Customer)session.load(Customer.class,new Long(1));
//计划执行一个 delete 语句，从缓存中删除 Customer 对象
//把 Customer 对象转变为被删除对象
session.delete(customer);
//以下 session.contains()方法判断 Session 缓存中是否存在 customer 对象
System.out.println(session.contains(customer)); //打印 false
tx.commit();//执行 delete 语句
session1.close();
```

以下代码直接通过 delete()方法删除一个游离对象：

```
Session session=sessionFactory.openSession();
Transaction tx = session.beginTransaction();
//假定 customer 是一个游离对象
//以下 delete()方法先使它被 Session 关联，使它变为持久化对象，
//然后计划执行一个 delete 语句，并使它变为被删除对象
session.delete(customer);
tx.commit(); //执行 delete 语句
session.close(); //从缓存中删除 Customer 对象
```

在默认情况下，delete()方法能把持久化对象或游离对象转变为被删除对象，被删除对象是无用对象，程序不应该再使用这些对象。

在 Hibernate 的 hibernate.properties 配置文件中有一个 hibernate. use_identifier_rollback 属性，它的默认值为 false，如果把它设为 true：

```
hibernate.use_identifier_rollback=true
```

那么将改变 Session 的 delete()方法的运行时行为。delete()方法会把持久化对象或游离对象的 OID 置为 null，使它们转变为临时对象，这样程序就可以重复使用这些临时对象了。

假定 hibernate.use_identifier_rollback 属性为 true，在以下这段代码中，执行完“session.delete(customer)”语句后，customer 的 OID 变为 null：

```
Transaction tx = session.beginTransaction();
Customer customer=(Customer)session.load(Customer.class,new Long(1));
session.delete(customer); //customer 转变为临时对象
System.out.println("ID="+customer.getId()); //打印 ID=null
System.out.println(session.contains(customer)); //打印 false
tx.commit();
```

Session 的 delete()方法一次只能删除一个对象。本书第 9 章的 9.4.3 节（通过 HQL 来进行批量操作）将介绍批量删除多个 Customer 对象的方法。

8.4.7　Session 的 replicate()方法

Session 的 replicate()方法能够把一个数据库中的对象复制到另一个数据库中。以下代码中的 sessionFactory1 和 sessionFactory2 分别代表两个不同的数据存储源。session1

的 get()方法从 sessionFactory1 代表的数据存储源中加载一个 Customer 对象，session2 的 replicate()方法把 Customer 对象复制到 sessionFactory2 代表的数据存储源中。

```
Session session1=sessionFactory1.openSession();
Transaction tx1= session1.beginTransaction();
Customer customer=(Customer)session1.get(Customer.class,new Long(1));
tx1.commit();
session1.close();

Session session2=sessionFactory2.openSession();
Transaction tx2= session2.beginTransaction();
//把 Customer 对象复制到第二个数据库存储源中
session2.replicate(customer,ReplicationMode.LATEST_VERSION);
tx2.commit();
session2.close();
```

replicate()方法的第二个参数决定复制的模式，它有以下可选值：

- ReplicationMode.IGNORE：如果在目标数据库中已经存在 OID 相同的 Customer 对象，那就什么也不做。
- ReplicationMode.OVERWRITE：如果在目标数据库中已经存在 OID 相同的 Customer 对象，那就把参数中的 Customer 对象的数据覆盖掉这个已经存在的 Customer 对象。
- ReplicationMode.EXCEPTION：如果在目标数据库中已经存在 OID 相同的 Customer 对象，那就抛出异常。
- ReplicationMode.LATEST_VERSION：如果在目标数据库中已经存在 OID 相同的 Customer 对象，那就比较已存在 Customer 对象和参数中待复制 Customer 对象的版本。如果待复制 Customer 对象的版本更加新，那就把待复制 Customer 对象覆盖掉已存在 Customer 对象，否则就什么也不做。这个模式要求 Hibernate 采用了乐观锁并发控制。本书第 21 章的 21.5 节（利用 Hibernate 的版本控制来实现乐观锁）将介绍乐观锁的概念及用法。

8.5 级联操纵对象图

对于实际应用，对象与对象之间是相互关联的。因此，在 Session 缓存中存放的是一幅相互关联的对象图。第 7 章的 7.3 节已经介绍过 Category 类的一对多双向自身关联关系，以下代码看似仅加载了一个 Category 对象：

```
Category appleCategory=(Category)session.get(Category.class, new Long(4));
```

实际上，如果在关联级别设置了立即检索策略，那么 Session 可以自动加载所有和 appleCategory 直接关联或间件关联的 Category 对象，参见图 8-14。第 16 章的 16.3.1 节会介绍一对多关联级别的立即检索策略的概念。

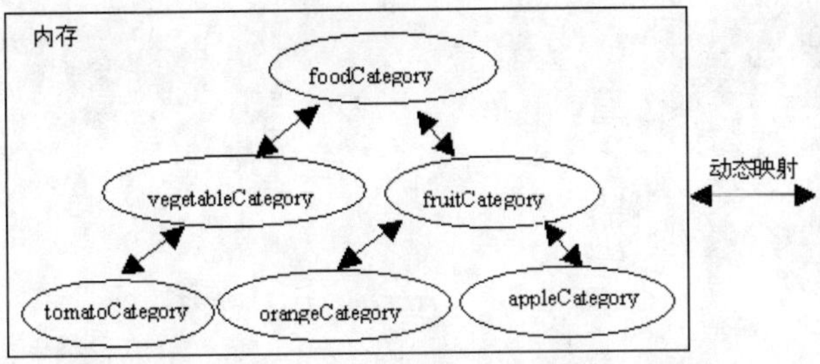

CATEGORIES 表

ID	NAME	CATEGORY_ID
1	food	NULL
2	vegetable	1
3	fruit	1
4	apple	3
5	orange	3
6	tomato	2

图 8-14　内存中互相关联的 Category 对象图与数据库中 CATEGORIES 表的关系数据对应

在应用程序中，可以通过 getParentCategory()方法导航到父类别 Category 对象，通过 getChildCategories()方法导航到子类别 Category 对象：

```
Category foodCategory=appleCategory.getParentCategory().getParentCategory();
Category orangeCategory=(Category)appleCategory.getParentCategory()
.getChildCategories().iterator().next();
```

在对象-关系映射文件中，用于映射持久化类之间关联关系的元素，如<set>、<many-to-one>和<one-to-one>元素，都有一个 cascade 属性，它用于指定如何操纵与当前对象关联的其他对象。表 8-3 列出了 cascade 属性的可选值。

表 8-3　cascade 属性

cascade 属性值	描　述
none	当 Session 操纵当前对象时，忽略其他关联的对象。它是 cascade 属性的默认值
save-update	当通过 Session 的 save()、update()及 saveOrUpdate()方法来保存或更新当前对象时，级联保存所有关联的新建的临时对象，并且级联更新所有关联的游离对象
persist	当通过 Session 的 persist()方法来保存当前对象时，会级联保存所有关联的新建的临时对象
merge	当通过 Session 的 merge()方法来融合当前对象时，会级联融合所有关联的游离对象
delete	当通过 Session 的 delete()方法删除当前对象时，会级联删除所有关联的对象
lock	当通过 Session 的 lock()方法把当前游离对象加入到 Session 缓存中时，会把所有关联的游离对象也加入到 Session 缓存中。本书第 21 章的 21.5.3 节（对游离对象进行版本检查）在介绍利用 Hibernate 的版本控制来实现乐观锁时，将介绍 lock()方法的用法
replicate	当通过 Session 的 replicate()方法复制当前对象时，会级联复制所有关联的对象
evict	当通过 Session 的 evict()方法从 Session 缓存中清除当前对象时，会级联清除所有关联的对象
refresh	当通过 Session 的 refresh()方法刷新当前对象时，会级联刷新所有关联的对象。所谓刷新是指读取数据库中相应数据，然后根据数据库中的最新数据去同步更新 Session 缓存中的相应对象。本书第 9 章的 9.1 节将介绍 refresh()方法的作用
all	包含 save-update、persist、merge、delete、lock、replicate、evict 及 refresh 的行为
delete-orphan	删除所有和当前对象解除关联关系的对象
all-delete-orphan	包含 all 和 delete-orphan 的行为

下面通过例子来演示如何操纵对象图。本章的例子建立在第 7 章的 7.4 节（改进持久化类）的例子的基础上。在 Category.hbm.xml 文件中设置了<set>元素和<many-to-one>元素的 cascade 属性：

```
<set
    name="childCategories"
    cascade="save-update"
    inverse="true"
    lazy="false"
    >
    <key column="CATEGORY_ID" />
    <one-to-many class="mypack.Category" />
</set>

 <many-to-one
    name="parentCategory"
    column="CATEGORY_ID"
    class="mypack.Category"
    cascade="save-update"
    lazy="false" />
```

<set>元素的 cascade 属性为 save-update，因此在保存或更新当前 Category 对象时，Session 会调用 getChildCategories()方法，导航到所有的子类别 Category 对象，然后对这些子类别 Category 对象进行级联保存或更新。

<many-to-one>元素的 cascade 属性为 save-update，因此在保存或更新当前 Category 对象时，Session 会调用 getParentCategory()方法，导航到父类别 Category 对象，然后对父类别 Category 对象进行级联保存或更新。

本章范例程序位于配套光盘的 sourcecode\chapter8 目录下。在 chapter8 目录下有个 ANT 的工程文件 build.xml。在 DOS 命令行下进入 chapter8 根目录，然后输入命令：

```
ant  run
```

该命令将依次执行 prepare target、compile target、schema target 和 run target。run target 最后运行 BusinessService 类，它的源程序参见例程 8-2。

例程 8-2　BusinessService 类

```
package mypack;
import org.hibernate.*;
import org.hibernate.cfg.Configuration;
import java.util.*;

public class BusinessService{
  public static SessionFactory sessionFactory;

  /* 初始化 Hibernate，创建 SessionFactory 实例 */
  static{……}

  public void saveFoodCategory(){……}
  public void navigateCategories(){……}
  private void navigateCategories(Category category,Set categories){……}
  public void saveVegetableCategory(){……}
  public void updateVegetableCategory(){……}

  public void saveOrangeCategory(){
    Session session = sessionFactory.openSession();
    Transaction tx = null;
```

```
    try {
      tx = session.beginTransaction();
      Category fruitCategory=findCategoryByName(session,"fruit");
      Category orangeCategory=new Category("orange",null,new HashSet());
      fruitCategory.addChildCategory(orangeCategory);

      tx.commit();
            ;
    }catch(RuntimeException e) {
      if (tx != null) {
        tx.rollback();
      }
      throw e;
    } finally {
      session.close();
    }
  }

  public void saveOrUpdate(Object object){
    Session session = sessionFactory.openSession();
    Transaction tx = null;
    try {
      tx = session.beginTransaction();
      session.saveOrUpdate(object);
      tx.commit();
    }catch (RuntimeException e) {
      if (tx != null) {
        tx.rollback();
      }
      throw e;
    } finally {
      session.close();
    }
  }

  /** 按照参数指定的名字返回匹配的 Category 游离对象 */
  public Category findCategoryByName(String name){......}

  /** 按照参数指定的名字返回匹配的 Category 持久化对象 */
  private Category findCategoryByName(Session session, String name){

     List results=session
               .createQuery("from Category as c where c.name='"+name+"'")
               .list();
     return (Category)results.iterator().next();
  }

   public void test(){
     saveFoodCategory();
     saveOrangeCategory();
     saveVegetableCategory();
     updateVegetableCategory();
     navigateCategories();
   }
```

```
    public static void main(String args[]){
      new BusinessService().test();
      sessionFactory.close();
    }
  }
```

BusinessService 类的 main()方法调用 test()方法，test()方法又依次调用以下方法：

- saveFoodCategory()：演示如何级联保存临时对象。
- saveOrangeCategory()方法：演示如何更新持久化对象。
- saveVegetableCategory()方法：演示如何持久化与游离对象关联的临时对象。
- updateVegetableCategory()方法：演示如何更新游离对象。
- navigateCategories()：演示如何遍历对象图。

8.5.1 级联保存临时对象

saveFoodCategory()方法先创建 3 个 Category 临时对象，建立它们的关联关系，参见图 8-15，然后调用 saveOrUpdate()方法保存 foodCategory 对象：

```
Category  foodCategory=new Category("food",new HashSet(),null);
Category  fruitCategory=new Category("fruit",new HashSet(),null);
Category  appleCategory=new Category("apple",new HashSet(),null);

//建立食品类别和水果类别之间的关联关系
foodCategory.addChildCategory(fruitCategory);

//建立水果类别和苹果类别之间的关联关系
fruitCategory.addChildCategory(appleCategory);

saveOrUpdate(foodCategory);
```

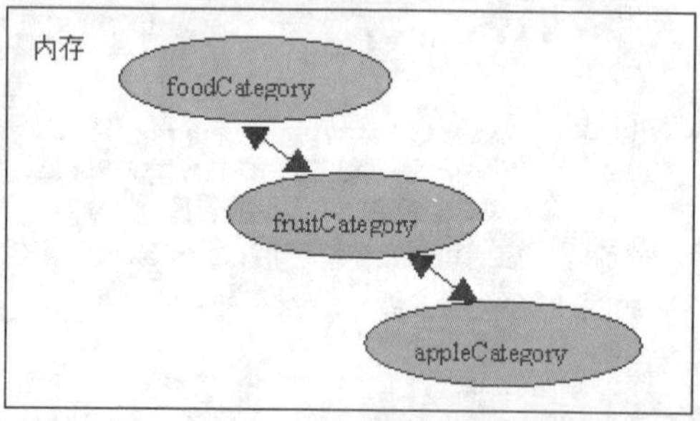

图 8-15　内存中 3 个临时对象互相关联的对象图

saveOrUpdate()方法调用 Session 的 saveOrUpdate()来保存 foodCategory 对象。Session 的 saveOrUpdate()执行以下步骤。

（1）由于 foodCategory 为临时对象，因此 Session 调用 save()方法来保存 foodCateogry 对象。

（2）Session 通过 foodCategory.getChildCategories()方法导航到 fruitCategory 临时对象，调用 save()方法来级联保存 fruitCateogry 临时对象。

（3）Session 通过 fruitCategory.getChildCategories()方法导航到 appleCategory 对象，

调用 save()方法来级联保存 appleCateogry 对象。

Session 在清理缓存时执行 3 条 insert 语句：

```
insert into CATEGORIES (NAME, CATEGORY_ID, ID) values ('food', null, 1);
insert into CATEGORIES (NAME, CATEGORY_ID, ID) values ('fruit', 1, 2);
insert into CATEGORIES (NAME, CATEGORY_ID, ID) values ('apple', 2, 3);
```

8.5.2 更新持久化对象

saveOrangeCategory()方法用于持久化一个 orangeCategory 对象，参见图 8-16。saveOrangeCategory()方法先调用 findCategoryByName(session, “fruit”)方法，由于该查询方法与 saveOrangeCategory()方法公用一个 Session，因此它返回的 fruitCategory 对象处于持久化状态。接下来创建一个 orangeCategory 临时对象，建立 fruitCategory 与 orangeCategory 之间的关联关系。

```
tx = session.beginTransaction();
//返回的 fruitCategory 是持久化对象
Category fruitCategory=findCategoryByName(session,"fruit");
Category orangeCategory=new Category("orange", new HashSet(),null);
//fruitCategory 持久化对象与 orangeCategory 临时对象关联
fruitCategory.addChildCategory(orangeCategory);
tx.commit(); //执行 insert 语句
```

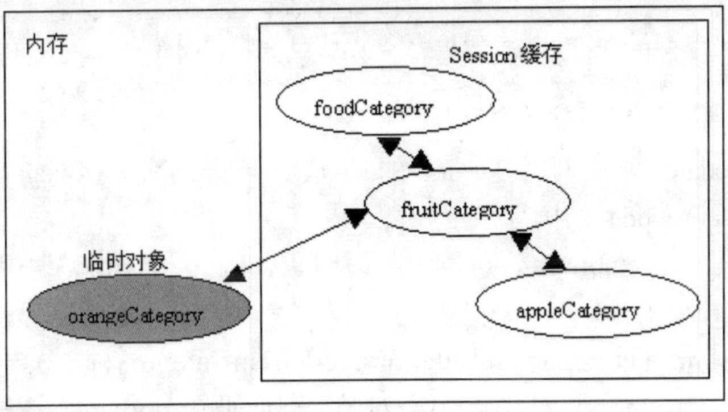

图 8-16　内存中临时对象与持久化对象互相关联的对象图

当 Session 清理缓存时，发现 fruitCategory 持久化对象关联了一个 orangeCategory 临时对象，会自动持久化 orangeCategory 对象，Session 执行以下 SQL 语句：

```
insert into CATEGORIES (NAME, CATEGORY_ID, ID) values ('orange', 2, 4);
```

8.5.3 持久化临时对象

saveVegetableCategory()方法用于持久化一个 vegetableCategory 临时对象，参见图 8-17。

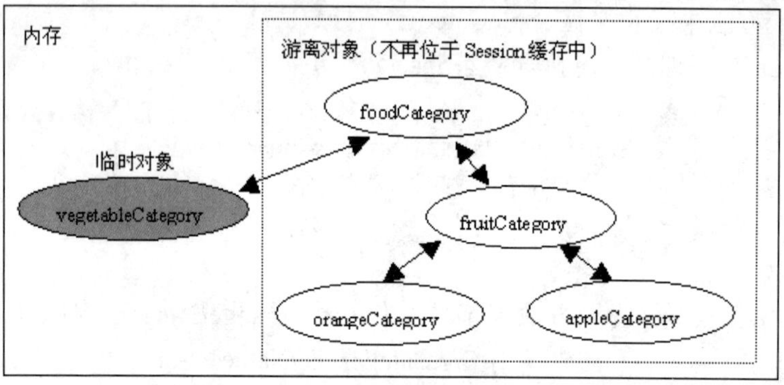

图 8-17 内存中临时对象与游离对象互相关联的对象图

saveVegetableCategory()方法先调用 findCategoryByName("food")方法，该查询方法不与 saveVegetableCategory()方法公用一个 Session，因此返回的 foodCategory 对象处于游离状态。接下来创建一个 vegetableCategory 临时对象，建立 foodCategory 与 vegetableCategory 之间的关联关系。最后调用 saveOrUpdate()方法保存 vegetableCategory 对象：

```
//返回的 foodCategory 是游离对象
Category foodCategory=findCategoryByName("food");
Category vegetableCategory=new Category("vegetable", new HashSet(),null);
//foodCategory 游离对象与 vegetableCategory 临时对象关联
foodCategory.addChildCategory(vegetableCategory);
saveOrUpdate(vegetableCategory);
```

saveOrUpdate()方法调用 Session 的 saveOrUpdate()来保存 vegetableCategory 对象。Session 的 saveOrUpdate()执行以下步骤。

（1）由于 vegetableCategory 为临时对象，因此 Session 调用 save()方法持久化 vegetableCategory 对象。

（2）Session 通过 vegetableCategory.getParentCategory()方法导航到 foodCategory 对象，由于 foodCategory 对象为游离对象，因此调用 update()方法更新 foodCategory 对象。

（3）Session 通过 foodCategory.getChildCategories()方法导航到 fruitCategory 对象，由于 fruitCategory 对象为游离对象，因此调用 update()方法更新 fruitCategory 对象。

（4）依次类推，Session 会遍历图 8-17 中所有的 Category 游离对象，并对这些游离对象进行更新操作。

所以，Session 在清理缓存时，除了执行一条 insert 语句，还会执行 4 条多余的 update 语句：

```
insert into CATEGORIES (NAME, CATEGORY_ID, ID) values ('vegetable', 1, 5);
update CATEGORIES set NAME='food', CATEGORY_ID=null where ID=1;
update CATEGORIES set NAME='fruit', CATEGORY_ID=1 where ID=2;
update CATEGORIES set NAME='apple', CATEGORY_ID=2 where ID=3;
update CATEGORIES set NAME='orange', CATEGORY_ID=2 where ID=4;
```

Tips

由此可见，级联保存和级联更新总是结合在一起，所以在 cascade 属性的所有可选值中，只有 “save-update”，而没有单独的 “save” 或 “update”。

假如有 1 000 个 Category 游离对象相互关联，Session 就会执行 1 000 条多余的 update 语句，这会大大影响应用程序的性能。解决办法是把<many-to-one>元素的 cascade 属性设为默认值“none”，而<set>元素的 cascade 属性依然为“save-update”。这样，Session 在通过 save()方法保存 vegetableCategory 对象时，就不会通过 vegetableCategory. getParent Category()方法导航到 foodCategory 对象。因此 Session 在清理缓存时，只需执行一条 insert 语句。当然，如果 vegetableCategory 对象还关联了子类别 Category 临时对象，Session 会通过 getChildCategories()方法导航到子类别 Category 临时对象，并对它们进行级联保存操作。

8.5.4　更新游离对象

updateVegetableCategory()方法用于更新 vegetableCategory 对象的 name 属性，并且创建一个 tomatoCategory 对象，它与 vetetableCategory 对象关联，参见图 8-18。

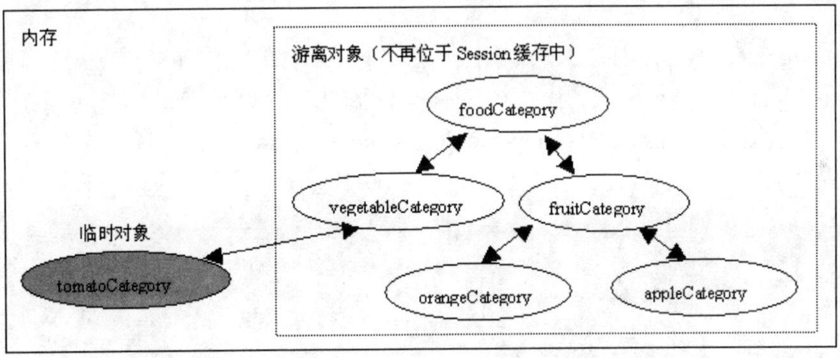

图 8-18　内存中临时对象与游离对象互相关联的对象图

updateVegetableCategory()方法先调用 findCategoryByName("vegetable")方法，该查询方法不与 updateVegetableCategory() 方法公用一个 Session，因此返回的 vegetableCategory 对象处于游离状态。接下来修改 vegetableCategory 对象的 name 属性，然后创建一个 tomatoCategory 临时对象，建立 vegetableCategory 与 tomatoCategory 之间的关联关系。最后调用 saveOrUpdate()方法更新 vegetableCategory 对象。

```
//返回的 vegetableCategory 是游离对象
Category vegetableCategory=findCategoryByName("vegetable");
vegetableCategory.setName("green vegetable");
Category tomatoCategory=new Category("tomato",null,new HashSet());
//vegetableCategory 游离对象与 tomato 临时对象关联
vegetableCategory.addChildCategory(tomatoCategory);
saveOrUpdate(vegetableCategory);
```

saveOrUpdate()方法调用 Session 的 saveOrUpdate()来更新 vegetableCategory 对象。

Session 的 saveOrUpdate()执行以下步骤。

（1）由于 vegetableCategory 为游离对象，因此 Session 调用 update()方法更新 vegetableCategory 对象。

（2）Session 通过 vegetableCategory.getChildCategories()方法导航到 tomatoCategory 临时对象，由于它是临时对象，因此调用 save()方法保存 tomatoCategory 对象。

（3）如果<set>和<many-to-one>元素的 cascade 属性都为“save-update”，Session 会通过 getParentCategory()和 getChildCategories()方法遍历所有关联的游离 Category 对象，对它们都进行级联更新，这会导致 Session 执行 4 条多余的 update 语句，依次更新 foodCategory、fruitCategory、orangeCategory 和 applCategory 对象。为了避免执行多余的 update 语句，应该把<many-to-one>元素的 cascade 属性为“none”，这样，Session 就不会通过 getParentCategory()方法导航到其他游离对象。

如果<many-to-one>元素的 cascade 属性为“none”，Session 在清理缓存时仅执行两条 SQL 语句：

```
insert into CATEGORIES (NAME, CATEGORY_ID, ID) values ('tomato', 5, 1);
update CATEGORIES set NAME='green vegetable', CATEGORY_ID=1 where ID=5;
```

8.5.5 遍历对象图

navigateCategories()方法先调用 findCategoryByName("fruit")方法，由于该查询方法不与 navigateCategories()公用一个 Session，因此它返回的 fruitCategory 对象处于游离状态。接下来调用 navigateCategories(fruitCategory,categories)取得所有关联的 Category 游离对象：

```
public void navigateCategories(){
   Category fruitCategory=findCategoryByName("fruit");
   HashSet categories=new HashSet();
   navigateCategories(fruitCategory,categories);
   //打印 categories 集合中所有的 Category 对象
   for (Iterator it = categories.iterator(); it.hasNext();) {
     System.out.println(((Category)it.next()).getName());
   }
}
```

navigateCategories(Category category,Set categories)方法利用递归算法，遍历所有与 fruitCategory 关联的父类别及子类别 Category 对象，把它们存放在一个 Set 集合中：

```
private void navigateCategories(Category category,Set categories){
  //如果 Category 对象为 null 或者已经存在于集合中，就退出递归
  if(categories.contains(category)|| category==null)return;
  //把 Category 对象加入到集合中
  categories.add(category);

  //递归遍历父类 Category
  navigateCategories(category.getParentCategory(),categories);

  Set childCategories=category.getChildCategories();
  if(childCategories==null)return;
   //递归遍历所有子类 Category
```

```
    for (Iterator it = childCategories.iterator(); it.hasNext();) {
        navigateCategories((Category)it.next(),categories);
    }
  }
```

navigateCategories()方法最后打印 Set 集合中所有的 Category 对象，打印结果为：

```
[java] apple
[java] fruit
[java] food
[java] green vegetable
[java] orange
[java] tomato
```

8.6 小结

站在持久化层的角度，Java 对象在生命周期中可处于临时状态、持久化状态、删除状态和游离状态。处于持久化状态的 Java 对象位于一个 Session 实例的缓存中，Session 能根据这个对象的属性变化来同步更新数据库。Session 的 save()方法把一个临时对象转变为持久化对象，update()方法把一个游离对象转变为持久化对象，saveOrUpdate()方法先判断对象的状态，如果处于临时状态，就调用 save()方法，如果处于游离状态，就调用 update()方法。

更新数据库中的对象有两种方式：

（1）先加载持久化对象，修改持久化对象的属性，然后 Session 在清理缓存时自动同步更新数据库中的相应数据：

```
Transaction tx = session.beginTransaction();
Customer customer=(Customer)session.get(Customer.class,new Long(1));
customer.setName("Jack"); //修改 Customer 持久化对象的 name 属性
tx.commit(); //清理 Session 缓存，更新数据库中的相应数据
```

（2）更新游离对象，然后通过 Session 的 update()方法更新数据库中的相应数据：

```
Customer customer=… //假定 Customer 为游离对象
customer.setName("Jack"); //修改 Customer 游离对象的 name 属性
Transaction tx = session.beginTransaction();
session.update(customer); //计划执行一条 SQL update 语句
tx.commit(); //清理 Session 缓存，更新数据库中的相应数据
```

在映射文件中，cascade 属性用来指定如何操纵与当前对象关联的其他对象。如果把 cascade 属性设为 save-update，那么当通过 Session 的 save()、update()及 saveOrUpdate()方法来保存或更新当前对象时，会级联保存所有关联的新建的临时对象，并且级联更新所有关联的游离对象。

8.7 思考题

1．对于以下代码，以下哪些说法正确？（多选）

```
Transaction tx = session.beginTransaction(); //第 1 行
Customer customer=
   (Customer)session.get(Customer.class,new Long(1));//第 2 行
customer.setName("Jack"); //第 3 行
customer.setName("Mike"); //第 4 行
tx.commit(); //第 5 行
session.close(); //第 6 行
```

（a）在第 3 行，Session 会执行一条 update 语句。
（b）在第 5 行，Session 会执行一条 update 语句。
（c）在第 6 行，customer 对象变成游离对象。
（d）在第 6 行，Session 会清理缓存。

2．处于持久化状态的对象具有哪些特征？（多选）
（a）位于一个 Session 实例的缓存中。
（b）持久化对象不能与临时对象关联。
（c）持久化对象和数据库中的相关记录对应。
（d）Session 在清理缓存时，会根据持久化对象的属性变化，来同步更新数据库。

3．Session 的哪些方法能够使 Java 对象进入持久化状态？（多选）
（a）save()　（b）load()　（c）update()　（d）lock()　（e）close()

4．Session 的哪些方法能够使 Java 对象进入游离状态？（多选）
（a）clear()　（b）evict()　（c）update()　（d）lock()　（e）close()

5．假定数据库的 CUSTOMERS 表中存在一条 ID 为 1 的记录。对于以下代码，以下哪些说法正确？（多选）

```
//假定 customer1 变量引用 OID 为 1 的 Customer 游离对象
customer1.setName("Jack"); //第 1 行
Session session=sessionFactory.openSession(); //第 2 行
Transaction tx = session.beginTransaction(); //第 3 行
Customer customer2=(Customer)session.merge(customer1);  //第 4 行
customer1==customer2; //第 5 行
tx.commit(); //第 6 行
session.close(); //第 7 行
```

（a）在第 4 行，customer1 变为持久化对象。
（b）在第 4 行，customer2 为持久化对象。
（c）第 5 行“customer1==customer2”的值为 false。
（d）第 6 行，Session 执行一条 update 语句。

6．Session 的哪个方法会执行特定 SQL 语句，从而根据 Session 缓存中对象的最新属性去同步更新数据库中的相应数据？（单选）
（a）refresh()　（b）flush()　（c）save()　（d）update()

7．对于以下代码，以下哪些说法正确？（多选）

```
Session session=sessionFactory.openSession(); //第 1 行
```

```
Transaction tx = session.beginTransaction(); //第 2 行
Customer customer=
   (Customer)session.get(Customer.class,new Long(1)); //第 3 行
if(customer.getName().equals("Tom")){  //第 4 行
  session.delete(customer);  //第 5 行
}else{  //第 6 行
  customer.setName("Jack");  //第 7 行
  session.update(customer);  //第 8 行
} //第 9 行
tx.commit();  //第 10 行
session.close();  //第 11 行
```

（a）第 3 行返回的 customer 对象处于持久化状态。

（b）第 5 行的代码运行出错。因为 Session 的 delete()方法的参数必须是游离对象。

（c）第 8 行的代码是多余的。

（d）第 11 行会执行一条 select 语句。

8．假定 Customer 类与 Order 类之间为一对多双向关联，在 Customer.hbm.xml 文件中，为 orders 属性做了如下映射：

```
<set
      name="orders"
      cascade="all-delete-orphan"
      inverse="true"
      >
      <key column="CUSTOMER_ID" />
      <one-to-many class="mypack.Order" />
  </set>
```

在 Order.hbm.xml 文件中，为 customer 属性做了如下映射：

```
<many-to-one
     name="customer"
     column="CUSTOMER_ID"
     class="mypack.Customer"   />
```

以下哪些说法正确？（多选）

（a）当持久化一个 Order 临时对象时，会级联持久化与它关联的 Customer 临时对象。

（b）当持久化一个 Customer 临时对象时，会级联持久化与它关联的 Order 临时对象。

（c）当解除了一个 Customer 持久化对象与一个 Order 持久化对象的关联关系时，会删除这个 Order 持久化对象。

（d）当删除一个 Customer 持久化对象时，会级联删除与它关联的 Order 持久化对象。

9．对于以下代码，以下哪个说法正确？（单选）

```
Customer customer=new Customer(); //第1行
customer.setName("Tom"); //第2行
Transaction tx = session.beginTransaction(); //第3行
customer.setName("Mike"); //第4行
session.saveOrUpdate(customer); //第5行
tx.commit();   //第6行
session.close(); //第7行
customer.setName("Jack"); //第8行
```

（a）在第 5 行，Session 计划执行一条 insert 语句和一条 update 语句

（b）在第 6 行，Session 执行一条 insert 语句

（c）在第 6 行，Session 执行一条 insert 语句和一条 update 语句

（d）在第 8 行，Session 执行一条 update 语句

第 9 章　通过 Hibernate 操纵对象（下）

当程序通过 Hibernate 来加载、保存、更新或删除对象时，会触发以下组件做出相应的处理：

- 在数据库层，会引发触发器执行相关的操作。
- 在 Hibernate 层，可以触发拦截器执行相关的操作。
- 在 Hibernate 层，可以触发事件处理系统执行相关的操作。

本章介绍 Hibernate 与触发器协同工作的技巧、拦截器（Interceptor）的用法，以及扩展 Hibernate 的事件监听器的方法。

此外，如果按照 Hibernate 的常规的方式进行批量操作，会导致加载大量持久化对象到内存中，消耗大量内存空间，可能会导致内存空间不足的错误。本章介绍 Hibernate 提供的用于批量处理数据的方法，这些方法都能避免同时加载大批量数据到内存中。

9.1　与触发器协同工作

数据库系统有时会利用触发器来完成某些业务规则。触发器在接收到特定的事件时被激发，执行事先定义好的一组数据库操作。能激发触发器运行的事件可分为以下几种：

- 插入记录事件，即执行 insert 语句。
- 更新记录事件，即执行 update 语句。
- 删除记录事件，即执行 delete 语句。

当 Hibernate 与数据库中的触发器协同工作时，会造成两类问题：

- 触发器使 Session 的缓存中的持久化对象与数据库中对应数据不一致。
- Session 的 update()方法盲目地激发触发器。

下面分别介绍出现这两类问题的原因及解决办法。

1．触发器使 Session 缓存中的数据与数据库不一致

当 Session 向数据库中保存、更新或删除对象时，如果会激发数据库中的某个触发器，常常会带来一个问题，那就是 Session 缓存中的持久化对象无法与数据库中的数据保持同步。出现这一问题的原因在于触发器运行在数据库中，它执行的操作对 Session 是透明的，假如在 Session 的缓存中已经存在一个 Customer 对象，接下来当触发器修改数据库中 CUSTOMERS 表的相应记录时，Session 无法检测到数据库中数据的变化，因此 Session 不会自动刷新缓存中的 Customer 对象。下面举例说明。

假定 Customer 对象有一个 registeredTime 属性，代表客户注册时间，相应地，在 CUSTOMERS 表中有一个 REGISTERED_TIME 字段，它的取值为向 CUSTOMERS 表插入记录时的数据库系统时间。有两种赋值方案：（1）把 REGISTERED_TIME 字段定义为 TIMSESTAMP 类型，本书第 3 章（第一个 Hibernate 应用）的例子就使用了这种方案；（2）定义一个自动为 REGISTERED_TIME 字段赋值的触发器，当 Hibernate 保存一个 Customer 对象时，就会激发这个触发器。

假定以上两种方案都要求 Hibernate 不会为 REGISTERED_TIME 字段赋值，而是由数据库负责为这个字段赋值，那么在 Customer.hbm.xml 文件中，可以按以下方式映射 Customer 类的 registeredTime 属性：

```
<property
name="registeredTime"
column="REGISTERED_TIME"
type="timestamp"
insert="false"
update=="false"
/>
```

<property>元素的 insert 和 update 属性都是 false，因此 Hibernate 既不会插入，也不会更新 REGISTER_TIME 字段。以下代码保存一个 Customer 对象，然后打印它的 registeredTime 属性：

```
tx = session.beginTransaction();
session.save(customer);
System.out.println(customer.getRegisteredTime()); //打印 null
tx.commit();
```

假定在调用 Session 的 save()方法之前，customer 对象的 registeredTime 属性为 null，当运行 Session 的 save()方法时，Session 仅计划执行一个 insert 语句，但不会立即执行它。接下来的打印结果显示 Customer 对象的 registeredTime 属性仍为 null。

下面对程序做一些改动：

```
tx = session.beginTransaction();
session.save(customer);
session.flush();
System.out.println(customer.getRegisteredTime()); //打印 null
tx.commit();
```

以上代码在调用了 Session 的 save()方法后，又立即调用 Session 的 flush()方法，flush()方法会清理缓存，立即执行由 save()方法计划的 insert 语句。在这个 insert 语句中，并不包含 REGISTERED_TIME 字段。当数据库系统执行这个 insert 语句时，会自动把当前的系统时间赋值给 REGISTER_TIME 字段，但数据库系统的这一自动赋值操作对 Session 是透明的，在 Session 的缓存中，Customer 对象的 registeredTime 属性仍为 null。

下面再对程序做一些改动：

```
tx = session.beginTransaction();
session.save(customer);
session.flush();
session.refresh(customer);
System.out.println(customer.getRegisteredTime());
tx.commit();
```

如图 9-1 所示，以上代码在调用了 Session 的 flush()方法后，又立即调用 Session 的 refresh()方法，refresh()方法重新从数据库中加载刚刚被保存的 Customer 对象，因此接下来的打印结果显示 Customer 对象的 registeredTime 属性为保存时的数据库系统时间。

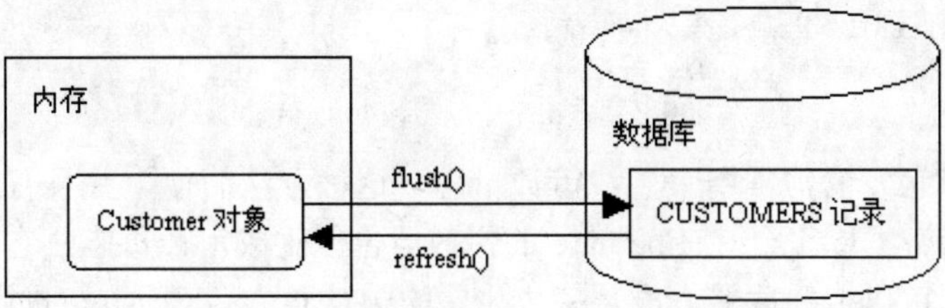

图 9-1　flush()和 refresh()方法的作用

由此可见，假如 Session 的 save()、update()、saveOrUpdate()或 delete()方法会激发一个触发器，而这个触发器的行为会导致 Session 的缓存的数据与数据库不一致，解决办法是在执行完这个操作后，立即调用 Session 的 flush()和 refresh()方法，迫使 Session 的缓存与数据库同步。另一方面，对于以上范例，如果执行完 Session 的 save()方法后，不会再访问 Customer 对象，那么也没必要迫使 Session 的缓存与数据库同步。

2．Session 的 update()方法盲目地激发触发器

假如在数据库中定义了由 update 事件激发的触发器，那么必须谨慎地使用 Session 的 update()和 saveOrUpdate()方法，这两个方法都能够使一个游离对象重新和 Session 关联，由于在 Session 的缓存中还不存在这个对象的快照，因此 Session 无法判断游离对象的属性是否和数据库保持一致。为了保险起见，Session 的处理原则为：不管游离对象的属性是否发生过变化，都会执行 update 语句，而 update 语句会激发数据库中相应的触发器。假如游离对象的属性实际上和数据库是一致的，那么这条 update 语句显然是多余的，激发触发器是无意义的。为了避免这一情况，可以在映射文件的<class>元素中设置 select-before-update 属性，例如：

```
<class name="mypack.Customer" table="CUSTOMERS" select-before-update="true" >
……
</class>
```

当 Session 的 update()或 saveOrUpdate()方法更新一个 Customer 游离对象时，会先执行 select 语句，获得这个 Customer 对象在数据库中的最新数据，然后比较 Customer 游离对象与数据库中的数据是否一致，只有在不一致的情况下，才会执行 update 语句，这就避免了执行多余的 update 语句，以及盲目地激发相关的触发器。

9.2　利用拦截器（Interceptor）生成审计日志

在实际应用中，有可能需要审计对数据库中重要数据的更新历史，每当发生向 CUSTOMERS 表中插入或更新记录的事件时，就会向 AUDIT_LOGS 表审计日志表中插入一条记录，AUDIT_LOGS 表的定义如下：

```
create table AUDIT_LOGS(
  ID bigint auto_increment not null,
  ENTITY_ID bigint not null,
  ENTITY_CLASS varchar(128) not null,
  MESSAGE varchar(255) not null,
  CREATED timestamp not null,
  primary key (ID)
);
```

数据库触发器常常用来生成审计日志，这种办法简便，并且有很好的性能，缺点是不支持跨数据库平台。Hibernate 的拦截器也能生成审计日志，它不依赖于具体的数据库平台。可以把拦截器看成是持久化层的触发器，当 Session 执行 save()、update、saveOrUpdate()、delete()及 flush()方法时，就会调用拦截器的相关方法。用户定义的拦截器必须实现 org.hibernate.Interceptor 接口，在这个接口中主要定义了以下方法。

- findDirty()：决定 Session 缓存中哪些对象是脏对象，Session 的 flush()方法调用本方法。如果返回 null，Session 就会按默认的方式进行脏检查。
- instantiate(Class clazz, Serializable id)：创建实体类的实例。在 Session 构造实体类的实例前调用本方法。如果返回 null，Hibernate 就会按默认的方式创建实体类的实例。
- isUnsaved(Object entity)：Session 的 saveOrUpdate()方法调用本方法。如果本方法返回 true，Session 就调用 save()方法；如果本方法返回 false，Session 就调用 update()方法；如果返回 null，就按默认的方式决定参数 entity 是临时对象还是游离对象。
- onDelete()：当 Session 删除一个对象之前调用此方法。
- onFlushDirty()：当 Session 的 flush()方法检查到脏对象时调用此方法。
- onLoad()：当 Session 初始化一个持久化对象时调用本方法，如果在这个方法中修改了持久化对象的数据，就返回 true，否则返回 null。
- onSave()：当 Session 保存一个对象之前调用本方法，如果在这个方法中修改了对象的数据，就返回 true，否则返回 null。
- postFlush(Iterator entities)：当 Session 的 flush()方法执行完所有 SQL 语句后调用此方法。
- preFlush(Iterator entities)：当 Session 执行 flush()方法之前调用本方法。

在 org.hibernate 包中还提供了 Interceptor 接口的一个实现类 EmptyInterceptor。这个类的所有方法实际上什么也不做，用户自定义的拦截器类也可以扩展 EmptyInterceptor 类。

本节介绍的审计系统主要包括以下接口和类：

- Auditable 接口：凡是需要审计的持久化类都应该实现 Auditable 接口。
- AuditLogRecord 类：代表具体的审计日志。
- AuditLogInterceptor 类：代表用于生成审计日志的拦截器。
- AuditLog 类：提供用于生成审计日志的静态方法 logEvent()。

1．Auditable 接口

凡是需要审计的持久化类（如 Customer 类）都应该实现 Auditable 接口，它的定义如下：

```
public interface Auditable{
  public Long getId();
}
```

2．AuditLogRecord 类

AuditLogRecord 类代表具体的审计日志，它的定义如下：

```
public class AuditLogRecord{
  public String message;
  public Long entityId;
  public Class entityClass;
  public Date created;

  public AuditLogRecord(String message,Long entityId,Class entityClass) {
      this.message = message;
      this.entityId=entityId;
      this.entityClass=entityClass;
      this.created=new Date();
  }
   public AuditLogRecord() {  }
}
```

AuditLogRecord 类与 AUDIT_LOGS 表对应，例程 9-1 是它的映射文件的代码。由于在 AuditLogRecord 类中没有显式定义 id 属性，但是在 AUDIT_LOGS 表中定义了 ID 主键，因此在<id>元素中只设置了 column 属性，而没有设置 name 属性。此外，AuditLogRecord 类的所有属性都没有相应的 getXXX()和 setXXX()方法，因此<property>元素的 access 属性都为"field"，表示 Hibernate 会直接访问 AuditLogRecord 对象的属性。

例程 9-1　AuditLogRecord.hbm.xml

```
<hibernate-mapping >

  <class name="mypack.AuditLogRecord" table="AUDIT_LOGS" >
    <id type="long" column="ID">
      <generator class="native"/>
    </id>

    <property name="message" type="string" access="field"
        column="MESSAGE" not-null="true" />

   <property name="entityId" type="long" access="field"
        column="ENTITY_ID"  not-null="true" />

   <property name="entityClass" type="class" access="field"
        column="ENTITY_CLASS"  not-null="true" />

  <property name="created" type="timestamp" access="field"
        column="CREATED"  not-null="true" />
```

```
</class>
</hibernate-mapping>
```

3．AuditLogInterceptor 类

AuditLogInterceptor 类代表具体的拦截器，它扩展了 org.hibernate.EmptyInterceptor 类，例程 9-2 是 AuditLogInterceptor 类的源程序。

例程 9-2　AuditLogInterceptor.java

```
public class AuditLogInterceptor extends EmptyInterceptor
implements Serializable {

    private Session session;
    private Set inserts=new HashSet();
    private Set updates=new HashSet();

    public void setSession(Session session){
      this.session=session;
    }
    public void onDelete(Object entity,
                     Serializable id,
                     Object[] state,
                     String[] propertyNames,
                     Type[] types) {
        // do nothing
    }

    public boolean onFlushDirty(Object entity,
                            Serializable id,
                            Object[] currentState,
                            Object[] previousState,
                            String[] propertyNames,
                            Type[] types){

        if ( entity instanceof Auditable ) {
          updates.add(entity);
        }
        return false;
    }

    public boolean onLoad(Object entity,
                      Serializable id,
                      Object[] state,
                      String[] propertyNames,
                      Type[] types) {
        return false;
    }

    public boolean onSave(Object entity,
                      Serializable id,
                      Object[] state,
                      String[] propertyNames,
                      Type[] types) {

        if ( entity instanceof Auditable ) {
```

```
            inserts.add(entity);
        }
        return false;
    }

    public void postFlush(Iterator entities) {
      try{
          Iterator it=updates.iterator();
          while(it.hasNext()){
            Auditable entity=(Auditable)it.next();
            AuditLog.logEvent("update",entity,session);
          }
          it=inserts.iterator();
          while(it.hasNext()){
            Auditable entity=(Auditable)it.next();
            AuditLog.logEvent("insert",entity,session);
          }
      }catch(RuntimeException e){e.printStackTrace();throw e;}
      finally{
        inserts.clear();
        updates.clear();
      }
    }

    public Object instantiate(Class clazz,Serializable id){
      return null;
    }

    public int[] findDirty(Object entity,
                      Serializable id,
                      Object[] currentState,
                      Object[] previousState,
                      String[] propertyNames,
                      Type[] types){
       return null;
    }

    public Boolean isUnsaved(Object entity){
      return null;
    }
}
```

AuditLogInterceptor 类主要实现了 onFlushDirty()、onSave()和 postFlush()方法，其他方法都采用默认的实现。当 Session 的 flush()方法检查到 Customer 对象为脏对象时，就会调用 onFlushDirty()方法，当 Session 保存 Customer 对象之前，会调用 onSave()方法，当 Session 的 flush()方法执行完所有的 SQL 语句后，会调用 postFlush()方法。postFlush()方法调用 AuditLog 类的 logEvent()方法生成日志。

4．AuditLog 类

AuditLog 类的静态方法 logEvent()生成审计日志。例程 9-3 是 AuditLog 类的源程序。

例程 9-3　AuditLog.java

```
public class AuditLog{
  public static void logEvent(String message,Auditable entity,Session session) {
    Session tempSession=null;
    try{
      SessionFactory sessionFactory=session.getSessionFactory();
      //获得当前session使用的数据库连接java.sql.Connection对象
      Connection connection=session.connection();
      //根据当前数据库连接打开一个临时Session对象
      tempSession=sessionFactory.openSession(connection);

      AuditLogRecord record=
        new AuditLogRecord(message,entity.getId(),entity.getClass());
      tempSession.save(record);
      tempSession.flush();
    }catch(RuntimeException e){e.printStackTrace();throw e;}
    finally{
      try{tempSession.close();}
      catch(RuntimeException e){e.printStackTrace();throw e;}
    }
  }
}
```

Tips

值得注意的是，在 logEvent()方法中并没有直接使用参数传入的 session 对象，这个 session 对象刚执行完 flush()方法中的所有 SQL 语句，它的状态是不稳定的，不能通过它来生成审计日志。以上代码取得了这个 session 对象的数据库连接，然后利用这个数据库连接重新创建一个临时 Session 对象。在 logEvent()方法中并没有声明事务边界，logEvent()方法执行的数据库操作属于已经存在的事务的一部分。logEvent()方法保存了日志后，就调用临时 Session 的 flush()方法清理它的缓存。

本节范例程序位于配套光盘的 sourcecode/chapter9/9.2 目录下，运行该程序前，需要在 SAMPLEDB 数据库中手工创建 CUSTOMERS 和 AUDIT_LOGS 表，相关的 SQL 脚本文件为 9.2/schema/sampledb.sql。

在 DOS 命令行下进入 chapter9 根目录，然后输入命令：

```
ant -file build2.xml run
```

就会运行 BusinessService 类。BusinessService 的 main()方法调用 test()方法，test()方法的程序代码如下：

```
Customer customer=new Customer("Tom");
saveOrUpdateCustomer(customer);

customer.setName("Mike");
saveOrUpdateCustomer(customer);

findAllAuditLogRecords();
```

test()方法两次调用 saveOrUpdateCustomer()方法，该方法的程序代码如下：

```
AuditLogInterceptor interceptor= new AuditLogInterceptor();
session = sessionFactory.openSession(interceptor);
interceptor.setSession(session);

tx= session.beginTransaction();
session.saveOrUpdate(customer);
customer.setName("Jack");
tx.commit();
```

为了使 Session 保存或更新 Customer 对象时，能够激发拦截器，必须使 AuditLog-Interceptor 与 Session 关联。Integerceptor 对象有两种存放方式。

- SessionFactory.openSession(Interceptor)：为每个 Session 实例分配一个 Interceptor 实例，这个实例存放在 Session 范围内。
- Configuration.setInterceptor(Interceptor)：为 SessionFactory 实例分配一个 Interceptor 实例，这个实例存放在 SessionFactory 范围内，被所有的 Session 实例共享。

当第一次调用 saveOrUpdateCustomer()方法时，Session 先保存 Customer 对象，然后再更新 Customer 对象，并且生成两条日志记录，执行以下 select 语句：

```
insert into CUSTOMERS (NAME, ID) values ('Tom', 1)
update CUSTOMERS set NAME='Jack' where ID=1
insert into AUDIT_LOGS (MESSAGE, ENTITY_ID, ENTITY_CLASS, CREATED)
   values ('insert', 1, 'mypack.Customer', 2005-03-24 19:35:43)
insert into AUDIT_LOGS (MESSAGE, ENTITY_ID, ENTITY_CLASS, CREATED)
   values ('update', 1, 'mypack.Customer', 2005-03-24 19:35:43)
```

当第二次调用 saveOrUpdateCustomer()方法时，Session 对 Customer 对象执行一次更新操作，并且生成一条日志记录，执行以下 select 语句：

```
update CUSTOMERS set NAME='Jack' where ID=1
insert into AUDIT_LOGS (MESSAGE, ENTITY_ID, ENTITY_CLASS, CREATED)
values ('update', 1, 'mypack.Customer', 2005-03-24 19:35:43)
```

test()方法最后调用 findAllAuditLogRecords()，它的程序代码如下：

```
tx = session.beginTransaction();
List results=session.find("from AuditLogRecord");
Iterator it=results.iterator();
while(it.hasNext()){
  AuditLogRecord record=(AuditLogRecord)it.next();
  System.out.println("**********");
  System.out.println("message:"+record.message);
  System.out.println("entityId:"+record.entityId);
  System.out.println("entityClass:"+record.entityClass);
  System.out.println("created:"+record.created);
}
tx.commit();
```

以上方法输出 AUDIT_LOGS 表的 3 条记录，结果如下：

```
**********
message:update
entityId:1
```

```
entityClass:class mypack.Customer
created:2005-03-24 19:35:43.0
**********
message:insert
entityId:1
entityClass:class mypack.Customer
created:2005-03-24 19:35:43.0
**********
message:update
entityId:1
entityClass:class mypack.Customer
created:2005-03-24 19:35:43.0
```

9.3 Hibernate 的事件处理机制

Hibernate 3 与 Hibernate 2 的一个很大区别在于，Hibernate 3 的核心处理模块采用了“事件/监听器”设计模式。例如，当 Hibernate 从数据库加载一个对象时，它会触发一个加载事件。在默认情况下，该事件由 Hibernate 的内置的默认监听器来处理，该监听器会从数据库中加载相应的对象。

Session 的大部分方法，如 load()、get()、save()、update()和 delete()等，都能触发特定事件，该事件由相应的监听器来处理。例如，Session 实现类的 get()方法实现如下：

```
public Object get(String entityName, Serializable id)
  throws HibernateException{

  LoadEvent event = new LoadEvent(id, entityName, false, this);
  boolean success = false;
  try {
    fireLoad(event, LoadEventListener.GET);
    success = true;
    return event.getResult();
  }finally {
    afterOperation(success);
  }
}
```

从以上代码可以看出，Session 的 get()方法触发 org.hibernate.event.LoadEvent 事件，该事件由 org.hiberante.event.LoadEventListener 接口的实现类来处理。

在 org.hibernate.event 包中提供了与 Session 的各个方法对应的事件类及监听器接口。此外，org.hibernate.event.def 包中提供了各个监听器接口的默认实现类。例如，LoadEventListener 接口的默认实现类为 org.hibernate.event.def.DefaultLoadEvent Listener。

Hibernate 还允许用户创建客户化监听器，来替代或者扩展 Hibernate 默认的事件处理行为。客户化监听器与本章 9.2 节介绍的拦截器都具有监听和处理特定事件的功能。

下面举例说明创建及注册客户化监听器的方法。

（1）创建客户化监听器

客户化监听器可以直接实现特定的监听器接口，或者继承 Hibernate 提供的监听器接口的基础实现类（如 org.hibernate.event.def.AbstractSaveEventListener），或者继承 Hibernate

提供的监听器接口的默认实现类（如 org.hibernate.event.def.DefaultSaveEventListener）。

以下例程 9-4 的 MyLoadEventListener 类实现了 DefaultLoadEventListener 类。

例程 9-4　MyLoadEventListener.java

```
package mypack;

import org.hibernate.event.LoadEvent;
import org.hibernate.event.LoadEventListener;
import org.hibernate.event.def.DefaultLoadEventListener;
import org.hibernate.HibernateException;

public class MyLoadListener extends DefaultLoadEventListener {

  public void onLoad(LoadEvent event,
    LoadEventListener.LoadType loadType)
    throws HibernateException {

    System.out.println("正在加载 OID 为"+event.getEntityId()+"的"
      +event.getEntityClassName()+"对象");

    super.onLoad(event,loadType);  //调用父类的 onLoad()方法
  }
}
```

（2）注册客户化监听器

注册客户化监听器有两种方式。

- 方式一：在 Hibernate 的配置文件中静态注册。例如：

```
<event type="load">
  <listener class="mypack.MyLoadListener" />
</event>
```

- 方式二：在程序中动态注册。例如：

```
Configuration conf=new Configuration();
LoadEventListener[] listenerStack={new MyLoadListener(),… };
conf.getEventListeners().setLoadEventListeners(listenerStack);
```

这两种注册方式都允许为同一个事件注册多个监听器，例如：

```
<event type="load">
  <listener class="mypack.MyLoadListener1" />
  <listener class="mypack.MyLoadListener2" />
  <listener class="mypack.MyLoadListener3" />
</event>
```

或者

```
Configuration conf=new Configuration();
LoadEventListener[] listenerStack={new MyLoadListener1(),
                                   new MyLoadListener2(),
                                   new MyLoadListener3()};
conf.getEventListeners().setLoadEventListeners(listenerStack);
```

Hibernate 会按照它们在配置文件中出现的先后顺序依次注册它们。当 LoadEvent 事件发生时，Hibernate 则会按照它们的注册顺序依次调用它们的 onLoad()方法。

Tips

值得注意的是，监听器多数情况下是单例类，即 Hibernate 通常为一个监听器类只创建一个实例。一个监听器可以被多个事务共享。为了避免并发问题，应该避免在监听器类中定义代表特定事务状态的实例变量。

本章范例位于附赠光盘的 sourcecode/chapter9/9.3 目录下。运行该程序前，需要在 SAMPLEDB 数据库中手工创建 CUSTOMERS 表，相关的 SQL 脚本文件为 9.3/schema/sampledb.sql。

在 DOS 命令行下进入 chapter9 根目录，然后输入命令：

```
ant  -file  build3.xml  run
```

该命令将依次执行 prepare target、compile target 和 run target。run target 类运行 BusinessService 类，它负责加载一个 Customer 对象：

```
session = sessionFactory.openSession();
tx= session.beginTransaction();
//触发 LoadEvent 事件
Customer c=(Customer)session.get(Customer.class,new Long(1));
System.out.println("客户姓名: "+c.getName());
tx.commit();
```

执行以上 session.get()方法时，会触发 LoadEvent 事件，MyLoadListener 负责处理该事件，MyLoadListener 打印如下内容：

```
正在加载 OID 为 1 的 mypack.Customer 对象
```

9.4 批量处理数据

通常，在一个 Session 对象的缓存中只存放数量有限的持久化对象，等到 Session 对象处理事务完毕，还要关闭 Session 对象，从而及时释放 Session 的缓存占用的内存。

批量处理数据是指在一个事务中处理大量数据。以下程序在一个事务中批量更新 CUSTOMERS 表中年龄大于零的所有记录的 AGE 字段：

```
Transaction tx = session.beginTransaction();
Iterator customers=
  session.createQuery("from Customer c where c.age>0").list().iterator();
while(customers.hasNext()){
  Customer customer=(Customer)customers.next();
  customer.setAge(customer.getAge()+1);
}

tx.commit();
session.close();
```

如果 CUSTOMERS 表中有 1 万条年龄大于零的记录，那么 Hibernate 会一下子加载 1 万个 Customer 对象到内存。当执行 tx.commit()方法时，会清理缓存，Hibernate 执行 1 万条更新 CUSTOMERS 表的 update 语句：

```
update CUSTOMERS set AGE=? …. where ID=i;
update CUSTOMERS set AGE=? …. where ID=j;
……
update CUSTOMERS set AGE=? …. where ID=k;
```

以上批量更新方式有两个缺点：

- 占用大量内存，必须把 1 万个 Customer 对象先加载到内存，然后一一更新它们。
- 执行的 update 语句的数目太多，每个 update 语句只能更新一个 Customer 对象，必须通过 1 万条 update 语句才能更新 1 万个 Customer 对象，频繁地访问数据库，会大大降低应用的性能。

一般说来，应该尽可能避免在应用层进行批量操作，而应该在数据库层直接进行批量操作。例如，直接在数据库中执行用于批量更新或删除的 SQL 语句，如果批量操作的逻辑比较复杂，则可以通过直接在数据库中运行的存储过程来完成批量操作。

Tips

并不是所有的数据库系统都支持存储过程。例如，目前的 MySQL 就不支持存储过程，因此不能通过存储过程来进行批量更新或批量删除。

当然，在应用层也可以进行批量操作，主要有以下方式：

（1）通过 Session 来进行批量操作。

（2）通过 StatelessSession 来进行批量操作。

（3）通过 HQL 来进行批量操作。

（4）直接通过 JDBC API 来进行批量操作。

9.4.1　通过 Session 来进行批量操作

Session 的 save()及 update()方法都会把处理的对象存放在自己的缓存中。如果通过一个 Session 对象来处理大量持久化对象，应该及时从缓存中清空已经处理完毕并且不会再访问的对象。具体的做法是在处理完一个对象或小批量对象后，立刻调用 flush()方法清理缓存，然后再调用 clear()方法清空缓存。

通过 Session 来进行批量操作会受到以下约束。

（1）需要在 Hibernate 的配置文件中设置 JDBC 单次批量处理的数目，合理的取值通常为 10～50，例如：

```
hibernate.jdbc.batch_size=20
```

在按照本节介绍的方法进行批量操作时，应该保证每次向数据库发送的批量 SQL 语句数目与这个 batch_size 属性一致。

（2）如果对象采用“identity”标识符生成器，则 Hibernate 无法在 JDBC 层进行批量插入操作。

（3）进行批量操作时，建议关闭 Hibernate 的第二级缓存。本书第 22 章（管理

Hibernate 的缓存）将对第二级缓存做详细介绍。Session 的缓存为 Hibernate 的第一级缓存，通常它是事务范围内的缓存，也就是说，每个事务都有单独的第一级缓存。SessionFactory 的外置缓存为 Hibernate 的第二级缓存，它是应用范围内的缓存，也就是说，所有事务都共享同一个第二级缓存。在任何情况下，Hibernate 的第一级缓存总是可用的。而在默认情况下，Hibernate 的第二级缓存是关闭的，此外也可以在 Hibernate 的配置文件中通过如下方式显式关闭第二级缓存：

```
hibernate.cache.use_second_level_cache=false
```

1. 批量插入数据

以下代码一共向数据库中插入十万条 CUSTOMERS 记录，单次批量插入 20 条 CUSTOMERS 记录：

```
Session session = sessionFactory.openSession();
Transaction tx = session.beginTransaction();

for ( int i=0; i<100000; i++ ) {
   Customer customer = new Customer(.....);
   session.save(customer);
   if ( i % 20 == 0 ) { //单次批量操作的数目为 20
      session.flush(); //清理缓存，执行批量插入 20 条记录的 SQL insert 语句
      session.clear(); //清空缓存中的 Customer 对象
   }
}

tx.commit();
session.close();
```

在以上程序中，每次执行 session.flush()方法，就会向数据库中批量插入 20 条记录。接下来 session.clear()方法把 20 个刚保存的 Customer 对象从缓存中清空。

为了保证以上程序顺利运行，需要遵守以下约束。

- 在 Hibernate 的配置文件中，应该把 hibernate.jdbc.batch_size 属性也设为 20。
- 关闭第二级缓存。因为假如使用了第二级缓存，那么所有在第一级缓存（即 Session 的缓存）中创建的 Customer 对象还要先复制到第二级缓存中，然后再保存到数据库中，这会导致大量不必要的开销。
- Customer 对象的标识符生成器不能为“identity”。

2. 批量更新数据

进行批量更新时，如果一下子把所有对象到加载到 Session 的缓存中，然后再在缓存中一一更新它们，显然是不可取的。为了解决这一问题，可以使用可滚动的结果集 org.hibernate.ScrollableResults，Query 的 scroll()方法返回一个 ScrollableResults 对象。以下代码演示批量更新 Customer 对象，该代码一开始利用 ScrollableResults 对象来加载所有的 Customer 对象：

```
Session session = sessionFactory.openSession();
Transaction tx = session.beginTransaction();

ScrollableResults customers= session.createQuery("from Customer")
```

```
                              .scroll(ScrollMode.FORWARD_ONLY);
int count=0;
while ( customers.next() ) {
  Customer customer = (Customer) customers.get(0);
  customer.setAge(customer.getAge()+1); //更新 Customer 对象的 age 属性
  if ( ++count % 20 == 0 ) { //单次批量操作的数目为 20

    session.flush();//清理缓存，执行批量更新 20 条记录的 SQL update 语句
    session.clear();//清空缓存中的 Customer 对象
  }
}

tx.commit();
session.close();
```

在以上代码中，Query 的 scroll()方法返回的 ScrollableResults 对象中实际上并不包含任何 Customer 对象，它仅包含用于在线定位数据库中 CUSTOMERS 记录的游标。只有当程序遍历访问 ScrollableResults 对象中的特定元素时，它才会到数据库中加载相应的 Customer 对象。

为了保证以上程序顺利运行，需要遵守以下约束：

- 在 Hibernate 的配置文件中，应该把 hibernate.jdbc.batch_size 属性也设为 20。
- 关闭第二级缓存。假如已经在配置文件中启用了第二级缓存，也可以通过以下方式在程序中忽略第二级缓存：

```
ScrollableResults customers= session.createQuery("from Customer")
                                //忽略第二级缓存
                                .setCacheMode(CacheMode.IGNORE)
                                .scroll(ScrollMode.FORWARD_ONLY);
```

9.4.2　通过 StatelessSession 来进行批量操作

Session 具有一个用于保持内存中对象与数据库中相应数据保持同步的缓存，位于 Session 缓存中的对象为持久化对象。但在进行批量操作时，把大量对象存放在 Session 缓存中会消耗大量内存空间。作为一种替代方案，可以采用无状态的 StatelessSession 来进行批量操作。

以下代码利用 StatelessSession 来进行批量更新操作：

```
StatelessSession session = sessionFactory.openStatelessSession();
Transaction tx = session.beginTransaction();

ScrollableResults customers = session.getNamedQuery("GetCustomers")
    .scroll(ScrollMode.FORWARD_ONLY);
while ( customers.next() ) {
    Customer customer = (Customer) customers.get(0);
    customer.setAge(customer.getAge()+1); //在内存中更新 Customer 对象的 age 属性;
    session.update(customer);//立即执行 update 语句，更新数据库中相应 CUSTOMERS 记录
}

tx.commit();
session.close();
```

从形式上看，StatelessSession 与 Session 的用法有点相似。StatelessSession 与 Session 相比，有以下区别。

（1）StatelessSession 没有缓存，通过 StatelessSession 来加载、保存或更新后的对象都处于游离状态。

（2）StatelessSession 不会与 Hibernate 的第二级缓存交互。

（3）当调用 StatelessSession 的 save()、update()或 delete()方法时，这些方法会立即执行相应的 SQL 语句，而不会仅计划执行一条 SQL 语句。

（4）StatelessSession 不会对所加载的对象自动进行脏检查。所以在以上程序中，修改了内存中 Customer 对象的属性后，还需要通过 StatelessSession 的 update()方法来更新数据库中的相应数据。

（5）StatelessSession 不会对关联的对象进行任何级联操作。举例来说，通过 StatelessSession 来保存一个 Customer 对象时，不会级联保存与之关联的 Order 对象。

（6）StatelessSession 所做的操作可以被 Interceptor 拦截器捕获到，但会被 Hibernate 的事件处理系统忽略。

（7）通过同一个 StatelessSession 对象两次加载 OID 为 1 的 Customer 对象时，会得到两个具有不同内存地址的 Customer 对象，例如：

```
StatelessSession session = sessionFactory.openStatelessSession();
Customer c1=(Customer)session.get(Customer.class,new Long(1));
Customer c2=(Customer)session.get(Customer.class,new Long(1));
System.out.println(c1==c2);  //打印 false
```

9.4.3 通过 HQL 来进行批量操作

Hibernate 3 中的 HQL（Hibernate Query Language，Hibernate 查询语言）不仅可以检索数据，还可以用于进行批量更新、删除和插入数据。批量操作实际上直接在数据库中完成，所处理的数据不会被保存在 Session 的缓存中，因此不会占用内存空间。

Query.executeUpdate()方法和 JDBC API 中的 PreparedStatement.executeUpdate()很相似，前者执行用于更新、删除和插入的 HQL 语句，而后者执行用于更新、删除和插入的 SQL 语句。

1. 批量更新数据

以下程序代码演示通过 HQL 来批量更新 Customer 对象：

```
Session session = sessionFactory.openSession();
Transaction tx = session.beginTransaction();

String hqlUpdate =
"update Customer c set c.name = :newName where c.name = :oldName";
int updatedEntities = session.createQuery( hqlUpdate )
      .setString( "newName", "Mike" )
      .setString( "oldName", "Tom" )
      .executeUpdate();

tx.commit();
session.close();
```

以上程序代码向数据库发送的 SQL 语句为：

```
update CUSTOMERS set NAME="Mike" where NAME="Tom"
```

2．批量删除数据

Session 的 delete()方法一次只能删除一个对象，不适合进行批量删除操作。以下程序代码演示通过 HQL 来批量删除 Customer 对象：

```
Session session = sessionFactory.openSession();
Transaction tx = session.beginTransaction();

String hqlDelete = "delete Customer c where c.name = :oldName";
int deletedEntities = session.createQuery( hqlDelete )
      .setString( "oldName", "Tom" )
      .executeUpdate();
tx.commit();
session.close();
```

以上程序代码向数据库提交的 SQL 语句为：

```
delete from CUSTOMERS where NAME="Tom"
```

3．批量插入数据

插入数据的 HQL 语法为：

```
insert into EntityName properties_list select_statement
```

以上 EntityName 表示持久化类的名字，properties_list 表示持久化类的属性列表，select_statement 表示子查询语句。

HQL 只支持 insert into ... select ... 形式的插入语句，而不支持“insert into ... values ... ”形式的插入语句。

下面举例说明如何通过 HQL 来批量插入数据。假定有 DelinquentAccount 和 Customer 类，它们都有 id 和 name 属性，与这两个类对应的表分别为 DELINQUENT_ACCOUNTS 和 CUSTOMERS 表。DelinquentAccount.hbm.xml 和 Customer.hbm.xml 文件分别为这两个类的映射文件。以下代码能够把 CUSTOMERS 表中的数据复制到 DELINQUENT_ACCOUNTS 表中：

```
Session session = sessionFactory.openSession();
Transaction tx = session.beginTransaction();

String hqlInsert = "insert into DelinquentAccount (id, name) "
          +"select c.id, c.name from Customer c where c.id>1";
int createdEntities = s.createQuery( hqlInsert )
      .executeUpdate();
tx.commit();
session.close();
```

以上程序代码向数据库提交的 SQL 语句为：

```
insert into DELINQUENT_ACCOUNTS(ID,NAME) select ID,NAME from CUSTOMERS where ID>1
```

9.4.4 直接通过 JDBC API 来进行批量操作

当通过 JDBC API 来执行 SQL insert、update 和 delete 语句时，SQL 语句中涉及到的数据不会被加载到内存中，因此不会占用内存空间。

以下程序直接通过 JDBC API 来执行用于批量更新的 SQL 语句：

```
Transaction tx = session.beginTransaction();
//获得该 Session 使用的数据库连接
java.sql.Connection con=session.connection();
//通过 JDBC API 执行用于批量更新的 SQL 语句
PreparedStatement stmt=con.prepareStatement("update CUSTOMERS set AGE=AGE+1 "
+"where AGE>0 ");
stmt.executeUpdate();

tx.commit();
```

以上程序通过 Session 的 connection()方法获得该 Session 使用的数据库连接，然后通过它创建 PreparedStatement 对象并执行 SQL 语句。值得注意的是，应用程序仍然通过 Hibernate 的 Transaction 接口来声明事务边界。

Tips

值得注意的是，在 Hibernate 3 中，尽管 Session 的 connection()方法还存在，但是已经被废弃，不提倡使用了，不过 Hibernate 3 提供了替代方案：org.hibernate.jdbc.Work 接口表示直接通过 JDBC API 来访问数据库的操作，Work 接口的 execute()方法用于执行直接通过 JDBC API 来访问数据库的操作：

```
public interface Work {
  //直接通过 JDBC API 来访问数据库的操作
  public void execute(Connection connection) throws SQLException;
}
```

Session 的 doWork(Work work)方法用于执行 Work 对象指定的操作，即调用 Work 对象的 execute()方法。Session 会把当前使用的数据库连接传给 execute()方法。

以下程序演示了通过 Work 接口及 Session 的 doWork()方法来执行批量操作的过程：

```
Transaction tx=session.beginTransaction();
//定义一个匿名类，实现了 Work 接口
Work work=new Work(){
public void execute(Connection connection)throws SQLException{
   //通过 JDBC API 执行用于批量更新的 SQL 语句
      PreparedStatement stmt=connection
        .prepareStatement("update CUSTOMERS set AGE=AGE+1 "
        +"where AGE>0 ");
      stmt.executeUpdate();
    }
};

//执行 work
session.doWork(work);
tx.commit();
```

当通过 JDBC API 中的 PreparedStatement 接口来执行 SQL 语句时，SQL 语句中涉及到的数据不会被加载到 Session 的缓存中，因此不会占用内存空间。

9.5 使用元数据

Hibernate 需要通过对象-关系映射文件中的元数据，来了解域模型中的持久化类及其属性的类型。在多数情况下，元数据主要是供 Hibernate 访问的，但有时这些元数据对应用程序本身也很有帮助。例如，应用程序可以利用元数据来实现一种通用的对象复制机制。例如，假定以下 copy 方法提供了通用的对象复制功能，它能复制参数指定的对象，然后返回复制出来的对象。

```
public object copy(Object original)
```

在 copy()方法的实现中，就需要通过元数据来了解参数指定的对象所拥有的属性、属性的类型，并且还要知道属性的类型到底是可变类型，还是不可变类型。

那么，在应用程序中如何访问元数据呢？Hibernate 为此提供了 ClassMetadata 和 CollectionMetadata 接口，这两个接口都位于 org.hibernate.metadata 包中。SessionFactory 的 getClassMetadata()和 getCollectionMetadata()方法分别返回这两个接口的实例。以下代码演示如何通过 ClassMetadata 和 CollectionMetadata 接口来访问 Customer 持久化类的元数据：

```
Customer customer= ......;
//获取 Customer 类的元数据
ClassMetadata custMeta = sessionfactory.getClassMetadata(Customer.class);
//获取 Customer 对象的各个属性的值
Object[] propertyValues = custMeta.getPropertyValues(customer);
//获取 Customer 类的各个属性的名字
String[] propertyNames = custMeta.getPropertyNames();
//获取 Customer 类的各个属性的类型
Type[] propertyTypes = custMeta.getPropertyTypes();

//把 Cutomer 对象的属性名和属性值放到一个 Map 中，集合或者代表关联关系的属性除外
Map namedValues = new HashMap();
for ( int i=0; i<propertyNames.length; i++ ) {
   if ( !propertyTypes[i].isEntityType() &&
       !propertyTypes[i].isCollectionType() ) {

      namedValues.put( propertyNames[i], propertyValues[i] );
   }
}
```

9.6 通过 Hibernate 调用存储过程

存储过程直接在数据库中运行，运行速度快。例如，以下代码在 Oracle 数据库中定义了一个名为 batchUpdateCustomer()的存储过程：

```
create or replace procedure batchUpdateCustomer(p_age in number) as
begin
   update CUSTOMERS set AGE=AGE+1 where AGE>p_age;
end;
```

以上存储过程有一个参数 p_age，代表客户的年龄。

除了可以直接在数据库中运行存储过程，应用程序也可按照以下方式调用存储过程：

```
Transaction tx = session.beginTransaction();
//获得该 Session 使用的数据库连接
java.sql.Connection con=session.connection();
String procedure = "{call batchUpdateCustomer(?) }";
//通过 JDBC API 调用存储过程
CallableStatement cstmt = con.prepareCall(procedure);
cstmt.setInt(1,0); //把年龄参数设为 0
cstmt.executeUpdate();
tx.commit();
```

或者：

```
Transaction tx=session.beginTransaction();
//定义一个匿名类，实现了 Work 接口
Work work=new Work(){
  public void execute(Connection connection)throws SQLException{
    String procedure = "{call batchUpdateCustomer(?) }";
    //通过 JDBC API 调用存储过程
    CallableStatement cstmt = connection.prepareCall(procedure);
    cstmt.setInt(1,0); //把年龄参数设为 0
    cstmt.executeUpdate();
  }
};

//执行 work
session.doWork(work);
tx.commit();
```

9.7 小结

当程序通过 Hibernate 来加载、保存、更新或删除对象时，会触发 Hibernate 的拦截器及事件监听器做出相应的处理。拦截器与事件监听器有以下区别：

- 拦截器是可配置的。在拦截器接口 Interceptor 中声明了处理各种事件的方法。
- 事件监听器是内置的，Hibernate 提供了默认的事件监听器实现，此外，用户也可以创建客户化的事件监听器。在 Hibernate API 中，针对每一种事件都有相应的事件监听器接口，如 LoadEvent 对应 LoadEventListener 接口，SaveEvent 对应 SaveEventListener 接口。

Hibernate 提供了 4 种批量处理数据的方式。假定要批量更新 10 万个 Customer 对象，下面说明这 4 种方式的处理过程。

（1）通过 Session 来进行批量操作：每次小批量从数据库中加载 20 个 Customer

持久化对象，更新它们，然后立即通过 Session 的 flush()方法清理缓存，同步更新数据库，再调用 clear()方法把它们从 Session 缓存中清空，再小批量处理接下来的 20 个 Customer 对象，如此循环，直到处理完 10 万个 Customer 对象。

（2）通过 StatelessSession 来进行批量操作：每次从数据库中加载一个 Customer 游离对象，更新它，再处理下一个 Customer 对象，如此循环，直到处理完 10 万个 Customer 对象。

（3）通过 HQL 来进行批量操作：利用 Query 接口的 executeUpdate()方法来执行用于更新 10 万个 Customer 对象的 HQL 语句。不需要把任何 Customer 对象加载到内存中，Hibernate 会把 HQL 语句翻译为相应的 SQL 语句，然后直接在数据库中执行 SQL 语句。

（4）直接通过 JDBC API 来进行批量操作：利用 JDBC API 中的 PreparedStatement 接口的 executeUpdate()方法来执行用于更新 10 万个 Customer 对象的 SQL 语句。不需要把任何 Customer 对象加载到内存中，而是直接在数据库中执行 SQL 语句。

从性能上看，第 4 种方式执行批量操作的性能最好，接下来依次是第 3 种、第 2 种和第 1 种方式。第 3 种、第 2 种和第 1 种方式虽然在性能上不是最佳的，但各有各的优点和使用场合：

- 第 3 种方式与第 4 种方式相比，前者使用的是跨数据库平台的、面向对象的 HQL 语言，而后者使用的是不跨数据库平台的、与关系数据库结构绑定的 SQL 语句。
- 第 1 种方式及第 2 种方式的共同优点在于：把关系数据加载到内存中再更新，可以通过灵活的程序代码，来实现 HQL 语言及 SQL 语言无法表达的复杂的更新逻辑。

9.8　思考题

1．当 Session 的缓存中已经有一个 Customer 持久化对象，Session 的哪个方法能够再次到数据库中加载 Customer 对象的最新数据？（单选）

（a）flush()　（b）refresh()　（c）get()　（d）load()

2．以下哪些属于 org.hibernate.Interceptor 接口的方法？（多选）

（a）onLoad()　（b）onSave()　（c）onDelete()　（d）onFlush()

3．对于以下程序代码，以下哪些说法正确？（多选）

```
Session session = sessionFactory.openSession(); //第1行
Transaction tx= session.beginTransaction(); //第2行
Customer c=(Customer)session.get(Customer.class,new Long(1)); //第3行
c.setAge(c.getAge()+1); //第4行
tx.commit(); //第5行
session.close() //第6行
```

（a）第 3 行触发 LoadEvent 事件，该事件由 LoadEventListener 来处理。

（b）第 4 行触发 UpdateEvent 事件，该事件由 UpdateEventListener 来处理。
（c）第 5 行触发 LoadEvent 事件，该事件由 LoadEventListener 来处理。
（d）第 5 行触发 FlushEvent 事件，该事件由 FlushEventListener 来处理。

4. 以下哪些批量操作方式进行批量更新时，不会把待更新的数据先加载到内存中，而是直接在数据库中更新数据？（多选）

（a）通过 Session 来进行批量更新操作
（b）通过 StatelessSession 来进行批量更新操作
（c）通过 HQL 来进行批量更新操作
（d）直接通过 JDBC API 来进行批量更新操作

5. 对于以下程序代码，以下哪个说法正确？（单选）

```
StatelessSession session = sessionFactory.openStatelessSession(); //第1行
Transaction tx= session.beginTransaction(); //第2行
Customer c=(Customer)session.get(Customer.class,new Long(1)); //第3行
c.setAge(c.getAge()+1); //第4行
tx.commit(); //第5行
session.close() //第6行
```

（a）第 3 行返回的 Customer 对象处于游离状态
（b）第 3 行返回的 Customer 对象处于持久化状态
（c）第 4 行 Session 会清理缓存，执行更新 CUSTOMERS 记录的 SQL 语句
（d）第 5 行 Session 会清理缓存，执行更新 CUSTOMERS 记录的 SQL 语句

第 10 章　映射组成关系

在域模型中，有些类由几个部分类组成，部分类的对象的生命周期依赖于整体类的对象的生命周期，当整体消失时，部分也就随之消失。这种整体与部分的关系被称为聚集关系。例如，计算机系统就是一个聚集体，它由主机箱（CpuBox）、键盘（Keyboard）、鼠标（Mouse）、显示器（Monitor）和打印机（Printer）等组成，还可能包括几个音箱（Speaker）。而主机箱（CpuBox）内除 CPU 外，还包含一些驱动设备，如显示卡（Graphics Card）和声卡（Sound Card）等。图 10-1 显示了计算机系统的组成，整体类（如计算机系统）位于层次结构的顶部，以下依次是各个部分类，每个部分类还可以由其他部分类组成。

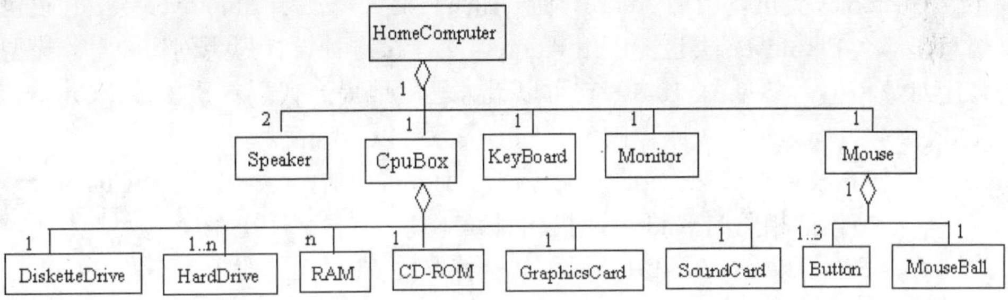

图 10-1　具有聚集关系的计算机系统

在有些情况下，部分类的对象可以被多个整体类的对象共享，如在家庭影院系统中，电视机和录像机可以共用一个遥控器，那么这个遥控器既是电视机的组成部分，也是录像机的组成部分。还有一些情况下，一个部分类的对象只能属于一个整体类的特定对象，而不能被同一个整体类的其他对象或者被其他整体类的对象共享。例如，人和手是整体与部分的关系，每双手只能属于特定的人，张三的手永远不可能变成李四的手，更不可能变成黑猩猩的手。如果部分只能属于特定的整体，这种聚集关系也称为组成关系，在 UML 中，用实心菱形箭头表示组成关系，参见图 10-2。

图 10-2　人和手的组成关系

本章以 Customer 类和 Address 类的关系，以及 Computer 类、CpuBox 类、GraphicsCard 类和 Vendor 类的关系为例，介绍如何映射组成关系。本章的 BusinessService 类用于演示如何保存、更新、删除或查询具有组成关系的 Java 对象。

10.1 建立精粒度对象模型

假定在 Customer 类中有以下代表家庭地址及公司地址的属性：

```
private String homeProvince;     //家庭地址所在的省
private String homeCity;         //家庭地址所在的城市
private String homeStreet;       //家庭地址所在的街道
private String homeZipcode;      //家庭地址的邮编
private String comProvince;      //公司地址所在的省
private String comCity;          //公司地址所在的城市
private String comStreet;        //公司地址所在的街道
private String comZipcode;       //公司地址的邮编
```

为了提高程序代码的可重用性，不妨从 Customer 类中抽象出单独的 Address 类，不仅 Customer 类可以引用 Address 类，如果日后又增加了 Employee 类，它也包含地址信息，那么 Employee 类也能引用 Address 类。按这种设计思想创建的对象模型称为精粒度对象模型，参见图 10-3，它可以最大程度地提高代码的重用性。Customer 类与 Address 类之间为组成关系，因为它们的关系有以下特征。

- Address 对象的生命周期依赖于 Customer 对象。当删除一个 Customer 对象时，应该把相关的 Address 对象删除。
- 一个 Address 对象只能属于某个特定的 Customer 对象，不能被其他 Customer 对象共享。

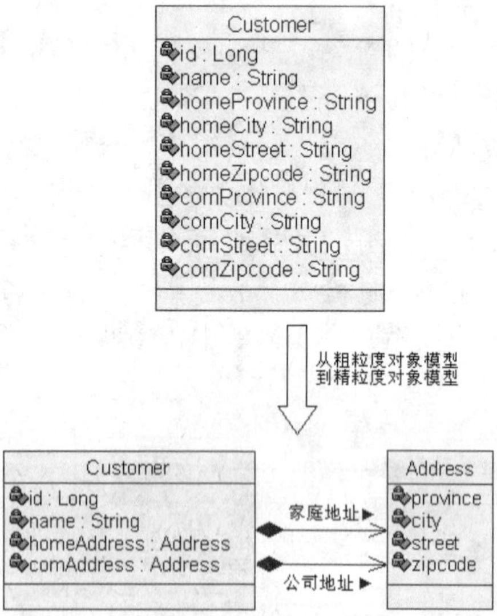

图 10-3　从粗粒度对象模型到精粒度对象模型

在精粒度对象模型中，只需为 Customer 类定义两个 Address 类型的属性，来存放家庭地址和公司地址信息：

```
private Address homeAddress;
private Address comAddress;
```

Customer 类和 Address 类的源代码参见例程 10-1 和例程 10-2。

例程 10-1　Customer.java

```
package mypack;
import java.io.Serializable;
public class Customer implements Serializable {
   private Long id;
   private String name;
   private mypack.Address homeAddress;
   private mypack.Address comAddress;

   //此处省略构造方法，以及所有属性的访问方法
   ……
}
```

例程 10-2　Address.java

```
package mypack;
import java.io.Serializable;
public class Address implements Serializable {
   private String street;
   private String city;
   private String province;
   private String zipcode;
   private mypack.Customer customer;

  //此处省略构造方法，以及所有属性的访问方法
   ……
}
```

10.2　建立粗粒度关系数据模型

建立关系数据模型的一个重要原则是在不会导致数据冗余的前提下，尽可能减少数据库表的数目及表之间的外键参照关系。因为如果表之间的外键参照关系很复杂，那么数据库系统在每次对关系数据进行插入、更新、删除和查询等 SQL 操作时，都必须建立多个表的连接，这是很耗时的操作，会影响数据库的运行性能。

以 CUSTOMERS 表为例，一种方案是把客户的地址信息放在单独的 ADDRESS 表中，然后建立两个表之间的外键参照关系，如图 10-4 所示。

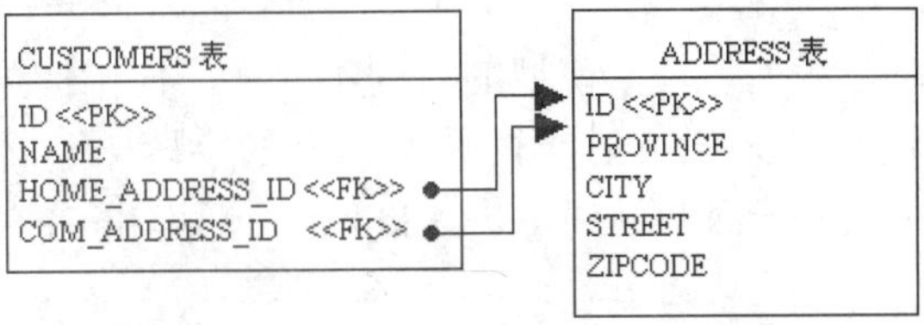

图 10-4　CUSTOMERS 表参照 ADDRESS 表

这使得每次查询客户信息时，都要建立这两个表的连接。例如，以下 SQL 语句用于查询名为“Tom”的客户的家庭地址：

```
select PROVINCE,CITY,STREET,ZIPCODE from CUSTOMERS as c, ADDRESS as a
where c.HOME_ADDRESS_ID =a.ID and c.NAME= 'Tom';
```

建立表的连接是很耗时的操作，为了提高数据库运行性能，没有必要拆分 CUSTOMERS 表和 ADDRESS 表，只需要在 CUSTOMERS 表中包含所有的地址信息就可以了，这样做并不会导致数据冗余，例程 10-3 为 CUSTOMERS 表的 DDL 定义。

例程 10-3　数据库 Schema

```
create table CUSTOMERS (
  ID bigint not null,
  NAME varchar(15),
  HOME_STREET varchar(255),
  HOME_CITY varchar(255),
  HOME_PROVINCE varchar(255),
  HOME_ZIPCODE varchar(255),
  COM_STREET varchar(255),
  COM_CITY varchar(255),
  COM_PROVINCE varchar(255),
  COM_ZIPCODE varchar(255),
  primary key (ID)
);
```

这样，当每次查询客户信息时，不再需要建立表的连接。例如，以下 SQL 语句用于查询名为“Tom”的客户的家庭地址：

```
select HOME_PROVICE, HOME_CITY, HOME_STREET, HOME_ZIPCODE from CUSTOMERS
where NAME= 'Tom';
```

10.3　映射组成关系

从上面两节内容看出，建立域模型和关系数据模型有着不同的出发点。域模型是由程序代码组成的，通过细化持久化类的粒度可提高代码可重用性，简化编程。关系数据模型是由关系数据组成的。在存在数据冗余的情况下，需要把粗粒度的表拆分成具有外键参照关系的几个细粒度的表，从而节省存储空间；另一方面，在没有数据冗余的前提下，应该尽可能减少表的数目，简化表之间的参照关系，以便提高访问数据库的速度。因此，在建立关系数据模型时，需要在节省数据存储空间和节省数据操纵时间这两者之间进行折中。

由于建立域模型和关系数据模型的原则不一样，使得持久化类的数目往往比数据库表的数目多，而且持久化类的属性并不和表的字段一一对应。如图 10-5 所示，Customer 类的 homeAddress 属性及 comAddress 属性均和 CUSTOMERS 表中的多个字段对应。

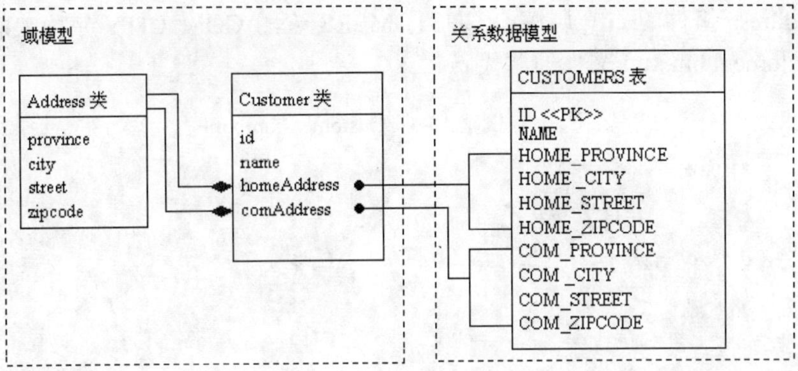

图 10-5　域模型中类的数目比关系数据模型中表的数目多

在创建对象-关系映射文件时，不能使用<property>元素来映射 Customer 类的 homeAddress 属性，而要使用<component>元素，映射代码如下：

```
<component name="homeAddress" class="mypack.Address">
  <parent name="customer" />
  <property name="street" type="string" column="HOME_STREET"/>
  <property name="city" type="string" column="HOME_CITY"/>
  <property name="province" type="string" column="HOME_PROVINCE"/>
  <property name="zipcode" type="short" column="HOME_ZIPCODE"/>
</component>
```

<component>元素表明 homeAddress 属性是 Customer 类的一个组成部分，在 Hibernate 中称之为组件。<component>元素有以下两个属性。

- name：设定被映射的持久化类的属性名，此处为 Customer 类的 homeAddress 属性。
- class：设定 homeAddress 属性的类型，此处表明 homeAddress 属性为 Address 类型。

Tips

Hibernate 的组件和 J2EE 软件架构中的组件（如 EJB 组件）没有任何关系。

<component>元素还包含一个<parent>子元素和一系列<property>子元素。<parent>元素指定 Address 类所属的整体类，这里设为 customer，与此对应，在 Address 类中应该定义一个 customer 属性，以及相关的 getCustomer()和 setCustomer()方法：

```
private Customer customer;
public Customer getCustomer() {
      return this.customer;
}
public void setCustomer(Customer customer) {
      this.customer = customer;
}
```

<component>元素的<property>子元素用来配置组件类的属性和表中字段的映射。例如，homeAddress 组件的 city 属性和 CUSTOMERS 表的 HOME_CITY 字段映射，而

comAddress 组件的 city 属性和 CUSTOMERS 表的 COM_CITY 字段映射。例程 10-4 是 Customer.hbm.xml 文件的源代码。

例程 10-4 Customer.hbm.xml

```
<hibernate-mapping >

  <class name="mypack.Customer" table="CUSTOMERS" >
    <id name="id" type="long" column="ID">
      <generator class="increment"/>
    </id>

    <property name="name" type="string" >
        <column name="NAME" length="15" />
    </property>

    <component name="homeAddress" class="mypack.Address">
            <parent name="customer" />
            <property name="street" type="string" column="HOME_STREET"/>
            <property name="city" type="string" column="HOME_CITY"/>
            <property name="province" type="string" column="HOME_PROVINCE"/>
            <property name="zipcode" type="string" column="HOME_ZIPCODE"/>
    </component>

    <component name="comAddress" class="mypack.Address">
            <parent name="customer" />
            <property name="street" type="string" column="COM_STREET"/>
            <property name="city" type="string" column="COM_CITY"/>
            <property name="province" type="string" column="COM_PROVINCE"/>
            <property name="zipcode" type="string" column="COM_ZIPCODE"/>
    </component>
  </class>
</hibernate-mapping>
```

本章范例程序位于配套光盘的 sourcecode\chapter10 目录下。在 DOS 下转到本例的根目录 chapter10，输入命令：ant run，该命令将依次执行 prepare target、compile target、schema target 和 run target。由 schema target 生成的数据库 Schema 参见本章 10.2 节的例程 10-3。

10.3.1 区分值（Value）类型和实体（Entity）类型

从本章 10.1 节的例程 10-2 看出，Address 类没有 OID，这是 Hibernate 组件的一个重要特征。由于 Address 类没有 OID，因此不能通过 Session 来单独保存、更新、删除或加载一个 Address 对象。例如，以下每行代码都会抛出 org.hibernate.MappingException 异常：

```
session.load(Address.class,new Long(1));
session.save(address);
session.update(address);
session.delete(address);
```

Hibernate 执行以上代码时抛出 MappingException 异常，错误原因为“Unknown

entity class: mypack.Address”。为何称 Address 类是未知的实体类呢？这是因为 Hibernate 把持久化类的属性分为两种：值（Value）类型和实体（Entity）类型。值类型和实体类型的最重要的区别是前者没有 OID，不能被单独持久化，它的生命周期依赖于所属的持久化类的对象的生命周期，组件类型就是一种值类型；而实体类型有 OID，可以被单独持久化。假定 Customer 类有以下属性：

```
private String name;
private int age;
private Date birthday;

//Customer 和 Address 类是组成关系
private Address homeAddress;
private Address comAddress;

//Customer 和 Company 类是多对一关联关系
private Company currentCompany;

//Customer 和 Order 类是一对多关联关系
private Set orders;
```

在以上属性中，name、age、birthday、homeAddress 及 comAddress 都是值类型属性，而 currentCompany 是实体类型属性，orders 集合中的 Order 对象也是实体类型属性。当删除一个 Customer 持久化对象时，Hibernate 会从数据库中删除所有值类型属性对应的数据，但是实体类型属性对应的数据有可能依然保留在数据库中，也有可能被删除，这取决于是否在映射文件中设置了级联删除。假如对 orders 集合设置了级联删除，那么删除 Customer 对象时，也会删除 orders 集合中的所有 Order 对象。假如没有对 currentCompany 属性设置级联删除，那么删除一个 Customer 对象时，currentCompany 属性引用的 Company 对象依然存在。

Address 类作为值类型没有 OID，因此不能建立从其他持久化类到 Address 类的关联关系（注意关联是有方向性的）。假如在 Customer.hbm.xml 文件中按如下方式映射 currentCompany 属性和 homeAddress 属性：

```
<many-to-one
      name="currentCompany"
      column="COMPANY_ID"
      class="mypack.Company"
/>

<many-to-one
      name="homeAddress"
      column="ADDRESS_ID"
      class="mypack.Address"
/>
```

以上代码对 currentCompany 属性做了正确的映射，但对 homeAddress 属性的映射是不正确的。以上代码意味着 CUSTOMERS 表有一个外键 ADDRESS_ID 参照 Address 类的对应表的主键，而实际上 Address 类在数据库中根本没有对应的表。

另一方面，可以建立组件类到其他持久化类的关联，在本章 10.4 节的例子中，

CpuBox 是一个组件类，它还和 Vendor 类关联。

此外，Address 类作为值类型没有单独的对象-关系映射文件，即无须为 Address 类创建 Address.hbm.xml 文件。在 Customer.hbm.xml 文件的<component>元素中包含了 Address 类的映射信息。

10.3.2 在应用程序中访问具有组成关系的持久化类

run target 最后运行 BusinessService 类，它的源程序参见例程 10-5。

例程 10-5 BusinessService 类

```
package mypack;
import org.hibernate.*;
import org.hibernate.cfg.Configuration;
import java.util.*;

public class BusinessService{
  public static SessionFactory sessionFactory;
  static{……}  /* 初始化 Hibernate，创建 SessionFactory 实例 */

  /** 保存一个 Customer 对象 */
  public void saveCustomer(){……}

  /** 单独保存一个 Address 对象 */
  public void saveAddressSeparately(){……}

  /** 保存一个 Address 为 null 的 Customer 对象 */
  public void saveCustomerWithNoAddress(){……}

  /** 按照 Customer ID 查询 Customer 对象 */
  public Customer findCustomer(long customer_id) {……}

  /** 打印 Customer 的地址信息 */
  public void printCustomerAddress(Customer customer) {……}

  /** 删除一个 Customer 对象*/
  public void deleteCustomer(Customer customer) {……}

  public void test(){
     saveCustomer();
     saveAddressSeparately();
     saveCustomerWithNoAddress();
     Customer customer=findCustomer(1);
     printCustomerAddress(customer);
     customer=findCustomer(2);
     printCustomerAddress(customer);
     deleteCustomer(customer);
  }

  public static void main(String args[]){
    new BusinessService().test();
    sessionFactory.close();
```

```
    }
  }
```

BusinessService 类的 main()方法调用 test()方法，test()方法又依次调用以下方法。

（1）saveCustomer()：先创建一个 Customer 对象和两个 Address 对象，建立 Customer 和 Address 对象之间的组成关系，然后保存 Customer 对象：

```
tx = session.beginTransaction();
Customer customer=new Customer();
Address homeAddress=new Address("province1","city1","street1","100001",customer);
Address comAddress=new Address("province2","city2","street2","200002",customer);
customer.setName("Tom");
customer.setHomeAddress(homeAddress);
customer.setComAddress(comAddress);

session.save(customer);
tx.commit();
```

当 Hibernate 持久化 Customer 对象时，会自动保存两个 Address 组件类对象。Hibernate 执行以下 SQL 语句：

```
insert into CUSTOMERS
(ID,NAME,HOME_PROVINCE,HOME_CITY,HOME_STREET,HOME_ZIPCODE,
COM_PROVINCE,COM_CITY,COM_STREET,COM_ZIPCODE)
values(1, 'Tom','province1','city1','street1','100001',
'province2','city2','street2','200002');
```

（2）saveAddressSeparately()：这个方法试图单独保存一个 Address 对象：

```
tx = session.beginTransaction();
Address address=new Address("province1","city1","street1","100001",null);
session.save(address);
tx.commit();
```

Hibernate 不允许单独持久化组件类对象，执行以上代码会抛出以下异常：

```
[java] org.hibernate.MappingException: Unknown entity class: mypack.Address
```

（3）saveCustomerWithNoAddress()：该方法先创建一个 Customer 对象，它的 homeAddress 属性引用一个 Address 对象，但是该 Address 对象的所有属性都是 null，Customer 对象的 comAddress 属性为 null。最后保存这个 Customer 对象。

```
tx = session.beginTransaction();

Customer customer=new Customer("Mike",new Address(null,null,null,null,null),null);
session.save(customer);
tx.commit();
```

当 Hibernate 持久化 Customer 对象时，执行以下 SQL 语句：

```
insert into CUSTOMERS
(ID,NAME,HOME_PROVINCE,HOME_CITY,HOME_STREET,HOME_ZIPCODE,
COM_PROVINCE,COM_CITY,COM_STREET,COM_ZIPCODE)
values(2, 'Mike','null','null','null','null','null','null','null','null');
```

（4）findCustomer()：按照参数指定的 OID 来查询 Customer 对象。

（5）printCustomerAddress ()：打印参数指定的 Customer 对象的所有地址信息。由于 Address 对象是 Customer 对象的组件，因此只要调用 customer.getHomeAddress()方法，就可以方便地从 Customer 对象导航到 Address 对象：

```
Address homeAddress=customer.getHomeAddress();
Address comAddress=customer.getComAddress();

if(homeAddress==null)
  System.out.println("Home Address of "+customer.getName()+" is null.");
else
  System.out.println("Home Address of "+customer.getName()+" is: "
     +homeAddress.getProvince()+" "
     +homeAddress.getCity()+" "
     +homeAddress.getStreet());

if(comAddress==null)
  System.out.println("Company Address of "+customer.getName()+" is null.");
else
  System.out.println("Company Address of "+customer.getName()+" is: "
     +comAddress.getProvince()+" "
     +comAddress.getCity()+" "
     +comAddress.getStreet());
```

当 printCustomerAddress ()打印 OID 为 1 的 Customer 对象时，输出的信息为：

```
Home Address of Tom is: street1 city1 province1
Company Address of Tom is: street2 city2 province2
```

当 printCustomerAddress ()打印 OID 为 2 的 Customer 对象时，输出的信息为：

```
Home Address of Mike is null.
Company Address of Mike is null.
```

OID 为 2 的 Customer 对象是在 saveCustomerWithNoAddress()方法中创建的，在保存 Customer 对象时，它的 homeAddress 属性引用一个 Address 实例，但这个 Address 实例的所有属性都是 null。当从数据库中加载这个 Customer 对象时，由于数据库中 HOME_PROVINCE、HOME_CITY、HOME_STREET 和 HOME_ZIPCODE 字段都是 null，因此 Hibernate 把 homeAddress 属性赋值为 null。

（6）deleteCustomer()：删除参数指定的 Customer 对象：

```
tx = session.beginTransaction();
session.delete(customer);
tx.commit();
```

当 Hibernate 删除 Customer 对象时，会自动删除它包含的 Address 类组件对象。Hibernate 执行的 SQL 语句为：

```
delete from CUSTOMERS where ID=2;
```

10.4　映射复合组成关系

一个 Hibernate 组件可以包含其他 Hibernate 组件，或者和其他实体类关联。如在图 10-6 中，CpuBox 类是 Computer 类的一个组件，而 GraphicsCard 类是 CpuBox 类的组件，此外，CpuBox 类还和 Vendor（供应商）类多对一关联。

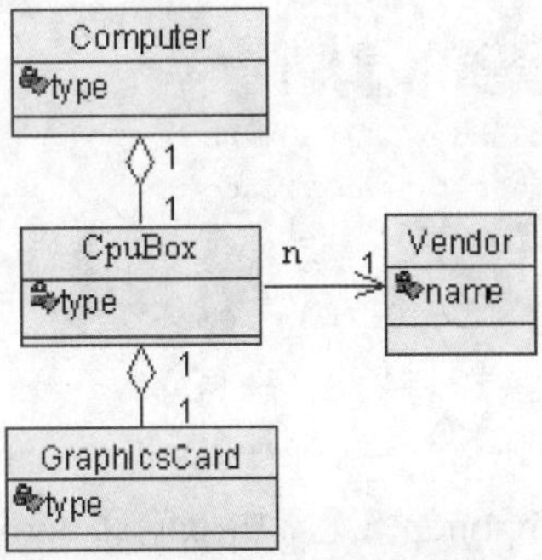

图 10-6　Computer 类和它的组件类

图 10-6 中有 4 个类：Computer 类、CpuBox 类、GraphicsCard 类和 Vendor 类。这些类的源文件参见配套光盘。

Tips

值得注意的是，在图 10-6 中，只有 Computer 类和 Vendor 类是实体类，而 CpuBox 类和 Graphics 类都是值类型的类。因此只需为 Computer 类和 Vendor 类提供对象-关系映射文件。

例程 10-6 列出了 Computer.hbm.xml 文件的源代码，Vendor.hbm.xml 文件的源代码很简单，可以参考本书配套光盘相关内容。

例程 10-6　Computer.hbm.xml 文件

```
<hibernate-mapping >

  <class name="mypack.Computer" table="COMPUTERS" >
    <id name="id" type="long" column="ID">
      <generator class="increment"/>
    </id>

    <property name="type" type="string" >
       <column name="COMPUTER_TYPE" length="15" />
    </property>

    <component name="cpuBox" class="mypack.CpuBox">
          <parent name="computer" />

          <property name="type" type="string" >
             <column name="CPUBOX_TYPE" length="15" />
          </property>
```

```
            <component name="graphicsCard" class="mypack.GraphicsCard">
              <parent name="cpuBox" />

              <property name="type" type="string" >
                <column name="GRAPHICSCARD_TYPE" length="15" />
              </property>

            </component>

            <many-to-one
                    name="vendor"
                    column="CPUBOX_VENDOR_ID"
                    class="mypack.Vendor"
                    not-null="true"
            />
      </component>
    </class>
</hibernate-mapping>
```

在例程 10-6 中，<component>元素中嵌套了<component>元素和<many-to-one>元素。在 DOS 下转到本例的根目录\chapter10，输入命令：ant run。由 schema target 生成的数据库 Schema 参见例程 10-7。

例程 10-7　数据库 Schema

```
create table VENDORS (
  ID bigint not null,
  TYPE varchar(15),
  primary key (ID)
);
create table COMPUTERS (
  ID bigint not null,
  COMPUTER_TYPE varchar(15),
  CPUBOX_TYPE varchar(15),
  GRAPHICSCARD_TYPE varchar(15),
  CPUBOX_VENDOR_ID bigint not null,
  primary key (ID)
);
alter table COMPUTERS add index FK52FE749835384956 (CPUBOX_VENDOR_ID),
add constraint
FK52FE749835384956 foreign key (CPUBOX_VENDOR_ID) references VENDORS (ID);
```

从例程 10-7 看出，COMPUTERS 表的 CPUBOX_VENDOR_ID 外键参照 VENDORS 表的 ID 主键。

10.5　小结

本章主要以 Customer 和 Address 类为例介绍了组成关系的映射，Hibernate 用<component>元素来映射 Customer 类的 homeAddress 和 comAddress 属性。Address 类作为 Hibernate 的组件，具有以下特征：

- 没有 OID，在数据库中没有对应的表。
- 不需要单独创建 Address 类的映射文件。
- 不能单独持久化 Address 对象。Address 对象的生命周期依赖于 Customer 对象的生命周期。
- 其他持久化类不允许关联 Address 类。
- Address 类可以关联其他持久化类。

在<component>元素中还能嵌套<component>元素，这用于映射复合组成关系。

10.6 思考题

以下思考题 1 至思考题 4 都基于图 10-7 的域模型。Customer 类有 name、age、orders 和 email 属性。Customer 类的 name 属性为 Name 类型，Name 类有 firstname 和 lastname 属性。Customer 类的 orders 属性为 Set 类型，它存放关联的 Order 对象。

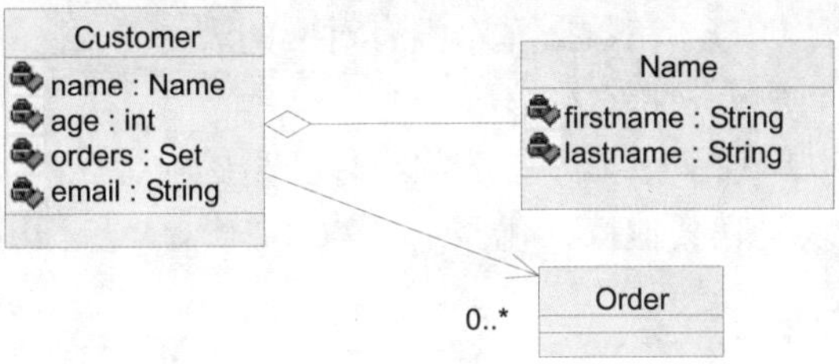

图 10-7 Customer、Name 和 Order 类的域模型

1．在 Customer 类中，哪些属于值类型的属性？（多选）

（a）name （b）age （c）orders （d）email

2．应该如何设计关系数据模型，可以既能避免数据冗余，又能提高数据库运行性能？（单选）

（a）创建 CUSTOMERS、NAMES 和 ORDERS 3 张表。ORDERS 表参照 CUSTOMERS 表，CUSTOMERS 表参照 NAMES 表。

（b）创建 CUSTOMERS、NAMES 和 ORDERS 3 张表。ORDERS 表和 NAMES 表都参照 CUSTOMERS 表。

（c）创建 CUSTOMERS、NAMES 和 ORDERS 3 张表。其中 CUSTOMERS 表和 ORDERS 表有 ID 代理主键，而 NAMES 表没有 ID 代理主键。

（d）创建 CUSTOMERS 和 ORDERS 两张表。ORDERS 表参照 CUSTOMERS 表。CUSTOMERS 表中的 FIRSTNAME 和 LASTNAME 字段与 Customer 类的中的 name 属性对应。

3．在对象-关系映射文件中，应该用什么元素映射 Customer 类的 name 属性？（单选）

（a）<property> （b）<set> （c）<component> （d）<many-to-one>

4．关于以下程序代码，以下哪个说法正确？（单选）

```
Transaction tx = session.beginTransaction(); //第1行
Customer customer=new Customer(); //第2行
Name name=new Name("小亚","王"); //第3行
customer.setName(name); //第4行
session.save(name); //第5行
session.save(customer); //第6行
tx.commit(); //第7行
```

（a）第 5 行把 Name 对象保存到数据库中。
（b）第 5 行抛出 org.hibernate.MappingException。
（c）第 6 行抛出 org.hibernate.MappingException。
（d）第 7 行执行以下 SQL insert 语句：

```
insert into CUSTOMERS(ID,FISTNAME,LASTNAME,AGE,EMAIL)
values(1,'小亚','王',NULL,NULL)
```

5．Hibernate 的组件类型具有哪些特征？（多选）
（a）没有 OID，在数据库中没有对应的表。
（b）不能被单独持久化。
（c）可以单独从数据库中删除组件类型的对象。
（d）可以关联其他持久化类。

第 11 章　Hibernate 的映射类型

在对象-关系映射文件中，Hibernate 采用映射类型作为 Java 类型和 SQL 类型的桥梁。例如，在<id>、<property>或<version>等元素中，type 属性用来指定 Hibernate 映射类型：

```
<id name="id" type="long" column="ID">
    <generator class="increment"/>
</id>
<property name="description"  type="text"  column="DESCRIPTION" />
```

Hibernate 映射类型分为两种：内置映射类型和客户化映射类型。内置映射类型负责把一些常见的 Java 类型映射到相应的 SQL 类型；此外，Hibernate 还允许用户实现 UserType 或 CompositeUserType 接口，来灵活地定制客户化映射类型。客户化映射类型能够把用户定义的 Java 类型映射到数据库表的相应字段。

11.1　Hibernate 的内置映射类型

Hibernate 的内置映射类型通常使用和 Java 类型相同的名字，它能够把 Java 基本类型、Java 时间和日期类型、Java 大对象类型及 JDK 中常用 Java 类映射到相应的标准 SQL 类型。

11.1.1　Java 基本类型的 Hibernate 映射类型

表 11-1 列出了 Hibernate 映射类型、对应的 Java 基本类型（或者它们的包装类），以及对应的标准 SQL 类型。

表 11-1　Hibernate 映射类型、对应的 Java 基本类型及对应的标准 SQL 类型

Hibernate 映射类型	Java 类型	标准 SQL 类型	大小和取值范围
integer 或者 int	int 或者 java.lang.Integer	INTEGER	4 字节, -2^31 ~ 2^31 - 1
long	long 或者 java.lang.Long	BIGINT	8 字节, -2^63 ~ 2^63 - 1
short	short 或者 java.lang.Short	SMALLINT	2 字节, -2^15 ~ 2^15 - 1
byte	byte 或者 java.lang.Byte	TINYINT	1 字节，-128 ~ 127
float	float 或者 java.lang.Float	FLOAT	4 字节，单精度浮点数
double	double 或者 java.lang.Double	DOUBLE	8 字节，双精度浮点数
character	char 或者 java.lang.Character，java.lang.String	CHAR(1)	定长字符
string	java.lang.String	VARCHAR	变长字符串
boolean	boolean 或者 java.lang.Boolean	BIT	布尔类型
yes_no	boolean 或者 java.lang.Boolean	CHAR(1)('Y'或者'N')	布尔类型
true_false	boolean 或者 java.lang.Boolean	CHAR(1)('T'或者'F')	布尔类型

11.1.2 Java 时间和日期类型的 Hibernate 映射类型

在 Java 中，代表时间和日期的类型包括：java.uitl.Date 和 java.util.Calendar。此外，在 JDBC API 中还提供了 3 个扩展了 java.uitl.Date 类的子类：java.sql.Date、java.sql.Time 和 java.sql.Timestamp，这 3 个类分别和标准 SQL 类型中的 DATE、TIME 和 TIMESTAMP 类型对应。

表 11-2 列出了 Hibernate 映射类型、对应的 Java 时间和日期类型，以及对应的标准 SQL 类型。

表 11-2 Hibernate 映射类型、对应的 Java 时间和日期类型及对应的标准 SQL 类型

映射类型	Java 类型	标准 SQL 类型	描述
date	java.util.Date 或者 java.sql.Date	DATE	代表日期，形式为：YYYY-MM-DD
time	java.util.Date 或者 java.sql.Time	TIME	代表时间，形式为：HH:MM:SS
timestamp	java.util.Date 或者 java.sql.Timestamp	TIMESTAMP	代表时间和日期，形式为：YYYYMMDDHHMMSS
calendar	java.util.Calendar	TIMESTAMP	同上
calendar_date	java.util.Calendar	DATE	代表日期，形式为：YYYY-MM-DD

在标准 SQL 中，DATE 类型表示日期，TIME 类型表示时间，TIMESTAMP 类型表示时间戳，同时包含日期和时间信息。例如，以下 SQL 语句创建了一个 MYTABLE 表，它的 DATE_FIELD 字段为 DATE 类型，TIME_FIELD 字段为 TIME 类型，TIMESTAMP_FIELD 字段为 TIMESTAMP 类型：

```
create table MYTABLE(DATE_FIELD date,TIME_FIELD time,TIMESTAMP_FIELD timestamp);
```

以下 insert 语句向 MYTABLE 表插入记录。第一条 insert 语句显式地给 3 个字段赋值，第二条 insert 语句没有为 TIMESTAMP 类型的 TIMESTAMP_FIELD 字段显式赋值，数据库系统会自动把当前的系统时间赋值给 TIMESTAMP_FIELD 字段：

```
insert into MYTABLE values('2009-05-09','11:46:54','20090509114654');
insert into MYTABLE(DATE_FIELD,TIME_FIELD)values('2009-5-10','11:11:11');
```

MYTABLE 表最后包含如下两条记录：

```
+------------+--------------+-----------------+
| DATE_FIELD | TIME_FIELD   | TIMESTAMP_FIELD |
+------------+--------------+-----------------+
| 2009-05-09 | 11:46:54     | 20090509114654  |
| 2009-05-10 | 11:11:11     | 20090509115337  |
+------------+--------------+-----------------+
```

在本书第 3 章例子的 Customer 类中，birthday 属性为 java.sql.Date 类型，

registeredTime 属性为 java.sql.Timestamp 类型，在 CUSTOMERS 表中，BIRTHDAY 字段为 DATE 类型，REGISTERED_TIME 字段为 TIMESTAMP 类型。在 Customer.hbm.xml 文件中相关的映射代码如下：

```
<property name="birthday"     column="BIRTHDAY"     type="date"/>
<property name="registeredTime" column="REGISTERED_TIME"  type="timestamp"/>
```

11.1.3　Java 大对象类型的 Hibernate 映射类型

在 Java 中，java.lang.String 可用于表示长字符串（长度超过 255），字节数组 byte[]可用于存放图片或长文件的二进制数据。此外，在 JDBC API 中还提供了 java.sql.Clob 和 java.sql.Blob 类型，它们分别和标准 SQL 中的 CLOB 和 BLOB 类型对应。CLOB 表示字符串大对象（Character Large Object），BLOB 表示二进制大对象（Binary Large Object）。表 11-3 列出了 Hibernate 映射类型、对应的 Java 大对象类型，以及对应的标准 SQL 类型。

表 11-3　Hibernate 映射类型、对应的 Java 大对象类型及对应的标准 SQL 类型

映射类型	Java 类型	标准 SQL 类型	MySQL 类型	Oracle 类型
binary	byte[]	VARBINARY（或者 BLOB）	BLOB	BLOB
text	java.lang.String	CLOB	TEXT	CLOB
serializable	实现 java.io.Serializable 接口的任意一个 Java 类	VARBINARY（或者 BLOB）	BLOB	BLOB
clob	java.sql.Clob	CLOB	TEXT	CLOB
blob	Java.sql.Blob	BLOB	BLOB	BLOB

Tips

在表 11-3 中，只有 binary 映射类型可作为持久化类的 OID 的映射类型。

表 11-3 还列出了与标准 SQL 类型对应的 MySQL 类型及 Oracle 类型。从表 11-3 看出，MySQL 数据库不支持标准 SQL 的 CLOB 类型，在 MySQL 中，用 TEXT、MEDIUMTEXT 及 LONGTEXT 类型来表示长度超过 255 的长文本数据，它们的大小分别为 0～65 535 字节、0～16 777 215 字节和 0～4 294 967 295 字节。本章 11.3 节将进一步介绍在程序中操纵 Blob 及 Clob 类型数据的方法。

11.1.4　JDK 自带的个别 Java 类的 Hibernate 映射类型

表 11-4 列出了用于映射 JDK 自带的个别 Java 类的 Hibernate 映射类型，与此对应的标准 SQL 类型均为 VARCHAR 类型。

表 11-4　Hibernate 映射类型、对应的 Java 类型及对应的标准 SQL 类型

映射类型	Java 类型	标准 SQL 类型
class	java.lang.Class	VARCHAR
locale	java.util.Locale	VARCHAR
timezone	java.uitl.TimeZone	VARCHAR
currency	java.util.Currency	VARCHAR

11.1.5 使用 Hibernate 内置映射类型

以上几节列出了与 Hibernate 映射类型对应的 ANSI-标准 SQL 类型，有的数据库系统并不支持所有标准 SQL 类型。例如，Oracle 自己开发了变长字符串类型 VARCHAR2，来替代标准的 VARCHAR，再如 MySQL 用 TEXT 类型来替代标准的 CLOB 类型。尽管如此，在通过 Hibernate 访问数据库时，底层数据库使用的数据类型对 Java 应用程序是透明的。如图 11-1 所示，在程序运行时，Java 应用程序通过 Hibernate 访问数据库，而 Hibernate 又通过 JDBC 驱动程序访问数据库。JDBC 驱动程序对底层数据库使用的 SQL 类型进行了封装，向上提供标准 SQL 类型接口，使得 Hibernate 可以使用标准 SQL 类型来生成 DML（Data Manipulation Language）。

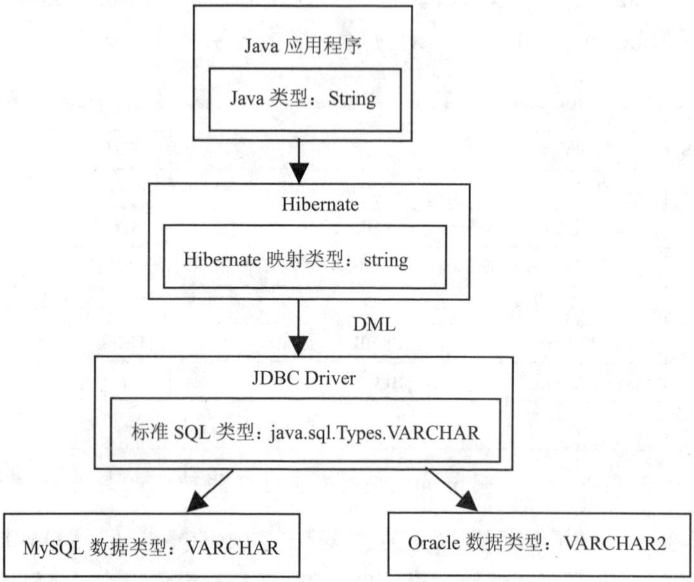

图 11-1　JDBC 驱动程序对底层数据库使用的数据类型进行了封装

当利用 Hibernate 的 hbm2ddl 工具生成数据库表的 DDL 时，Hibernate 能够根据底层数据库系统使用的 SQL 方言，把标准 SQL 类型翻译成相应的底层数据库的数据类型。例如，对于以下映射代码：

```
<property name="email"  type="string"  />
  <column name="EMAIL"  length=50  />
</property>
```

如果把 Hibernate 连接到 MySQL，那么 hbm2ddl 工具生成的 DDL 为：

```
create table CUSTOMERS(…EMAIL varchar(50)…)
```

如果把 Hibernate 连接到 Oracle，那么 hbm2ddl 工具生成的 DDL 为：

```
create table CUSTOMERS(…EMAIL varchar2(50)…)
```

Hibernate 的内置映射类型、Java 类型和标准 SQL 类型三者之间的关系是固定的。如图 11-2 所示，Customer 类的 id 属性为 java.lang.Long，而 CUSTOMERS 表的 ID 字段为 BIGINT 类型，那么应该用 Hibernate 的 long 类型来映射它们；Customer 类的 email 属性为 java.lang.String，而 CUSTOMERS 表的 EMAIL 字段为 VARCHAR 类型，那么应该用 Hibernate 的 string 类型来映射。

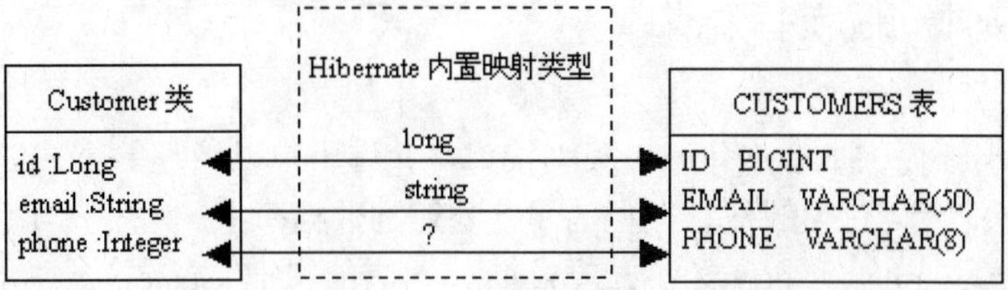

图 11-2　Customer 类和 CUSTOMERS 表的映射

由于 Hibernate 的内置映射类型、Java 类型和标准 SQL 类型三者之间的关系是固定的，因此在映射持久化类的属性时，如果已经创建了持久化类，有时可以省略设置 Hibernate 映射类型，如以下两种方式是等价的：

```
<property name="email" type="string" />
```

或者：

```
<property name=" email" >
```

如果没有指定映射类型，Hibernate 会运用反射机制，先判别 Customer 类的 email 属性的 Java 类型，然后采用相应的 Hibernate 映射类型。

但是，在以下情况下必须显式指定 Hibernate 映射类型：

- 如果希望通过 hbm2java 工具由映射文件来生成持久化类，必须在映射文件中显式指定 Hibernate 映射类型。
- 一个 Java 类型对应多个 Hibernate 映射类型的场合。例如，如果持久化类的属性为 java.util.Date 类型，对应的 Hibernate 映射类型可以是 date、time 或 timestamp。此时必须根据对应的数据库表的字段的 SQL 类型，来确定 Hibernate 映射类型。如果字段为 DATE 类型，那么 Hibernate 映射类型为 date；如果字段为 TIME 类型，那么 Hibernate 映射类型为 time；如果字段为 TIMESTAMP 类型，那么 Hibernate 映射类型为 timestamp。

在图 11-2 中，Customer 类的 phone 属性为 java.lang.Integer，而对应的表的 PHONE 字段为 VARCHAR 类型，那么应该用 Hibernate 的什么类型来映射呢？下面的两种映射方式都是不正确的：

```
<property name="phone" type="integer">
    <column name="PHONE" sql-type="varchar(8)"/>
</property>
```

或者：

```
<property name="phone" type="string">
    <column name="PHONE" sql-type="varchar(8)"/>
</property>
```

当 Hibernate 持久化 Customer 对象，无法自动把 java.lang.Integer 类型的 phone 属

性转换为字符串类型，因此会抛出 ClassCastException。在下一节，将介绍如何利用 Hibernate 的客户化映射类型，把持久化类的任意类型的属性映射到数据库中。

11.2 客户化映射类型

Hibernate 提供了客户化映射类型接口，允许用户以编程的方式创建自定义的映射类型，以便把持久化类的任意类型的属性映射到数据库中。例程 11-1 的 PhoneUserType 实现了 org.hibernate.usertype.UserType 接口，它能够把 Customer 类的 Integer 类型的 phone 属性映射到 CUSTOMERS 表的 VARCHAR 类型的 PHONE 字段。

例程 11-1 PhoneUserType

```
package mypack;

import org.hibernate.*;
import org.hibernate.usertype.*;
import java.sql.*;

public class PhoneUserType implements UserType {

  private static final int[] SQL_TYPES = {Types.VARCHAR};

  public int[] sqlTypes() { return SQL_TYPES; }//(1)

  public Class returnedClass() { return Integer.class; }//(2)

  public boolean isMutable() { return false; }//(3)

  public Object deepCopy(Object value) { //(4)
    return value;
  }

  public boolean equals(Object x, Object y) { //(5)
    if (x == y) return true;
    if (x == null || y == null) return false;
    return x.equals(y);
  }

  public int hashCode(Object x){ //(6)
    return x.hashCode();
  }

  public Object nullSafeGet(ResultSet resultSet, String[] names,Object owner)
    throws HibernateException, SQLException { //(7)

    String phone = resultSet.getString(names[0]);
    //ResultSet 的 wasNull()方法判断上一次读取的字段（这里为 PHONE 字段）是否为 null
    if (resultSet.wasNull()) return null;

    return new Integer(phone);
  }
```

```
    public void nullSafeSet(PreparedStatement statement,Object value,int index)
    throws HibernateException, SQLException { //(8)
      if (value == null) {
        statement.setNull(index, Types.VARCHAR);
      } else {
        String phone=((Integer)value).toString();
        statement.setString(index, phone);
      }
    }

    public Object assemble(Serializable cached, Object owner){ //(9)
      return cached;
    }

    public Serializable disassemble(Object value) { //(10)
      return (Serializable)value;
    }

    public Object replace(Object original,Object target,Object owner){//(11)
      return original;
    }
  }
```

PhoneUserType 实现了 org.hibernate.UserType 接口中的所有方法，下面解释这些方法的作用。

（1）sqlTypes()方法

设置 CUSTOMERS 表的 PHONE 字段的 SQL 类型，它是 VARCHAR 类型：

```
private static final int[] SQL_TYPES = {Types.VARCHAR};
public int[] sqlTypes() { return SQL_TYPES; }
```

（2）returnedClass()方法

设置 Customer 类的 phone 属性的 Java 类型，它是 Integer 类型：

```
public Class returnedClass() { return Integer.class; }
```

（3）isMutable()方法

Hibernate 调用 isMutable()方法来了解 Integer 类是否是可变类。本例的 Integer 类是不可变类，因此返回 false。Hibernate 处理不可变类型的属性时，会采取一些性能优化措施。本章 11.2.1 节会更详细地解释不可变类。

```
public boolean isMutable() { return false; }
```

（4）deepCopy(Object value)方法

Hibernate 调用 deepCopy(Object value)方法来生成 phone 属性的快照（也称为深度复制）。deepCopy()方法的 value 参数代表 Integer 类型的 phone 属性。由于 Integer 类是不可变类，因此本方法直接返回 value 参数：

```
public Object deepCopy(Object value) {
  return value;
}
```

对于可变类，必须返回参数的复制值，参见 11.2.3 节的例程 11-7（NameCompositeUserType 类）。

（5）equals(Object x, Object y)方法

Hibernate 调用 equals(Object x, Object y)方法来比较 Customer 类的 phone 属性的当前值是否和它的快照相同。该方法的参数 x 代表 phone 属性的当前值，参数 y 代表由 deepCopy()方法生成的 phone 属性的快照：

```
public boolean equals(Object x, Object y) {
  if (x == y) return true;
  if (x == null || y == null) return false;
  return x.equals(y);
}
```

（6）hashCode(Object x)方法

Hibernate 调用 hashCode(Object x)方法来获得 Customer 类的 phone 属性的哈希码。该方法的参数 x 代表 phone 属性的当前值：

```
public int hashCode(Object x){
  return x.hashCode();
}
```

（7）nullSafeGet(ResultSet resultSet, String[] names,Object owner)方法

当 Hibernate 从数据库加载 Customer 对象时，调用 nullSafeGet()方法来取得 phone 属性值。参数 resultSet 为 JDBC 查询结果集，参数 names 为存放了表字段名的数组，此处为{"PHONE"}，参数 owner 代表 phone 属性的宿主，此处为 Customer 对象。

```
public Object nullSafeGet(ResultSet resultSet, String[] names,Object owner)
    throws HibernateException, SQLException {

  String phone = resultSet.getString(names[0]);
  //ResultSet 的 wasNull()方法判断上一次读取的字段（这里为 PHONE 字段）是否为 null
  if (resultSet.wasNull()) return null;

  return new Integer(phone);
}
```

在 nullSafeGet()方法中，先从 ResultSet 中读取 PHONE 字段的值，然后把它转换为 Integer 对象，最后将它作为 phone 属性值返回。

（8）nullSafeSet(PreparedStatement statement,Object value,int index)方法

当 Hibernate 把 Customer 对象持久化到数据库中时，调用 nullSafeSet()方法来把 phone 属性添加到 SQL insert 语句中。statement 参数包含了预定义的 SQL insert 语句，参数 value 代表 phone 属性，参数 index 代表把 phone 属性插入到 SQL insert 语句中的位置：

```
public void nullSafeSet(PreparedStatement statement,Object value,int index)
  throws HibernateException, SQLException {
  if (value == null) {
    statement.setNull(index, Types.VARCHAR);
  } else {
```

```
    String phone=((Integer)value).toString();
    statement.setString(index, phone);
  }
}
```

在 nullSafeSet()方法中，参数 value 代表 phone 属性。因此，先把 Integer 类型的 value 转换为 String 类型，然后把它添加到 JDBC Statement 中。

（9）assemble(Serializable cached, Object owner)方法

当 Hibernate 把第二级缓存中的 Customer 对象加载到 Session 缓存中时，调用 assemble()方法来获得 phone 属性的反序列化数据。第二级缓存中存放了 Customer 对象的序列化数据。本书第 22 章将介绍第二级缓存的概念。参数 cached 代表 phone 属性的反序列化数据，参数 owner 代表 phone 属性的宿主，此处为 Customer 对象。如果参数 cached 为不可变类型，可以直接返回 cached 参数；如果参数 cached 为可变类型，则应该返回参数 cached 的快照（即调用 deepCopy(cached)方法的返回值）。

```
public Object assemble(Serializable cached, Object owner){
  return cached;
}
```

（10）disassemble(Object value)方法

当 Hibernate 把 Session 缓存中的 Customer 对象保存到第二级缓存中时，调用 disassemble()方法来获得 phone 属性的序列化数据。参数 value 代表 phone 属性的序列化数据。如果参数 value 为不可变类型，可以直接返回 value 参数；如果参数 value 为可变类型，则应该返回参数 value 的快照（即调用 deepCopy(value)方法的返回值）。

```
public Serializable disassemble(Object value) {
  return (Serializable)value;
}
```

（11）replace(Object original,Object target,Object owner)方法

当 Session 的 merge()方法把一个 CustomerA 游离对象融合到 CustomerB 持久化对象中时，会调用此 replace()方法来获得用于替代 CustomerB 对象的 phone 属性的值。参数 orginal 代表 CustomerA 游离对象的 phone 属性，参数 target 代表 CustomerB 对象的 phone 属性，参数 owner 代表 CustomerA 对象。如果参数 original 为不可变类型，可以直接返回 original 参数；如果参数 original 为可变类型，则应该返回参数 original 的快照（即调用 deepCopy(original)方法的返回值）。

```
public Object replace(Object original,Object target,Object owner){
  return original;
}
```

创建了以上的 PhoneUserType 类后，就可以按以下方式映射 Customer 类的 phone 属性：

```
<property name="phone" type="mypack.PhoneUserType" column="PHONE" />
```

PhoneUserType 不仅可以用来映射 phone 属性，事实上，它能够把持久化类的任何一个 Integer 类型的属性映射到数据库表中 VARCHAR 类型的字段。

11.2.1 用客户化映射类型取代 Hibernate 组件

本书第 10 章介绍了用 Hibernate 组件来映射 Customer 类的 Address 类型的 homeAddress 属性和 comAddress 属性。本节自定义了一个 AddressUserType 映射类型，它也能把 Address 类型的属性映射到数据库。

例程 11-2 是 Address 类的源程序。本章把 Address 类设计为不可变类。所谓不可变类，是指当创建了这种类的实例后，就不允许修改它的属性。在 Java API 中，所有的基本类型的包装类，如 Integer 和 Long 类，都是不可变类，java.lang.String 也是不可变类。在创建用户自己的不可变类时，可以考虑采用以下的设计模式。

- 把属性定义为 private final 类型。
- 不对外公开用于修改属性的 setXXX()方法。
- 只对外公开用于读取属性的 getXXX()方法。
- 允许在构造方法中设置所有属性。
- 覆盖 Object 类的 equals()和 hashCode()方法，在 equals()方法中根据对象的属性值来比较两个对象是否相等，保证用 equals()方法比较相等的两个对象的 hashCode()方法的返回值也相等。

例程 11-2　Address.java

```
package mypack;
import java.io.Serializable;

public class Address implements Serializable {

   private final String province;
   private final String city;
   private final String street;
   private final String zipcode;

   public Address(String province, String city, String street, String zipcode){
      this.street = street;
      this.city = city;
      this.province = province;
      this.zipcode = zipcode;
   }

   public String getProvince() {
      return this.province;
   }

   public String getCity() {
      return this.city;
   }

   public String getStreet() {
      return this.street;
   }

   public String getZipcode() {
```

```
        return this.zipcode;
    }

    public boolean equals(Object o){
      if (this == o) return true;
      if (!(o instanceof Address)) return false;

     final Address address = (Address) o;

     if(!province.equals(address.province)) return false;
     if(!city.equals(address.city)) return false;
     if(!street.equals(address.street)) return false;
     if(!zipcode.equals(address.zipcode)) return false;
     return true;
    }

    public int hashCode(){
      int result;
      result= (province==null?0:province.hashCode());
      result = 29 * result + (city==null?0:city.hashCode());
      result = 29 * result + (street==null?0:street.hashCode());
      result = 29 * result + (zipcode==null?0:zipcode.hashCode());
      return result;
    }
}
```

由于 Address 类是不可变类，因此创建了 Address 类的实例后，就无法修改它的属性。如果要修改 Customer 对象的 comAddress 属性，必须使它引用一个新的 Address 实例：

```
Address comAddress=new Address("comProvince","comCity","comStreet","200002");
customer.setComAddress(comAddress);

//创建一个新的 Address 实例
comAddress=new Address("comProvinceNew","comCityNew","comStreetNew","200002");
//修改 Customer 对象的 comAddress 属性
customer.setComAddress(comAddress);
```

例程 11-3 是 AddressUserType 类的源程序，它实现了 UserType 接口。

例程 11-3　AddressUserType.java

```
package mypack;
import org.hibernate.*;
import org.hibernate.usertype.*;
import java.sql.*;

public class AddressUserType implements UserType {

  /** 设置和 Address 类的四个属性 province、city、street 和 zipcode 对应
  的字段的 SQL 类型，它们均为 VARCHAR 类型 */
  private static final int[] SQL_TYPES =
  {Types.VARCHAR,Types.VARCHAR,Types.VARCHAR,Types.VARCHAR};

  public int[] sqlTypes() { return SQL_TYPES; }

  /** 设置 AddressUserType 所映射的 Java 类：Address 类 */
```

```
public Class returnedClass() { return Address.class; }

/** 指明 Address 类是不可变类 */
public boolean isMutable() { return false; }

/** 返回 Address 对象的快照，由于 Address 类是不可变类，
因此直接将参数代表的 Address 对象返回 */
public Object deepCopy(Object value) {
  return value;
}

/** 比较一个 Address 对象是否和它的快照相同 */
public boolean equals(Object x, Object y) {
  if (x == y) return true;
  if (x == null || y == null) return false;
  return x.equals(y);
}

public int hashCode(Object x){
  return x.hashCode();
}

/** 从 JDBC ResultSet 中读取 province、city、street 和 zipcode，
然后构造一个 Address 对象*/
public Object nullSafeGet(ResultSet resultSet, String[] names, Object owner)
                throws HibernateException, SQLException {
  if (resultSet.wasNull()) return null;
  String province = resultSet.getString(names[0]);
  String city = resultSet.getString(names[1]);
  String street = resultSet.getString(names[2]);
  String zipcode = resultSet.getString(names[3]);

  if(province ==null  && city==null  && street==null  && zipcode==null)
    return null;

  return new Address(province,city,street,zipcode);
}

/** 把 Address 对象的属性添加到 JDBC PreparedStatement 中 */
public void nullSafeSet(PreparedStatement statement,Object value,int index)
              throws HibernateException, SQLException {
    if (value == null) {
      statement.setNull(index, Types.VARCHAR);
      statement.setNull(index+1, Types.VARCHAR);
      statement.setNull(index+2, Types.VARCHAR);
      statement.setNull(index+3, Types.VARCHAR);
    } else {
      Address address=(Address)value;
      statement.setString(index, address.getProvince());
      statement.setString(index+1, address.getCity());
      statement.setString(index+2, address.getStreet());
      statement.setString(index+3, address.getZipcode());
  }
}
```

```
    public Object assemble(Serializable cached, Object owner){
      return cached;
    }

    public Serializable disassemble(Object value) {
      return (Serializable)value;
    }

    public Object replace(Object original,Object target,Object owner){
      return original;
    }
  }
```

创建了以上的 AddressUserType 后，就可以按以下方式映射 Customer 类的 homeAddress 和 comAddress 属性：

```
<property name="homeAddress" type="mypack.AddressUserType" >
      <column name="HOME_STREET" length="15" />
      <column name="HOME_CITY" length="15" />
      <column name="HOME_PROVINCE" length="15" />
      <column name="HOME_ZIPCODE" length="6" />
</property>

<property name="comAddress" type="mypack.AddressUserType" >
      <column name="COM_STREET" length="15" />
      <column name="COM_CITY" length="15" />
      <column name="COM_PROVINCE" length="15" />
      <column name="COM_ZIPCODE" length="6" />
</property>
```

Hibernate 组件和客户化映射类型都是值类型，在某些情况下能够完成同样的功能，到底选择何种方式，取决于用户自己的喜好。总的说来，Hibernate 组件采用的是 XML 配置方式，因此具有较好的可维护性。客户化映射类型采用的是编程方式，能够完成更加复杂灵活的映射。

11.2.2　用 UserType 映射枚举类型

枚举类型是一种常见的 Java 类的设计模式。在枚举类型的 Java 类中，定义了这个类本身的一些静态实例。例程 11-4 定义了一个 Gender 类，它包含两个静态常量类型的 Gender 实例：Gender.FEMALE 和 Gender.MALE。Gender 类有两个属性：sex 和 description。sex 属性代表性别的缩写，可选值为' F '和' M '；description 属性代表性别的完整名字，可选值为"Female"和"Male"。

例程 11-4　Gender.java

```
package mypack;

import java.util.*;
import java.io.Serializable;

public class Gender implements Serializable {
   private final Character sex;
```

```
    private final transient String description;

    public Character getSex() {
       return sex;
    }
    public String getDescription() {
       return description;
    }

    private static final Map instancesBySex = new HashMap();

    /**
     * 把构造方法声明为private 类型，以便禁止外部程序创建Gender 类的实例
     */
    private Gender(Character sex, String description) {
       this.sex = sex;
       this.description = description;
       instancesBySex.put(sex, this);
    }

    public static final Gender FEMALE =
       new Gender(new Character('F'), "Female");

    public static final Gender MALE =
       new Gender(new Character('M'), "Male");

    public static Collection getAllValues() {
       return Collections.unmodifiableCollection(instancesBySex.values());
    }

    /**
     * 按照参数指定的性别缩写查找Gender 实例
     */
    public static Gender getInstanceBySex(Character sex) {
       Gender result = (Gender)instancesBySex.get(sex);
       if (result == null) {
          throw new NoSuchElementException(sex.toString());
       }
       return result;
    }

    public String toString() {
       return description;
    }

    /**
     * 保证反序列化时直接返回Gender 类包含的静态实例
     */
    private Object readResolve() {
       return getInstanceBySex(sex);
    }
}
```

当业务模型中有一些固定的常量数据，就可以用枚举类型的类来实现。枚举类型的优点在于节省内存空间。以 Gender 类为例，当程序运行后，在内存中只可能有两个

Gender 实例：Gender.FEMAIL 和 Gender.MALE。Gender 类封装了构造方法，不允许外部程序构造 Gender 实例。

假定在 Customer 类中有一个 Gender 类型的 gender 属性，在 CUSTOMERS 表中有一个 CHAR(1)类型的 GENDER 字段，可选值为' F '和' M '。可以创建一个 GenderUserType 类，它负责把持久化类的 Gender 类型的属性映射到数据库表中 CHAR(1)类型的字段。例程 11-5 是 GenderUserType 类的源程序。

例程 11-5　GenderUserType.java

```
package mypack;

import org.hibernate.*;
import java.sql.*;


public class GenderUserType implements UserType {

   /**设置和 Gender 类的 sex 属性对应的字段的 SQL 类型，它是 CHAR 类型 */
   public int[] sqlTypes() {
      int[] typeList = { Types.CHAR };
      return typeList;
   }

   /** 设置 GenderUserType 所映射的 Java 类：Gender 类 */
   public Class returnedClass() {
      return Gender.class;
   }

   /** 指明 Gender 类是不可变类 */
   public boolean isMutable() {
      return false;
   }

   /** 返回 Gender 对象的快照，由于 Gender 类是不可变类，
    因此直接将参数代表的 Gender 对象返回 */
   public Object deepCopy(Object value) {
      return (Gender)value;
   }

   /** 比较一个 Gender 对象是否和它的快照相同 */
   public boolean equals(Object x, Object y) {
      //由于内存中只可能有两个静态常量 Gender 实例，
      //因此可以直接按内存地址比较
      return (x == y);
   }

   public int hashCode(Object x){
     return x.hashCode();
   }

   /** 从 JDBC ResultSet 中读取 sex，然后返回相应的 Gender 实例 */
   public Object nullSafeGet(ResultSet rs, String[] names, Object owner)
      throws HibernateException, SQLException{
```

```
        //从 ResultSet 中读取 sex，它代表性别缩写
        Character sex =
          (Character) Hibernate.CHARACTER.nullSafeGet(rs, names[0]);
        if (sex == null) {
          return null;
        }
        //按照性别缩写查找匹配的 Gender 实例
        try {
          return Gender.getInstanceBySex(sex);
        }catch (java.util.NoSuchElementException e) {
          throw new HibernateException("Bad Gender value: " + sex, e);
        }
    }

    /** 把 Gender 对象的 sex 属性添加到 JDBC PreparedStatement 中 */
    public void nullSafeSet(PreparedStatement st, Object value, int index)
                  throws HibernateException, SQLException{
        Character sex=null;
        if (value != null)
          sex = ((Gender)value).getSex();
        Hibernate.CHARACTER.nullSafeSet(st, sex, index);
    }

    public Object assemble(Serializable cached, Object owner){
      return cached;
    }

    public Serializable disassemble(Object value) {
      return (Serializable)value;
    }

    public Object replace(Object original,Object target,Object owner){
      return original;
    }
}
```

创建了 GenderUserType 类后，只需按如下方式映射 Customer 类的 gender 属性：

```
<property name="gender" type="mypack.GenderUserType" >
   <column name="SEX" length="1" />
</property>
```

11.2.3 实现 CompositeUserType 接口

Hibernate 还提供了一个 CompositeUserType 接口，它不仅能完成和 UserType 相同的功能，而且还提供了对 Hibernate 查询语言（HQL）的支持。下面通过例子来介绍 CompositeUserType 接口的用法。

假定在 Customer 类中包含一个 Name 类型的 name 属性，代表客户的姓名。例程 11-6 是 Name 类的源程序。

例程 11-6 Name.java

```
package mypack;
import java.io.Serializable;
```

```
public class Name implements Serializable {
   private String firstname;
   private String lastname;

   public Name(String firstname, String lastname) {
      this.firstname = firstname;
      this.lastname = lastname;
   }

   //此处省略 firstname 和 lastname 属性的 setXXX()和 getXXX()方法
   ……

   public boolean equals(Object o){
      if (this == o) return true;
      if (!(o instanceof Name)) return false;

      final Name name = (Name) o;
      if(!firstname.equals(name.firstname)) return false;
      if(!lastname.equals(name.lastname)) return false;
      return true;
   }

   public int hashCode(){
      int result;
      result= (firstname==null?0:firstname.hashCode());
      result = 29 * result + (lastname==null?0:lastname.hashCode());
      return result;
   }

   public String toString(){
      return lastname+" "+firstname;
   }
}
```

从例程 11-6 看出，Name 类是可变类。因此，如果需要修改 Customer 对象的 name 属性，只需调用 Name 类的 setFirstname()和 setLastname()方法：

```
customer.setName(new Name("Laosan","Zhang"));

//修改 Customer 对象的 name 属性
customer.getName().setFirstname("Laosi");
customer.getName().setLastname("Li");
```

接下来创建 NameCompositeUserType 类，它负责把 Customer 类的 Name 类型的属性映射到 CUSTOMERS 表的 FIRSTNAME 和 LASTNAME 字段。例程 11-7 是 NameCompositeUserType 类的源程序。

例程 11-7　NameCompositeUserType.java

```
package mypack;

//此处省略了 import 语句
……
```

```
public class NameCompositeUserType implements CompositeUserType {

  /** 返回Name类的所有属性的名字 */
  public String[] getPropertyNames() {
    return new String[] { "firstname", "lastname" };
  }

  /** 返回Name类的所有属性的Hibernate映射类型  */
  public Type[] getPropertyTypes() {
    return new Type[] { Hibernate.STRING, Hibernate.STRING };
  }

  /** 获取Name对象的某个属性的值。参数component代表Name对象，
   参数property代表属性在Name对象中的位置 */
  public Object getPropertyValue(Object component, int property) {
    Name name = (Name)component;
    String result;

    switch (property) {

    case 0:
      result = name.getFirstname();
      break;
    case 1:
      result = name.getLastname();
      break;
    default:
      throw new IllegalArgumentException("unknown property: " +
                                          property);
    }
    return result;
  }

  /** 设置Name对象的某个属性的值。参数component代表Name对象，
   参数property代表属性在Name对象中的位置，参数value代表属性值 */
  public void setPropertyValue(Object component, int property, Object value){
    Name name = (Name)component;
    String nameValue = (String)value;
    switch (property) {

    case 0:
      name.setFirstname(nameValue);
      break;

    case 1:
      name.setLastname(nameValue);
      break;

    default:
      throw new IllegalArgumentException("unknown property: " +
                                          property);
    }
  }

  /** 设置NameCompositeUserType所映射的Java类：Name类 */
```

```
public Class returnedClass() {
  return Name.class;
}

/** 比较一个 Name 对象是否和它的快照相同 */
public boolean equals(Object x, Object y) {
   if (x == y) {
      return true;
   }
   if (x == null || y == null) {
      return false;
   }
   return x.equals(y);
}

public int hashCode(Object x){
  return x.hashCode();
}

/** 指明 Name 类是可变类 */
public boolean isMutable() {
   return true;
}

/** 创建 Name 对象的快照，由于 Name 类是可变类，
 因此必须把 Name 对象的属性复制到一个新的 Name 实例中 */
 public Object deepCopy(Object value) {
   if (value == null) return null;
   Name name = (Name)value;
   return new Name(name.getFirstname(), name.getLastname());
}

/** 从 JDBC ResultSet 从读取 firstname 和 lastname，
 然后构造一个 Name 对象 */
public Object nullSafeGet(ResultSet resultSet, String[] names,
           SessionImplementor session,Object owner)
           throws HibernateException, SQLException {

   String firstname= resultSet.getString(names[0]);
   String lastname= resultSet.getString(names[1]);

   if(firstname==null && lastname==null) return null;

   return new Name(firstname,lastname);
}

/** 把 Name 对象的属性添加到 JDBC PreparedStatement 中 */
public void nullSafeSet(PreparedStatement statement,Object value,
    int index,SessionImplementor session)
    throws HibernateException, SQLException {

   if (value == null) {
     statement.setNull(index, Types.VARCHAR);
     statement.setNull(index+1, Types.VARCHAR);
   } else {
```

```
            Name name=(Name)value;
            statement.setString(index, name.getFirstname());
            statement.setString(index+1, name.getLastname());
        }
    }

    /** 根据缓存中的序列化的Name对象，重新构建一个Name对象，
     参数cached代表缓存中的序列化的Name对象*/
    public Object assemble(Serializable cached,
       SessionImplementor session, Object owner){
       return deepCopy(cached);
    }

    /** 创建一个序列化的Name对象，Hibernate将把它保存到缓存中 */
    public Serializable disassemble(Object value,SessionImplementor session){
       return (Serializable) deepCopy(value);
    }

    public Object replace(Object original,Object target,
      SessionImplementor session,Object owner){
      return deepCopy(original);
    }
}
```

从例程 11-7 看出，CompositeUserType 包含了 UserType 接口中的大部分方法，此外，它还包含以下用来访问 Name 类的所有属性的方法。

- getPropertyNames()：返回 Name 类的所有属性的名字。
- getPropertyTypes()：返回 Name 类的所有属性的 Hibernate 映射类型。
- getPropertyValue(Object component, int property)：返回 Name 对象的某个属性值。参数 component 代表 Name 对象，参数 property 代表属性在 Name 对象中的位置。
- setPropertyValue(Object component, int property, Object value)：设置 Name 对象的某个属性的值。参数 component 代表 Name 对象，参数 property 代表属性在 Name 对象中的位置，参数 value 代表属性值。

在 Customer.hbm.xml 文件中，以下代码用于把 Name 类型的 name 属性映射到 CUSTOMERS 表的 FIRSTNAME 和 LASTNAME 字段：

```
<property name="name" type="mypack.NameCompositeUserType" >
    <column name="FIRSTNAME" length="15" />
    <column name="LASTNAME" length="15" />
</property>
```

在应用程序中创建 HQL 语句时，可以通过“c.name.firstname”的形式访问 Customer 的 name 属性的 firstname 属性：

```
List customers=session
      .createQuery("from Customer as c where c.name.firstname='Tom' ")
      .list();
```

11.2.4 运行本节范例程序

本节共创建了 4 个客户化映射类型：NameCompositeUserType、AddressUserType、GenderUserType 和 PhoneUserType，图 11-3 显示了这几个映射类型的作用。

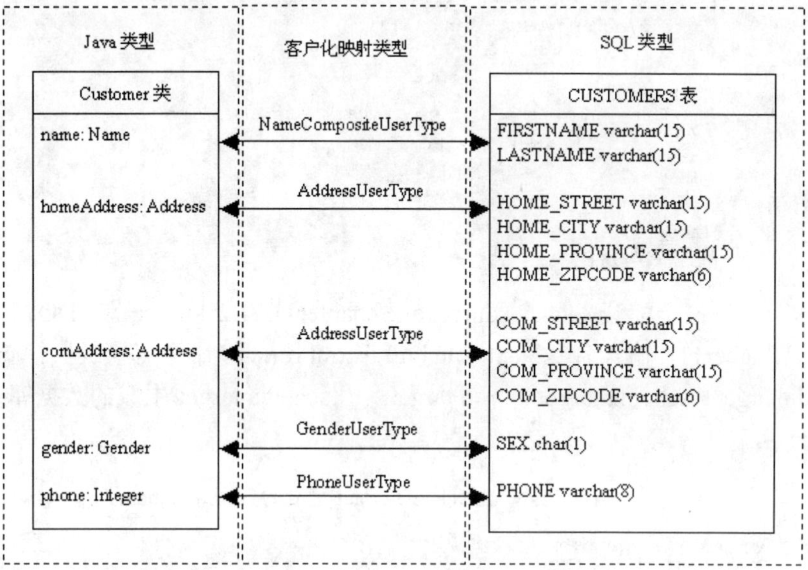

图 11-3 范例中 Java 类型、客户化映射类型和 SQL 类型的对应关系

例程 11-8 是 Customer.hbm.xml 的源代码。<class>元素的 dynamic-update 属性设为 true，这意味着当更新 CUSTOMERS 表时，Hibernate 会动态生成 SQL update 语句，仅把需要更新的字段包含在 update 语句中。

例程 11-8 Customer.hbm.xml

```
<hibernate-mapping >

  <class name="mypack.Customer" table="CUSTOMERS" dynamic-update="true">
    <id name="id" type="long" column="ID">
      <generator class="increment"/>
    </id>

    <property name="name" type="mypack.NameCompositeUserType" >
        <column name="FIRSTNAME" length="15" />
        <column name="LASTNAME" length="15" />
    </property>

    <property name="homeAddress" type="mypack.AddressUserType" >
        <column name="HOME_PROVINCE" length="15" />
        <column name="HOME_CITY" length="15" />
        <column name="HOME_STREET" length="15" />
        <column name="HOME_ZIPCODE" length="6" />
    </property>

    <property name="comAddress" type="mypack.AddressUserType" >
```

```
            <column name="COM_PROVINCE" length="15" />
            <column name="COM_CITY" length="15" />
            <column name="COM_STREET" length="15" />
            <column name="COM_ZIPCODE" length="6" />
         </property>

         <property name="gender" type="mypack.GenderUserType" >
            <column name="SEX" length="1" />
          </property>

          <property name="phone" type="mypack.PhoneUserType" >
            <column name="PHONE" length="8" />
          </property>

      </class>
    </hibernate-mapping>
```

本节范例位于配套光盘的 sourcecode/chapter11/11.2 目录下。在 DOS 下转到本例的根目录\chapter11，输入命令：ant -file build2.xml run，该命令将依次执行 prepare target、compile target、schema target 和 run target。由 schema target 生成的数据库 Schema 参见例程 11-9。

例程 11-9　由 schema target 生成的数据库 Schema

```
create table CUSTOMERS (
  ID bigint not null,
  FIRSTNAME varchar(15),
  LASTNAME varchar(15),
  HOME_STREET varchar(15),
  HOME_CITY varchar(15),
  HOME_PROVINCE varchar(15),
  HOME_ZIPCODE varchar(6),
  COM_STREET varchar(15),
  COM_CITY varchar(15),
  COM_PROVINCE varchar(15),
  COM_ZIPCODE varchar(6),
  SEX char(1),
  PHONE varchar(8),
  primary key (ID)
);
```

例程 11-10 是手工创建的 Customer.java 的源程序。

例程 11-10　Customer.java

```
package mypack;

import java.io.Serializable;
public class Customer implements Serializable {
   private Long id;
   private Name name;
   private Address homeAddress;
   private Address comAddress;
   private Gender gender;
   private Integer phone;
```

```
    public Customer(Name name, Address homeAddress, Address comAddress,
          Gender gender,Integer phone) {
      this.name = name;
      this.homeAddress = homeAddress;
      this.comAddress = comAddress;
      this.gender=gender;
      this.phone=phone;
    }
    public Customer() { }

    //此处省略了 Customer 的属性的 getXXX()和 setXXX()方法
    ……
}
```

Customer 类的 homeAddress 属性为 Address 类型，而不是 AddressUserType 类型：

```
AddressUserType homeAddress;  //错误
Address  homeAddress;  //正确
```

Address 类是 homeAddress 属性的 Java 类型，而 AddressUserType 类是 homeAddress 属性的映射类型，前者在 Customer 类中定义，后者在 Customer.hbm.xml 文件中配置，应该注意这两者的区别。

run target 最后运行 BusinessService 类，它的源程序参见例程 11-11。

例程 11-11　BusinessService.java

```
package mypack;

import org.hibernate.*;
import org.hibernate.cfg.Configuration;
import java.util.*;

public class BusinessService{
  public static SessionFactory sessionFactory;

  /** 初始化 Hibernate，创建 SessionFactory 实例 */
  static{……}

  /** 创建一个 Customer 对象，然后把它持久化 */
  public void saveCustomer(){……}

  /** 创建一个 Address 对象，然后把它持久化 */
  public void saveAddressSeparately(){……}

  /** 按照客户的名字查询 Customer 对象 */
  public Customer findCustomerByFirstname(String firstname){……}

  /** 按照客户的省份查询 Customer 对象 */
  public Customer findCustomerByProvince(String province){……}

  /** 打印客户信息 */
  public void printCustomer(Customer customer){……}

  /** 删除一个 Customer 对象 */
```

```
    public void deleteCustomer(Customer customer){……}

    /** 更新 Customer 对象，修改 homeAddress、comAddress 和 name 属性 */
    public void updateCustomer(){……}

    public void test(){
      saveCustomer();
      saveAddressSeparately();
      Customer customer1=findCustomerByFirstname("Laosan");
      printCustomer(customer1);
      updateCustomer();
      Customer customer2=findCustomerByFirstname("Laosi");
      printCustomer(customer2);
      Customer customer3=findCustomerByProvince("homeProvince");
      deleteCustomer(customer1);
    }

    public static void main(String args[]){
     new BusinessService().test();
     sessionFactory.close();
    }
  }
```

BusinessService 类的 main()方法调用 test()方法，test()方法又依次调用以下方法。

1．saveCustomer()方法

该方法先创建一个 Customer 对象，然后设置它的 name、homeAddress、comAddress、gender 和 phone 属性，最后调用 session.save(customer)方法持久化 Customer 对象：

```
tx = session.beginTransaction();
Customer customer=new Customer();
Address homeAddress=
 new Address("homeProvince","homeCity","homeStreet","100001");
Address comAddress=
 new Address("comProvince","comCity","comStreet","200002");
Gender gender=Gender.getInstanceBySex(new Character('M'));
customer.setName(new Name("Laosan","Zhang"));
customer.setHomeAddress(homeAddress);
customer.setComAddress(comAddress);
customer.setGender(gender);
customer.setPhone(new Integer(55556666));

session.save(customer);
tx.commit();
```

当 Hibernate 持久化 Customer 对象时，执行以下 insert 语句：

```
insert into CUSTOMERS (FIRSTNAME, LASTNAME, HOME_STREET,
HOME_CITY, HOME_PROVINCE, HOME_ZIPCODE, COM_STREET, COM_CITY,
COM_PROVINCE, COM_ZIPCODE, SEX, PHONE, ID)
values ('Laosan', 'Zhang', 'homeStreet', 'homeCity', 'homeProvince', '100001',
'comStreet', 'comCity', 'comProvince', '200002', 'M', '55556666',1);
```

2．saveAddressSeparately()方法

该方法试图单独持久化一个 Address 对象：

```
tx = session.beginTransaction();
Address homeAddress=new Address("homeProvince","homeCity","homeStreet","100001");
session.save(homeAddress);
tx.commit();
```

由于 Address 是值类型，而非实体类型，因此不允许被单独持久化。执行该方法时，Hibernate 会抛出以下异常：

```
org.hibernate.MappingException: Unknown entity class: mypack.Address
```

关于值类型和实体类型的区别，参见本书第 10 章的 10.3.1 节（区分值类型和实体类型）。

3．findCustomerByFirstname()方法

该方法按照客户名字查询 Customer 对象。由于 NameCompositeUserType 实现了 CompositeUserType 接口，因此可以在 HQL 语句通过“c.name.firstname”的形式来访问 Customer 的 name 属性的 firstname 属性：

```
tx = session.beginTransaction();
List results=session
  .createQuery("from Customer as c where c.name.firstname='"+firstname+"'")
  .list();
tx.commit();
return
results.iterator().hasNext()?(Customer)results.iterator().next():null;
```

4．printCustomer()方法

该方法打印客户的信息。第一次调用该方法时，打印 OID 为 1 的 Customer 对象的信息：

```
[java] Home Address of Zhang Laosan is: homeProvince homeCity homeStreet
[java] Company Address of Zhang Laosan is: comProvince comCity comStreet
[java] Gender of Zhang Laosan is: Male
[java] Phone of Zhang Laosan is: 55556666
```

5．updateCustomer()方法

该方法修改 Customer 对象的 homeAddress 属性、comAddress 属性和 name 属性：

```
tx = session.beginTransaction();
Customer customer=(Customer)session.load(Customer.class,new Long(1));
Address homeAddress=new Address("homeProvince","homeCity","homeStreet","100001");
Address comAddress=new Address("comProvinceNew","comCityNew","comStreetNew","200002");
customer.setHomeAddress(homeAddress);
customer.setComAddress(comAddress);

customer.getName().setFirstname("Laosi");
customer.getName().setLastname("Li");
tx.commit();
```

由于 Address 类是不可变类，因此必须重新创建两个 Address 实例，然后使 Customer 对象的 homeAddress 属性和 comAddress 属性分别引用这两个实例。由于 Name 类是可变类，因此只需直接调用 Name 类的 setFirstname()和 setLastname()方法，来修改

Customer 对象的 name 属性。

当 Hibernate 清理缓存中的 Customer 持久化对象时，会比较 Customer 对象的属性及相应的快照是否相同，如果不同，就按照更新后的属性值来同步更新数据库。Hibernate 执行的 update 语句为：

```
update CUSTOMERS set FIRSTNAME='Laosi', LASTNAME='Li', COM_STREET= 'comStreetNew',
COM_CITY='comCityNew', COM_PROVINCE='comProvinceNew', COM_ZIPCODE='200002'
where ID=1;
```

由于 Customer.hbm.xml 文件中<class>元素的 dynamic-update 属性设为 true，因此更新 CUSTOMERS 表时，Hibernate 仅把需要更新的字段包含在 update 语句中。从以上 update 语句看出，Hibernate 没有修改 CUSTOMERS 表中和 homeAddress 属性对应的字段。

下面是运行 updateCustomer()方法时，Hibernate 处理 Customer 对象的 homeAddress 和 comAddress 属性的流程。

（1）在通过 session.load()方法加载 Customer 对象时，Hibernate 调用 Address User Type 类的 deepCopy()方法生成 homeAddress 属性的快照：

```
public Object deepCopy(Object value) {
  return value;
}
```

以上 deepCopy()方法直接返回代表 homeAddress 属性的 value 参数，因此 homeAddress 属性和它的快照引用同一个 Address 对象，参见图 11-4。

（2）Hibernate 接着调用 AddressUserType 类的 deepCopy()方法生成 comAddress 属性的快照。和 homeAddress 属性同样，comAddress 属性与它的快照也引用同一个 Address 对象，如图 11-4 所示。

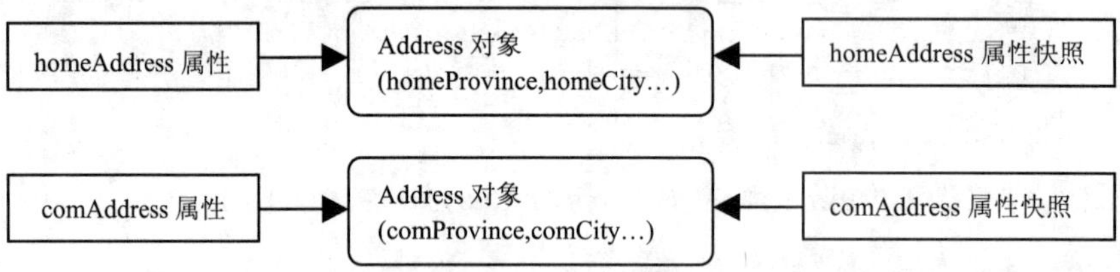

图 11-4　homeAddress 属性和 comAddress 属性与它们的快照分别引用同一个 Address 对象

（3）在应用程序中修改 Customer 对象的 homeAddress 属性和 comAddress 属性，使它们分别引用新的 Address 实例。这时，homeAddress 属性与它的快照不再引用同一个 Address 实例，同样，comAddress 属性和它的快照也不再引用同一个实例，参见图 11-5。

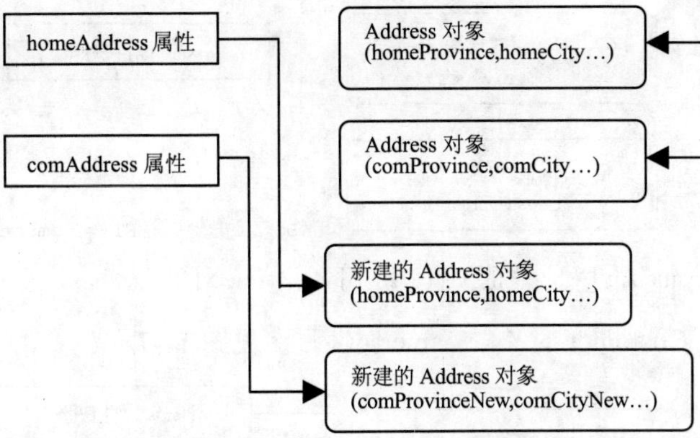

图 11-5　homeAddress 属性和 comAddress 属性与它们的快照分别引用不同的 Address 对象

（4）Hibernate 清理 Session 缓存中的 Customer 对象时，调用 AddressUserType 类的 equals()方法，比较 Customer 对象的 homeAddress 属性和 comAddress 属性是否与它们的快照相同。AddressUserType 类的 equals()方法的代码如下：

```
public boolean equals(Object x, Object y) {
   if (x == y) return true;
   if (x == null || y == null) return false;
   return x.equals(y);
}
```

Tips

AddressUserType 类的 equals()方法的两个参数 x 和 y 声明为 Object 类，在运行时，它们分别引用两个 Address 对象，按照 Java 动态绑定的规则，JVM 会调用在 Address 类中定义的 equals()方法，而不是 Object 类的 equals()方法。

AddressUserType 类的 equals()方法最后调用 Address 类的 equals()方法，该方法比较两个 Address 对象的 province、city、street 和 zipcode 属性的字符串值是否相同，比较结果为 homeAddress 属性与它的快照相同，comAddress 属性与它的快照不同。

（5）由于 Customer.hbm.xml 中<class>元素的 dynamic-update 属性为 true，因此 Hibernate 在 update 语句中仅包含和 comAddress 属性对应的字段：

```
update CUSTOMERS set COM_STREET='comStreetNew', COM_CITY='comCityNew' ……
```

下面是运行 updateCustomer()方法时，Hibernate 处理 Customer 对象的 name 属性的流程。

（1）通过 session.load()方法加载 Customer 对象时，Hibernate 调用 NameComposite UserType 类的 deepCopy()方法生成 name 属性的快照：

```
public Object deepCopy(Object value) {
      if (value == null) return null;
      Name name = (Name)value;
      return new Name(name.getFirstname(), name.getLastname());
}
```

以上 deepCopy()方法重新创建了一个 Name 对象，然后把 name 属性的值复制到新的 Name 对象中。因此，name 属性和它的快照引用不同的 Name 对象，参见图 11-6。

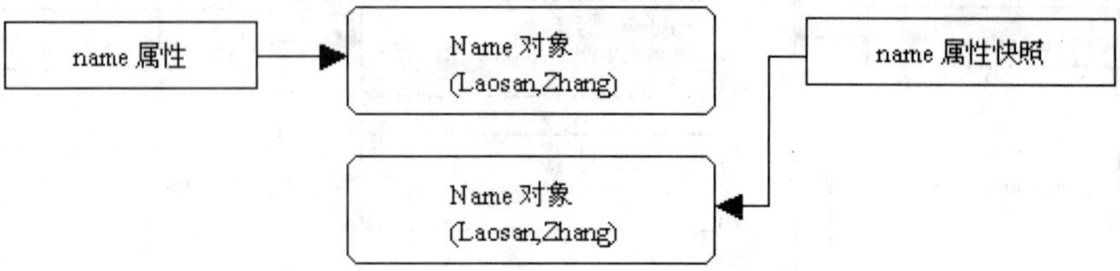

图 11-6　name 属性和与它的快照引用不同的 Name 对象

（2）应用程序修改 Customer 对象的 name 属性，参见图 11-7。

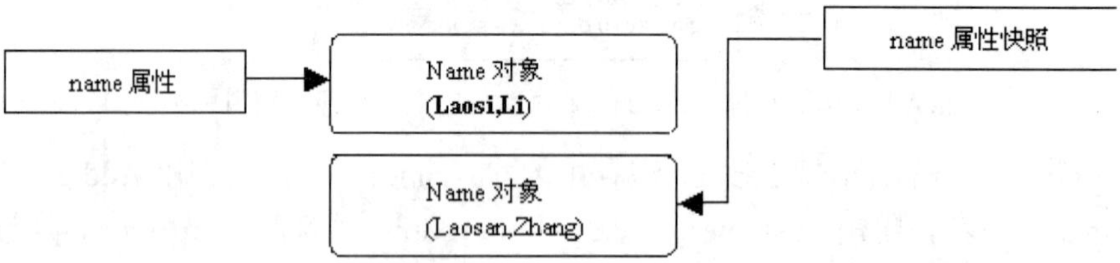

图 11-7　应用程序修改 Customer 对象的 name 属性

（3）Hibernate 清理 Customer 对象时，调用 NameCompositeUserType 类的 equals()方法，比较 Customer 对象的 name 属性是否和它的快照相同。NameCompositeUserType 类的 equals()方法的代码如下：

```
public boolean equals(Object x, Object y) {
   if (x == y) return true;
   if (x == null || y == null) return false;
   return  x.equals(y);
}
```

NameCompositeUserType 类的 equals()方法最后调用 Name 类的 equals()方法，该方法比较两个 Name 对象的 firstname 和 lastname 属性的字符串值是否相同，比较结果为 name 属性与它的快照不同。

（4）Hibernate 在 update 语句中包含和 name 属性对应的字段：

```
update CUSTOMERS set FIRSTNAME='Laosi', LASTNAME='Li' ……
```

如果对 NameCompositeUserType 的 deepCopy()方法做如下修改：

```
public Object deepCopy(Object value) {
   return value;
}
```

那么 Customer 对象的 name 属性与它的快照始终引用同一个 Name 对象，参见图 11-8。

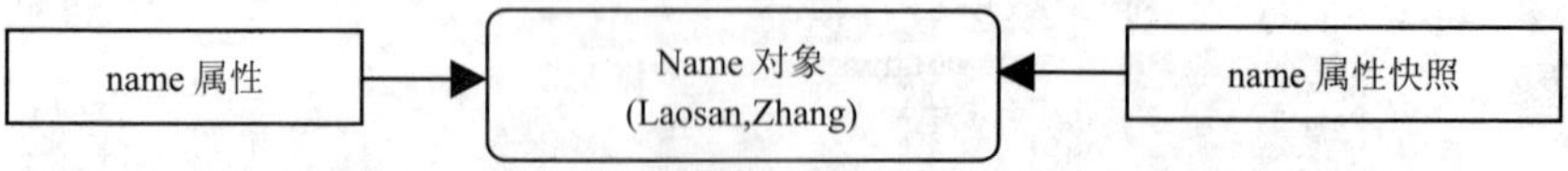

图 11-8　name 属性和与它的快照引用同一个的 Name 对象

当应用程序修改了 Customer 对象的 name 属性的值后，name 属性和它的快照仍然引用同一个 Name 对象，参见图 11-9。

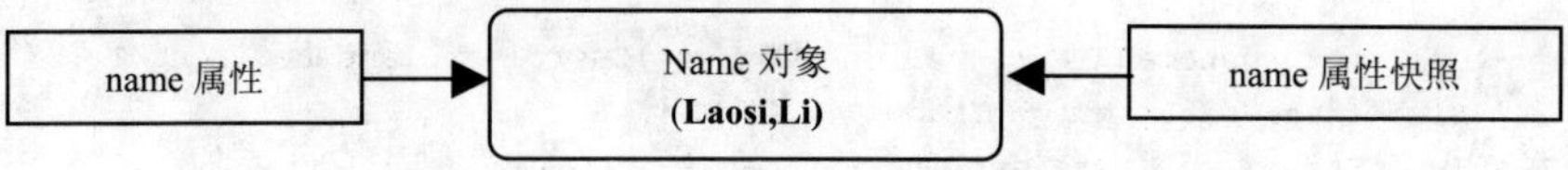

图 11-9　应用程序修改 Customer 对象的 name 属性

因此，Hibernate 调用 NameCompositeUserType 的 equals()方法时，equals()方法返回结果为 name 属性和它的快照相同，所以 Hibernate 不会把 name 属性的变化同步更新到数据库中。

由此可见，对于不可变类（如 Address 类），在它的客户化映射类（如 AddressUserType 类）的 deepCopy()方法中可以直接返回参数；对于可变类（如 Name 类），在它的客户化映射类（如 NameCompositeUserType 类）的 deepCopy()方法中必须返回参数的复制。

6．findCustomerByProvince()方法

该方法按照参数指定的省份查询 Customer 对象，由于 AddressUserType 类仅实现了 UserType 接口，因此不能在 HQL 语句中通过“c.homeAddress.province”的形式来引用 Customer 对象的 homeAddress 属性的 province 属性。

```
tx = session.beginTransaction();
List results=session
  .createQuery("from Customer as c where c.homeAddress.province='"+province+"'")
  .list();
tx.commit();
return results.iterator().hasNext()?(Customer)results.iterator().next():null;
```

在执行以上代码时，Hibernate 会抛出 QueryException 异常：

```
org.hibernate.QueryException: could not resolve property: province of:
mypack.Customer [from mypack.Customer as c
where c.homeAddress.province='homeProvince']
```

7．deleteCustomer()方法

该方法删除一个 Customer 对象，Hibernate 执行以下 SQL 语句：

```
delete from CUSTOMERS where ID=1;
```

11.3　操纵 Blob 和 Clob 类型数据

本章 11.1.3 节介绍了二进制大对象及字符串大对象的映射方法。在持久化类中，二进制大对象可以声明为 byte[]或 java.sql.Blob 类型；字符串大对象可以声明为 java.lang.String 或 java.sql.Clob 类型。

java.sql.Blob 和 java.sql.Clob 是 JDBC API 中的接口。在默认情况下，Blob 和 Clob 接口的实现会使用 SQL 定位器，这意味着当程序从数据库加载 Blob 类型或 Clob 类型的数据时，实际上加载的仅是 Blob 类型或 Clob 类型的数据的逻辑指针。接下来程序需要通过 Blob.getBinaryStream()或 Clob.getCharacterStream()方法得到 Blob 或 Clob 类型的数据的输入流，才可以真正读取到大对象数据。对于以下程序代码：

```
Customer customer=(Customer)session.get(Customer.class,new Long(1);//第 1 行
Blob image=customer.getImage(); //第 2 行
InputStream in=image.getBinaryStream(); //第 3 行
```

第 2 行的 image 变量引用的只是数据库中 Blob 类型的数据的逻辑指针。第 3 行通过 image.getBinaryStream()方法得到 Blob 类型的数据的输入流，才可以真正读取到数据库中的大对象数据。

org.hibernate.Hibernate 类提供了一系列用于创建 Blob 和 Clob 对象的静态方法：

```
public static Blob createBlob(byte[] bytes)
public static Blob createBlob(InputStream stream, int length)
public static Blob createBlob(InputStream stream)
public static Clob createClob(String string)
public static Clob createClob(Reader reader, int length)
```

假定 Customer 类的 image 属性为 java.sql.Blob 类型，在 MySQL 数据库中 CUSTOMERS 表的 IMAGE 字段为 BLOB 类型，在 Customer.hbm.xml 文件中映射 image 属性的代码如下：

```
<property name="image"  type="blob"  column="IMAGE"/>
```

以下例程 11-12 的 BusinessService 类演示了保存和加载具有 Blob 类型的 image 属性的 Customer 对象的过程。

例程 11-12　BusinessService.java

```
package mypack;
……
public class BusinessService{
  public static SessionFactory sessionFactory;
  static{……} //初始化 Hibernate

  public Long saveCustomer() throws Exception{  //保存 Customer 对象
    //读取 photo.gif 文件的二进制数据
    InputStream in=this.getClass().getResourceAsStream("photo.gif");
    byte[] buffer = new byte[in.available()];
    in.read(buffer);
    in.close();

    Session session = sessionFactory.openSession();
    Transaction tx = session.beginTransaction();

    Customer customer=new Customer();
    customer.setName("Tom");
    //创建一个 Blob 对象
    customer.setImage(Hibernate.createBlob(buffer));
    session.save(customer);

    tx.commit();
    session.close();
    return customer.getId();
  }
```

```
    public void loadCustomer(Long id) throws Exception{ //加载 Customer 对象
      Session session = sessionFactory.openSession();
      Transaction tx = session.beginTransaction();
      Customer customer=(Customer)session.get(Customer.class,id);
      getBlob(customer);
      tx.commit();
      session.close();
    }

    public void getBlob(Customer customer)throws Exception{
      //把 Blob 对象保存到 chapter11/11.3/photo_bak.gif 文件中
      Blob image=customer.getImage();
      InputStream in=image.getBinaryStream();
      FileOutputStream fout = new FileOutputStream("11.3\\photo_bak.gif");
      int b=-1;
      while((b=in.read())!=-1)
      fout.write(b);
      fout.close();
      in.close();
    }

    public void test() throws Exception{
        Long id=saveCustomer();
        loadCustomer(id);
    }

    public static void main(String args[]) throws Exception {
      new BusinessService().test();
      sessionFactory.close();
    }
  }
```

本节范例位于配套光盘的 sourcecode/chapter11/11.3 目录下。在 DOS 下转到本例的根目录/chapter11 下，输入命令：ant -file build3.xml run，该命令将依次执行 prepare target、compile target、schema target 和 run target。run target 命令则运行 BusinessService 类。

对于 MySQL 数据库系统，可以通过以下方式，在保存 Customer 对象的同时保存它的 Blob 类型的属性：

```
Customer customer=new Customer();
customer.setName("Tom");
//创建一个 Blob 对象
customer.setImage(Hibernate.createBlob(buffer));
session.save(customer);
```

对于有些数据库系统，可能需要先保存一个空的 Blob 或 Clob 实例。然后锁定数据库中的相应记录，更新它的 Blob 或 Clob 实例，把二进制数据或长文本数据写到 Blob 或 Clob 实例中。以下是按这种方式保存 Customer 对象的 saveCustomer()方法：

```
public Long saveCustomer() throws Exception{
  //读取 photo.gif 文件的二进制数据
  InputStream in=this.getClass().getResourceAsStream("photo.gif");
```

```
        byte[] buffer = new byte[in.available()];
        in.read(buffer);
        in.close();

        Session session = sessionFactory.openSession();
        Transaction tx = session.beginTransaction();

        Customer customer=new Customer();
        customer.setName("Tom");
        //创建一个空的 Blob 对象
        customer.setImage(Hibernate.createBlob(new byte[1]));
        session.save(customer);  //保存 Customer 对象
        session.flush();  //清理缓存
        //锁定这条记录
        session.refresh(customer, LockMode.UPGRADE);

        java.sql.Blob image = customer.getImage();
        OutputStream out=image.setBinaryStream(1);
        out.write(buffer);  //把图片文件的二进制数据写到 Blob 对象中
        out.close();

        tx.commit();
        session.close();

        return customer.getId();
    }
```

假定 Customer 类的 description 属性为 java.sql.Clob 类型，在 Oracle 数据库中的 CUSTOMERS 表的 DESCRIPTION 字段为 CLOB 类型，在 Customer.hbm.xml 文件中映射 description 属性的代码如下：

```
<property name="description" type="clob" column="DESCRITPION"/>
```

以下程序代码用于把包含 Clob 类型的 description 属性的 Customer 对象持久化到 Oracle 数据库中：

```
Session session = sessionFactory.openSession();
Transaction tx = session.beginTransaction();
customer = new Customer();
//先保存一个空的 Clob 实例
customer.setDescription( Hibernate.createClob(" ") );
session.save(customer);
session.flush();
//锁定这条记录
session.refresh(customer, LockMode.UPGRADE );
oracle.sql.CLOB clob = (oracle.sql.CLOB) customer.getDescription();
//把长文本数据写到 Clob 实例中
java.io.Writer pw = clob.setCharacterStream();
pw.write(longText); //longText 变量表示一个长度超过 255 的字符串
pw.close();
tx.commit();
session.close();
```

尽管 java.sql.Blob 和 java.sql.Clob 是处理 Java 大对象的有效方式，但是使用

java.sql.Blob 和 java.sql.Clob 受到以下限制。

（1）程序只有在一个数据库事务范围内，才可以访问 Blob 或者 Clob 类型的实例。在数据库事务以外，访问 Blob 或者 Clob 类型的实例可能会导致异常。

（2）有些数据库系统的 JDBC 驱动程序不支持 java.sql.Blob 或 java.sql.Clob。

（3）持久化类中必须引入 JDBC API 中的 java.sql.Blob 或 java.sql.Clob 类型，这加强了持久化类对 JDBC API 的依赖，削弱了持久化类的独立性。

如果在 Java 应用程序中处理图片或长文件的二进制数据，使用 byte[]比 java.sql.Blob 更方便；如果处理长度超过 255 的字符串，使用 java.lang.String 比 java.sql.Clob 更方便。本书第 3 章例子中的 Customer 类的 image 属性为 byte[]，用于存放图片的二进制数据，description 属性为 java.lang.String 类型，用于存放长文本数据，这个例子详细介绍了把二进制图片数据及长文本数据存储到数据库中的技巧。

前面已经讲到，对于 java.sql.Blob 和 java.sql.Clob 类型，由于其实现使用了 SQL 定位器，因此程序起初从数据库中加载的只是它们的逻辑指针，只有当程序真正需要访问它们时，才会从数据库中加载大对象数据。这可以避免程序把实际上不需要访问的大对象数据加载到内存中，白白浪费时间及内存空间。

如果大对象被定义为 byte[]和 java.lang.String 类型，如何避免加载程序实际上不需要访问的大对象呢？可以采用带字节码增强的延迟检索策略，步骤如下。

（1）在对象-关系映射文件中，把大对象的 lazy 属性设为“true”：

```
<property name="image" column="IMAGE" type="binary" lazy="true" />
```

（2）在 ANT 工具的 build.xml 文件中定义 instrument 任务：

```
<target name="instrument" depends="compile">
   <taskdef name="instrument"
      classname=" org.hibernate.tool.instrument.InstrumentTask">
      <classpath refid="project.class.path"/>
   </taskdef>

   <instrument verbose="true">
      <fileset dir="${class.root}">
         <include name="*.class"/>
      </fileset>
   </instrument>
</target>
```

以上任务能够改写 Customer 持久化类的字节码，使得程序访问 Customer 对象的 getImage()方法时，能够触发 Hibernate 到数据库加载二进制大对象的行为。对于以下代码：

```
Customer customer=(Customer)session.get(Customer.class,new Long(1));
byte[] buffer=customer.getImage();
```

以上第一行程序代码加载的 Customer 对象的 image 属性并没有被真正赋值。第二行程序代码的 customer.getImage()方法访问 image 属性，此时会导致 Hibernate 到数据库中加载二进制大对象的数据，把它赋值给 image 属性。

Tips

如果把 Customer 类的 image 属性定义为 byte[]类型，CUSTOMERS 表的 IMAGE 字段仍然可以是 SQL BLOB 类型。不过，此时仍然应该使用 Hibernate 的 binary 映射类型，而不是 blob 映射类型来映射它们。

11.4 小结

Hibernate 映射类型是 Java 类型和 SQL 类型之间的桥梁。Hibernate 映射类型分为两种：内置映射类型和客户化映射类型。内置映射类型负责把一些常见的 Java 类型映射到相应的 SQL 类型；此外，Hibernate 还允许用户实现 UserType 或 CompositeUserType 接口，来灵活地定制客户化映射类型。CompositeUserType 接口不仅能完成和 UserType 相同的功能，而且还提供了对 Hibernate 查询语言（HQL）的支持。

在创建客户化映射类型时，deepCopy()方法用于生成持久化对象的属性的快照。当 Hibernate 清理缓存中的持久化对象时，会比较对象的属性及相应的快照是否相同，如果不同，就按照更新后的属性值来同步更新数据库。对于可变类型，deepCopy()方法返回属性值的复制，对于不可变类型，deepCopy()方法直接返回属性值。

11.5 思考题

1．对于以下代码，以下哪个说法正确？（单选）

```
<property name="description" type="text" column="DESCRIPTION" />
```

（a）<property>元素的 type 属性用于设定持久化类的 description 属性的 Java 类型。

（b）<property>元素的 type 属性用于设定 Hibernate 映射类型。

（c）<property>元素的 type 属性用于设定数据库表的 DESCRIPTION 字段的 SQL 类型。

（d）从以上代码可以推断出，DESCRIPTION 字段可能为 VARCHAR 或 CLOB 类型。

2．一个持久化类的属性为 java.util.Date 类型，对应的表的字段为 TIME 类型，应该用什么 Hibernate 映射类型进行映射？（单选）

（a）date （b）time （c）timestamp （d）calandar

3．一个持久化类的属性为 byte[]类型，对应的表的字段为 BLOB 类型，应该用什么 Hibernate 映射类型进行映射？（单选）

（a）blob （b）clob （c）binary （d）byte[]

4．在本章 11.2.1 节的例子中，涉及到 Customer 类型的 homeAddress 属性、mypack.Address 类和 mypack.AddressUserType 类。以下哪些说法正确？（多选）

（a）在 Customer 类中，定义了如下 homeAddress 属性：

```
private AddressUserType homeAddress;
```

（b）在 Customer.hbm.xml 文件中，按如下方式映射 homeAddress 属性：

```
<property name="homeAddress" type="mypack.Address" >
        <column name="HOME_PROVINCE" length="15" />
        <column name="HOME_CITY" length="15" />
        <column name="HOME_STREET" length="15" />
        <column name="HOME_ZIPCODE" length="6" />
</property>
```

（c）在 Customer 类中，定义了如下 homeAddress 属性：

```
private Address homeAddress;
```

（d）在 Customer.hbm.xml 文件中，按如下方式映射 homeAddress 属性：

```
<property name="homeAddress" type="mypack.AddressUserType" >
        <column name="HOME_PROVINCE" length="15" />
        <column name="HOME_CITY" length="15" />
        <column name="HOME_STREET" length="15" />
        <column name="HOME_ZIPCODE" length="6" />
</property>
```

5．关于不可变类，以下哪些说法正确？（多选）

（a）不允许修改不可变类的 Java 源代码。

（b）不允许修改不可变类的实例的属性。

（c）不可变类只能有一个实例。

（d）不可变类可以有任意多个实例。

6．以下哪些属于 org.hibernate.usertype.UserType 接口的方法？（多选）

（a）merge(Object original)

（b）isMutable()

（c）deepCopy(Object value)

（d）nullSafeSet(PreparedStatement statement,Object value,int index)

（e）assemble(Serializable cached, Object owner)

第 12 章　映射继承关系

在域模型中，类与类之间除了关联关系和聚集关系，还可以存在继承关系，在图12-1 所示的域模型中，Company 类和 Employee 类之间为一对多的双向关联关系（假定不允许雇员同时在多个公司兼职），Employee 类为抽象类，因此它不能被实例化，它有两个具体的子类：HourlyEmployee 类和 SalariedEmployee 类。由于 Java 只允许一个类最多有一个直接的父类，因此 Employee 类、HourlyEmployee 类和 SalariedEmployee 类构成了一棵继承关系树。

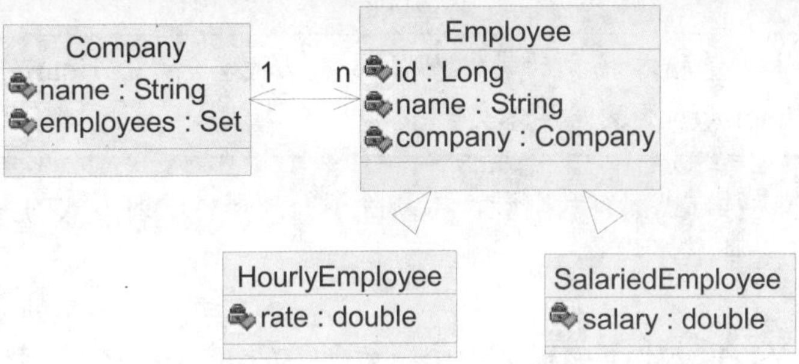

图 12-1　包含继承关系的域模型

在面向对象的范畴中，还存在多态的概念，多态建立在继承关系的基础上。简单地理解，多态是指当一个 Java 应用变量被声明为 Employee 类时，这个变量实际上既可以引用 HourlyEmployee 类的实例，也可以引用 SalariedEmployee 类的实例。以下这段程序代码就体现了多态：

```
List employees= businessService.findAllEmployees();
Iterator it=employees.iterator();
while(it.hasNext()){
      Employee e=(Employee)it.next();
      if(e instanceof HourlyEmployee){
       System.out.println(e.getName()+" "+((HourlyEmployee)e).getRate());
      }else
       System.out.println(e.getName()+" "+((SalariedEmployee)e).getSalary());
}
```

BusinessService 类的 findAllEmployees()方法通过 Hibernate API 从数据库中检索出所有 Employee 对象。findAllEmployees()方法返回的集合既包含 HourlyEmployee 类的实例，也包含 SalariedEmployee 类的实例，这种查询被称为多态查询。以上程序中变量 e 被声明为 Employee 类型，它实际上既可能引用 HourlyEmployee 类的实例，也可能引用 SalariedEmployee 类的实例。

此外，从 Company 类到 Employee 类为多态关联，因为 Company 类的 employees 集合中可以包含 HourlyEmployee 类和 SalariedEmployee 类的实例。从 Employee 类到 Company 类不是多态关联，因为 Employee 类的 company 属性只会引用 Company 类本

身的实例。

数据库表之间并不存在继承关系，那么如何把域模型的继承关系映射到关系数据模型中呢？本章将介绍以下 3 种映射方式：

- 继承关系树的每个具体类对应一个表：关系数据模型完全不支持域模型中的继承关系和多态。
- 继承关系树的根类对应一个表：对关系数据模型进行非常规设计，在数据库表中加入额外的区分子类型的字段。通过这种方式，可以使关系数据模型支持继承关系和多态。
- 继承关系树的每个类对应一个表：在关系数据模型中用外键参照关系来表示继承关系。

Tips

具体类是指非抽象的类，具体类可以被实例化。HourlyEmployee 类和 SalariedEmployee 类就是具体类。

以上每种映射方式都有利有弊，本章除了介绍每种映射方式的具体步骤，还将介绍它们的适用范围。

12.1　继承关系树的每个具体类对应一个表

把每个具体类映射到一张表是最简单的映射方式。如图 12-2 所示，在关系数据模型中只需定义 COMPANIES、HOURLY_EMPLOYEES 和 SALARIED_EMPLOYEES 表。为了叙述的方便，下文把 HOURLY_EMPLOYEES 表简称为 HE 表，把 SALARIED_EMPLOYEES 表简称为 SE 表。HourlyEmployee 类和 HE 表对应，HourlyEmployee 类本身的 rate 属性，以及从 Employee 类中继承的 id 属性和 name 属性，在 HE 表中都有对应的字段。此外，HourlyEmployee 类继承了 Employee 类与 Company 类的关联关系，与此对应，在 HE 表中定义了参照 COMPANIES 表的 COMPANY_ID 外键。

SalariedEmployee 类和 SE 表对应，SalariedEmployee 类本身的 salary 属性，以及从 Employee 类中继承的 id 属性和 name 属性，在 SE 表中都有对应的字段。此外，SalariedEmployee 类继承了 Employee 类与 Company 类的关联关系，与此对应，在 SE 表中定义了参照 COMPANIES 表的 COMPANY_ID 外键。

Company 类、HourlyEmployee 类和 SalariedEmployee 类都有相应的映射文件，而 Employee 类没有相应的映射文件。图 12-3 显示了持久化类、映射文件和数据库表之间的对应关系。

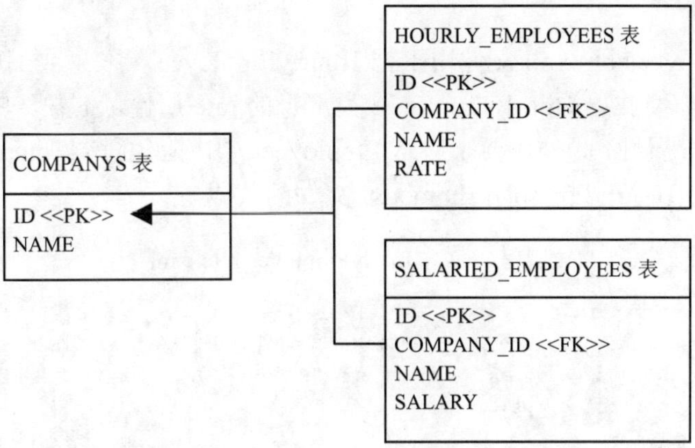

图 12-2　每个具体类对应一个表

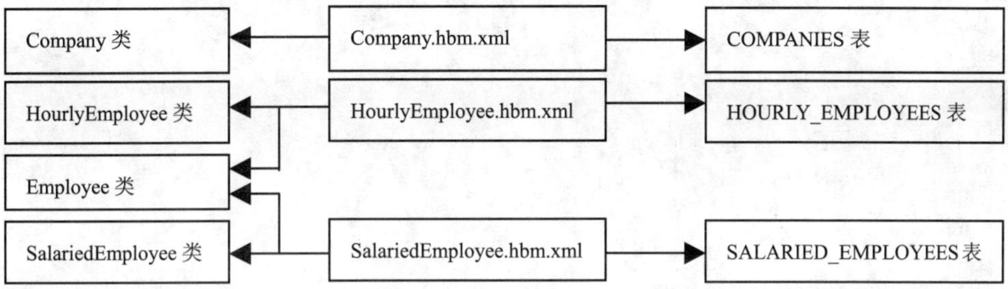

图 12-3　持久化类、映射文件和数据库表之间的对应关系

如果 Employee 类不是抽象类，即 Employee 类本身也能被实例化，那么还需要为 Employee 类创建对应的 EMPLOYEES 表，此时 HE 表和 SE 表的结构仍然和图 12-2 中所示的一样。这意味着在 EMPLOYEES 表、HE 表和 SE 表中都定义了相同的 NAME 字段及参照 COMPANIES 表的外键 COMPANY_ID。另外，还需为 Employee 类创建单独的 Employee.hbm.xml 文件。

12.1.1　创建映射文件

从 Company 类到 Employee 类是多态关联，但是由于关系数据模型没有描述 Employee 类和它的两个子类的继承关系，因此无法映射 Company 类的 employees 集合。例程 12-1 是 Company.hbm.xml 文件的代码，该文件仅映射了 Company 类的 id 和 name 属性。

例程 12-1　Company.hbm.xml

```
<hibernate-mapping >
  <class name="mypack.Company" table="COMPANIES" >
    <id name="id" type="long" column="ID">
      <generator class="increment"/>
    </id>

    <property name="name" type="string"  column="NAME" />

  </class>
</hibernate-mapping>
```

HourlyEmployee.hbm.xml 文件用于把 HourlyEmployee 类映射到 HE 表，在这个映射文件中，除了需要映射 HourlyEmployee 类本身的 rate 属性，还需要映射从 Employee 类中继承的 name 属性，此外还要映射从 Employee 类中继承的与 Company 类的关联关系。例程 12-2 是 HourlyEmployee.hbm.xml 文件的代码。

例程 12-2　HourlyEmployee.hbm.xml

```
<hibernate-mapping >
  <class name="mypack.HourlyEmployee" table="HOURLY_EMPLOYEES">
   <id name="id" type="long" column="ID">
    <generator class="increment"/>
   </id>

   <property name="name" type="string" column="NAME" />
   <property name="rate" column="RATE" type="double" />

   <many-to-one
    name="company"
    column="COMPANY_ID"
    class="mypack.Company"
   />
  </class>
</hibernate-mapping>
```

SalariedEmployee.hbm.xml 文件用于把 SalariedEmployee 类映射到 SE 表，在这个映射文件中，除了需要映射 SalariedEmployee 类本身的 salary 属性，还需要映射从 Employee 类中继承的 name 属性，此外还要映射从 Employee 类中继承的与 Company 类的关联关系。例程 12-3 是 SalariedEmployee.hbm.xml 文件的代码。

例程 12-3　SalariedEmployee.hbm.xml

```
<hibernate-mapping >
  <class name="mypack.SalariedEmployee" table="SALARIED_EMPLOYEES">
   <id name="id" type="long" column="ID">
    <generator class="increment"/>
   </id>

   <property name="name" type="string" column="NAME" />
   <property name="salary" column="SALARY" type="double" />

   <many-to-one
    name="company"
    column="COMPANY_ID"
    class="mypack.Company"
   />
  </class>
</hibernate-mapping>
```

12.1.2　操纵持久化对象

这种映射方式不支持多态查询。对于以下查询语句：

```
List employees=session.createQuery("from Employee").list();
```

如果 Employee 类是抽象类，那么 Hibernate 会抛出异常。如果 Employee 类是具体类，那么 Hibernate 仅查询 EMPLOYEES 表，检索出 Employee 类本身的实例，但不会检索出它的两个子类的实例。

本节的范例程序位于配套光盘的 sourcecode\chapter12\12.1 目录下，运行该程序前，需要在 SAMPLEDB 数据库中手工创建 COMPANIES 表、HE 表和 SE 表，然后加入测试数据，相关的 SQL 脚本文件为\12.1\schema\sampledb.sql。

在 chapter12 目录下有 4 个 ANT 的工程文件，分别为 build1.xml、build2.xml、build3.xml 和 build4.xml，它们的区别在于文件开头设置的路径不一样，如在 build1.xml 文件中设置了以下路径：

```
<property name="source.root" value="12.1/src"/>
<property name="class.root" value="12.1/classes"/>
<property name="lib.dir" value="lib"/>
<property name="schema.dir" value="12.1/schema"/>
```

在 DOS 命令行下进入 chapter12 根目录，然后输入命令：

```
ant -file build1.xml run
```

就会运行 BusinessService 类。ANT 命令的-file 选项用于显式指定工程文件。BusinessService 类用于演示操纵 Employee 类的对象的方法，例程 12-4 是它的源程序。

例程 12-4　BusinessService.java

```
public class BusinessService{
  public static SessionFactory sessionFactory;
  static{……} /* 初始化Hibernate，创建SessionFactory实例 */

  public void saveEmployee(Employee employee){……}
  public List findAllEmployees(){……}
  public Company loadCompany(long id){……}

  public void test(){
     List employees=findAllEmployees();
     printAllEmployees(employees.iterator());

     Company company=loadCompany(1);
     printAllEmployees(company.getEmployees().iterator());

     Employee employee=new HourlyEmployee("Mary",300,company);
     saveEmployee(employee);
  }

  private void printAllEmployees(Iterator it){
    while(it.hasNext()){
      Employee e=(Employee)it.next();
      if(e instanceof HourlyEmployee){
        System.out.println(((HourlyEmployee)e).getRate());
      }else
        System.out.println(((SalariedEmployee)e).getSalary());
    }
```

```
    }
    public static void main(String args[]){
      new BusinessService().test();
      sessionFactory.close();
    }
  }
```

BusinessService 的 main()方法调用 test()方法，test()方法依次调用以下方法。

- findAllEmployees()：检索数据库中所有的 Employee 对象。
- loadCompany()：加载一个 Company 对象。
- saveEmployee()：保存一个 Employee 对象。

（1）运行 findAllEmployees()方法，它的代码如下：

```
List results=new ArrayList();
tx = session.beginTransaction();
List hourlyEmployees=session.createQuery("from HourlyEmployee").list();
results.addAll(hourlyEmployees);

List salariedEmployees=session.createQuery("from SalariedEmployee").list();
results.addAll(salariedEmployees);

tx.commit();
return results;
```

为了检索所有的 Employee 对象，必须分别检索所有的 HourlyEmployee 实例和 SalariedEmployee 实例，然后把它们合并到同一个集合中。在运行第一个 Query 的 list()方法时，Hibernate 执行以下 select 语句：

```
select * from HOURLY_EMPLOYEES;
```

在运行第二个 Query 的 list()方法时，Hibernate 执行以下 select 语句：

```
select * from SALARIED_EMPLOYEES;
```

（2）运行 loadCompany()方法，它的代码如下：

```
tx = session.beginTransaction();
Company company=(Company)session.get(Company.class,new Long(id));

List hourlyEmployees=session
.createQuery("from HourlyEmployee h where h.company.id="+id)
.list();
company.getEmployees().addAll(hourlyEmployees);

List salariedEmployees=session
.createQuery("from SalariedEmployee s where s.company.id="+id)
.list();
company.getEmployees().addAll(salariedEmployees);

tx.commit();
return company;
```

由于这种映射方式不支持多态关联，因此由 Session 的 get()方法加载的 Company 对象的 employees 集合中不包含任何 Employee 对象。BusinessService 类必须负责从数据库中检索出所有与 Company 对象关联的 HourlyEmployee 对象及 SalariedEmployee 对象，然后把它们加入到 employees 集合中。

（3）运行 saveEmployee(Employee employee)方法，它的代码如下：

```
tx = session.beginTransaction();
session.save(employee);
tx.commit();
```

在 test()方法中，创建了一个 HourlyEmployee 实例，然后调用 saveEmployee()方法保存这个实例：

```
Employee employee=new HourlyEmployee("Mary",300,company);
saveEmployee(employee);
```

Session 的 save()方法能判断 employee 变量实际引用的实例的类型，如果 employee 变量引用 HourlyEmployee 实例，就向 HE 表插入一条记录，执行如下 insert 语句：

```
insert into HOURLY_EMPLOYEES(ID,NAME,RATE,CUSTOMER_ID)
values(3, 'Mary',300,1);
```

如果 employee 变量引用 SalariedEmployee 实例，就向 SE 表插入一条记录。

12.2　继承关系树的根类对应一个表

这种映射方式只需为继承关系树的 Employee 根类创建一张表 EMPLOYEES。如图 12-4 所示，在 EMPLOYEES 表中不仅提供和 Employee 类的属性对应的字段，还要提供和它的两个子类的所有属型对应的字段，此外，EMPLOYEES 表中需要额外加入一个字符串类型的 EMPLOYEE_TYPE 字段，用于区分 Employee 的具体类型。

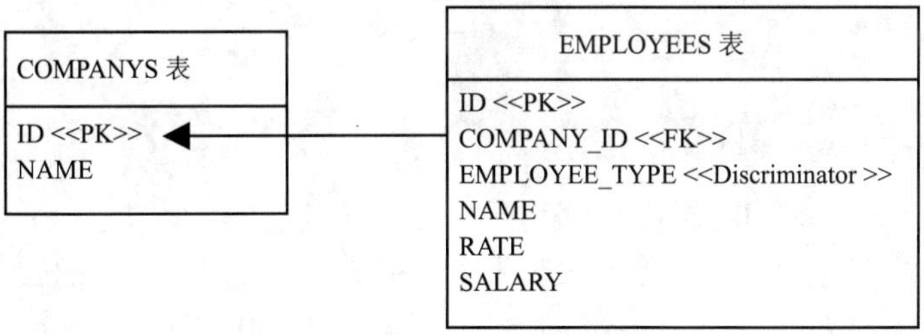

图 12-4　继承关系树的根类对应一个表

Company 类和 Employee 类有相应的映射文件，而 HourlyEmployee 类和 SalariedEmployee 类没有相应的映射文件。图 12-5 显示了持久化类、映射文件和数据库表之间的对应关系。

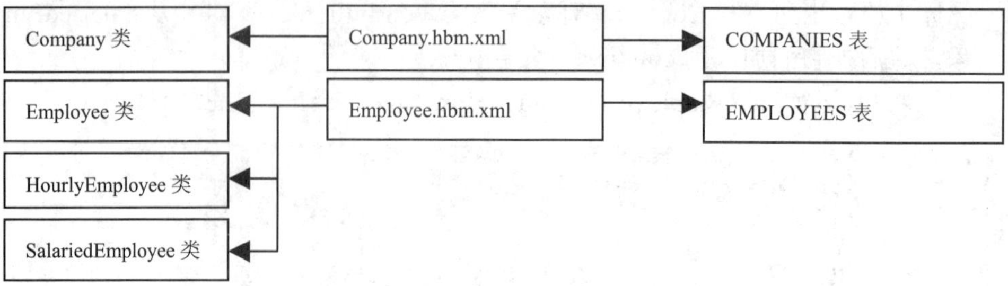

图 12-5 持久化类、映射文件和数据库表之间的对应关系

12.2.1 创建映射文件

从 Company 类到 Employee 类是多态关联，由于关系数据模型可以反映出 Employee 类和它的两个子类的继承关系，因此可以映射 Company 类的 employees 集合。例程 12-5 是 Company.hbm.xml 文件的代码，该文件不仅映射了 Company 类的 id 和 name 属性，还映射了它的 employees 集合。

例程 12-5 Company.hbm.xml

```
<hibernate-mapping >
  <class name="mypack.Company" table="COMPANIES" >
    <id name="id" type="long" column="ID">
      <generator class="increment"/>
    </id>

    <property name="name" type="string"  column="NAME" />
    <set
        name="employees"
        inverse="true" >
        <key column="COMPANY_ID" />
        <one-to-many class="mypack.Employee" />
    </set>

  </class>
</hibernate-mapping>
```

Employee.hbm.xml 文件用于把 Employee 类映射到 EMPLOYEES 表，在这个映射文件中，除了需要映射 Employee 类本身的属性，还需要在<subclass>元素中映射两个子类的属性。例程 12-6 是 Employee.hbm.xml 文件的代码。

例程 12-6 Employee.hbm.xml

```
<hibernate-mapping >
  <class name="mypack.Employee" table="EMPLOYEES">
    <id name="id" type="long" column="ID">
      <generator class="increment"/>
    </id>
    <discriminator column="EMPLOYEE_TYPE" type="string"  />
    <property name="name" type="string" column="NAME" />

    <many-to-one
```

```
        name="company"
        column="COMPANY_ID"
        class="mypack.Company"
      />

      <subclass name="mypack.HourlyEmployee" discriminator-value="HE" >
        <property name="rate" column="RATE" type="double" />
      </subclass>

      <subclass name="mypack.SalariedEmployee" discriminator-value="SE" >
        <property name="salary" column="SALARY" type="double" />
      </subclass>

    </class>

</hibernate-mapping>
```

在 Employee.hbm.xml 文件中，<discriminator>元素指定 EMPLOYEES 表中用于区分 Employee 类型的字段为 EMPLOYEE_TYPE，两个<subclass>元素用于映射 HourlyEmployee 类和 SalariedEmployee 类，<subclass>元素的 discriminator-value 属性指定 EMPLOYEE_TYPE 字段的取值。EMPLOYEES 表中有以下记录：

ID	NAME	EMPLOYEE_TYPE	RATE	SALARY	COMPANY_ID
1	Tom	HE	100	NULL	1
2	Mike	HE	200	NULL	1
3	Jack	SE	NULL	5000	1
4	Linda	SE	NULL	6000	1

其中 ID 为 1 和 2 的记录的 EMPLOYEE_TYPE 字段的取值为“HE”，因此它们对应 HourlyEmployee 类的实例，其中 ID 为 3 和 4 的记录的 EMPLOYEE_TYPE 字段的取值为“SE”，因此它们对应 SalariedEmployee 类的实例。

这种映射方式要求 EMPLOYEES 表中和子类属性对应的字段允许为 null，如 ID 为 1 和 2 的记录的 SALARY 字段为 null，而 ID 为 3 和 4 的记录的 RATE 字段为 null。如果业务需求规定 SalariedEmployee 对象的 rate 属性不允许为 null，显然无法在 EMPLOYEES 表中为 SALARY 字段定义 not null 约束，可见这种映射方式无法保证关系数据模型的数据完整性。

如果 Employee 类不是抽象类，即它本身也能被实例化，那么可以在<class>元素中定义它的 discriminator 值，形式如下：

```
<class name="mypack.Employee" table="EMPLOYEES" discriminator-value="EE">
```

以上代码表明，如果 EMPLOYEES 表中一条记录的 EMPLOYEE_TYPE 字段的取值为“EE”，那么它对应 Employee 类本身的实例。

12.2.2 操纵持久化对象

这种映射方式支持多态查询，对于以下查询语句：

```
List employees=session.createQuery("from Employee").list();
```

Hibernate 会检索出所有的 HourlyEmployee 对象和 SalariedEmployee 对象。此外，也可以单独查询 Employee 类的两个子类的实例，例如：

```
List hourlyEmployees=session.createQuery("from HourlyEmployee").list();
```

本节的范例程序位于配套光盘的 sourcecode\chapter12\12.2 目录下，运行该程序前，需要在 SAMPLEDB 数据库中手工创建 COMPANIES 表和 EMPLOYEES 表，然后加入测试数据，相关的 SQL 脚本文件为\12.2\schema\sampledb.sql。

在 DOS 命令行下进入 chapter12 根目录，然后输入命令：

```
ant -file build2.xml run
```

就会运行 BusinessService 类。BusinessService 的 main()方法调用 test()方法，test()方法依次调用以下方法：

- findAllHourlyEmployees()：检索数据库中所有的 HourlyEmployee 对象。
- findAllEmployees()：检索数据库中所有的 Employee 对象。
- loadCompany()：加载一个 Company 对象。
- saveEmployee()：保存一个 Employee 对象。

（1）运行 findAllHourlyEmployees()方法，它的代码如下：

```
tx = session.beginTransaction();
List results=session.createQuery("from HourlyEmployee").list();
tx.commit();
return results;
```

在运行 Query 的 list()方法时，Hibernate 执行以下 select 语句：

```
select * from EMPLOYEES where EMPLOYEE_TYPE='HE' ;
```

（2）运行 findAllEmployees()方法，它的代码如下：

```
tx = session.beginTransaction();
List results=session.createQuery("from Employee").list();
tx.commit();
return results;
```

在运行 Query 的 list()方法时，Hibernate 执行以下 select 语句：

```
select * from EMPLOYEES;
```

在这种映射方式下，Hibernate 支持多态查询，对于从 EMPLOYEES 表获得的查询结果，如果 EMPLOYEE_TYPE 字段取值为“HE”，就创建 HoulyEmployee 实例，如果 EMPLOYEE_TYPE 字段取值为“SE”，就创建 SalariedEmployee 实例。

（3）运行 loadCompany()方法，它的代码如下：

```
tx = session.beginTransaction();
Company company=(Company)session.get(Company.class,new Long(id));
Hibernate.initialize(company.getEmployees());
tx.commit();
```

这种映射方式支持多态关联。如果在 Company.hbm.xml 文件中对 employees 集合设置了立即检索策略，那么 Session 的 get()方法加载的 Company 对象的 employees 集合中包含所有关联的 Employee 对象。由于本书提供的 Company.hbm.xml 文件对 employees 集合采用默认的延迟检索策略，因此以上程序代码通过 Hibernate 类的静态 initialize()方法来显式初始化 employees 集合。本书第 16 章（Hibernate 的检索策略）对各种检索策略做了详细的介绍。

（4）运行 saveEmployee(Employee employee)方法，它的代码如下：

```
tx = session.beginTransaction();
session.save(employee);
tx.commit();
```

在 test()方法中，创建了一个 HourlyEmployee 实例，然后调用 saveEmployee()方法保存这个实例：

```
Employee employee=new HourlyEmployee("Mary",300,company);
saveEmployee(employee);
```

Session 的 save()方法能判断 employee 变量实际引用的实例的类型，如果 employee 变量引用 HourlyEmployee 实例，就执行如下 insert 语句：

```
insert into EMPLOYEES(ID,NAME,RATE,EMPLOYEE_TYPE,CUSTOMER_ID)
values(5, 'Mary ',300, 'HE',1);
```

以上 insert 语句没有为 SalariedEmployee 类的 salary 属性对应的 SALARY 字段赋值，因此这条记录的 SALARY 字段为 null。

12.3　继承关系树的每个类对应一个表

在这种映射方式下，继承关系树的每个类及接口都对应一个表。在本例中，需要创建 EMPLOYEES、HE 和 SE 表。如图 12-6 所示，EMPLOYEES 表仅包含和 Employee 类的属性对应的字段，HE 表仅包含和 HourlyEmployee 类的属性对应的字段，SE 表仅包含和 SalariedEmployee 类的属性对应的字段。此外，HE 表和 SE 表都以 EMPLOYEE_ID 字段作为主键，该字段还同时作为外键参照 EMPLOYEES 表。

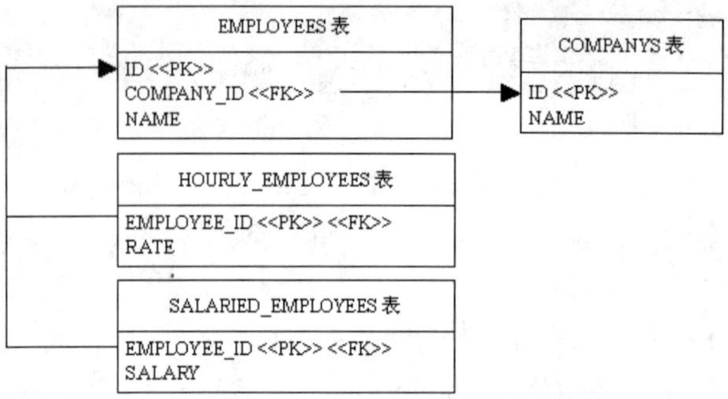

图 12-6　继承关系树的每个类对应一个表

Company 类和 Employee 类有相应的映射文件，而 HourlyEmployee 类和 SalariedEmployee 类没有相应的映射文件。图 12-7 显示了持久化类、映射文件和数据库表之间的对应关系。

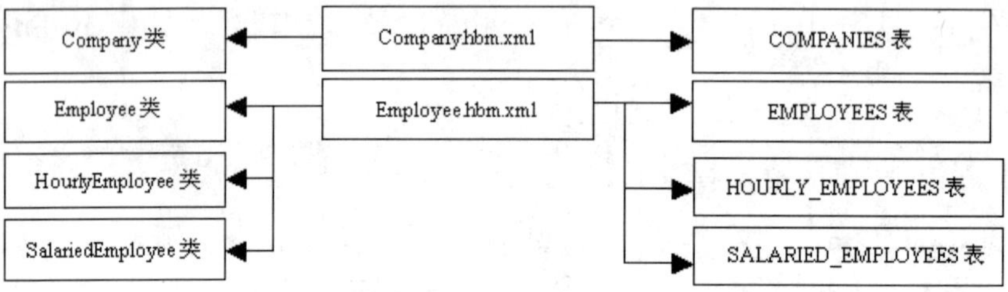

图 12-7　持久化类、映射文件和数据库表之间的对应关系

12.3.1　创建映射文件

从 Company 类到 Employee 类是多态关联，由于关系数据模型反映出了 Employee 类和它的两个子类的继承关系，因此可以映射 Company 类的 employees 集合。例程 12-7 是 Company.hbm.xml 文件的代码，该文件不仅映射了 Company 类的 id 和 name 属性，还映射了它的 employees 集合。

例程 12-7　Company.hbm.xml

```
<hibernate-mapping >
  <class name="mypack.Company" table="COMPANIES" >
    <id name="id" type="long" column="ID">
      <generator class="increment"/>
    </id>

    <property name="name" type="string"  column="NAME" />
    <set
        name="employees"
        inverse="true" >
        <key column="COMPANY_ID" />
        <one-to-many class="mypack.Employee" />
    </set>

  </class>
</hibernate-mapping>
```

Employee.hbm.xml 文件用于把 Employee 类映射到 EMPLOYEES 表，在这个映射文件中，除了需要映射 Employee 类本身的属性，还需要在<joined-subclass>元素中映射两个子类的属性。例程 12-8 是 Employee.hbm.xml 文件的代码。

例程 12-8　Employee.hbm.xml

```
<hibernate-mapping >

  <class name="mypack.Employee" table="EMPLOYEES">
    <id name="id" type="long" column="ID">
      <generator class="increment"/>
    </id>
    <property name="name" type="string" column="NAME" />

    <many-to-one
      name="company"
      column="COMPANY_ID"
      class="mypack.Company"
    />

    <joined-subclass name="mypack.HourlyEmployee" table="HOURLY_EMPLOYEES" >
       <key column="EMPLOYEE_ID" />
       <property name="rate" column="RATE" type="double" />
    </joined-subclass>

    <joined-subclass name="mypack.SalariedEmployee"  table="SALARIED_EMPLOYEES" >
       <key column="EMPLOYEE_ID" />
       <property name="salary" column="SALARY" type="double" />
    </joined-subclass>

  </class>
</hibernate-mapping>
```

在 Employee.hbm.xml 文件中，两个<joined-subclass>元素用于映射 HourlyEmployee 类和 SalariedEmployee 类，<joined-subclass>元素的<key>子元素指定 HE 表和 SE 表中既作为主键，又作为外键的 EMPLOYEE_ID 字段。图 12-8 显示了 EMPLOYEES 表、HE 表和 SE 表中记录的参照关系。

HOURLY_EMPLOYEES 表

EMPLOYEE_ID	RATE
1	100
2	200

EMPLOYEES 表

ID	NAME	COMPANY_ID
1	Tom	1
2	Mike	1
3	Jack	1
4	Linda	1

SALARIED_EMPLOYEES 表

EMPLOYEE_ID	SALARY
3	5000
4	6000

图 12-8　EMPLOYEES 表、HE 表和 SE 表中记录的参照关系

也可以在单独的映射文件中配置<subclass>或<joined-subclass>元素，但此时必须显式设定它们的 extends 属性。例如，可以在单独的 HourlyEmployee.hbm.xml 文件中映射 HourlyEmployee 类：

```
<hibernate-mapping>
  <joined-subclass
```

```
    name="mypack.HourlyEmployee"
    table="HOURLY_EMPLOYEES"
    extends="mypack.Employee" >
    ……
  </joined-class>
<hibernate-mapping>
```

12.3.2 操纵持久化对象

这种映射方式支持多态查询，对于以下查询语句：

```
List employees=session.createQuery("from Employee").list();
```

Hibernate 会检索出所有的 HourlyEmployee 对象和 SalariedEmployee 对象。此外，也可以单独查询 Employee 类的两个子类的实例，例如：

```
List hourlyEmployees=session.createQuery("from HourlyEmployee").list();
```

本节的范例程序位于配套光盘的 sourcecode\chapter12\12.3 目录下，运行该程序前，需要在 SAMPLEDB 数据库中手工创建 COMPANIES 表、EMPLOYEES 表、HE 表和 SE 表，然后加入测试数据，相关的 SQL 脚本文件为\12.3\schema\sampledb.sql。

在 DOS 命令行下进入 chapter12 根目录，然后输入命令：

```
ant -file build3.xml run
```

就会运行 BusinessService 类。BusinessService 的 main()方法调用 test()方法，test()方法依次调用以下方法：

- findAllHourlyEmployees()：检索数据库中所有的 HourlyEmployee 对象。
- findAllEmployees()：检索数据库中所有的 Employee 对象。
- loadCompany()：加载一个 Company 对象。
- saveEmployee()：保存一个 Employee 对象。

（1）运行 findAllHourlyEmployees()方法，它的代码如下：

```
tx = session.beginTransaction();
List results=session.createQuery("from HourlyEmployee").list();
tx.commit();
return results;
```

在运行 Query 的 list()方法时，Hibernate 执行以下 select 语句：

```
select * from HOURLY_EMPLOYEES he inner join EMPLOYEES e
on he.EMPLOYEE_ID=e.ID;
```

Hibernate 通过 HE 表与 EMPLOYEES 表的内连接获得 HourlyEmployee 对象的所有属性值。

（2）运行 findAllEmployees()方法，它的代码如下：

```
tx = session.beginTransaction();
List results=session.createQuery("from Employee").list();
tx.commit();
return results;
```

在运行 Query 的 list()方法时，Hibernate 执行以下 select 语句：

```
select * from EMPLOYEES e
left outer join HOURLY_EMPLOYEES he on e.ID=he.EMPLOYEE_ID
left outer join SALARIED_EMPLOYEES se on e.ID=se.EMPLOYEE_ID;
```

Hibernate 把 EMPLOYEES 表与 HE 表及 SE 表进行左外连接，从而获得 HourlyEmployee 对象和 SalariedEmployee 对象的所有属性值。在这种映射方式下，Hibernate 支持多态查询，对于以上查询语句获得的查询结果，如果 HE 表的 EMPLOYEE_ID 字段不为 null，就创建 HoulyEmployee 实例；如果 SE 表的 EMPLOYEE_ID 字段不为 null，就创建 SalariedEmployee 实例。

（3）运行 loadCompany()方法，它的代码如下：

```
tx = session.beginTransaction();
Company company=(Company)session.get(Company.class,new Long(id));
Hibernate.initialize(company.getEmployees());
tx.commit();
```

这种映射方式支持多态关联。如果在 Company.hbm.xml 文件中对 employees 集合设置了立即检索策略，那么 Session 的 get()方法加载的 Company 对象的 employees 集合中包含所有关联的 Employee 对象。由于本书提供的 Company.hbm.xml 文件对 employees 集合使用了默认的延迟检索策略，因此以上程序代码还通过 Hibernate 类的静态 initialize()方法来显式初始化 employees 集合，初始化时执行以下 select 语句：

```
select e.COMPANY_ID, e.ID,e.NAME, e.COMPANY_ID,
he.RATE, se.SALARY,
case when he.EMPLOYEE_ID is not null then 1
when se.EMPLOYEE_ID is not null then 2
when e.ID is not null then 0 end as clazz
from EMPLOYEES e left outer join HOURLY_EMPLOYEES he on e.ID=he.EMPLOYEE_ID
left outer join SALARIED_EMPLOYEES se on e.ID=se.EMPLOYEE_ID
where e.COMPANY_ID=1
```

（4）运行 saveEmployee(Employee employee)方法，它的代码如下：

```
tx = session.beginTransaction();
session.save(employee);
tx.commit();
```

在 test()方法中，创建了一个 HourlyEmployee 实例，然后调用 saveEmployee()方法保存这个实例：

```
Employee employee=new HourlyEmployee("Mary",300,company);
saveEmployee(employee);
```

Session 的 save()方法能判断 employee 变量实际引用的实例的类型，如果 employee 变量引用 HourlyEmployee 实例，就执行如下 insert 语句：

```
insert into EMPLOYEES (ID,NAME, COMPANY_ID) values (5, 'Mary', 1);
insert into HOURLY_EMPLOYEES (EMPLOYEE_ID ,RATE) values (5, 300);
```

可见，每保存一个 HourlyEmployee 对象，需要分别向 EMPLOYEES 表和 HE 表插入一条记录，EMPLOYEES 表的记录和 HE 表的记录共享同一个主键。

12.4 选择继承关系的映射方式

本章介绍的 3 种映射方式各有优缺点，表 12-1 对这 3 种映射方式做了比较。

表 12-1 比较 3 种映射方式

比 较 方 面	每个具体类对应一个表	根类对应一个表	每个类对应一个表
关系数据模型的复杂度	缺点：每个具体类对应一个表，这些表中包含重复字段	优点：只需创建一个表	缺点：表的数目最多，并且表之间还有外键参照关系
查询性能	缺点：如果要查询父类的对象，必须查询所有具体的子类对应的表	优点：有很好的查询性能，无须进行表的连接	缺点：需要进行表的内连接或左外连接
数据库 Schema 的可维护性	缺点：如果父类的属性发生变化，必须修改所有具体的子类对应的表	优点：只需修改一张表	优点：如果某个类的属性发生变化，只需修改和这个类对应的表
是否支持多态查询和多态关联	缺点：不支持	优点：支持	优点：支持
是否符合关系数据模型的常规设计规则	优点：符合	缺点：（1）在表中引入额外的区分子类的类型的字段；（2）如果子类中的某个属性不允许为 null，在表中无法为对应的字段创建 not null 约束	优点：符合

如果不需要支持多态查询和多态关联，可以采用每个具体类对应一个表的映射方式，如果需要支持多态查询和多态关联，并且子类包含的属性不多，可以采用根类对应一个表的映射方式，如果需要支持多态查询和多态关联，并且子类包含的属性很多，可以采用每个类对应一个表的映射方式。如果继承关系树中包含接口，可以把它当做抽象类来处理。

图 12-9 显示了一棵复杂的继承关系树，其中 DOClass 类为抽象类，其他均为具体类。

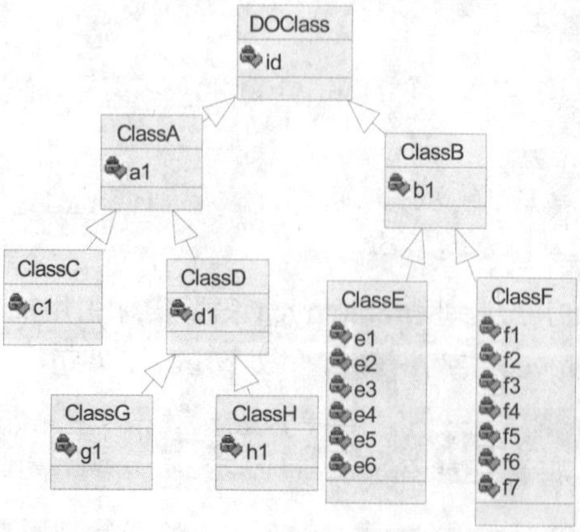

图 12-9 复杂的继承关系树

可以将图 12-9 的继承关系树分解为 3 棵子树：

- DOClass 类、ClassA 类和 ClassB 类为一棵子树：DOClass 类为抽象类，位于整个继承关系树的顶层，通常不会对它进行多态查询，因此可以采用每个具体类对应一个表的映射方式，ClassA 类对应 TABLE_A 表，ClassB 类对应 TABLE_B 表。
- ClassA 类、ClassC 类、ClassD 类、ClassG 类和 ClassH 类为一棵子树：ClassA 类的所有子类都只包含少量属性，因此可以采用根类对应一个表的映射方式，ClassA 类对应 TABLE_A 表。
- ClassB 类、ClassE 类和 ClassF 为一棵子树：ClassB 类的两个子类都包含很多属性，因此采用每个类对应一个表的映射方式，ClassB 类对应 TABLE_B 表，ClassE 类对应 TABLE_E 表，ClassF 类对应 TABLE_F 表。

如图 12-10 所示，在关系数据模型中，只需创建 TABLE_A、TABLE_B、TABLE_E 和 TABLE_F 表，其中 TABLE_A 中包含了与 DOClass、ClassA、ClassC、ClassD、ClassG 和 ClassH 的属性对应的字段。TABLE_B 中包含了与 DOClass 和 ClassB 的属性对应的字段，TABLE_E 和 TABLE_F 的 B_ID 字段既是主键，又是参照 TABLE_B 表的外键。

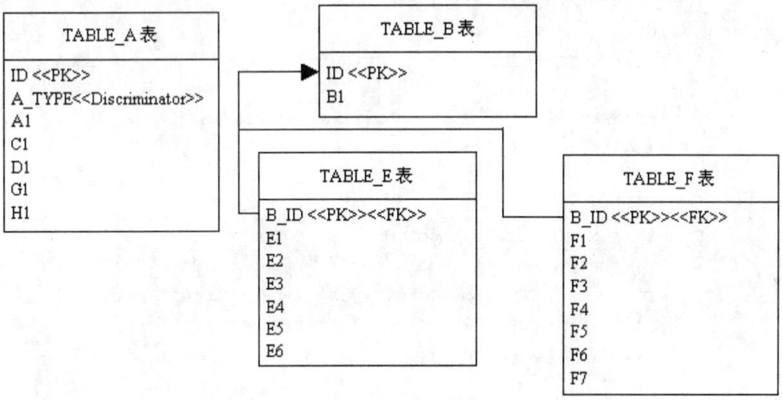

图 12-10　复杂继承关系树对应的关系数据模型

只需创建两个映射文件，ClassA.hbm.xml 和 ClassB.hbm.xml，例程 12-9 和例程 12-10 分别为它们的源代码。

例程 12-9　ClassA.hbm.xml

```
<hibernate-mapping >
  <class name="mypack.ClassA" table="TABLE_A" discriminator-value="A" >
    <id name="id" type="long" column="ID">
      <generator class="increment"/>
    </id>
    <discriminator column="A_TYPE" type="string"  />
    <property name="a1" type="string" column="A1" />

    <subclass name="mypack.ClassC" discriminator-value="C" >
      <property name="c1" column="C1" type="string" />
    </subclass>
```

```
        <subclass name="mypack.ClassD" discriminator-value="D" >
          <property name="d1" column="D1" type="string" />

          <subclass name="mypack.ClassG" discriminator-value="G" >
            <property name="g1" column="G1" type="string" />
          </subclass>

          <subclass name="mypack.ClassH" discriminator-value="H" >
            <property name="h1" column="H1" type="string" />
          </subclass>
        </subclass>
      </class>
    </hibernate-mapping>
```

例程 12-10　ClassB.hbm.xml

```
<hibernate-mapping >

  <class name="mypack.ClassB" table="TABLE_B">
    <id name="id" type="long" column="ID">
      <generator class="increment"/>
    </id>
    <property name="b1" type="string" column="B1" />

    <joined-subclass name="mypack.ClassE"  table="TABLE_E">
      <key column="B_ID" />
      <property name="e1" column="E1" type="string" />
      <property name="e2" column="E2" type="string" />
      <property name="e3" column="E3" type="string" />
      <property name="e4" column="E4" type="string" />
      <property name="e5" column="E5" type="string" />
      <property name="e6" column="E6" type="string" />
    </joined-subclass >

    <joined-subclass name="mypack.ClassF"  table="TABLE_F">
      <key column="B_ID" />
      <property name="f1" column="F1" type="string" />
      <property name="f2" column="F2" type="string" />
      <property name="f3" column="F3" type="string" />
      <property name="f4" column="F4" type="string" />
      <property name="f5" column="F5" type="string" />
      <property name="f6" column="F6" type="string" />
    </joined-subclass >
  </class>
</hibernate-mapping>
```

在 ClassA.hbm.xml 文件中，在用于映射 ClassD 的<subclass>元素中还嵌入了两个<subclass>元素，它们分别映射 ClassG 和 ClassH 类。在<class>及所有的<subclass>元素中都设置了 discriminator-value 属性，Hibernate 根据 discriminator-value 属性来判断 TABLE_A 表中的记录对应哪个类的实例，如果 TABLE_A 表的一条记录的 A_TYPE 字段取值为“A”，表明它是 ClassA 类的实例；如果 A_TYPE 字段取值为“G”，表明它是 ClassG 类的实例，依次类推。

Tips

值得注意的是，在<subclass>元素中只能嵌入<subclass>子元素，但不能嵌入 <joined-subclass> 子元素，而在 <joined-subclass> 元素中只能嵌入<joined-subclass>子元素，但不能嵌入<subclass>子元素。

本节的范例程序位于配套光盘的 sourcecode\chapter12\12.4 目录下，运行该程序前，需要在 SAMPLEDB 数据库中手工创建 TABLE_A 表、TABLE_B 表、TABLE_E 表和 TABLE_F 表，相关的 SQL 脚本文件为\12.4\schema\sampledb.sql。

在 DOS 命令行下进入 chapter12 根目录，然后输入命令：

```
ant -file build4.xml run
```

就会运行 BusinessService 类。BusinessService 的 main()方法调用 test()方法，test()方法调用 saveDO(DOClass Object)方法，它负责保存一个 DOClass 对象，saveDO()方法的代码如下：

```
tx = session.beginTransaction();
session.save(object);
tx.commit();
```

在 test()方法中，创建了一个 ClassG 类的实例和一个 ClassF 类的实例，然后调用 saveDO()方法分别保存这两个实例：

```
ClassG g=new ClassG("a1","d1","g1");
saveDO(g);

ClassF f=new ClassF("b1","f1","f2","f3","f4","f5","f6","f7");
saveDO(f);
```

Session 的 save()方法能判断 object 变量实际引用的实例的类型，如果 object 变量引用 ClassG 类的实例，就执行如下 insert 语句：

```
insert into TABLE_A (ID,A1,D1,G1,A_TYPE) values (1, 'a1', 'd1', 'g1','G');
```

如果 object 变量引用 ClassF 类的实例，就执行如下 insert 语句：

```
insert into TABLE_B (ID,B1) values (1, 'b1');
insert into TABLE_F (B_ID ,F1, F2, F3, F4, F5, F6) values (1, 'f1', 'f2', 'f3',
'f4', 'f5', 'f6', 'f7');
```

12.5　映射多对一多态关联

Company 与 Employee 类之间为一对多多态关联关系，如果继承关系树的根类对应一个表，或者每个类对应一个表，那么就能映射 Company 类的 employees 集合。本节介绍如何映射多对一多态关联。如图 12-11 所示，ClassD 与 ClassA 为多对一多态关联关系。

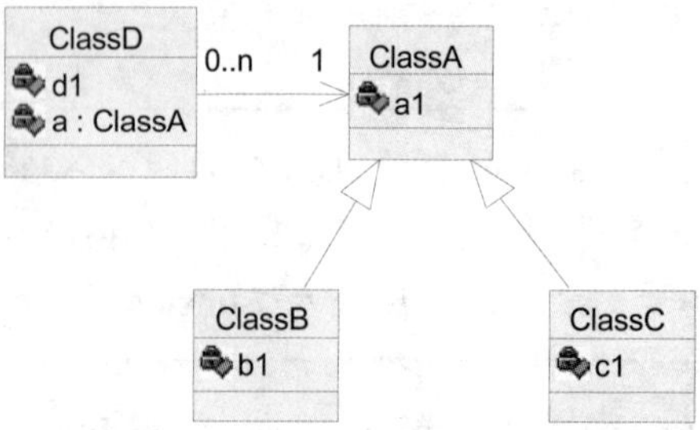

图 12-11　ClassD 与 ClassA 为多对一多态关联关系

ClassA、ClassB 和 ClassC 构成了一棵继承关系树，如果继承关系树的根类对应一个表，或者每个类对应一个表，那么可以按以下方式映射 ClassD 的 a 属性：

```
<many-to-one name="a"
class="ClassA"
column="A_ID"
cascade="save-update" />
```

假定与 ClassD 对应的表为 TABLE_D，与 ClassA 对应的表为 TABLE_A，在 TABLE_D 中定义了外键 A_ID，它参照 TABLE_A 表的主键。

ClassD 对象的 a 属性既可以引用 ClassB 对象，也可以引用 ClassC 对象，例如：

```
tx = session.beginTransaction();
ClassD d=(ClassD)session.get("ClassD",id);
ClassA a=d.getA(); //假定对 ClassD 类的 a 属性采用立即检索策略
if(a instanceof ClassB)
  System.out.println(((ClassB)a).getB1());
if(a instanceof ClassC)
  System.out.println(((ClassC)a).getC1());
tx.commit();
```

假定在映射 ClassD 类的 a 属性时采用默认的延迟检索策略。当 Hibernate 加载 ClassD 对象时，它的属性 a 引用 ClassA 的代理类实例，在这种情况下，如果对 ClassA 的代理类实例进行类型转换，会抛出 ClassCastException：

```
ClassD d=(ClassD)session.get("ClassD",id);
ClassA a=d.getA();
ClassB b=(ClassB)a; //抛出 ClassCastException
```

解决以上问题的一种办法是使用 Session.load()方法：

```
ClassD d=(ClassD)session.get("ClassD",id);
ClassA a=d.getA();
ClassB b=(ClassB)session.load(ClassB.class,a.getId());
System.out.println(b.getB1());
```

当执行 Session 的 load()方法时，Hibernate 并不会访问数据库，而是仅返回 ClassB 的代理类实例。这种解决办法的前提条件是必须事先知道 ClassD 对象实际上和 ClassA 的哪个子类的对象关联。

解决以上问题的另一种办法是显式使用迫切左外连接检索策略，避免 Hibernate 创建 ClassA 的代理类实例，而是直接创建 ClassA 的特定子类的实例：

```
tx = session.beginTransaction();
ClassD d=(ClassD)session.createCriteria(ClassD.class)
   .add(Expression.eq("id",id))
   .setFetchMode("a",FetchMode.JOIN)
   .uniqueResult();
ClassA a=d.getA();
if(a instanceof ClassB)
  System.out.println(((ClassB)a).getB1());
if(a instanceof ClassC)
  System.out.println(((ClassC)a).getC1());
tx.commit();
```

如果继承关系树的具体类对应一个表，为了表达 ClassD 与 ClassA 的多态关联，需要在 TABLE_D 中定义两个字段：A_ID 和 A_TYPE，A_TYPE 字段表示子类的类型，A_ID 参照在子类对应的表中的主键。图 12-12 显示了表 TABLE_D、TABLE_B 和 TABLE_C 的结构。

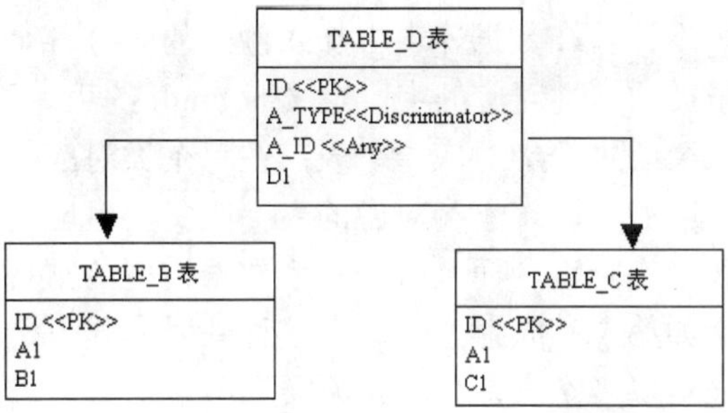

图 12-12　表 TABLE_D、TABLE_B 和 TABLE_C 的结构

由于关系数据模型不允许一个表的外键同时参照两个表的主键，因此无法对 TABLE_D 表的 A_ID 字段定义外键参照约束，而应该通过其他方式，如触发器，来保证 A_ID 字段的参照完整性。由于 TABLE_D 表的 A_ID 字段既可能参照 TABLE_B 表的 ID 主键，也可能参照 TABLE_C 表的 ID 主键，要求 TABLE_B 表和 TALBE_C 表的 ID 主键具有相同的 SQL 类型。

在 ClassD.hbm.xml 文件中，用<any>元素来映射 ClassD 的 a 属性：

```
<any name="a"
  meta-type="string"
  id-type="long"
  cascade="save-update">

  <meta-value value="B" class="ClassB" />
  <meta-value value="C" class="ClassC" />
  <column name="A_TYPE" />
  <column name="A_ID" />
</any>
```

<any>元素的 meta-type 属性指定 TABLE_D 中 A_TYPE 字段的类型，id-type 属性指定 TABLE_D 中 A_ID 字段的类型，<meta-value>子元素设定 A_TYPE 字段的可选值。在本例中，如果 A_TYPE 字段取值为“B”，表示为 ClassB 的对象，A_ID 字段参照 TABLE_B 表中的 ID 主键；如果 A_TYPE 字段取值为“C”，表示为 ClassC 的对象，

A_ID 字段参照 TABLE_C 表中的 ID 主键。<column>子元素指定 TABLE_D 表中的 A_TYPE 字段和 A_ID 字段，必须先指定 A_TYPE 字段，再指定 A_ID 字段。

12.6 小结

本章介绍了映射继承关系的 3 种方式：

- 继承关系树的每个具体类对应一个表：在具体类对应的表中，不仅包含和具体类的属性对应的字段，还包含和具体类的父类的属性对应的字段。这种映射方式不支持多态关联和多态查询。
- 继承关系树的根类对应一个表：在根类对应的表中，不仅包含和根类的属性对应的字段，还包含和所有子类的属性对应的字段。这种映射方式支持多态关联和多态查询，并且能获得最佳查询性能，缺点是需要对关系数据模型进行非常规设计，在数据库表中加入额外的区分各个子类的字段，此外，不能为所有子类的属性对应的字段定义 not null 约束。
- 继承关系树的每个类对应一个表：在每个类对应的表中只需包含和这个类本身属性对应的字段，子类对应的表参照父类对应的表。这种映射方式支持多态关联和多态查询，而且符合关系数据模型的常规设计规则，缺点是它的查询性能不如第二种映射方式。在这种映射方式下，必须通过表的内连接或左外连接来实现多态查询和多态关联。

在默认情况下，对于简单的继承关系树可以采用根类对应一个表的映射方式。如果必须保证关系数据模型的数据完整性，可以采用每个类对应一个表的映射方式。对于复杂的继承关系树，可以将它分解为几棵子树，对每棵子树采用不同的映射方式。当然，在设计域模型时，应该尽量避免设计过分复杂的继承关系，这不仅会增加把域模型映射到关系数据模型的难度，而且也会增加在 Java 程序代码中操纵持久化对象的复杂度。

对于不同的映射方式，必须创建不同的关系数据模型和映射文件，但是域模型是一样的，域模型中的持久化类的实现也都一样。只要具备 Java 编程基础知识，就能创建具有继承关系的持久化类，因此本章没有详细介绍这些持久化类的创建过程，在此仅提醒一点，子类的完整构造方法不仅负责初始化子类本身的属性，还应该负责初始化从父类中继承的属性，如以下是 HourlyEmployee 类的构造方法：

```
public class HourlyEmployee extends Employee{
  private double rate;

  /** 完整构造方法*/
  public HourlyEmployee(String name, double rate,Company company) {
    super(name,company);
    this.rate=rate;
  }

  /** 默认构造方法*/
  public HourlyEmployee() {}
```

```
    ......
}
```

Hibernate 只会访问持久化类的默认构造方法，永远不会访问其他形式的构造方法。提供以上形式的完整构造方法，主要是为 Java 应用的编程提供方便。

12.7 思考题

以下问题都基于这样的域模型：Employee 类是抽象类，HourlyEmployee 和 SalariedEmployee 类是它的子类。从 Company 类到 Employee 类为一对多双向关联。

1．关于每个具体类对应一个表的映射方式，以下哪些说法正确？（多选）

（a）HOURLY_EMPLOYEES 和 SALARIED_EMPLOYEES 表中都会包含与 Employee 类的属性对应的字段。

（b）在 HOURLY_EMPLOYEES 和 SALARIED_EMPLOYEES 表中都包含参照 COMPANIES 表的 COMPANY_ID 外键。

（c）session.get(Employee.class,new Long(1))方法可以加载一个 ID 为 1 的 Employee 子类的对象。

（d）session.get(HourlyEmployee.class,new Long(1))方法可以加载一个 ID 为 1 的 HourlyEmployee 对象。

2．关于继承关系树的根类对应一个表的映射方式，以下哪些说法正确？（多选）

（a）EMPLOYEES 表中会包含与 HourlyEmployee 类及 SalariedEmployee 类的属性对应的字段。

（b）EMPLOYEES 表中需要额外加入一个字符串类型的 EMPLOYEE_TYPE 字段，用于区分 Employee 的具体类型。

（c）session.get(Employee.class,new Long(1))方法可以加载一个 ID 为 1 的 Employee 子类的对象。

（d）session.get(HourlyEmployee.class,new Long(1))方法可以加载一个 ID 为 1 的 HourlyEmployee 对象。

3．关于继承关系树的每个类对应一个表的映射方式，以下哪些说法正确？（多选）

（a）HOURLY_EMPLOYEES 和 SALARIED_EMPLOYEES 表都以 EMPLOYEE_ID 字段作为主键，该字段还同时作为外键参照 EMPLOYEES 表。

（b）EMPLOYEES 表中需要额外加入一个字符串类型的 EMPLOYEE_TYPE 字段，用于区分 Employee 的具体类型。

（c）session.get(Employee.class,new Long(1))方法可以加载一个 ID 为 1 的 Employee 子类的对象。

（d）session.get(HourlyEmployee.class,new Long(1))方法可以加载一个 ID 为 1 的 HourlyEmployee 对象。

第 13 章　Java 集合类

Java 的集合类都位于 java.util 包中，Java 集合中存放的是对象的引用，而非对象本身，出于表达上的便利，下文把“集合中的对象的引用”简称为“集合中的对象”。Java 集合主要分为 3 种类型：

- Set（集）：集合中的对象不按特定方式排序，并且没有重复对象。它的有些实现类能对集合中的对象按特定方式排序。
- List（列表）：集合中的对象按索引位置排序，可以有重复对象，允许按照对象在集合中的索引位置检索对象。
- Map（映射）：集合中的每一个元素包含一对键对象和值对象，集合中没有重复的键对象，值对象可以重复。它的有些实现类能对集合中的键对象进行排序。

Tips

Set、List 和 Map 统称为 Java 集合，其中 Set 与数学中的集合最接近，两者都不允许包含重复元素。

图 13-1 显示了 Java 的主要集合类的类框图。本章从运用的角度，介绍一些常用 Java 集合的特性和使用方法。本章主要是为第 14 章（映射值类型集合）做铺垫，因为只有深刻理解了 Java 集合的特性，才能进一步了解如何在 Hibernate 应用中映射 Java 集合。如果读者已经对 Java 集合非常熟悉，可以越过本章，直接阅读第 14 章（映射值类型集合）。

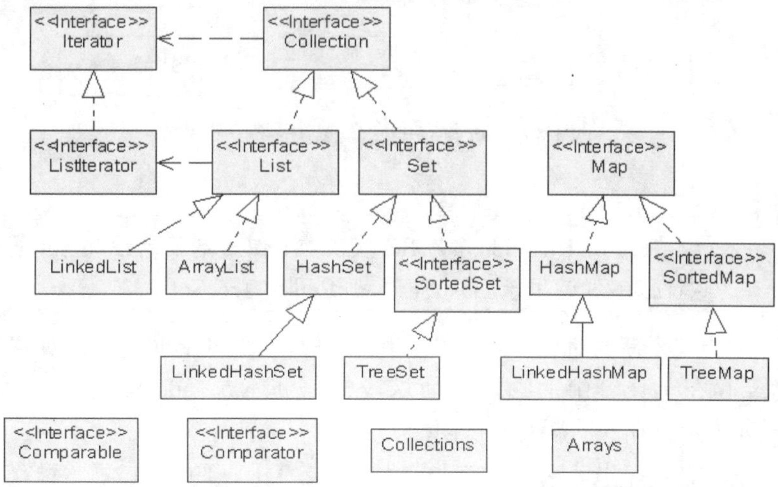

图 13-1　Java 的主要集合类的类框图

13.1 Set（集）

Set 是最简单的一种集合，集合中的对象不按特定方式排序，并且没有重复对象。Set 接口主要有两个实现类 HashSet 和 TreeSet。HashSet 类按照哈希算法来存取集合中的对象，存取速度比较快。HashSet 类还有一个子类 LinkedHashSet 类，它不仅实现了哈希算法，而且实现了链表数据结构。TreeSet 类实现了 SortedSet 接口，具有排序功能。

13.1.1 Set 的一般用法

Set 集合中存放的是对象的引用，并且没有重复对象。以下代码创建了 3 个引用变量 s1、s2 和 s3，s1 和 s2 变量引用同一个字符串对象“hello”，s3 变量引用另一个字符串对象“world”，Set 集合依次把这 3 个引用变量加入到集合中：

```
Set set=new HashSet();
String s1=new String("hello");
String s2=s1;
String s3=new String("world");
set.add(s1);
set.add(s2);
set.add(s3);
System.out.println(set.size()); //打印集合中对象的数目
```

以上程序的输出结果为 2，实际上只向 Set 集合加入了两个对象，如图 13-2 所示。

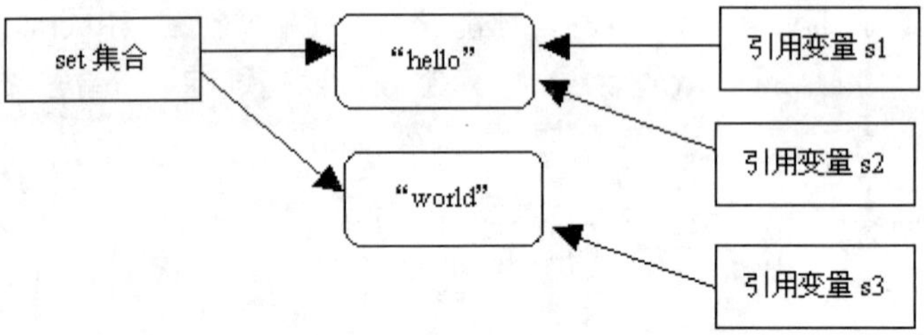

图 13-2 Set 集合中包含两个字符串对象

Tips

本节程序选用 HashSet 作为 Set 实现类，但是本节只涉及 Set 集合的基本特性，这些特性不仅适用于 HashSet，也适用于 TreeSet。

那么，当一个新的对象加入到 Set 集合中时，Set 的 add()方法是如何判断这个对象是否已经存在于集合中的呢？下面这段代码演示了 add()方法的判断流程，其中 newObject 表示待加入的新对象：

```
boolean isExists=false;
Iterator it=set.iterator();
while(it.hasNext()){
  Object oldObject=it.next();
  if(newObject.equals(oldObject)){
   isExists=true;
```

```
        break;
      }
    }
```

可见，Set 采用对象的 equals()方法比较两个对象是否相等，而不是采用“==”比较运算符。以下程序代码尽管两次调用了 Set 的 add()方法，实际上只加入了一个对象：

```
Set set=new HashSet();
String s1=new String("hello");
String s2=new String("hello");
set.add(s1);
set.add(s2);
System.out.println(set.size()); //打印集合中对象的数目
```

虽然变量 s1 和 s2 实际上引用的是两个内存地址不同的字符串对象，但是由于 s2.equals(s1)的比较结果为 true，因此 Set 认为它们是相等的对象。当第二次调用 Set 的 add()方法时，add()方法不会把 s2 引用的字符串对象加入到集合中，以上程序的输出结果为 1。

Tips

在本书第 6 章的 6.2 节（Java 语言按内存地址区分不同的对象）介绍了 Object 类的 equals()方法和比较运算符“==”的区别。

13.1.2　HashSet 类

HashSet 类按照哈希算法来存取集合中的对象，具有很好的存取性能。当 HashSet 向集合中加入一个对象时，会调用对象的 hashCode()方法获得哈希码，然后根据这个哈希码进一步计算出对象在集合中的存放位置。

在 Object 类中定义了 hashCode()和 equals()方法，Object 类的 equals()方法按照内存地址比较对象是否相等，因此如果 object1. equals(object2)为 true，表明 object1 变量和 object2 变量实际上引用同一个对象，那么 object1 和 object2 的哈希码也肯定相同。

为了保证 HashSet 能正常工作，要求当两个对象用 equals()方法比较的结果为相等时，它们的哈希码也相等。也就是说，如果 customer1.equals(customer2)为 true，那么以下表达式的结果也为 true：

```
customer1.hashCode()==customer2.hashCode()
```

如果用户定义的 Customer 类覆盖了 Object 类的 equals()方法，但是没有覆盖 Object 类的 hashCode()方法，就会导致当 customer1.equals(customer2)为 true 时，而 customer1 和 customer2 的哈希码不一定一样，这会使 HashSet 无法正常工作。

例程 13-1 是 Customer 类的 equals()方法，它的比较规则为：如果两个 Customer 对象的 name 属性和 age 属性相同，那么这两个 Customer 对象相等。

例程 13-1　Customer 类的 equals()方法

```
public boolean equals(Object o){
  if(this==o)return true;
```

```
    if(! (o instanceof Customer)) return false;
     final Customer other=(Customer)o;

     if(this.name.equals(other.getName()) && this.age==other.getAge())
       return true;
     else
       return false;
}
```

以下程序向 HashSet 中加入两个 Customer 对象：

```
Set set=new HashSet();
Customer customer1=new Customer("Tom",15);
Customer customer2=new Customer("Tom",15);
set.add(customer1);
set.add(customer2);
System.out.println(set.size());
```

由于 customer1.equals(customer2)的比较结果为 true，按理说 HashSet 只应该把 customer1 加入集合中，但实际上以上程序的输出结果为 2，表明集合中加入了两个对象。出现这一非正常现象的原因在于 customer1 和 customer2 的哈希码不一样，因此 HashSet 为 customer1 和 customer2 计算出不同的存放位置，于是把它们存放在集合中的不同地方。

可见，为了保证 HashSet 正常工作，如果 Customer 类覆盖了 equals()方法，也应该覆盖 hashCode()方法，并且保证两个相等的 Customer 对象的哈希码也一样，与例程 13-1 的 equals()方法对应，可按以下方式定义 Customer 类的 hashCode()方法：

```
public int hashCode(){
  int result;
  result=name.hashCode();
  result = 29 * result + age;
  return result;
}
```

由于在 equals()方法中按 Customer 类的 name 属性和 age 属性比较两个 Customer 对象是否相等，因此在 hashCode()方法中也只需要包含 name 属性和 age 属性。以上程序代码假定 name 属性不会为 null，因此没有先判断 name 属性是否为 null，就直接调用 name 属性的 hashCode()方法。本例中的 age 属性为 int 类型，如果 age 属性为 Integer 类型，那么可按以下方式定义 hashCode()方法：

```
public int hashCode(){
  int result;
  result= (name==null?0:name.hashCode());
  result = 29 * result + (age==null?0:age.hashCode());
  return result;
}
```

以上程序假定 name 属性和 age 属性都有可能为 null，因此为了保证程序代码的健壮性，先判断 name 和 age 属性是否为 null。

13.1.3　TreeSet 类

TreeSet 类实现了 SortedSet 接口，能够对集合中的对象进行排序。以下程序创建了一个 TreeSet 对象，然后向集合中加入 4 个 Integer 对象：

```
Set set=new TreeSet();
set.add(new Integer(8));
set.add(new Integer(7));
set.add(new Integer(6));
set.add(new Integer(9));

Iterator it=set.iterator();
while(it.hasNext()){
  System.out.println(it.next());
}
```

以上程序的输出结果为：

```
6 7 8 9
```

当 TreeSet 向集合中加入一个对象时，会把它插入到有序的对象序列中。那么 TreeSet 是如何对对象进行排序的呢？TreeSet 支持两种排序方式：自然排序和客户化排序，在默认情况下 TreeSet 采用自然排序方式。

1.自然排序

在 JDK 中，有一部分类实现了 Comparable 接口，如 Integer、Double 和 String 等。Comparable 接口有一个 compareTo(Object o)方法，它返回整数类型。对于表达式 x.compareTo(y)，如果返回值为 0，表示 x 和 y 相等，如果返回值大于 0，表示 x 大于 y，如果返回值小于 0，表示 $x<y$。

TreeSet 调用对象的 compareTo()方法比较集合中对象的大小，然后进行升序排列，这种排序方式称为自然排序。表 13-1 显示了 JDK 中实现了 Comparable 接口的一些类的排序方式。

表 13-1　JDK 中实现了 Comparable 接口的一些类的排序方式

类	排　序
BigDecimal、BigInteger、Byte、Double、Float、Integer、Long、Short	按数字大小排序
Character	按字符的 Unicode 值的数字大小排序
String	按字符串中字符的 Unicode 值排序

使用自然排序时，只能向 TreeSet 集合中加入同类型的对象，并且这些对象的类必须实现了 Comparable 接口。以下程序先后向 TreeSet 集合加入一个 Integer 对象和 String 对象：

```
Set set=new TreeSet();
set.add(new Integer(8));
set.add(new String("9"));  //抛出 ClassCastException
```

当第二次调用 TreeSet 的 add()方法时会抛出 ClassCastException：

```
java.lang.ClassCastException: java.lang.Integer
at java.lang.String.compareTo(String.java:825)
at java.util.TreeMap.compare(TreeMap.java:1047)
at java.util.TreeMap.put(TreeMap.java:449)
at java.util.TreeSet.add(TreeSet.java:198)
```

在 String 类的 compareTo(Object o)方法中，首先对参数 o 进行类型转换：

```
String s=(String)o;
```

如果参数 o 实际引用的不是 String 类型的对象，以上代码就会抛出 ClassCast Exception。例程 13-2 向 TreeSet 集合加入 3 个 Customer 对象，但是 Customer 类没有实现 Comparable 接口。

例程 13-2　向 TreeSet 集合加入 3 个 Customer 对象

```
Set set=new TreeSet();
set.add(new Customer("Tom",15));
set.add(new Customer("Tom",20));
set.add(new Customer("Tom",15));
set.add(new Customer("Mike",15));
Iterator it=set.iterator();
while(it.hasNext()){
  Customer customer=(Customer)it.next();
  System.out.println(customer.getName()+" "+customer.getAge());
}
```

当第二次调用 TreeSet 的 add()方法时，也会抛出 ClassCastException 异常。如果希望避免这种异常，应该使 Customer 类实现 Comparable 接口；相应地，在 Customer 类中应该实现 compareTo()方法。以下是 Customer 类的 compareTo()方法的一种实现方式：

```
public int compareTo(Object o){
  Customer other=(Customer)o;

  //先按照 name 属性排序
  if(this.name.compareTo(other.getName())>0)return 1;
  if(this.name.compareTo(other.getName())<0)return -1;

  //再按照 age 属性排序
  if(this.age>other.getAge())return 1;
  if(this.age<other.getAge())return -1;
  return 0;
}
```

为了保证 TreeSet 能正确地排序，要求 Customer 类的 compareTo()方法与 equals()方法按相同的规则比较两个 Customer 对象是否相等。也就是说，如果 customer1.equals(customer2)为 true，那么 customer1.compareTo(customer2)为 0。

以上 compareTo()方法判断两个 Customer 对象相等的条件为 name 属性和 age 属性都相等，因此在 Customer 类的 equals()方法中应该采用相同的比较规则：

```
public boolean equals(Object o){
   if(this==o)return true;
```

```
        if(! (o instanceof Customer)) return false;
        final Customer other=(Customer)o;

        if(this.name.equals(other.getName()) && this.age==other.getAge())
          return true;
        else
          return false;
      }
```

在本章 13.1.2 节已经指出，如果一个类重新实现了 equals()方法，那么也应该重新实现 hashCode()方法，并且保证当两个对象相等时，它们的哈希码相同，所以在 Customer 类中还应该实现 hashCode()方法：

```
      public int hashCode() {
        int result;
        result= (name==null?0:name.hashCode());
        result = 29 * result + age;
        return result;
      }
```

如果在 Customer 类中实现了 compareTo()、equals()和 hashCode()方法，例程 13-2 的输出结果为：

```
Mike 15
Tom 15
Tom 20
```

Tips

值得注意的是，对于 TreeSet 中已经存在的 Customer 对象，如果修改了它们的 name 属性或 age 属性，TreeSet 不会对集合进行重新排序。

例如，以下程序先后把 customer1 和 customer2 对象加入到 TreeSet 集合中，然后修改 customer1 的 age 属性：

```
Set set=new TreeSet();
Customer customer1=new Customer("Tom",15);
Customer customer2=new Customer("Tom",16);
set.add(customer1);
set.add(customer2);
customer1.setAge(20);

Iterator it=set.iterator();
while(it.hasNext()){
  Customer customer=(Customer)it.next();
  System.out.println(customer.getName()+" "+customer.getAge());
}
```

以上程序的输出结果为：

```
Tom 20
Tom 16
```

可见，当外部程序修改了 customer1 对象的 age 属性后，TreeSet 不会重新排序。在实际域模型中，Customer 类是实体类，Customer 对象的 name 属性和 age 属性可以被更新，因此不适合通过 TreeSet 来排序。最适合于排序的是不可变类，本书第 11 章的 11.2.1 节（用客户化映射类型取代 Hibernate 组件）介绍了不可变类的概念，不可变类的主要特征是它的对象的属性不能被修改。

2．客户化排序

除了自然排序，TreeSet 还支持客户化排序。java.util.Comparator 接口用于指定具体的排序方式，它有个 compare(Object object1,Object object2)方法，用于比较两个对象的大小。当表达式 compare(x,y)的值大于 0，表示 x 大于 y；当 compare(x,y)的值小于 0，表示 x 小于 y；当 compare(x,y)的值等于 0，表示 x 等于 y。如果希望 TreeSet 仅按照 Customer 对象的 name 属性进行降序排列，可以先创建一个实现 Comparator 接口的类 CustomerComparator，参见例程 13-3。

例程 13-3　CustomerComparator.java

```
package mypack;

import java.util.*;
public class CustomerComparator implements Comparator{
  public int compare(Object o1,Object o2){
    Customer c1=(Customer)o1;
    Customer c2=(Customer)o2;

    if(c1.getName().compareTo(c2.getName())>0) return -1;
    if(c1.getName().compareTo(c2.getName())<0) return 1;

    return 0;
  }
}
```

接下来在构造 TreeSet 的实例时，调用它的 TreeSet(Comparator comparator)构造方法：

```
Set set=new TreeSet(new CustomerComparator());
Customer customer1=new Customer("Tom",15);
Customer customer3=new Customer("Jack",16);
Customer customer2=new Customer("Mike",26);
set.add(customer1);
set.add(customer2);
set.add(customer3);

Iterator it=set.iterator();

while(it.hasNext()){
  Customer customer=(Customer)it.next();
  System.out.println(customer.getName()+" "+customer.getAge());
}
```

当 TreeSet 向集合中加入 Customer 对象时，会调用 CustomerComparator 类的 compare()方法进行排序，以上 TreeSet 按照 Customer 对象的 name 属性进行降序排列，最后输出的结果为：

```
Tom 15
Mike 26
Jack 16
```

13.1.4　向 Set 中加入持久化类的对象

当两个 Session 实例从数据库加载相同的 Order 对象时，每个 Session 实例都会创建一个 Order 对象，如以下程序中的 session1 和 session2 先后从数据库加载 OID 为 1 的 Order 对象：

```
Session session1=sessionFactory.openSession();
Transaction tx1 = session.beginTransaction();
Order order1=(Order)session.get(Order.class,new Long(1));
tx1.commit();
session1.close();

Session session2=sessionFactory.openSession();
Transaction tx2 = session.beginTransaction();
Order order2=(Order)session.get(Order.class,new Long(1));
tx2.commit();
session2.close();

Set orders=new HashSet();
orders.add(order1);
orders.add(order2);
```

在默认情况下，Order 类的 equals()方法比较两个 Order 对象的内存地址是否相同，因此 order1.equals(order2)的结果为 false，以上程序会把 order1 和 order2 游离对象都加入到 orders 集合中，但实际上 order1 和 order2 对应的是 ORDERS 表中的同一条记录。从业务逻辑角度来看，在不允许存放重复对象的 orders 集合中包含两个相同的 Order 对象，这违反了业务规则。对于这一问题，有两种解决方案：

（1）在应用程序中，谨慎地把来自于不同 Session 缓存的游离对象加入到 Set 集合中，如可以在以上程序代码中加入判断逻辑：

```
Set orders=new HashSet();
orders.add(order1);
if(!order2.getOrderNumber().equals(order1.getOrderNumber()))
orders.add(order2);
```

（2）在 Order 类中重新实现 equals()和 hashCode()方法，按照业务主键比较两个 Order 对象是否相等。当 ORDERS 表已经以 ID 作为代理主键时，通常为业务主键定义 unique 约束。由于每个 Order 对象都具有唯一的订单编号，订单编号不允许为空，并且订单编号不允许被修改，因此把 ORDER_NUMBER 字段作为 ORDERS 表的业务主键。Order 类的 equals()和 hashCode()方法的定义如下：

```
public boolean equals(Object o){
  if(this==o)return true;
  if(! (o instanceof Order)) return false;
  final Order other=(Order)o;

  return this.orderNumber.equals(other.getOrderNumber());
```

```
    }

    public int hashCode(){
      return orderNumber.hashCode();
    }
```

Tips

也许你会问，为什么不按照 OID 来比较两个 Order 对象是否相等呢？这是因为当 Order 处于临时对象，它的 OID 为 null。假如把处于临时状态的 Order 对象先加入到集合中，然后再通过 Session 把它们保存到数据库中，此时 Session 会为每个 Order 对象分配唯一的 OID。相应地，这些对象的哈希码会发生变化，这会导致 Set 集合无法正常工作。为了保证 HashSet 正常工作，要求当一个对象加入到 HashSet 集合中后，它的哈希码不会发生变化。

13.2 List（列表）

List 的主要特征是其对象以线性方式存储，集合中允许存放重复对象。List 接口主要的实现类有 LinkedList 和 ArrayList。LinkedList 采用链表数据结构，而 ArrayList 代表大小可变的数组。

Tips

List 接口还有一个实现类 Vector，它的功能和 ArrayList 比较相似，两者的区别在于 Vector 类的实现采用了同步机制，而 ArrayList 没有使用同步机制。

List 对集合中的对象按索引位置排序，允许按照对象在集合中的索引位置检索对象。以下程序向 List 中加入 4 个 Integer 对象：

```
List list=new ArrayList();
list.add(new Integer(3));
list.add(new Integer(4));
list.add(new Integer(3));
list.add(new Integer(2));
```

List 的 get(int index)方法返回集合中由参数 index 指定的索引位置的对象，第一个加入到集合中的对象的索引位置为 0。以下程序依次检索出集合中的所有对象：

```
for(int i=0;i<list.size();i++)
  System.out.println(list.get(i));
```

以上程序的输出结果为：

```
3 4 3 2
```

List 的 iterator()方法和 Set 的 iterator()方法一样，也能返回 Iterator 对象，通过 Iterator 对象，可以遍历集合中的所有对象，例如：

```
Iterator it=list.iterator();
```

```
while(it.hasNext()){
 System.out.println(it.next());
}
```

List 只能对集合中的对象按索引位置排序，如果希望对 List 中的对象按其他特定方式排序，可以借助 Comparator 接口和 Collections 类。Collections 类是 Java 集合 API 中的辅助类，它提供了操纵集合的各种静态方法，其中 sort()方法用于对 List 中的对象进行排序：

- sort(List list)：对 List 中的对象进行自然排序。
- sort(List list,Comparator comparator)：对 List 中的对象进行客户化排序，comparator 参数指定排序方式。

以下程序对 List 中的 Integer 对象进行自然排序：

```
List list=new ArrayList();
list.add(new Integer(3));
list.add(new Integer(4));
list.add(new Integer(3));
list.add(new Integer(2));

Collections.sort(list);
for(int i=0;i<list.size();i++)
 System.out.println(list.get(i));
```

以上程序的输出结果为：

```
2 3 3 4
```

13.3　Map（映射）

Map（映射）是一种把键对象和值对象进行映射的集合，它的每一个元素都包含一对键对象和值对象，而值对象仍可以是 Map 类型，依次类推，这样就形成了多级映射。向 Map 集合中加入元素时，必须提供一对键对象和值对象，从 Map 集合中检索元素时，只要给出键对象，就会返回对应的值对象，如以下程序通过 Map 的 put(Object key,Object value)方法向集合中加入元素，通过 Map 的 get(Object key)方法来检索与键对象对应的值对象：

```
Map map=new HashMap();
map.put("1","Monday");
map.put("2","Tuesday");
map.put("3","Wendsday");
map.put("4","Thursday");

String day=(String)map.get("2");  //day 的值为“Tuesday”
```

Map 集合中的键对象不允许重复，也就是说，任意两个键对象通过 equals()方法比较的结果都是 false。对于值对象则没有唯一性的要求，可以将任意多个键对象映射到同一个值对象上。例如，以下 Map 集合中的键对象“1”和“one”都和同一个值对象

“Monday”对应：

```
Map map=new HashMap();
map.put("1","Mon.");
map.put("1","Monday");
map.put("one","Monday");
```

由于第一次和第二次加入 Map 中的键对象都为“1”，因此第一次加入的值对象将被覆盖，Map 集合中最后只有两个元素，分别为：

```
"1" 对应 "Monday"
"one" 对应 "Monday"
```

Map 有两种比较常用的实现：HashMap 和 TreeMap。HashMap 按照哈希算法来存取键对象，有很好的存取性能，为了保证 HashMap 能正常工作，和 HashSet 一样，要求当两个键对象通过 equals()方法比较为 true 时，这两个键对象的 hashCode()方法返回的哈希码也一样。

TreeMap 实现了 SortedMap 接口，能对键对象进行排序。和 TreeSet 一样，TreeMap 也支持自然排序和客户化排序两种方式。以下程序中的 TreeMap 会对 4 个字符串类型的键对象“1”、“3”、“4”和“2”进行自然排序：

```
Map map=new TreeMap();
map.put("1","Monday");
map.put("3","Wendsday");
map.put("4","Thursday");
map.put("2","Tuesday");

Set keys=map.keySet();
Iterator it=keys.iterator();
while(it.hasNext()){
  String key=(String)it.next();
  String value=(String)map.get(key);
  System.out.println(key+" "+value);
}
```

Map 的 keySet()方法返回集合中所有键对象的集合，以上程序的输出结果为：

```
1 Monday
2 Tuesday
3 Wendsday
4 Thursday
```

如果希望 TreeMap 进行客户化排序，可调用它的另一个构造方法 TreeMap（Comparator comparator），参数 comparator 指定具体的排序方式。

Hibernate 的 Session 有一个基于内存的事务范围的缓存，用来存放当前事务的所有持久化对象，这个缓存就是通过 Map 来实现的。接下来将创建一个缓存类 EntityCache，它能够粗略地模仿 Session 的缓存功能。EntityCache 中封装了一个 Map，存放在这个 Map 中的键对象为自定义的 Key 类的实例，值对象为实体对象，如 Customer 对象或 Order 对象。EntityCache 保证缓存中不会出现两个 OID 相同的 Customer 对象或两个 OID 相同的 Order 对象，这种唯一性是由键对象的唯一性来保证的。例程 13-4 和例程 13-5 分别是 EntityCache 类和 Key 类的源程序。

例程 13-4　EntityCache.java

```
package mypack;
import java.util.*;
public class EntityCache {
  private Map entitiesByKey;
  public EntityCache() {
    entitiesByKey=new HashMap();
  }

  public void put(BusinessObject entity){
    Key key=new Key(entity.getClass(),entity.getId());
    entitiesByKey.put(key,entity);
  }

  public Object get(Class classType,Long id){
    Key key=new Key(classType,id);
    return entitiesByKey.get(key);
  }
  public Collection getAllEntities(){
      //返回 Map 中的所有值对象
      return entitiesByKey.values();
  }
  public boolean contains(Class classType,Long id){
    Key key=new Key(classType,id);
    return entitiesByKey.containsKey(key);
  }
}
```

例程 13-5　Key.java

```
package mypack;

public class Key{
  private Class classType;
  private Long id;

  public Key(Class classType,Long id){
    this.classType=classType;
    this.id=id;
  }

  public Class getClassType(){
    return this.classType;
  }
  public Long getId(){
    return this.id;
  }
  public boolean equals(Object o){
    if(this==o)return true;
    if(!(o instanceof Key))return false;
    final Key other=(Key)o;
```

```
      if(classType.equals(other.getClassType())&& id.equals(other.getId()))
        return true;
      return false;
    }

    public int hashCode(){
      int result;
      result = classType.hashCode();
      result = 29 * result + id.hashCode();
      return result;
    }
  }
```

Key 类包含一个 classType 属性和一个 id 属性，它的 equals()方法用来比较两个 Key 对象是否相等，判断规则为当两个键对象的 classType 属性和 id 属性都相等，那么这两个键对象相等。由于 EntityCache 中的 Map 采用 HashMap 实现，因此在 Key 类中还重新定义了 hashCode()方法，这是保证 HashMap 正常工作的必要条件。

Tips

假定 EntityCache 中存放的是持久化对象，它们的 OID 不为 null，并且不会被改变，所以可以用 OID 是否相等来作为判断两个持久化对象是否相同的一个条件。

EntityCache 的 put(BusinessObject entity)方法用于向缓存中加入一个实体对象，在 BusinessObject 类中定义了 id 属性及相应的 getId()和 setId()方法，所有的实体类，如 Customer 类和 Order 类，都继承了 BusinessObject 类。

以下程序演示了 EntityCache 的用法：

```
EntityCache cache=new EntityCache();
Customer c1=new Customer("Tom",21);
c1.setId(new Long(1));
Customer c2=new Customer("Tom",25);
c2.setId(new Long(1));

Order o1=new Order("Tom_order001",100);
o1.setId(new Long(1));
Order o2=new Order("Tom_order001",200);
o2.setId(new Long(1));

cache.put(c1);
cache.put(c1);
cache.put(c2);

cache.put(o1);
cache.put(o1);
cache.put(o2);

Collection entities=cache.getAllEntities();
Iterator it=entities.iterator();
while(it.hasNext()){
  Object o=it.next();
  if(o instanceof Customer){
```

```
        Customer customer=(Customer)o;
       System.out.println(customer.getId()+" "+customer.getName()+" "+customer.getAge());
      }else{
        Order order=(Order)o;
       System.out.println(order.getId()+" "+order.getOrderNumber()+" "+order.getPrice());
      }
    }
```

以上程序实际上只向 EntityCache 中加入了两个元素，程序的最后输出结果为：

```
1 Tom_order001 200.0
1 Tom 25
```

本章的范例程序位于配套光盘的 sourcecode\chapter13 目录下，在 DOS 命令行下进入 chapter13 根目录，然后输入命令：ant　run，就会运行 CollectionTester 类，这个类中包含了操纵 Java 集合的部分演示代码。

13.4　小结

本章介绍了几种常用 Java 集合类的特性和使用方法。为了保证集合正常工作，有些集合类对存放的对象有特殊的要求，归纳如下：

- HashSet：如果集合中对象所属的类重新定义了 equals()方法，那么这个类也必须重新定义 hashCode()方法，并且保证当两个对象用 equals()方法比较的结果为 true 时，这两个对象的 hashCode()方法的返回值相等。
- TreeSet：如果对集合中的对象进行自然排序，要求对象所属的类实现 Comparable 接口，并且保证这个类的 compareTo()和 equals()方法采用相同的比较规则来比较两个对象是否相等。
- HashMap：如果集合中键对象所属的类重新定义了 equals()方法，那么这个类也必须重新定义 hashCode()方法，并且保证当两个键对象用 equals()方法比较的结果为 true 时，这两个键对象的 hashCode()方法的返回值相等。
- TreeMap：如果对集合中的键对象进行自然排序，要求键对象所属的类实现 Comparable 接口，并且保证这个类的 compareTo()和 equals()方法采用相同的比较规则来比较两个键对象是否相等。

由此可见，为了使应用程序更加健壮，在编写 Java 类时不妨养成这样的编程习惯：

- 如果 Java 类重新定义了 equals()方法，那么这个类也必须重新定义 hashCode()方法，并且保证当两个对象用 equals()方法比较的结果为 true 时，这两个对象的 hashCode()方法的返回值相等。
- 如果 Java 类实现了 Comparable 接口，那么应该重新定义 compareTo()、equals()和 hashCode()方法，保证 compareTo()和 equals()方法采用相同的比较规则来比较两个对象是否相等，并且保证当两个对象用 equals()方法比较的结果为 true 时，这两个对象的 hashCode()方法的返回值相等。

13.5 思考题

1. 应该用什么样的 Java 集合来存放一个班级的所有学生的名字，以及对应的数学成绩：王小二为 98，张三为 93，李四为 93，等等。假定这个班级不存在同名的学生。（单选）

（a）Set　（b）List　（c）Map　（d）Java 数组：int[]

2. 以下这段程序的输出结果是什么？（单选）

```
Set set=new HashSet();
String s1=new String("hello");
String s2=new String("hello");
String s3=s1;
set.add(s1);
set.add(s2);
set.add(s3);
set.add(s1);
System.out.println(set.size()); //打印集合中对象的数目
```

（a）4　（b）3　（c）2　（d）1

3. 关于 Set 集合的排序，以下哪个说法正确？（单选）

（a）HashSet 能够对集合中的对象排序。

（b）TreeSet 集合能对加入其中的对象进行自然排序或客户化排序。

（c）为了让 TreeSet 对 Customer 对象进行自然排序，Customer 对象应该实现 java.util.Comparator 接口。

（d）为了让 TreeSet 对 Customer 对象进行客户化排序，Customer 对象应该实现 Comparable 接口。

4. 以下程序代码的输出结果是什么？（单选）

```
List list=new ArrayList();
list.add(new Integer(3));
list.add(new Integer(5));
list.add(new Integer(3));
list.add(new Integer(2));

Collections.sort(list);
for(int i=0;i<list.size();i++)
  System.out.println(list.get(i));
```

（a）3　5　3　2　（b）2　3　5　（c）2　3　3　5　（d）输出结果不确定

5. 以下程序代码的输出结果是什么？（单选）

```
Map map=new HashMap(); //第 1 行
map.put("1","Monday"); //第 2 行
map.put("1","Mon.")  //第 3 行
map.put("one","Mon."); //第 4 行
map.put("2","Thursday"); //第 5 行
System.out.println(map.get("1")); //第 6 行
```

（a）Mon.　（b）one　（c）Monday　（d）第 3 行抛出异常

第 14 章　映射值类型集合

Customer 类与 Order 类为一对多关联关系，在 Customer 类中定义了一个集合类型的属性 orders，它用来存放所有与 Customer 对象关联的 Order 对象。假如 Customer 类还有一个集合类型的属性 images，用来存放 Customer 对象的所有照片的文件名，那么 images 属性和 orders 属性有相同的定义形式：

```
private Set orders=new HashSet();
private Set images=new HashSet();
```

orders 属性与 images 属性的区别在于，前者存放的是实体类型的 Order 对象，而后者存放的是值类型的 String 对象，本书第 10 章的 10.3.1 节（区分值类型和实体类型）介绍了实体类型和值类型的区别，实体类型的对象有单独的 OID 和独立的生命周期，而值类型的对象没有单独的 OID 和独立的生命周期。本章将介绍如何映射值类型的集合。

本书第 13 章（Java 集合类）已经介绍过，按照集合的数据结构划分，Java 集合可分为三类：

- Set：集合中的对象不按特定方式排序，并且没有重复对象。它的有些实现类（如 TreeSet）能对集合中的对象按特定方式排序。
- List：集合中的对象按索引位置排序，可以有重复对象，允许按照对象在集合中的索引位置检索对象。
- Map：集合中的每一个元素包含一对键对象和值对象，集合中没有重复的键对象，值对象可以重复。它的有些实现类（如 TreeMap）能对集合中的键对象按特定方式排序。

Hibernate 允许把以上 3 种 Java 集合都映射到数据库中，在映射文件中，与映射 Java 集合相关的元素包括<set>、<idbag>、<list>和<map>。

14.1　映射 Set（集）

假定 Customer 对象的 images 集合中不允许存放重复的照片文件名，因此可以把 images 属性定义为 Set 类型：

```
private Set images=new HashSet();
public Set getImages() {
   return this.images;
}
public void setImages(Set images) {
   this.images = images;
}
```

在数据库中定义了一张 IMAGES 表，它的 CUSTOMER_ID 字段为参照

CUSTOMERS 表的外键，由于 Customer 对象不允许有重复的照片文件名，因此应该把 IMAGES 表的 CUSTOMER_ID 和 FILENAME 字段作为联合主键，图 14-1 显示了 CUSTOMERS 和 IMAGES 表的结构。

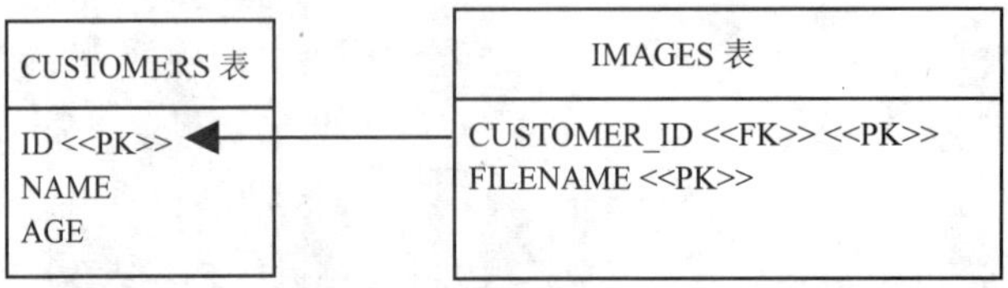

图 14-1　CUSTOMERS 表和 IMAGES 表的结构

以下是 IMAGES 表的 DDL 定义：

```
create table IMAGES(
  CUSTOMER_ID bigint not null,
  FILENAME varchar(15) not null,
  primary key (CUSTOMER_ID,FILENAME)
);
alter table IMAGES add index IDX_CUSTOMER(CUSTOMER_ID),
add constraint FK_CUSTOMER foreign key (CUSTOMER_ID) references CUSTOMERS(ID);
```

在 Customer.hbm.xml 文件中，映射 Customer 类的 images 属性的代码如下：

```
<set  name="images"  table="IMAGES"   lazy="true">
      <key column="CUSTOMER_ID" />
      <element column="FILENAME" type="string" not-null="true"/>
</set>
```

<set>元素包含以下属性。

- name 属性：指定 Customer 类的 images 属性名。
- table 属性：指定和 images 属性对应的表为 IMAGES 表。
- lazy 属性：如果为 true，表示对 images 集合使用延迟检索策略。由于 lazy 属性的默认值为 true，所以此处也可以不显式设置 lazy 属性。本书第 16 章（Hibernate 的检索策略）对各种检索策略做了详细的介绍。

<set>元素的<key>子元素指定 IMAGES 表的外键为 CUSTOMER_ID，<element>元素指定和 images 集合中元素对应的字段为 FILENAME 字段，并且 images 集合中的元素为字符串类型。

本节的范例程序位于配套光盘的 sourcecode\chapter14\14.1 目录下，运行该程序前，需要在 SAMPLEDB 数据库中手工创建 CUSTOMERS 和 IMAGES 表，相关的 SQL 脚本文件为\14.1\schema\sampledb.sql。

在 chapter14 目录下有 7 个 ANT 的工程文件，如 build1.xml、build2.xml、build3.xml 和 build4.xml 等，它们的区别在于文件开头设置的路径不一样，如在 build1.xml 文件中设置了以下路径：

```
<property name="source.root" value="14.1/src"/>
<property name="class.root" value="14.1/classes"/>
<property name="lib.dir" value="lib"/>
<property name="schema.dir" value="14.1/schema"/>
```

在 DOS 命令行下进入 chapter14 根目录，然后输入命令：

```
ant -file build1.xml run
```

就会运行 BusinessService 类。ANT 命令的-file 选项用于显式指定工程文件。例程 14-1 是 BusinessService 类的源程序。

例程 14-1　BusinessService.java

```
public class BusinessService{
  public static SessionFactory sessionFactory;
  /** 初始化 Hibernate，创建 SessionFactory 对象
  static{……}
  public void saveCustomer(Customer customer){……}
  public Customer loadCustomer(long id){……}

  public void test(){
    Set images=new HashSet();
    images.add("image1.jpg");
    images.add("image4.jpg");
    images.add("image2.jpg");
    images.add("image5.jpg");

    Customer customer=new Customer("Tom",21,images);
    saveCustomer(customer);
    customer=loadCustomer(1);
    printCustomer(customer);
  }

  private void printCustomer(Customer customer){
    System.out.println(customer.getImages().getClass().getName());
    Iterator it=customer.getImages().iterator();
    while(it.hasNext()){
      String fileName=(String)it.next();
      System.out.println(customer.getName()+" "+fileName);
    }
  }

  public static void main(String args[]){
    new BusinessService().test();
    sessionFactory.close();
  }
}
```

BusinessService 的 main()方法调用 test()方法，test()方法依次调用以下方法。

- saveCustomer()：保存一个 Customer 对象。
- loadCustomer()：加载一个 Customer 对象。
- printCustomer()：打印 Customer 对象的信息，包括它的 images 集合中的所有照片文件名。

（1）运行 saveCustomer (Customer customer)方法，它的代码如下：

```
tx = session.beginTransaction();
session.save(customer);
```

```
tx.commit();
```

在 test()方法中创建了一个 Customer 实例，然后调用 saveCustomer()方法保存这个实例：

```
Set images=new HashSet();
images.add("image1.jpg");
images.add("image4.jpg");
images.add("image2.jpg");
images.add("image5.jpg");

Customer customer=new Customer("Tom",21,images);
saveCustomer(customer);
```

Session 的 save()方法向 CUSTOMERS 表插入一条记录，同时还会向 IMAGES 表插入 4 条记录，执行如下 insert 语句：

```
insert into CUSTOMERS (ID,NAME, AGE) values (1, 'Tom', 21);
insert into IMAGES (CUSTOMER_ID, FILENAME) values (1, 'image1.jpg');
insert into IMAGES (CUSTOMER_ID, FILENAME) values (1, 'image4.jpg');
insert into IMAGES (CUSTOMER_ID, FILENAME) values (1, 'image2.jpg');
insert into IMAGES (CUSTOMER_ID, FILENAME) values (1, 'image5.jpg');
```

（2）运行 loadCustomer()方法，它的代码如下：

```
tx = session.beginTransaction();
Customer customer=(Customer)session.get(Customer.class,new Long(id));
Hibernate.initialize(customer.getImages());
tx.commit();
return customer;
```

由于在 Customer.hbm.xml 文件中对 images 集合使用了延迟检索策略，因此必须通过 Hibernate 类的 initialize()方法显示初始化 images 集合，这样才能保证当 Customer 对象成为游离对象后，BusinessService 类的 test()方法能够正常访问 images 集合中的元素。Hibernate 类的 initialize()方法执行以下 select 语句：

```
select CUSTOMER_ID,FILENAME from IMAGES where CUSTOMER_ID=1;
```

（3）运行 printCustomer()方法，它的代码如下：

```
System.out.println(customer.getImages().getClass().getName());
Iterator it=customer.getImages().iterator();
while(it.hasNext()){
  String fileName=(String)it.next();
  System.out.println(customer.getName()+" "+fileName);
}
```

以上程序的输出结果为：

```
org.hibernate.collection.PersistentSet
Tom image5.jpg
Tom image1.jpg
Tom image4.jpg
Tom image2.jpg
```

从以上输出结果看出，当 Hibernate 加载 Customer 对象的 images 集合时，创建的是 org.hibernate.collection.PersistentSet 实例，PersistentSet 类实现了 java.util.Set 接口。此外，Customer 对象的 images 集合中的元素不会保持固定顺序，在 test()方法中向 Customer 对象的 images 集合加入元素的顺序为：

```
image1.jpg、image4.jpg、image2.jpg、image5.jpg
```

而 Hibernate 加载的 Customer 对象的 images 集合中的元素的顺序为：

```
image5.jpg、image1.jpg、image4.jpg、image2.jpg
```

14.2　映射 Bag（包）

Bag 集合中的对象不按特定方式排序，但是允许有重复对象。在 Java 集合 API 中并没有提供 Bag 接口，Hibernate 允许在持久化类中用 List 来模拟 Bag 的行为。假定 Customer 对象的 images 集合中允许存放重复的照片文件名，可以把 images 属性定义为 List 类型：

```
private List images=new ArrayList();
public List getImages() {
   return this.images;
}
public void setImages(List images) {
   this.images = images;
}
```

在数据库中定义了一张 IMAGES 表，它的 CUSTOMER_ID 字段为参照 CUSTOMERS 表的外键，由于 Customer 对象允许有重复的照片文件名，因此应该在 IMAGES 表中定义一个代理主键 ID，图 14-2 显示了 CUSTOMERS 和 IMAGES 表的结构。

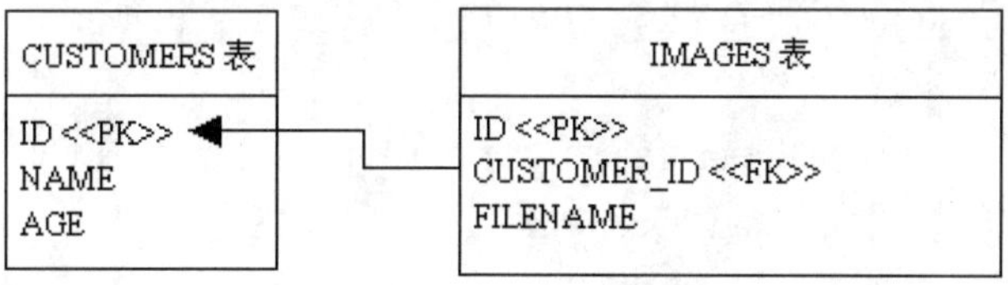

图 14-2　CUSTOMERS 表和 IMAGES 表的结构

以下是 IMAGES 表的 DDL 定义：

```
create table IMAGES(
  ID bigint not null,
  CUSTOMER_ID bigint not null,
  FILENAME varchar(15) not null,
  primary key (ID)
);
alter table IMAGES add index IDX_CUSTOMER(CUSTOMER_ID),
add constraint FK_CUSTOMER foreign key (CUSTOMER_ID) references CUSTOMERS(ID);
```

在 Customer.hbm.xml 文件中，映射 Customer 类的 images 属性的代码如下：

```
<idbag  name="images"  table="IMAGES"   lazy="true">
      <collection-id type="long" column="ID">
        <generator class="increment"/>
      </collection-id>
      <key column="CUSTOMER_ID" />
      <element column="FILENAME" type="string"  not-null="true"/>
</idbag>
```

<idbag>元素与本章 14.1 节介绍的<set>元素的配置很相似，区别在于<idbag>中增加了<collection-id>子元素，它用于设置 IMAGES 表的 ID 主键。

Tips

如果把 Customer 类的 images 属性用<idbag>元素来映射，也可以把 images 属性定义为 java.util.Collection 类型：

```
private Collection images=new ArratList();
```

本节的范例程序位于配套光盘的 sourcecode\chapter14\14.2 目录下，运行该程序前，需要在 SAMPLEDB 数据库中手工创建 CUSTOMERS 和 IMAGES 表，相关的 SQL 脚本文件为\14.2\schema\sampledb.sql。

在 DOS 命令行下进入 chapter14 根目录，然后输入命令：

```
ant  -file  build2.xml  run
```

就会运行 BusinessService 类。BusinessService 类的源程序和本章 14.1 节的例程 14-1 很相似。BusinessService 的 main()方法调用 test()方法，test()方法依次调用以下方法：

- saveCustomer()：保存一个 Customer 对象。
- loadCustomer()：加载一个 Customer 对象。
- printCustomer()：打印 Customer 对象的信息，包括它的 images 集合中的所有图片文件名。

（1）运行 saveCustomer (Customer customer)方法。在 test()方法中创建了一个 Customer 实例，然后调用 saveCustomer()方法保存这个实例：

```
List images=new ArrayList();
images.add("image1.jpg");
images.add("image4.jpg");
images.add("image2.jpg");
images.add("image2.jpg");
images.add("image5.jpg");

Customer customer=new Customer("Tom",21,images);
saveCustomer(customer);
```

Session 的 save()方法向 CUSTOMERS 表插入一条记录，同时还会向 IMAGES 表插入 5 条记录，执行如下 insert 语句：

```
insert into CUSTOMERS (ID,NAME, AGE) values (1, 'Tom', 21);
```

```
insert into IMAGES (ID,CUSTOMER_ID, FILENAME) values (1, 1,'image1.jpg');
insert into IMAGES (ID,CUSTOMER_ID, FILENAME) values (2, 1,'image4.jpg');
insert into IMAGES (ID,CUSTOMER_ID, FILENAME) values (3, 1,'image2.jpg');
insert into IMAGES (ID,CUSTOMER_ID, FILENAME) values (4, 1,'image2.jpg');
insert into IMAGES (ID,CUSTOMER_ID, FILENAME) values (5, 1,'image5.jpg');
```

（2）运行 loadCustomer()方法，它的代码如下：

```
tx = session.beginTransaction();
Customer customer=(Customer)session.get(Customer.class,new Long(id));
Hibernate.initialize(customer.getImages());
tx.commit();
return customer;
```

由于在 Customer.hbm.xml 文件中对 images 集合使用了延迟检索策略，因此必须通过 Hibernate 类的 initialize()方法显示初始化 images 集合，这样才能保证当 Customer 对象成为游离对象后，BusinessService 类的 test()方法能够正常访问 images 集合中的元素。Hibernate 类的 initialize()方法执行以下 select 语句：

```
select ID,CUSTOMER_ID,FILENAME from IMAGES where CUSTOMER_ID=1;
```

（3）运行 printCustomer()方法，它的代码如下：

```
System.out.println(customer.getImages().getClass().getName());
Iterator it=customer.getImages().iterator();
while(it.hasNext()){
  String fileName=(String)it.next();
  System.out.println(customer.getName()+" "+fileName);
}
```

以上程序的输出结果为：

```
org.hibernate.collection.PersistentIdentifierBag
Tom image1.jpg
Tom image4.jpg
Tom image2.jpg
Tom image2.jpg
Tom image5.jpg
```

从以上输出结果看出，当 Hibernate 加载 Customer 对象的 images 集合时，创建的是 org.hibernate.collection.PersistentIdentifierBag 实例，PersistentIdentifierBag 类实现了 java.util.List 接口。此外，在 test()方法中向 Customer 对象的 images 集合加入元素的顺序为：

```
image1.jpg、image4.jpg、image2.jpg、image2.jpg、image5.jpg
```

从以上程序的输出结果看出，Hibernate 加载的 Customer 对象的 images 集合中的元素也采用相同的顺序。尽管这两者的顺序相同，但这只是偶然情况，事实上，Hibernate 不会保证 Bag 集合中的元素保持固定的顺序，因此在程序中应该避免通过以下方式访问 images 集合中的元素：

```
Customer customer=loadCustomer(1);
List images=customer.getImages();
String fileName=(String)images.get(4);
```

以上程序按照索引位置检索 images 集合中的元素，但是由于 Hibernate 并不会保证每个元素有固定的索引位置，因此多次执行该程序时，images.get(4)方法有可能返回 Bag 集合中的不同元素。

14.3 映射 List（列表）

在本章 14.2 节中，尽管 Customer 类的 images 属性被定义为 List 类型，但是由于在 Customer.hbm.xml 文件中用<idbag>元素来映射它，因此 images 集合中的元素并不会按照索引位置排序。如果希望 images 集合中允许存放重复元素，并且按照索引位置排序，首先应该在 IMAGES 表中定义一个 POSITION 字段，代表每个元素在集合中的索引位置。CUSTOMER_ID 和 POSITION 字段共同构成了 IMAGES 表的主键，图 14-3 显示了 CUSTOMERS 和 IMAGES 表的结构。

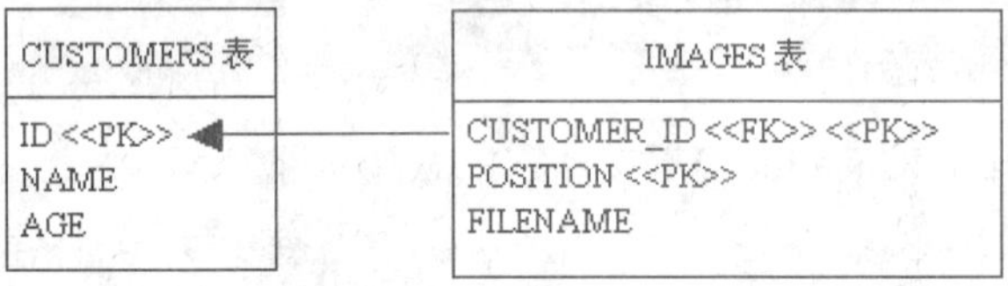

图 14-3　CUSTOMERS 表和 IMAGES 表的结构

以下是 IMAGES 表的 DDL 定义：

```
create table IMAGES(
  CUSTOMER_ID bigint not null,
  POSITION int not null,
  FILENAME varchar(15) not null,
  primary key (CUSTOMER_ID,POSITION)
);

alter table IMAGES add index IDX_CUSTOMER(CUSTOMER_ID),
add constraint FK_CUSTOMER foreign key (CUSTOMER_ID) references CUSTOMERS(ID);
```

在 Customer.hbm.xml 文件中，映射 Customer 类的 images 属性的代码如下：

```
<list  name="images"  table="IMAGES"  lazy="true">
      <key column="CUSTOMER_ID" />
      <list-index column="POSITION" />
      <element column="FILENAME" type="string" not-null="true"/>
</list>
```

<list>元素与 14.1 节介绍的<set>元素的配置很相似，区别在于<list>中增加了<list-index>子元素，它用于设置 IMAGES 表中代表索引位置的 POSITION 字段。

Tips

如果把 Customer 类的 images 属性定义为 Java 数组类型：

```
private String[] images;
```

那么可以用<list>或者<array>元素来映射 images 属性。对于基本类型的数组（如 int[]），可以用<primitive-array>元素来映射。但是，由于 Hibernate 无法为数组创建代理，因此不能对数组类型的 images 集合使用延迟检索策略。所以应该优先考虑把 images 集合定义为 java.util.List 类型。

本节的范例程序位于配套光盘的 sourcecode\chapter14\14.3 目录下，运行该程序前，需要在 SAMPLEDB 数据库中手工创建 CUSTOMERS 和 IMAGES 表，相关的 SQL 脚本文件为\14.3\schema\sampledb.sql。

在 DOS 命令行下进入 chapter14 根目录，然后输入命令：

```
ant  -file  build3.xml  run
```

就会运行 BusinessService 类。BusinessService 类的源程序和本章 14.1 节的例程 14-1 很相似。BusinessService 的 main()方法调用 test()方法，test()方法依次调用以下方法：

- saveCustomer()：保存一个 Customer 对象。
- loadCustomer()：加载一个 Customer 对象。
- printCustomer()：打印 Customer 对象的信息，包括它的 images 集合中的所有图片文件名。

（1）运行 saveCustomer (Customer customer)方法。在 test()方法中创建了一个 Customer 实例，然后调用 saveCustomer()方法保存这个实例：

```
List images=new ArrayList();
images.add("image1.jpg");
images.add("image4.jpg");
images.add("image2.jpg");
images.add("image2.jpg");
images.add("image5.jpg");

Customer customer=new Customer("Tom",21,images);
saveCustomer(customer);
```

Session 的 save()方法向 CUSTOMERS 表插入一条记录，同时还会向 IMAGES 表插入 5 条记录，执行如下 insert 语句：

```
insert into CUSTOMERS (ID,NAME, AGE) values (1, 'Tom', 21);
insert into IMAGES (POSITION,CUSTOMER_ID, FILENAME) values (0,1, 'image1.jpg');
insert into IMAGES (POSITION,CUSTOMER_ID, FILENAME) values (1, 1,'image4.jpg');
insert into IMAGES (POSITION,CUSTOMER_ID, FILENAME) values (2, 1,'image2.jpg');
insert into IMAGES (POSITION,CUSTOMER_ID, FILENAME) values (3, 1,'image2.jpg');
insert into IMAGES (POSITION,CUSTOMER_ID, FILENAME) values (4, 1,'image5.jpg');
```

Customer 对象的 images 集合中的第一个元素的索引位置为 0，第二个元素的索引位置为 1，依次类推。假如应用程序向数据库保存第二个 Customer 对象：

```
List images=new ArrayList();
images.add("file2.jpg");
```

```
images.add("file1.jpg");

Customer customer=new Customer("Mike",25,images);
saveCustomer(customer);
```

那么 Customer 对象的 images 集合中的元素的索引位置仍然从 0 开始计数，Session 的 save()方法执行如下 insert 语句：

```
insert into CUSTOMERS (ID,NAME, AGE) values (2, 'Mike', 25);
insert into IMAGES (POSITION,CUSTOMER_ID, FILENAME) values (0,2, 'file2.jpg');
insert into IMAGES (POSITION,CUSTOMER_ID, FILENAME) values (1, 2,'file1.jpg');
```

（2）运行 loadCustomer()方法，它的代码如下所示：

```
tx = session.beginTransaction();
Customer customer=(Customer)session.get(Customer.class,new Long(id));
Hibernate.initialize(customer.getImages());
tx.commit();
return customer;
```

由于在 Customer.hbm.xml 文件中对 images 集合使用了延迟检索策略，因此必须通过 Hibernate 类的 initialize()方法显示初始化 images 集合，这样才能保证当 Customer 对象成为游离对象后，BusinessService 类的 test()方法能够正常访问 images 集合中的元素。Hibernate 类的 initialize()方法执行以下 select 语句：

```
select POSITION,CUSTOMER_ID,FILENAME from IMAGES where CUSTOMER_ID=1;
```

（3）运行 printCustomer()方法，它的代码如下所示：

```
System.out.println(customer.getImages().getClass().getName());
List images=customer.getImages();
for(int i=images.size()-1;i>=0;i--){
    String fileName=(String)images.get(i);
    System.out.println(customer.getName()+" "+fileName);
}
```

以上程序的输出结果为：

```
org.hibernate.collection.PersistentList
Tom image5.jpg
Tom image2.jpg
Tom image2.jpg
Tom image4.jpg
Tom image1.jpg
```

从以上输出结果看出，当 Hibernate 加载 Customer 对象的 images 集合时，创建的是 org.hibernate.collection.PersistentList 实例，PersistentList 类实现了 java.util.List 接口。由于 Customer.hbm.xml 文件用<list>元素来映射 Customer 类的 images 属性，Hibernate 会保证 images 集合中的每个元素有固定的索引位置，因此在程序中可以通过 images.get(i)方法来检索 images 集合中的元素。

14.4　映射 Map

如果 Customer 类的 images 集合中的每一个元素包含一对键对象和值对象，那么应该把 images 集合定义为 Map 类型：

```
private Map images=new HashMap();
public Map getImages() {
   return this.images;
}
public void setImages(Map images) {
   this.images = images;
}
```

在 IMAGES 表中定义一个 IMAGE_NAME 字段，它和 images 集合中的键对象对应。CUSTOMER_ID 和 IMAGE_NAME 字段共同构成了 IMAGES 表的主键，图 14-4 显示了 CUSTOMERS 和 IMAGES 表的结构。

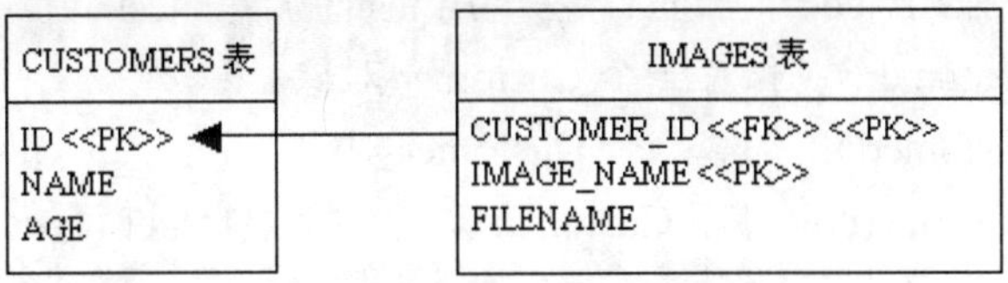

图 14-4　CUSTOMERS 表和 IMAGES 表的结构

表 14-1 显示了 IMAGES 表中的数据。

表 14-1　IMAGES 表中的数据

CUSTOMER_ID	IMAGE_NAME	FILENAME
1	image1	image1.jpg
1	image4	image4.jpg
1	image2	image2.jpg
1	imageTwo	image2.jpg
1	image5	image5.jpg
2	file1	file1.jpg
2	file2	file2.jpg

以下是 IMAGES 表的 DDL 定义：

```
create table IMAGES(
  CUSTOMER_ID bigint not null,
  IMAGE_NAME varchar(15) not null,
  FILENAME varchar(15) not null,
  primary key (CUSTOMER_ID,IMAGE_NAME)
);
alter table IMAGES add index IDX_CUSTOMER(CUSTOMER_ID),
add constraint FK_CUSTOMER foreign key (CUSTOMER_ID) references CUSTOMERS(ID);
```

在 Customer.hbm.xml 文件中，映射 Customer 类的 images 属性的代码如下所示：

```
<map  name="images"  table="IMAGES"   lazy="true">
      <key column="CUSTOMER_ID" />
      <map-key column="IMAGE_NAME" type="string"/>
      <element column="FILENAME" type="string"  not-null="true"/>
</map>
```

<map>元素与 14.1 节介绍的<set>元素的配置很相似，区别在于<map>元素中增加了<map-key>子元素，它用于设置 IMAGES 表中和 images 集合的键对象对应的 IMAGE_NAME 字段。

本节的范例程序位于配套光盘的 sourcecode\chapter14\14.4 目录下，运行该程序前，需要在 SAMPLEDB 数据库中手工创建 CUSTOMERS 和 IMAGES 表，相关的 SQL 脚本文件为\14.4\schema\sampledb.sql。

在 DOS 命令行下进入 chapter14 根目录，然后输入命令：

```
ant  -file  build4.xml  run
```

就会运行 BusinessService 类。BusinessService 类的源程序和本章 14.1 节的例程 14-1 很相似。BusinessService 的 main()方法调用 test()方法，test()方法依次调用以下方法：

- saveCustomer()：保存一个 Customer 对象。
- loadCustomer()：加载一个 Customer 对象。
- printCustomer()：打印 Customer 对象的信息，包括它的 images 集合中的所有图片文件名。

（1）运行 saveCustomer (Customer customer)方法。在 test()方法中创建了一个 Customer 实例，然后调用 saveCustomer()方法保存这个实例：

```
Map images=new HashMap();
images.put("image1","image1.jpg");
images.put("image4","image4.jpg");
images.put("image2","image2.jpg");
images.put("imageTwo","image2.jpg");
images.put("image5","image5.jpg");

Customer customer=new Customer("Tom",21,images);
saveCustomer(customer);
```

Session 的 save()方法向 CUSTOMERS 表插入一条记录，同时还会向 IMAGES 表插入 5 条记录，执行如下 insert 语句：

```
insert into CUSTOMERS (ID,NAME, AGE) values (1, 'Tom', 21);
insert into IMAGES (IMAGE_NAME,CUSTOMER_ID,FILENAME)values('image1',1,'image1.jpg');
insert into IMAGES (IMAGE_NAME,CUSTOMER_ID,FILENAME)values('image4',1,'image4.jpg');
insert into IMAGES (IMAGE_NAME,CUSTOMER_ID,FILENAME)values('image2',1,'image2.jpg');
insert into IMAGES (IMAGE_NAME,CUSTOMER_ID,FILENAME)
                                        values('imageTwo',1,'image2.jpg');
insert into IMAGES (IMAGE_NAME,CUSTOMER_ID,FILENAME)values('image5',1,'image5.jpg');
```

（2）运行 loadCustomer()方法，它的代码如下所示：

```
tx = session.beginTransaction();
Customer customer=(Customer)session.get(Customer.class,new Long(id));
Hibernate.initialize(customer.getImages());
```

```
        tx.commit();
        return customer;
```

由于在 Customer.hbm.xml 文件中对 images 集合使用了延迟检索策略，因此必须通过 Hibernate 类的 initialize()方法显示初始化 images 集合，这样才能保证当 Customer 对象成为游离对象后，BusinessService 类的 test()方法能够正常访问 images 集合中的元素。Hibernate 类的 initialize()方法执行以下 select 语句：

```
select IMAGE_NAME,CUSTOMER_ID,FILENAME from IMAGES where CUSTOMER_ID=1;
```

（3）运行 printCustomer()方法，它的代码如下所示：

```
System.out.println(customer.getImages().getClass().getName());
Map images=customer.getImages();
Set keys=images.keySet();
Iterator it=keys.iterator();
while(it.hasNext()){
  String key=(String)it.next();
  String filename=(String)images.get(key);
  System.out.println(customer.getName()+" "+key+" "+filename);
}
```

以上程序的输出结果为：

```
org.hibernate.collection.PersistentMap
Tom imageTwo image2.jpg
Tom image2 image2.jpg
Tom image4 image4.jpg
Tom image5 image5.jpg
Tom image1 image1.jpg
```

从以上输出结果看出，当 Hibernate 加载 Customer 对象的 images 集合时，创建的是 org.hibernate.collection.PersistentMap 实例，PersistentMap 类实现了 java.util.Map 接口。此外，Hibernate 不会对 images 集合中的键对象进行排序。

14.5　对集合排序

Hibernate 对集合中的元素支持两种排序方式：

- 在数据库中排序：简称为数据库排序，当 Hibernate 通过 select 语句到数据库中检索集合对象时，利用 order by 子句进行排序。
- 在内存中排序：简称为内存排序，当 Hibernate 把数据库中的集合数据加载到内存中的 Java 集合中后，利用 Java 集合的排序功能进行排序，可以选择自然排序或者客户化排序两种方式。

在映射文件中，Hibernate 用 sort 属性来设置内存排序，用 order-by 属性来设置数据库排序，表 14-2 显示了<set>、<idbag>、<list>和<map>元素的排序属性。

表 14-2　<set>、<idbag>、<list>和<map>元素的排序属性

排 序 属 性	<set>	<idbag>	<list>	<map>
sort 属性（内存排序）	支持	不支持	不支持	支持
order-by 属性（数据库排序）	支持	支持	不支持	支持

从表 14-2 看出，<set>和<map>元素支持内存排序和数据库排序，<list>元素不支持任何排序方式，而<idbag>仅支持数据库排序。

14.5.1　在数据库中对集合排序

<set>、<idbag>和<map>元素都具有 order-by 属性，如果设置了该属性，当 Hibernate 通过 select 语句到数据库中检索集合对象时，利用 order by 子句进行排序。

下面对本章 14.1 节的 Customer.hbm.xml 文件中的<set>元素增加一个 order-by 属性：

```
<set  name="images"  table="IMAGES"   lazy="true" order-by="FILENAME asc">
      <key column="CUSTOMER_ID" />
      <element column="FILENAME" type="string"  not-null="true"/>
</set>
```

以上代码表明对 images 集合中的元素进行升序排列，当 Hibernate 加载 Customer 对象的 images 集合时，执行的 select 语句为：

```
select CUSTOMER_ID,FILENAME from IMAGES
where CUSTOMER_ID=1 order by FILENAME;
```

在 DOS 命令行下进入 chapter14 根目录，然后输入命令：

```
ant  -file  build1.xml  run
```

就会运行 BusinessService 类。BusinessService 的 main()方法调用 test()方法，它的输出结果如下：

```
org.hibernate.collection.PersistentSet
Tom image1.jpg
Tom image2.jpg
Tom image4.jpg
Tom image5.jpg
```

在 order-by 属性中还可以加入 SQL 函数，例如：

```
<set  name="images"  table="IMAGES"   lazy="true"
    order-by="lower(FILENAME) desc">

    <key column="CUSTOMER_ID" />
      <element column="FILENAME" type="string"  not-null="true"/>
</set>
```

当 Hibernate 加载 Customer 对象的 images 集合时，执行的 select 语句为：

```
select CUSTOMER_ID,FILENAME from IMAGES
where CUSTOMER_ID=1 order by lower(FILENAME) desc;
```

在<map>元素中也可以加入 order-by 属性，以下代码表明对 Map 类型的 images 集合中的键对象进行排序：

```
<map  name="images"  table="IMAGES"  lazy="true"  order-by="IMAGE_NAME">
      <key column="CUSTOMER_ID" />
      <map-key column="IMAGE_NAME" type="string"/>
      <element column="FILENAME" type="string"  not-null="true"/>
</map>
```

以下代码表明对 Map 类型的 images 集合中的值对象进行排序：

```
<map  name="images"  table="IMAGES"  lazy="true"  order-by="FILENAME">
      <key column="CUSTOMER_ID" />
      <map-key column="IMAGE_NAME" type="string"/>
      <element column="FILENAME" type="string"  not-null="true"/>
</map>
```

在<idbag>元素中也可以加入 order-by 属性，以下代码表明按照 IMAGES 表中的 ID 代理主键排序：

```
<idbag  name="images"  table="IMAGES"   lazy="true"  order-by="ID">
      <collection-id type="long" column="ID">
        <generator class="increment"/>
      </collection-id>
      <key column="CUSTOMER_ID" />
      <element column="FILENAME" type="string"  not-null="true"/>
</idbag>
```

14.5.2　在内存中对集合排序

<set>和<map>元素都具有 sort 属性，如果设置了该属性，就会对内存中的集合对象进行排序。

1．<set>元素在内存中对集合排序

下面对本章 14.1 节的 Customer.hbm.xml 文件中的<set>元素增加一个 sort 属性：

```
<set  name="images"  table="IMAGES"   lazy="true" sort="natural">
      <key column="CUSTOMER_ID" />
      <element column="FILENAME" type="string"  not-null="true"/>
</set>
```

<set>元素的 sort 属性为 natural，表示对 images 集合中的字符串进行自然排序。Hibernate 采用 org.hibernate.PersistentSortedSet 作为 Set 的实现类，PersistentSortedSet 类实现了 java.util.SortedSet 接口。当 Session 保存一个 Customer 对象时，会调用 org.hibernate.type.SortedSetType 类的 wrap()方法，把 Customer 对象的 images 集合包装为 SortedSet 类的实例，wrap()方法的代码如下：

```
public PersistentCollection wrap(SessionImplementor session, Object collection) {
 return new PersistentSortedSet( session, (java.util.SortedSet) collection );
}
```

从 wrap()方法的源代码看出，应用程序中创建的 Customer 对象的 images 集合必须是 java.util.SortedSet 类型，否则以上 wrap()方法会抛出 ClassCastException。由于

java.util.TreeSet 类实现了 java.util.SortedSet 接口，因此在 Customer 类中初始化 images 属性时，可以创建 TreeSet 类型的实例：

```
private Set images=new TreeSet();
public Set getImages() {
  return this.images;
}
public void setImages(Set images) {
  this.images = images;
}
```

在 BusinessService 类的 test()方法中也应该创建 TreeSet 类的实例：

```
Set images=new TreeSet();
images.add("image1.jpg");
images.add("image4.jpg");
images.add("image2.jpg");
images.add("image5.jpg");

Customer customer=new Customer("Tom",21,images);
saveCustomer(customer);

customer=loadCustomer(1);
printCustomer(customer);
```

本节的范例程序位于配套光盘的 sourcecode\chapter14\14.5.1 目录下，运行该程序前，需要在 SAMPLEDB 数据库中手工创建 CUSTOMERS 表和 IMAGES 表，相关的 SQL 脚本文件为\14.5.1\schema\sampledb.sql。

在 DOS 命令行下进入 chapter14 根目录，然后输入命令：

```
ant -file build5.1.xml run
```

就会运行 BusinessService 类。BusinessService 类的源程序和本章 14.1 节的例程 14-1 很相似。BusinessService 的 main()方法调用 test()方法，它的输出结果如下：

```
org.hibernate.collection.PersistentSortedSet
Tom image1.jpg
Tom image2.jpg
Tom image4.jpg
Tom image5.jpg
```

从输出结果看出，当 Hibernate 加载 Customer 对象的 images 集合时，创建的是 org.hibernate.collection.PersistentSortedSet 实例，PersistentSortedSet 类实现了 java.util.SortedSet 接口，具有排序功能。

<set>元素也支持客户化排序。例程 14-2 的 ReverseStringComparator 类定义了一种对字符串进行降序排列的排序方式。

例程 14-2 ReverseStringComparator.java

```
public class ReverseStringComparator implements Comparator{
 public int compare(Object o1,Object o2){
  String s1=(String)o1;
  String s2=(String)o2;
```

```
      if(s1.compareTo(s2)>0) return -1;
      if(s1.compareTo(s2)<0) return 1;

      return 0;
    }
  }
```

接下来把<set>元素的 sort 属性设为“mypack.ReverseStringComparator”：

```
<set  name="images"  table="IMAGES"   lazy="true"
        sort="mypack.ReverseStringComparator">

    <key column="CUSTOMER_ID" />
      <element column="FILENAME" type="string"  not-null="true"/>
</set>
```

再次运行 BusinessService 类，最后的输出结果为：

```
org.hibernate.collection.PersistentSortedSet
Tom image5.jpg
Tom image4.jpg
Tom image2.jpg
Tom image1.jpg
```

可见，Hibernate 能够根据 ReverseStringComparator 类定义的客户化排序方式，对 images 集合中的字符串做降序排列。

2．<map>元素在内存中对集合排序

<map>元素允许在内存中对集合中的键对象进行排序：

```
<map  name="images"  table="IMAGES"   lazy="true" sort="natural">
    <key column="CUSTOMER_ID" />
    <map-key column="IMAGE_NAME" type="string"/>
    <element column="FILENAME" type="string"  not-null="true"/>
</map>
```

以上代码表明对 images 集合中的键对象进行自然排序。如果把<map>元素的 sort 属性设为 mypack.ReverseStringComparator，则表明采用 ReverseStringComparator 类定义的客户化排序方式，对 images 集合中的字符串类型的键对象进行降序排列：

```
<map  name="images"  table="IMAGES"   lazy="true"
    sort="mypack. ReverseStringComparator ">

    <key column="CUSTOMER_ID" />
     <map-key column="IMAGE_NAME" type="string"/>
     <element column="FILENAME" type="string"  not-null="true"/>
</map>
```

Hibernate 采用 org.hibernate.PersistentSortedMap 作为 Map 的实现类，PersistentSortedMap 类实现了 java.util.SortedMap 接口。当 Session 保存一个 Customer 对象时，会调用 org.hibernate.type.SortedMapType 类的 wrap()方法，把 Customer 对象的 images 集合包装为 PersistentSortedMap 类的实例，wrap()方法的代码如下：

```
public PersistentCollection wrap(SessionImplementor session, Object collection){
  return new PersistentSortedMap(session, (java.util.SortedMap) collection );
}
```

从 wrap()方法的源代码看出，应用程序中创建的 Customer 对象的 images 集合必须是 java.util.SortedMap 类型，否则以上 wrap()方法会抛出 ClassCastException。由于 java.util.TreeMap 类实现了 java.util.SortedMap 接口，因此在 Customer 类中初始化 images 属性时，可以创建 TreeMap 类型的实例：

```
private Map images=new TreeMap();
public Map getImages() {
   return this.images;
}

public void setImages(Map images) {
   this.images = images;
}
```

在 BusinessService 类的 test()方法中，也应该创建 TreeMap 类型的实例：

```
Map images=new TreeMap();
images.put("image1","image1.jpg");
images.put("image4","image4.jpg");
images.put("image2","image2.jpg");
images.put("imageTwo","image2.jpg");
images.put("image5","image5.jpg");

Customer customer=new Customer("Tom",21,images);
saveCustomer(customer);

customer=loadCustomer(1);
printCustomer(customer);
```

本节的范例程序位于配套光盘的 sourcecode\chapter14\14.5.2 目录下，运行该程序前，需要在 SAMPLEDB 数据库中手工创建 CUSTOMERS 表和 IMAGES 表，相关的 SQL 脚本文件为\14.5.2\schema\sampledb.sql。

在 DOS 命令行下进入 chapter14 根目录，然后输入命令：

```
ant -file build5.2.xml run
```

就会运行 BusinessService 类。BusinessService 类的源程序和本章 14.1 节的例程 14-1 很相似。BusinessService 的 main()方法调用 test()方法，当 Customer.hbm.xml 文件中 <map>元素的 sort 属性为 natural 时，test()方法的输出结果如下：

```
org.hibernate.collection.PersistentSortedMap
Tom image1 image1.jpg
Tom image2 image2.jpg
Tom image4 image4.jpg
Tom image5 image5.jpg
Tom imageTwo image2.jpg
```

从输出结果看出，当 Hibernate 加载 Customer 对象的 images 集合时，创建的是 org.hibernate.collection.PersistentSortedMap 实例，PersistentSortedMap 类实现了

java.util.SortedMap 接口，具有排序功能。

14.6　映射组件类型集合

第 10 章（映射组成关系）介绍了组件类，Customer 类和 Address 类之间是组成关系，Address 类被映射为组件类。如果客户的照片包含照片名、文件名、长和宽等信息，可以专门定义一个 Image 组件类来表示照片。图 14-5 显示了 Customer 类和 Image 类的组成关系。

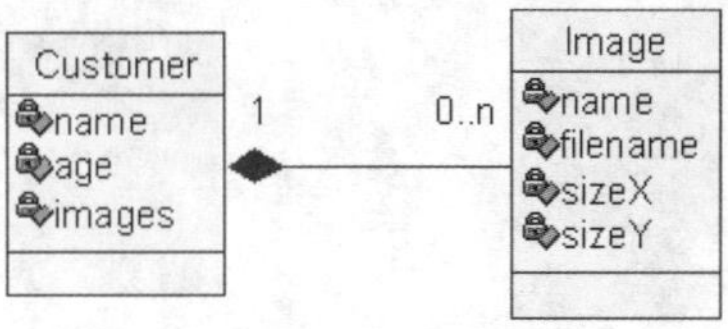

图 14-5　Customer 类和 Image 类的组成关系

从图 14-5 看出，Customer 类与 Image 类之间是一对多的组成关系。因此，可以在 Customer 类中定义一个 Set 类型的 images 集合来存放所有的 Image 对象：

```
private Set images=new HashSet();
public Set getImages() {
   return this.images;
}

public void setImages(Set images) {
   this.images = images;
}
```

Image 类作为一种值类型，没有 OID，此外，由于 Image 对象会存放在 Java 集合中，为了保证 Java 集合正常工作，应该在 Image 类中实现 equals()和 hashCode()方法。例程 14-3 是 Image 类的源程序。

例程 14-3　Image.java

```
public class Image implements Serializable {
   private String name;
   private String filename;
   private int sizeX;
   private int sizeY;
   private Customer customer;

   //省略显示 Image 类的构造方法，以及 getXXX()和 setXXX()方法
   ......

   public boolean equals(Object o){
     if(this==o)return true;
     if(! (o instanceof Image)) return false;
     final Image other=(Image)o;

     if(this.name.equals(other.getName())
```

```
      && this.filename.equals(other.getFilename())
      && this.sizeX==other.getSizeX()
      && this.sizeY==other.getSizeY())
      return true;
    else
      return false;
   }

  public int hashCode() {
   int result;
   result = (name==null?0:name.hashCode());
   result = 29 * result + (filename==null?0:filename.hashCode());
   result = 29 * result +sizeX+sizeY;
   return result;
  }
}
```

Tips

尽管 Hibernate 并不强迫所有的组件类都必须重新实现 equals()和 hashCode()方法，但是为了使程序更加健壮，建议为所有的组件类实现 equals()和 hashCode()方法，并且保证当组件类的两个实例用 equals()方法比较为 true 时，这两个实例的 hashCode()方法的返回值也一样。

在 IMAGES 表中定义了 CUSTOMER_ID、IMAGE_NAME、FILENAME、SIZEX 和 SIZEY 字段，这些字段共同构成了 IMAGES 表的主键，图 14-6 显示了 CUSTOMERS 表和 IMAGES 表的结构。

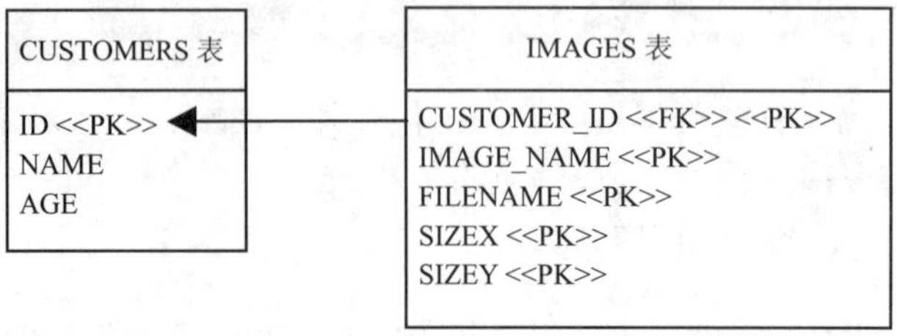

图 14-6　CUSTOMERS 表和 IMAGES 表的结构

以下是 IMAGES 表的 DDL 定义：

```
create table IMAGES(
 CUSTOMER_ID bigint not null,
 IMAGE_NAME varchar(15) not null,
 FILENAME varchar(15) not null,
 SIZEX int not null,
 SIZEY int not null,
 primary key (CUSTOMER_ID,IMAGE_NAME,FILENAME,SIZEX,SIZEY)
);
alter table IMAGES add index IDX_CUSTOMER(CUSTOMER_ID),
add constraint FK_CUSTOMER foreign key (CUSTOMER_ID) references CUSTOMERS(ID);
```

在 Customer.hbm.xml 文件中，映射 Customer 类的 images 属性的代码如下所示：

```
<set  name="images"  table="IMAGES"  lazy="true" order-by="IMAGE_NAME asc">
  <key column="CUSTOMER_ID" />
  <composite-element class="mypack.Image">
    <parent name="customer" />
    <property name="name" column="IMAGE_NAME" not-null="true" />
    <property name="filename" column="FILENAME" not-null="true" />
    <property name="sizeX" column="SIZEX" not-null="true" />
    <property name="sizeY" column="SIZEY" not-null="true" />
  </composite-element>
</set>
```

以上<set>元素与本章 14.1 节介绍的<set>元素的配置很相似，区别在于本节的<set>元素中增加了<composite-element>子元素，它用于映射 Image 组件类。<composite-element>元素中的<parent>子元素用于映射 Image 类的 customer 属性，<property>子元素用于映射 Image 类的 name、filename、sizeX 和 sizeY 属性。由于作为主键的字段不允许为 null，而 IMAGES 表以所有字段构成主键，因此所有字段都不允许为 null，这是这种映射方式的不足之处。

本节的范例程序位于配套光盘的 sourcecode\chapter14\14.6 目录下，运行该程序前，需要在 SAMPLEDB 数据库中手工创建 CUSTOMERS 表和 IMAGES 表，相关的 SQL 脚本文件为\14.6\schema\sampledb.sql。

在 DOS 命令行下进入 chapter14 根目录，然后输入命令：

```
ant -file build6.xml run
```

就会运行 BusinessService 类。BusinessService 类的源程序和本章 14.1 节的例程 14-1 很相似。BusinessService 的 main()方法调用 test()方法，test()方法依次调用以下方法。

- saveCustomer()：保存一个 Customer 对象。
- loadCustomer()：加载一个 Customer 对象。
- printCustomer()：打印 Customer 对象的信息，包括它的 images 集合中的所有图片文件名。

（1）运行 saveCustomer(Customer customer)方法。在 test()方法中创建了一个 Customer 实例，然后调用 saveCustomer()方法保存这个实例：

```
Set images=new HashSet();
images.add(new Image("image1","image1.jpg",50,50));
images.add(new Image("image4","image4.jpg",50,50));
images.add(new Image("image2","image2.jpg",50,50));
images.add(new Image("image5","image5.jpg",50,50));

Customer customer=new Customer("Tom",21,images);
saveCustomer(customer);
```

Session 的 save()向 CUSTOMERS 表插入 1 条记录，同时还会向 IMAGES 表插入 4 条记录，执行如下 insert 语句：

```
insert into CUSTOMERS (ID,NAME, AGE) values (1, 'Tom', 21);
insert into IMAGES (IMAGE_NAME,CUSTOMER_ID,FILENAME,SIZEX,SIZEY)
                values('image1',1,'image1.jpg', 50, 50);
insert into IMAGES (IMAGE_NAME,CUSTOMER_ID,FILENAME,SIZEX,SIZEY)
```

```
                    values('image4',1,'image4.jpg', 50, 50);
insert into IMAGES (IMAGE_NAME,CUSTOMER_ID,FILENAME,SIZEX,SIZEY)
                    values('image2',1,'image2.jpg', 50, 50);
insert into IMAGES (IMAGE_NAME,CUSTOMER_ID,FILENAME,SIZEX,SIZEY)
                    values('image5',1,'image5.jpg', 50, 50);
```

（2）运行 loadCustomer()方法，它的代码如下：

```
tx = session.beginTransaction();
Customer customer=(Customer)session.get(Customer.class,new Long(id));
Hibernate.initialize(customer.getImages());
tx.commit();
return customer;
```

由于在 Customer.hbm.xml 文件中对 images 集合使用了延迟检索策略，因此必须通过 Hibernate 类的 initialize()方法显示初始化 images 集合，这样才能保证当 Customer 对象成为游离对象后，BusinessService 类的 test()方法能够正常访问 images 集合中的元素。Hibernate 类的 initialize()方法执行以下 select 语句：

```
select IMAGE_NAME,CUSTOMER_ID,FILENAME,SIZEX,SIZEY from IMAGES
where CUSTOMER_ID=1 order by IMAGE_NAME asc;
```

由于在 Customer.hbm.xml 文件的<set>元素中设置了 order-by 属性，因此 select 语句的查询结果按照 IMAGE_NAME 字段排序。

（3）运行 printCustomer()方法，它的代码如下所示：

```
System.out.println(customer.getImages().getClass().getName());
Set images=customer.getImages();
Iterator it=images.iterator();
while(it.hasNext()){
   Image image=(Image)it.next();
   System.out.println(image.getCustomer().getName()+" "+image.getName()
   +" "+image.getFilename()+" "+image.getSizeX()+" "+image.getSizeY());
}
```

以上程序的输出结果为：

```
org.hibernate.collection.PersistentSet
Tom image1 image1.jpg 50 50
Tom image2 image2.jpg 50 50
Tom image4 image4.jpg 50 50
Tom image5 image5.jpg 50 50
```

由于在 Image 类中定义了 customer 属性，因此通过 image.getCustomer()方法可以从 Image 对象导航到 Customer 对象。

如果 Customer 类的 images 集合中允许包含重复的 Image 对象，可以用<idbag>来映射 images 集合，步骤如下所示。

（1）把 Customer 类的 images 集合定义为 java.util.List 类型，用 List 来模拟 Bag 的行为。

（2）Images 类的定义参见例程 14-3。

（3）在 IMAGES 表中增加代理主键 ID，图 14-7 显示了 CUSTOMERS 和 IMAGES

表的结构。

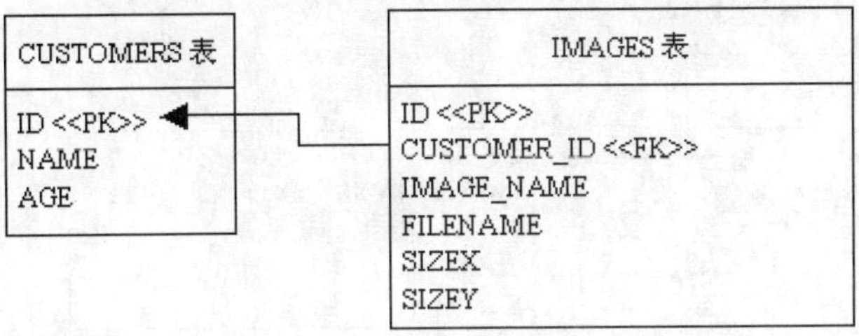

图 14-7　CUSTOMERS 表和 IMAGES 表的结构

以下是 IMAGES 表的 DDL 定义：

```
create table IMAGES(
  ID bigint not null,
  CUSTOMER_ID bigint not null,
  IMAGE_NAME varchar(15),
  FILENAME varchar(15) not null,
  SIZEX int,
  SIZEY int,
  primary key (ID)
);
alter table IMAGES add index IDX_CUSTOMER(CUSTOMER_ID),
add constraint FK_CUSTOMER foreign key (CUSTOMER_ID) references CUSTOMERS(ID);
```

（4）在 Customer.hbm.xml 文件中，映射 Customer 类的 images 属性的代码如下所示：

```
<idbag  name="images"  table="IMAGES"  lazy="true"  order-by="IMAGE_NAME asc">
 <collection-id type="long" column="ID" >
   <generator class="increment" />
 </collection-id>

 <key column="CUSTOMER_ID" />

 <composite-element  class="mypack.Image">
   <parent name="customer" />
   <property name="name" column="IMAGE_NAME" />
   <property name="filename" column="FILENAME" not-null="true" />
   <property name="sizeX" column="SIZEX" />
   <property name="sizeY" column="SIZEY" />
 </composite-element>
</idbag>
```

由于 IMAGES 表中 IMAGE_NAME、SIZEX 和 SIZEY 字段不再作为主键，因此这些字段允许为 null。

如果 Customer 类的 images 集合中的每个元素包含一对键对象和值对象，可以用<map>元素来映射 images 集合，步骤如下所示。

（1）把 Customer 类的 images 集合定义为 Map 类型。

（2）把例程 14-3 的 Image 类中的 name 属性及相应的 getName()和 setName()方法删除。该 name 属性将作为 Customer 类的 images 集合中的每个元素的键对象。

（3）在 IMAGES 表中用 CUSTOMER_ID 和 IMAGE_NAME 字段作为主键，图 14-8 显示了 CUSTOMERS 和 IMAGES 表的结构。

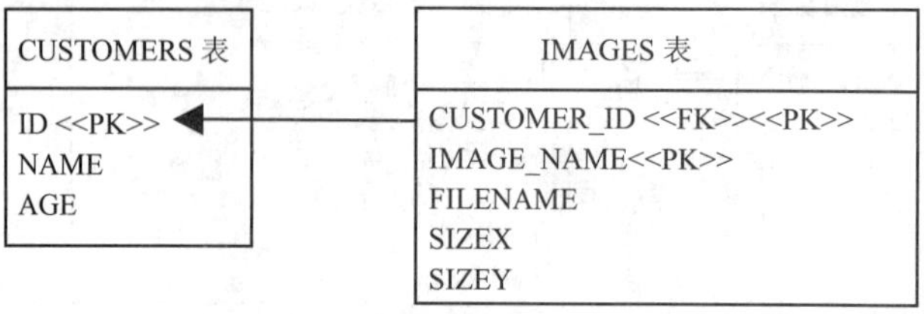

图 14-8　CUSTOMERS 表和 IMAGES 表的结构

以下是 IMAGES 表的 DDL 定义：

```
create table IMAGES(
  CUSTOMER_ID bigint not null,
  IMAGE_NAME varchar(15) not null,
  FILENAME varchar(15) not null,
  SIZEX int,
  SIZEY int,
  primary key (CUSTOMER_ID,IMAGE_NAME)
);
alter table IMAGES add index IDX_CUSTOMER(CUSTOMER_ID),
add constraint FK_CUSTOMER foreign key (CUSTOMER_ID) references CUSTOMERS(ID);
```

（4）在 Customer.hbm.xml 文件中，映射 Customer 类的 images 属性的代码如下所示：

```
<map  name="images"  table="IMAGES"  lazy="true"  order-by="IMAGE_NAME asc">
  <key column="CUSTOMER_ID" />
  <map-key type="string" column="IMAGE_NAME" />

  <composite-element  class="mypack.Image">
    <parent name="customer" />
    <property name="filename" column="FILENAME" not-null="true" />
    <property name="sizeX" column="SIZEX" />
    <property name="sizeY" column="SIZEY" />
   </composite-element>
</map>
```

由于 IMAGES 表中 SIZEX 和 SIZEY 字段不再作为主键，因此这些字段允许为 null。

14.7　小结

本章介绍了值类型集合的映射方法，在这种集合中存放的对象没有 OID，它们的生命周期依赖于集合所属的对象的生命周期。Hibernate 采用<set>、<list>和<map>元素来映射 java.util.Set、java.util.List 和 java.util.Map，此外 Hibernate 使用<idbag>元素来映射 Bag 集合，Bag 集合中的元素允许重复，但是不按特定方式排序，在 Java 类中没有提供 Bag 接口，Hibernate 允许在持久化类中用 java.util.List 来模拟 Bag 的行为。

对于每一种 Java 集合接口，Hibernate 都提供了内置的实现类，包括：

- org.hibernate.collection.PersistentSet
- org.hibernate.collection.PersistentSortedSet
- org.hibernate.collection.PersistentIdentifierBag
- org.hibernate.collection.PersistentList
- org.hibernate.collection.PersistentMap
- org.hibernate.collection.PersistentSortedMap

当 Session 从数据库中加载 Java 集合时，会创建以上内置集合类的实例。本书第 13 章已经介绍过，在 JDK 中也提供了现成的 Java 集合实现类，如 java.util.HashSet、java.util.TreeSet、java.util.ArrayList、java.util.HashMap 和 java.util.TreeMap 等。那么，Hibernate 为什么不直接使用 JDK 中现成的 Java 集合实现类呢？主要有以下原因：

- Hibernate 的内置集合类具有集合代理功能，支持延迟检索策略。如果对集合使用了延迟检索策略，只有当初始化集合时，才会真正加载集合中的对象。
- JDK 中没有 Bag 接口，Hibernate 的内置 org.hibernate.collection.PersistentIdentifierBag 类能够模拟 Bag 集合的行为。
- 事实上，Hibernate 的内置集合类都封装了 JDK 中的集合类，如 org.hibernate.collection.PersistentSet 封装了 java.util.HashSet 类，org.hibernate.collection.PersistentSortedSet 封装了 java.util.TreeSet 类。Hibernate 的内置集合类对 JDK 中的集合类进行了包装，使得 Hibernate 能够对缓存中的集合对象进行脏检查，按照集合对象的状态变化来同步更新数据库。

由于当 Session 从数据库中加载 Java 集合时，创建的是 Hibernate 内置集合类的实例，因此在持久化类中定义集合属性时，必须把它定义为 Java 接口类型，如：

```
private Set images=new HashSet();
```

如果把以上 images 集合定义为 HashSet 类型：

```
private HashSet images=new HashSet();
```

那么当 Session 从数据库中加载 images 集合时，会把 org.hibernate.collection.PersistentSet 实例赋值给 images 属性，从而抛出 ClassCastException 异常。

14.8 思考题

1．假定按照本章 14.1 节的方式，用<set>元素映射 Customer 类的 java.util.Set 类型的 images 属性。运行以下程序会出现什么情况？（单选）

```
Set images=new HashSet(); //第1行
images.add("image1.jpg"); //第2行
images.add("image1.jpg"); //第3行
images.add("image2.jpg"); //第4行
images.add("image2.jpg"); //第5行
tx = session.beginTransaction(); //第6行
session.save(images); //第7行
tx.commit(); //第8行
```

（a）第 8 行执行 4 条 insert 语句，向 IMAGES 表插入 4 条记录。

（b）第 8 行执行 1 条 insert 语句，向 CUSTOMERS 表插入 1 条记录。

（c）第 7 行抛出异常。

（d）第 8 行执行 2 条 insert 语句，向 IMAGES 表插入 4 条记录。

2．假定按照本章 14.3 节的方式，用<list>元素映射 Customer 类的 java.util.List 类型的 images 属性。以下哪些说法正确？（多选）

（a）Customer 类的 images 属性中可以存放重复元素。

（b）Customer 类中有一个 position 属性，用于指定每个元素在 images 集合中的位置。

（c）IMAGES 表中有一个 POSITION 字段，用于指定每个记录在 images 集合中的位置。

（d）当 Hibernate 加载 Customer 对象的 images 集合时，创建的是 org.hibernate.collection.PersistentList 实例。

3．以下哪些元素具有用于内存排序的 sort 属性？（多选）

（a）<set>　（b）<idbag>　（c）<list>　（d）<map>

4．以下哪些元素具有用于数据库排序的 order-by 属性？（多选）

（a）<set>　（b）<idbag>　（c）<list>　（d）<map>

第 15 章　映射实体关联关系

本书第 7 章介绍了映射一对多关联关系的方法，这是域模型中最常见的关联关系。本章将介绍另外两种关联关系的映射：一对一关联和多对多关联。

本章以 Customer 与 Address 类的关系为例，介绍映射一对一关联的各种方法，然后以 Category（商品类别）与 Item（商品）类，以及 Order（订单）与 Item（商品）类的关系为例，介绍映射多对多关联的各种方法。

本章还提到了在关联级别使用的检索策略，如果读者对检索策略不熟悉，可以先阅读第 16 章（Hibernate 的检索策略），然后再阅读本章。

15.1　映射一对一关联

本书第 10 章（映射组成关系）介绍了 Customer 类与 Address 类的组成关系，Address 类是组件类，它没有 OID，在数据库中没有对应的表，Address 对象的生命周期依赖于 Customer 对象的生命周期。在 Customer 类中定义了两个值类型的 homeAddress 和 comAddress 属性：

```
private Address homeAddress;
private Address comAddress;
```

如果是从头设计域模型和数据模型，应该优先考虑把 Customer 类与 Address 类设计为组成关系。假如在数据库中已经存在独立的 ADDRESSES 表，并且 Address 类已经被设计为实体类，有单独的 OID，那么 Customer 类与 Address 类之间就变成了一对一关联关系，图 15-1 为这两个类的类框图。Hibernate 提供了两种映射一对一关联关系的方法。

- 按照外键映射：在 CUSTOMERS 表中定义两个外键 HOME_ADDRESS_ID 和 COM_ADDRESS_ID，它们都参照 ADDRESSES 表的主键。
- 按照主键映射：ADDRESSES 表的 ID 字段既是主键，同时作为外键参照 CUSTOMERS 表的主键，也就是说，ADDRESSES 表与 CUSTOMERS 表共享主键。

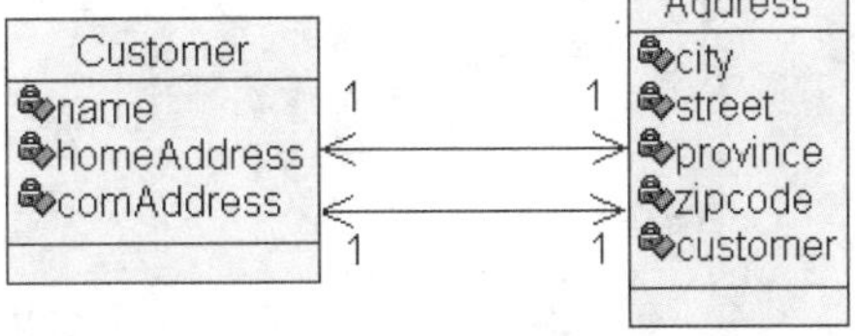

图 15-1　Customer 类与 Address 类的一对一关联关系

15.1.1 按照外键映射

在图 15-2 中，CUSTOMERS 表的两个外键 HOME_ADDRESS_ID 和 COM_ADDRESS_ID 都参照 ADDRESSES 表的主键。

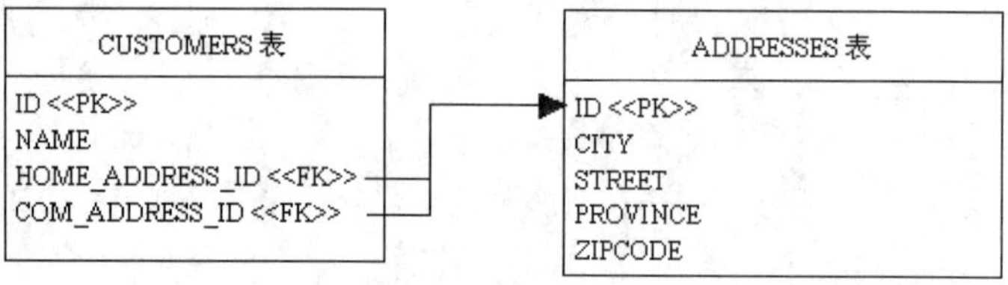

图 15-2　CUSTOMERS 表和 ADDRESSES 表的结构

以下是 CUSTOMERS 表的 DDL 定义：

```
create table CUSTOMERS (
  ID bigint not null,
  NAME varchar(15),
  HOME_ADDRESS_ID bigint unique,
  COM_ADDRESS_ID bigint unique,
  primary key (ID)
);

alter table CUSTOMERS add index IDX_HOME_ADDRESS(HOME_ADDRESS_ID),
add constraint FK_HOME_ADDRESS foreign key (HOME_ADDRESS_ID)
references ADDRESSES(ID);

alter table CUSTOMERS add index IDX_COM_ADDRESS(COM_ADDRESS_ID),
add constraint FK_COM_ADDRESS foreign key (COM_ADDRESS_ID)
references ADDRESSES(ID);
```

以上 CUSTOMERS 表的 HOME_ADDRESS_ID 和 COM_ADDRESS_ID 外键都设定了 unique 约束，确保每条 CUSTOMERS 记录都具有唯一的 HOME_ADDRESS_ID 和 COM_ADDRESS_ID。

在 Customer.hbm.xml 文件中，用<many-to-one>元素来映射 Customer 类的 homeAddress 和 comAddress 属性：

```
<many-to-one name="homeAddress"
  class="mypack.Address"
  column="HOME_ADDRESS_ID"
  cascade="all"
  unique="true"
/>

<many-to-one name="comAddress"
  class="mypack.Address"
  column="COM_ADDRESS_ID"
  cascade="all"
  unique="true"
/>
```

以上<many-to-one>元素的 cascade 属性为 all，表明当保存、更新或删除 Customer

对象时，会级联保存、更新或删除homeAddress和comAddress对象。此外，<many-to-one>元素的 unique 属性为 true，表明每个 Customer 对象都有唯一的 homeAddress 和 comAddress 对象。unique 属性的默认值为 false，如果把它设为 true，可以表达 Customer 对象与 homeAddress 对象，以及 Customer 对象与 comAddress 对象之间的一对一关联关系。

在 Address.hbm.xml 文件中，用<one-to-one>元素来映射 Address 类的 customer 属性：

```
<one-to-one name="customer"
     class="mypack.Customer"
     property-ref="homeAddress"
/>
```

<one-to-one>元素的 property-ref 属性为 homeAddress，表明建立了从 homeAddress 对象到 Customer 对象的关联。因此只要调用 homeAddress 持久化对象的 getCustomer()方法，就能导航到 Customer 对象。以下程序代码从 Customer 持久化对象导航到 homeAddress 持久化对象，又从 homeAddress 持久化对象导航到 Customer 持久化对象，由此可见 Customer 与 homeAddress 对象之间为双向关联关系：

```
customer.getHomeAddress().getCustomer();
```

Tips

值得注意的是，在 Address.hbm.xml 文件中只能用<one-to-one>元素对 Address 类的 customer 属性映射一次，因此这种映射方式只能映射 Customer 对象与 homeAddress 对象的双向关联，但是不能同时映射 Customer 对象与 comAddress 对象的双向关联。

如果希望同时映射 Customer 对象与 homeAddress 对象，以及 Customer 对象与 comAddress 对象的双向关联，一种解决办法是把 Address 类定义为抽象类，然后创建 HomeAddress 和 ComAddress 子类，在 HomeAddress.hbm.xml 和 ComAddress.hbm.xml 文件中分别用<one-to-one>元素来映射各自的 customer 属性。这种解决办法的不足之处在于使域模型变得更加复杂，因此应该谨慎地使用这种方法。

本节的范例程序位于配套光盘的 sourcecode\chapter15\15.1.1 目录下，运行该程序前，需要在 SAMPLEDB 数据库中手工创建 CUSTOMERS 和 ADDRESSES 表，相关的 SQL 脚本文件为\15.1\schema\sampledb.sql。

在 chapter15 目录下有 7 个 ANT 的工程文件，如 build1.1.xml、build1.2.xml、build2.xml 和 build3.1.xml 等，它们的区别在于文件开头设置的路径不一样，如在 build1.1.xml 文件中设置了以下路径：

```
<property name="source.root" value="15.1.1/src"/>
<property name="class.root" value="15.1.1/classes"/>
<property name="lib.dir" value="lib"/>
<property name="schema.dir" value="15.1.1/schema"/>
```

在 DOS 命令行下进入 chapter15 根目录，然后输入命令：

```
ant -file build1.1.xml run
```

就会运行 BusinessService 类。ANT 命令的-file 选项用于显式指定工程文件。例程 15-1 是 BusinessService 类的源程序。

例程 15-1 BusinessService.java

```
public class BusinessService{
  public static SessionFactory sessionFactory;
  /** 初始化 Hibernate，创建 SessionFactory 对象
  static{……}
  public void saveCustomer(Customer customer){……}
  public Customer loadCustomer(Long id){……}
  public void printCustomer(Customer customer){……}

  public void test(){
     Customer customer=new Customer();
    Address homeAddress=new Address("province1", "city1","street1","100001", customer);
     Address comAddress=new Address("province2","city2","street2","200002",customer);
     customer.setName("Tom");
     customer.setHomeAddress(homeAddress);
     customer.setComAddress(comAddress);

     saveCustomer(customer);
     customer=loadCustomer(customer.getId());
     printCustomer(customer);
  }
  public static void main(String args[]){
   new BusinessService().test();
   sessionFactory.close();
  }
}
```

BusinessService 的 main()方法调用 test()方法，test()方法依次调用以下方法。

- saveCustomer()：保存一个 Customer 对象。
- loadCustomer()：加载一个 Customer 对象。
- printCustomer()：打印 Customer 对象的信息，包括它的 homeAddress 和 comAddress 信息。

（1）运行 saveCustomer (Customer customer)方法，它的代码如下所示：

```
tx = session.beginTransaction();
session.save(customer);
tx.commit();
```

在 test()方法中创建了一个 Customer 对象，还有一个 homeAddress 对象和 comAddress 对象，建立了它们的关联关系，然后调用 saveCustomer()方法保存这个实例：

```
Customer customer=new Customer();
Address homeAddress=new Address("province1","city1","street1","100001",customer);
Address comAddress=new Address("province2","city2","street2","200002",customer);
```

```
customer.setName("Tom");
customer.setHomeAddress(homeAddress);
customer.setComAddress(comAddress);

saveCustomer(customer);
```

Session 的 save()方法向 CUSTOMERS 表插入一条记录，同时还会向 ADDRESSES 表插入两条记录，执行如下 insert 语句：

```
insert into ADDRESSES(ID,CITY,STREET,PROVINCE,ZIPCODE)
 values (1, 'city1', 'street1', 'province1', '100001 ');
insert into ADDRESSES(ID,CITY,STREET,PROVINCE,ZIPCODE)
 values (2, 'city2', 'street2', 'province2', '20002');
insert into CUSTOMERS (ID,NAME, HOME_ADRESS_ID,COM_ADDRESS_ID)
 values (1, 'Tom', 1,2);
```

（2）运行 loadCustomer()方法，它的代码如下所示：

```
tx = session.beginTransaction(); //第1行
Customer customer=(Customer)session.get(Customer.class,id);//第2行
Hibernate.initialize(customer.getHomeAddress());//第3行
Hibernate.initialize(customer.getComAddress());//第4行
tx.commit(); //第5行
return customer; //第6行
```

在默认情况下，多对一关联采用延迟检索策略。因此程序第 2 行仅执行查询 CUSTOMERS 表的 select 语句：

```
select * from CUSTOMERS where ID=1;
```

在默认情况下，一对一关联采用迫切左外连接检索策略。因此程序第 3 行执行以下 select 语句：

```
select a.ID, a.CITY, a.PROVINCE, a.STREET, a.ZIPCODE,
c.ID,c.NAME, c.HOME_ADDRESS_ID, c.COM_ADDRESS_ID
from ADDRESSES a left outer join CUSTOMERS c
on a.ID=c.HOME_ADDRESS_ID where a.ID=1;

select * from CUSTOMERS where  HOME_ADDRESS_ID=1;
```

程序第 4 行执行以下 select 语句：

```
select a.ID, a.CITY, a.PROVINCE, a.STREET, a.ZIPCODE,
c.ID,c.NAME, c.HOME_ADDRESS_ID, c.COM_ADDRESS_ID
from ADDRESSES a left outer join CUSTOMERS c
on a.ID=c.HOME_ADDRESS_ID where a.ID=2
```

由于在 Address.hbm.xml 文件中指定与 Address 类的 customer 属性关联的是 Customer 类的 homeAddress 属性：

```
<one-to-one name="customer"
   class="mypack.Customer"
  property-ref="homeAddress"
/>
```

因此，程序第 4 行执行的 select 语句中的左外连接条件为：“a.ID=c.

HOME_ADDRESS_ID”。以上 select 语句的查询结果为：

```
|ID|CITY|PROVINCE|STREET|ZIPCODE  |ID|NAME|HOME_ADDRESS_ID|COM_ADDRESS_ID|
|2 |city2|province2|street2|200002|NULL|NULL|NULL           |NULL |
```

（3）运行 printCustomer()方法，它的代码如下所示：

```
//从 Customer 对象导航到 homeAddress 对象
Address homeAddress=customer.getHomeAddress();
//从 Customer 对象导航到 comAddress 对象
Address comAddress=customer.getComAddress();
System.out.println("Home Address of "+customer.getName()+" is: "
+homeAddress.getProvince()+" "
+homeAddress.getCity()+" "
+homeAddress.getStreet());

System.out.println("Company Address of "+customer.getName()+" is: "
+comAddress.getProvince()+" "
+comAddress.getCity()+" "
+comAddress.getStreet());

//从 homeAddress 对象导航到 Customer 对象
if(homeAddress.getCustomer()==null)
  System.out.println("Can not naviagte from homeAddress to Customer.");

//从 comAddress 对象导航到 Customer 对象，导航失败
if(comAddress.getCustomer()==null)
  System.out.println("Can not naviagte from comAddress to Customer.");
```

以上程序的输出结果为：

```
Home Address of Tom is: province1 city1 street1
Company Address of Tom is: province2 city2 street2
Can not naviagte from comAddress to Customer.
```

由于在 Customer.hbm.xml 和 Address.hbm.xml 文件中仅映射了从 homeAddress 对象到 Customer 对象的双向关联，因此通过 homeAddress.getCustomer()方法能够从 homeAddress 对象导航到 Customer 对象，而 comAddress.getCustomer()方法返回 null。

15.1.2 按照主键映射

如图 15-3 所示，在 Customer 类中只有一个 address 属性，那么 Customer 类与 Address 类之间只存在一个一对一关联关系，在这种情况下可以考虑按照主键映射方式。

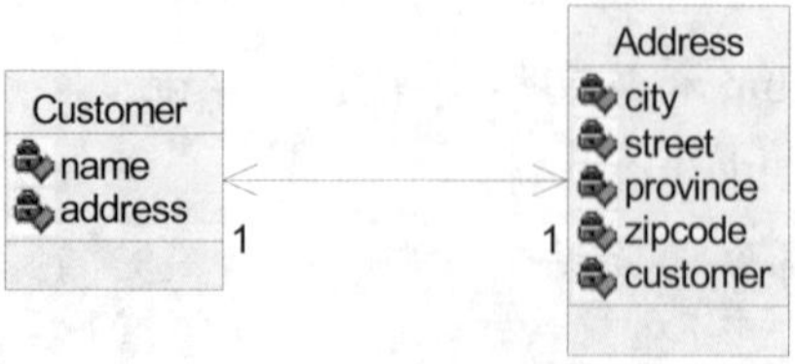

图 15-3 Customer 类与 Address 类之间只存在一个一对一关联关系

在图 15-4 中，ADDRESSES 表的 ID 字段既是主键，同时作为外键参照

CUSTOMERS 表的主键，也就是说，ADDRESSES 表与 CUSTOMERS 表共享主键。

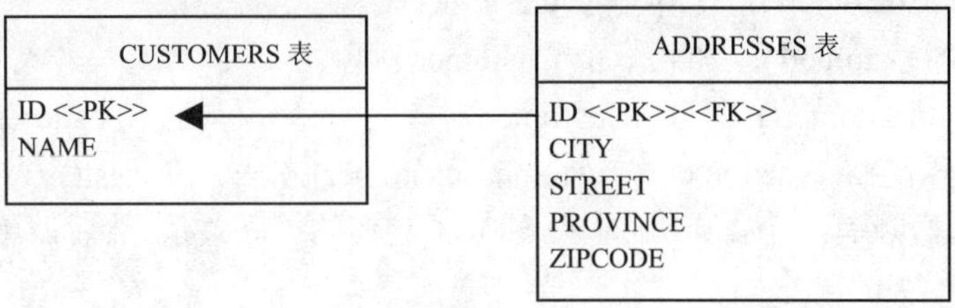

图 15-4　CUSTOMERS 表和 ADDRESSES 表的结构

在 Customer.hbm.xml 文件中，用<one-to-one>元素来映射 Customer 类的 address 属性：

```
<one-to-one name="address"
      class="mypack.Address"
      cascade="all"
/>
```

以上<one-to-one>元素的 cascade 属性为 all，表明当保存、更新或删除 Customer 对象时，会级联保存、更新或删除 address 对象。

在 Address.hbm.xml 文件中，用<one-to-one>元素来映射 Address 类的 customer 属性：

```
<one-to-one name="customer"
      class="mypack.Customer"
     constrained="true"
/>
```

<one-to-one>元素的 constrained 属性为 true，表明 ADDRESSES 表的 ID 主键同时作为外键参照 CUSTOMERS 表。在 Address.hbm.xml 文件中，必须为 OID 使用 foreign 标识符生成策略：

```
<id name="id" type="long" column="ID">
  <generator class="foreign">
    <param name="property">customer</param>
  </generator>
</id>
```

如果使用了 foreign 标识符生成策略，Hibernate 就会保证 Address 对象与关联的 Customer 对象共享同一个 OID。

本节的范例程序位于配套光盘的 sourcecode\chapter15\15.1.2 目录下，运行该程序前，需要在 SAMPLEDB 数据库中手工创建 CUSTOMERS 和 ADDRESSES 表，相关的 SQL 脚本文件为\15.1.2\schema\sampledb.sql。

在 DOS 命令行下进入 chapter15 根目录，然后输入命令：

```
ant -file build1.2.xml run
```

就会运行 BusinessService 类。BusinessService 类的源程序的结构和本章 15.1.1 节的例程 15-1 很相似。BusinessService 的 main()方法调用 test()方法，test()方法依次调用

以下方法。

- saveCustomer()：保存一个 Customer 对象。
- loadCustomer()：加载一个 Customer 对象。
- printCustomer()：打印 Customer 对象的信息，包括它的 address 信息。

（1）运行 saveCustomer (Customer customer)方法。在 test()方法中创建了一个 Customer对象，还有一个address对象，建立了它们的关联关系，然后调用saveCustomer()方法保存这个实例：

```
Customer customer=new Customer();
Address address=new Address("province1","city1","street1","100001",customer);
customer.setName("Tom");
customer.setAddress(address);
saveCustomer(customer);
```

Session 的 save()方法向 CUSTOMERS 表插入一条记录，同时还会向 ADDRESSES 表插入一条记录，执行如下 insert 语句：

```
insert into CUSTOMERS (ID,NAME)values (1, 'Tom');
insert into ADDRESSES(ID,CITY,STREET,PROVINCE,ZIPCODE)
 values (1, 'city1', 'street1', 'province1', '100001 ');
```

（2）运行 loadCustomer()方法：

```
tx = session.beginTransaction();
Customer customer=(Customer)session.get(Customer.class,id);
tx.commit();
return customer;
```

在默认情况下，Hibernate 对一对一关联采用迫切左外连接检索策略，Hibernate 执行以下 select 语句：

```
select c.ID,c.NAME, a.ID,a.CITY,a.STREET,a.PROVINCE,a.ZIPCODE
from CUSTOMERS c
left outer join ADDRESSES a on c.ID=a.ID
where c.ID=1;
```

（3）运行 printCustomer()方法，它的代码如下所示：

```
//从 Customer 对象导航到 address 对象
Address address=customer.getAddress();
System.out.println("Address of "+customer.getName()+" is: "
  +address.getProvince()+" "
  +address.getCity()+" "
  +address.getStreet());

//从 address 对象导航到 Customer 对象
if(address.getCustomer()==null)
  System.out.println("Can not naviagte from address to Customer.");
```

以上程序的输出结果为：

```
Address of Tom is: province1 city1 street1
```

由于在 Customer.hbm.xml 和 Address.hbm.xml 文件中映射了 Address 对象和

Customer 对象的双向关联，因此通过 address.getCustomer()方法能够从 Address 对象导航到 Customer 对象。

15.2　映射单向多对多关联

假定仅建立了从 Category（商品类别）类到 Item（商品）类的单向多对多关联。在 Category 类中需要定义集合类型的 items 属性，而在 Item 类中不需要定义集合类型的 categories 属性。图 15-5 显示了 Category 类和 Item 类的关联关系。

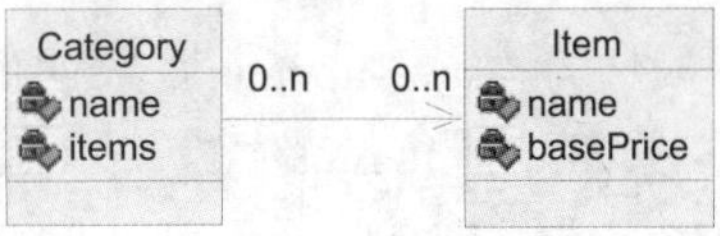

图 15-5　Category 类与 Item 类的单向一对多关联关系

在 Category 类中定义 items 属性的代码如下所示：

```
private Set items=new HashSet();
public Set getItems() {
   return this.items;
}
public void setItems(Set items) {
   this.items = items;
}
```

在关系数据模型中，无法直接表达 CATEGORIES 表和 ITEMS 表之间的多对多关系，需要创建一个连接表 CATEGORY_ITEM，它同时参照 CATEGORIES 表和 ITEMS 表。图 15-6 显示了这 3 张表的结构。

图 15-6　CATEGORIES 表、ITEMS 表及连接表的结构

CATEGORY_ITEM 表以 CATEGORY_ID 和 ITEM_ID 作为联合主键，此外，CATEGORY_ID 字段作为外键参照 CATEGORIES 表，而 ITEM_ID 字段作为外键参照 ITEMS 表。以下是 CATEGORY_ITEM 表的 DDL 定义：

```
create table CATEGORY_ITEM(
  CATEGORY_ID bigint not null,
  ITEM_ID bigint not null,
  primary key(CATEGORY_ID,ITEM_ID)
);

alter table CATEGORY_ITEM add index IDX_CATEGORY(CATEGORY_ID),
```

```
add constraint FK_CATEGORY foreign key (CATEGORY_ID) references CATEGORIES(ID);

alter table CATEGORY_ITEM add index IDX_ITEM(ITEM_ID),
add constraint FK_ITEM foreign key (ITEM_ID) references ITEMS(ID);
```

在 Category.hbm.xml 文件中，映射 Category 类的 items 属性的代码如下所示：

```
<set name="items" table="CATEGORY_ITEM"
      lazy="true"
      cascade="save-update">
      <key column="CATEGORY_ID" />
      <many-to-many class="mypack.Item" column="ITEM_ID" />
</set>
```

<set>元素的 cascade 属性为“save-update”，表明保存或更新 Category 对象时，会级联保存或更新与它关联的 Item 对象。<set>元素的<key>子元素指定 CATEGORY_ITEM 表中参照 CATEGORIES 表的外键为 CATEGORY_ID，<many-to-many>子元素的 class 属性指定 items 集合中存放的是 Item 对象，column 属性指定 CATEGORY_ITEM 表中参照 ITEMS 表的外键为 ITEM_ID。

Tips

对于多对多关联，cascade 属性设为“save-update”是合理的，但是不允许把 cascade 属性设为“all”、“delete”或“all-delete-orphans”。假如删除一个 Category 对象时，还级联删除与它关联的所有 Item 对象，由于这些 Item 对象有可能还与其他 Category 对象关联，因此当 Hibernate 执行级联删除时，会违反数据库的外键参照完整性。

本节的范例程序位于配套光盘的 sourcecode\chapter15\15.2 目录下，运行该程序前，需要在 SAMPLEDB 数据库中手工创建 CATEGORIES、ITEMS 和 CATEGORY_ITEM 表，相关的 SQL 脚本文件为\15.2\schema\sampledb.sql。

在 DOS 命令行下进入 chapter15 根目录，然后输入命令：

```
ant -file build2.xml run
```

就会运行 BusinessService 类。BusinessService 类的源程序的结构和本章 15.1.1 节的例程 15-1 很相似。BusinessService 的 main()方法调用 test()方法，test()方法依次调用以下方法。

- saveCategory()：保存一个 Category 对象。
- loadCategory ()：加载一个 Category 对象。
- printCategory ()：打印 Category 对象的信息，包括它的 items 集合中的所有 Item 对象的信息。

（1）运行 saveCategory (Category category)方法。在 test()方法中创建了两个 Category 对象和两个 Item 对象，建立了它们的关联关系，然后调用 saveCategory()方法保存 Category 对象：

```
Item item1=new Item("NEC500",1000);
Item item2=new Item("BELL4560",1800);
```

```
Category category1=new Category();
category1.setName("CellPhone");
category1.getItems().add(item1);
category1.getItems().add(item2);

Category category2=new Category();
category2.setName("NECSeries");
category2.getItems().add(item1);

saveCategory(category1);
saveCategory(category2);
```

图 15-7 显示了以上程序建立的 Category 对象与 Item 对象的关联关系。

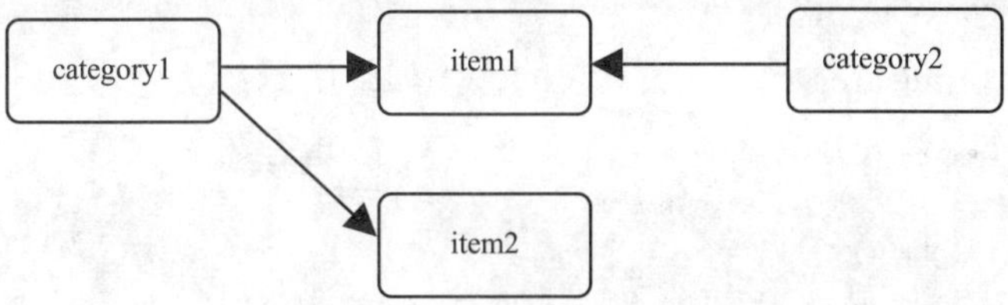

图 15-7　Category 对象与 Item 对象的关联关系

当 Session 的 save()方法保存 category1 对象时，向 CATEGORIES 表插入一条记录，同时还会分别向 ITEMS 和 CATEGORY_ITEM 表插入两条记录，执行如下 insert 语句：

```
insert into CATEGORIES (ID,NAME) values (1, 'CellPhone');
insert into ITEMS(ID,NAME,BASE_PRICE) values (1,'NEC500',1000);
insert into ITEMS(ID,NAME,BASE_PRICE) values (2,'BELL4560',1800);
insert into CATEGORY_ITEM(CATEGORY_ID,ITEM_ID) values(1,1);
insert into CATEGORY_ITEM(CATEGORY_ID,ITEM_ID) values(1,2);
```

当 Session 的 save()方法保存 category2 对象时，向 CATEGORIES 表插入一条记录，同时向 CATEGORY_ITEM 表插入一条记录，由于<set>元素的 cascade 属性为 save-update，并且与 category2 对象关联的 item1 对象已经被保存到数据库中，因此会更新数据库中的 item1 对象。Hibernate 执行如下 SQL 语句：

```
insert into CATEGORIES (ID,NAME) values (2, 'NECSeries');
insert into CATEGORY_ITEM(CATEGORY_ID,ITEM_ID) values(2,1);
update ITEMS set NAME='NEC500',BASE_PRICE=1000 where ID=1;
```

Tips

item1 对象的属性没有任何变化，为什么 Hibernate 还会更新这个 item1 对象呢？这是因为当 Session 保存 category2 对象时，item1 对象已经变成了游离对象，在当前 Session 对象的缓存中没有原来 item1 对象的快照，Hibernate 无法知道当前 item1 对象是否和数据库中的数据保持一致，因此会执行以上 update 语句。

（2）运行 loadCategory()方法，它的代码如下所示：

```
tx = session.beginTransaction();
Category category=(Category)session.get(Category.class,id);
Hibernate.initialize(category.getItems());
tx.commit();
return category;
```

由于在 Category.hbm.xml 文件中对 items 集合使用了延迟检索策略，因此必须通过 Hibernate 类的 initialize()方法显示初始化 items 集合，这样才能保证当 Category 对象成为游离对象后，BusinessService 类的 test()方法能够正常访问 items 集合中的元素。Hibernate 类的 initialize()方法执行以下 select 语句：

```
select ci.CATEGORY_ID, ci.ITEM_ID, i.ID,i.NAME,i.BASE_PRICE
from CATEGORY_ITEM ci left outer join ITEMS i
on ci.ITEM_ID=i.ID where ci.CATEGORY_ID=1;
```

（3）运行 printCategory()方法，它的代码如下所示：

```
Set items=category.getItems();
Iterator it=items.iterator();
while(it.hasNext()){
  Item item=(Item)it.next();
  System.out.println(category.getName()+" "+item.getName()+""+item.getBasePrice());
}
```

以上程序的输出结果为：

```
CellPhone NEC500 1000.0
CellPhone BELL4560 1800.0
```

也可以用<idbag>、<list>和<map>元素来映射 Category 类的 items 集合。<idbag>元素允许 Category 对象的 items 集合中存放重复的 Item 对象，使用<idbag>元素的步骤如下。

（1）把 Category 类的 items 集合定义为 java.util.List 类型，用 List 来模拟 Bag 的行为。

（2）在 CATEGORY_ITEM 连接表中定义一个 ID 代理主键，图 15-8 显示了 3 张表的结构。

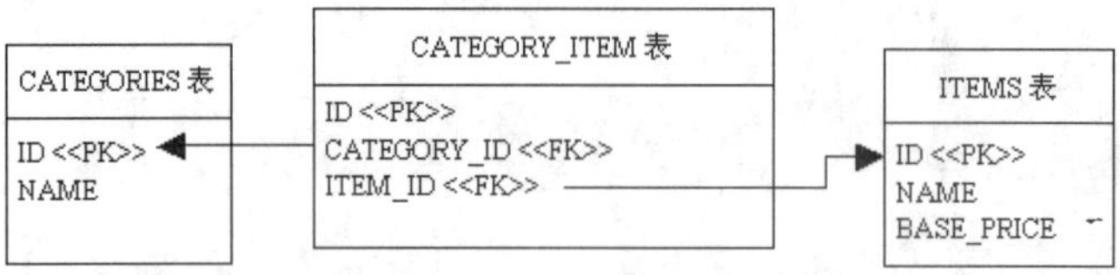

图 15-8　CATEGORIES 表、ITEMS 表及连接表的结构

（3）在 Category.hbm.xml 文件中用<idbag>元素来映射 Category 类的 items 集合，<idbag>元素的<collection-id>子元素用于设定 CATEGORY_ITEM 连接表中的 ID 代理主键。以下是<idbag>元素的配置代码：

```
<idbag name="items" table="CATEGORY_ITEM"
    lazy="true"
    cascade="save-update">
```

```
        <collection-id type="long" column="ID" >
          <generator class="increment" />
        </collection-id>
        <key column="CATEGORY_ID" />
        <many-to-many class="mypack.Item" column="ITEM_ID" />
</idbag>
```

<list>元素允许 Category 对象的 items 集合中的 Item 对象按索引位置排序，使用<list>元素的步骤如下。

（1）把 Category 类的 items 集合定义为 java.util.List 类型。

（2）在 CATEGORY_ITEM 连接表中定义一个代表索引位置的 POSITION 字段，以 CATEGORY_ID 和 POSITION 作为联合主键，图 15-9 显示了 3 张表的结构。

图 15-9　CATEGORIES 表、ITEMS 表及连接表的结构

以下是 CATEGORY_ITEM 表的 DDL 定义：

```
create table CATEGORY_ITEM(
  POSITION bigint not null,
  CATEGORY_ID bigint not null,
  ITEM_ID bigint not null,
  primary key(POSITION,CATEGORY_ID)
);

alter table CATEGORY_ITEM add index IDX_CATEGORY(CATEGORY_ID),
add constraint FK_CATEGORY foreign key (CATEGORY_ID) references CATEGORIES(ID);

alter table CATEGORY_ITEM add index IDX_ITEM(ITEM_ID),
add constraint FK_ITEM foreign key (ITEM_ID) references ITEMS(ID);
```

（3）在 Category.hbm.xml 文件中用<list>元素来映射 Category 类的 items 集合，<list>元素的<list-index>子元素用于设定 CATEGORY_ITEM 连接表中代表索引位置的 POSITION 字段。以下是<list>元素的配置代码：

```
<list name="items" table="CATEGORY_ITEM"
      lazy="true"
      cascade="save-update">
    <key column="CATEGORY_ID" />
      <list-index column="POSITION" />
      <many-to-many class="mypack.Item" column="ITEM_ID" />
</list>
```

15.3　映射双向多对多关联关系

对于双向多对多关联，必须把其中一端的 inverse 属性设为 true，关联的两端都可以使用<set>元素。对于 inverse 属性为 false 的一端，还可以使用<list>、<idbag>和<map>元素，对于 inverse 属性为 true 的一端，还可以使用<bag>元素。

对于 Order（订单）与 Item（商品）类的多对多关联，关联本身包含 quantity（数量）、basePrice（单价）和 unitPrice（单价*数量）属性，可以定义专门的组件类 LineItem 来描述关联。在 Order.hbm.xml 和 Item.hbm.xml 文件的<set>元素中，用<composite-element>子元素来映射 LineItem 组件类。

也可以把 Order 与 Item 类的多对多关联关系分解为 Order 与 LineItem 类，以及 Item 与 LineItem 类的一对多关联关系。

15.3.1 关联两端使用<set>元素

假定建立了从 Category（商品类别）类到 Item（商品）类的双向多对多关联。在 Category 类中需要定义集合类型的 items 属性，并且在 Item 类也需要定义集合类型的 categories 属性。图 15-10 显示了 Category 类和 Item 类的关联关系。

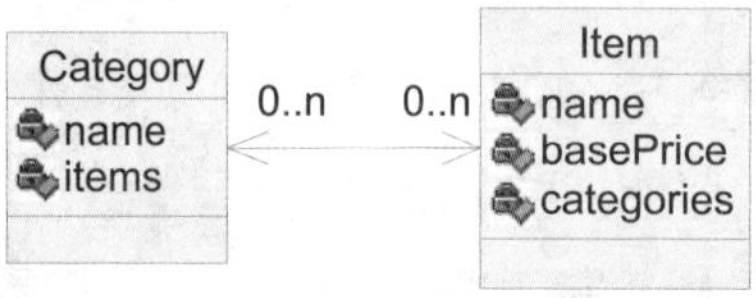

图 15-10 Category 与 Item 的双向多对多关联关系

CATEGORIES 表、ITEMS 表和 CATEGORY_ITEM 表的结构和本章 15.2 节的图 15-6 一样。在 Category.hbm.xml 文件中，映射 Category 类的 items 属性的代码如下所示：

```
<set name="items" table="CATEGORY_ITEM"
      lazy="true"
      cascade="save-update">
      <key column="CATEGORY_ID" />
      <many-to-many class="mypack.Item" column="ITEM_ID" />
</set>
```

在 Item.hbm.xml 文件中，映射 Item 类的 categories 属性的代码如下所示：

```
<set name="categories" table="CATEGORY_ITEM"
      lazy="true"
      inverse="true"
      cascade="save-update">
      <key column="ITEM_ID" />
      <many-to-many class="mypack.Category" column="CATEGORY_ID" />
</set>
```

对于双向多对多关联的两端，必须把其中一端的<set>元素的 inverse 属性设为“true”。在 BusinessService 类中，必须同时建立从 Category 到 Item，以及从 Item 到 Category 的关联关系：

```
Item item1=new Item("NEC500",1000);
Item item2=new Item("BELL4560",1800);
```

```
Category category1=new Category();
category1.setName("CellPhone");
category1.getItems().add(item1);
category1.getItems().add(item2);
item1.getCategories().add(category1);
item2.getCategories().add(category1);

Category category2=new Category();
category2.setName("NECSeries");
category2.getItems().add(item1);
item1.getCategories().add(category2);
```

图 15-11 显示了以上程序建立的 Category 对象与 Item 对象的关联关系。

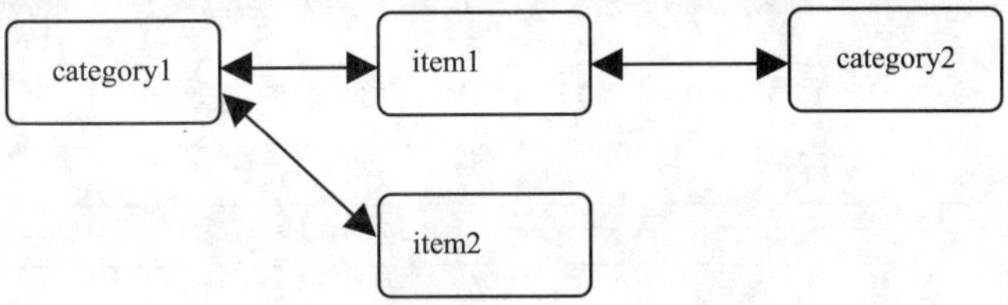

图 15-11　Category 对象与 Item 对象的关联关系

本节的范例程序位于配套光盘的 sourcecode\chapter15\15.3.1 目录下，运行该程序前，需要在 SAMPLEDB 数据库中手工创建 CATEGORIES、ITEMS 和 CATEGORY_ITEM 表，相关的 SQL 脚本文件为\15.3.1\schema\sampledb.sql。

在 DOS 命令行下进入 chapter15 根目录，然后输入命令：

```
ant  -file  build3.1.xml  run
```

就会运行 BusinessService 类，它的运行结果和本章 15.2 节的 BusinessService 类的运行结果相似，因此不再做详细介绍。

15.3.2　在 inverse 端使用<bag>元素

在本章 15.2 节讲到对于单向多对多关联，除了使用<set>元素，还可以使用<idbag>、<list>和<map>元素。在双向多对多关联中，必须把其中一端的 inverse 属性设为 true。inverse 属性为 false 的一端（简称为 non-inverse 端）可以使用<set>元素、<idbag>、<list>和<map>元素，而在 inverse 属性为 true 的一端（简称为 inverse 端）只能使用<set>和<bag>元素。

为什么 Hibernate 不允许用<idbag>、<list>和<map>元素这几个元素来映射多对多关联的 inverse 端呢？为了解释这个问题，先假定在 Category 和 Item 的双向关联中，Category 类为 non-inverse 端，而 Item 类为 inverse 端，并且在关联的两端都使用<list>元素，因此 Category 的 items 集合中的 Item 对象按索引位置排序，并且 Item 的 categories 集合中的 Category 对象也按索引位置排序。以下程序建立了两个 Category 对象和两个 Item 对象的双向关联关系：

```
category1.getItems().add(item1);
category1.getItems().add(item2);
```

```
item1.getCategories().add(category2);
item1.getCategories().add(category1);

item2.getCategories().add(category1);
category2.getItems().add(item1);
```

category1 对象的 items 集合中包含 item1 和 item2 对象，其中 item1 对象的索引位置为 0，item2 对象的索引位置为 1，由于 Category 为 non-inverse 端，因此 Hibernate 会根据 category1 对象的 items 集合的变化更新 CATEGORY_ITEM 连接表，CATEGORY_ITEM 连接表的结构参见本章 15.2 节的图 15-9。Hibernate 在这个连接表中插入两条记录，其中 POSITION 字段代表 Item 对象在 Category 的 items 集合中的索引位置。表 15-1 显示了 CATEGORY_ITEM 表中的数据。

表 15-1　CATEGORY_ITEM 表中的数据

POSITION	CATEGORY_ID	ITEM_ID
0	1	1
1	1	2

item1 对象的 categories 集合中包含 category2 和 category1 对象，其中 category2 对象的索引位置为 0，category1 对象的索引位置为 1，由于 Item 为 inverse 端，Hibernate 不会根据 item1 对象的 categories 集合的变化同步更新 CATEGORY_ITEM 连接表，因此无法通过该连接表来保存 item1 对象的 categories 集合中各个 Category 对象的索引位置。

由此可见，在双向多对多关联中，inverse 端不能使用<list>元素，依此类推，inverse 端也不能使用<idbag>和<map>元素。

假如在 Category 类中已经定义了 List 类型的 items 集合，并且在 Item 类中已经定义了 List 类型的 categories 集合，只有位于 non-inverse 端的集合可以使用<list>元素，那么在 inverse 端使用什么元素呢？在这种情况下显然也不能使用<set>元素，因为<set>元素不能映射 List 类型的集合。为了解决这一问题，Hibernate 提供了<bag>元素，与此对应的集合类为 org.hibernate.collection.PersistentBag。<idbag>与<bag>元素的相同点在于都允许在集合中存放重复对象，并且都不支持按索引位置排序，区别在于<idbag>元素要求在连接表中必须定义代理主键，而<bag>元素没有这个要求，<bag>元素通常位于双向一对多或多对多关联的 inverse 端。

在 Category.hbm.xml 文件中，映射 Category 类的 items 属性的代码如下所示：

```
<list name="items" table="CATEGORY_ITEM"
      lazy="true"
      cascade="save-update">
      <key column="CATEGORY_ID" />
      <index column="POSITION" />
      <many-to-many class="mypack.Item" column="ITEM_ID" />
</list>
```

在 Item.hbm.xml 文件中，映射 Item 类的 categories 属性的代码如下所示：

```
<bag name="categories" table="CATEGORY_ITEM"
      lazy="true"
      inverse="true"
      cascade="save-update">
      <key column="ITEM_ID" />
      <many-to-many class="mypack.Category" column="CATEGORY_ID" />
</bag>
```

本节的范例程序位于配套光盘的 sourcecode\chapter15\15.3.2 目录下，运行该程序前，需要在 SAMPLEDB 数据库中手工创建 CATEGORIES、ITEMS 和 CATEGORY_ITEM 表，相关的 SQL 脚本文件为\15.3.2\schema\sampledb.sql。

在 DOS 命令行下进入 chapter15 根目录，然后输入命令：

```
ant -file build3.2.xml run
```

就会运行 BusinessService 类，BusinessService 类的源程序的结构和本章 15.1.1 节的例程 15-1 很相似。BusinessService 的 main()方法调用 test()方法，test()方法依次调用以下方法。

- saveCategory()：保存一个 Category 对象。
- loadCategory ()：加载一个 Category 对象。
- printCategory ()：打印 Category 对象的信息，包括它的 items 集合中的所有 Item 对象的信息。

（1）运行 saveCategory (Category category)方法。在 test()方法中创建了两个 Category 对象和两个 Item 对象，建立了它们的关联关系，然后调用 saveCategory()方法保存 Category 对象：

```
Item item1=new Item("NEC500",1000);
Item item2=new Item("BELL4560",1800);

Category category1=new Category();
category1.setName("CellPhone");
category1.getItems().add(item1);
category1.getItems().add(item1);
category1.getItems().add(item2);
item1.getCategories().add(category1);
item1.getCategories().add(category1);
item2.getCategories().add(category1);

Category category2=new Category();
category2.setName("NECSeries");
category2.getItems().add(item1);
item1.getCategories().add(category2);


saveCategory(category1);
saveCategory(category2);
```

图 15-12 显示了以上程序建立的 Category 对象与 Item 对象的关联关系。在 category1 对象的 items 集合中包含重复的 item1 对象，在 item1 对象的 categories 集合中也包含重复的 category1 对象。

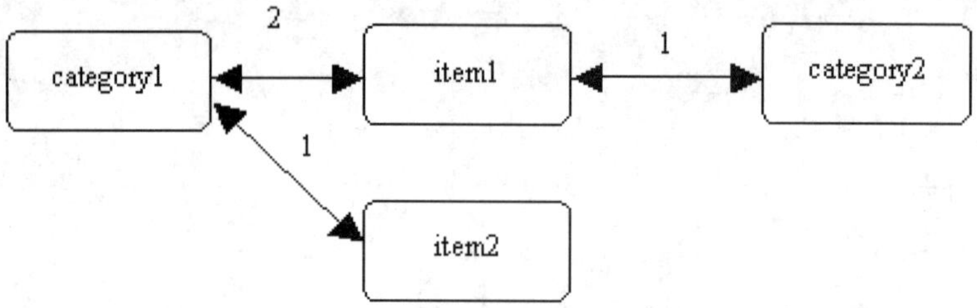

图 15-12　Category 对象与 Item 对象的关联关系

Hibernate 保存 category1 和 category2 对象时，向 CATEGORY_ITEM 表插入以下记录：

```
+----------+--------------+----------+
| POSITION | CATEGORY_ID  | ITEM_ID  |
+----------+--------------+----------+
|    0     |      1       |    1     |
|    1     |      1       |    1     |
|    2     |      1       |    2     |
|    0     |      3       |    1     |
+----------+--------------+----------+
```

（2）运行 loadCategory()方法，它的代码如下所示：

```
tx = session.beginTransaction();
Category category=(Category)session.get(Category.class,id);

List items=category.getItems(); //初始化 Category 的 items 集合
Iterator it=items.iterator();
while(it.hasNext()){
  Item item=(Item)it.next();
  Hibernate.initialize(item.getCategories());//初始化 Item 的 categories 集合
}
tx.commit();
return category;
```

由于在 Category.hbm.xml 文件中对 items 集合使用了延迟检索策略，并且在 Item.hbm.xml 文件中对 categories 集合使用了延迟检索策略，因此必须初始化 Category 的 items 集合及 Item 的 categories 集合，这样才能保证当 Category 对象成为游离对象后，BusinessService 类的 test()方法能够从 Category 对象导航到所有关联的 Item 对象，并且能够从 Item 对象导航到所有关联的 Category 对象。

（3）运行 printCategory()方法，它的代码如下所示：

```
System.out.println("The category("+category.getName()+") is associated with "
          +category.getItems().size()+" items");
List items=category.getItems();
Iterator it=items.iterator();
while(it.hasNext()){
  Item item=(Item)it.next();
  System.out.println(category.getName()+" "
    +item.getName()+" "+item.getBasePrice());
```

```
    System.out.println("The item("+item.getName()
        +") is associated with "+item.getCategories().size()+" categories");
}
```

以上程序的输出结果为：

```
The category(CellPhone) is associated with 3 items
CellPhone NEC500      1000.0
The item(NEC500) is associated with 3 categories
CellPhone NEC500      1000.0
The item(NEC500) is associated with 3 categories
CellPhone BELL4560      1800.0
The item(BELL4560) is associated with 1 categories
```

<bag>元素除了能映射双向多对多关联的 inverse 端，也能映射双向一对多关联的 inverse 端。对于 Customer 与 Order 的双向一对多关联关系，假如在 Customer 类中定义了 List 类型的 orders 集合属性，并且把 Customer 类作为 inverse 端，那么可以在 Customer.hbm.xml 文件中用<bag>元素映射 orders 属性：

```
<bag name="orders"
   lazy="true"
     inverse="true"
     cascade="all-delete-orphan">
     <key column="CUSTOMER_ID" />
     <one-to-many class="mypack.Item" />
</bag>
```

CUSTOMERS 表与 ORDERS 表的结构保持不变，仍然为外键参照关系，这种表结构不支持 Customer 对象的 orders 集合中存放重复的 Order 对象。因此，以上<bag>元素实际上使用的是 Set 语义。

15.3.3　使用组件类集合

Item 与 Order 之间也是多对多的关联关系，如在编号为“Order001”的订单中包含以下内容：2 台 NEC500 的手机，1 台 BELL4560 的手机；在编号为“Order002”的订单中包含以下内容：1 台 NEC500 的手机，2 台 BELL4560 的手机。可见一个 Order 对象和多个 Item 对象关联，一个 Item 对象也和多个 Order 对象关联。

“Order001”订单和“NEC500”商品关联，关联的数量为 2，“Order001”订单还和“BELL4560”商品关联，关联的数量为 1。可以通过专门的组件类 LineItem 来描述 Order 与 Item 的关联信息。图 15-13 为 Order、Item 和 LineItem 类的类框图。

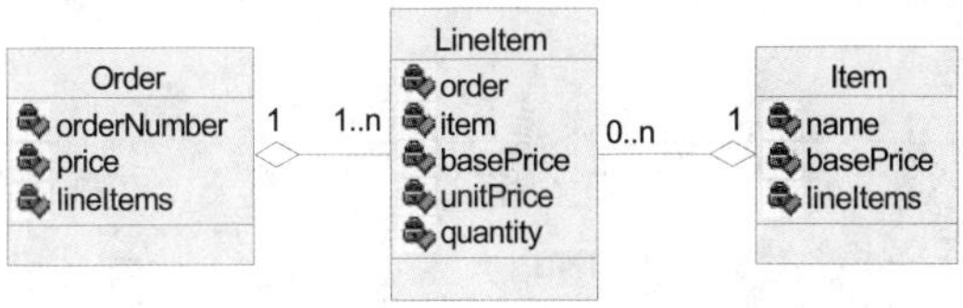

图 15-13　Order、Item 和 LineItem 类的类框图

例程 15-2 是 LineItem 类的源程序，LineItem 类作为组件类没有 OID。

例程 15-2　LineItem.java

```
public class LineItem implements Serializable {
  private Item item;
  private Order order;
  private double basePrice;
  private int quantity;

  public LineItem(Item item,Order order,double basePrice,int quantity) {
    this.item= item;
    this.order = order;
    this.basePrice=basePrice;
    this.quantity=quantity;
  }

  public LineItem() {}

  //省略显示 item、order、basePrice 和 quantity 属性的 getXXX()和 setXXX()方法
  ……

  public double getUnitPrice() {
     return basePrice*quantity;
  }
}
```

LineItem 类并没有定义 unitPrice 属性，仅提供了 getUnitPrice()方法，它是为应用程序提供的便捷方法，在映射文件中无须映射 unitPrice 属性。

在 Order 类和 Item 类中都定义了 Set 类型的 lineItems 属性：

```
private Set lineItems=new HashSet();
public Set getLineItems() {
   return this.lineItems;
}
public void setLineItems(Set lineItems) {
   this.lineItems = lineItems;
}
```

在关系数据模型中，用 LINEITEMS 表作为连接表，图 15-14 显示 ORDERS、ITEMS 及 LINEITEMS 表的结构。

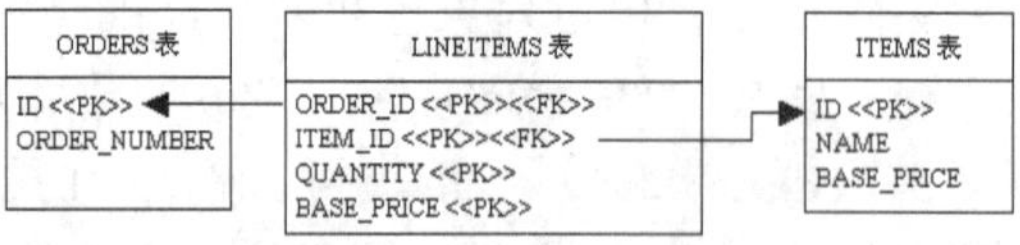

图 15-14　ORDERS 表、ITEMS 表及连接表的结构

Tips

LINEITEMS 表中的 BASE_PRICE 字段值是 ITEMS 表中 BASE_PRICE 字段值的复制，为什么要在 LINEITEMS 表中提供 BASE_PRICE 冗余字段呢？这是因为在实际的商品交易中，商品的价格会不断变化，而客户的订单中的商品价格应该始终为生成订单时的价格。也就是说，当 ITEMS 表中的 BASE_PRICE 字段发生变化时，不会影响 LINEITEMS 表中的 BASE_PRICE 字段。

LINEITEMS 表以所有的字段作为联合主键，此外，它的 ORDER_ID 字段作为外键参照 ORDERS 表，而 ITEM_ID 字段作为外键参照 ITEMS 表。以下是 LINEITEMS 表的 DDL 定义：

```
create table LINEITEMS(
  ORDER_ID bigint not null,
  ITEM_ID bigint not null,
  BASE_PRICE double precision not null,
  QUANTITY int not null,
  primary key(ORDER_ID,ITEM_ID,BASE_PRICE,QUANTITY)
);

alter table LINEITEMS add index IDX_ORDER(ORDER_ID),
add constraint FK_ORDER foreign key (ORDER_ID) references ORDERS(ID);

alter table LINEITEMS add index IDX_ITEM(ITEM_ID),
add constraint FK_ITEM foreign key (ITEM_ID) references ITEMS(ID);
```

例程 15-3 是 Order.hbm.xml 文件的源代码。

例程 15-3　Order.hbm.xml

```
<hibernate-mapping >

  <class name="mypack.Order" table="ORDERS" >
    <id name="id" type="long" column="ID">
      <generator class="increment"/>
    </id>

    <property name="orderNumber" column="ORDER_NUMBER" type="string" />
    <property name="price" formula=
        "(select  sum(line.BASE_PRICE*line.QUANTITY)  from LINEITEMS line
where line.ORDER_ID=ID)" />

<set name="lineItems" lazy="true" table="LINEITEMS" >
        <key column="ORDER_ID" />
        <composite-element class="mypack.LineItem" >
          <parent name="order" />
          <many-to-one name="item"
              class="mypack.Item" column="ITEM_ID" not-null="true"/>

          <property name="quantity" column="QUANTITY" type="int" not-null="true" />
          <property name="basePrice"
              column="BASE_PRICE" type="double" not-null="true" />

      </composite-element>
    </set>
  </class>
</hibernate-mapping>
```

Order 类的 price 属性被映射为派生属性，因此在 ORDERS 表中不必定义 PRICE 字段，price 属性的取值如下：

```
select  sum(line.BASE_PRICE*line.QUANTITY)  from LINEITEMS line
where line.ORDER_ID=ID)
```

Order 类的 lineItems 属性的映射代码如下所示：

```
<set name="lineItems" lazy="true" table="LINEITEMS" >
  <key column="ORDER_ID" />
  <composite-element class="mypack.LineItem" >
    <parent name="order" />
    <many-to-one name="item" class="mypack.Item" column="ITEM_ID" not-null="true"/>
    <property name="quantity" column="QUANTITY" type="int" not-null="true" />
    <property name="basePrice" column="BASE_PRICE" type="double" not-null="true" />
  /composite-element>
</set>
```

<set>元素中的<composite-element>元素用于映射 LineItem 组件类，它的所有属性都不允许为 null。在 Item.hbm.xml 文件中按同样方式映射 Item 类的 lineItems 集合：

```
<set name="lineItems" lazy="true" inverse="true" table="LINEITEMS" >
   <key column="ITEM_ID" />
   <composite-element class="mypack.LineItem" >
     <parent name="item" />
     <many-to-one name="order" class="mypack.Order" column="ORDER_ID" not-null="true"/>
     <property name="quantity" column="QUANTITY" type="int" not-null="true" />
     <property name="basePrice" column="BASE_PRICE" type="double" not-null="true" />
   </composite-element>
</set>
```

本节的范例程序位于配套光盘的 sourcecode\chapter15\15.3.3 目录下，运行该程序前，需要在 SAMPLEDB 数据库中手工创建 ORDERS、ITEMS 和 LINEITEMS 表，相关的 SQL 脚本文件为\15.3.3\schema\sampledb.sql。

在 DOS 命令行下进入 chapter15 根目录，然后输入命令：

```
ant -file build3.3.xml run
```

就会运行 BusinessService 类。BusinessService 类的源程序的结构和本章 15.1.1 节的例程 15-1 很相似。BusinessService 的 main()方法调用 test()方法，test()方法依次调用以下方法：

- saveItem()：保存一个 Item 对象。
- saveOrder()：保存一个 Order 对象。
- loadOrder ()：加载一个 Order 对象。
- printOrder ()：打印 Order 对象的信息，包括它的 lineItems 集合中的所有 LineItem 对象的信息。

（1）运行 saveItem (Item item)方法。在 test()方法中创建了两个 Item，然后调用 saveItem()方法保存 Item 对象：

```
Item item1=new Item("NEC500",1000,null);
Item item2=new Item("BELL4560",1800,null);
saveItem(item1);
saveItem(item2);
```

（2）运行 saveOrder (Order order)方法。在 test()方法中创建了一个 Order 对象和两个 LineItem 对象，建立了它们的关联关系，然后调用 saveOrder()方法保存 Order 对象：

```
Order order=new Order();
order.setOrderNumber("Order001");
LineItem lineItem1=new LineItem(item1,order,item1.getBasePrice(),2);
LineItem lineItem2=new LineItem(item2,order,item2.getBasePrice(),1);

order.getLineItems().add(lineItem1);
order.getLineItems().add(lineItem2);
saveOrder(order);
```

当 Session 的 save()方法保存 Order 对象时，向 CATEGORIES 表插入一条记录，同时向 LINEITEMS 表插入两条记录。LINEITEMS 表中包含以下数据：

ORDER_ID	ITEM_ID	BASE_PRICE	QUANTITY
1	1	1000	2
1	2	1800	1

（3）运行 loadOrder()方法，它的代码如下所示：

```
tx = session.beginTransaction();
Order order=(Order)session.get(Order.class,id);

Set lineItems=order.getLineItems();
Iterator it=lineItems.iterator(); //初始化 LineItems 集合
while(it.hasNext()){
  LineItem lineItem=(LineItem)it.next();
  Hibernate.initialize(lineItem.getItem());//初始化与 LineItem 关联的 Item 对象
}
tx.commit();

return order;
```

Session 加载 Order 对象时，执行以下 select 语句：

```
select ID, ORDER_NUMBER, (select  sum(line.BASE_PRICE*line.QUANTITY)  from
LINEITEMS line where line.ORDER_ID=ID) from ORDERS where ID=1;
```

以上 select 语句中包含一个子查询语句，它用于计算 Order 对象的 price 派生属性。由于在 Order.hbm.xml 文件中对 lineItems 集合使用了延迟检索策略，因此必须初始化 lineItems 集合，以及初始化与该集合中的 LineItem 对象关联的 Item 对象，这样才能保证当 Order 对象成为游离对象后，BusinessService 类的 test()方法能够正常访问 lineItems 集合中的元素。

（4）运行 printOrder()方法，它的代码如下所示：

```
System.out.println("订单编号:"+order.getOrderNumber());
System.out.println("总价格:"+order.getPrice());

Set lineItems=order.getLineItems();
Iterator it=lineItems.iterator();
while(it.hasNext()){
  LineItem lineItem=(LineItem)it.next();
```

```
        System.out.println("-----------------------");
        System.out.println("商品名:"+lineItem.getItem().getName());
        System.out.println("购买数量:"+lineItem.getQuantity());
        System.out.println("商品单价:"+lineItem.getBasePrice());
        System.out.println("单元价格:"+lineItem.getUnitPrice());
      }
```

以上程序的输出结果为：

```
订单编号:Order001
总价格:3800.0
-----------------------
商品名:NEC500
购买数量:2
商品单价:1000.0
单元价格:2000.0
-----------------------
商品名:BELL4560
购买数量:1
商品单价:1800.0
单元价格:1800.0
```

15.3.4 把多对多关联分解为两个一对多关联

对于 Order 与 Item 的多对多关联，也可以把它分解为两个一对多关联，如图 15-15 所示，LineItem 为独立的实体类，有单独的 OID、Order 类与 LineItem 类，以及 Item 类与 LineItem 类都是一对多双向关联关系。

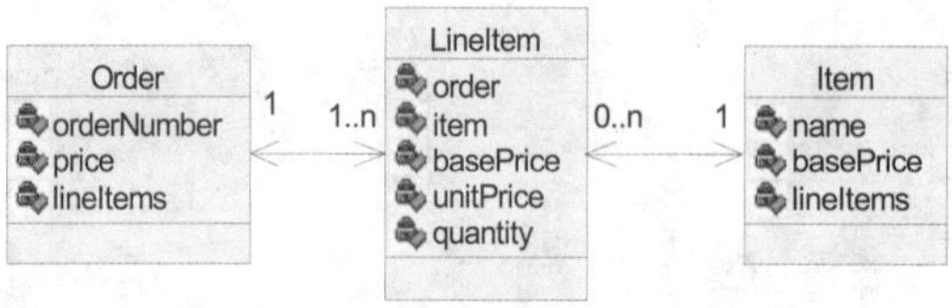

图 15-15　Order、LineItem 与 Item 类的类框图

在关系数据模型中，用 LINEITEMS 表作为连接表，LINEITEMS 表有单独的 ID 代理主键。图 15-16 是 ORDERS、ITEMS 及连接表的结构。

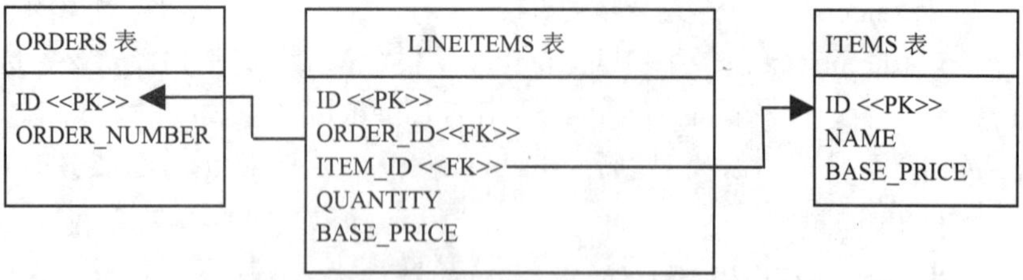

图 15-16　ORDERS 表、ITEMS 表及连接表的结构

以下是 LINEITEMS 表的 DDL 定义：

```
create table LINEITEMS(
  ID bigint not null,
  ORDER_ID bigint not null,
```

```
    ITEM_ID bigint not null,
    BASE_PRICE double precision,
    QUANTITY  int,
    primary key(ID)
   );

   alter table LINEITEMS add index IDX_ORDER(ORDER_ID),
   add constraint FK_ORDER foreign key (ORDER_ID) references ORDERS(ID);

   alter table LINEITEMS add index IDX_ITEM(ITEM_ID),
   add constraint FK_ITEM foreign key (ITEM_ID) references ITEMS(ID);
```

在 Order.hbm.xml 文件中，映射 Order 类的 lineItems 属性的代码如下所示：

```
<set name="lineItems" lazy="true" inverse="true" cascade="save-update">
      <key column="ORDER_ID" />
      <one-to-many  class="mypack.LineItem" />
</set>
```

本节对 Order 类的 price 属性采用另一种赋值方式，在 setLineItems()方法中自动为 price 属性赋值，因此无须在 Order.hbm.xml 文件中映射 price 属性，也无须在 ORDERS 表中定义 PRICE 字段。setLineItems()方法调用 calculatePrice()方法计算 price 属性值：

```
public void setLineItems(Set lineItems) {
      this.lineItems = lineItems;
      calculatePrice();
}

public double getPrice() {
   return this.price;
}

private void setPrice(double price) {
   this.price = price;
}

private void calculatePrice(){
  double totalPrice=0;
  if(lineItems==null) return;
  Iterator it=lineItems.iterator();
  while(it.hasNext()){
    LineItem line=(LineItem)it.next();
    totalPrice=totalPrice+line.getUnitPrice();
  }
  setPrice(totalPrice);
}
```

在 Item.hbm.xml 文件中按同样方式映射 Item 类的 lineItems 集合：

```
<set name="lineItems" lazy="true" inverse="true" cascade="save-update">
  <key column="ITEM_ID" />
  <one-to-many  class="mypack.LineItem" />
</set>
```

由于 LineItem 类是实体类，因此也必须为它创建 LineItem.hbm.xml 文件，例程 15-4

是它的源代码，其中两个<many-to-one>元素分别用来映射 LineItem 类的 order 属性和 item 属性。

例程 15-4　LineItem.hbm.xml

```
<hibernate-mapping >
  <class name="mypack.LineItem" table="LINEITEMS" >
    <id name="id" type="long" column="ID">
      <generator class="increment"/>
    </id>

    <property name="quantity" column="QUANTITY" type="int" />
    <property name="basePrice" column="BASE_PRICE" type="double" />

    <many-to-one name="order" column="ORDER_ID" class="mypack.Order" not-null="true" />
    <many-to-one name="item" column="ITEM_ID" class="mypack.Item" not-null="true" />
  </class>
</hibernate-mapping>
```

本节的范例程序位于配套光盘的 sourcecode\chapter15\15.3.4 目录下，运行该程序前，需要在 SAMPLEDB 数据库中手工创建 ORDERS、ITEMS 和 LINEITEMS 表，相关的 SQL 脚本文件为\15.3.4\schema\sampledb.sql。

在 DOS 命令行下进入 chapter15 根目录，然后输入命令：

```
ant -file build3.4.xml run
```

就会运行 BusinessService 类，它的运行结果和本章 15.3.3 节的 BusinessService 类的运行结果相似，因此不再做详细介绍。

15.4　小结

映射一对一关联有两种方式，如果 Customer 与 Address 类之间有两个一对一关联，可以使用按外键映射方式，但这种映射方式只能映射 Customer 与 homeAddress 对象的双向一对一关联，而不能同时映射 Customer 与 comAddress 对象的双向一对一关联，从 Customer 到 comAddress 对象为单向关联。如果 Customer 与 Address 类之间只有一个一对一关联，应该优先考虑使用按主键映射方式。

对于双向多对多关联，必须把其中一端的 inverse 属性设为 true，关联的两端都可以使用<set>元素。对于 inverse 属性为 false 的一端，还可以使用<list>、<idbag>和<map>元素，对于 inverse 属性为 true 的一端，还可以使用<bag>元素。

<idbag>与<bag>元素的相同点在于都允许在集合中存放重复对象，并且都不支持按索引位置排序，区别在于<idbag>元素要求在连接表中必须定义代理主键，而<bag>元素没有这个要求，<bag>元素通常位于双向一对多或多对多关联的 inverse 端。

在双向一对多关联中，<bag>元素可以用来取代<set>元素，但<bag>元素实际上使用的是 Set 语义。

事实上，所有的多对多关联都可以分解为两个一对多关联，按照这种方式映射多对多关联，会使域模型和关系数据模型具有更好的可扩展性。

15.5 思考题

1．假定公司（Company）和雇员（Employee）之间为双向多对多关联关系，请参照本章 15.3.1 节，完成以下任务：

（1）创建 Company 类和 Employee 类。Company 类具有 name 属性（公司的名字）和 count 属性（公司中所有员工的数目）。Employee 类具有 name 属性（雇员的名字）

（2）创建 COMPANIES 表、EMPLOYEES 表和 COMPANY_EMPLOYEE 连接表。

（3）为 Company 类和 Employee 类创建对象—关系映射文件。

（4）创建 BusinessService 类，把以下图 15-17 中的 Company 对象和 Employee 对象保存到数据库中；然后再从数据库中加载一个 Company 对象，打印与它关联的所有 Employee 对象的 name 属性。

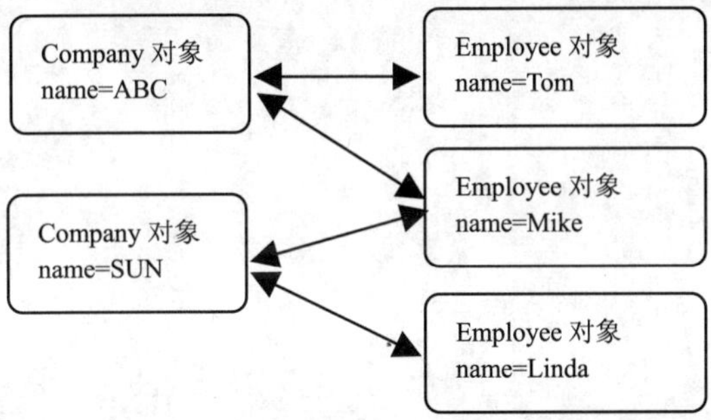

图 15-17　Company 对象与 Employee 对象的关联关系

第 16 章　Hibernate 的检索策略

在 Session 的缓存中可以存放相互关联的对象图。当 Hibernate 从数据库中加载 Customer（表示客户）对象时，如果同时自动加载所有关联的 Order（表示订单）对象，而程序实际上仅仅需要访问 Customer 对象，那么这些关联的 Order 对象就白白浪费了许多内存空间。本章以 Customer 和 Order 类为例，介绍如何设置 Hibernate 的检索策略，以优化检索性能。

假定 Customer 类和 Order 类之间为双向一对多关联关系。Customer 类包含如下属性：

```
/** Customer 对象的 OID */
private Long id;

/** Customer 对象的姓名 */
private String name;

/** Customer 对象的年龄 */
private int age; //本章范例不包含此属性，在后面一些章的范例中包含此属性

/** 所有与 Customer 对象关联的 Order 对象 */
private Set orders=new HashSet();
```

Order 类包含如下属性：

```
/** Order 对象的 OID */
private Long id;

/** Order 对象的订单编号 */
private String orderNumber;

/** Order 对象的订单价格 */
private double price; //本章范例不包含此属性，在后面一些章的范例中包含此属性

/** 与 Order 对象关联的 Customer 对象 */
private Customer customer;
```

与域模型对应，在关系数据库中，ORDERS 表参照 CUSTOMERS 表。假定 ORDERS 表的 CUSTOMER_ID 外键允许为 null，图 16-1 列出了 CUSTOMERS 表和 ORDERS 表中的记录。

ORDERS 表

ID	ORDER_NUMBER	CUSTOMER_ID
1	Tom_Order001	1
2	Tom_Order002	1
3	Mike_Order001	2
4	Jack_Order001	3
5	Linda_Order001	4
6	UnknownOrder	null

CUSTOMERS 表

ID	NAME
1	Tom
2	Mike
3	Jack
4	Linda

图 16-1　CUSTOMERS 表和 ORDERS 表中的记录

以下代码用于到数据库中检索所有的 Customer 对象：

```
List customerLists=session.createQuery("from Customer as c").list();
```

假定 Hibernate 加载每个 Customer 对象时还会自动加载与之关联的 Order 对象，那么运行以上 Query 接口的 list()方法时，Hibernate 将先查询 CUSTOMERS 表中所有的记录，然后根据每条记录的 ID，到 ORDERS 表中查询有参照关系的记录，Hibernate 将依次执行以下 select 语句：

```
select * from CUSTOMERS;
select * from ORDERS where CUSTOMER_ID=1;
select * from ORDERS where CUSTOMER_ID=2;
select * from ORDERS where CUSTOMER_ID=3;
select * from ORDERS where CUSTOMER_ID=4;
```

通过以上 5 条 select 语句，Hibernate 最后加载了 4 个 Customer 对象和 5 个 Order 对象，在内存中形成了一幅关联的对象图，如图 16-2 所示。

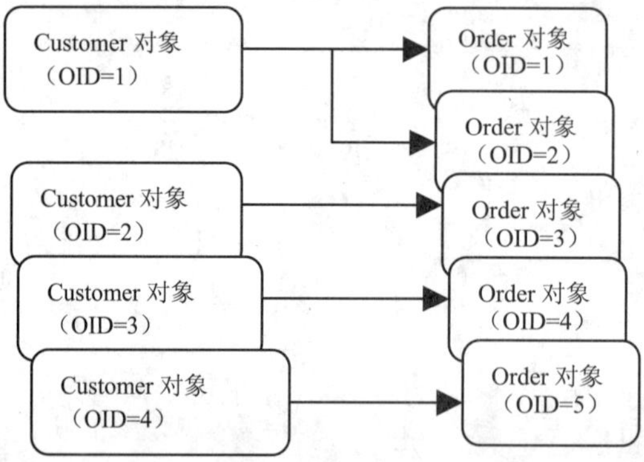

图 16-2　Customer 与 Order 对象的关联对象图

Hibernate 检索 Customer 对象时立即检索与之关联的 Order 对象，这种检索策略称为立即检索策略。立即检索策略存在两大不足：

- select 语句的数目太多，需要频繁地访问数据库，会影响检索性能。如果需要查询 *n* 个 Customer 对象，那么必须执行 *n*+1 次 select 查询语句。这种检索策略没有利用 SQL 的连接查询功能，例如，以上 5 条 select 语句完全可以通过以下一条 select 语句来完成：

```
select * from CUSTOMERS left outer join ORDERS
on CUSTOMERS.ID=ORDERS.CUSTOMER_ID
```

以上 select 语句使用了 SQL 的左外连接查询功能，能够在一条 select 语句中查询出 CUSTOMERS 表的所有记录，以及匹配的 ORDERS 表的记录。

- 在应用逻辑只需要访问 Customer 对象，而不需要访问 Order 对象的场合，加载 Order 对象完全是多余的操作，这些多余的 Order 对象白白浪费了许多内存空间。

为了解决以上问题，Hibernate 提供了其他两种检索策略：延迟检索策略和迫切左外连接检索策略。延迟检索策略能避免多余加载应用程序不需要访问的关联对象，迫切左外连接检索策略则充分利用了 SQL 的外连接查询功能，能够减少 select 语句的数目。本章将详细介绍这些检索策略的运行机制和使用方法。

16.1 Hibernate 的检索策略简介

Session 的 load()和 get()方法按照参数指定的 OID 加载一个持久化对象，Query 的 list()方法则按照参数指定的 HQL 语句加载一个或多个持久化对象。以下代码都用于检索 OID 为 1 的 Customer 对象：

```
//调用 Session 的 load()方法
Customer customer=(Customer)session.load(Customer.class,new Long(1));
//调用 Session 的 get()方法
Customer customer=(Customer)session.get(Customer.class,new Long(1));
//调用 Query 的 list()方法
List customerLists=session
                .createQuery("from Customer as c where c.id=1")
                .list();
```

当 Hibernate 执行以上方法时，需要获得以下信息。

- 类级别检索策略：Session 的 load()和 get()方法，以及 Query 的 HQL 语句直接指定检索的是 Customer 对象，对 Customer 对象到底采用立即检索，还是延迟检索？
- 关联级别检索策略：对与 Customer 关联的 Order 对象，即 Customer 对象的 orders 集合，到底采用立即检索、还是延迟检索或者迫切左外连接检索？

表 16-1 列出了类级别和关联级别可选的检索策略，以及默认的检索策略。这些检索策略可以在映射文件中进行设置。

表 16-1　类级别和关联级别可选的检索策略及默认的检索策略

检索策略的作用域	可选的检索策略	默认的检索策略	运行时行为受影响的检索方法
类级别	立即检索 延迟检索	延迟检索	仅影响 Session 的 load()方法
关联级别	立即检索 延迟检索 迫切左外连接检索	延迟检索	影响 Session 的 load()和 get()方法，以及 Query API 和 Criteria API；例外情况是 Query API 会忽略映射文件中设定的迫切左外连接检索策略

从表 16-1 看出，在类级别中，可选的检索策略包括立即检索和延迟检索，但是它仅影响 load()方法的运行时行为；在关联级别中，可选的检索策略包括立即检索、延迟检索和迫切左外连接检索，它影响所有的检索方法，例外情况是 Query API 会忽略映射文件中设定的迫切左外连接检索策略。表 16-2 列出了这 3 种检索策略的运行机制。

表 16-2　3 种检索策略的运行机制

检索策略的类型	类　级　别	关 联 级 别
立即检索	立即加载检索方法指定的对象	立即加载与检索方法指定的对象关联的对象。可以设定批量检索数量
延迟检索	延迟加载检索方法指定的对象	延迟加载与检索方法指定的对象关联的对象。可以设定批量检索数量
迫切左外连接检索	不适用	通过左外连接加载与检索方法指定的对象关联的对象

Hibernate 允许在对象-关系映射文件中配置检索策略。表 16-3 列出了用于设定检索策略的几个属性。

表 16-3　映射文件中用于设定检索策略的几个属性

属　　性	类　级　别	一对多关联级别	多对一关联级别
lazy	1. <class>元素中 lazy 属性的可选值为：true（延迟检索）和 false（立即检索）； 2. <class>元素的 lazy 属性的默认值为 true	1. <set>元素中 lazy 属性的可选值为：true（延迟检索）、extra（增强延迟检索）和 false（立即检索）； 2. <set>元素的 lazy 属性的默认值为 true	1. <many-to-one>元素中 lazy 属性的可选值为：proxy（延迟检索）、no-proxy（无代理延迟检索）和 false（立即检索）； 2. <many-to-one>元素的 lazy 属性的默认值为 true
fetch	没有此属性	1. <set>元素中 fetch 属性的可选值为：select（select 查询语句）、subselect（带子查询的 select 语句）和 join（迫切左外连接检索）； 2. <set>元素的 fetch 属性的默认值为 select	1. <many-to-one>元素中 fetch 属性的可选值为：select（select 查询语句）和 join（迫切左外连接检索）； 2. <many-to-one>元素的 fetch 属性的默认值为 select
batch-size	设定批量检索的数量。可选值为一个正整数，默认值为 1。如果设定此项，合理的取值在 3～10 之间。仅适用于关联级别的立即检索和延迟检索。在<class>和<set>元素中包含此属性		

实际的应用逻辑是多种多样的，有些应用逻辑需要同时访问 Customer 及关联的 Order 对象，而有些应用逻辑仅需要访问 Customer 对象。在映射文件中配置的检索策略是固定的，不能满足运行时各种应用逻辑的动态需求。为此，Hibernate 还允许在应用程序中以编程方式显式设定检索策略。程序代码中的检索策略会覆盖映射文件中配置的检索策略，如果程序代码没有显式设定检索策略，则采用映射文件中配置的检索策略。

Tips

在多数情况下，如果程序代码没有显式设定检索策略，则采用映射文件中配置的检索策略。但也有例外，HQL 检索方式会忽略映射文件配置的迫切左外连接检索策略。

以上表 16-1、表 16-2 和表 16-3 中对 Hibernate 的检索策略做了归纳，下面结合具体的例子更详细地介绍各种检索策略的运行机制及配置方法。本章范例程序位于配套光盘的 sourcecode\chapter16 目录下。在运行本章程序之前，需要先在 MySQL 数据库中手工创建 SAMPLEDB 数据库、CUSTOMERS 表和 ORDERS 表，然后向 CUSTOMERS 表和 ORDERS 表中插入本章开头的图 16-1 列出的记录，相关的 SQL 脚本文件为 schema\sampledb.sql。

本书利用 ANT 工具来编译和运行程序，在每章范例的根目录下有一个 build.xml 文件，它是 ANT 的工程文件，在这个文件中定义了以下 target（任务）：

- prepare target：如果存在 classes 子目录，先将它删除。接着重新创建 classes 子目录。然后把 src 子目录下所有扩展名为“.properties”、“.hbm.xml”和“.xml”等文件复制到/classes 目录下。
- compile target：编译 src 子目录下的所有 Java 源文件。编译生成的类文件存放在 classes 子目录下。
- run target：运行 BusinessService 类。

在 DOS 下转到本例的根目录\chapter16，输入命令：ant run，该命令将依次执行 prepare target、compile target 和 run target。run target 最后运行 BusinessService 类，BusinessService 类定义了一系列检索方法。

- loadCustomer()：用 Session 的 load()方法加载一个 Customer 对象，然后通过它导航到关联的 Order 对象。
- getCustomer()：用 Session 的 get()方法加载一个 Customer 对象，然后通过它导航到关联的 Order 对象。
- findAllCustomers()：用 Query 的 list()方法加载所有的 Customer 对象，然后通过它们导航到关联的 Order 对象。
- loadOrder()：用 Session 的 load()方法加载一个 Order 对象，然后通过它导航到关联的 Customer 对象。
- getOrder()：用 Session 的 get()方法加载一个 Order 对象，然后通过它导航到关联的 Customer 对象。
- findAllOrders()：用 Query 的 list()方法加载所有的 Order 对象，然后通过它们导航到关联的 Order 对象。
- findCustomerLeftJoinOrder()：用 Query 的 list()方法加载所有的 Customer 对象，并且在应用程序中指定采用迫切左外连接策略来检索关联的 Order 对象。

在以上每个检索方法中都会输出一些用于跟踪程序运行状态的信息。例如，以下是 loadCustomer()方法的源代码：

```
tx = session.beginTransaction();

System.out.println("loadCustomer():executing session.load()");
Customer customer=(Customer)session.load(Customer.class,new Long(1));

System.out.println("loadCustomer():executing customer.getName()");
customer.getName();
```

```
        System.out.println("loadCustomer():executing customer.getOrders().iterator()");
        Iterator orderIterator=customer.getOrders().iterator();

        tx.commit();
```

当 Customer.hbm.xml 文件的<class>元素的 lazy 属性为 false 时，loadCustomer()方法向控制台输出以下信息：

```
[java] loadCustomer():executing session.load()
[java] Hibernate: select customer0_.ID as ID0_0_, customer0_.NAME
as NAME0_0_ from CUSTOMERS customer0_ where customer0_.ID=?
[java] loadCustomer():executing customer.getName()
[java] loadCustomer():executing customer.getOrders().iterator()
[java] Hibernate: select orders0_.CUSTOMER_ID as CUSTOMER3_1_,
orders0_.ID as ID1_, orders0_.ID as ID1_0_, orders0_.ORDER_NUMBER
as ORDER2_1_0_, orders0_.CUSTOMER_ID as CUSTOMER3_1_0_
from ORDERS orders0_ where orders0_.CUSTOMER_ID=?
```

当 Customer.hbm.xml 文件的<class>元素的 lazy 属性为 true 时，loadCustomer()方法向控制台输出以下信息：

```
[java] loadCustomer():executing session.load()
[java] loadCustomer():executing customer.getName()
[java] Hibernate: select customer0_.ID as ID0_0_, customer0_.NAME
as NAME0_0_ from CUSTOMERS customer0_ where customer0_.ID=?
[java] loadCustomer():executing customer.getOrders().iterator()
[java] Hibernate: select orders0_.CUSTOMER_ID as CUSTOMER3_1_,
orders0_.ID as ID1_, orders0_.ID as ID1_0_, orders0_.ORDER_NUMBER
as ORDER2_1_0_, orders0_.CUSTOMER_ID as CUSTOMER3_1_0_
from ORDERS orders0_ where orders0_.CUSTOMER_ID=?
```

从以上输出信息可以看出，如果 lazy 属性为 false，在运行 session.load()方法时 Hibernate 立即执行查询 CUSTOMERS 表的 select 语句，这是因为对 Customer 对象采用了立即检索策略。如果 lazy 属性为默认值 true，那么直到调用 customer.getName()方法时 Hibernate 才执行查询 CUSTOMERS 表的 select 语句，这是因为对 Customer 对象设置了延迟检索策略。

读者还可以修改 Customer.hbm.xml 和 Order.hbm.xml 文件中的检索策略，然后运行 BusinessService 类，观察在各种检索策略下生成的 select 语句，从而加深对各种检索策略的理解。

16.2 类级别的检索策略

类级别可选的检索策略包括立即检索和延迟检索，默认为延迟检索。如果<class>元素的 lazy 属性为 true，表示采用延迟检索；如果 lazy 属性为 false，表示采用立即检索。lazy 属性的默认值为 true。

如果程序加载一个持久化对象的目的是为了访问它的属性，可以采用立即检索。如果程序加载一个持久化对象的目的仅仅是为了获得它的引用，可以采用延迟检索，例如以下程序代码无须访问 Customer 对象的属性：

```
//假定采用延迟检索，session.load()方法不会执行查询 CUSTOMERS 表的 select 语句
Customer customer=(Customer)session.load(Customer.class,new Long(1));
Order order=new Order("Tom_Order001");
order.setCustomer(customer);  //建立关联关系
session.save(order); //计划执行 insert 语句，向 ORDERS 表插入一条记录
```

以上代码向数据库中保存一个 Order 对象，它与已经存在的一个 Customer 持久化对象关联。如果在 Customer 类级别采用延迟检索，第一行的 session.load()方法不会执行访问 CUSTOMERS 表的 select 语句，只是返回一个 Customer 代理类的实例，它的 id 属性为 1，其余属性都为 null。第四行的 session.save()方法计划执行的 SQL insert 语句为：

```
insert into ORDERS(ID,ORDER_NUMBER,CUSTOMER_ID)values(1,'Tom_Order001',1)
```

16.2.1　立即检索

在 Customer.hbm.xml 文件中，以下方式表示采用立即检索策略：

```
<class name="mypack.Customer" table="CUSTOMERS" lazy="false">
```

当通过 Session 的 load()方法检索 Customer 对象时：

```
Customer customer=(Customer)session.load(Customer.class,new Long(1));
```

Hibernate 会立即执行查询 CUSTOMERS 表的 select 语句：

```
select * from CUSTOMERS where ID=1;
```

16.2.2　延迟检索

类级别的默认检索策略为延迟检索。在 Customer.hbm.xml 文件中，以下两种方式都表示采用延迟检索策略：

```
<class name="mypack.Customer" table="CUSTOMERS" >
```

或者

```
<class name="mypack.Customer" table="CUSTOMERS" lazy="true">
```

当执行 Session 的 load()方法时，Hibernate 不会执行查询 CUSTOMERS 表的 select 语句，仅返回 Customer 类的代理类的实例，这个代理类具由以下特征：

- 由 Hibernate 在运行时动态生成，它扩展了 Customer 类，因此它继承了 Customer 类的所有属性和方法，但它的实现对于应用程序是透明的。

Tips

Hibernate 采用 CGLIB 工具来生成持久化类的代理类。CGLIB 是一个功能强大的 Java 字节码生成工具，它能够在程序运行时动态生成扩展 Java 类或者实现 Java 接口的代理类。关于 CGLIB 的更多知识，请参考：http://cglib.sourceforge.net/。

- 当 Hibernate 创建 Customer 代理类实例时，仅初始化了它的 OID 属性，其他

属性都为 null，因此这个代理类实例占用的内存很少。

- 当应用程序第一次访问 Customer 代理类实例时（例如调用 customer.getXXX()或 customer.setXXX()方法），Hibernate 会初始化代理类实例，在初始化过程中执行 select 语句，真正从数据库中加载 Customer 对象的所有数据。但有个例外，那就是当应用程序访问 Customer 代理类实例的 getId()方法时，Hibernate 不会初始化代理类实例，因为在创建代理类实例时 OID 就存在了，不必到数据库中去查询。

Tips

如果在 Customer.hbm.xml 文件中，<id>元素的 property 属性为“field”，那么 Hibernate 会直接访问 Customer 对象的 id 属性，而忽略它的 getId()方法。因此，如果程序调用 Customer 对象的 getId()方法，这一操作对 Hibernate 是透明的，不会导致 Hibernate 初始化 Customer 代理类实例。

以下代码先通过 Session 的 load()方法加载 Customer 对象，然后访问它的 name 属性：

```
Customer customer=(Customer)session.load(Customer.class,new Long(1));
customer.getName(); //初始化 Customer 代理类实例，执行 select 语句
```

在运行 session.load()方法时，Hibernate 不执行任何 select 语句，仅返回 Customer 类的代理类的实例，它的 OID 为 1，这是由 load()方法的第二个参数指定的。当应用程序调用 customer.getName()方法时，Hibernate 会初始化 Customer 代理类实例，从数据库中加载 Customer 对象的数据，执行以下 select 语句：

```
select * from CUSTOMERS where ID=1;
```

当<class>元素的 lazy 属性为 true 时，会影响 Session 的 load()方法的各种运行时行为，下面举例说明。

（1）如果加载的 Customer 对象在数据库中不存在，Session 的 load()方法不会抛出异常，只有当运行 customer.getName()方法时才会抛出以下异常：

```
Exception in thread "main" org.hibernate.ObjectNotFoundException:
No row with the given identifier exists
```

（2）如果在整个 Session 范围内，应用程序没有访问过 Customer 对象，那么 Customer 代理类的实例一直不会被初始化，Hibernate 不会执行任何 select 语句。以下代码试图在关闭 Session 后访问 Customer 游离对象：

```
Transaction tx = session.beginTransaction();
Customer customer=(Customer)session.load(Customer.class,new Long(1));
tx.commit();
session.close();
customer.getName(); //抛出 LazyInitializationException
```

由于引用变量 customer 引用的 Customer 代理类的实例在 Session 范围内始终没有被初始化，因此在执行 customer.getName()方法时，Hibernate 会抛出以下异常：

```
Exception in thread "main":org.hibernate.LazyInitializationException
could not initialize proxy - no Session
```

由此可见，Customer 代理类的实例只有在当前 Session 范围内才能被初始化。

（3）org.hibernate.Hibernate 类的 initialize()静态方法用于在 Session 范围内显式初始化代理类实例，isInitialized()方法用于判断代理类实例是否已经被初始化。例如：

```
Transaction tx = session.beginTransaction();
Customer customer=(Customer)session.load(Customer.class,new Long(1));
if(!Hibernate.isInitialized(customer))
 Hibernate.initialize(customer);
tx.commit();
session.close();
customer.getName();
```

以上代码在 Session 范围内通过 Hibernate 类的 initialize()方法显式初始化了 Customer 代理类实例，因此当 Session 关闭后，可以正常访问 Customer 游离对象。

（4）当应用程序访问代理类实例的 getId()方法时，不会触发 Hibernate 初始化代理类实例的行为，例如：

```
Transaction tx = session.beginTransaction();
Customer customer=(Customer)session.load(Customer.class,new Long(1));
customer.getId();
tx.commit();
session.close();
customer.getName(); //抛出异常
```

当应用程序访问 customer.getId()方法时，该方法直接返回 Customer 代理类实例的 OID 值，无须查询数据库。由于引用变量 customer 始终引用的是没有被初始化的 Customer 代理类实例，因此当 Session 关闭后再执行 customer.getName()方法，Hibernate 会抛出以下异常：

```
Exception in thread "main" org.hibernate.LazyInitializationException:
could not initialize proxy - no Session
```

值得注意的是，不管 Customer.hbm.xml 文件的<class>元素的 lazy 属性是 true 还是 false，Session 的 get()方法及 Query 的 list()方法在 Customer 类级别总是使用立即检索策略，下面举例说明。

（1）Session 的 get()方法总是立即到数据库中检索 Customer 对象，如果在数据库中不存在相应的数据，就返回 null。例如：

```
Customer customer=(Customer)session.get(Customer.class,new Long(1));
```

当通过 Session 的 get()方法加载 Customer 对象时，Hibernate 会立即执行以下 select 语句：

```
select * from CUSTOMERS where ID=1;
```

如果存在相关的数据，get()方法就返回 Customer 对象，否则就返回 null。get()方法永远不会返回 Customer 代理类实例，这是与 load()方法的不同之处。

Tips

当通过 Session 的 get()方法加载 Customer 对象时，假定对与 Customer 关联的 Order 对象采用延迟检索，那么 Hibernate 只会立即到数据库中加载 Customer 对象，而不会立即加载与之关联的 Order 对象，即不会立即执行查询 ORDERS 表的 select 语句。

（2）Query 的 list()方法总是立即到数据库中检索 Customer 对象，例如:

```
List customerLists=session.createQuery("from Customer as c").list();
```

当运行 Query 的 list()方法时，Hibernate 立即执行以下 select 语句：

```
select * from CUSTOMERS;
```

Tips

当通过 Query 的 list()方法加载 Customer 对象时，假定对与 Customer 关联的 Order 对象采用延迟检索，那么 Hibernate 只会立即到数据库中加载 Customer 对象，而不会立即加载与之关联的 Order 对象，即不会立即执行查询 ORDERS 表的 select 语句。

16.3 一对多和多对多关联的检索策略

在映射文件中，用<set>元素来配置一对多关联及多对多关联关系。Customer.hbm.xml 文件中的以下代码用于配置 Customer 和 Order 类的一对多关联关系：

```
<set
      name="orders"
      inverse="true" >

      <key column="CUSTOMER_ID" />
      <one-to-many class="mypack.Order" />
</set>
```

<set>元素有 lazy 和 fetch 属性

- lazy 属性：主要决定 orders 集合被初始化的时机，即到底是在加载 Customer 对象时就被初始化，还是在程序访问 orders 集合时被初始化？
- fetch 属性：取值为“select”或“subselect”时，决定初始化 orders 集合时的查询语句的形式；如果取值为“join”，则决定 orders 集合被初始化的时机。

以下表 16-4 列出了 lazy 属性和 fetch 属性取不同值时对 Customer 类的 orders 集合采用的检索策略。例如，以下代码中的 lazy 属性表明对 orders 集合采用立即检索策略，fetch 属性表明采用带子查询的 select 语句来初始化 orders 集合：

```
<set name="orders" inverse="true"
  lazy="false" fetch="subselect">……</set>
```

假如没有显式设置 lazy 和 fetch 属性，那么采用默认的延迟检索策略。例如，以下代码表明对 orders 集合采用延迟检索策略：

```
<set name="orders" inverse="true" >……</set>
```

如果把 fetch 属性设为 join，那么 lazy 属性被忽略，此时显式设置 lazy 属性是无意义的。

表 16-4 <set>元素的 lazy 和 fetch 属性

lazy 属性（默认值为 true）	fecth 属性（默认值为 select）	检 索 策 略
true	未显式设置(取默认值 select)	采用延迟检索策略，这是默认的检索策略。这是优先考虑使用的检索策略
false	未显式设置(取默认值 select)	采用立即检索策略，当使用 Hibernate 的第二级缓存时，可以考虑使用立即检索。关于第二级缓存的概念参见本书第 22 章（管理 Hibernate 的缓存）
extra	未显式设置(取默认值 select)	采用加强延迟检索策略，它尽可能延迟 orders 集合被初始化的时机
true、false 或者 exta	select	lazy 属性决定采用的检索策略，即决定初始化 orders 集合的时机。fetch 属性为 select，意味着通过 select 语句来初始化 orders 集合，形式为： select * from ORDERS where CUSTOMER_ID in (1,2,3,4)
true、false 或者 exta	subselect	lazy 属性决定采用的检索策略，即决定初始化 orders 集合的时机。fetch 属性为 subselect，意味着通过 subselect 语句来整批量初始化 orders 集合，形式为： select * from ORDERS where CUSTOMER_ID in (select ID from CUSTOMERS)
未显式设置	join	采用迫切左外连接检索策略

Tips

<set>元素不仅用于映射一对多和多对多关联，还能映射存放值类型数据的集合。本节主要以 Customer 和 Order 类的一对多关联为例，介绍如何在<set>元素中设置检索策略，这其实也适用于多对多关联和存放值类型数据的集合。

在 Customer 类中定义了一个 java.util.Set 集合类型的 orders 属性：

```
private Set orders=new HashSet();
public Set getOrders() {
   return this.orders;
}
public void setOrders(Set orders) {
   this.orders = orders;
}
```

Hibernate 为 Set 集合类也提供了代理类 org.hibernate.collection.PersistentSet，它扩展了 Set 接口，但它的实现对应用程序是透明的。与持久化类的代理类不同的是，不管有没有设置延迟检索策略，Hibernate 的各种检索方法在为 Customer 对象的 orders 属性赋值时，orders 属性总是引用 PersistentSet 集合代理类的实例。

16.3.1 立即检索（lazy 属性为“false”）

以下代码表明对 Customer 类的 orders 集合采用立即检索策略：

```
<set name="orders" inverse="true" lazy="false" >……</set>
```

以下代码通过 Session 的 get()方法加载 OID 为 1 的 Customer 对象：

```
Customer customer=(Customer)session.get(Customer.class,new Long(1));
Set orders= customer.getOrders();
Iterator orderIterator=orders.iterator();
```

执行 Session 的 get()方法时，对于 Customer 对象采用类级别的立即检索策略；对于 Customer 对象的 orders 集合（即与 Customer 关联的所有 Order 对象），采用一对多关联级别的立即检索策略，因此 Hibernate 执行以下 select 语句：

```
select * from CUSTOMERS where ID=1;
select * from ORDERS where CUSTOMER_ID=1;
```

通过以上 select 语句，Hibernate 加载了一个 Customer 对象和两个 Order 对象。Customer 对象的 orders 属性引用的是一个 Hibernate 提供的集合代理类实例，这个代理类实例引用两个 Order 对象，参见图 16-3。

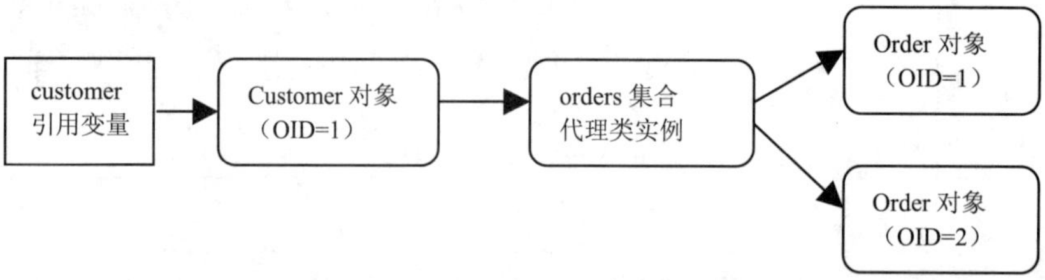

图 16-3　Customer 对象的 orders 属性引用一个集合代理类实例

假如一个客户有 100 个订单，Session 的 get()方法会立即加载一个 Customer 对象和 100 个 Order 对象。但在很多情况下，应用程序并不需要访问这些 Order 对象，加载 100 个 Order 对象显然是多余的，所以在一对多关联级别中不能随意使用立即检索策略。

16.3.2 延迟检索（lazy 属性为默认值“true”）

对于<set>元素，应该优先考虑使用默认的延迟检索策略：

```
<set name="orders" inverse="true">……</set>
```

或者

```
<set name="orders" inverse="true" lazy="true">……</set>
```

此时运行 Session 的 get(Customer.class,new Long(1))方法时，仅立即加载 Customer 对象，执行以下 select 语句：

```
select * from CUSTOMERS where ID=1;
```

Session 的 get()方法返回的 Customer 对象的 orders 属性引用一个没有被初始化的集合代理类实例，换句话说，此时 orders 集合中没有存放任何 Order 对象。由此可见，尽管 Hibernate 会延迟检索与 Customer 对象关联的 Order 对象，但不会创建 Order 代理类实例。事实上，这时也无法创建 Order 代理类实例，因为无法知道与 Customer 关联的所有 Order 对象的 OID。

只有当 orders 集合代理类实例被初始化时，才会到数据库中检索所有与 Customer 关联的 Order 对象，执行以下 select 语句：

```
select * from ORDERS where CUSTOMER_ID=1;
```

那么，Customer 对象的 orders 属性引用的集合代理类实例什么时候被初始化呢？主要包括以下两种情况：

（1）当应用程序第一次访问它，例如调用它的 iterator()、size()、isEmpty()或 contains()方法：

```
Set orders=customer.getOrders();
Iterator it=orders.iterator(); //导致 orders 集合代理类实例被初始化
```

（2）通过 org.hibernate.Hibernate 类的 initialize()静态方法初始化它：

```
Set orders=customer.getOrders();
Hibernate.initialzie(orders()); //导致 orders 集合代理类实例被初始化
```

16.3.3　增强延迟检索（lazy 属性为“extra”）

以下代码表明采用增强延迟检索策略：

```
<set name="orders"  inverse="true" lazy="extra">……</set>
```

增强延迟检索策略与一般的延迟检索策略（lazy="true"）很相似。主要区别在于，增强延迟检索策略能进一步延迟 Customer 对象的 orders 集合代理类实例的初始化时机。当程序第一次访问 orders 属性的 iterator()方法时，会导致 orders 集合代理类实例的初始化，而当程序第一次访问 orders 属性的 size()、contains()和 isEmpty()方法时，Hibernate 不会初始化 orders 集合代理类实例，仅通过特定的 select 语句查询必要的信息，而不会检索所有的 Order 对象。以下程序代码演示了采用增强延迟检索策略时的 Hibernate 运行时行为：

```
Customer customer=(Customer)session.get(Customer.class,new Long(1));

//以下语句不会初始化 orders 集合代理类实例
//执行 select count(*) from ORDERS where CUSTOMER_ID=1
int size=customer.getOrders().size();

//以下语句会初始化 orders 集合代理类实例
//执行 SQL 语句：select * from ORDERS where CUSTOMER_ID=1
Iterator orderIterator=customer.getOrders().iterator();
```

16.3.4　批量延迟检索和批量立即检索（使用 batch-size 属性）

<set>元素有一个 batch-size 属性，用于为延迟检索策略或立即检索策略设定批量检索的数量。批量检索能减少 select 语句的数目，提高延迟检索或立即检索的运行性能。下面举例说明它的用法。

1．批量延迟检索

以下代码用于检索所有的 Customer 对象：

```
List customerLists=session.createQuery("from Customer as c").list();
Iterator customerIterator=customerLists.iterator();

Customer customer1=(Customer)customerIterator.next();
Customer customer2=(Customer)customerIterator.next();
Customer customer3=(Customer)customerIterator.next();
Customer customer4=(Customer)customerIterator.next();

Iterator orderIterator1=customer1.getOrders().iterator();
Iterator orderIterator2=customer2.getOrders().iterator();
Iterator orderIterator3=customer3.getOrders().iterator();
Iterator orderIterator4=customer4.getOrders().iterator();
```

如果对 Customer 对象的 orders 集合采用延迟检索策略（<set>元素的 lazy 属性为默认值 true），当 Query 的 list()方法检索 Customer 对象时，仅立即执行检索 Customer 对象的 select 语句：

```
select * from CUSTOMERS ;
```

在 CUSTOMERS 表中共有 4 条记录，因此，Hibernate 将创建 4 个 Customer 对象，它们的 orders 属性各自引用一个集合代理类实例。图 16-4 显示了 Query 的 list()方法创建的 Customer 对象及集合代理类实例。

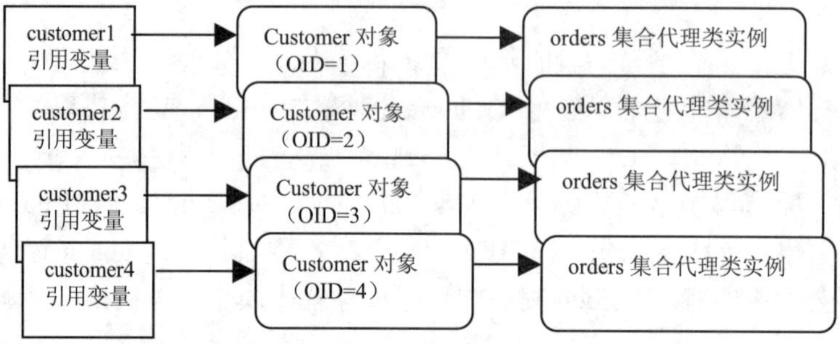

图 16-4　Query 的 list()方法创建的 Customer 对象及 orders 集合代理类实例

当访问 customer1.getOrders().iterator()方法时，会初始化 OID 为 1 的 Customer 对象的 orders 集合代理类实例，Hibernate 执行的 select 语句为：

```
select * from ORDERS where CUSTOMER_ID=1;
```

当访问 customer2.getOrders().iterator()方法时，会初始化 OID 为 2 的 Customer 对象的 orders 集合代理类实例，Hibernate 执行的 select 语句为：

```
select * from ORDERS where CUSTOMER_ID=2;
```

当访问 customer3.getOrders().iterator()方法时，会初始化 OID 为 3 的 Customer 对象的 orders 集合代理类实例，Hibernate 执行的 select 语句为：

```
select * from ORDERS where CUSTOMER_ID=3;
```

当访问 customer4.getOrders().iterator()方法时，会初始化 OID 为 4 的 Customer 对象的 orders 集合代理类实例，Hibernate 执行的 select 语句为：

```
select * from ORDERS where CUSTOMER_ID=4;
```

由此可见，为了初始化 4 个 orders 集合代理类实例，Hibernate 必须执行 4 条查询 ORDERS 表的 select 语句。为了减少 select 语句的数目，可以采用批量延迟检索，设置<set>元素的 batch-size 属性：

```
<set name="orders"  inverse="true"  lazy="true" batch-size=3 >
```

当访问 customer1.getOrders().iterator()方法时，此时 Session 的缓存中共有 4 个 orders 集合代理类实例没有被初始化，由于<set>元素的 batch-size 属性为 3，因此会批量初始化 3 个 orders 集合代理类实例，Hibernate 执行的 select 语句为：

```
select * from ORDERS where CUSTOMER_ID in (1,2,3);
```

当访问 customer2.getOrders().iterator()方法时，不需要再初始化它的 orders 集合代理类实例；同样，当访问 customer3.getOrders().iterator()方法时，也不需要再初始化它的 orders 集合代理类实例。

当访问 customer4.getOrders().iterator()方法时，会自动再批量初始化 3 个 orders 集合代理类实例，假如 Session 缓存中不足 3 个 orders 集合代理类实例，就初始化剩余的所有 orders 集合代理类实例，在本例中，会初始化 OID 为 4 的 Customer 对象的 orders 集合代理类实例，Hibernate 执行的 select 语句为：

```
select * from ORDERS where CUSTOMER_ID=4;
```

由此可见，如果把<set>元素的 batch-size 属性设为 3，那么初始化 4 个 orders 集合代理类实例，只需要执行两条查询 ORDERS 表的 select 语句。

如果把<set>元素的 batch-szie 属性设为 4，那么在访问 customer1.getOrders().iterator()方法时，会批量初始化 4 个 orders 集合代理类实例，Hibernate 执行的 select 语句为：

```
select * from ORDERS where CUSTOMER_ID in (1,2,3,4) ;
```

2. 批量立即检索

对于以下检索方法：

```
List customerLists=session.createQuery("from Customer as c").list();
```

如果 Customer 类的 orders 集合使用立即检索策略：

```
<set name="orders"  inverse="true"  lazy="false" >
```

那么 Query 的 list()方法会立即执行以下 select 语句：

```
select * from CUSTOMERS;
select * from ORDERS where CUSTOMER_ID=1;
select * from ORDERS where CUSTOMER_ID=2;
select * from ORDERS where CUSTOMER_ID=3;
select * from ORDERS where CUSTOMER_ID=4;
```

为了减少 select 语句数目，可以设置<set>元素的 batch-size 属性：

```
<set name="orders"  inverse="true"  lazy="false" batch-size="3" >
```

此时 Query 的 list()方法立即执行以下 select 语句：

```
select * from CUSTOMERS;
select * from ORDERS where CUSTOMER_ID in (1,2,3);
select * from ORDERS where CUSTOMER_ID=4;
```

如果把<set>元素的 batch-size 属性设为 4：

```
<set name="orders"  inverse="true"  lazy="false" batch-size="4">
```

此时 Query 的 list()方法立即执行以下 select 语句：

```
select * from CUSTOMERS;
select * from ORDERS where CUSTOMER_ID in (1,2,3,4);
```

16.3.5 用带子查询的 select 语句整批量初始化 orders 集合（fetch 属性为“subselect”）

<set>元素的 fetch 属性的默认值为 select。在前面几节的例子中，没有显式设置 fetch 属性，实际上它取默认值 select。fetch 属性还有一个可选值为 subselect。fetch 属性的“select”和“subselect”这两个可选值到底有什么差别呢？下面通过例子来说明。

对于以下代码：

```
List customerLists=session
    .createQuery("from Customer as c").list();//第1行
Iterator customerIterator=customerLists.iterator();  //第2行
Customer customer1=(Customer)customerIterator.next();//第3行
Customer customer2=(Customer)customerIterator.next();//第4行
Customer customer3=(Customer)customerIterator.next();//第5行
Customer customer4=(Customer)customerIterator.next();//第6行
Iterator orderIterator1=customer1.getOrders().iterator();//第7行
```

当 lazy 属性和 fetch 属性取不同值时，会影响 orders 集合代理类实例被初始化的时机，以及初始化时所执行的 select 语句。

（1）当 orders 集合使用立即检索策略，并且 fetch 属性取默认值 select 时：

```
<set name="orders"  inverse="true"  lazy="false" batch-size="4">
```

程序第 1 行的 Query 的 list()方法会立即执行以下 select 语句：

```
select * from CUSTOMERS;
select * from ORDERS where CUSTOMER_ID in (1,2,3,4);
```

（2）当 orders 集合使用立即检索策略，并且 fetch 属性取值为 subselect 时：

```
<set name="orders" inverse="true" lazy="false" fetch="subselect">
```

程序第 1 行的 Query 的 list()方法会立即执行以下带子查询的 select 语句：

```
select * from CUSTOMERS;
select * from ORDERS where CUSTOMER_ID in (select ID from CUSTOMERS);
```

（3）当 orders 集合使用默认的延迟检索策略，并且 fetch 属性取默认值 select 时：

```
<set name="orders" inverse="true" batch-size="4">
```

程序会在第 7 行初始化 orders 集合代理类实例，执行以下 select 语句：

```
select * from ORDERS where CUSTOMER_ID in (1,2,3,4);
```

（4）当 orders 集合使用默认的延迟检索策略，并且 fetch 属性取值为 subselect 时：

```
<set name="orders" inverse="true" fetch="subselect">
```

程序会在第 7 行初始化 orders 集合代理类实例，执行以下带子查询的 select 语句：

```
select * from ORDERS where CUSTOMER_ID in (select ID from CUSTOMERS);
```

由此可见，假定 Session 缓存中有 n 个 orders 集合代理类实例没有被初始化，那么当 fetch 属性为"subselect"时，Hibernate 能够通过带子查询的 select 语句，来整批量初始化 n 个 orders 集合代理类实例。

当 fetch 属性为"subselect"时，不必设置 batch-size 属性，如果显式设置了 batch-size 属性，那么 batch-size 属性被忽略。而当 fetch 属性为"select"时，可以显式设置 batch-size 属性。

当 fetch 属性为"subselect"时，子查询中的 select 语句为最初查询 CUSTOMERS 表的 select 语句。例如假定查询 CUSTOMERS 表的 select 语句为：

```
select * from CUSTOMERS where age>20;
```

那么初始化 orders 集合代理类实例的 select 语句为：

```
select * from ORDERS
where CUSTOMER_ID in (select ID from CUSTOMERS where age>20);
```

16.3.6　迫切左外连接检索（fetch 属性为"join"）

如果把<set>元素的 fetch 属性设为 join：

```
<set name="orders" inverse="true" fetch="join" >
```

那么当检索 Customer 对象时，会采用迫切左外连接检索策略来检索所有关联的 Order 对象。对于以下程序：

```
Customer customer=(Customer)session.get(Customer.class,new Long(1));
```

当运行 Session 的 get()方法时，执行以下 select 语句：

```
select * from CUSTOMERS left outer join ORDERS
on CUSTOMERS.ID =ORDERS.CUSTOMER_ID where CUSTOMERS.ID=1;
```

值得注意的是，Query 的 list()方法会忽略映射文件中配置的迫切左外连接检索策略。即使以上<set>元素的 fetch 属性设为 join，对于以下代码：

```
List customerLists=session.createQuery("from Customer as c").list();
```

Hibernate 对 Customer 对象的 orders 集合仍然采用延迟检索策略，Hibernate 执行的 select 语句为：

```
select * from CUSTOMERS;
```

只有当程序访问 orders 集合的方法时，才会通过相应的 select 语句来初始化 orders 集合代理类实例。

16.4 多对一和一对一关联的检索策略

在映射文件中，<many-to-one>及<one-to-one>元素分别用来设置多对一和一对一关联关系。在 Order.hbm.xml 文件中，以下代码设置 Order 类与 Customer 类的多对一关联关系。

```
<many-to-one
      name="customer"
      column="CUSTOMER_ID"
      class="mypack.Customer"  />
```

和<set>元素一样，<many-to-one>元素也有一个 lazy 属性和 fetch 属性。表 16-5 列出了<many-to-one>元素的 lazy 属性及 fetch 属性取不同值时设置的检索策略。

表 16-5　设置多对一关联的检索策略

lazy 属性（默认值为 proxy）	fetch 属性（默认值为 select）	检索 Order 对象时对关联的 Customer 对象使用的检索策略
proxy	未显式设置（取默认值 select）	延迟检索
no-proxy	未显式设置（取默认值 select）	无代理延迟检索
false	未显式设置（取默认值 select）	立即检索
未显式设置	join	迫切左外连接检索

假如没有显式设置 lazy 属性和 fetch 属性，那么在多对一或一对一关联级别采用默认的延迟检索策略。如果把 fetch 属性设为 join，那么 lazy 属性被忽略，此时显式设置 lazy 属性是无意义的。

对于多对一或一对一关联，使用迫切左外连接检索策略的优点在于比立即检索策略使用的 select 语句数目少。假如应用程序仅仅希望访问 Order 对象，并不需要立即访问与 Order 关联的 Customer 对象，则应该使用默认的延迟检索策略。

16.4.1 迫切左外连接检索（fetch 属性为“join”）

如果 Order.hbm.xml 文件中<many-to-one>元素的 fetch 属性为 join，那么在检索 Order 对象时，对关联的 Customer 对象使用迫切左外连接检索策略。

对于以下程序代码：

```
Order order=(Order)session.get(Order.class,new Long(1));
```

在运行 session.get()方法时，Hibernate 需要决定以下检索策略：

- 类级别的 Order 对象的检索策略：根据本章 16.2.2 节的介绍，get()方法在类级别总是使用立即检索策略。
- 与 Order 多对一关联的 Customer 对象（即 Order 对象的 customer 属性）的检

索策略：假定 Order.hbm.xml 文件中<many-to-one>元素的 fetch 属性为 join，因此使用迫切左外连接检索策略。

- 与 Customer 一对多关联的 Order 对象的检索策略：假定 Customer.hbm.xml 文件中<set>元素的 lazy 属性为 false，因此使用立即检索策略。

根据以上检索策略，Hibernate 执行以下 select 语句：

```
select * from ORDERS left outer join CUSTOMERS
on ORDERS.CUSTOMER_ID=CUSTOMERS.ID where ORDERS.ID=1

select * from ORDERS where CUSTOMER_ID=1
```

通过以上两条 select 语句，Session 的 get()方法实际上加载了 3 个持久化对象，如图 16-5 所示。

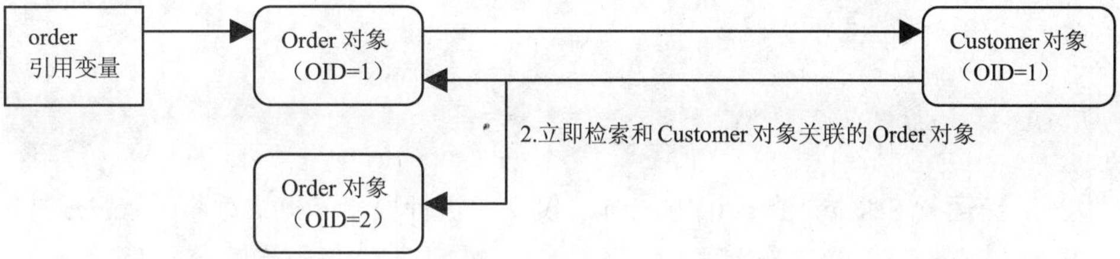

图 16-5 Session 的 get()方法加载的 3 个持久化对象的对象图

假定 Customer.hbm.xml 文件中<set>元素的 lazy 属性为默认值 true，对与 Customer 关联的 Order 对象采用延迟检索策略，那么 Hibernate 仅执行以下 select 语句：

```
select * from ORDERS left outer join CUSTOMERS
on ORDERS.CUSTOMER_ID=CUSTOMERS.ID where ORDERS.ID=1;
```

通过以上一条 select 语句，Session 的 get()方法实际上加载了两个持久化对象，如图 16-6 所示。

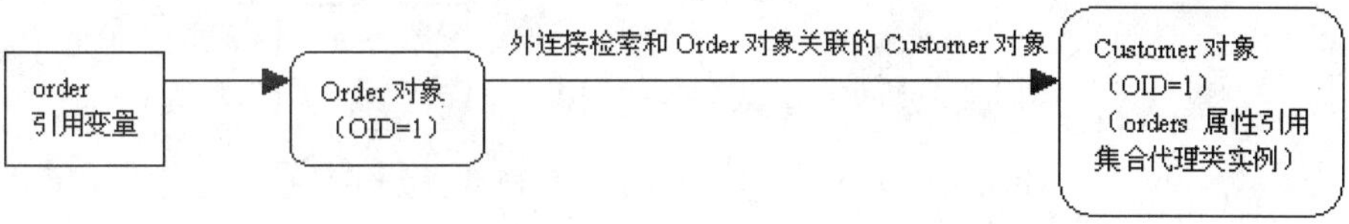

图 16-6 Session 的 get()方法加载的两个持久化对象的对象图

值得注意的是，Query 的 list()方法会忽略映射文件中配置的迫切左外连接检索策略。假定在 Order.hbm.xml 文件中<many-to-one>元素的 fetch 属性为 join，对于以下代码：

```
List orderLists=session.createQuery("from Order as c ").list();//第1行
Iterator orderIterator=orderLists.iterator();//第2行
Order order1=(Order)orderIterator.next();//第3行
Customer customer1=order1.getCustomer();//第4行
String name=customer1.getName();//第5行
```

Hibernate 对与 Order 关联的 Customer 对象仍然采用延迟检索策略。在程序第一行，

Hibernate 执行的 select 语句为：

```
select * from ORDERS;
```

程序第一行加载的所有 Order 对象的 customer 属性都引用 Customer 代理类实例。在程序第 5 行，会初始化一个 Customer 代理类实例，执行以下 select 语句：

```
select * from CUSTOMERS where ID=1;
```

16.4.2 延迟检索（lazy 属性为默认值“proxy”）

如果希望检索 Order 对象时，延迟检索关联的 Customer 对象，只要让 Order.hbm.xml 文件中的<many-to-one>元素的 lazy 属性为默认值 proxy，此时<many-to-one>元素的 fetch 属性取默认值 select。

对于以下程序代码：

```
Order order=(Order)session.get(Order.class,new Long(1));
//order.getCustomer()返回 Customer 代理类实例的引用
Customer customer=order.getCustomer();
String name=customer.getName();
```

当运行 Session 的 get()方法时，仅立即执行检索 Order 对象的 select 语句：

```
select * from ORDERS where ID=1;
```

Order 对象的 customer 属性引用 Customer 代理类实例，这个代理类实例的 OID 由 ORDERS 表的 CUSTOMER_ID 外键值决定。order.getCustomer()方法返回 Customer 代理类实例的引用，参见图 16-7。

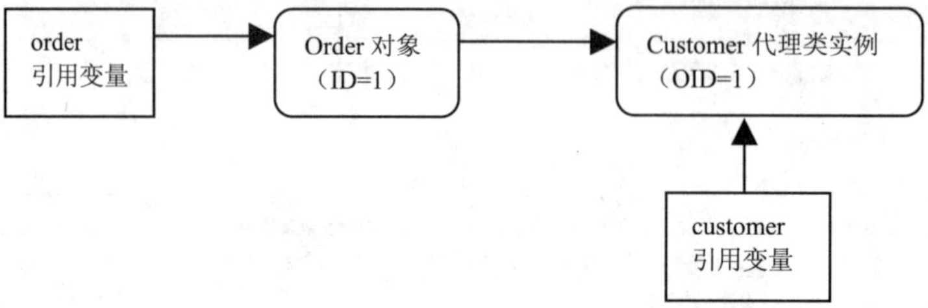

图 16-7 Order 对象与 Customer 代理类的实例关联

在图 16-7 中，customer 引用变量引用 Customer 代理类实例，当执行 customer.getName()方法时，Hibernate 初始化 Customer 代理类实例，执行以下 select 语句，到数据库中加载 Customer 对象：

```
select * from CUSTOMERS where ID=1;
select * from ORDERS where CUSTOMER_ID=1;
```

以上第二条 select 语句用于立即检索与 Customer 对象关联的其他 Order 对象（假定 Customer.hbm.xml 文件中<set>元素的 lazy 属性为 false，对 Customer 类的 orders 集合采用立即检索策略）。

对于一对一关联，如果使用延迟加载策略，必须把<one-to-one>元素的 constrained 属性设为 true：

```
<one-to-one   name="customer" class="mypack.Customer" constrained="true" />
```

<one-to-one>元素的 constrained 属性与<many-to-one>元素的 not-null 属性在语义上有些相似，它表明 Order 对象必须和一个 Customer 对象关联，即 Order 对象的 customer 属性不允许为 null。

16.4.3 无代理延迟检索（lazy 属性为“no-proxy”）

对于以下程序代码：

```
Order order=(Order)session.get(Order.class,new Long(1)); //第1行
Customer customer=order.getCustomer();//第2行
Long id=customer.getId(); //第3行
customer.getName();//第4行
```

如果对 Order 对象的 customer 属性使用延迟检索，即<many-to-one>元素的 lazy 属性为 proxy，那么将在程序第 4 行初始化 Customer 代理类实例，执行查询 CUSTOMERS 表的 select 语句。

如果对 Order 对象的 customer 属性使用无代理延迟检索，即<many-to-one>元素的 lazy 属性为 no-proxy，那么程序第 1 行加载的 Order 对象的 customer 属性为 null。当程序第 2 行调用 order.getCustomer()方法时，将触发 Hibernate 执行查询 CUSTOMERS 表的 select 语句，从而加载 Customer 对象。

由此可见，当 lazy 属性为 proxy 时，可以更长延迟加载 Customer 对象的时间。而当 lazy 属性为 no-proxy 时，则可以避免使用由 Hibernate 提供的 Customer 代理类实例，使 Hibernate 对程序提供更加透明的持久化服务。

值得注意的是，当 lazy 属性为 no-proxy 时，必须在 ANT 工具的 build.xml 文件中定义如下用于增强持久化类的字节码的 instrument 任务：

```
<target name="instrument" depends="compile">
   <taskdef name="instrument"
      classname="org.hibernate.tool.instrument.InstrumentTask">
      <classpath refid="project.class.path"/>
   </taskdef>

   <instrument verbose="true">
      <fileset dir="${class.root}">
         <include name="*.class"/>
      </fileset>
   </instrument>
</target>
```

以上任务能够改写 Order 持久化类的字节码，使得程序访问 Order 对象的 getCustomer()方法时，能够触发 Hibernate 到数据库加载 Customer 对象的行为。

16.4.4 立即检索（lazy 属性为“false”）

以下代码把 Order.hbm.xml 文件的<many-to-one>元素的 lazy 属性设为 false：

```
<many-to-one
```

```
        name="customer"
        column="CUSTOMER_ID"
        class="mypack.Customer"
        lazy="false"
/>
```

对于以下程序代码：

```
Order order=(Order)session.get(Order.class,new Long(1));
```

在运行 session.get()方法时，Hibernate 执行以下 select 语句：

```
select * from ORDERS where ID=1;
select * from CUSTOMERS where ID=1;
select * from ORDERS where CUSTOMER_ID=1;
```

以上第 3 条 select 语句用于立即检索与 Customer 对象关联的其他 Order 对象（假定 Customer.hbm.xml 文件中<set>元素的 lazy 属性为 false，对 Customer 类的 orders 属性采用立即检索策略）。

16.4.5 批量延迟检索和批量立即检索（使用 batch-size 属性）

如果在关联级别使用了延迟检索或立即检索策略，可以设定批量检索的大小，以帮助提高延迟检索或立即检索的运行性能。下面举例说明批量检索的作用和配置方法。

1．批量延迟检索

以下代码先通过 Query 的 list()方法检索出所有的 Order 对象，接着从每个 Order 对象导航到关联的 Customer 对象，然后访问 Customer 对象的 getName()方法：

```
List orderLists=session.createQuery("from Order as c ").list();

Iterator orderIterator=orderLists.iterator();

Order order1=(Order)orderIterator.next();
Order order2=(Order)orderIterator.next();
Order order3=(Order)orderIterator.next();
Order order4=(Order)orderIterator.next();
Order order5=(Order)orderIterator.next();
Order order6=(Order)orderIterator.next();

Customer customer1=order1.getCustomer();
if(customer1!=null) customer1.getName(); //customer1.id=1

Customer customer2=order2.getCustomer();
if(customer2!=null)customer2.getName(); //customer2.id=1

Customer customer3=order3.getCustomer();
if(customer3!=null)customer3.getName(); //customer3.id=2

Customer customer4=order4.getCustomer();
if(customer4!=null)customer4.getName(); //customer4.id=3

Customer customer5=order5.getCustomer();
if(customer5!=null)customer5.getName(); //customer5.id=4
```

```
Customer customer6=order6.getCustomer();
if(customer6!=null)customer6.getName(); //customer6=null
```

假定Order.hbm.xml文件的<many-to-one>元素的lazy属性为默认值proxy，当Query的list()方法检索Order对象时，仅立即执行检索Order对象的select语句：

```
select * from ORDERS;
```

以上select语句共检索出6条ORDERS记录，Hibernate将创建6个Order对象，如果ORDERS记录的CUSTOMER_ID字段不为null，就创建一个Customer代理类实例。Hibernate保证在Session的缓存中不会出现OID相同的两个Customer代理类实例，因此，OID为1和2的两个Order对象都和同一个Customer代理类实例关联。图16-8显示了Query的list()方法创建的Order对象及Customer代理类实例。

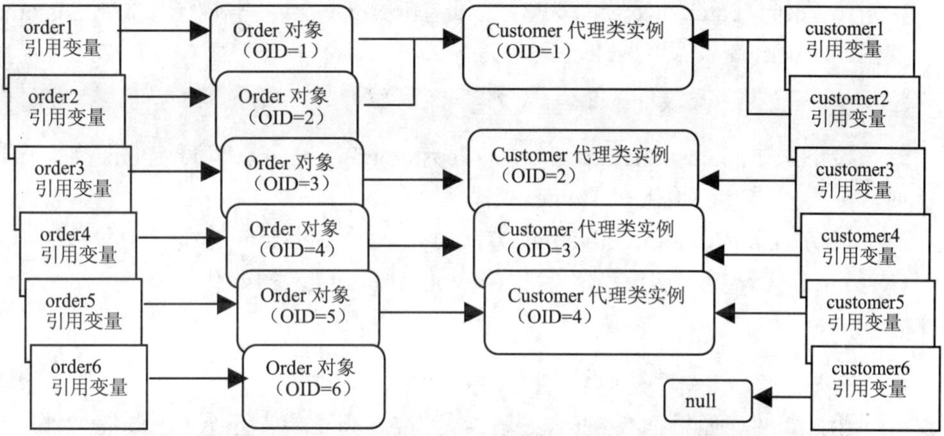

图 16-8 Query 的 list()方法创建的 Order 对象及 Customer 代理类实例

当访问customer1.getName()方法时，会初始化OID为1的Customer代理类实例，Hibernate到数据库中检索OID为1的Customer对象及与它关联的Order对象，Hibernate执行的select语句为：

```
select * from CUSTOMERS where ID=1;
```

假定Customer.hbm.xml文件中<set>元素的lazy属性为默认值true，因此当Hibernate检索Customer对象时，不会立即查询ORDERS表来初始化它的orders集合代理类实例。

当访问customer2.getName()方法时，由于OID为1的Customer代理类实例已经被初始化，因此Hibernate不需要再对它初始化。

当访问customer3.getName()方法时，会初始化OID为2的Customer代理类实例，Hibernate到数据库中检索OID为2的Customer对象，Hibernate执行的select语句为：

```
select * from CUSTOMERS where ID=2;
```

当访问customer4.getName()方法时，会初始化OID为3的Customer代理类实例，Hibernate到数据库中检索OID为3的Customer对象，Hibernate执行的select语句为：

```
select * from CUSTOMERS where ID=3;
```

当访问 customer5.getName()方法时，会初始化 OID 为 4 的 Customer 代理类实例，Hibernate 到数据库中检索 OID 为 4 的 Customer 对象，Hibernate 执行的 select 语句为：

```
select * from CUSTOMERS where ID=4;
```

由于 customer6 为 null，因此应用程序不会访问它的 getName()方法。

由此可见，为了检索 4 个 Customer 对象，Hibernate 必须执行 4 条查询 CUSTOMERS 表的 select 语句。为了减少 select 语句的数目，可以设置 Customer.hbm.xml 文件中<class>元素的 batch-size 属性：

```
<class name="mypack.Customer" table="CUSTOMERS" batch-size="3">
```

batch-size 属性用于指定批量初始化 Customer 代理类实例的数目。当访问 customer1.getName()方法时，此时 Session 的缓存中有 4 个 Customer 代理类实例没有被初始化，由于 batch-size 属性为 3，因此 Hibernate 会批量初始化 3 个 Customer 代理类实例，Hibernate 执行的 select 语句为：

```
select * from CUSTOMERS where ID in (1,2,3);
```

接下来访问 customer2.getName()、customer3.getName()和 customer4.getName()方法时，都不再需要初始化 Customer 代理类实例。

当访问 customer5.getName()方法时，此时 Session 的缓存中只有 OID 为 4 的 Customer 代理类实例没有初始化，因此 Hibernate 初始化这个实例，执行的 select 语句为：

```
select * from CUSTOMERS where ID=4;
```

由此可见，如果把 batch-size 属性设为 3，为了检索 4 个 Customer 对象，Hibernate 只需要执行两条查询 CUSTOMERS 表的 select 语句。

下面再看把 batch-size 属性设为 4 的情形：

```
<class name="mypack.Customer" table="CUSTOMERS" batch-size="4">
```

当访问 customer1.getName()方法时，此时 Session 的缓存中有 4 个 Customer 代理类实例没有被初始化，由于 batch-size 属性为 4，因此 Hibernate 会批量初始化 4 个 Customer 代理类实例，Hibernate 执行的 select 语句为：

```
select * from CUSTOMERS where ID in (1,2,3,4);
```

接下来访问 customer2.getName()、customer3.getName()、customer4.getName()方法和 customer5.getName()方法时，都不再需要初始化 Customer 代理类实例。

由此可见，如果把 batch-size 属性设为 4，为了检索 4 个 Customer 对象，Hibernate 只需要执行一条查询 CUSTOMERS 表的 select 语句。

如果 Session 缓存中有 n 个 Customer 代理类实例没有被初始化，当 batch-size 属性为默认值 1，那么必须执行 n 条查询 CUSTOMERS 表的 select 语句，如果把 batch-size 属性设为 m，那么必须执行 n/m 条查询 CUSTOMERS 表的 select 语句。尽管批量检索能减少 select 语句的数目，但是 batch-size 的取值太大，会使延迟加载失去意义。假如 Session 缓存中有 100 个 Customer 代理类实例没有被初始化，但应用程序实际上只会访问其中 5 个 Customer 代理类实例，此时如果把 batch-size 设为 100，会导致多余加载 95 个 Customer 对象。

因此，必须根据实际情况确定批量检索数目，合理的批量检索数目应该控制在 3～10 之间。

2．批量立即检索

假如 Customer.hbm.xml 文件中<class>和<set>元素都设置了 batch-size 属性：

```
<class name="mypack.Customer" table="CUSTOMERS" batch-size="4">
<set
      name="orders"
      inverse="true"
      batch-size="4" lazy="false" >
```

并且 Order.hbm.xml 文件中<many-to-one>元素的 lazy 属性为 false：

```
<many-to-one
      name="customer"
      column="CUSTOMER_ID"
      class="mypack.Customer"
      lazy="false"   />
```

那么执行以下程序时：

```
List orderLists=session.createQuery("from Order as c ").list();
```

Hibernate 对 Order 对象采用立即检索，对与 Order 关联的 Customer 对象采用批量立即检索，对与 Customer 关联的 Order 对象也采用批量立即检索，Hibernate 执行 3 条 select 语句：

```
select * from ORDERS;
select * from CUSTOMERS where ID in (1,2,3,4);
select * from ORDERS where CUSTOMER_ID in (1,2,3,4);
```

16.5　控制迫切左外连接检索的深度

假定有 7 个类：类 A、类 B、类 C、类 D、类 E、类 F 和类 G，它们的关联关系参见图 16-9。

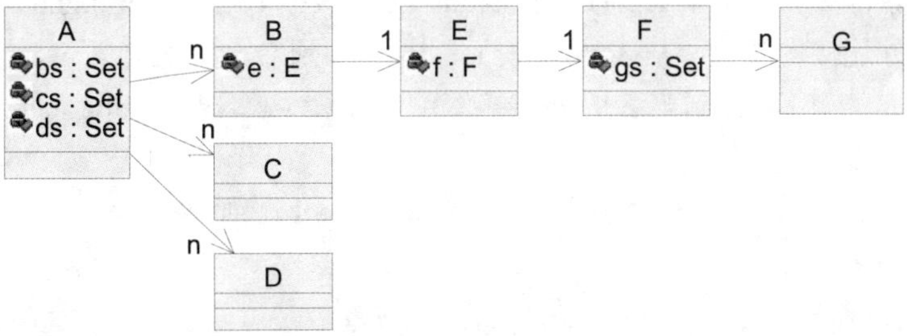

图 16-9　类 A、类 B、类 C、类 D、类 E、类 F 和类 G 的类框图

在图 16-9 中，类 A 和类 B、类 A 和类 C、类 A 和类 D 及类 F 和类 G 为一对多关联，类 B 和类 E 及类 E 和类 F 为多对一关联。

在类 A 中有 3 个集合属性：bs、cs 和 ds。假定 A.hbm.xml 文件中的 3 个<set>元素的 fetch 属性都为 join:

```
<set  name="bs" fetch="join">
<set  name="cs" fetch="join">
<set  name="ds" fetch="join">
```

假定 B.hbm.xml 文件中<many-to-one>元素的 fetch 属性为 join:

```
<many-to-one  name="e"  column="E_ID"  class="mypack.E"  fetch="join"  />
```

假定 E.hbm.xml 文件中<many-to-one>元素的 fetch 属性为 join:

```
<many-to-one  name="f"  column="F_ID"  class="mypack.F"  fetch="join"  />
```

假定 F.hbm.xml 文件中<set>元素的 fetch 属性为 join:

```
<set  name="gs" fetch="join">
```

对于以下的程序代码：

```
A a=(A)session.get(A.class,new Long(1));
```

Hibernate 会执行以下 select 语句：

```
select a.ID,
b.A_ID, b.ID, b.E_ID,
e.ID, e.F_ID,
c.A_ID, c.ID, c.ID,
d.A_ID, d.ID from A a
left outer join B b on a.ID=b.A_ID
left outer join E e on b.E_ID=e.ID
left outer join C c on a.ID=c.A_ID
left outer join D d on a.ID=d.A_ID
where a.ID=1
```

从以上 select 语句可以看出，当检索 A 对象时，会外连接检索与它关联的 B、C 和 D 对象。此外，还会外连接检索与 B 关联的 E 对象。但不会再外连接检索与 E 对象关联的 F 对象，以及与 F 对象关联的 G 对象。

数据库进行表连接是一项耗时的操作，如果 select 语句中表的外连接的深度太大，会影响检索性能，此时可以通过 Hibernate 配置文件中的 hibernate.max_fetch_depth 属性来控制外连接的深度。从表 A 到表 B、从表 A 到 C，以及从表 A 到 D 的外连接深度都为 1，而从表 A、表 B 到表 E 的外连接深度为 2。默认情况下，hibernate.max_fetch_depth 属性的值为 2。

在 Hibernate 的 XML 格式的 hibernate.cfg.xml 配置文件中，可以按如下方式设置 hibernate.max_fetch_depth 属性：

```
<property name="max_fetch_depth">1</property>
```

在 Hibernate 的 Java 属性格式的 hibernate.properties 配置文件中，可以按如下方式

设置 hibernate.max_fetch_depth 属性：

```
hibernate.max_fetch_depth=1
```

如果把 Hibernate 配置文件中的 hibernate.max_fetch_depth 属性设为 1，那么在 select 语句中只允许深度为 1 的表外连接，Hibernate 会执行以下 select 语句：

```
select a.ID,
b.A_ID, b.ID, b.E_ID,
c.A_ID, c.ID, c.ID,
d.A_ID, d.ID from A a
left outer join B b on a.ID=b.A_ID
left outer join C c on a.ID=c.A_ID
left outer join D d on a.ID=d.A_ID
where a.ID=1
```

从以上 select 语句可以看出，当检索 A 对象时，会外连接检索与它关联的 B、C 和 D 对象。但不会外连接检索与 B 关联的 E 对象。

如果把 Hibernate 配置文件中的 hibernate.max_fetch_depth 属性设为 4，那么在 select 语句中允许深度为 4 的表外连接，Hibernate 会执行以下 select 语句：

```
select a.ID, b.A_ID,
b.ID, b.ID, b.E_ID,
e.ID, e.F_ID,
f.ID,
g.F_ID,g.ID,
c.A_ID,c.ID,
d.A_ID,d.ID
from A a
left outer join B b on a.ID=b.A_ID
left outer join E e on b.E_ID=e.ID
left outer join F f on e.F_ID=f.ID
left outer join G g on f.ID=g.F_ID
left outer join C c on a.ID=c.A_ID
left outer join D d on a.ID=d.A_ID
where a.ID=1
```

从以上 select 语句可以看出，当检索 A 对象时，会外连接检索与它关联的 B、C 和 D 对象。还会外连接检索与 B 关联的 E 对象，再外连接检索与 E 对象关联的 F 对象，以及与 F 对象关联的 G 对象。

hibernate.max_fetch_depth 属性的合理取值取决于数据库系统的表连接性能及表的大小。如果数据库表的记录少，并且数据库系统具有良好的表连接性能，可以把 hibernate.max_fetch_depth 属性值设置得高一些。通常，可以先把它设为 4，然后慢慢加大或者减小这个数值，比较取不同值时应用程序的运行性能，然后选择一个最佳值。

Tips

对于不同的 Hibernate 版本，hibernate.max_fetch_depth 属性的默认值可能会有所变化。本章介绍的是 Hibernate 3.3 的特性。

本节范例位于附赠光盘的 chapter16/16.5 目录下。可以按如下步骤运行本节范例：

（1）先在 MySQL 数据库中运行 chapter16/16.5/schema/sampledb.sql 脚本，创建 A、

B、C、D、E、F 和 G 表，并插入测试数据。

（2）在 DOS 下转到 chapter16 目录下，运行 ANT 命令：ant -file build2.xml run，该命令将运行 chapter16/16.5 目录下的 BusinessService 测试类。

16.6 在应用程序中显式指定迫切左外连接检索策略

在映射文件中设定的检索策略是固定的，要么为延迟检索，要么为立即检索，要么为外连接检索。但应用逻辑是多种多样的，有些情况下需要延迟检索，而有些情况下需要外连接检索。Hibernate 允许在应用程序中覆盖映射文件中设定的检索策略，由应用程序在运行时决定检索对象图的深度。

以下 Query 的 list()方法都用于检索 OID 为 1 的 Customer 对象：

```
//第一个 Query.list()方法
session.createQuery("from Customer as c where c.id=1").list();

//第二个 Query.list()方法
session
.createQuery("from Customer as c left join fetch c.orders where c.id=1")
.list();
```

假定映射文件对 Customer 类的 orders 集合采用延迟检索策略。在执行第一个 Query.list()方法时，将使用映射文件配置的检索策略。在执行第二个 Query.list()方法时，在 HQL 语句中显式指定迫切左外连接检索关联的 Order 对象，因此会覆盖映射文件配置的检索策略，不管在 Customer.hbm.xml 文件中<set>元素的 lazy 属性是 true 还是 false，Hibernate 都会执行以下 select 语句：

```
select * from CUSTOMERS left outer join ORDERS
on CUSTOMERS.ID =ORDERS.CUSTOMER_ID where CUSTOMERS.ID=1;
```

Tips

本书第 18 章（Hibernate 的检索方式）还会介绍迫切内连接检索策略，这种检索策略只能在程序中的 HQL 语句中指定，而在映射文件中不能指定这种检索策略。

16.7 属性级别的检索策略

前面几节已经介绍了类级别和关联级别的检索策略。除此以外，在属性级别也可以设置检索策略。在对象-关系映射文件中，<property>和<component>元素的 lazy 属性如果为 true，表示采用延迟检索策略；如果 lazy 属性为 false，表示采用立即检索策略。<property>和<component>元素的 lazy 属性的默认值为 false。

属性级别的延迟检索策略适用于二进制大对象、字符串大对象及大容量组件类型的属性。假定 Customer 类有一个用于存放图片的二进制数据的 image 属性，为 byte[] 类型，可以对它采用延迟检索策略，而对 Customer 类的 name 属性则使用默认的立即检索策略：

```
<property name="name" column="NAME" type="string" />
<property name="image" column="IMAGE" type="binary" lazy="true" />
```

对于以下代码：

```
Customer customer=(Customer)session.get(Customer.class,new Long(1));
byte[] buffer=customer.getImage();//Hibernate 到数据库中加载二进制大对象的数据
```

以上第一行程序代码加载的 Customer 对象的 image 属性并没有被真正赋值。第二行程序代码的 customer.getImage()方法访问 image 属性，此时会导致 Hibernate 到数据库中加载二进制大对象的数据，把它赋值给 image 属性。

值得注意的是，如果对持久化类的属性使用延迟检索策略，必须通过 ANT 的 instrument 任务来增强持久化类的字节码，从而使得程序访问持久化类的特定属性时，能触发 Hibernate 到数据库中检索相应数据的行为。在 ANT 工具的 build.xml 文件中，instrument 任务的定义如下：

```
<target name="instrument" depends="compile">
   <taskdef name="instrument"
      classname="org.hibernate.tool.instrument.InstrumentTask">
      <classpath refid="project.class.path"/>
   </taskdef>

   <instrument verbose="true">
      <fileset dir="${class.root}">
         <include name="*.class"/>
      </fileset>
   </instrument>
</target>
```

以上任务能够改写 Customer 持久化类的字节码，使得程序访问 Customer 对象的 getImage()方法时，能够触发 Hibernate 到数据库加载二进制大对象的行为。

16.8　小结

大致说来，Hibernate 提供了 3 种检索策略：

- 立即检索：在<class>、<set>和<many-to-one>元素中，lazy 属性为“false”。
- 延迟检索：在<class>元素中，lazy 属性为“true”；在<set>元素中，lazy 属性为“true”或者“extra”；在<many-to-one>元素中，lazy 属性为“proxy”或者“no-proxy”。
- 迫切左外连接检索策略：在<set>和<many-to-one>元素中，fetch 属性为“join”。

在<class>、<property>、<set>和<many-to-one>元素中都有 lazy 属性，这些元素中 lazy 属性的默认值分别为：true、false、true 和 proxy。

表 16-6 总结了这几种策略的优缺点，以及各自优先考虑使用的场合。

表 16-6　比较 Hibernate 的 3 种检索策略

检索策略	优　点	缺　点	优先考虑使用的场合
立即检索	对应用程序完全透明，不管对象处于持久化状态，还是游离状态，应用程序都可以方便地从一个对象导航到与它关联的对象	（1）select 语句数目多 （2）可能会加载应用程序不需要访问的对象，白白浪费许多内存空间	（1）类级别 （2）应用程序需要立即访问的对象 （3）使用了第二级缓存
延迟检索	由应用程序决定需要加载哪些对象，可以避免执行多余的 select 语句，以及避免加载应用程序不需要访问的对象。因此能提高检索性能，并且能节省内存空间	应用程序如果希望访问游离状态的代理类实例，必须保证它在持久化状态时已经被初始化	（1）一对多或者多对多关联 （2）应用程序不需要立即访问或者根本不会访问的对象
迫切左外连接检索	（1）对应用程序完全透明，不管对象处于持久化状态，还是游离状态，应用程序都可以方便地从一个对象导航到与它关联的对象 （2）使用了外连接，select 语句数目少	（1）可能会加载应用程序不需要访问的对象，白白浪费许多内存空间 （2）复杂的数据库表连接也会影响检索性能	（1）多对一或者一对一关联 （2）应用程序需要立即访问的对象 （3）数据库系统具有良好的表连接性能

对于立即检索和延迟检索策略，在查询每张表时都使用单独的 select 语句，这种查询方式的优点在于每个 select 语句很简单，查询速度快，缺点在于 select 语句的数目多，增加了访问数据库的频率。迫切左外连接检索运用了 SQL 外连接的查询功能，优点在于 select 语句的数目少，能够减少访问数据库的频率，缺点在于 select 语句复杂度提高了，数据库系统建立表之间的连接也是耗时的操作。

对于关联级别的立即检索和延迟检索，可以设置批量检索的数量，以减少 select 语句的数目，从而改善检索性能。<class>元素和<set>元素的 batch-size 属性的合理取值在 3～10 之间。

在映射文件中配置的检索策略是固定的，Hibernate 还允许在应用程序的 HQL 语句中显式指定迫切左外连接检索策略，它会覆盖映射文件中配置的检索策略。

对于实际的应用，为了选择合适的检索策略，需要测试应用程序的各个用例，跟踪使用不同检索策略时 Hibernate 执行的 SQL 语句。可以把 Hibernate 配置文件的 show_sql 属性设为 true，使得 Hibernate 在运行时输出执行的 SQL 语句。根据特定的关系模型，评估各种查询语句的性能，比较到底是使用外连接查询速度快：

```
select * from CUSTOMERS left outer join ORDERS
on CUSTOMERS.ID =ORDERS.CUSTOMER_ID where CUSTOMERS.ID=1;
```

还是使用分开的 select 语句速度更快：

```
select * from CUSTOMERS where ID=1;
select * from ORDERS where CUSTOMER_ID=1;
```

不断地调节检索策略，以便在减少 select 语句数目和减少 select 语句复杂度之间找到一个平衡点，获得最佳的检索性能。

16.9　思考题

1. <class>元素的 lazy 属性会影响哪个方法的运行时行为？（单选）

（a）Session 接口的 load()方法
（b）Session 接口的 get()方法
（c）Query 接口的 list()方法
（d）Session 接口的 createQuery()方法

2. 假定对 Customer 类的 orders 集合属性采用延迟检索策略。对于以下程序代码，哪些说法正确？（多选）

```
Transaction tx = session.beginTransaction();//第1行
Customer customer=
  (Customer)session.get(Customer.class,new Long(1));//第2行
Set orders= customer.getOrders();//第3行
tx.commit();//第4行
session.close();//第5行
Iterator orderIterator=orders.iterator();//第6行
```

（a）第 2 行执行查询 CUSTOMERS 表的 select 语句
（b）第 3 行执行查询 ORDERS 表的 select 语句
（c）第 6 行执行查询 ORDERS 表的 select 语句
（d）第 6 行抛出异常

3. 在什么情况下，对 Order 类的 customer 属性采用迫切左外连接检索策略？（单选）

（a）Order.hbm.xml 文件<class>元素的 lazy 属性为 false。
（b）Order.hbm.xml 文件用于映射 customer 属性的<many-to-one>元素的 fetch 属性为 join。
（c）Customer.hbm.xml 文件用于映射 orders 属性的<set>元素的 fetch 属性为 join。
（d）Customer.hbm.xml 文件<class>元素的 lazy 属性为 false。

4. 以下哪些属于<many-to-one>元素的 lazy 属性的可选值？（多选）

（a）true　（b）false　（c）proxy　（d）no-proxy　（e）extra

5. 在 Customer.hbm.xml 文件中，<class>元素的 lazy 属性为 true，用于映射 orders 书性的<set>元素的 lazy 属性为 true。对于以下程序代码，以下哪些说法正确？（多选）

```
List customerList=session
  .createQuery("from Customer as c left join fetch c.orders where c.id=1")
  .list();
```

（a）Query 的 list()方法返回的 List 集合中存放的是 Customer 代理类的实例。
（b）Query 的 list()方法返回的 List 集合中存放的是 Customer 对象，它的 orders

属性为 null。

（c)Query 的 list()方法返回的 List 集合中存放的是 Customer 对象，它的 orders 属性中存放了关联的 Order 对象。

（d）Query 的 list()方法执行的 select 语句为：

```
select * from CUSTOMERS left outer join ORDERS
on CUSTOMERS.ID =ORDERS.CUSTOMER_ID where CUSTOMERS.ID=1;
```

6．以下哪些说法正确？（多选）

（a)org.hibernate.Hibernate 类的静态方法 initialize()可以初始化已经处于游离状态的 Customer 代理类实例。

（b）可以通过 Hibernate 配置文件中的 hibernate.max_fetch_depth 属性来控制 Hibernate 生成的用于检索数据的 SQL select 语句中表的外连接的深度。

（c）<class>、<set>、<many-to-one>和<property>元素都有一个 lazy 属性，它们的默认值都为 true。

（d）Session 的 get()方法及 Query 的 list()方法在类级别总是使用立即检索策略。

第 17 章　Hibernate 的检索方式（上）

在用 Hibernate 开发应用程序时，通常需要利用 Hibernate 到数据库中检索对象。本章及第 18 章将系统地介绍 Hibernate 提供的各种检索对象的方式。概括起来，Hibernate 提供了以下几种检索对象的方式。

（1）导航对象图检索方式

根据已经加载的对象，导航到其他对象。例如，对于已经加载的 Customer 对象，调用它的 getOrders().iterator()方法，就可以导航到所有关联的 Order 对象，假如在关联级别使用了延迟加载检索策略，那么首次执行此方法时，Hibernate 会从数据库中加载关联的 Order 对象，否则就从 Session 缓存中取得 Order 对象。

（2）OID 检索方式

按照对象的 OID 来检索对象。Session 的 get()和 load()方法提供了这种功能。如果在应用程序中事先知道了 OID，就可以使用这种检索对象的方式。

（3）HQL 检索方式

使用面向对象的 HQL 查询语言。Hibernate 还提供了 Query 接口，它是专门的 HQL 查询接口，能够执行各种复杂的 HQL 查询语句。本章有时把 HQL 检索方式简称为 HQL。

（4）QBC 检索方式

使用 QBC（Query By Criteria）API 来检索对象。这种 API 封装了基于字符串形式的查询语句，提供了更加面向对象的查询接口。本章有时把 QBC 检索方式简称为 QBC。

（5）本地 SQL 检索方式

使用本地数据库的 SQL 查询语句。Hibernate 会负责把检索到的 JDBC ResultSet 结果集映射为持久化对象图。

本章主要介绍 HQL 检索方式和 QBC 检索方式的基本用法，重点介绍 HQL 查询语言的语法，此外还简单介绍本地 SQL 检索方式的用法。

17.1　Hibernate 的检索方式简介

如果直接通过 JDBC API 查询数据库，必须在应用程序中嵌入冗长的 SQL 语句，例如以下代码，按照参数指定的客户姓名到数据库中检索匹配的 Customer 对象及关联的 Order 对象：

```
public List findCustomerByName(String name) throws Exception{
  HashMap map=new HashMap();
  List result=new ArrayList();

  Connection con=null;
  PreparedStatement stmt=null;
  ResultSet rs=null;
  try{
```

```
    con=getConnection(); //获得数据库连接

    String sqlString="select c.ID CUSTOMER_ID,c.NAME,c.AGE,o.ID ORDER_ID, "
    +"o.ORDER_NUMBER,o.PRICE "
    +"from CUSTOMERS c left outer join ORDERS o"
    +"on c.ID =o.CUSTOMER_ID where c.NAME=?";

    stmt = con.prepareStatement(sqlString);
    stmt.setString(1,name); //绑定参数
    rs=stmt.executeQuery();

    while (rs.next()){
      //编历 JDBC ResultSet 结果集
      Long customerId =new Long( rs.getLong(1));
      String customerName= rs.getString(2);
      int customerAge= rs.getInt(3);
      Long orderId =new Long( rs.getLong(4));
      String orderNumber= rs.getString(5);
      double price=rs.getDouble(6);

      //映射 Customer 对象
      Customer customer=null;
      if(map.containsKey(customerId))
        //如果在 map 中已经存在 OID 匹配的 Customer 对象，就获得此对象的引用，这样
        //就避免创建重复的 Customer 对象
        customer=map.get(customerId);
      else{
        //如果在 map 中不存在 OID 匹配的 Customer 对象，就创建一个 Customer 对象，
        //然后把它保存到 map 中
        customer=new Customer();
        customer.setId(customerId);
        customer.setName(customerName);
        customer.setAge(customerAge);
        map.put(customerId,customer);
      }

      //映射 Order 对象
      Order order=new Order();
      order.setId(orderId);
      order.setOrderNumber(orderNumber);
      order.setPrice(price);

      //建立 Customer 对象与 Order 对象的关联关系
      customer.getOrders().add(order);
      order.setCustomer(customer);
    }
    //把 map 中所有的 Customer 对象加入到 result 集合中
    Iterator iter =map.values().iterator();
    while ( iter.hasNext() ) {
      result.add(iter.next());
    }
    return result;
  }finally{
    //关闭 ResultSet 和 Statement 对象
    rs.close();
```

```
    stmt.close();
  }
}
```

假如以上 SQL 语句查询出 3 条匹配的记录：

CUSTOMER_ID	NAME	ORDER_ID	ORDER_NUMBER
1	Tom	1	Tom_Order001
1	Tom	2	Tom_Order002
1	Tom	3	Tom_Order003

应用程序代码负责把 ResultSet 对象中包含的 3 条记录映射为 Customer 对象和 Order 对象，然后建立它们的关联关系。这 3 条记录的 CUSTOMER_ID 相同，应该对应同一个 Customer 对象，应用程序采用 HashMap 来避免创建重复的 Customer 对象。

从这个例子可以看出，通过 JDBC API 来查询数据库很麻烦，应用程序必须承担以下职责：

- 定义冗长的基于字符串形式的 SQL 查询语句。
- 把 JDBC ResultSet 中存放的关系数据映射为 Customer 对象和 Order 对象。
- 建立 Customer 和 Order 对象之间的关联关系。
- 确保每个 Customer 对象都具有唯一的 OID。

以下代码通过 Hibernate 提供的 HQL 检索方式，按照姓名检索匹配的 Customer 对象及关联的 Order 对象：

```
public List findCustomerByName(String name){
  Session session=getSession();
  return session.createQuery("from Customer as c "
          +" left join fetch c.orders where c.name='"+name+'")
          .list();
}
```

或者：

```
public List findCustomerByName(String name) {
  Session session=getSession();

  Query query=
  session.createQuery("from Customer as c left join fetch c.orders "
            +" where c.name=:customerName");

  query.setString("customerName",name);
  return query.list();
}
```

从以上例子可以看出，当应用程序采用 HQL 检索方式，只需向 Hibernate API 提供面向对象的 HQL 查询语句，Hibernate 根据映射文件配置的映射信息，负责把 HQL 查询语句转换为 SQL 查询语句，并且负责把 JDBC ResultSet 结果集映射为关联的对象图。由此可见，Hibernate 封装了通过 JDBC API 查询数据库的细节。

除了 HQL 检索方式，Hibernate 还提供了 QBC 检索方式和本地 SQL 检索方式，下面介绍这些检索方式的特点及使用场合。

17.1.1 HQL 检索方式

HQL（Hibernate Query Language）是面向对象的查询语言，它和 SQL 查询语言有些相似。在 Hibernate 提供的各种检索方式中，HQL 是使用最广的一种检索方式。它具有以下功能：

- 在查询语句中设定各种查询条件。
- 支持投影查询，即仅检索出对象的部分属性。
- 支持分页查询。
- 支持连接查询。
- 支持分组查询，允许使用 having 和 group by 关键字。
- 提供内置聚集函数，如 sum()、min()和 max()。
- 能够调用用户定义的 SQL 函数或者标准 SQL 函数。
- 支持子查询，即嵌入式查询。
- 支持动态绑定参数。

Tips

在本书中，“检索”与“查询”其实是一回事。出于表达的便利，“检索”在面向对象的语义中使用得广泛些，而“查询”在面向关系的语义中使用得广泛些。

以下程序代码用于检索姓名为“Tom”，并且年龄为 21 的 Customer 对象：

```
//创建一个 Query 对象
Query query=session.createQuery("from Customer as c where c.name=:customerName "
+"and c.age=:customerAge");
//动态绑定参数
query.setString("customerName","Tom");
query.setInteger("customerAge",21);

//执行查询语句，返回查询结果
List result= query.list();
```

从以上程序代码看出，HQL 检索方式包括以下步骤。

（1）通过 Session 的 createQuery()方法创建一个 Query 对象，它包含一个 HQL 查询语句。HQL 查询语句可以包含命名参数，如“customerName”和“customerAge”都是命名参数。

（2）动态绑定参数。Query 接口提供了给各种类型的命名参数赋值的方法，例如 setString()方法用于为字符串类型的 customerName 命名参数赋值。

（3）调用 Query 的 list()方法执行查询语句。该方法返回 java.util.List 类型的查询结果，在 List 集合中存放了符合查询条件的持久化对象。对于以上程序代码，当运行 Query 的 list()方法时，Hibernate 执行以下 SQL 查询语句：

```
select ID,NAME,AGE from CUSTOMERS where NAME='Tom' and AGE=21;
```

Query 接口支持方法链编程风格，它的 setString()方法及其他 setXXX()方法都返回自身实例，而不是返回 void 类型。以下是 Query 接口的实现类中 setString()方法的源程序：

```
public Query setString(int position, String val) {
      setParameter(position, val, Hibernate.STRING);
      return this;
}
```

如果采用方法链编程风格，将按以下形式访问 Query 接口：

```
List result=session.createQuery("......")
               .setString("customerName","Tom")
               .setInteger("customerAge",21)
               .list();
```

可见，方法链编程风格能使程序代码更加简洁。

尽管 HQL 与 SQL 在语法形式上有些相似，例如：

```
HQL 查询语句：from Customer as c where c.name='Tom' and c.age=21
SQL 查询语句：select * from CUSTOMERS where NAME='Tom' and AGE=21;
```

但 HQL 与 SQL 在本质上是不一样的：

- HQL 查询语句是面向对象的，Hibernate 负责解析 HQL 查询语句，然后根据对象-关系映射文件中的映射信息，把 HQL 查询语句翻译成相应的 SQL 语句。HQL 查询语句中的主体是域模型中的类及类的属性。例如，在以上 HQL 查询语句例子中，“Customer”是持久化类的名字，“c.age”是持久化类的属性的名字。
- SQL 查询语句是与关系数据库绑定在一起的。SQL 查询语句中的主体是数据库表及表的字段。例如，在以上 SQL 查询语句例子中，“CUSTOMERS”是表的名字，“AGE”是表的字段的名字。

17.1.2　QBC 检索方式

采用 HQL 检索方式时，在应用程序中需要定义基于字符串形式的 HQL 查询语句。QBC API 提供了检索对象的另一种方式，它主要由 org.hibernate.Criteria 接口、org.hibernate.criterion.Criterion 接口和 org.hibernate.criterion.Restrictions 类组成，它支持在运行时动态生成查询语句。

以下程序代码用于检索姓名以字符“T”开头，并且年龄为 21 的 Customer 对象：

```
//创建一个 Criteria 对象
Criteria criteria=session.createCriteria(Customer.class);

//设定查询条件，然后把查询条件加入到 Criteria 中
Criterion criterion1= Restrictions.like("name", "T%") ;
Criterion criterion2= Restrictions.eq("age", new Integer(21)) ;

criteria=criteria.add(criterion1);
criteria=criteria.add(criterion2);

//执行查询语句，返回查询结果
```

```
List result=criteria.list();
```

从以上程序代码看出，QBC 检索方式包括以下步骤。

（1）调用 Session 接口的 createCriteria()方法创建一个 Criteria 对象。

（2）设定查询条件。Restrictions 类提供了一系列用于设定查询条件的静态方法，这些静态方法都返回 Criterion 实例，每个 Criterion 实例代表一个查询条件。Criteria 接口的 add()方法用于加入查询条件。

（3）调用 Criteria 接口的 list()方法执行查询语句。该方法返回 java.util.List 类型的查询结果，在 List 集合中存放了符合查询条件的持久化对象。对于以上程序代码，当运行 Criteria 的 list()方法时，Hibernate 执行的 SQL 查询语句为：

```
select ID,NAME,AGE from CUSTOMERS where NAME like 'T%' and AGE=21;
```

Criteria 接口支持方法链编程风格，它的 add()方法返回自身实例，而不是返回 void 类型。以下是 Criteria 接口的实现类中 add()方法的源程序：

```
public Criteria add(Criterion expression) {
    CriteriaImpl.this.add(rootAlias, expression);
    return this;
}
```

如果采用方法链编程风格，将按以下形式访问 Criteria 接口：

```
List result=session.createCriteria(Customer.class)
                   .add(Restrictions.like("name", "T%")
                   .add(Restrictions.eq("age", newInteger(21))
                   .list();
```

图 17-1 为 QBC API 中主要接口和类的类框图，其中 Criteria 接口和 FetchMode 类位于 org.hibernate 包中，其余的接口和类都位于 org.hibernate.criterion 包中。如果应用程序需要使用 Restrictions、MatchMode 或者 Order 类，必须先通过 import 语句引入它们：

```
import org.hibernate.criterion.Restrictions;
import org.hibernate.criterion.MatchMode;
import org.hibernate.criterion.Order;
……
```

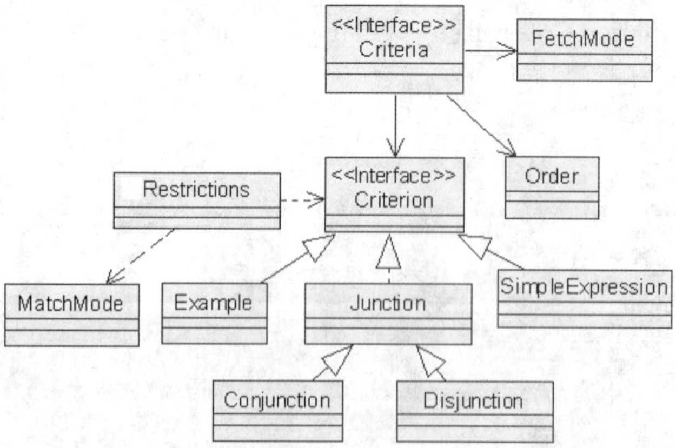

图 17-1　QBC API 中主要接口和类的类框图

Hibernate 还提供了 QBE（Query By Example）检索方式，它是 QBC 的子功能。QBE 允许先创建一个对象样板，然后检索出所有和这个样板相同的对象。以下程序代码用于检索年龄为 21 的 Customer 对象：

```
//创建一个 Customer 样板对象
Customer exampleCustomer=new Customer();
exampleCustomer.setAge(21);

List result=session.createCriteria(Customer.class)
              .add(Example.create(exampleCustomer))
              .list();
```

在 QBE API 中，Example 类的静态方法 create()创建一个 Criterion 对象，它代表按照样板对象的属性来比较的查询条件。对于以上程序，Hibernate 执行的 SQL 查询语句为：

```
select ID,NAME,AGE from CUSTOMERS where AGE=21;
```

从以上查询语句看出，在默认情况下，Hibernate 能够把 exampleCustomer 对象中所有不为 null 的属性作为查询条件。

QBE 的功能不是特别强大，仅在某些场合下有用。一个典型的使用场合是在查询窗口中让用户输入一系列的查询条件，然后返回匹配的对象。例如用户指定的查询条件包括：

```
姓名为“Tom”
年龄等于 21
E-mail 地址以“Tom”开头
家庭地址为“上海浦东......”
公司地址为“上海浦西......”
```

如果采用 HQL 查询，必须创建冗长的字符串形式的 HQL 查询语句，而使用 QBE 查询可以使代码更加简洁，第 18 章的 18.4.1 节（动态查询）还会举例说明 QBE 的使用方法。但是 QBE 只支持“=”和“like”比较运算符，无法表达以下查询条件：

```
姓名为“Tom”、“Mike”或者“Linda”
年龄大于 20 并且小于 40
```

在这种情况下，还是必须采用 HQL 检索方式或 QBC 检索方式。

17.1.3　本地 SQL 检索方式

采用 HQL 或 QBC 检索方式时，Hibernate 会生成标准的 SQL 查询语句，适用于所有的数据库平台，因此这两种检索方式都是跨平台的。

有的应用程序可能需要根据底层数据库的 SQL 方言，来生成一些特殊的查询语句。在这种情况下，可以利用 Hibernate 提供的本地 SQL 检索方式。以下程序代码用于检索姓名以字符“T”开头，并且年龄为 21 的 Customer 对象：

```
//创建 Query 对象
Query query=session.createSQLQuery(
     "select * from CUSTOMERS where NAME like :customerName "
    +"and AGE=:customerAge");
```

```
//动态绑定参数
query.setString("customerName","T%");
query.setInteger("customerAge",21);

//执行 SQL select 语句，返回查询结果
List result=query.list();
```

从以上程序代码看出，本地 SQL 检索方式与 HQL 检索方式都使用 Query 接口，区别在于本地 SQL 检索方式通过 Session 的 createSQLQuery()方法来创建 SQLQuery 对象（SQLQuery 接口继承了 Query 接口），这个方法的参数指定一个 SQL 查询语句，该语句可以使用本地数据库的 SQL 方言。第 18 章的 18.4.4 节（本地 SQL 查询）还会进一步介绍本地 SQL 检索方式的用法。

17.1.4 关于本章范例程序

本章范例程序位于配套光盘的 sourcecode\chapter17 目录下。该范例程序并没有包含本章涉及的所有演示代码，仅为读者提供了一个便于测试本章演示代码的运行环境。读者需要按照 schema 子目录下的 SQL 脚本文件 sampledb.sql，在数据库中手工创建 CUSTOMERS 表和 ORDERS 表，再加入测试数据。随后把本章的演示代码加入到 BusinsessService 类的 findAny()方法中，就可以通过 ant run 命令运行这个类。

CUSTOMERS 表包含如下数据：

ID	NAME	AGE
1	Tom	21
2	Mike	24
3	Jack	30
4	Linda	25
5	Tom	25

ORDERS 表包含如下数据：

ID	ORDER_NUMBER	PRICE	CUSTOMER_ID
1	Tom_Order001	100.00	1
2	Tom_Order002	200.00	1
3	Tom_Order003	300.00	1
4	Mike_Order001	100.00	2
5	Jack_Order001	200.00	3
6	Linda_Order001	100.00	4
7	UnknownOrder	200.00	NULL

如果没有特别说明，本章列举的查询语句都是针对以上表进行查询的，所得到的

查询结果都建立在这些表的数据的基础上。

17.1.5　使用别名

最简单的查询检索一个持久化类的所有实例。例如：

```
//采用 HQL 检索方式
List result=session.createQuery("from Customer").list();

//采用 QBC 检索方式
List result=session.createCriteria(Customer.class).list();
```

通过 HQL 检索一个类的实例时，如果查询语句的其他地方需要引用它，应该为这个类指定一个别名，例如：

```
from Customer as c where c.name=:name
```

as 关键字用于设定别名，也可以将 as 关键字省略：

```
from Customer c where c.name=:name
```

在实际应用中，建议使别名与类名相同，例如为 Customer 类赋予别名“customer”，而不是别名“c”：

```
from Customer as customer where customer.name=:name
```

本书为了保持版面的简洁，把“customer”简写为“c”。此外，本书对 HQL 查询语句中的关键字一律采用小写形式，事实上，HQL 查询语句中的关键字（如“from”、“as”和“where”等）不区分大小些， 例如以下 HQL 查询语句也是合法的：

```
FROM Customer AS customer WHERE customer.name=:name
```

QBC 检索方式不需要由应用程序显式指定类的别名，Hibernate 会自动把查询语句中的根节点实体赋予别名“this”。例如，以下程序代码中 Restrictions 类的 eq()方法的第一个参数为“name”，它代表 Customer 类的 name 属性：

```
List result=session.createCriteria(Customer.class)
               .add(Restrictions.eq("name", "Tom")
               .list();
```

Hibernate 为 Customer 类自动赋予别名“this”，因此程序中也可以按照“this.name”的形式引用 Customer 类的 name 属性：

```
List result=session.createCriteria(Customer.class)
               .add(Restrictions.eq("this.name", "Tom"))
               .list();
```

17.1.6　多态查询

HQL 和 QBC 都支持多态查询，多态查询是指查询出当前类及所有子类的实例，对于以下查询代码：

```
//采用 HQL 检索方式
session.createQuery("from Employee");
```

```
//采用 QBC 检索方式
session.createCriteria(Employee.class);
```

假如 Employee 有两个子类：HourlyEmployee 和 SalariedEmployee，那么这个查询语句会查询出所有 Employee 类的实例，以及 HourlyEmployee 类和 SalariedEmployee 类的实例。如果只想检索某个特定子类的实例，可以使用如下方式：

```
//采用 HQL 检索方式
session.createQuery("from HourlyEmployee");

//采用 QBC 检索方式
session.createCriteria(HourlyEmployee.class);
```

以下 HQL 查询语句将检索出所有的持久化对象：

```
from java.lang.Object
```

多态查询对接口也适用。例如，以下 HQL 查询语句检索出所有实现 Serializable 接口的实例:

```
from java.io.Serializable
```

Hibernate 不仅对 from 子句中显式指定的类进行多态查询，而且对其他关联的类也会进行多态查询。

17.1.7 对查询结果排序

HQL 与 QBC 都支持对查询结果排序。HQL 采用 order by 关键字对查询结果排序，而 QBC 采用 org.hibernate.criterion.Order 类对查询结果排序，下面举例说明它们的用法。

（1）查询结果按照客户姓名升序排列：

```
//HQL 检索方式
Query query=session.createQuery("from Customer c order by c.name");

//QBC 检索方式
Criteria criteria = session.createCriteria(Customer.class);
criteria.addOrder(Order.asc("name"));
```

（2）查询结果按照客户姓名升序排列，并且按照年龄降序排列：

```
//HQL 检索方式
Query query=session.createQuery("from Customer c order by c.name asc,c.age desc");

//QBC 检索方式
Criteria criteria = session.createCriteria(Customer.class);
criteria.addOrder(Order.asc("name"));
criteria.addOrder(Order.desc("age"));
```

如果应用程序中既通过 import 语句引入了 org.hibernate.criterion.Order 类，又通过 import 语句引入了 mypack.Order 类，在程序中引用这两个类名时，必须给出完整的包路径，以便区分这两个 Order 类，例如：

```
import org.hibernate.criterion.Order;
```

```
import mypack.Order;
……
Criteria criteria = session.createCriteria(mypack.Order.class);
criteria.addOrder(org.hibernate.criterion.Order.asc("price") );
```

17.1.8 分页查询

当批量查询数据时（如查询 CUSTOMERS 表中所有记录），如果数据量很大，会导致无法在用户终端的单个页面上显示所有的查询结果，此时需要对查询结果分页。假如 CUSTOMER 表中有 99 条记录，可以在用户终端上分 10 页来显示结果，每一页最多只显示 10 个 Customer 对象，用户既可以导航到下一页，也可以导航到前一页。Query 和 Criteria 接口都提供了用于分页获取查询结果的方法。

- setFirstResult(int firstResult)：设定从哪一个对象开始检索，参数 firstResult 表示这个对象在查询结果中的索引位置，索引位置的起始值为 0。在默认情况下，Query 和 Criteria 接口从查询结果中的第一个对象，也就是索引位置为 0 的对象开始检索。
- setMaxResult(int maxResults)：设定一次最多检索出的对象数目。在默认情况下，Query 和 Criteria 接口检索出查询结果中所有的对象。

以下代码从查询结果的起始对象开始，共检索出 10 个 Customer 对象，查询结果按照 name 属性排序：

```
//采用 HQL 检索方式
Query query = session.createQuery("from Customer c order by c.name asc");
query.setFirstResult(0);
query.setMaxResults(10);
List result = query.list();

//采用 QBC 检索方式
Criteria criteria = session.createCriteria(Customer.class);
criteria.addOrder( Order.asc("name") );
criteria.setFirstResult(0);
criteria.setMaxResults(10);
List result = criteria.list();
```

如果查询结果中共有 99 个 Customer 对象，那么在 result 中包含 10 个 Customer 对象，第 1 个对象在查询结果中的索引位置为 0，第 10 个对象在查询结果中的索引位置为 9。

以下代码从查询结果中索引位置为 97 的对象开始，共检索出 10 个 Customer 对象：

```
//采用 HQL 检索方式
Query query = session.createQuery("from Customer c order by c.name asc");
query.setFirstResult(97);
query.setMaxResults(10);
List result = query.list();

//采用 QBC 检索方式
Criteria criteria = session.createCriteria(Customer.class);
criteria.addOrder( Order.asc("name") );
criteria.setFirstResult(97);
```

```
criteria.setMaxResults(10);
List result = criteria.list();
```

如果查询结果中共有 99 个对象，那么在 result 中只包含两个 Customer 对象，它们的索引位置分别为 97 和 98。

对于以上程序代码，也可以采用方法链编程风格：

```
//采用 HQL 检索方式
List results = session.createQuery("from Customer c order by c.name asc")
                 .setFirstResult(97)
                 .setMaxResults(10)
                 .list();

//采用 QBC 检索方式
List results = session.createCriteria(Customer.class)
                 .addOrder( Order.asc("name") )
                 .setFirstResult(97)
                 .setMaxResults(10)
                 .list();
```

17.1.9 检索单个对象（uniqueResult()方法）

Query 和 Criteria 接口都提供了以下用于执行查询语句并返回查询结果的方法。

- list()方法：返回一个 List 类型的查询结果，在 List 集合中存放了所有满足查询条件的持久化对象。
- uniqueResult()方法：返回单个对象。

Tips

Query 接口还提供了一个 iterate()方法，它和 list()方法一样，能返回所有满足查询条件的持久化对象，但是两者使用不同的 SQL 查询语句，本章 17.1.10 节会对此介绍。

在某些情况下，如果只希望检索出一个对象，可以先调用 Query 或 Criteria 接口的 setMaxResults(1)方法，把最大检索数目设为 1：

```
setMaxResults(1);
```

接下来调用 uniqueResult()方法，该方法返回一个 Object 类型的对象：

```
//采用 HQL 检索方式
Customer customer =(Customer)session
                 .createQuery("from Customer c order by c.name asc")
                 .setMaxResults(1)
                 .uniqueResult();

//采用 QBC 检索方式
Customer customer =(Customer)session.createCriteria(Customer.class)
                       .addOrder( Order.asc("name") )
                       .setMaxResults(1)
                       .uniqueResult();
```

如果明确知道查询结果只会包含一个对象，可以不调用 setMaxResults(1)方法，例如：

```
Customer customer =(Customer)session
                .createQuery("from Customer c where c.id=1")
                .uniqueResult();
```

以下查询结果会包含多个 Customer 对象，但是没有调用 setMaxResults(1)方法：

```
Customer customer =(Customer)session
                .createQuery("from Customer c order by c.name asc")
                .uniqueResult();
```

执行以上 uniqueResult()方法时，会抛出 NonUniqueResultException 异常：

```
    [java] org.hibernate.NonUniqueResultException: query did not return a unique
result: 99
```

17.1.10 按主键逐个处理查询结果（iterate()方法）

Query 接口还提供了一个 iterate()方法，它和 list()方法一样，也能执行查询操作。iterate()和 list()方法的区别在于两者使用的查询机制不一样。

对于以下程序代码：

```
List customers1=session.createQuery("from Customer c  where  c.age>10")
                .list(); //第 1 行

Iterator customers2=session.createQuery("from Customer c  where c.age>10")
                .iterate(); //第 2 行
```

第 1 行程序的 list()方法执行的 SQL select 语句中包含 CUSTOMERS 表中所有字段：

```
select ID,NAME,AGE from CUSTOMERS where AGE>10;
```

第 2 行程序的 iterate()方法执行的 SQL 语句中仅包含 CUSTOMERS 表中 ID 字段：

```
select ID from CUSTOMERS where AGE>10;
```

对于以下程序代码：

```
Customer customer1=(Customer)session.get(Customer.class,new Long(1));

Iterator customers =session.createQuery("from Customer c  where c.age>10")
                .iterate();

while(customers.hasNext()){
  Customer customer=(Customer)customers.next();
  System.out.println(customer.getName());
}
```

当每次通过 customers.next()方法来遍历访问结果集时，该方法先到 Session 缓存及第二级缓存（在已经启用了第二级缓存的情况下）中查看是否存在拥有特定 OID 的 Customer 对象，如果存在，就直接返回该对象，否则就通过相应的 SQL select 语句到数据库中加载特定的 Customer 对象。

对于以上程序代码，当第一次执行 customers.next()方法时，访问的是 OID 为 1 的 Customer 对象，由于 Session 缓存中已经存在该对象，因此不必访问数据库。

当第二次执行 customers.next()方法时，访问的是 OID 为 2 的 Customer 对象，由于

Session 缓存中不存在该对象，因此通过以下 SQL select 语句到数据库中加载 Customer 对象：

```
select ID,NAME,AGE from CUSTOMERS where ID=2;
```

假定对于 HQL 查询语句“from Customer c where c.age>10”，共有 n 个符合查询条件的 Customer 对象，并且假定执行 iterate()方法之前，Session 缓存及第二级缓存中不存在任何符合查询条件的 Customer 对象，那么通过 iterate()方法及接下来的 customers.next()方法遍历访问结果集时，一共会执行 n+1 次 SQL select 语句。

在大多数情况下，应该考虑用 Query 的 list()方法来执行查询操作。Query 的 iterate()方法仅在满足以下条件的场合，可以稍微提高查询的性能：

（1）CUSTOMERS 表中包含大量的字段。

（2）启用了第二级缓存，第二级缓存中可能已经包含待查询的 Customer 对象。

在满足上述两个条件的情况下，iterate()方法以及接下来的 customers.next()方法有可能只要通过一个 SQL select 语句就可以检索出所有满足查询条件的 Customer 对象：

```
select ID from CUSTOMERS where AGE>10;
```

由于以上 select 语句不必包含 CUSTOMERS 表中所有字段，而仅包含 ID 字段，因此可以稍微提高查询性能。

另外值得注意的是，iterate()方法返回的 Iterator 对象一直处于打开状态，在以下情况被关闭：

（1）遍历访问完结果集中的所有对象。

（2）关闭 Session 对象。

（3）通过 org.hibernate.Hibernate.close(iterator)方法关闭 Iterator 对象。

Tips

在目前 Hibernate 3.3 版本中，Criteria 接口没有 iterate()方法。

17.1.11 可滚动的结果集

JDBC API 提供了一种可滚动的结果集，它是利用数据库系统中的游标来实现的。游标用于定位查询结果集中的记录，应用程序可以通过任意移动游标来定位到特定记录。

Query 接口及 Criteria 接口的 scroll()方法返回一个 org.hibernate.ScrollableResults 对象，它就代表可滚动的结果集。org.hibernate.ScrollableResults 接口与 java.sql.ResultSet 接口有一些相似，但不完全相同。ScrollableResults 接口包含以下用于移动游标的方法：

- first()：使游标移动到第一行。
- last()：使游标移动到最后一行。
- beforeFirst()：使游标移动到结果集的开头（第一行之前）。
- afterLast()：使游标移动到结果集的末尾（最后一行之后）。
- previous()：使游标从当前位置向上（或者说向前）移动一行。
- next()：使游标从当前位置向下（或者说向后）移动一行。

- scroll(int n)：使游标从当前位置移动 *n* 行。如果 *n*>0，就向下移动，否则就向上移动。当 *n* 为 1，等价于调用 next()方法；当 *n* 为-1，等价于调用 previous()方法。
- setRowNumber(int n)：使游标移动到行号为 *n* 的行。参数 *n* 指定行号。结果集的行号从 0 开始编号。如果 *n* 为 0，使游标移动到第一行；如果 *n* 为 2，使游标移动到第三行；如果 *n* 为-1，使游标移动到最后一行。

在以上方法中，除了 beforeFirst()和 afterLast()方法返回 void 类型，其余方法都返回 boolean 类型，如果游标移动到的目标位置具有记录，就返回 true，否则返回 false。

如图 17-2 所示，假定 SQL 语句“select ID,NAME,AGE from CUSTOMERS”从 CUSTOMERS 表中共查出 5 条记录。

游标 →

行号	ID	NAME	AGE
0	1	Tom	21
1	2	Mike	24
2	3	Jack	30
3	4	Linda	25
4	5	Tom	25

图 17-2　用游标来定位结果集中的记录

以下程序代码演示了 ScrollableResults 接口的基本用法。

```
ScrollableResults rs=session.createQuery("from Customer c ")
                    .scroll();
//游标移动到结果集中的第一行
rs.first();

//获得当前行中的所有字段，在本例中，当前行只有一个字段，为 Customer 对象
//因此返回的对象数组中只有一个 Customer 对象
Object[] o=rs.get();
Customer customer=(Customer)o[0]; //获取对象数组中的第 1 个对象
System.out.println(customer.getId()
               +" "+customer.getName()+" "+customer.getAge());

rs.scroll(2); //游标从当前位置移动 2 行，即移动到第 3 行
customer=(Customer)rs.get(0); //获得当前行中的第 1 个字段，为 Customer 对象
System.out.println(customer.getId()
               +" "+customer.getName()+" "+customer.getAge());

rs.close(); //关闭结果集
```

以下程序代码演示了 ScrollableResults 接口在分页处理数据时的用法。

```
final int PAGE_SIZE=3; //每一页处理 3 个 Customer 对象
List firstNamesOfPages = new ArrayList(); //存放所有页中的第一个客户的姓名
List pageOfCustomers = new ArrayList(); //存放第一页的所有 Customer 对象

//以下 HQL 语句中采用了 select 关键字，为投影查询
ScrollableResults rs=session.createQuery("select c.name,c from Customer c ")
                    .scroll();
```

```
        if ( rs.first() ){

          //获取所有页中的第一个客户的姓名
          do{
              String name = rs.getString(0);    //获得当前行的第 1 个字段，为 name 字段
              firstNamesOfPages.add(name);
          }while ( rs.scroll(PAGE_SIZE) );

          //获取第一页的所有 Customer 对象
          rs.beforeFirst();
          int i=0;
          while( ( PAGE_SIZE > i++ ) && rs.next() )
            pageOfCustomers.add(rs.get(1));//获得当前行的第 2 个字段，为 Customer 对象
        }

        rs.close();  //关闭结果集

        for(int i=0;i<firstNamesOfPages.size();i++)
          System.out.println(firstNamesOfPages.get(i));

        for(int i=0;i<pageOfCustomers.size();i++)
          System.out.println(((Customer)pageOfCustomers.get(i)).getName());
```

Query 接口及 Criteria 接口的 scroll()方法还可以包含一个用于设置滚动模式的参数，例如：

```
ScrollableResults rs=session.createCriteria(Customer.class)
                      .scroll(ScrollMode.FORWARD_ONLY);
```

org.hibernate.ScrollMode 类提供了以下表示结果集滚动模式的静态常量：

- ScrollMode. FORWARD_ONLY：游标只能从上往下移动，即结果集不能滚动。这是默认值。
- ScrollMode.SCROLL_INSENSITIVE：游标可以上下移动，即结果集可以滚动。当程序对结果集的内容做了修改，游标对此不敏感。
- ScrollMode. SCROLL_SENSITIVE：游标可以上下移动，即结果集可以滚动。当程序对结果集的内容做了修改，游标对此敏感。比如当程序删除了结果集中的一条记录时，游标位置会随之发生变化。

只有在始终保持数据库连接的情况下，才可以访问 ScrollableResults 结果集中的数据。在访问 ScrollableResults 结果集结束后，应该及时调用 ScrollableResults.close()方法关闭结果集，从而关闭数据库中与此结果集对应的游标。

17.1.12 在 HQL 查询语句中绑定参数

对于实际应用，经常有这样的需求，用户在查询窗口中输入一些查询条件，要求返回满足查询条件的记录。例如，用户提供了姓名和年龄信息，要求查询匹配的 Customer 对象。应用程序可以定义一个 findCustomers()方法来提供这一功能：

```
public List findCustomers(String name,int age){
  Session session=getSession();
  Query query=session.createQuery("from Customer as c where c.name='"+name+"'"
```

```
        +" and c.age="+age);
    retun query.list();
}
```

以上程序代码尽管是可行的，但是不安全，假如有个不怀好意的用户在查询窗口的姓名输入框中输入以下内容：

```
Tom' and SomeStoredProcedure() and 'hello'='hello
```

那么实际的 HQL 查询语句为：

```
from Customer as c where c.name='Tom' and SomeStoredProcedure() and 'hello'='hello'
and c.age=20
```

以上查询语句不仅会执行数据库查询，而且会执行一个名为“SomeStoredProcedure”的存储过程。怀有恶意的用户可以通过这种方式来非法调用数据库系统的存储过程。

Hibernate 采用参数绑定机制来避免以上问题，Hibernate 的参数绑定机制依赖于 JDBC API 中 PreparedStatement 的预定义 SQL 语句功能。总地说来，参数绑定机制有以下优点：

- 非常安全，防止怀有恶意的用户非法调用数据库系统的存储过程。
- 能够利用底层数据库预编译 SQL 语句的功能，提高查询数据的性能。预编译是指底层数据库系统只需编译 SQL 语句一次，把编译出来的可执行代码保存在缓存中，如果多次执行相同形式的 SQL 语句，不需要重新编译，只要从缓存中获得可执行代码即可。

1．参数绑定的形式

HQL 的参数绑定有两种形式。

（1）按参数名字绑定。

在 HQL 查询语句中定义命名参数，命名参数以“:”开头，形式如下：

```
Query query=session.createQuery("from Customer as c where c.name=:customerName "
                                +"and c.age=:customerAge");
```

以上 HQL 查询语句定义了两个命名参数“customerName”和“customerAge”。接下来调用 Query 的 setXXX()方法来绑定参数：

```
query.setString("customerName",name);
query.setInteger("customerAge",age);
```

Query 提供了绑定各种类型的参数的方法，如果参数为字符串类型，可调用 setString()方法，如果参数为整数类型，可调用 setInteger()方法，以此类推。这些 setXXX()方法的第一个参数代表命名参数的名字，第二个参数代表命名参数的值。

假如有个不怀好意的用户在搜索窗口的姓名输入框中输入以下内容：

```
Tom ' and SomeStoredProcedure() and 'hello'='hello
```

Hibernate 会把以上字符串中的单引号解析为普通的字符，在 HQL 查询语句中用两个单引号表示：

```
from Customer as c where c.name='Tom'' and SomeStoredProcedure() and ''hello''=''hello'
and c.age=20
```

由此可见，参数绑定能够有效的避免本节开头提出的安全漏洞。

Tips

在 SQL 语句中，如果字符串中包含单引号，应该采用重复单引号的形式，例如：

```
update CUSTOMERS set NAME='''Tom' where ID=1;
```

以上 update 语句把 NAME 字段的值改为：'Tom

（2）按参数位置绑定。

在 HQL 查询语句中用“?”来定义参数的位置，形式如下：

```
Query query=session.createQuery("from Customer as c where c.name=? "
                    +"and c.age=?");
```

以上 HQL 查询语句定义了两个参数，第一个参数的位置为零，接下来调用 Query 的 setXXX()方法来绑定参数：

```
query.setString(0,name);
query.setInteger(1,age);
```

Query 提供了绑定各种类型的参数的方法，如果参数为字符串类型，可调用 setString()方法，如果参数为整数类型，可调用 setInteger()方法，依次类推。这些 setXXX()方法的第 1 个参数代表 HQL 查询语句中参数的位置，第 2 个参数代表 HQL 查询语句中参数的值。

比较按名字绑定和按位置绑定这两种绑定参数的形式，按名字绑定方式有以下优势：

- 使程序代码有较好的可读性。
- 按名字绑定方式有利于程序代码的维护，而对于按位置绑定方式，如果参数在 HQL 查询语句中的位置改变了，就必须修改相关绑定参数的代码，这削弱了程序代码的健壮性和可维护性。例如，以下程序代码交换了 name 和 age 参数的位置：

```
Query query=session.createQuery("from Customer as c where c.age=? "
                    +"and c.name=?");
query.setString(1,name);
query.setInteger(0,age);
```

- 按名字绑定方式允许一个参数在 HQL 查询语句中出现多次，例如：

```
from Customer as c where c.name like :stringMode and c.email like :stringMode
```

由此可见，应该优先考虑使用按名字绑定方式。

2．绑定各种类型的参数

Query 接口提供了绑定各种 Hibernate 映射类型的参数的方法，例如：

- setBinary()：绑定映射类型为 binary 的参数。

- setBoolean()：绑定映射类型为 boolean 的参数。
- setByte()：绑定映射类型为 byte 的参数。
- setCalendar()：绑定映射类型为 calendar 的参数。
- setCharacter()：绑定映射类型为 character 的参数。
- setDate()：绑定映射类型为 date 的参数。
- setDouble()：绑定映射类型为 double 的参数。
- setString()：绑定映射类型为 string 的参数。
- setText()：绑定映射类型为 text 的参数。
- setTime()：绑定映射类型为 time 的参数。
- setTimestamp()：绑定映射类型为 timestamp 的参数。

以上每个方法都有两种重载形式，例如 setString()方法有如下两种重载形式：

```
setString(int position, String val) //按位置绑定参数
setString(String name, String val) //按名字绑定参数
```

除了以上用于绑定特定映射类型的参数的方法，Hibernate 还提供了以下 3 个特殊的参数绑定方法。

（1）setEntity()方法：把参数与一个持久化类的实例绑定，例如，以下 setEntity()方法把“customer”命名参数与一个 Customer 对象绑定：

```
session.createQuery("from Order o where o.customer = :customer")
     .setEntity("customer", customer)
     .list();
```

以上 Customer 对象可以是持久化对象，也可以是游离对象，假定 Customer 对象的 OID 为 1，那么 Hibernate 执行的 SQL 查询语句为：

```
select * from ORDERS where CUSTOMER_ID=1 ;
```

（2）setParameter()方法：绑定任意类型的参数，例如：

```
Query query = session.createQuery("from Order o where o.customer=:customer "
                    +"and o.orderNumber like :orderNumber");
query.setParameter("customer",customer,Hibernate.entity(Customer.class));
query.setParameter("orderNumber",orderNumber,Hibernate.STRING);
```

setParameter()方法的第三个参数显式指定 Hibernate 映射类型。以下代码用于绑定一个客户化映射类型：

```
Query query = session.createQuery("from Customer c where c.homeAddress =:homeAddress");
query.setParameter( "homeAddress",
           homeAddress,
           Hibernate.custom(AddressUserType.class) );
```

对于某些参数，Hibernate 能根据参数值的 Java 类型推断出对应的映射类型，此时不需要在 setParameter()方法中显式指定映射类型，例如：

```
Query query = session.createQuery("from Order o where o.customer=:customer "
                    +"and o.orderNumber like :orderNumber");
query.setParameter("customer",customer);
query.setParameter("orderNumber",orderNumber);
```

对于以上程序代码，customer 变量为 Customer 类型，orderNumber 变量为 java.lang.String 类型，Hibernate 会自动推断出对应的 Hibernate 映射类型分别为 Hibernate.entity(Customer.class)和 Hibernate.STRING。

对于日期类型，如 java.util.Date 类型，会对应多种 Hibernate 映射类型，如 Hibernate.DATE 或 Hibernate.TIMESTAMP，因此必须在 setParameter()方法中显式指定到底对应哪种 Hibernate 映射类型，如：

```
Query query = session.createQuery("from Customer c where c.birthday =:birthday");
query.setParameter( "birthday", birthday, Hibernate.DATE );
```

（3）setProperties()方法：用于把命名参数与一个对象的属性值绑定，例如：

```
Customer customer=new Customer();
customer.setName("Tom");
customer.setAge(21);
Query query=session.createQuery("from Customer as c where c.name=:name "
                    +"and c.age=:age");
query.setProperties(customer);
```

对于以上程序，命名参数“name”与 Customer 对象的 name 属性匹配，命名参数“age”与 Customer 对象的 age 属性匹配。以下程序代码中的 HQL 查询语句定义了“customerName”和“customerAge”两个命名参数，在 Customer 对象中没有匹配的名字相同的属性：

```
Customer customer=new Customer();
customer.setName("Tom");
customer.setAge(21);
List result=session.createQuery("from Customer as c "
            +" where c.name=:customerName and c.age=:customerAge")
            .setProperties(customer)
            .list();
```

执行以上程序时，Hibernate 会抛出以下异常：

```
org.hibernate.QueryException: Not all named parameters have been set
```

setProperties()方法调用 setParameter()方法，setParameter()方法再根据 Customer 对象的属性的 Java 类型来推断 Hibernate 映射类型。如果命名参数为日期类型，不能通过 setProperties()方法来绑定。

参数绑定对 null 是安全的，如以下程序代码不会抛出异常：

```
String name=null;
session.createQuery("from Customer c where c.name = :name")
    .setString("name", name)
    .list();
```

以上 HQL 查询语句对应的 SQL 查询语句为：

```
select * from CUSTOMERS where NAME=null;
```

这条查询语句的查询结果永远为空。如果要查询名字为 null 的客户，应该使用“is null”比较运算符，参见本章 17.2.1 节。

17.1.13　设置查询附属事项

在采用 HQL 检索方式或者 QBC 检索方式来检索数据时，可以通过 Query 或者 Criteria 接口的一些方法来设定查询附属事项：

- setFlushMode()方法：设置清理缓存的模式。
- setCacheMode()方法：设置 Session 与第二级缓存的交互模式。
- setTimeout()方法：设置执行查询数据库操作的超时时间。
- setFetchSize()方法：为 JDBC 驱动程序设置批量抓取的数目。
- setLockMode()方法：设置锁定模式，本书第 21 章的 21.4.1 节介绍锁定模式的概念。
- setComment()方法：为 SQL 日志设置注解。

对于 HQL 检索方式，还可以通过 Query 接口的 setReadOnly()方法来设置查询结果是否只允许读，而不允许修改。

1．设置清理缓存模式

本书第 8 章已经讲过，当 Session 清理缓存时，会先进行脏检查，即比较 Customer 持久化对象的当前属性与它的快照，来判断 Customer 对象的属性是否发生了变化，如果发生了变化，就称这个对象是“脏对象”，Session 会根据脏对象的最新属性来执行相关 SQL 语句，从而同步更新数据库。Session 的缓存有 3 种清理模式，分别用 org.hibernate.FlushMode 类的 3 个静态常量来表示：FlushMode.AUTO、FlushMode.COMMIT 和 FlushMode.NEVER。表 17-1 列出了 3 种清理模式各自执行清理缓存操作的时间点。

表 17-1　3 种清理模式

清理缓存的模式	各种查询方法	Transaction 的 commit()方法	Session 的 flush()方法
FlushMode.AUTO（默认模式）	清理	清理	清理
FlushMode.COMMIT	不清理	清理	清理
FlushMode.NEVER	不清理	不清理	清理

FlushMode.AUTO 是默认值，这也是优先考虑的清理模式，它会保证在整个事务中，Session 缓存中的对象和数据库数据保持一致。如果事务仅包含查询数据库的操作，而不会修改数据库的数据，也可以选用 FlushMode.COMMIT 模式，这可以避免在执行各种查询操作时先清理缓存，以便稍微提高应用程序的性能。

以下程序代码把清理模式设为 FlushMode.COMMIT，因此 Hibernate 在执行 SQL 查询语句之前不会先清理缓存：

```
//HQL 检索方式
Query query=session.createQuery("from Customer c")
                   .setFlushMode(FlushMode.COMMIT);

//QBC 检索方式
Criteria criteria = session.createCriteria(Customer.class);
                           .setFlushMode(FlushMode.COMMIT);
```

2．设置 Session 与第二级缓存交互的模式

本书第 22 章的 22.4.4 节介绍 Session 与第二级缓存的 5 种交互模式，分别用 org.hibernate.CacheMode 类的 5 个静态常量来表示：CacheMode.NORMAL（正常模式）、CacheMode.IGNORAL（忽略模式）、CacheMode.GET（读取模式）、CacheMode.PUT（写入模式）和 CacheMode.REFRESH（刷新模式）。

以下程序代码采用了 CacheMode.GET 模式，这意味着 Session 会从第二级缓存中读取数据，但不会向其中写入数据：

```
//HQL 检索方式
ScrollableResults customers=session.createQuery("from Customer")
                            //设置读取模式
                            .setCacheMode(CacheMode.GET)
                            .scroll(ScrollMode.FORWARD_ONLY);

//QBC 检索方式
ScrollableResults customers=session.createCriteria(Customer.class)
                            //设置读取模式
                            .setCacheMode(CacheMode.GET)
                            .scroll(ScrollMode.FORWARD_ONLY);
```

3．设置执行查询的超时时间

以下程序代码通过 setTimeout()方法，把执行查询数据库操作的超时时间设为 1 分钟：

```
//HQL 检索方式
List customers=session.createQuery("from Customer")
                          //设置执行查询数据库操作的超时时间为 60 秒
                          .setTimeout(60)
                          .list();

//QBC 检索方式
List customers=session.createCriteria(Customer.class)
                          //设置执行查询数据库操作的超时时间为 60 秒
                          .setTimeout(60)
                          .list();
```

4．设置批量抓取数目

以下程序代码通过 setFetchSize()方法，把底层 JDBC 驱动程序进行批量抓取的数目设为 50：

```
//HQL 检索方式
List customers=session.createQuery("from Customer")
                          //设置批量抓取数目
                          .setFetchSize(50)
                          .list();

//QBC 检索方式
List customers=session.createCriteria(Customer.class)
                          //设置批量抓取数目
                          .setFetchSize(50)
                          .list();
```

以上 Query 或 Criteria 接口的 setFetchSize()方法和 JDBC API 中 java.sql.Statement 接口的 setFetchSize()方法的作用是一样的，都是为底层 JDBC 驱动程序设置批量抓取数目。

接下来解释一下为底层 JDBC 驱动程序设置批量抓取数目的意义。以下程序代码通过 JDBC API 查询 CUSTOMERS 表中的所有记录：

```
ResultSet rs= stmt.executeQuery("SELECT ID,NAME,AGE,ADDRESS from CUSTOMERS");
while(rs.next()){
  String id=rs.getLong(1);
  …
}
```

假如 CUSTOMERS 表中有 100 000 条记录，那么 java.sql.Statement 对象的 executeQuery()方法返回的 java.sql.ResultSet 对象中是否会立即存放了这 100 000 条记录呢？假如 ResultSet 对象中存放了这么多记录，那将消耗多大内存空间啊。幸运的是，ResultSet 对象实际上并不会包含这么多数据，只有当程序遍历结果集时，ResultSet 对象才会到数据库中抓取相应的数据。ResultSet 对象抓取数据的过程对程序完全是透明的。

那么，是否每当程序访问结果集中的一条记录时，ResultSet 对象就到数据库中抓取一条记录呢？按照这种方式抓取大量记录需要频繁地访问数据库，显然效率很低。为了提高减少访问数据库的次数，JDBC 希望 ResultSet 接口的实现能支持批量抓取，即每次从数据库中抓取多条记录，把它们存放在 ResultSet 对象的缓存中，让程序慢慢享用。在 java.sql.Connection、java.sql.Statement 和 java.sql.ResultSet 接口中都提供了 setFetchSize(int size)方法，用于设置批量抓取的数目。

5．设置注解

在对程序代码进行优化时，往往需要查阅和分析复杂的 SQL 日志，为了提高 SQL 日志的可读性，可以在 SQL 日志中加入适当的注解，步骤如下。

（1）在 Hibernate 配置文件中把 hibernate.use_sql_comments 属性设为 true：

```
Java 属性格式的配置文件：hibernate.use_sql_comments=true
XML 格式的配置文件：<property name="use_sql_comments">true</property>
```

（2）在程序代码中通过 setComment()方法为 SQL 日志加入适当的注解：

```
//HQL 检索方式
List customers=session.createQuery("from Customer")
                          //设置注解
                          .setComment("My Comment...")
                          .list();

//QBC 检索方式
List customers=session.createCriteria(Customer.class)
                          //设置注解
                          .setComment("My Comment...")
                          .list();
```

运行以上采用 QBC 检索方式的程序代码时，将打印如下带注解的 SQL 日志：

```
Hibernate: /* My Comment... */ /* criteria query */
```

```
select this_.ID as ID0_0_, this_.NAME as NAME0_0_, this_.AGE as AGE0_0_
from CUSTOMERS this_
```

6．设置查询结果是否只允许读

Hibernate 从数据库中检索出来的对象都处于持久化状态，在默认情况下，如果程序修改了持久化对象的属性，那么当 Hibernate 清理缓存时，会通过相应的 SQL update 语句去同步更新数据库。

假如只允许读取持久化对象的属性，而不允许更新它们，那么可以调用 Query 接口的 setReadOnly()方法。值得注意的是，这里所说的不允许更新持久化对象，是指即使程序代码修改了内存中持久化对象的属性，当 Hibernate 清理缓存时，也不会通过相应的 SQL update 语句去同步更新数据库。

以下程序代码演示了 setReadOnly()方法的作用。

```
Transaction tx=session.beginTransaction();

//返回的 Customer 对象处于持久化状态
Customer customer =(Customer)session
                         .createQuery("from Customer c where c.id=1")
                         //只允许读取检索到的持久化对象的属性
                         //禁止更新检索到的持久化对象
                         .setReadOnly(true)
                         .uniqueResult();

//修改内存中 Customer 持久化对象的 name 属性
customer.setName("Mike");

//清理缓存，但实际上什么也不做，不会通过 SQL update 语句去更新数据库中相应 CUSTOMES 记录
session.flush();

//允许更新 Customer 持久化对象
session.setReadOnly(customer,false);

//修改内存中 Customer 持久化对象的 age 属性
customer.setAge(30);

//清理缓存，并提交事务。通过 SQL update 语句去更新数据库中相应 CUSTOMES 记录
//执行的 update 语句为：update CUSTOMERS set NAME='Mike',AGE=30 where ID=1
tx.commit();
```

Session 接口的 setReadOnly()方法可以设置单个持久化对象的读写模式：

- setReadOnly(object,true)：只允许读取持久化对象的属性。
- setReadOnly(object,false)：允许读取或更新持久化对象的属性。

Tips

在 Hibernate 3.3 版本中，Criteria 接口中没有 setReadOnly()方法，也许 Hibernate 的以后版本中的 Criteria 接口中会加入此方法。

17.1.14 在映射文件中定义命名查询语句

在前面的例子中，HQL 查询语句都嵌入在程序代码中，这适用于比较简短的 HQL

查询语句。如果 HQL 查询语句很复杂，跨越多行，这会影响程序代码的可读性及可维护性。

Hibernate 允许在映射文件中定义字符串形式的查询语句。例如，可以在 Customer.hbm.xml 文件中定义如下 HQL 查询语句：

```
<hibernate-mapping >
  <class name="mypack.Customer" table="CUSTOMERS" >
  …..
  </class>

   <query name="findCustomersByName"><![CDATA[
        from Customer c where c.name like :name
   ]]></query>

</hibernate-mapping>
```

<query>元素用于定义一个 HQL 查询语句，它和<class>元素并列。在<query>元素中也可以设置查询附属事项，例如：

```
<query name="findCustomersByName"
      cache-mode="get"
      comment="My Comment..."
      fetch-size="50"
      read-only="true"
      timeout="60">

  <![CDATA[
      from Customer c where c.name like :name
  ]]>
</query>
```

以上 HQL 查询语句被命名为“findCustomersByName”，在程序中通过 Session 的 getNamedQuery()方法获取该查询语句：

```
Query query=session.getNamedQuery("findCustomersByName");
query.setString("name",name);
List result=query.list();
```

可以把所有和 Customer 持久化类相关的查询语句都放在 Customer.hbm.xml 映射文件中，这有利于维护这些查询语句。

命名查询语句既可以是 HQL 查询语句，也可以是本地 SQL 查询语句：

```
<sql-query name="findCustomersByName">
 <return alias="c" class="mypack.Customer"/>

 select {c.*} from CUSTOMERS c where c.NAME like :name
</sql-query>
```

程序代码不必区分命名查询语句的类型，一律通过 Session 的 getNamedQuery()方法获得查询语句。

17.1.15 在 HQL 查询语句中调用函数

在 HQL 中还可以调用 SQL 函数。例如，以下 HQL 查询语句均调用了 SQL 函数：

```
from Customer c where lower(c.email)='xx@yahoo.com'

select upper(c.name) from Customer c

from Customer c where concat(c.firstname,c.lastname) like ('G%  K%')

from Customer c where size(c.orders)>3  //客户的订单数目大于 3
```

在以上范例中，lower()函数把字符串中的所有字母转为小写；upper()函数把字符串中的所有字母转为大写；concat()函数把两个字符串连接起来；size()函数获取集合中元素的数目。

HQL 语言除了可以调用标准的 ANSI SQL 函数，还可以调用专门的 HQL 函数，参见表 17-2。

表 17-2 HQL 函数

函 数	描 述
bit_length(s)	返回参数 s 包含的二进制位数
current_date(),current_time(),current_timestamp()	放回当前数据库系统的日期和时间
second(d),minute(d),hour(d),day(d),month(d),year(d)	解析代表特定日期和时间的参数 d，获取年、月、日、时、分和秒
cast(t as Type)	把参数 t 转换为一个 Hibernate 映射类型
index(joinedCollection)	返回集合中元素的索引
minelement(c),maxelement(c), minindex(c),maxindex(c), elements(c),indices(c)	返回按索引位置排序的集合（Map、List 和数组）中的特定元素，或者特定索引
在 org.hibernate.dialect.Dialect 类中注册的其他函数	在 Dialect 类中定义的函数，用于扩展 HQL 函数库

阅读 org.hibernate.dialect.Dialect 类的源代码，就会发现在这个类中注册了大多数 HQL 函数，这些 HQL 函数都是跨数据库平台的，Dialect 类会把 HQL 函数翻译为相应的 SQL 函数。此外，在 Dialect 的特定子类中也可以注册 HQL 函数，但它们有可能不是跨数据库平台的，只能翻译为特定数据库中的 SQL 函数。

在 org.hibernate.cfg.Configuration 类中有一个 addSqlFunction()方法，它用于把特定 SQL 函数注册到 HQL 中。例如：

```
Configuration cfg=new Configuration();
cfg.addSqlFunction("lpad",
              new StandardSQLFunction("lpad",Hibernate.STRING)
);
SessionFactory fac=cfg.buildSessionFactory();
```

HQL 的一大灵活之处在于，假如在 HQL 查询语句中调用了一个未注册的函数，Hibernate 不会抛出错误，而是直接把这个函数交给底层数据库系统去执行。

17.2　设定查询条件

和 SQL 查询一样，HQL 查询语句也通过 where 子句来设定查询条件，例如：

```
from Customer c where c.name = 'Tom'
```

值得注意的是，在 where 子句中给出的是对象的属性名，而不是字段名。

对于 QBC 查询，必须创建一个 Criterion 对象来设定查询条件。Restrictions 类提供了创建 Criterion 实例的工厂方法：

```
Criteria criteria = session.createCriteria(Customer.class);
Criterion nameEq = Restrictions.eq("name", "Tom");
criteria.add(nameEq);
```

以上代码创建了一个 Criterion 实例，它包含一个简单的查询条件，用于比较 Customer 对象的 name 属性是否等于“Tom”。

表 17-3 列出了 HQL 和 QBC 在设定查询条件时可用的各种运算。

表 17-3　HQL 和 QBC 支持的各种运算

运 算 类 型	HQL 运算符	QBC 运算方法	含　义
比较运算	=	Restrictions.eq()	等于
	<>	Restrictions.ne()	不等于
	>	Restrictions.gt()	大于
	>=	Restrictions.ge()	大于等于
	<	Restrictions.lt()	小于
	<=	Restrictions.le()	小于等于
	is null	Restrictions.isNull()	等于空值
	is not null	Restrictions.isNotNull()	非空值
范围运算	in (列表)	Restrictions.in()	等于列表中的某一个值
	not in(列表)	Restrictions.not(Restrictions.in())	不等于列表中的任意一个值
	between 值 1 and 值 2	Restrictions.between()	大于等于值 1 并且小于等于值 2
	not between 值 1 and 值 2	Restrictions.not(Restrictions.between())	小于值 1 或者大于值 2
字符串模式匹配	like	Restrictions.like()	字符串模式匹配
逻辑运算	and	Restrictions.and() 或者 Restrictions.conjunction()	逻辑与
	or	Restrictions.or() 或者 Restrictions.disjunction()	逻辑或
	not	Restrictions.not()	逻辑非
集合运算	is empty	Restrictions.isEmpty()	集合为空，不包含任何元素
	is not empty	Restrictions.isNotEmpty()	集合不为空
	member of	不支持	元素属于集合

在 HQL 查询语句中，逻辑运算符用来连接多个查询条件，例如：

```
from Customer c  where (c.name like 'T%' and c.age>20 )
or c.email in ('xx@hotmail.com','yy@gmail.com')
```

在 HQL 查询语句中还包括“.”、“+”、“-”、“*”和“/”等运算符，例如：

```
from Order o where (o.price/0.1)-100.0>0.0
```

以下表 17-4 列出了各种运算符在 HQL 查询语句中的优先级。

表 17-4　各种运算符在 HQL 查询语句中的优先级（从高到底）

运　算　符	描　　述
.	导航符
+,-	正数或者负数的符号
*,/	乘法/除法
+,-	加法/减法
=，<>，<，>，>=，<=，[not]between,[not]like，[not]in，is [not] null	比较运算符和范围运算符
is [not] empty，[not] member [of]	集合操作符
not,and,or	逻辑运算符

17.2.1　比较运算

下面举例说明如何在查询条件中进行比较运算。

（1）检索年龄大于 18 的 Customer 对象：

```
//HQL 检索方式
session.createQuery("from Customer c where c.age>18 ");

//QBC 检索方式
Criteria criteria = session.createCriteria(Customer.class);
criteria.add(Restrictions.gt(18));
```

（2）检索年龄不等于 18 的 Customer 对象：

```
//HQL 检索方式
session.createQuery("from Customer c where c.age<>18 ");

//QBC 检索方式
Criteria criteria = session.createCriteria(Customer.class);
criteria.add(Restrictions.ne("age",new Integer(18)));
```

（3）检索姓名为空的 Customer 对象：

```
//HQL 检索方式
session.createQuery("from Customer c where c.name is null ");

//QBC 检索方式
Criteria criteria = session.createCriteria(Customer.class);
criteria.add(Restrictions.isNull("name"));
```

值得注意的是，不能通过以下 HQL 查询语句来检索姓名为空的 Customer 对象：

```
from Customer c where c.name = null
```

和以上 HQL 查询语句对应的 SQL 查询语句为：

```
select * from CUSTOMERS where NAME=null;
```

以上查询语句的查询结果永远为空，因为在 SQL 查询语句中，表达式（null=null）及表达式（'Tom'=null）的比较结果既不是 true，也不是 false，而是 null。

（4）检索不属于任何客户的订单：

```
//HQL 检索方式
session.createQuery("from Order o where o.customer is null ");

//QBC 检索方式
Criteria criteria = session.createCriteria(Order.class);
criteria.add(Restrictions.isNull("customer"));
```

（5）检索姓名为“Tom”的 Customer 对象，不区分大小写，如果 CUSTOMERS 表中记录的 NAME 字段值为“TOM”、“tOm”或者“tom”，都算满足查询条件的记录：

```
//HQL 检索方式
Query query=session.createQuery("from Customer c where lower(c.name) ='tom' ");
```

或者：

```
Query query=session.createQuery("from Customer c where upper(c.name) ='TOM' ");

//QBC 检索方式
Criteria criteria = session.createCriteria(Customer.class);
criteria.add(Restrictions.eq("name","Tom").ignoreCase());
```

在 HQL 查询语句中，可以调用 SQL 函数 lower()，把字符串转为小写，或者调用 upper()函数，把字符串转为大写。

QBC 不支持直接调用 SQL 函数，如果比较字符串时不区分大小写，可调用 SimpleExpression 类的 ignoreCase()方法。Restrictions 类的 eq()方法返回 SimpleExpression 类的实例，SimpleExpression 类实现了 Criterion 接口。

（6）HQL 查询支持数学运算表达式，而 QBC 不支持，例如：

```
//HQL 检索方式
session.createQuery("from Order o where o.price/4-100>50 ");
```

17.2.2　范围运算

下面举例说明如何在查询条件中进行范围运算。

1．检索姓名为 Tom、Mike 或者 Jack 的 Customer 对象：

```
//HQL 检索方式
session.createQuery("from Customer c where c.name in(' Tom ', ' Mike ', 'Jack ') ");

//QBC 检索方式
Criteria criteria = session.createCriteria(Customer.class);
String names[]={"Tom", "Mike", "Jack"};
criteria.add(Restrictions.in("name",names));
```

（2）检索年龄在 18 到 25 之间的 Customer 对象：

```
//HQL 检索方式
session.createQuery("from Customer c where c.age between 18 and 25 ");

//QBC 检索方式
Criteria criteria = session.createCriteria(Customer.class);
criteria.add(Restrictions.between("age",new Integer(18),new Integer(25)));
```

（3）检索年龄不在 18 到 25 之间的 Customer 对象：

```
//HQL 检索方式
session.createQuery("from Customer c where c.age not between 18 and 25 ");

//QBC 检索方式
Criteria criteria = session.createCriteria(Customer.class);
criteria.add(Restrictions.not(
  Restrictions.between("age",new Integer(18),new Integer(25))));
```

17.2.3 字符串模式匹配

和 SQL 查询一样，HQL 用 like 关键字进行模糊查询，而 QBC 用 Restrictions 类的 like()方法进行模糊查询。模糊查询能够比较字符串是否与指定的字符串模式匹配，表 17-5 列出了字符串模式中可使用的通配符。

表 17-5 字符串模式中的通配符

通配符名称	通 配 符	作 用
百分号	%	匹配任意类型并且任意长度（长度可以为 0）的字符串，如果是中文，需要两个百分号，即“%%”
下画线	_	匹配单个任意字符，常用来限制字符串表达式的长度

下面举例说明字符串模式匹配的用法。

（1）检索姓名以“T”开头的 Customer 对象：

```
//HQL 检索方式
session.createQuery("from Customer c where c.name like 'T%' ");

//QBC 检索方式
Criteria criteria = session.createCriteria(Customer.class);
criteria.add(Restrictions.like("name","T%"));
```

对于 QBC 检索方式，除了使用通配符，还可以通过 **org.hibernate.criterion.**MatchMode 类的各种静态常量实例来设定字符串模式，例如：

```
Criteria criteria = session.createCriteria(Customer.class);
criteria.add(Restrictions.like("name","T",MatchMode.START));
```

以上代码也检索姓名以“T”开头的 Customer 对象。表 17-6 列出了 MatchMode 类包含的各个静态常量实例。

表 17-6　MatchMode 类包含的各个静态常量实例

匹配模式	举　例
MatchMode.START	Restrictions.like("name","T",MatchMode.START) 姓名以“T”开头
MatchMode.END	Restrictions.like("name","T",MatchMode.END) 姓名以“T”结尾
MatchMode.ANYWHERE	Restrictions.like("name","T",MatchMode.ANYWHERE) 姓名中包含“T”
MatchMode.EXACT	Restrictions.like("name","Tom",MatchMode.EXACT) 精确匹配，姓名必须为“Tom”

（2）检索姓名中包含字符串“om”的 Customer 对象：

```
//HQL 检索方式
session.createQuery("from Customer c where c.name like '%om%' ");

//QBC 检索方式
Criteria criteria = session.createCriteria(Customer.class);
criteria.add(Restrictions.like("name","%om%"));
```

或者：

```
Criteria criteria = session.createCriteria(Customer.class);
criteria.add(Restrictions.like("name","om",MatchMode.ANYWHERE));
```

（3）检索姓名以“T”开头，并且字符串长度为 3 的 Customer 对象：

```
//HQL 检索方式
session.createQuery("from Customer c where c.name like 'T_ _' ");

//QBC 检索方式
Criteria criteria = session.createCriteria(Customer.class);
criteria.add(Restrictions.like("name","T_ _"));
```

17.2.4　逻辑运算

下面举例说明如何在查询条件中进行逻辑运算。

（1）检索姓名以“T”开头，并且以“m”结尾的 Customer 对象：

```
//HQL 检索方式
Query query=session.createQuery("from Customer c where c.name like 'T%' and c.name like '%m' ");

//QBC 检索方式
Criteria criteria = session.createCriteria(Customer.class);
criteria.add(Restrictions.like("name","T%"));
criteria.add(Restrictions.like("name","%m"));
```

或者：

```
Criteria criteria = session.createCriteria(Customer.class);
criteria.add(Restrictions.and(Restrictions.like("name","T%"),
         Restrictions.like("name","%m")));
```

（2）检索姓名以“T”开头并且以“m”结尾，或者年龄不在 18 与 25 之间的 Customer 对象：

```
//HQL 检索方式
Query query=session.createQuery("from Customer c where (c.name like 'T%' and c.name like '%m' )"
                        +"or (c.age not between 18 and 25) ");
//QBC 检索方式
Criteria criteria = session.createCriteria(Customer.class);
criteria.add(Restrictions.or(
            Restrictions.and(Restrictions.like("name","T%"),
            Restrictions.like("name","%m")),
            Restrictions.not(
            Restrictions.between("age",new Integer(18),new Integer(25)))));
```

或者：

```
Criteria criteria = session.createCriteria(Customer.class);
criteria.add(Restrictions.disjunction()
  .add(Restrictions.conjunction()
  .add(Restrictions.like("name","T%"))
  .add(Restrictions.like("name","%m")))
  .add(Restrictions.not(
  Restrictions.between("age",new Integer(18),new Integer(25)))));
```

由此可见，如果查询条件非常复杂，QBC 检索会影响程序代码的可读性。

17.2.5 集合运算

下面举例说明如何在查询条件中进行集合运算。

（1）检索不包含任何订单的 Customer 对象：

```
//HQL 检索方式
List result=session
  .createQuery("from Customer c where c.orders is empty" )
  .list();

//QBC 检索方式
List result= session
  .createCriteria(Customer.class)
  .add(Restrictions.isEmpty("orders"))
  .list();
```

对于以上 HQL 检索方式，Query 的 list()方法执行的 SQL select 语句为：

```
select ID,NAME,AGE from CUSTOMERS c
where not (exists (select o.ID from ORDERS o where c.ID=o.CUSTOMER_ID))
```

（2）检索 Customer 对象及与之关联的 Order 对象：

```
//HQL 检索方式
List result=session
  .createQuery("from Customer c,Order o "
  +"where o member of c.orders" )
  .list();
```

对于以上 HQL 检索方式，Query 的 list()方法执行的 SQL select 语句为：

```
select c.ID, o.ID, c.NAME, c.AGE, o.ORDER_NUMBER, o.PRICE, o.CUSTOMER_ID
from CUSTOMERS c,ORDERS o
where o.ID in (select o2.ID from ORDERS o2 where c.ID=o2.CUSTOMER_ID)
```

值得注意的是，如果要检索 Customer 对象及与之关联的 Order 对象，更加简洁的方式为采用内连接，本书第 18 章将详细介绍各种连接查询的用法：

```
List result=session
  .createQuery("from Customer c inner join c.orders o ")
  .list();
```

17.3　小结

本章主要介绍了 HQL 检索方式和 QBC 检索方式的基本用法，表 17-7 对此做了归纳。

表 17-7　HQL 检索方式和 QBC 检索方式的基本用法

基本用法	范例	
使用别名	HQL	from Customer **as c** where c.name=:name
	QBC	QBC 检索方式不需要由应用程序显式指定类的别名，Hibernate 会自动把查询语句中的根节点实体赋予别名“this”。
对查询结果排序	HQL	Query query=session.createQuery("from Customer c **order by c.name**");
	QBC	Criteria criteria = session.createCriteria(Customer.class) **.addOrder(Order.asc("name"));**
分页查询	HQL	Query query=session.createQuery("from Customer c order by c.name asc") **.setFirstResult(0)** **.setMaxResults(10);**
	QBC	Criteria criteria = session.createCriteria(Customer.class) **.setFirstResult(0)** **.setMaxResults(10);**
检索单个对象	HQL	Customer customer =(Customer)session.createQuery("from Customer c order by c.name asc") **.setMaxResults(1)** **.uniqueResult();**
	QBC	Customer customer =(Customer)session.createCriteria(Customer.class) .addOrder(Order.asc("name")) **.setMaxResults(1)** **.uniqueResult();**
绑定参数	HQL	Query query=session.createQuery("from Customer as c where c.name=:customerName " +"and c.age=:customerAge") **.setString("customerName",name)** **.setInteger("customerAge",age);**

（续表）

基本用法	范例	
设置查询附属事项	HQL	Query query=session.createQuery("from Customer c") **.setFlushMode(FlushMode.COMMIT);**
	QBC	Criteria criteria = session.createCriteria(Customer.class); **.setFlushMode(FlushMode.COMMIT);**
调用函数	HQL	select **upper(c.name)** from Customer c
设定查询条件	HQL	session.createQuery("from Customer c where c.age<>18 ");
	QBC	Criteria criteria =session.createCriteria(Customer.class) **.add(Restrictions.ne("age",new Integer(18)));**

17.4 思考题

1．Query 接口的哪些方法会执行 SQL select 语句？（多选）

（a）list()　（b）uniqueResult()　（c）iterate()　（d）scroll()　（e）setFirstResult()

2. 在 QBC API 中，用于设定约束条件的 like()和 eq()方法等位于哪个接口或类中？（单选）

（a）Criteria　（b）Restrictions　（c）Criterion　（d）MatchMode

3．以下哪些程序代码能检索出按 name 属性排序的 Customer 对象？（多选）

（a）

```
Query query=session.createQuery("from Customer c order by c.name")
                    .list();
```

（b）

```
List result= session.createCriteria(Customer.class)
                     .addOrder(Order.asc("name"));
```

（c）

```
List result= session.createCriteria("from Customer c order by c.name")
                   .list();
```

（d）

```
Query query=session.createQuery("from Customer c order by c.name");
List result=query.list();
```

4．对于以下程序代码，以下哪些说法正确？（多选）

```
Session session = sessionFactory.openSession(); //第1行
Transaction tx = session.beginTransaction();  //第2行
Iterator customers =session.createQuery("from Customer c  where c.age>10")
                          .iterate();  //第3行

while(customers.hasNext()){  //第4行
  Customer customer=(Customer)customers.next(); //第5行
  System.out.println(customer.getName());  //第6行
} //第7行

tx.commit(); //第8行
```

```
session.close(); //第9行
```

（a）第三行程序代码执行的 SQL select 语句为：

```
select ID from CUSTOMERS where AGE>10;
```

（b）执行完第三行程序代码，customers 集合中存放了所有 age 属性大于 10 的 Customer 持久化对象。

（c）第 5 行程序代码执行的 SQL select 语句的形式为：

```
select ID,NAME,AGE from CUSTOMERS where ID=?;
```

（d）第 6 行程序代码执行的 SQL select 语句的形式为：

```
select ID,NAME,AGE from CUSTOMERS where ID=?;
```

5．ScrollableResults 接口的 previous()方法与以下哪个方法等价？（单选）

（a）setRowNumber(-1)（b）first()（c）scroll(-1)（d）afterLast()

6．Criteria 接口的哪个方法用于设置清理 Session 缓存的模式？（单选）

（a）setCacheMode()（b）setFetchMode()（c）setLockMode()（d）setFlushMode()

7．以下哪些程序代码能检索出不属于任何客户的订单？（多选）

（a）

```
List result=session.createQuery("from Order o where o.customer is null ")
                  .list();
```

（b）

```
List result=session.createCriteria(Order.class)
                  .add(Restrictions.eq("customer","null"))
                  .list();
```

（c）

```
List result=session.createQuery("from Order o where o.customer=null ")
                .list();
```

（d）

```
List result=session.createCriteria(Order.class)
                  .add(Restrictions.isNull("customer"))
                  .list();
```

8．假定数据库中 ID 为 1 的 CUSTOMERS 记录的 AGE 字段为 18。关于以下程序代码，哪些说法正确？（多选）

```
Transaction tx=session.beginTransaction(); //第1行
Customer customer =(Customer)session
                          .createQuery("from Customer c where c.id=1")
                          .setReadOnly(true)
                          .uniqueResult();  //第2行
```

```
customer.setAge(customer.getAge()+1);  //第 3 行
tx.commit(); //第 4 行
```

（a）第 2 行执行 SQL select 语句。

（b）第 3 行执行一条 SQL update 语句，把数据库中 ID 为 1 的 CUSTOMERS 记录的 AGE 字段改为 19。

（c）第 4 行执行一条 SQL update 语句，把数据库中 ID 为 1 的 CUSTOMERS 记录的 AGE 字段改为 19。

（d）以上程序代码不会修改数据库中 ID 为 1 的 CUSTOMERS 记录的 AGE 字段。

第 18 章　Hibernate 的检索方式（下）

本章主要介绍 HQL 和 QBC 检索的高级用法，包括各种连接查询、投影查询、报表查询、动态查询、集合过滤和子查询等，本章还将归纳优化查询程序代码，从而提高查询性能的各种技巧。本章范例程序与第 17 章的范例程序相同，位于配套光盘的 sourcecode\chapter17 目录下。第 17 章的 17.1.4 节（关于本章范例程序）介绍了范例程序的作用和运行方法。

18.1　连接查询

和 SQL 查询一样，HQL 与 QBC 也支持各种各样的连接查询，如内连接、外连接和交叉连接。HQL 还允许显式指定迫切内连接和迫切左外连接，QBC 还允许显式指定迫切左外连接。表 18-1 归纳了 HQL 与 QBC 支持的各种连接类型。

表 18-1　HQL 与 QBC 支持的各种连接类型

在程序中指定的连接查询类型	HQL 语法	QBC 语法	适用范围
内连接	inner join 或者 join	Criteria.createAlias()	适用于有关联关系的持久化类，并且在映射文件中对这种关联关系做了映射
迫切内连接	inner join fetch 或者 join fetch	不支持	
隐式内连接	支持	不支持	
左外连接	left outer join 或者 left join	不支持	
迫切左外连接	left outer join fetch 或者 left join fetch	FetchMode.JOIN	
右外连接	right outer join 或者 right join	不支持	
交叉连接	ClassA,ClassB	不支持	适用于不存在关联关系的持久化类

在表 18-1 列出的各种连接方式中，迫切左外连接和迫切内连接不仅指定了连接查询方式，而且显式指定了关联级别的检索策略，而左外连接和内连接仅指定了连接查询方式，并没有指定关联级别的检索策略，本章 18.1.9 节的表 18-4 将详细比较 HQL 检索方式的各种连接方式的区别。

HQL 查询语句中的内连接、左外连接、右外连接和交叉连接，与 SQL 语句中的相应连接在语义上很相似，如果读者对这些连接的用法和区别还不熟悉，可以参考本书附录 A 的 A.4 节（DQL 数据查询语言），将介绍 SQL 语言中，这几种连接方式的运行机制和用法。

18.1.1 默认情况下关联级别的运行时检索策略

第 16 章（Hibernate 的检索策略）已经介绍过，在映射文件中可以设置关联级别的立即检索、延迟检索或迫切左外连接检索策略。以下程序代码没有显式指定与 Customer 关联的 Order 对象的检索策略：

```
//HQL 检索方式
List result=session.createQuery("from Customer c where c.name like 'T%' ")
            .list();
for (Iterator it = result.iterator(); it.hasNext();) {
  Customer customer=(Customer)it.next();
}

//QBC 检索方式
List result=session.createCriteria(Customer.class)
  .add(Restrictions.like("name","T",MatchMode.START))
  .list();
for (Iterator it = result.iterator(); it.hasNext();) {
  Customer customer=(Customer)it.next();
}
```

此时将采用 Customer.hbm.xml 映射文件对 orders 集合设置的检索策略，但有个例外，那就是 HQL 会忽略映射文件设置的迫切左外连接检索策略。表 18-2 归纳了当映射文件使用不同的检索策略时，以上 HQL 和 QBC 程序代码在运行时对 Customer 类的 orders 集合使用的检索策略。

表 18-2　HQL 和 QBC 运行时对 Customer 类的 orders 集合使用的检索策略

Customer.hbm.xml 文件对 orders 集合设置的检索策略	HQL	QBC
立即检索	立即检索	立即检索
延迟检索	延迟检索	延迟检索
迫切左外连接检索	**立即检索**	迫切左外连接检索

假定 Customer.hbm.xml 文件对 orders 集合设置的检索策略为默认的延迟检索：

```
<set name="orders" inverse="true" lazy="true" >
```

以上程序代码没有显式指定与 Customer 关联的 Order 对象的检索策略，因此对 orders 集合采用映射文件指定的延迟检索策略。运行 Query 或 Criteria 的 list()方法时，Hibernate 执行的 SQL 查询语句为：

```
select * from CUSTOMERS where NAME like 'T%';
```

以上查询语句的查询结果为：

ID	NAME	AGE
1	Tom	21
5	Tom	25

在 result 集合中将包含 2 个 Customer 类型的元素，它们分别引用 OID 为 1 和 5 的 Customer 持久化对象，这两个 Customer 对象的 orders 集合均没有被初始化。

18.1.2 迫切左外连接

以下程序覆盖映射文件中指定的检索策略，显式指定对与 Customer 关联的 Order 对象采用迫切左外连接检索策略：

```
//HQL 检索方式
List result=session
  .createQuery("from Customer c left join fetch c.orders o "
  +"where c.name like 'T%' " )
  .list();

for (Iterator it = result.iterator(); it.hasNext();) {
  Customer customer=(Customer)it.next();
}

//QBC 检索方式
List result=session.createCriteria(Customer.class)
  .setFetchMode("orders",FetchMode.JOIN)
  .add(Restrictions.like("name","T",MatchMode.START))
  .list();

for (Iterator it = result.iterator(); it.hasNext();) {
  Customer customer=(Customer)it.next();
}
```

以上代码生成的 SQL 查询语句为：

```
select c.ID C_ID ,c.NAME, c.AGE, o.ID O_ID, o.ORDER_NUMBER, o.CUSTOMER_ID
from CUSTOMERS c left outer join ORDERS o on c.ID=o.CUSTOMER_ID
where (c.NAME like 'T%');
```

以上查询语句的查询结果如下：

C_ID	NAME	AGE	O_ID	ORDER_NUMBER	CUSTOMER_ID
1	Tom	21	1	Tom_Order001	1
1	Tom	21	2	Tom_Order002	1
1	Tom	21	3	Tom_Order003	1
5	Tom	25	NULL	NULL	NULL

在 HQL 查询语句中，left join fetch 关键字表示迫切左外连接检索策略。在 QBC 查询中，FetchMode.JOIN 表示迫切左外连接检索策略。使用迫切左外连接检索策略时，Query 或 Criteria 的 list()方法返回的集合中存放 Customer 对象的引用，每个 Customer 对象的 orders 集合都被初始化，存放所有关联的 Order 对象。根据以上查询结果，result 集合包含 4 个 Customer 类型的元素，其中前 3 个元素相同，都引用 OID 为 1 的 Customer 持久化对象，它的 orders 集合中包含 3 个 Order 对象，最后一个元素引用 OID 为 5 的 Customer 持久化对象，参见图 18-1。

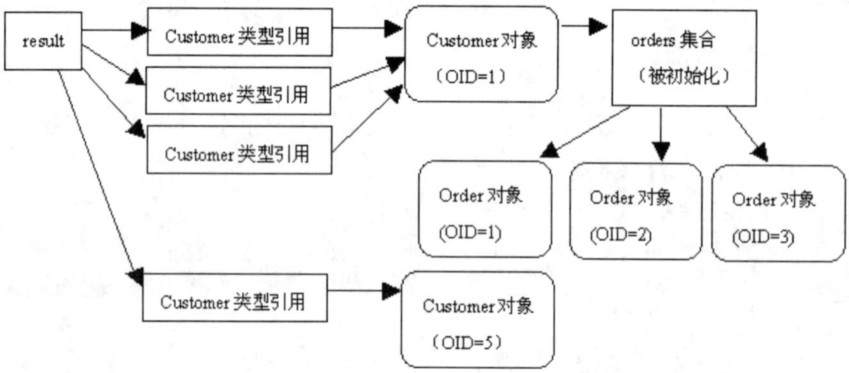

图 18-1　Query 的 list()方法返回的集合中包含 4 个 Customer 类型的元素

由此可见，当使用迫切左外连接检索策略时，查询结果中可能会包含重复元素，可以通过一个 HashSet 来过滤重复元素：

```
List result=session.createCriteria(Customer.class)
  .setFetchMode("orders",FetchMode.JOIN)
  .add(Restrictions.like("name","T",MatchMode.START))
  .list();

HashSet set=new HashSet(result);

for (Iterator it = set.iterator(); it.hasNext();) {
  Customer customer=(Customer)it.next();
  ……
}
```

在 HQL 查询语句中，对于各种类型的连接，都可以为被连接类指定别名，例如：

```
from Customer c left join fetch c.orders o
where c.name like 'T%' and o.orderNumber like 'T%'
```

以上 HQL 查询语句为 Customer 赋予别名“c”，还为 c.orders 赋予别名“o”，在查询语句中可以通过 o.XXX 的形式引用 Order 对象的属性。以上代码对应的 SQL 查询语句为：

```
select c.ID C_ID ,c.NAME, c.AGE, o.ID O_ID, o.ORDER_NUMBER, o.CUSTOMER_ID
from CUSTOMERS c left outer join ORDERS o on c.ID=o.CUSTOMER_ID
where (c.NAME like 'T%') and (o.ORDER_NUMBER like 'T%');
```

Hibernate 允许在一条查询语句中迫切左外连接多个多对一或一对一关联的类。

图 18-2 显示了 3 个类的关联关系，其中类 A 和类 B 及类 A 和类 C 都是多对一的关联关系。

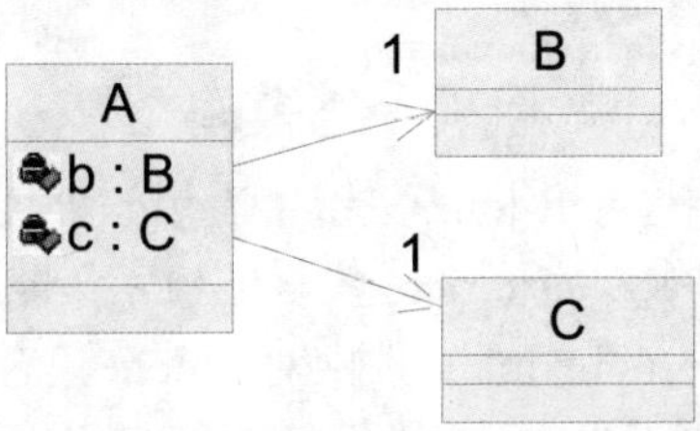

图 18-2　类 A、类 B 和类 C 的类框图

以下两种检索方式是等价的，它们都能同时迫切左外连接类 B 和类 C：

```
//HQL 迫切左外连接检索方式
from A a lcft join fetch a.b b
left join fetch a.c c
where b is not null and c is not null

//QBC 迫切左外连接检索方式
List result=session.createCriteria(A.class)
  .setFetchMode("this.b",FetchMode.JOIN)
  .setFetchMode("this.c",FetchMode.JOIN)
  .add(Restrictions.isNotNull("this.b"))
  .add(Restrictions.isNotNull("this.c"))
  .list();
```

假定有 3 个类，它们的关联关系如图 18-3 所示，类 A 和类 B 及类 B 和类 C 都是多对一关联关系。

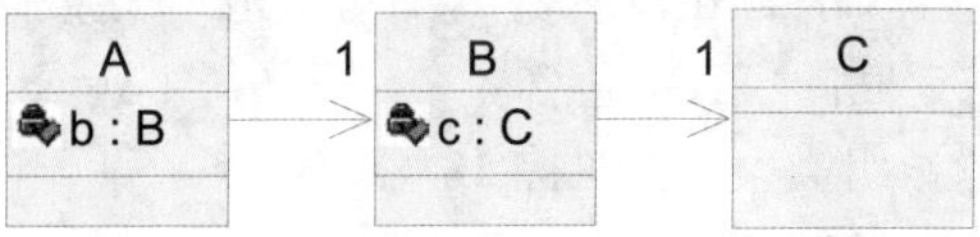

图 18-3　类 A、类 B 和类 C 的类框图

可以通过 HQL 来同时迫切左外连接 B 和 C，但 QBC 无法表达这种形式的迫切左外连接：

```
from A a left join fetch a.b b
left join fetch b.c c where b is not null and c is not null
```

18.1.3　左外连接

以下 HQL 查询语句指定左外连接查询：

```
//HQL 检索方式
List result=session
  .createQuery("from Customer c left join c.orders where c.name like 'T%'")
  .list();

for (Iterator pairs = result.iterator(); pairs.hasNext();) {
```

```
        Object[] pair=(Object[])pairs.next();
        Customer customer=(Customer)pair[0];
        Order order=(Order)pair[1];
        //如果 orders 集合使用延迟检索策略，以下代码会初始化 Customer 对象的 orders 集合
        customer.getOrders().iterator();
      }
```

在 HQL 查询语句中，left join 关键字表示左外连接查询。使用左外连接查询时，将根据映射文件的配置来决定 orders 集合的检索策略，参见本章 18.1.1 节的表 18-2。不过，即使在 Customer.hbm.xml 文件中对 orders 集合设置了延迟检索策略，在运行以上 Query 的 list()方法时，Hibernate 执行的 SQL 查询语句仍然与迫切左外连接生成的查询语句相同：

```
select c.ID C_ID ,c.NAME, c.AGE, o.ID O_ID, o.ORDER_NUMBER, o.CUSTOMER_ID
from CUSTOMERS c
left outer join ORDERS o on c.ID=o.CUSTOMER_ID where (c.NAME like 'T%' );
```

以上查询语句的查询结果如下：

C_ID	NAME	AGE	O_ID	ORDER_NUMBER	CUSTOMER_ID
1	Tom	21	1	Tom_Order001	1
1	Tom	21	2	Tom_Order002	1
1	Tom	21	3	Tom_Order003	1
5	Tom	25	NULL	NULL	NULL

根据以上查询结果，Hibernate 创建两个 Customer 持久化对象，它们的 OID 分别为 1 和 5，还创建了 3 个 Order 对象，它们的 OID 分别为 1、2 和 3。值得注意的是，Query 的 list()方法返回的集合中包含 4 个元素，每个元素对应查询结果中的一条记录，每个元素都是对象数组类型，参见图 18-4。

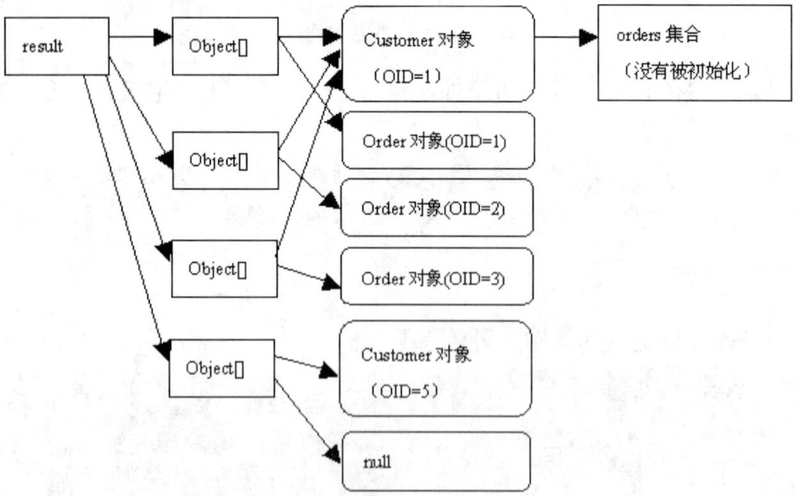

图 18-4　Query 的 list()方法返回的集合中包含 4 个对象数组类型的元素

从图 18-4 看出，每个对象数组都存放了一对 Customer 与 Order 对象。第一个对象数组引用 OID 为 1 的 Customer 对象和 OID 为 1 的 Order 对象，第二个对象数组引用 OID 为 1 的 Customer 对象和 OID 为 2 的 Order 对象，第三个对象数组引用 OID 为 1 的 Customer 对象和 OID 为 3 的 Order 对象，第四个对象数组引用 OID 为 5 的 Customer 对象和 null。可见，前 3 个对象数组重复引用 OID 为 1 的 Customer 对象。此外，由于 Customer 对象的 orders 集合采用延迟检索策略，因此它的 orders 集合没有被初始化。

当程序第一次调用 OID 为 1 的 Customer 对象的 getOrders().iterator()方法时，会初始化 Customer 对象的 orders 集合，Hibernate 执行的 SQL 查询语句为：

```
select * from ORDERS where CUSTOMER_ID=1;
```

以上查询语句返回 3 条 ORDERS 记录，由于和这 3 条记录对应的 Order 持久化对象已经存在，因此 Hibernate 不会再创建这些 Order 对象，仅让 Customer 对象的 orders 集合引用已经存在的 Order 对象，参见图 18-5。

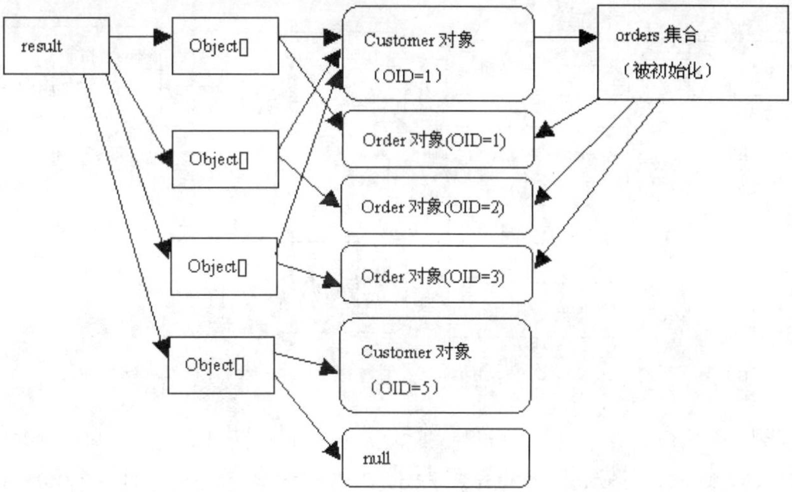

图 18-5　初始化 Customer 对象的 orders 集合

如果希望 Query 的 list()方法返回的集合中仅包含 Customer 对象，可以在 HQL 查询语句中使用 select 关键字：

```
List result=session
  .createQuery("select c from Customer c left join c.orders o "
  +"where c.name like 'T%' ")
  list();

for (Iterator it = result.iterator(); it.hasNext();) {
  Customer customer=(Customer)it.next();
  //如果 orders 集合使用延迟检索策略，以下代码会初始化 Customer 对象的 orders 集合
  Iterator orders=customer.getOrders().iterator();
  ……
}
```

运行 Query 的 list()方法时，Hibernate 执行的 SQL 查询语句为：

```
select c.ID , c.NAME, c.AGE from CUSTOMERS c
left join ORDERS o on c.ID=o.CUSTOMER_ID
where (c.NAME like 'T%' );
```

以上查询语句的查询结果如下：

ID	NAME	AGE
1	Tom	21
1	Tom	21
1	Tom	21
5	Tom	25

根据以上查询结果，Hibernate 创建两个 Customer 持久化对象，它们的 OID 分别为 1 和 5。值得注意的是，Query 的 list()方法返回的集合中包含 4 个 Customer 类型的元素，每个元素和查询结果中的一条记录对应，如图 18-6 所示。

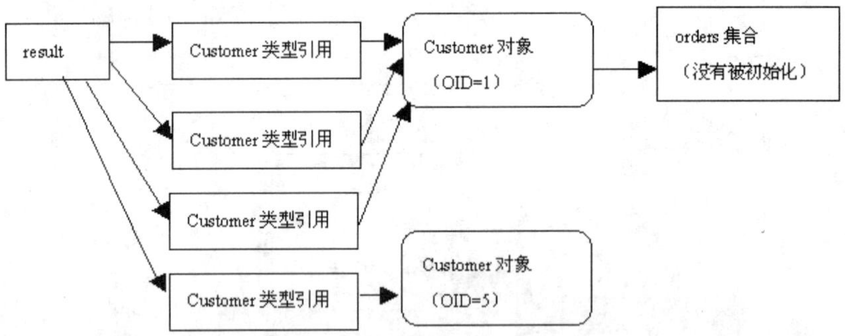

图 18-6　Query 的 list()方法返回的集合中包含两个对象数组类型的元素

从图 18-6 看出，result 集合中前 3 个元素都引用同一个 Customer 对象。此外，由于对 Customer 对象的 orders 集合采用延迟检索策略，因此 orders 集合没有被初始化。

当程序第一次调用 OID 为 1 的 Customer 对象的 getOrders().iterator()方法时，会初始化 Customer 对象的 orders 集合，Hibernate 执行的 SQL 查询语句为：

```
select * from ORDERS where CUSTOMER_ID=1;
```

以上查询语句返回 3 条 ORDERS 记录，由于和这 3 条记录对应的 Order 持久化对象还不存在，因此 Hibernate 会创建这些 Order 对象，并且让 Customer 对象的 orders 集合引用这 3 个 Order 对象，参见图 18-7。

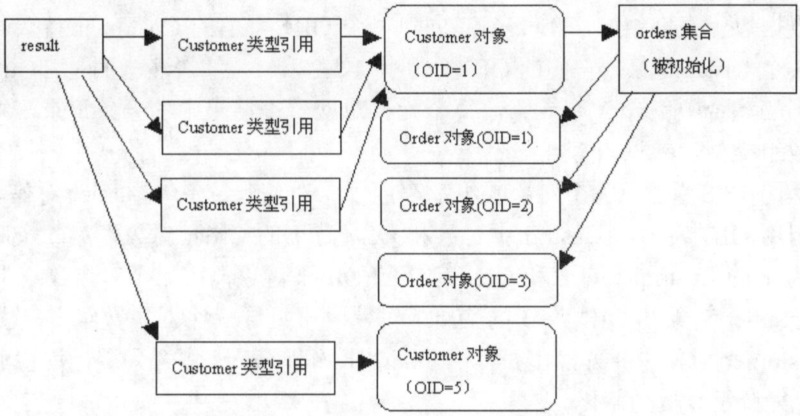

图 18-7　初始化 Customer 对象的 orders 集合

18.1.4　内连接

在 HQL 中，inner join 关键字表示内连接，例如：

```
List result=session
  .createQuery("from Customer c inner join c.orders o "
  +"where c.name like 'T%' ")
  .list();

for (Iterator pairs = result.iterator(); pairs.hasNext();) {
  Object[] pair=(Object[])pairs.next();
  Customer customer=(Customer)pair[0];
  Order order=(Order)pair[1];

  //如果 orders 集合使用延迟检索策略，以下代码会初始化 Customer 对象的 orders 集合
  customer.getOrders().iterator();
}
```

可以省略 inner 关键字，单独的 join 关键字也表示内连接：

```
from Customer c join c.orders o where c.name like 'T%'
```

假定在 Customer.hbm.xml 文件中对 orders 集合设置了延迟检索策略，那么运行 Query 的 list()方法时，Hibernate 执行的 SQL 查询语句为：

```
select c.ID C_ID, c.NAME, c.AGE, o.ID O_ID,o.ORDER_NUMBER, o.CUSTOMER_ID
from CUSTOMERS c inner join ORDERS o on c.ID=o.CUSTOMER_ID
where (c.NAME like 'T%' );
```

以上查询语句的查询结果如下：

C_ID	NAME	AGE	O_ID	ORDER_NUMBER	CUSTOMER_ID
1	Tom	21	1	Tom_Order001	1
1	Tom	21	2	Tom_Order002	1
1	Tom	21	3	Tom_Order003	1

根据以上查询结果，Hibernate 创建一个 OID 为 1 的 Customer 持久化对象，还创建了 3 个 Order 对象，它们的 OID 分别为 1、2 和 3。值得注意的是，Query 的 list()方法返回的集合中包含 3 个元素，每个元素对应查询结果中的一条记录，每个元素都是对象数组类型，参见图 18-8。

从图 18-8 看出，每个对象数组都存放了一对 Customer 与 Order 对象。第一个对象数组引用 OID 为 1 的 Customer 对象和 OID 为 1 的 Order 对象，第二个对象数组引用 OID 为 1 的 Customer 对象和 OID 为 2 的 Order 对象，第三个对象数组引用 OID 为 1 的 Customer 对象和 OID 为 3 的 Order 对象。可见这 3 个对象数组重复引用 OID 为 1 的 Customer 对象。此外，由于 Customer 对象的 orders 集合采用延迟检索策略，因此 orders 集合没有被初始化。

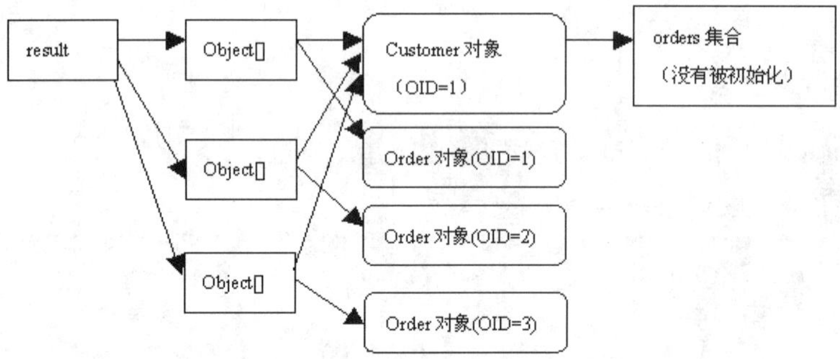

图 18-8　Query 的 list()方法返回的集合中包含 3 个对象数组类型的元素

当程序第一次调 OID 为 1 的 Customer 对象的 getOrders().iterator()方法时，会初始化 Customer 对象的 orders 集合，Hibernate 执行的 SQL 查询语句为：

```
select * from ORDERS where CUSTOMER_ID=1;
```

以上查询语句返回 3 条 ORDERS 记录，由于和这 3 条记录对应的 Order 持久化对象已经存在，因此 Hibernate 不会再创建这些 Order 对象，仅让 Customer 对象的 orders 集合引用已经存在的 Order 对象，参见图 18-9。

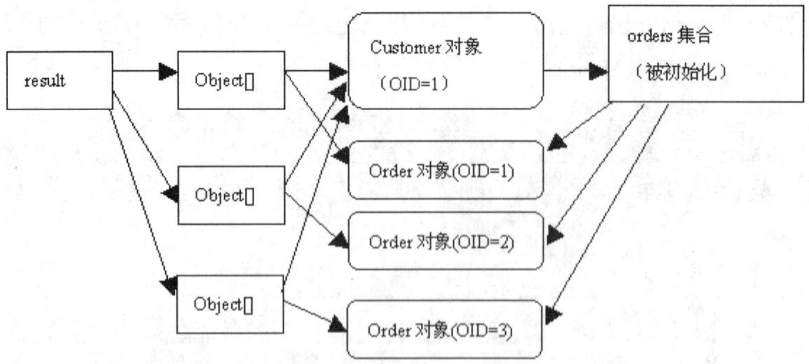

图 18-9　初始化 Customer 对象的 orders 集合

如果希望 Query 的 list()方法返回的集合中仅包含 Customer 对象，可以在 HQL 查询语句中使用 select 关键字：

```
List result=session
  .createQuery("select c from Customer c join c.orders o "
  +"where c.name like 'T%' ")
  .list();

for (Iterator it = result.iterator(); it.hasNext();) {
  Customer customer=(Customer)it.next();
  //如果 orders 集合使用延迟检索策略，以下代码会初始化 Customer 对象的 orders 集合
  Iterator orders=customer.getOrders().iterator();
  ……
}
```

运行 Query 的 list()方法时，Hibernate 执行的 SQL 查询语句为：

```
select c.ID , c.NAME, c.AGE from CUSTOMERS c
inner join ORDERS o on c.ID=o.CUSTOMER_ID
where (c.NAME like 'T%' );
```

以上查询语句的查询结果如下：

ID	NAME	AGE
1	Tom	21
1	Tom	21
1	Tom	21

根据以上查询结果，Hibernate 创建一个 OID 为 1 的 Customer 持久化对象。值得注意的是，Query 的 list()方法返回的集合中包含 3 个 Customer 类型的元素，如图 18-10 所示。

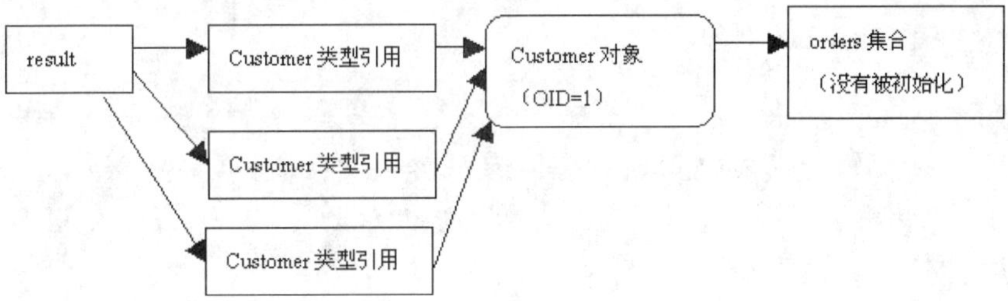

图 18-10　Query 的 list()方法返回的集合中包含 3 个对象数组类型的元素

从图 18-10 看出，result 集合中 3 个元素都引用同一个 Customer 对象。此外，由于对 Customer 对象的 orders 集合采用延迟检索策略，因此 orders 集合没有被初始化。

当程序第一次调用 OID 为 1 的 Customer 对象的 getOrders().iterator()方法时，会初始化 Customer 对象的 orders 集合，Hibernate 执行的 SQL 查询语句为：

```
select * from ORDERS where CUSTOMER_ID=1;
```

以上查询语句返回 3 条 ORDERS 记录，由于和这 3 条记录对应的 Order 持久化对象还不存在，因此 Hibernate 会创建这些 Order 对象，并且让 Customer 对象的 orders

集合引用这 3 个 Order 对象，参见图 18-11。

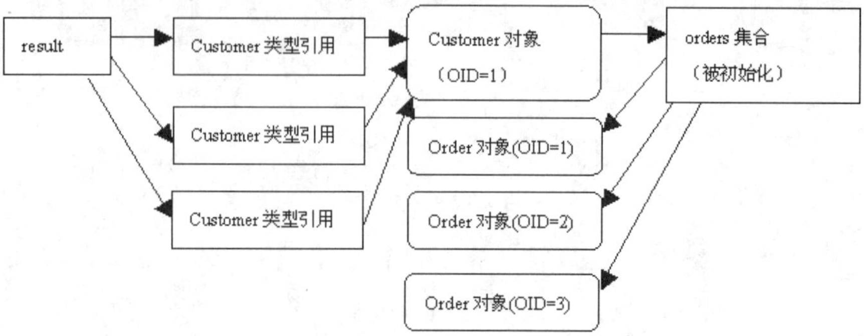

图 18-11　初始化 Customer 对象的 orders 集合

QBC 也支持内连接查询，例如：

```
Criteria customerCriteria= session.createCriteria(Customer.class);
customerCriteria.add(Restrictions.like("name","T",MatchMode.START));
Criteria orderCriteria= customerCriteria.createCriteria("orders");
orderCriteria.add(Restrictions.like("orderNumber","T",MatchMode.START));
List result=orderCriteria.list();
```

或者：

```
//方法链编程风格
List result = session.createCriteria(Customer.class)
  .add(Restrictions.like("name","T",MatchMode.START))
  .createCriteria("orders")
  .add(Restrictions.like("orderNumber","T",MatchMode.START))
  .list();
```

在默认情况下，QBC 只检索出 Customer 对象。因此，可采用以下方式访问 result 集合中所有 Customer 对象：

```
for (Iterator it = result.iterator(); it.hasNext();) {
  Customer customer=(Customer)it.next();
  //如果 orders 集合使用延迟检索策略，以下代码会初始化 Customer 对象的 orders 集合
  Iterator orders=customer.getOrders().iterator();
  ……
}
```

此外，Criteria 的 createAlias()方法也能完成相同的功能：

```
List result = session.createCriteria(Customer.class)
  .createAlias("orders","o")
  .add(Restrictions.like("name","T",MatchMode.START))
  .add(Restrictions.like("o.orderNumber","T",MatchMode.START))
  .list();
```

createAlias()方法为 orders 集合赋予别名“o”，因此在 Restrictions 的 like()方法中通过 o.orderNumber 访问 Order 类的 orderNumber 属性。在以上程序中，Customer 类的默认别名为“this”，因此也可以通过 this.name 访问 Customer 类的 name 属性：

```
List result = session.createCriteria(Customer.class)
```

```
    .createAlias("orders","o")
    .add(Restrictions.like("this.name","T",MatchMode.START))
    .add(Restrictions.like("o.orderNumber","T",MatchMode.START))
    .list();
```

采用内连接查询时，HQL 与 QBC 有不同的默认行为，HQL 检索出成对的 Customer 及 Order 对象，而 QBC 仅检索出 Customer 对象。如果希望 QBC 返回的集合中也包含成对的 Customer 和 Order 对象，可以调用 Criteria 的 setResultTransformer ()方法：

```
List result = session.createCriteria(Customer.class)
  .createAlias("orders","o")
  .add(Restrictions.like("this.name","T",MatchMode.START))
  .add(Restrictions.like("o.orderNumber","T",MatchMode.START))
  .setResultTransformer(Criteria.ALIAS_TO_ENTITY_MAP)
  .list();

for (Iterator it = result.iterator(); it.hasNext();) {
  Map map=(Map)it.next();
  Customer customer=(Customer)map.get("this");
  Order order=(Order)map.get("o");
  ……
}
```

本章 18.4.5 节将进一步介绍 Criteria 的 setResultTransformer()方法的用法。

18.1.5　迫切内连接

以下程序覆盖映射文件中指定的检索策略，显式指定对与 Customer 关联的 Order 对象采用迫切内连接检索策略：

```
//HQL 检索方式
List result=session
  .createQuery("from Customer c inner join fetch c.orders o "
  +"where c.name like 'T%' " )
  .list();

for (Iterator it = result.iterator(); it.hasNext();) {
  Customer customer=(Customer)it.next();
}
```

以上代码生成的 SQL 查询语句为：

```
select c.ID C_ID ,c.NAME, c.AGE, o.ID O_ID, o.ORDER_NUMBER, o.CUSTOMER_ID
from CUSTOMERS c inner join ORDERS o on c.ID=o.CUSTOMER_ID
where (c.NAME like 'T%');
```

以上查询语句的查询结果如下：

C_ID	NAME	AGE	O_ID	ORDER_NUMBER	CUSTOMER_ID
1	Tom	21	1	Tom_Order001	1
1	Tom	21	2	Tom_Order002	1
1	Tom	21	3	Tom_Order003	1

在 HQL 查询语句中，inner join fetch 关键字表示迫切内连接检索策略。使用迫切内连接检索策略时，Query 的 list()方法返回的集合中存放 Customer 对象的引用，每个 Customer 对象的 orders 集合都被初始化，存放所有关联的 Order 对象。根据以上查询结果，result 集合包含 3 个 Customer 类型的元素，都引用 OID 为 1 的 Customer 持久化对象，它的 orders 集合中包含 3 个 Order 对象，参见图 18-12。

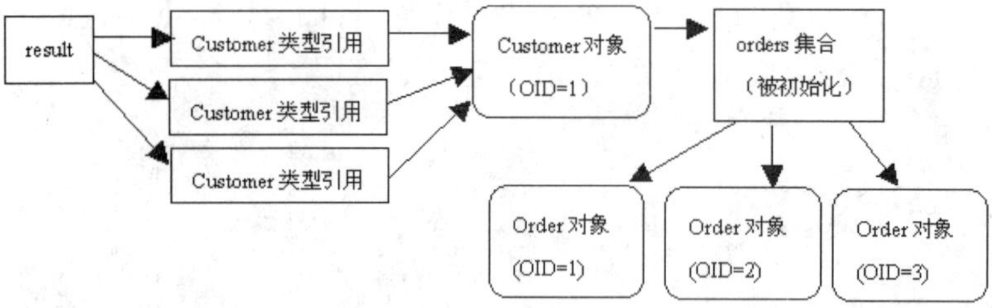

图 18-12　Query 的 list()方法返回的集合中包含 3 个相同的 Customer 类型的元素

由此可见，当使用迫切内连接检索策略时，查询结果中可能会包含重复元素，可以通过一个 HashSet 来过滤重复元素：

```
List result=session
  .createQuery("from Customer c inner join fetch c.orders o "
  +"where c.name like 'T%' " )
  .list();

HashSet set=new HashSet(result);

for (Iterator it = set.iterator(); it.hasNext();) {
  Customer customer=(Customer)it.next();
  ……
}
```

QBC 不支持迫切内连接，如以下代码联合调用 Criteria 的 setFetchMode()和 createAlias()方法，试图采用迫切内连接检索策略：

```
List result = session.createCriteria(Customer.class)
     .setFetchMode("orders",FetchMode.JOIN)
     .createAlias("orders","o")
     .add(Restrictions.like("this.name","T",MatchMode.START))
     .add(Restrictions.like("o.orderNumber","T",MatchMode.START))
     .list();

for (Iterator it = result.iterator(); it.hasNext();) {
  Customer customer=(Customer)it.next();
  //如果 orders 集合使用延迟检索策略，以下代码会初始化 Customer 对象的 orders 集合
  customer.getOrders().iterator();
}
```

对于以上程序，QBC 会忽略 setFetchMode()方法设置的迫切检索策略，它的实际运行时行为与没有调用 setFetchMode()方法时相同，仍然采用普通的内连接检索，参见本章 18.1.4 节。由此可见，联合调用 Criteria 的 setFetchMode()和 createAlias()方法是没有意义的。

18.1.6　隐式内连接

在 HQL 查询语句中，如果对 Customer 类赋予别名“c”，就可以通过 c.name 的形式访问 name 属性，还可以通过 c.homeAddress.provice 的形式访问 homeAddress 组件的 province 属性。QBC 也能完成同样的功能，以下 HQL 代码和 QBC 代码是等价的：

```
//HQL 检索方式
session
.createQuery("from Customer c where c.homeAddress.province like '%hai' ");

//QBC 检索方式
session.createCriteria(Customer.class)
.add(Restrictions.like("homeAddress.province","hai",MatchMode.END))
```

Tips

Customer 类的 homeAddress(表示家庭地址)属性为 Address 类型，Customer 类与 Address 类之间为组成关系。在 Customer.hbm.xml 文件中，用<component>元素来映射 homeAddress 属性。

以下 HQL 查询语句通过 o.customer.name 的形式访问与 Order 关联的 Customer 对象的 name 属性：

```
List result=session
  .createQuery("from Order o where o.customer.name like 'T%' ")
  .list();

for (Iterator it = result.iterator(); it.hasNext();) {
  Order order=(Order)it.next();
  ...
}
```

以上程序代码中的 HQL 语句尽管没有使用 join 关键字，其实隐式指明使用内连接查询，它实际对应的 SQL 语句为：

```
select o.ID, o.ORDER_NUMBER, o.PRICE,o.CUSTOMER_ID
from ORDERS o, CUSTOMERS c
where o.CUSTOMER_ID=c.ID and (c.NAME like 'T%')
```

在 select 子句中也可以使用隐式内连接，例如：

```
select distinct o.customer.name from Order o where o.price>100
```

QBC 不支持隐式内连接，以下代码是不正确的：

```
List result=session.createCriteria(Order.class)
  .add(Restrictions.like("customer.name","T",MatchMode.START))
  .list();
```

运行以上代码时，Hibernate 会抛出 QueryException 异常：

```
org.hibernate.QueryException:
could not resolve property: customer.name of: mypack.Order
```

对于 QBC，必须显式指定内连接查询：

```
List result=session.createCriteria(mypack.Order.class)
  .createAlias("customer","c")
  .add(Restrictions.like("c.name","T",MatchMode.START)).list();
```

隐式内连接只适用于多对一和一对一关联，但不适用于一对多或多对多关联，如以下的 HQL 查询语句是错误的：

```
from Customer c where c.orders.orderNumber like 'T%'
```

假定有 3 个类，它们的关联关系如图 18-13 所示，类 A 和类 B 及类 B 和类 C 都是多对一关联关系。

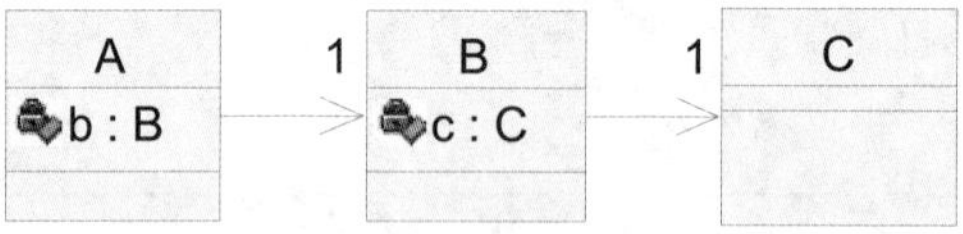

图 18-13 类 A、类 B 和类 C 的类框图

以下四种查询方式返回的查询结果是一样的：

```
//HQL 隐式内连接
from A a where a.b.c is not null

//HQL 显式内连接
select a from A a inner join a.b b where b.c is not null

//HQL 显式内连接
select a from A a inner join a.b b inner join b.c c where c is not null
//QBC 显式内连接
session.createCriteria(A.class)
  .createAlias("this.b","b")
  .createAlias("b.c","c")
  .add(Restrictions.isNotNull("b.c"))
  .list();
```

18.1.7 右外连接

在 HQL 查询语句中，right join 关键字表示右外连接，例如：

```
List result=session.createQuery("from Customer c right join c.orders o "
  +"where c.name like 'T%' ")
  .list();

for (Iterator pairs = result.iterator(); pairs.hasNext();) {
  Object[] pair=(Object[])pairs.next();
  Customer customer=(Customer)pair[0];
  Order order=(Order)pair[1];
  //如果 orders 集合使用延迟检索策略，以下代码会初始化 Customer 对象的 orders 集合
  customer.getOrders().iterator();
}
```

假定在 Customer.hbm.xml 文件中对 orders 集合设置了延迟检索策略。运行 Query

的 list()方法时，Hibernate 执行的 SQL 查询语句为：

```
select c.ID C_ID, c.NAME, c.AGE, o.ID O_ID,o.ORDER_NUMBER, o.CUSTOMER_ID
from CUSTOMERS c right outer join ORDERS o on c.ID=o.CUSTOMER_ID
where (c.NAME like 'T%' );
```

以上查询语句的查询结果如下：

C_ID	NAME	AGE	O_ID	ORDER_NUMBER	CUSTOMER_ID
1	Tom	21	1	Tom_Order001	1
1	Tom	21	2	Tom_Order002	1
1	Tom	21	3	Tom_Order003	1

根据以上查询结果，Hibernate 创建一个 OID 为 1 的 Customer 持久化对象，还创建了 3 个 Order 对象，它们的 OID 分别为 1、2 和 3。值得注意的是，Query 的 list()方法返回的集合中包含 3 个元素，每个元素对应查询结果中的一条记录，每个元素都是对象数组类型，参见图 18-14。

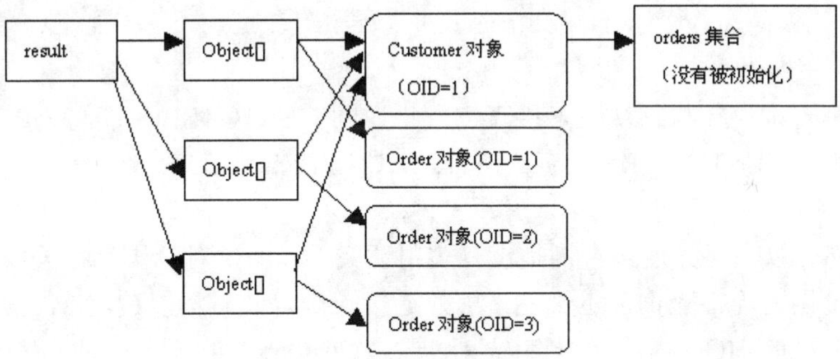

图 18-14　Query 的 list()方法返回的集合中包含 3 个对象数组类型的元素

从图 18-14 看出，每个对象数组都存放了一对 Customer 与 Order 对象。第一个对象数组引用 OID 为 1 的 Customer 对象和 OID 为 1 的 Order 对象，第二个对象数组引用 OID 为 1 的 Customer 对象和 OID 为 2 的 Order 对象，第三个对象数组引用 OID 为 1 的 Customer 对象和 OID 为 3 的 Order 对象。可见这 3 个对象数组重复引用 OID 为 1 的 Customer 对象。此外，由于 Customer 对象的 orders 集合采用延迟检索策略，因此 orders 集合没有被初始化。

当程序第一次调用 OID 为 1 的 Customer 对象的 getOrders().iterator()方法时，会初始化 Customer 对象的 orders 集合，Hibernate 执行的 SQL 查询语句为：

```
select * from ORDERS where CUSTOMER_ID=1;
```

以上查询语句返回 3 条 ORDERS 记录，由于和这 3 条记录对应的 Order 持久化对象已经存在，因此 Hibernate 不会再创建这些 Order 对象，仅让 Customer 对象的 orders 集合引用已经存在的 Order 对象，参见图 18-15。

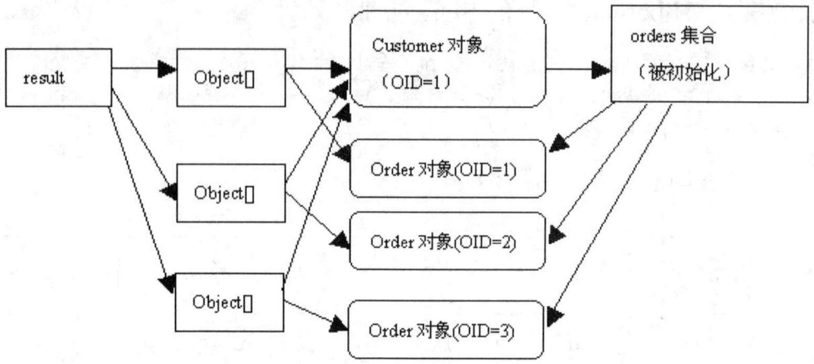

图 18-15　初始化 Customer 对象的 orders 集合

18.1.8　使用 SQL 风格的交叉连接和隐式内连接

HQL 支持 SQL 风格的交叉连接查询，例如：

```
from Customer,Order
```

以上 HQL 查询语句对应的 SQL 语句为：

```
select c.ID , c.NAME, c.AGE,o.ID,o.ORDER_NUMBER,o.CUSTOMER_ID
from CUSTOMERS c ,ORDERS o;
```

这个查询语句执行交叉连接查询，将返回 CUSTOMERS 表与 ORDERS 表的交叉组合，如果 CUSTOMERS 表有 5 条记录，ORDERS 表有 7 条记录，那么返回的查询结果共包含 35 条（5×7）记录。

显然，以上交叉连接查询是没有实用意义的。但是对于不存在关联关系的两个类，既不能使用内连接查询，也不能使用外连接查询，此时可以使用 SQL 风格的内连接。以下是标准的 HQL 内连接查询语句，要求 Customer 类必须有用于存放 Order 对象的 orders 集合属性，并且在映射文件中设定了 Customer 类与 Order 类的关联关系：

```
from Customer c inner join c.orders
```

如果 Customer 类中没有 orders 集合属性，但 Order 类中有一个 customer_id 属性，可以采用 SQL 风格的隐式内连接查询语句：

```
from Customer c,Order o where c.id=o.customer_id
```

Tips

在 SQL 语言中，显式内连接查询语句使用 inner join 关键字，并且用 on 子句设定连接条件，形式为：

```
select * from CUSTOMERS c inner join ORDERS o on c.ID=o.CUSTOMER_ID;
```

隐式内连接查询语句不包含 inner join 关键字，并且用 where 子句设定连接条件：

```
select * from CUSTOMERS c,ORDERS o where c.ID=o.CUSTOMER_ID;
```

以上两条查询语句是等价的。

再例如，假定有一个 Advice 持久化类表示客户提出的建议，Advice 类没有与

Customer 类关联，Advice 类没有 Customer 类型的 customer 属性，但是有一个 String 类型的 customerName 属性，代表客户姓名。Advice 类在数据库中对应的表为 ADVICES 表，它没有 CUSTOMER_ID 外键，但有一个 CUSTOMER_NAME 字段。表 18-3 显示了 ADVICES 表的记录。

表 18-3　ADVICES 表的记录

ID	CUSTOMER_NAME	SUGGESTION
1	Tom	建议春节期间商品 5 折销售
2	Tom	能否保证 2 天内送货上门
3	Jack	贵公司张三的服务态度奇差，希望对其严肃处理

以下 HQL 查询语句查询姓名为 Jack 的客户提出的所有建议：

```
select a from Customer c,Advice a
where c.name=a.customerName and c.name= 'Jack'
```

18.1.9　关联级别运行时的检索策略

下面对关联级别运行时的检索策略进行总结。

（1）如果在 HQL 或 QBC 程序代码中没有显式指定检索策略，将使用映射文件配置的检索策略，但有个例外，即 HQL 总是忽略映射文件中设置的迫切左外连接检索策略。也就是说，即使映射文件中设置了迫切左外连接检索策略，如果 HQL 查询语句中没有显式指定这种策略，那么 HQL 仍然采用延迟检索策略。因此，如果希望 HQL 采用迫切左外连接检索策略，就必须在 HQL 查询语句中显式指定它。本章 18.1.1 节的表 18-2 归纳了默认情况下，关联级别运行时的检索策略。

（2）如果在 HQL 或 QBC 程序代码中显式指定了检索策略，就会覆盖映射文件配置的检索策略。在 HQL 查询语句中显式指定的检索策略包括以下内容。

- left join fetch：覆盖映射文件中配置的检索策略，在程序中显式指定迫切左外连接检索策略。
- inner join fetch：覆盖映射文件中配置的检索策略，在程序中显式指定迫切内连接检索策略。
- QBC 通过 FetchMode 类来显式指定检索策略，FetchMode 类有 3 个静态实例。
- FetchMode.DEFAULT：这是默认值，表示采用映射文件中配置的检索策略。
- FetchMode.JOIN：覆盖映射文件中配置的检索策略，在程序中显式指定迫切左外连接检索策略。
- FetchMode.SELECT：采用映射文件配置的检索策略，并且通过单独的 select 语句检索关联的对象。其作用和映射文件中 fetch 属性为 select 相同。

（3）HQL 支持各种各样的连接查询，归纳如下：

```
//无连接
from Customer c where c.name like 'T%'
//迫切左外连接
from Customer c left join fetch c.orders o where c.name like 'T%'
//左外连接
```

```
from Customer c left join c.orders o where c.name like 'T%'
//迫切内连接
from Customer c inner join fetch c.orders o where c.name like 'T%'
//内连接
from Customer c inner join c.orders o where c.name like 'T%'
//右外连接
from Customer c right join c.orders o where c.name like 'T%'
```

假定 Customer.hbm.xml 文件中对 orders 集合使用延迟检索策略，表 18-4 比较了以上各种连接方式的运行时行为。

表 18-4　HQL 在各种连接方式下的运行时行为

连接方式	对应的 SQL 查询语句	orders 集合的检索策略	查询结果集中的内容
无连接	查询单个 CUSTOMERS 表	延迟检索策略	集合中包含 Customer 类型的元素；集合中无重复元素；Customer 对象的 orders 集合没有被初始化
迫切左外连接	左外连接查询 CUSTOMERS 表和 ORDERS 表	迫切左外连接检索策略	集合中包含 Customer 类型的元素；集合中可能有重复元素；Customer 对象的 orders 集合被初始化
左外连接	左外连接查询 CUSTOMERS 表和 ORDERS 表	延迟检索策略	集合中包含对象数组类型的元素，每个对象数组包含一对 Customer 对象和 Order 对象，不同的对象数组可能重复引用同一个 Customer 对象；Customer 对象的 orders 集合没有被初始化
内连接	内连接查询 CUSTOMERS 表和 ORDERS 表	延迟检索策略	集合中包含对象数组类型的元素，每个对象数组包含一对 Customer 对象和 Order 对象，不同的对象数组可能重复引用同一个 Customer 对象；Customer 对象的 orders 集合没有被初始化
迫切内连接	内连接查询 CUSTOMERS 表和 ORDERS 表	迫切内连接检索策略	集合中包含 Customer 类型的元素；集合中可能有重复元素；Customer 对象的 orders 集合被初始化
右外连接	右外连接查询 CUSTOMERS 表和 ORDERS 表	延迟检索策略	集合中包含对象数组类型的元素，每个对象数组包含一对 Customer 对象和 Order 对象，不同的对象数组可能重复引用同一个 Customer 对象；Customer 对象的 orders 集合没有被初始化

从表 18-4 看出，尽管迫切左外连接和左外连接对应同样的左外连接 SQL 查询语句，但前者对 Customer 对象的 orders 集合采用迫切左外连接检索策略，因此 orders 集合会立即被初始化，而后者对 orders 集合采用映射文件配置的延迟检索策略，因此 orders 集合不会被立即初始化。

18.2　投影查询

投影查询是指查询结果仅包含部分实体或实体的部分属性。投影是通过 select 关键字来实现的。以下 HQL 查询语句会检索出 Customer 及关联的 Order 对象：

```
from Customer c join c.orders o where o.orderNumber like 'T%'
```

如果希望查询结果中只包含 Customer 对象，可以使用以下形式：

```
select c from Customer c join c.orders o where o.orderNumber like 'T%'
```

select 关键字还能用于选择对象的部分属性，例如：

```
Iterator it=session
        .createQuery("select c.id,c.name,o.orderNumber from Customer c "
        +"join c.orders o "
        +"where o.orderNumber like 'T%'" ).list().iterator();

while(it.hasNext()){
 Object[] row=(Object[])it.next();
 Long id=(Long)row[0];
 String name=(String)row[1];
 String orderNumber=(String)row[2];
 System.out.println(id+" "+name+" "+orderNumber);
}
```

以上 HQL 查询语句对应的 SQL 语句为：

```
select c.ID,c.NAME,o.ORDER_NUMBER from CUSTOMERS c inner join ORDERS o
on c.ID=o.CUSTOMER_ID where o.ORDER_NUMBER like 'T%';
```

以上查询语句的查询结果如下：

ID	NAME	ORDER_NUMBER
1	Tom	Tom_Order001
1	Tom	Tom_Order002
1	Tom	Tom_Order003

Query 的 list()方法返回的集合中包含 3 个对象数组类型的元素，每个对象数组代表以上查询结果的一条记录。对于以上程序代码，最后打印结果如下：

```
[java] 1 Tom Tom_Order001
[java] 1 Tom Tom_Order002
[java] 1 Tom Tom_Order003
```

1．动态实例化查询结果

从以上例子看出，当 select 语句只选择实体的部分属性时，Query 接口的 list()方法返回的集合存放的是关系数据，集合中的每个元素代表查询结果的一条记录。可以定义一个 CustomerRow 类来包装这些记录，使程序代码能完全运用面向对象的语义来访问查询结果集。CustomerRow 类采用 JavaBean 的形式，它的属性与 select 语句中选择的实体的属性对应。以下是 CustomerRow 类的源程序：

```
package mypack;

import java.io.Serializable;
```

```
public class CustomerRow implements Serializable {

  private Long id;
  private String name;
  private String orderNumber;

  /** 必须提供用于初始化所有属性的构造方法 */
  public CustomerRow(Long id,String name, String orderNumber) {
      this.id=id;
      this.name = name;
      this.orderNumber = orderNumber;
   }

  此处省略 id、name 和 orderNumber 属性的 getXXX()和 setXXX()方法
  ……
}
```

在 HQL 查询语句中，声明返回 CustomerRow 的实例：

```
Iterator it=session
  .createQuery("select new mypack.CustomerRow(c.id,c.name,o.orderNumber) "
  +"from Customer c join c.orders o where o.orderNumber like 'T%'" )
  .list()
  .iterator();

while(it.hasNext()){
 CustomerRow row=(CustomerRow)it.next();
 Long id=(Long)row.getId();
 String name=(String)row.getName();
 String orderNumber=(String)row.getOrderNumber();
 System.out.println(id+" "+name+" "+orderNumber);
}
```

CustomerRow 类不需要是持久化类，因此不必创建它的对象-关系映射文件，它仅用于把 select 语句查询出来的关系数据包装为 Java 对象。

2．过滤查询结果中的重复元素

使用 select 语句时，返回的查询结果中会包含重复元素。假如 CUSTOMERS 表中存在 NAME 字段值相同的记录，那么以下 Query 的 list()方法返回的查询结果会包含重复的元素：

```
List result=session.createQuery("select c.name from Customer c" )
                 .list();
Set set=new HashSet(result);  //过滤重复对象

for (Iterator it = set.iterator(); it.hasNext();) {
 String name=(String)it.next();
 System.out.println(name);
}
```

以上 Query 的 list()方法返回的查询结果包含 5 条记录：

```
+--------+
| NAME   |
+--------+
| Tom    |
| Mike   |
| Jack   |
| Linda  |
| Tom    |
+--------+
```

Query 的 list()方法共创建 4 个 String 类型的对象："Tom"、"Mike"、"Jack"和"Linda"。但是 list()方法返回的集合中包含 5 个 String 类型的元素，其中有两个元素都引用同一个"Tom"对象。以上程序代码利用 java.util.Set 来过滤重复的元素，因为在 Set 中不允许存放重复的元素。

还可以用 distinct 关键字来保证查询结果不会返回重复的元素：

```
Iterator it=session.createQuery("select distinct c.name from Customer c" )
                .list().iterator();
while(it.hasNext()){
 String name=(String)it.next();
 System.out.println(name);
}
```

以上 HQL 查询语句会过滤掉重复的记录，因此 Query 的 list()方法返回的集合中不会出现重复元素。

18.3　报表查询

报表查询用于对数据分组和统计，与 SQL 一样，HQL 利用 select 关键字选择需要查询的数据，用 group by 关键字对数据分组，用 having 关键字对分组数据设定约束条件。完整的 HQL 语法格式如下，方括号以内的内容为可选项：

```
[select…] from … [where…] [group by… [having… ]] [order by…]
```

从以上语法格式看出，只有 from 关键字是必需的。其中，select、group by 和 having 关键字用于报表查询。

18.3.1　使用聚集函数

在 HQL 查询语句中可以调用以下聚集函数。

- count()：统计记录条数。
- min()：求最小值。
- max()：求最大值。
- sum()：求和。
- avg()：求平均值。

下面举例说明聚集函数的用法。

（1）查询 CUSTOMERS 表中所有记录的条数。

```
Long count=(Long)session
                  .createQuery("select count(*) from Customer c" )
                  .uniqueResult();
```

该 HQL 查询语句返回 Long 类型的查询结果。

（2）查询 CUSTOMERS 表中所有客户的平均年龄：

```
Double age=(Double)session
    .createQuery("select avg(c.age) from Customer c" )
    .uniqueResult();
```

Tips

HQL 查询语句相当灵活，能返回各种类型的查询结果。如果在编程时不能确定查询结果的类型，可以先通过以下方法判断查询结果的类型：

```
Object result=session
     .createQuery("select avg(c.age) from Customer c" )
     .uniqueResult();
//显示 Query 查询结果的类型
System.out.println(result.getClass().getName());
```

（3）查询 CUSTOMERS 表中客户年龄的最大值和最小值：

```
Object[] os=(Object[])session
  .createQuery("select max(c.age),min(c.age) from Customer c" )
  .uniqueResult();
Integer maxAge=(Integer)os[0];
Integer minAge=(Integer)os[1];
System.out.println(maxAge);
System.out.println(minAge);
```

（4）统计 CUSTOMERS 表中所有客户姓名的数目，忽略重复的姓名：

```
Long count=(Long)session
  .createQuery("select count(distinct c.name) from Customer c" )
  .uniqueResult();
```

18.3.2 分组查询

HQL 查询语句中的 group by 子句用于分组查询，它和 SQL 中的用法很相似。下面举例说明它的用法。

（1）按照姓名分组，统计 CUSTOMERS 表中具有相同姓名的记录的数目：

```
Iterator it=session
  .createQuery("select c.name,count(c) from Customer c  group by c.name")
  .list()
  .iterator();

while(it.hasNext()){
  Object[] pair=(Object[])it.next();
  String name=(String)pair[0];
```

```
    Long count=(Long)pair[1];
    System.out.println(name+":"+count);
  }
```

以上 HQL 查询语句对应的 SQL 语句为：

```
select NAME,count(ID) from CUSTOMERS group by NAME;
```

该查询语句的查询结果如下：

```
+---------+-----------+
| NAME    | count(ID) |
+---------+-----------+
| Jack    |     1     |
| Linda   |     1     |
| Mike    |     1     |
| Tom     |     2     |
+---------+-----------+
```

Query 的 list()方法返回的集合中包含 4 个对象数组类型的元素，每个对象数组对应查询结果中的一条记录。

（2）按照客户分组，统计每个客户的订单数目：

```
Iterator it=session
  .createQuery("select c.id,c.name,count(o) from Customer c  "
  +" left join c.orders o group by c.id" )
  .list()
  .iterator();

while(it.hasNext()){
  Object[] pair=(Object[])it.next();
  Long id=(Long)pair[0];
  String name=(String)pair[1];
  Long count=(Long)pair[2];
  System.out.println(id+" "+name+" "+count);
}
```

以上 HQL 查询语句对应的 SQL 语句为：

```
select c.ID, c.NAME, count(o.ID) from CUSTOMERS c left outer join ORDERS o
on c.ID=o.CUSTOMER_ID group by c.ID
```

该查询语句的查询结果如下：

```
+----+---------+-------------+
| ID | NAME    | count(o.ID) |
+----+---------+-------------+
| 1  | Tom     |      3      |
| 2  | Mike    |      1      |
| 3  | Jack    |      1      |
| 4  | Linda   |      1      |
| 5  | Tom     |      0      |
+----+---------+-------------+
```

（3）统计每个客户发出的所有订单的总价：

```
Iterator it=session.createQuery("select c.id,c.name,sum(o.price) from "
  +" Customer c left join c.orders o group by c.id" )
  .list()
  .iterator();

while(it.hasNext()){
  Object[] pair=(Object[])it.next();
  Long id=(Long)pair[0];
  String name=(String)pair[1];
  Double price=(Double)pair[2];
  System.out.println(id+" "+name+" "+price);
}
```

以上 HQL 查询语句对应的 SQL 语句为：

```
select c.ID, c.NAME,sum(o.PRICE) from CUSTOMERS c left outer join ORDERS o
on c.ID=o.CUSTOMER_ID group by c.ID;
```

该查询语句的查询结果如下：

```
+----+--------+------------+
| ID | NAME   | sum(o.PRICE) |
+----+--------+------------+
| 1  | Tom    | 600.00     |
| 2  | Mike   | 100.00     |
| 3  | Jack   | 200.00     |
| 4  | Linda  | 100.00     |
| 5  | Tom    | NULL       |
+----+--------+------------+
```

having 子句用于为分组查询加上约束，例如，以下查询语句仅统计具有一条以上订单的客户的所有订单的总价：

```
Iterator it=session.createQuery
  ("select c.id,c.name,sum(o.price) from Customer c "
  +"join c.orders o group by c.id having (count(o)>1)" )
  .list()
  .iterator();

while(it.hasNext()){
  Object[] pair=(Object[])it.next();
  Long id=(Long)pair[0];
  String name=(String)pair[1];
  Double price=(Double)pair[2];
  System.out.println(id+" "+name+" "+price);
}
```

以上 HQL 查询语句对应的 SQL 语句为：

```
select c.ID, c.NAME,sum(o.PRICE) from CUSTOMERS c inner join ORDERS o
on c.ID=o.CUSTOMER_ID group by c.ID having (count(o.ID)>1);
```

该查询语句的查询结果如下：

```
+----+---------+---------------+
| ID |  NAME   | sum(o.PRICE)  |
+----+---------+---------------+
|  1 |  Tom    |   600.00      |
+----+---------+---------------+
```

18.3.3　优化报表查询的性能

当 select 语句仅选择查询持久化类的部分属性时，Hibernate 返回的查询结果为关系数据，而非持久化对象。例如：

```
from Customer c inner join c.orders o group by c.age

select c.ID,c.NAME,c.age,o.ID,o.ORDER_NUMBER,o.CUSTOMER_ID from Customer c
inner join c.orders c group by c.age
```

以上两条 HQL 查询语句对应的 SQL 语句相同，因此能查询出数据库中相同的数据。区别在于前者返回的是 Customer 和 Order 持久化对象，它们位于 Session 的缓存中，Session 会保证它们的唯一性。后者返回的是关系数据，它们不会占用 Session 的缓存，只要应用程序中没有任何变量引用这些数据，它们占用的内存就可以被 JVM（Java 虚拟机）的垃圾回收器回收。

报表查询通常会处理大量数据，如对于以上查询语句，可能会检索出上万条的 CUSTOMERS 和 ORDERS 记录。另一方面，报表查询一般只涉及对数据的读操作，而不会修改数据。如果采用第一种形式的 HQL 语句，会导致大量的 Customer 和 Order 持久化对象一直位于 Session 的缓存中，而且 Session 还必须负责这些对象与数据库的同步。如果采用第二种形式的 HQL 语句，能提高报表查询的性能，只要应用程序不再引用这些数据，它们占用的内存就会被释放。

对于第二种形式的 HQL 语句，可以定义一个 JavaBean 来包装查询结果中的关系数据，使应用程序仍旧能按照面向对象的方式来访问查询结果，例如：

```
select
new CustomerOrder(c.ID,c.NAME,c.age,o.ID,o.ORDER_NUMBER,o.CUSTOMER_ID )
from Customer c inner join c.orders c group by c.age
```

本章 18.2 节已经介绍过这一处理方式。值得注意的是，CustomerOrder 类不是持久化类，它的实例不会被加入到 Session 的缓存中。

18.4　高级查询技巧

本节介绍一些高级查询技巧，包括：

- 动态查询：在程序运行时动态决定查询语句的内容。尽管 HQL 也能实现动态查询，但 QBC 和 QBE 实现动态查询更加方便，其程序代码具有更好的可读性。

- 集合过滤：对集合进行过滤，实现对集合排序、设置约束条件和分页查询等。Session 的 createFilter()方法负责创建集合过滤器。
- 子查询：在 HQL 查询语句中嵌入子查询语句。
- 本地 SQL 查询：用本地数据库的 SQL 方言来查询数据。
- 查询结果转换器：对查询结果进行过滤或重组，指定查询结果的内容。

18.4.1 动态查询

HQL 与 QBC 能够完成许多相同的任务，相比之下，HQL 能更加直观地表达复杂的查询语句，而通过 QBC 来表达复杂的查询语句很麻烦。以下两段代码完成相同的任务，但 HQL 检索方式的程序代码更加简洁：

```
//HQL检索方式
Query query=session.createQuery("from Customer c "
  +"where (c.name like 'T%' and c.name like '%m' )"
  +"or (c.age not between 18 and 25) ");

//QBC检索方式
Criteria criteria = session.createCriteria(Customer.class);
criteria.add(Restrictions.or(
           Restrictions.and(Restrictions.like("name","T%"),
           Restrictions.like("name","%m")),
           Restrictions.not(
           Restrictions.between("age",new Integer(18),new Integer(25))));
```

因此，如果在程序运行前就明确了查询语句的内容（也称为静态查询），应该优先考虑 HQL 查询方式。但是，如果只有在程序运行时才能明确查询语句的内容（也称为动态查询），QBC 比 HQL 更加方便。

在实际应用中，经常有这样的查询需求：用户在客户界面的查询窗口输入查询条件，按下“查询按钮”后，业务层执行查询操作，返回匹配的查询结果。图 18-16 显示了查询窗口。

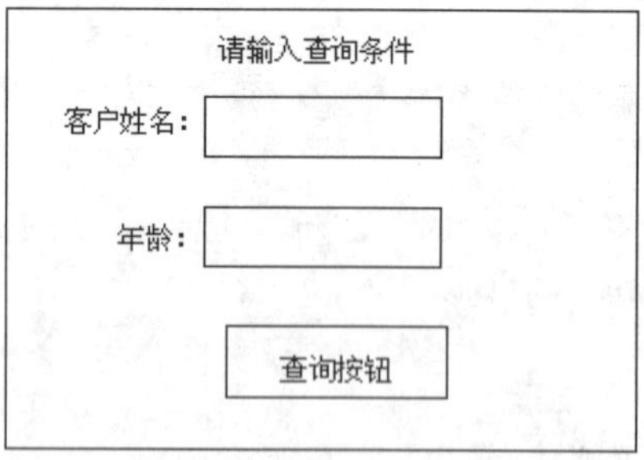

图 18-16 查询窗口

以下程序代码通过 HQL 来生成动态查询语句，包含了大量的逻辑判断流程：

```
public List findCustomers(String name,int age) throws HibernateException{
    StringBuffer hqlStr=new StringBuffer("from Customer c");
    if(name!=null) hqlStr.append(" where lower(c.name) like :name");
    if(age!=0 && name!=null)hqlStr.append(" and c.age=:age");
```

```
        if(age!=0 && name==null)hqlStr.append(" where c.age=:age");

        Query query=getSession().createQuery(hqlStr.toString());
        if(name!=null)query.setString("name",name.toLowerCase());
        if(age!=0)query.setInteger("age",age);

        return query.list();
    }
```

如果采用 QBC 检索方式，可以简化程序代码中的逻辑判断流程：

```
public List findCustomers(String name,int age) throws HibernateException{
  Criteria criteria=getSession().createCriteria(Customer.class);
  if(name!=null)
    criteria.add(
      Restrictions.ilike("name",name.toLowerCase(),MatchMode.ANYWHERE));
  if(age!=0)
    criteria.add(Restrictions.eq("age",new Integer(age)));

  return criteria.list();
}
```

也可以使用 QBE 检索方式：

```
public List findCustomers(Customer customer) throws HibernateException{
  Example exampleCustomer=Example.create(customer);
  exampleCustomer.ignoreCase().enableLike(MatchMode.ANYWHERE);
  exampleCustomer.excludeZeroes();
  Criteria criteria=getSession().createCriteria(Customer.class)
                .add(exampleCustomer);
  return criteria.list();
}
```

Example 类的 enableLike()方法表示对 exampleCustomer 样板对象中所有字符串类型的属性采用模糊比较，ignoreCase()方法表示比较字符串时忽略大小写。excludeZeroes()方法表示如果 exampleCustomer 样板对象中数字类型的属性（如 age 属性）为 0，就不把它添加到查询语句中。如果 Customer 对象的 name 属性为“T”，age 属性为 21，Hibernate 执行的 SQL 语句为：

```
select ID,NAME,AGE from CUSTOMERS where lower(NAME) like '%t%' and AGE=21;
```

如果 Customer 对象的 name 属性为“T”，age 属性为 0，Hibernate 执行的 SQL 语句为：

```
select ID,NAME,AGE from CUSTOMERS where lower(NAME) like '%t%';
```

如果 Customer 对象的 name 属性为 null，age 属性为 0，Hibernate 执行的 SQL 语句为：

```
select ID,NAME,AGE from CUSTOMERS;
```

如果查询窗口中允许同时指定客户查询条件和订单查询条件，仍然可以使用 QBE 检索方式：

```
public List findCustomers(Customer customer,Order order)
```

```
                                throws HibernateException{
    Example exampleCustomer=Example.create(customer);
    exampleCustomer.ignoreCase().enableLike(MatchMode.ANYWHERE);
    exampleCustomer.excludeZeroes();

    Example exampleOrder=Example.create(order);
    exampleOrder.ignoreCase().enableLike(MatchMode.ANYWHERE);
    exampleOrder.excludeZeroes();

    Criteria criteria=getSession().createCriteria(Customer.class)
                    .add(exampleCustomer)
                    .createCriteria("orders")
                    .add(exampleOrder);

    return criteria.list();
  }
```

18.4.2 集合过滤

对于已经加载的 Customer 持久化对象，假定它的 orders 集合由于使用延迟检索策略而没有被初始化，那么只要调用 customer.getOrders().iterator()方法，Hibernate 就会初始化 orders 集合，在初始化时从数据库中加载所有与 Customer 关联的 Order 持久化对象。这种方式存在两大不足：

- 假定这个 Customer 对象与 1 000 个 Order 对象关联，就会加载 1 000 个 Order 对象。在实际应用中，往往只需要访问 orders 集合中的部分 Order 对象，如访问所有价格大于 100 的 Order 对象，此时调用 customer.getOrders().iterator()方法会影响运行时性能，因为它会多余加载应用程序不需要访问的 Order 对象。
- 不能对 orders 集合中的 Order 对象排序，如按照 Order 对象的价格或者订单编号排序。

有两种解决以上问题的办法，一种办法是通过 HQL 或 QBC 查询 orders 集合：

```
List result=session
  .createQuery("from Order o where o.customer=:customer and o.price>100 "
  +"order by o.price")
  .setEntity("customer",customer)
  .list();
```

还有一种办法是使用集合过滤：

```
List result=session
  .createFilter(customer.getOrders()
          ,"where this.price>100 order by this.price")
  .list();

Iterator it=result.iterator();
while(it.hasNext()){
  Order order=(Order)it.next();
  ……
}
```

Session 的 createFilter()方法用来过滤集合，它具有以下特点。

- 它返回 Query 类型的实例。
- 它的第一个参数指定一个持久化对象的集合，这个集合是否已经被初始化并没有关系，但它所属的对象必须处于持久化状态。对于以上程序代码，如果 Customer 对象处于游离状态或临时状态，Hibernate 在运行时会抛出以下异常：

```
[java] org.hibernate.QueryException: The collection was unreferenced
```

- 它的第二个参数指定过滤条件，它由合法的 HQL 查询语句组成。
- 不管持久化对象的集合是否已经被初始化，Query 的 list()方法都会执行 SQL 查询语句，到数据库中检索 Order 对象，对于以上程序代码，Hibernate 执行的 SQL 查询语句为：

```
select ID,ORDER_NUMBER,PRICE from ORDERS
where CUSTOMER_ID=1 and PRICE>100 order by PRICE;
```

- 如果 Customer 对象的 orders 集合已经被初始化，为了保证 Session 的缓存中不会出现 OID 相同的 Order 对象，Query 的 list()方法不会再创建 Order 对象，仅返回已经存在的 Order 对象的引用，参见图 18-17。

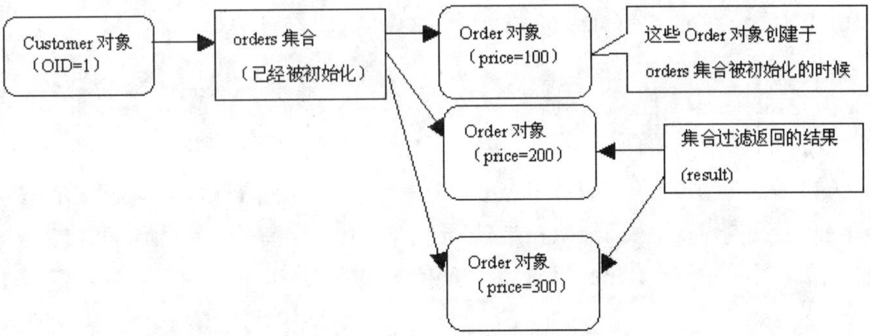

图 18-17　当 Customer 对象的 orders 集合已经被初始化时集合过滤的运行时行为

- 如果 Customer 对象的 orders 集合还没有被初始化，Query 的 list()方法会创建相应的 Order 对象，但是不会初始化 Customer 对象的 orders 集合，参见图 18-18。

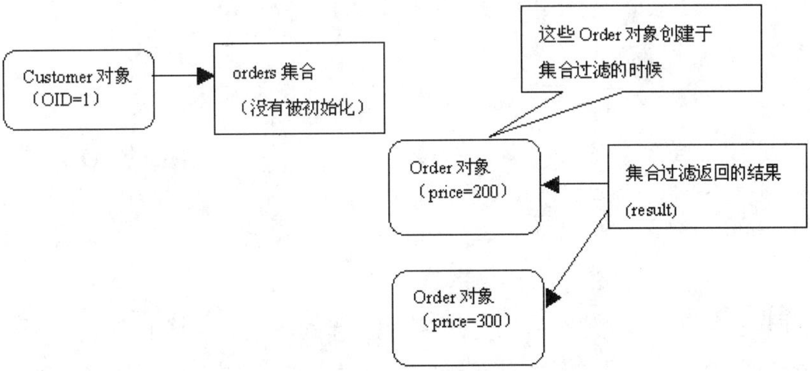

图 18-18　当 Customer 对象的 orders 集合没有被初始化时集合过滤的运行时行为

集合过滤除了用于为集合排序或设置约束条件，还有其他用途，下面举例说明。

（1）为 Customer 对象的 orders 集合分页：

```
List result=session
  .createFilter(customer.getOrders(),"order by this.price asc")
  .setFirstResult(10)
  .setMaxResults(50)
  .list();
```

（2）检索 Customer 对象的 orders 集合中 Order 对象的订单编号：

```
List result=session
  .createFilter(customer.getOrders(),"select this.orderNumber")
  .list();
```

（3）检索数据库中与 Customer 对象的 orders 集合中 Order 对象的价格相同的所有 Order 对象：

```
List result=session
 .createFilter(customer.getOrders()
 ,"select other from Order other where "
 +"other.price=this.price")
 .list();
```

以上 HQL 查询语句对应的 SQL 查询语句为：

```
select other.ID, other.ORDER_NUMBER, other.PRICE, other.CUSTOMER_ID
from ORDERS this, ORDERS other
where this.CUSTOMER_ID = 1 and ((other.PRICE=this.PRICE ));
```

（4）假定 Order 类与 LineItem 类一对多关联，而 LineItem 类与 Item 类多对一关联。Item 类表示商品，LineItem 类表示订单中购买单项商品的信息。集合过滤可用于检索 Order 对象的 lineItems 集合中 LineItem 对象的 Item：

```
List result=session.createFilter(order.getLineItems()
  ,"select this.item")
  .list();
```

18.4.3 子查询

HQL 支持在 where 子句中嵌入子查询语句。例如，以下带子查询的 HQL 查询语句查询具有 1 条以上订单的客户：

```
from Customer c where 1<(select count(o) from c.orders o)
```

子查询语句必须放在括号内。和以上 HQL 查询语句对应的 SQL 语句为：

```
select * from CUSTOMERS c
where 1<(select count(o.ID) from ORDERS o where c.ID=o.CUSTOMER_ID)
```

关于子查询的用法，有以下几点说明。

（1）子查询可以分为相关子查询和无关子查询。相关子查询是指子查询语句引用了外层查询语句定义的别名，如本节开头的子查询语句引用了别名“c”，它是外层查询语句为 Customer 类定义的别名。无关子查询是指子查询语句与外层查询语句无关，如以下 HQL 查询语句查询订单价格大于平均订单价格的订单：

```
from Order o where o.price>(select avg(o1.price) from Order o1)
```

（2）HQL 的子查询依赖于底层数据库对子查询的支持能力。并不是所有的数据库都支持子查询，例如，MySQL 从 4.1.x 版本开始才支持子查询，而 4.0.x 或者更老的版本都不支持子查询。如果希望应用程序能够在不同的数据库平台之间移植，应该避免使用 HQL 的子查询功能。无关子查询语句可以改写为单独的查询语句；相关子查询语句可以改写为连接查询和分组查询语句，例如，以下 HQL 查询语句也能查询具有一条以上订单的客户：

```
select c from Customer c join c.orders o group by c.id having count(o)>1
```

（3）如果子查询语句返回多条记录，可以用以下关键字来量化。

- all：表示子查询语句返回的所有记录。
- any：表示子查询语句返回的任意一条记录。
- some：与“any”等价。
- in：与 “= any”等价。
- exists：表示子查询语句至少返回一条记录。

例如，以下 HQL 查询语句返回所有订单的价格都小于 100 的客户：

```
from Customer c where 100>all (select o.price from c.orders o)
```

以下 HQL 查询语句返回有一条订单的价格小于 100 的客户：

```
from Customer c where 100>any (select o.price from c.orders o)
```

以下 HQL 查询语句返回有一条订单的价格等于 100 的客户：

```
from Customer c where 100=some (select o.price from c.orders o)
```

或者：

```
from Customer c where 100=any (select o.price from c.orders o)
```

或者：

```
from Customer c where 100 in (select o.price from c.orders o)
```

以下 HQL 查询语句返回至少有一条订单的客户：

```
from Customer c where exists (from c.orders)
```

（4）如果子查询语句查询的是集合，HQL 提供了缩写语法，例如：

```
//查询具有特定订单的客户
Iterator it=session
  .createQuery("from Customer c where :order in elements(c.orders)")
  .setEntity("order",order)
  .list()
  .iterator();
```

以上 elements()函数等价于一个子查询语句：

```
from Customer c where :order in ( from c.orders)
```

HQL 提供了一组操纵集合的函数或者属性。

- size()函数或 size 属性：获得集合中元素的数目。
- minIndex()函数或 minIndex 属性：对于建立了索引的集合，获得最小的索引。
- maxIndex()函数或 maxIndex 属性：对于建立了索引的集合，获得最大的索引。
- minElement()函数或 minElement 属性：对于包含基本类型元素的集合，获得集合中取值最小的元素。
- maxElement()函数或 maxElement 属性：对于包含基本类型元素的集合，获得集合中取值最大的元素。
- elements()函数：获得集合中所有元素。

关于以上操纵集合的函数或者属性的更详细的用法，请参阅 Hibernate 的相关文档。下面再举个简单的例子。以下 HQL 查询语句都查询订单数目大于零的客户：

```
from Customer c where c.orders.size>0
```

或者：

```
from Customer c where size(c.orders)>0
```

以上 HQL 查询语句对应的 SQL 查询语句中包含子查询：

```
select * from CUSTOMERS c
where 0<(select count(*) from ORDERS o where o.CUSTOMER_ID=c.ID);
```

以下 HQL 查询语句也查询订单数目大于零的客户：

```
from Customer c left join c.orders o where o is not null
```

以上 HQL 查询语句对应的左外连接 SQL 查询语句为：

```
select * from CUSTOMERS c left outer join ORDERS o on c.ID=o.CUSTOMER_ID
where o.ID is not null;
```

18.4.4 本地 SQL 查询

Hibernate 对本地 SQL 查询提供了内置的支持。Session 的 createSQLQuery()方法返回一个 SQLQuery 对象，SQLQuery 接口继承了 Query 接口。以下程序代码演示了 SQLQuery 接口的基本用法。

```
String sql="select * from CUSTOMERS"; //定义一个 SQL 语句
Query query=session.createSQLQuery( sql);
List result=query.list();
Iterator it=result.iterator();
while(it.hasNext()){
  Object[] row=(Object[])it.next();
  Long id=new Long(((java.math.BigInteger)row[0]).intValue());
  String name=(String)row[1];
  Integer age=(Integer)row[2];
  System.out.println(id+" "+name+" "+age);
}
```

在默认情况下，SQLQuery 接口的 list()方法返回的 List 集合中存放的是关系数据，

List 集合的每个元素为一个 Object[]数组，这个 Object[]数组代表查询结果集中的行，行中的每个列都为 Object 类型。如果要得到每个列的值，需要进行强制类型转换：

```
Long id=new Long(((java.math.BigInteger)row[0]).intValue());
String name=(String)row[1];
Integer age=(Integer)row[2];
```

结果集中每个列的 Java 数据类型信息存放在 JDBC API 中的 ResultSetMetaData 对象中。如果希望更加明确地指定每个列的 Java 数据类型，可以调用 SQLQuery 接口的 addScalar()方法：

```
String sql="select * from CUSTOMERS";
Query query=session.createSQLQuery( sql)
              .addScalar("ID", Hibernate.LONG)
              .addScalar("NAME", Hibernate.STRING)
              .addScalar("AGE", Hibernate.INTEGER);

List result=query.list();
Iterator it=result.iterator();
while(it.hasNext()){
  Object[] row=(Object[])it.next();
  Long id=(Long)row[0];
  String name=(String)row[1];
  Integer age=(Integer)row[2];
  System.out.println(id+" "+name+" "+age);
}
```

SQLQuery 接口的 addEntity()方法能把查询结果集中的关系数据映射为对象：

```
String sql="select * from CUSTOMERS";
Query query=session.createSQLQuery( sql)
                .addEntity(Customer.class);

List result=query.list();
Iterator it=result.iterator();
while(it.hasNext()){
  Customer customer=(Customer)it.next();
  System.out.println(customer.getId());
}
```

SQLQuery 接口的 addJoin()方法用于连接查询：

```
String sql="select {o.*},{c.*} from ORDERS o "
+"join CUSTOMERS c on o.CUSTOMER_ID=c.ID where c.NAME=:name";

Query query=session.createSQLQuery( sql)
              .addEntity("o",Order.class) //第一个参数设置别名
              .addJoin("c","o.customer")  //第一个参数设置别名
              .setParameter("name","Tom"); //为命名参数赋值

List result=query.list();
Iterator it=result.iterator();
while(it.hasNext()){
  Object[] row=(Object[])it.next();
  Order order=(Order)row[0];
```

```
    Customer customer=(Customer)row[1];
  }
```

值得注意的是，以上 SQLQuery 的 list()方法返回的集合中存放的是对象数组类型的元素，每个对象数组都存放了成双的 Customer 与 Order 对象。

本书第 17 章的 17.1.3 节（本地 SQL 检索方式）已经介绍过，在程序中嵌入本地 SQL 语句会增加维护程序代码的难度，如果数据库表的结构发生变化，必须修改相应的程序代码，因此更为合理的方式是把 SQL 查询语句放到映射文件中。例如，可以在 Order.hbm.xml 文件定义如下命名查询语句：

```
<sql-query name="findOrdersByName">
  <return alias="o" class="mypack.Order"/>
  <return-join alias="c" property="o.customer"/>

  select {o.*},{c.*} from ORDERS o
join CUSTOMERS c on o.CUSTOMER_ID=c.ID where c.NAME=:name

</sql-query>
```

在程序中通过如下方式执行命名查询语句：

```
Query query=session.getNamedQuery("findOrdersByName")
              .setParameter("name","Tom");

List result=query.list();
Iterator it=result.iterator();
while(it.hasNext()){
  Object[] row=(Object[])it.next();
  Order order=(Order)row[0];
  Customer customer=(Customer)row[1];
}
```

18.4.5 查询结果转换器

在默认情况下，Criteria 接口执行查询时仅返回根节点的实例。Criteria 接口的 setResultTransformer()方法用于设置查询结果转换器，查询结果转换器能够对查询结果进行过滤或重组。查询结果转换器用 Criteria 接口的一些静态常量来表示：

- Criteria.ROOT_ENTITY：默认值。查询结果中仅包含根节点的实例，可能有重复值。
- Criteria.DISTINCT_ROOT_ENTITY：查询结果中仅包含根节点的实例，没有重复值。
- Criteria.ALIAS_TO_ENTITY_MAP：查询结果中包含根节点的实例及被关联的实例，存放在 MAP 中。

1．确保查询结果中不包含重复实例

以下程序代码采用默认查询结果转换器，此时 Criteria 的 list()方法返回的查询结果中会包含重复的 Customer 对象，接下来程序代码通过 LinkedHashSet 来包装查询结果，以便去除重复的 Customer 对象：

```
List result=session.createCriteria(Customer.class)
                .setFetchMode("orders",FetchMode.JOIN)
                .setResultTransformer(Criteria.ROOT_ENTITY)
                .list();

Set distinctResult=new LinkedHashSet(result); //去除重复的 Customer 对象
Iterator it=distinctResult.iterator();
while(it.hasNext()){
  Customer customer=(Customer)it.next();
}
```

也可以直接用 Criteria.DISTINCT_ROOT_ENTITY 结果转换器来确保查询结果中不包含重复实例：

```
List result=session.createCriteria(Customer.class)
                .setFetchMode("orders",FetchMode.JOIN)
                .setResultTransformer(Criteria.DISTINCT_ROOT_ENTITY)
                .list();

Iterator it=result.iterator();
while(it.hasNext()){
  Customer customer=(Customer)it.next();
}
```

Criteria.DISTINCT_ROOT_ENTITY 结果转换器与 HQL 查询语句中的“distinct”关键字的作用是一样的。

2．确保查询结果中包含根节点的实例及被关联的实例

以下程序代码采用 Criteria.ALIAS_TO_ENTITY_MAP 查询结果转换器，此时 Criteria 的 list()方法返回的查询结果集合中的每个元素为 1 个 Map 对象，Map 对象的键为持久化类的别名，Map 对象的键为持久化类的实例：

```
List result=session.createCriteria(Customer.class)
                .createAlias("orders","o")
                .setResultTransformer(Criteria.ALIAS_TO_ENTITY_MAP)
                .list();

Iterator it=result.iterator();
while(it.hasNext()){
  Map map=(Map)it.next();
  Customer customer=(Customer)map.get(Criteria.ROOT_ALIAS);
  Order order=(Order)map.get("o");
}
```

HQL 检索方式和本地 SQL 检索方式也支持一种结果转换器，它是由 org.hibernate.transformer.Transformers 类的 aliasToBean()静态方法返回的结果转换器，它能把查询结果中的每一行包装为一个 JavaBean：

```
List result=session
        .createQuery("select c.id as id,c.name as name from Customer c")
        .setResultTransformer(Transformers.aliasToBean(CustomerDTO.class))
        .list();
```

```
Iterator it=result.iterator();
while(it.hasNext()){
  CustomerDTO customer=(CustomerDTO)it.next();
}
```

以上 CustomerDTO 类是一个 JavaBean，它仅包含 Customer 类的 id 和 name 属性，以及相应的 get 和 set 方法。

18.5 查询性能优化

根据第 16 章、第 17 章及本章的介绍，可以看出 Hibernate 主要从以下几方面来优化查询性能。

（1）降低访问数据库的频率，减少 select 语句的数目。实现手段包括：

- 使用迫切左外连接或迫切内连接检索策略。
- 对延迟检索或立即检索策略设置批量检索数目。
- 使用查询缓存，参见本章 18.5.2 节。

（2）避免多余加载程序不需要访问的数据。实现手段包括：

- 使用延迟检索策略。
- 使用集合过滤，参见本章 18.4.2 节。

（3）避免报表查询数据占用缓存。实现手段为利用投影查询功能，查询出实体的部分属性，参见本章 18.3.3 节。

（4）减少 select 语句中的字段，从而降低访问数据库的数据量。实现手段为利用 Query 的 iterate()方法，参见第 17 章的 17.1.10 节和本章的 18.5.1 节。

18.5.1 iterate()方法

Query 接口的 iterate()方法和 list()方法都能执行 SQL 查询语句，但是前者在有些情况下能轻微提高查询性能。第 17 章的 17.1.10 节已经介绍了 Query 接口的 iterate()方法的作用。下面再通过范例来说明 iterate()方法的使用场合。以下程序代码两次检索 Customer 对象：

```
Query query1=session.createQuery("from Customer c");
List result1=query1.list();

Query query2=session.createQuery("from Customer c where c.age<30 ");
List result2=query2.list();
```

当第二次从数据库中检索 Customer 对象时，Hibernate 执行的 SQL 查询语句为：

```
select ID,NAME,AGE from CUSTOMERS where AGE<30;
```

由于和以上查询结果对应的 Customer 对象已经存在于 Session 的缓存中，因此在这种情况下，Hibernate 不需要创建新的 Customer 对象，只需要根据查询结果中的 ID 字段值返回缓存中匹配的 Customer 对象。可见，当第二次从数据库中检索 Customer 对象时，在 select 语句中其实只需要包含 CUSTOMERS 表的 ID 字段就可以了：

```
select ID from CUSTOMERS where AGE<30;
```

为了让 Hibernate 执行以上的 select 语句，可以通过 iterate()方法来检索 Customer 对象：

```
Query query1=session.createQuery("from Customer c");
List result1=query1.list();

Query query2=session.createQuery("from Customer c where c.age<30 ");
Iterator result2=query2.iterate();
```

Query 接口的 iterate()方法首先检索 ID 字段，然后根据 ID 字段到 Hibernate 的第一级缓存及第二级缓存中查找匹配的 Customer 对象，如果存在，就直接把它加入到查询结果集中，否则就执行额外的 select 语句，根据 ID 字段到数据库中检索该对象。

18.5.2　查询缓存

对于经常使用的查询语句，如果启用了查询缓存，当第一次执行查询语句时，Hibernate 会把查询结果存放在查询缓存中。以后再次执行该查询语句时，只需从缓存中获得查询结果，从而提高查询性能。

值得注意的是，如果查询结果中包含实体，查询缓存只会存放实体的 OID，而对于投影查询，查询缓存会存放所有的数据值。对于以下 HQL 查询语句：

```
select c,o.orderNumber from Customer c, Order o where o.customer=c
```

以上查询结果包含 Customer 对象和 Order 对象的 orderNumber 属性，如果启用了查询缓存，Hibernate 把查询结果中 Customer 对象的 OID 属性和 Order 对象的 orderNumber 属性存放在查询缓存中。

查询缓存适用于以下场合：

- 在应用程序运行时经常使用的查询语句。
- 很少对与查询语句检索到的数据进行插入、删除或更新操作。

对查询语句启用查询缓存的步骤如下。

（1）配置第二级缓存，参见第 22 章的 22.4 节（管理 Hibernate 的第二级缓存）。

（2）在 Hibernate 的 hibernate.properties 配置文件中设置查询缓存属性：

```
hibernate.cache.use_query_cache=true
```

（3）即使按照步骤（2）设置了 hibernate.cache.use_query_cache 属性，Hibernate 在执行查询语句时仍然不会启用查询缓存。对于希望启用查询缓存的查询语句，应该调用 Query 接口 setCacheable()方法：

```
Query customerByAgeQuery=session
                 .createQuery("from Customer c where c.age>:age");
customerByAgeQuery.setInteger("age",age);
customerByAgeQuery.setCacheable(true);
```

如果希望更加精粒度地控制查询缓存，可以设置缓存区域：

```
Query customerByAgeQuery=session
                 .createQuery("from Customer c where c.age>:age");
```

```
customerByAgeQuery.setInteger("age",age);
customerByAgeQuery.setCacheable(true);
customerByAgeQuery.setCacheRegion("customerQueries");
```

Tips

第 22 章的 22.4 节（管理 Hibernate 的第二级缓存）会介绍如何为缓存区域设定数据过期策略，另外，缓存区域也可称为命名缓存。

Hibernate 提供了 3 种和查询相关的缓存区域。

- 默认的查询缓存区域：org.hibernate.cache.StandardQueryCache。
- 用户自定义的查询缓存区域：如“customerQueries”。
- 时间戳缓存区域：org.hibernate.cache.UpdateTimestampCache。

默认的查询缓存区域及用户自定义的查询缓存区域都用于存放查询结果。而时间戳缓存区域存放了对与查询结果相关的表进行插入、更新或删除操作的时间戳。Hibernate 通过时间戳缓存区域来判断被缓存的查询结果是否过期，它的运行过程如下。

（1）在 T1 时刻执行查询语句，把查询结果存放在 QueryCache 区域，该区域的时间戳为 T1 时刻。

（2）在 T2 时刻对与查询结果相关的表进行插入、更新或删除操作，Hibernate 把 T2 时刻存放在 UpdateTimestampCache 区域。

（3）在 T3 时刻执行查询语句前，先比较 QueryCache 区域的时间戳和 UpdateTimestampCache 区域的时间戳，如果 T2>T1，那么就丢弃原先存放在 QueryCache 区域的查询结果，重新到数据库中查询数据，再把查询结果存放在 QueryCache 区域；如果 T2<T1，直接从 QueryCache 区域获得查询结果。

由此可见，如果当前应用进程对数据库的相关数据做了修改，Hibernate 会自动刷新缓存的查询结果。但是如果其他应用进程对数据库的相关数据做了修改，Hibernate 无法监测到这一变化，此时必须由应用程序负责监测这一变化（如通过发送和接收事件或消息机制），然后刷新查询结果。Query 接口的 setCacheMode(CachMode.REFRESH) 方法允许强制刷新查询结果，它使得 Hibernate 丢弃查询缓存区域中已有的查询结果，重新到数据库中查询数据，再把查询结果存放在查询缓存区域中。

由于查询缓存依赖于第二级缓存，因此本章没有提供查询缓存的完整例子，第 22 章的 22.5 节（运行本章的范例程序）将提供完整的例子。

18.6 小结

第 17 章和本章详细介绍了 Hibernate 提供的 HQL、QBC 及本地 SQL 检索方式的用法。HQL 的检索功能最强大，它的查询语句和 SQL 查询语句比较相似，具有较好的可读性。QBC 适合于生成动态查询语句，本地 SQL 检索方式适合于利用数据库的本地方言来生成查询语句的场合。Hibernate 允许在映射文件中定义 HQL 及本地 SQL 查询语句，从而使这些查询语句与程序代码分离，这可以同时提高这些查询语句及程序代码的可维护性。表 18-5 比较了 HQL 与 QBC 的优缺点。

表 18-5　比较 HQL 与 QBC 的优缺点

比较方面	HQL 检索方式	QBC 检索方式
可读性	优点：和 SQL 查询语言比较接近，比较容易读懂	缺点：QBC 把查询语句肢解为一组 Criterion 实例，可读性差
功能	优点：功能最强大，支持各种各样的查询	缺点：没有 HQL 的功能强大，例如不支持报表查询和子查询，而且对连接查询也做了很多限制
查询语句形式	缺点：应用程序必须提供基于字符串形式的 HQL 查询语句	优点：QBC 检索方式封装了基于字符串形式的查询语句，提供了更加面向对象的接口
何时被解析	缺点：HQL 查询语句只有在运行时才会被解析	优点：QBC 在编译时就能被解析，因此更加容易排错
可扩展性	缺点：不具有扩展性	优点：允许用户扩展 Criterion 接口
对动态查询语句的支持	缺点：尽管支持生成动态查询语句，但是编程很麻烦	优点：适合于生成动态查询语句

此外，有两个工具用于测试 Hibernate 查询。

- Hibern8IDE：它是一个基于 Java Swing 的软件，下载网址为：http://www.hibernate.org。
- Hibernator：它是一个基于 Eclipse 的插件，下载网址为：http://hibernator.sourceforge.net/。

这两个工具都允许让用户选择映射文件，建立数据库连接，然后显示用户输入的 HQL 查询语句的查询结果，Hibern8IDE 还允许测试 QBC 程序代码，如果想更详细地了解这两个工具的用法，可参考 Hibernate 网站提供的相关参考文档。

18.7 思考题

1．假定在 Customer.hbm.xml 文件中对 Customer 类的 orders 集合设置了延迟检索策略，对于以下代码，以下哪个说法正确？（单选）

```
List result=session
  .createQuery("from Customer c join c.orders o ")
  .list();
```

（a）以上 HQL 查询语句采用了左外连接。

（b）result 结果集中的每个元素为 Customer 对象。

（c）result 结果集中的每个元素为一个对象数组，这个对象数组包含两个对象，一个为 Customer 对象，一个为 Order 对象。

（d）result 结果集中的 Customer 对象的 orders 集合被初始化，存放了关联的 Order 对象。

2．以下哪些选项中的程序代码采用了迫切左外连接？（多选）

（a）

```
List result=session
  .createQuery("from Customer c left join fetch c.orders o ")
  .list();
```

（b）

```
List result=session.createCriteria(Customer.class)
  .setFetchMode("orders",FetchMode.JOIN)
  .list();
```

（c）

```
List result=session
  .createQuery("from Customer c left join c.orders")
  .list();
```

（d）

```
List result=session.createCriteria(Customer.class)
                .createCriteria("orders")
                .list();
```

3．以下哪些为合法的 HQL 查询语句？（多选）

（a）select c.id,c.name,o.orderNumber from Customer c join c.orders o

（b）from Customer c inner join fetch c.orders o where c.name like 'T%'

（c）from Customer c where c.NAME='Tom' and c.AGE!=18

（d）select count(*) from Customer c

4．以下哪个 HQL 查询语句能够按照客户分组，统计每个客户的订单数目？（单选）

（a）select c.id,c.name,count(*) from Customer c join c.orders o group by c.id

（b）select c.id,c.name,count(o) from Customer c join c.orders o group by c

（c）select c.id,c.name,count(c) from Customer c right join c.orders o group by c.id

（d）select c.id,c.name,count(o) from Customer c left join c.orders o group by c.id

5．以下哪些属于 org.hibernate.criterion.Example 类的方法？（多选）

（a）enableLike()　（b）ignoreCase()　（c）excludeZeroes()　（d）isEmpty()

6. 假定以下程序代码中的 Customer 对象是一个持久化对象，以下哪些说法正确？（多选）

```
Customer customer=...  //假定 Customer 对象是一个持久化对象
List result=session
  .createFilter(customer.getOrders()
          ,"where this.price>100 order by this.price")
  .list();
```

（a）result 结果集中存放了 Customer 对象及关联的 Order 对象

（b）result 结果集中存了价格大于 100 并且与 Customer 对象关联的 Order 对象

（c）以上 list()方法会执行一条查询 ORDERS 表的 SQL select 语句

（d）如果 Customer 对象的 orders 集合还没有被初始化，以上 list()方法会创建相应的 Order 对象，并且初始化 Customer 对象的 orders 集合

第 19 章　Hibernate 高级配置

Hibernate 可以与任何一种 Java 应用的运行环境集成。Java 应用的运行环境可分为两种：

- 受管理环境（Managed environment）：由容器负责管理各种共享资源（如线程池和数据库连接池），支持 CMT（Container Managered Transaction，完全由容器管理事务）事务模式等。一些 JavaEE 应用服务器，如 JBoss、WebLogic 和 WebSphere 提供了符合 JavaEE 规范的受管理环境。
- 不受管理环境（Non-managed enviroment）：由应用本身负责管理数据库连接、定义事务边界及管理安全。独立的桌面应用或命令行应用都运行在不受管理环境中。Servlet 容器会负责管理线程池，有些 Servlet 容器，如 Tomcat，还会管理数据库连接池，但是 Servlet 容器不支持 CMT 事务模式，因此它提供的仍然是不受管理的运行环境。

Hibernate 允许 Java 应用在不同的环境中移植。当 Java 应用从一个环境移植到另一个环境中时，只需要修改 Hibernate 的配置文件，而不需要修改或者只需要修改极少量的 Java 源代码。

本章将介绍 Hibernate 的高级配置，包括以下内容：

- 配置数据库连接池
- 配置事务类型
- 把 SessionFactory 与 JNDI 绑定
- 配置日志
- 使用 XML 格式的配置文件

19.1　配置数据库连接池

所有的 Java 应用最终都必须通过 JDBC API 访问数据库，当执行数据库事务时，必须先获得一个 JDBC Connection 实例，这个 Connection 实例就代表数据库连接。那么如何获得数据库连接呢？最简单的办法是在每次执行数据库事务时，都通过 DriverManager 创建一个新的数据库连接，事务执行完毕后，就关闭这个数据库连接：

```
Connection con=java.sql.DriverManager.getConnection(dbUrl,dbUser,dbPwd)
//执行数据库事务
……
con.close();
```

建立一个数据库连接需要消耗大量系统资源，频繁地创建数据库连接会大大削弱应用性能。为了解决这一问题，数据库连接池应运而生。数据库连接池的基本实现原理是：事先建立一定数量的数据库连接，这些连接存放在连接池中，当 Java 应用执行一个数据库事务时，只需从连接池中取出空闲状态的数据库连接；当 Java 应用执行完事务，再将数据库连接放回连接池。图 19-1 显示了数据库连接池的作用。

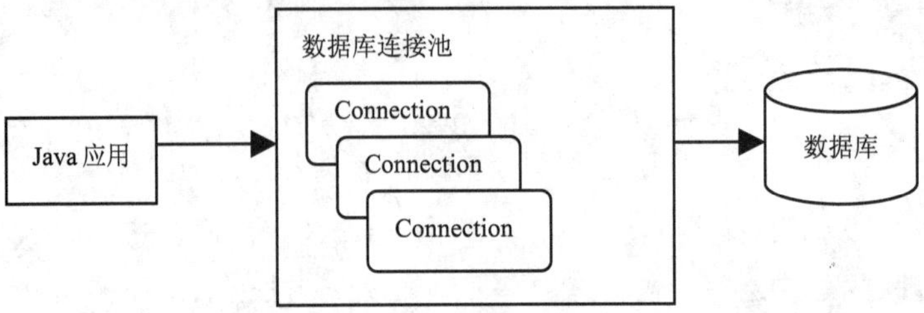

图 19-1　Java 应用从数据库连接池中获得数据库连接

那么 Java 应用从何处获得数据库连接池呢？一种办法是从头实现自己的连接池，还有一种办法是使用第三方提供的连接池产品。表 19-1 列出了几种比较流行的连接池产品。

表 19-1　流行的连接池产品

名　称	供 应 商	URL
Poolman	开源软件	http://sourceforge.net/projects/poolman/
Expresso	Jcorporate	http://www.jcorporate.com
JDBC Pool	开源软件	http://www.bitmechanic.com/projects/jdbcpool/
DBCP	Jakarta	http://jakarta.apache.org/commons/index.html
C3P0	开源软件	http://sourceforge.net/projects/c3p0
Proxool	开源软件	http://proxool.sourceforge.net

在不受管理环境中， Java 应用自身负责构造特定连接池的实例，然后访问这个连接池的 API，从连接池中获得数据库连接。对于使用 Hibernate 的 Java 应用，构造及访问连接池的任务通常由 Hibernate 来完成。

在受管理环境中，容器（如 JavaEE 应用服务器）负责构造连接池的实例，Java 应用直接访问容器提供的连接池实例。不同的连接池有不同的 API，如果 Java 应用直接访问连接池的 API，会削弱 Java 应用与连接池之间的独立性，假如日后需要改用其他连接池产品，必须修改应用中所有访问连接池的程序代码。为了提高 Java 应用与连接池之间的独立性，SUN 公司制定了标准的 javax.sql.DataSource 接口，它用于封装各种不同的连接池实现。凡是实现 DataSource 接口的连接池都被看做标准的数据源，可以发布到 JavaEE 应用服务器中。图 19-2 显示了 Java 应用通过 DataSource 接口访问连接池的过程。

对于每一种实现 javax.sql.DataSource 接口的连接池，都会提供负责构造 DataSource 实例的工厂类，如 DBCP 连接池的 DataSource 工厂类为 org.apache.commons.dbcp.BasicDataSourceFactory。在受管理环境中，容器通过这个工厂类构造出 DataSource 实例，然后把它发布为 JNDI（Java Naming and Directory Interface）资源，允许 Java 应用通过 JNDI API 来访问它。

可以简单地把 JNDI 理解为一种将对象和名字绑定的技术，对象工厂负责生产出对象，这些对象都和唯一的 JNDI 名字绑定，外部程序通过 JNDI 名字来获得某个对象的引用。例如，假定容器发布了一个 JNDI 名字为“jdbc/SAMPLEDB”的数据源，Java 应用通过 JNDI API 中的 javax.naming.Context 接口来获得这个数据源的引用：

```
Context ctx = new InitialContext();
DataSource ds=(DataSource)ctx.lookup("java:comp/env/jdbc/SAMPLEDB");
```

程序得到了 DataSource 对象的引用后，就可以通过 DataSource 的 getConnection() 方法获得数据库连接对象 Connection：

```
Connection con=ds.getConnection();
```

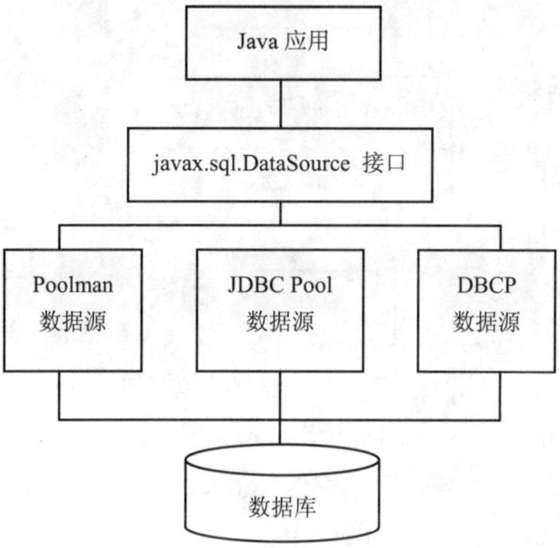

图 19-2　在受管理环境中，Java 应用通过 DataSource 接口访问连接池

JNDI 技术在受管理环境中得到了广泛的运用，对于一些共享资源，如数据源和 EJB 组件，都可以把它们发布为 JNDI 资源，容器负责管理 JNDI 资源的生命周期，Java 应用通过 JNDI API 来访问 JNDI 资源。本章 19.3 节还会介绍如何把 SessionFactory 发布为 JNDI 资源。

对于使用了 Hibernate 的 Java 应用，Hibernate 对 JDBC API 进行了封装，Java 应用可以完全通过 Hibernate API 来访问数据库。如图 19-3 所示，Java 应用不会直接访问数据库连接池，而是由 Hibernate 负责访问数据库连接池。Hibernate 从何处获得数据库连接池呢？有以下几种方式：

- 使用默认的数据库连接池。
- 使用配置文件指定的数据库连接池。
- 在受管理环境中，从容器中获得标准的数据源。

Tips

> 值得注意的是，不管 Hibernate 按何种方式获得数据库连接池，对 Java 应用都是透明的。当改变 Hibernate 获取数据库连接池的方式时，只需修改 Hibernate 的配置文件，而不需要修改 Java 应用的程序代码。

Hibernate 把不同来源的连接池抽象为 org.hibernate.connection.ConnectionProvider 接口，Hibernate 提供了以下内置的 ConnectionProvider 实现类。

- DriverManagerConnectionProvider：代表由 Hibernate 提供的默认的数据库

连接池。

- C3P0ConnectionProvider：代表 C3P0 连接池。
- ProxoolConnectionProvider：代表 Proxool 连接池。
- DatasourceConnectionProvider：代表在受管理环境中由容器提供的数据源。

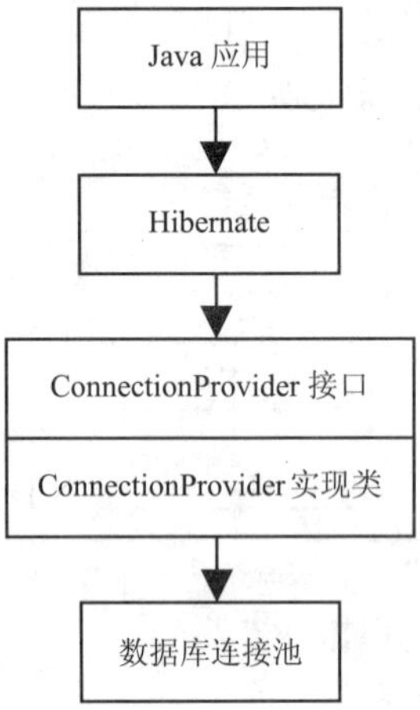

图 19-3　Hibernate 访问数据库连接池

除了以上内置的 ConnectionProvider 实现类，Hibernate 还允许用户扩展 ConnectionProvider 接口，创建客户化的 ConnectionProvider 实现类。在 Hibernate 配置文件中，hibernate.connection.provider_class 属性用来指定 ConnectionProvider 实现类。Hibernate 的 ConnectionProviderFactory 工厂类根据 provider_class 属性来构造相应的 ConnectionProvider 实例。如果用户使用的是 Hibernate 的内置 ConnectionProvider 实现类，也可以不设置 provider_class 属性，因为 ConnectionProviderFactory 工厂类能根据配置文件中的其他属性推断出 ConnectionProvider 实现类的类型。

19.1.1　使用默认的数据库连接池

Hibernate 提供了默认的连接池实现，它的实现类为 DriverManagerConnectionProvider。如果在 Hibernate 的配置文件中没有明确配置任何连接池，Hibernate 就会使用这个默认的连接池。在例程 19-1 的配置代码中，没有显式配置任何连接池，因此 Hibernate 在运行时会使用默认的连接池。

例程 19-1　使用默认连接池的 hibernate.properties 文件

```
hibernate.dialect=org.hibernate.dialect.MySQLDialect
hibernate.connection.driver_class=com.mysql.jdbc.Driver
hibernate.connection.url=jdbc:mysql://localhost:3306/SAMPLEDB
hibernate.connection.username=root
hibernate.connection.password=1234
hibernate.show_sql=true
```

值得注意的是，在学习 Hibernate 技术时，可以在演示程序中使用默认连接池，因为它的配置很简单。但是在开发正式的商业软件产品时，不能使用这个连接池，因为它不是成熟的专业连接池产品，缺乏响应大批量并发请求及容错的能力。

19.1.2　使用配置文件指定的数据库连接池

不管是在受管理环境，还是在不受管理环境中，都可以在配置文件中显式配置特定数据库连接池。Hibernate 会负责构造这种连接池的实例，然后通过它获得数据库连接。Hibernate 目前支持的第三方连接池产品包括：C3P0 和 Proxool 等，Hibernate 开发组织优先推荐的是 C3P0 和 Proxool。例程 19-2 的 Hibernate 配置文件配置了 C3P0 连接池。

例程 19-2　使用 C3P0 连接池的 hibernate.properties 文件

```
hibernate.dialect=org.hibernate.dialect.MySQLDialect
hibernate.connection.driver_class=com.mysql.jdbc.Driver
hibernate.connection.url=jdbc:mysql://localhost:3306/SAMPLEDB
hibernate.connection.username=root
hibernate.connection.password=1234
hibernate.show_sql=true
hibernate.c3p0.min_size=5
hibernate.c3p0.max_size=20
hibernate.c3p0.timeout=300
hibernate.c3p0.max_statements=50
hibernate.c3p0.idle_test_period=3000
```

例程 19-2 的配置代码指定 Hibernate 使用 C3P0 连接池，表 19-2 对 C3P0 的各个配置选项做了描述。

表 19-2　C3P0 的配置选项

配置选项	描　述
min_size	在连接池中可用的数据库连接的最少数目
max_size	在连接池中所有数据库连接的最大数目
timeout	设定数据库连接的过期时间，以秒为单位。如果连接池中的某个数据库连接处于空闲状态的时间超过了 timeout 时间，就会从连接池中清除
max_statements	可以被缓存的 PreparedStatement 实例的最大数目。缓存适量的 PreparedStatement 实例，能够大大提高 Hibernate 的性能
idle_test_period	在使数据库连接自动生效之前处于空闲状态的时间，以秒为单位

不同的连接池有不同的配置选项，在 org.hibernate.cfg.Enviroment 类的 JavaDoc 文档中，详细描述了 Hibernate 目前支持的各种数据库连接池的配置选项。

如果希望 Hibernate 使用用户提供的其他类型的连接池，首先要为这个连接池创建 ConnectionProvider 实现类，假定名为 mypack.MyConnectionProvider，接下来在配置文件中通过 hibernate.connection.provider_class 属性显式指定这个实现类：

```
hibernate.connection.provider_class=mypack.MyConnectionProvider
```

19.1.3　从容器中获得数据源

在受管理环境中，容器负责构造数据源，即 javax.sql.DataSource 的实例，然后把它发布为 JNDI 资源，Hibernate 的 DataSourceConnectionProvider 类充当这个数据源的代理。

在不受管理环境中，有些 Servlet 容器，如 Tomcat，也能负责构造数据源，并能把它发布为 JNDI 资源，因此 Hibernate 也能从 Tomcat 容器中获得数据源。

以 Tomcat 为例，为了使 Hibernate 从容器中获得数据源，需要分别配置 Tomcat 容器和 Hibernate：

- 在 Tomcat 容器中配置数据源。
- 在 Hibernate 的配置文件中指定使用容器中的数据源。

1．在 Tomcat 容器中配置数据源

在 Tomcat 的配置文件 server.xml 中，<Resource>元素用来配置 JNDI 资源，Tomcat 允许把数据源也发布为 JNDI 资源。例程 19-3 的代码在 Tomcat6 中配置了一个 JNDI 名为“jdbc/SAMPLEDB”的数据源。

例程 19-3　在 Tomcat6 的配置文件 server.xml 中配置数据源

```
<Resource name="jdbc/SAMPLEDB"
    auth="Container"
    type="javax.sql.DataSource"
    maxActive="100"
    maxIdle="30"
    maxWait="10000"
    username="root"
    password="1234"
    driverClassName="com.mysql.jdbc.Driver"
    url="jdbc:mysql://localhost:3306/SAMPLEDB?autoReconnect=true"/>
```

在以上代码中，<Resource>元素用于定义名为 jdbc/BookDB 的数据源。<Resource>的属性描述参见表 19-3。

表 19-3　<Resource>的属性

属　性	描　述
name	指定 Resource 的 JNDI 名字
auth	指定管理 Resource 的 Manager，它有两个可选值：Container 和 Application。Container 表示由容器来创建和管理 Resource，Application 表示由 Web 应用来创建和管理 Resource
type	指定 Resource 所属的 Java 类名
maxActive	指定数据库连接池中处于活动状态的数据库连接的最大数目，取值为 0，表示不受限制
maxIdle	指定数据库连接池中处于空闲状态的数据库连接的最大数目，取值为 0，表示不受限制
maxWait	指定数据库连接池中的数据库连接处于空闲状态的最长时间（以毫秒为单位），超过这一时间，将会抛出异常。取值为-1，表示可以无限期等待
username	指定连接数据库的用户名
password	指定连接数据库的口令
driverClassName	指定连接数据库的 JDBC 驱动器中的 Driver 实现类的名字
url	指定连接数据库的 URL

2．在 Hibernate 的配置文件中指定使用容器中的数据源

在 Hibernate 的配置文件中，hibernate.connection.datasource 属性用于指定容器中的

数据源。例程 19-4 的配置代码指定 Hibernate 使用容器中 JNDI 名为“jdbc/SAMPLEDB”的数据源。

例程 19-4　使用容器中数据源的 hibernate.properties 文件

```
hibernate.dialect=org.hibernate.dialect.MySQLDialect
hibernate.connection.datasource= java:comp/env/jdbc/SAMPLEDB
hibernate.show_sql=true
```

在指定数据源时，必须提供完整的 JNDI 名字。此外，由于 Hibernate 直接从容器中获得现成的数据源，因此在 Hibernate 的配置文件中，可以不用设定以下连接数据库的属性：

- hibernate.connection.url
- hibernate.connection.username
- hibernate.connection.password

19.1.4　由 Java 应用本身提供数据库连接

当 Java 应用通过 Hibernate 访问数据库时，先调用 SessionFactory 的 openSession() 方法获得一个 Session 实例，然后通过 Session 实例执行具体的数据库操作。对于每一个 Session 实例，Hibernate 都会为它分配数据库连接。在默认情况下， Hibernate 从数据库连接池中获得可用的数据库连接。此外，Hibernate 还允许由应用程序为 Session 指定数据库连接。SessionFactory 的 openSession()方法有以下重载形式。

- openSession()：由 Hibernate 从数据库连接池中获得可用的数据库连接。
- openSession(Connection connection)：由应用程序提供数据库连接。

当应用程序通过第二种形式的 openSession(Connection connection)方法创建 Session 实例时，必须为 Session 提供 JDBC Connection 实例。这个 Connection 实例究竟从何而来，完全由 Java 应用决定，Java 应用既可以直接调用 DriverManager 的 getConnection() 方法构造一个 Connection 实例，也可以从特定的数据库连接池中获得现成的 Connection 实例。值得注意的是，如果 Session 使用的是 Java 应用提供的 Connection 实例，那么 Hibernate 的第二级缓存就会失效，Hibernate 不能对同一个数据库事务执行的多条 SQL 语句进行跟踪。

19.2　配置事务类型

在 Java 应用中，按照声明事务边界的接口划分，事务可分为两类：

- JDBC 事务：依赖于 JDBC API 来声明事务边界，适用于任何 Java 运行环境。
- JTA 事务：依赖于 JTA 来声明事务边界，适用于基于 JavaEE 的受管理环境，以及支持 JTA 的不受管理环境。

JTA（Java Transaction API）是 SUN 公司为基于 JavaEE 的受管理环境制定的标准事务 API。此外，有些 JTA 实现（如 JBoss 提供的 JTA 实现）可以脱离容器独立运行，因此在不受管理环境中，Java 应用也可以访问基于这种实现的 JTA。JTA 支持分布式的事务及跨数据库平台的事务。JTA 中的两个核心接口为：

- TransactionManager：事务管理器，参与管理事务的生命周期。
- UserTranscation：Java 应用通过这个接口来声明事务边界。

Tips

在受管理环境中，JTA 事务分为 CMT（Container Managered Transaction，完全由容器管理事务）和 BMT（Bean managered Transaction，由 Bean 来管理自己的事务）两种模式。在 CMT 事务模式下，应用不必在程序代码中声明事务边界，而只需在部署文件中配置事务，然后由容器通过 TransactionManager 来管理事务。在 BMT 事务模式下，应用在程序代码中通过 UserTransaction 接口来声明事务边界。本章讲的 JTA 事务，如果未做特别说明，都是基于 BMT 事务模式的。

对于使用了 Hibernate 的 Java 应用，Java 应用声明事务有两种方式：

（1）直接通过 JTA API 来声明 JTA 事务。

（2）通过 Hibernate API 来声明事务。Java 应用直接通过 Hibernate API 来声明事务边界时，Java 应用不必考虑 Hibernate 实际上到底使用的是 JDBC 事务，还是 JTA 事务。Hibernate 的底层实现会通过配置文件中配置的事务工厂类，来创建特定的事务。

如图 19-4 所示，Hibernate 把不同类型的事务抽象为 org.hibernate.Transaction 接口，并提供了两个内置的实现类：

- JDBCTransaction：代表 JDBC 事务。
- JTATransaction：代表 JTA 事务。

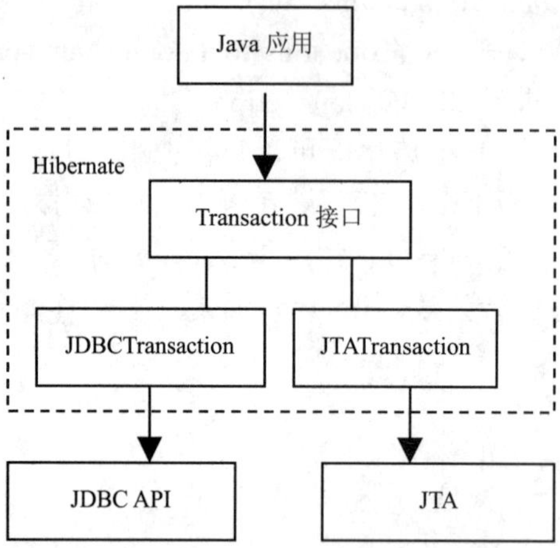

图 19-4　Hibernate 把 JDBC 事务和 JTA 事务抽象为 Hibernate 事务

Hibernate 通过以下事务工厂类来构造 JDBC 或 JTA 事务实例。

- JDBCTransactionFactory：负责构造 JDBCTransaction 实例。
- JTATransactionFactory：负责构造 JTATransaction 实例。

Tips

在受管理环境中，如果采用 CMT，那么应该采用 org.hibernate.transaction.CMTTransactionFactory 事务工厂类。

在 Hibernate 的配置文件中，hibernate.transaction.factory_class 属性用来指定事务工厂类。在不受管理环境中，它的默认值为 org.hibernate.transaction.JDBCTransactionFactory。

例程 19-5 的配置文件配置了 JTA 事务工厂。

例程 19-5 使用 JTA 事务的 hibernate.properties 文件

```
hibernate.dialect=org.hibernate.dialect.MySQLDialect
hibernate.connection.datasource= java:comp/env/jdbc/SAMPLEDB
hibernate.transaction.factory_class=
      org.hibernate.transaction.JTATransactionFactory
hibernate.transaction.manager_lookup_class=
      org.hibernate.transaction.JBossTransactionManagerLookup
hibernate.show_sql=true
```

hibernate.transaction.manager_lookup_class 属性用于指定 TransactionManagerLookup 接口的实现类，该接口负责定位容器中的 JTA TransactionManger。Hibernate 为许多 JavaEE 应用服务器提供了 TransactionManagerLookup 实现类，如 JBoss 服务器对应的实现类为 JbossTransactionManagerLookup。

值得注意的是，只有当需要使用 Hibernate 的第二级缓存，或者使用了 hilo 标识符生成策略，或者由容器来管理事务时，才必须设置 manager_lookup_class 属性，在其他情况下，可以不设置 manager_lookup_class 属性。

当使用 JTA 事务时，还可以显式指定 JTA UserTransaction 的 JNDI 名字。UserTransaction 在容器中被发布为 JNDI 资源，在 Hibernate 的配置文件中，jta.UserTransaction 属性用来设置 UserTransaction 的 JNDI 名字，例如：

```
hibernate.transaction.factory_class= org.hibernate.transaction.JTATransactionFactory
jta.UserTransaction= java:comp/UserTransaction
```

如果按照例程 19-5 配置了 JTATransactionFactory，JTATransactionFactory 会支持以下任务：

（1）支持 Session 的生命周期与当前 JTA 事务绑定，参见第 23 章的 23.1.2 节（Session 对象的生命周期与 JTA 事务绑定）。

（2）支持 Java 应用通过 JTA API 中的 UserTransaction 接口来声明事务，参见第 20 章的 20.7 节（Java 应用通过 JTA API 声明 JTA 事务）。

（3）假如 Java 应用仍然通过 Hibernate API 来声明事务，那么 Hibernate 的底层实现会自动转换到 JTA 事务。当应用程序声明开始一个事务时，Hibernate 实现先检查是否存在正在运行的 JTA 事务 A，如果存在，就直接加入到这个已经存在的事务 A 中。如果不存在 JTA 事务，就创建一个新的 JTA 事务 B。当应用程序声明提交或撤销一个事务时，如果当前事务为原先就存在的 JTA 事务 A，那么忽略提交或撤销操作；如果当前事务为本次新建的 JTA 事务 B，就执行提交或撤销操作。

Tips

值得注意的是，在支持 JTA 的受管理环境中，应该尽量通过 JTA API 来声明事务，而不是通过 Hibernate API 来声明事务。

如果应用程序仅在不受管理环境中运行，可以采用默认的 JDBC 事务，应用程序通过 Hibernate API 来声明事务边界，在配置文件中采用默认的 JDBCTransactionFactory 事务工厂。如果应用程序仅在受管理环境中运行，应该优先考虑采用 JTA 事务，应用程序通过 JTA API 来声明事务边界，在配置文件中配置 JTATransactionFactory 事务工厂。

假如一个应用程序既要运行在不受管理环境中，又要运行在受管理环境中，到底应该配置何种事务呢？以下是一些建议：

（1）为了保证应用程序代码的独立性，以及在各种运行环境下具有相同的运行时行为，优先考虑在程序中通过 JTA API 来声明事务。应用发布者负责配置不受管理或受管理环境中 JTA 实现的提供者。此外，事务的集成及资源的管理也由应用发布者，而不是应用程序来负责。在 Hibernate 配置文件中应该配置 JTATransactionFactory 事务工厂，此外，还要配置相应的 TransactionManagerLookup。

（2）其次，对于 EJB 组件，可以采用 CMT 事务模式，这使得在 EJB 组件中访问数据库的代码不必和任何类型的事务 API 绑定在一起。

（3）最后，在万不得已的情况下，假如必须保证声明事务的程序代码的兼容性，并且在不受管理环境下不支持 JTA，可以考虑在程序中通过 Hibernate API 来声明事务。此时 Hibernate API 根据在各个环境下配置的特定事务工厂（JDBCTransactionFactory 或者 JTATransactionFactory），自动切换到 JDBC 事务或者 JTA 事务。值得注意的是，通过 Hibernate API 来声明 JDBC 事务和 JTA 事务的语义有所区别，这使得应用程序在不同环境下的运行时行为有所区别。

在应用程序中，到底如何通过 Hibernate API 或者 JTA API 来声明事务呢，本书第 20 章将对此做详细介绍。

19.3 把 SessionFactory 与 JNDI 绑定

如果应用只有一个数据存储源，通常只需创建一个 SessionFactory 实例，它被应用中的所有组件共享，并且它的生命周期和应用的整个生命周期对应。那么，这个 SessionFactory 实例应该存放在哪儿，并且如何访问它呢？在不同的运行环境中有不同的存取方案。下面给出几种常用的存取方案：

- 创建一个实用类 HibernateUtil，在这个类中定义 static 类型的 SessionFactory 变量，以及 public static 类型的 getSessionFactory()方法，参见第 24 章的 24.2 节的例程 24-5。
- 在 Servlet 容器中，把 SessionFactory 实例存放在 javax.servlet.ServletContext 中，即 JavaWeb 应用范围内。
- 在基于 JavaEE 的受管理环境中，把 SessionFactory 发布为 JNDI 资源。

在 Hibernate 的配置文件中，hibernate.session_factory_name 属性指定 SessionFactory

的 JNDI 名字，如果在受管理环境中设置了这个属性，Hibernate 就会把 SessionFactory 发布为 JNDI 资源。例程 19-6 的 Hibernate 配置文件把 SessionFactory 的 JNDI 名字设为“java:hibernate/HibernateFactory”。

例程 19-6　把 SessionFactory 与 JNDI 绑定的 hibernate.properties 文件

```
hibernate.dialect=org.hibernate.dialect.MySQLDialect
hibernate.connection.datasource= java:comp/env/jdbc/SAMPLEDB
hibernate.transaction.factory_class=
        org.hibernate.transaction.JTATransactionFactory
hibernate.transaction.manager_lookup_class=
        org.hibernate.transaction.JbossTransactionManagerLookup
hibernate.session_factory_name = java:hibernate/HibernateFactory
hibernate.show_sql=true
```

Java 应用通过 JNDI API 来访问和 JNDI 绑定的 SessionFactory 实例：

```
Context ctx = new InitialContext();
String jndiName = "java:hibernate/HibernateFactory";
SessionFactory sessionFactory = (SessionFactory)ctx.lookup(jndiName);
Session session=sessionFactory.openSession();
……
```

Tips

值得注意的是，以上程序代码只能在 JavaEE 应用服务器内部运行，而不能在 JavaEE 应用服务器外运行。因为 SessionFactory 不支持 RMI（Remote Method Invoke，远程方法调用），因此当运行在另一个单独的 JVM 中的客户端程序试图远程调用 SessionFactory 对象的方法时会出错。

SessionFactory 实例何时与 JNDI 名字绑定呢？当 Configuration 的 buildSessionFactory()方法构造了一个 SessionFactory 实例后，就会立即把它与配置文件中配置的 JNDI 名字绑定。为了提高程序代码的可重用性，可以创建一个 HibernateUtil 实用类，该实用类提供了创建及查找与 JNDI 绑定的 SessionFactory 的代码，参见例程 19-7。

例程 19-7　HibernateUtil.java

```
public class HibernateUtil{
  private static Context jndiContext;

  static{
    try{
      //创建 SessionFactory 对象，并且把它与配置文件中指定的 JNDI 名字绑定
      new Configuration().buildSessionFactory();
      jndiContext=new InitialContext();
    }catch(Throwable ex){
      throw new ExceptionInInitializerError(ex);
    }
  }

  /** 按照 JNDI 名字查找 SessionFactory 对象*/
  public static SessionFactory getSessionFactory(String name){
```

```
        SessionFactory sf;
        try{
          sf=(SessionFactory)jndiContext.lookup(name);
        }catch(NamingException ex){
          throw new RuntimeException(ex);
        }

        return sf;
      }

    }
```

19.4 配置日志

Hibernate 采用 SLF4J（Simple Logging Facade for Java）日志工具来记录各种各样的系统事件。SLF4J 把日志由低到高分为 5 个级别：DEBUG、INFO、WARN、ERROR 和 FATAL。SLF4J 对目前常见的一些日志工具提供了适配器，对这些日志工具提供的服务进行了抽象，为客户程序提供了统一的输出日志的 API，参见图 19-5。

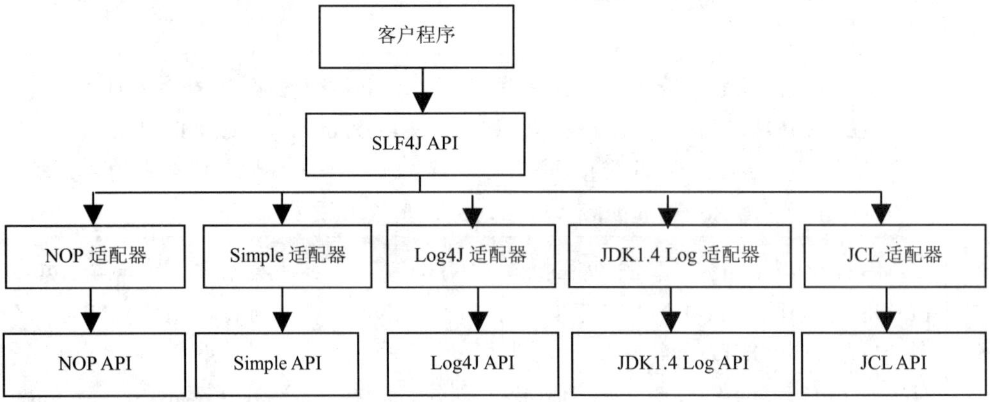

图 19-5　SLF4J 对目前常见的一些日志工具提供了适配器

从图 19-5 可以看出，SLF4J 可以绑定到以下日志工具：

- NOP：什么也不做，不输出任何日志。
- Simple：SLF4J 自带的简单的日志工具实现，通过 System.err 来输出日志，仅输出 INFO 级别或者更高级别的日志。对于简单的应用程序，可以使用 Simple 日志工具。
- Log4J：它是 Apache 的一个开放源代码项目，下载网址为：http://logging.apache.org/log4j/1.2/index.html。Log4J 允许指定日志信息输出的目的地，如控制台、文件、GUI 组件，甚至是套接口服务器、NT 的事件记录器、UNIX Syslog 守护进程等；Log4J 还可以控制每一条日志的输出格式；此外，通过定义日志信息的级别，Log4J 能非常细致地控制日志的输出与否。最令人感兴趣的是，这些功能可以通过一个配置文件来灵活的进行配置，而不需要修改应用程序的代码，这个配置文件通常命名为 log4j.properties。

- JDK1.4 Log：JDK1.4 及以上版本中自带的日志工具。
- JCL（Jakarta Commons Logging）：它是 Apache 的一个开放源代码项目，下载网址为：http://commons.apache.org/logging/，它提供了通用的输出日志的 API。

如何指定 SLF4J 与特定的日志工具绑定呢？很简单，只要到 SLF4J 的官方网站 www.slf4j.org 上下载 SLF4J 的压缩软件包，在这个压缩软件包的展开目录下有许多 Java 类库文件：

- slf4j-api.jar（必须）：SLF4J 本身的类库文件。
- slf4j-nop.jar（可选）：用于把 SLF4J 与 NOP 绑定的类库文件。
- slf4j-simple.jar（可选）：用于把 SLF4J 与 Simple 绑定的类库文件。
- slf4j-log4j12.jar（可选）：用于把 SLF4J 与 Log4J1.2 绑定的类库文件。
- slf4j-jdk14.jar（可选）：用于把 SLF4J 与 JDK1.4 Log 绑定的类库文件。
- slf4j-jcl.jar（可选）：用于把 SLF4J 与 JCL 绑定的类库文件。

如果用户希望把 SLF4J 与特定的日志工具软件包绑定，只要在应用程序的 classpath 中提供 slf4j-api.jar 类库文件、SLF4J 与日志工具软件包绑定的类库文件，以及这个日志工具软件包自身的类库文件即可。

下文介绍 SLF4J 与 Log4J 绑定的步骤，本节范例程序位于配套光盘的 sourcecode/chapter19 目录下。

（1）在应用程序的 classpath（对应 chapter19/lib 目录）中加入 slf4j-api.jar 文件和 slf4j-log4j12.jar 文件。

（2）从 Log4J 的官方网站上下载 Log4J 的压缩软件包，在其展开目录中得到 Log4J128.jar 文件，把这个文件加入到应用程序的 classpath 中（对应 chapter19/lib 目录）。

（3）在应用程序的 classpath 中（对应 chapter19/classes 目录）提供 Log4J 的配置文件，名为 log4j.properties，参见例程 19-8。本书范例采用 ANT 工具自动把 chapter19/src 目录下的.properties 文件复制到 chapter19/classes 目录下，因此实际上只要把 log4j.properties 文件放在 chapter19/src 目录下即可。

例程 19-8　log4j.properties

```
# 指定根日志器的输出目的地为 A1 和 A2，输出日志级别为 WARN
log4j.rootLogger=WARN, A1,A2

# A1 为控制台
log4j.appender.A1=org.apache.log4j.ConsoleAppender

# 指定向 A1 控制台输出的日志的格式
log4j.appender.A1.layout=org.apache.log4j.PatternLayout
log4j.appender.A1.layout.ConversionPattern=%p [%t] %c{2} (%M:%L) - %m%n

# A2 为 C:/log.txt 文件
log4j.appender.A2=org.apache.log4j.FileAppender
log4j.appender.A2.File=C:/log.txt

# 指定向 A2 控制台输出的日志的格式
log4j.appender.A2.layout=org.apache.log4j.PatternLayout
log4j.appender.A2.layout.ConversionPattern=%5r %-5p [%t] %c{2} - %m%n
```

完成上述配置后，运行范例程序，SLF4J 就会委派 Log4J 来输出 WARN 及以上级别的日志，把这些日志输出到控制台及 C:\log.txt 文件中。

在跟踪和调试程序阶段，可以把日志级别设置得低一点，以便获得详细的日志信息。在软件应用发布阶段，则应该把日志级别设置得高一点，减少日志的输出，提高程序的运行性能。

Hibernate 在运行时生成的日志对于跟踪和调试程序很有用。为了便于用户理解 Hibernate 生成的日志，Hibernate 把日志细分为很多类别，参见表 19-4。

表 19-4　Hibernate 日志的类别

日志类别	描　述
org.hibernate.SQL	记录执行的 SQL DML 语句
org.hibernate.type	记录 JDBC 参数
org.hibernate.tool.hbm2ddl	记录执行的 SQL DDL 语句
org.hibernate.pretty	记录在清理 Session 缓存时，Session 缓存中所有对象的状态（最多记录 20 个对象）
org.hibernate.cache	记录第二级缓存的活动
org.hibernate.transaction	记录与事务有关的活动
org.hibernate.jdbc	记录得到的 JDBC 资源
org.hibernate.hql.ast.AST	当解析查询语句时记录 HQL 和 SQL
org.hibernate.secure	记录 JAAS 授权请求。JAAS（Java Authentication and Authorization Service）是一种提供安全验证和授权服务的框架。
org.hibernate	记录所有的信息，对调试程序很有帮助

对于以上每个类别，都可以单独设置它的日志级别，如可以在例程 19-8 的 log4j.properties 文件的末尾添加如下内容：

```
log4j.logger.org.hibernate=INFO
log4j.logger.org.hibernate.hql.ast.AST=DEBUG
log4j.logger.org.hibernate.SQL=DEBUG
log4j.logger.org.hibernate.tool.hbm2ddl=DEBUG
log4j.logger.org.hibernate.hql=DEBUG
```

以上配置代码表明，在默认情况下，所有以“org.hibernate”开头的日志类别的级别为 INFO，“org.hibernate.SQL”日志类别覆盖了这一默认设置，采用 DEBUG 级别。

通过“ant run”命令运行本节范例程序，在控制台输出的部分日志信息如下：

```
    [java] DEBUG [main] ast.QueryTranslatorImpl (generate:240) - SQL: select cu
    stomer0_.ID as ID0_, customer0_.NAME as NAME0_, customer0_.AGE as AGE0_ from CUSTOMERS
customer0_ where customer0_.NAME like ?

    [java] DEBUG [main] ast.ErrorCounter (throwQueryException:91) - throwQueryE
    xception() : no errors

    [java] DEBUG [main] hibernate.SQL (logStatement:111) - /* load mypack.Custo
    mer */ select customer0_.ID as ID0_0_, customer0_.NAME as NAME0_0_, customer0_.A
    GE as AGE0_0_ from CUSTOMERS customer0_ where customer0_.ID=?
```

```
[java] Hibernate: /* load mypack.Customer */ select customer0_.ID as ID0_0_
, customer0_.NAME as NAME0_0_, customer0_.AGE as AGE0_0_ from CUSTOMERS customer
0_ where customer0_.ID=?

[java] INFO [main] impl.SessionFactoryImpl (close:805) - closing

[java] INFO [main] connection.DriverManagerConnectionProvider (close:170) -
cleaning up connection pool: jdbc:mysql://localhost:3306/sampledb
```

19.5 使用 XML 格式的配置文件

Hibernate 的配置文件有两种形式：一种是 XML 格式的文件；还有一种是 Java 属性文件，采用“健=值”的形式。本书前面章节一直使用的是 Java 属性文件。XML 格式的配置文件的默认名字为“hibernate.cfg.xml”，这个文件也应该放在 classpath 中。

XML 格式的配置文件不仅能设置所有的 Hibernate 配置选项，还能够通过<mapping>元素声明需要加载的映射文件，参见例程 19-9。

例程 19-9 hibernate.cfg.xml 文件

```
<?xml version="1.0" encoding="UTF-8" ?>
<!DOCTYPE hibernate-configuration
 PUBLIC "-//Hibernate/Hibernate Configuration DTD//EN"
 "http://hibernate.sourceforge.net/hibernate-configuration-3.0.dtd">

<hibernate-configuration>
  <session-factory name="java:/hibernate/HibernateFactory">
    <property name="dialect">
      org.hibernate.dialect.MySQLDialect
    </property>
    <property name="connection.datasource">
      java:/comp/env/jdbc/SAMPLEDB
    </property>
    <property name=" transaction.factory_class ">
      org.hibernate.transaction.JTATransactionFactory
    </property>
    <property name="transaction.manager_lookup_class ">
      org.hibernate.transaction.JbossTransactionManagerLookup
    </property>
    <property name="show_sql">true</property>

    <mapping resource="mypack/Customer.hbm.xml">
    <mapping resource="mypack/Order.hbm.xml">
  </session-factory>
</hibernate-configuration>
```

<session-factory>元素的 name 属性与 hibernate.session_factory_name 属性对应，用于指定 SessionFactory 的 JNDI 名字，在不受管理环境中，不必设定 name 属性。<property>元素的 name 属性用来设置 Hibernate 的配置选项名，不需提供“hibernate”前缀。<mapping>元素指定需要加载的映射文件。

如果 Hibernate 的配置文件为 Java 属性文件，那么必须以编程方式声明需要加载的映射文件：

```
SessionFactory sessionFactory = new Configuration()
    .addClass(mypack.Cutomer.class)
    .addClass(mypack.Order.class)
    .buildSessionFactory();
```

如果 Hibernate 的配置文件为 XML 格式，只需在配置文件中声明映射文件，在程序中不必调用 Configuration 类的 addClass()方法来加载映射文件。当映射文件名发生变化，只需修改 XML 格式的配置文件，不需要修改程序代码，因此 XML 格式的配置文件会提高应用程序的可维护性。

当通过 Configuration 的默认构造方法 Configuration()来创建 Configuration 实例时，Hibernate 会到 classpath 中查找默认的 hibernate.properties 文件，如果找到，就把它的配置信息加载到内存中。在默认情况下，Hibernate 不会加载 hibernate.cfg.xml 文件，必须通过 Configuration 的 configure()方法来显式加载 hibernate.cfg.xml 文件：

```
SessionFactory sessionFactory = new Configuration()
    .configure()
    .buildSessionFactory();
```

Configuration 的 configure()方法会到 classpath 中查找 hibernate.cfg.xml 文件，如果找到，就把它的配置信息加载到内存中，如果没有找到该文件，会抛出异常，提示找不到配置文件。

如果在 classpath 中同时存在 hibernate.properties 文件和 hibernate.cfg.xml 文件，那么 hibernate.cfg.xml 文件的配置内容会覆盖 hibernate.properties 文件的配置内容。假定在 hibernate.properties 文件中包含以下内容：

```
hibernate.dialect=org.hibernate.dialect.MySQLDialect
hibernate.connection.driver_class=com.mysql.jdbc.Driver
hibernate.connection.url=jdbc:mysql://localhost:3306/SAMPLEDB
hibernate.connection.username=root
hibernate.connection.password=1234
```

在 hibernate.cfg.xml 文件中包含以下内容：

```
<hibernate-configuration>
    <session-factory name="java:/hibernate/HibernateFactory">
        <property name="connection.username">admin</property>
        <mapping resource="mypack/Customer.hbm.xml">
        <mapping resource="mypack/Order.hbm.xml">
    </session-factory>
</hibernate-configuration>
```

那么 Hibernate 将选用在 hibernate.properties 文件中设置的 dialect、connection.driver_class、connection.url 和 connection.password 属性，并且选用在 hibernate.cfg.xml 文件中设置的 connection.username 属性。在实际应用中，可以在属性文件中设定默认的配置，然后把与特定的运行环境相关的配置放在 XML 文件中。

如果希望 Hibernate 从指定的 XML 格式的配置文件中读取配置信息，可以调用 Configuration 类的 configure(String resource)方法：

```
SessionFactory sessions = new Configuration()
     .configure("/netstore.cfg.xml")
     .buildSessionFactory();
或者:
SessionFactory sessions = new Configuration()
     .configure("netstore.cfg.xml")
     .buildSessionFactory();
```

以上代码指定加载 netstore.cfg.xml 配置文件，这个文件必须位于 classpath 的根目录下。以下代码加载 classpath 根目录的 dir1 目录下的 netstore.cfg.xml 配置文件：

```
SessionFactory sessions = new Configuration()
     .configure("/dir1/netstore.cfg.xml")
     .buildSessionFactory();
或者:
SessionFactory sessions = new Configuration()
     .configure("dir1/netstore.cfg.xml")
     .buildSessionFactory();
```

19.6　小结

本章介绍了 Hibernate 的高级配置选项。在任何运行环境中，都可以由 Hibernate 本身负责管理数据库连接池和 JDBC 事务。此外，在受管理环境中，Hibernate 可以使用容器提供的数据源，使用 JTA 事务，并且把 SessionFactory 发布为 JNDI 资源。

Hibernate 对 JDBC 做了轻量级封装。所谓轻量级封装，是指 Hibernate 并没有完全封装 JDBC，Java 应用既可以通过 Hibernate API 访问数据库，也可以绕过 Hibernate API，直接通过 JDBC API 来访问数据库，这具体表现在两个方面：

（1）允许由 Java 应用为 Hibernate 提供数据库连接，SessionFactory 的 openSession (Connection connection)提供了这一功能。

（2）允许 Java 应用通过 Session 的 connection()获得当前的 JDBC Connection 实例，然后通过 JDBC API 来执行数据库操作。不过，在 Hibernate 3 中，Session 的 connection()方法已经被废弃。Hibernate 3 提供了一个 org.hibernate.jdbc.Work 接口，应用程序可以把通过 JDBC API 来执行数据库操作的程序代码封装在 Work 实现类中，然后调用 Session 的 doWork()方法来执行 Work。例如，以下程序代码在一个 Work 的匿名实现类中调用数据库存储过程：

```
Transaction tx=session.beginTransaction();
//定义一个匿名类，实现了 Work 接口
Work work=new Work(){
  public void execute(Connection connection)throws SQLException{
    //通过 JDBC API 执行用于批量更新的 SQL 语句
    PreparedStatement stmt=connection
        .prepareStatement("update CUSTOMERS set AGE=AGE+1 "
```

```
            +"where AGE>0 ");
      stmt.executeUpdate();
    }
  };

  //执行 work
  session.doWork(work);
  tx.commit();
```

尽管直接访问 JDBC API 是允许的，还是应该优先考虑完全通过 Hibernate API 来访问数据库，因为这可以提高 Java 应用的可移植性和健壮性。

19.7 思考题

1．以下哪些说法正确？（多选）

（a）在受管理环境中，容器可以提供实现了 javax.sql.Datasource 接口的数据源。

（b）Hibernate 把不同来源的连接池抽象为 org.hibernate.connection.ConnectionProvider 接口。

（c）在默认情况下，Hibernate 使用 C3P0 连接池。

（d）org.hibernate.connection.DriverManagerConnectionProvider 代表由 Hibernate 提供的默认的数据库连接池。

2．如果一个基于 Hibernate 的 Java 应用本来使用 Proxool 连接池，现在要改为使用 C3P0 连接池，应该如何修改应用？（单选）

（a）只需修改 Hibernate 的配置文件。

（b）只需修改 Java 应用的程序代码。

（c）需要同时修改 Hibernate 的配置文件及 Java 应用的程序代码。

（d）以上说法都不正确。

3．关于事务，以下哪些说法正确？（多选）

（a）JTA 事务只能运行在受管理环境中。

（b）JTA 支持分布式事务。

（c）Hibernate 把不同类型的事务抽象为 org.hibernate.Transaction 接口

（d）在默认情况下，在不受管理环境中，Hibernate 使用的事务工厂为 JDBCTransactionFactory

4．以下关于 Hibernate 配置文件中的属性，哪个说法正确？（单选）

（a）hibernate.session_factory_name 属性用于指定 SessionFactory 的 JNDI 名字。

（b）hibernate.connection.datasource 属性用于指定不受管理环境中的数据库连接池。

（c）log4j.logger.org.hibernate 属性用于指定 org.hibernate 类别日志的日志级别。

（d）Configuration 的不带参数的 configure()方法会自动加载 hibernate.properties 文件。

5．为了让 Hibernate 使用的 SLF4J 与 Log4J 绑定，以下哪些步骤是必需的？（多选）

（a）在应用程序的 classpath 中加入 slf4j-api.jar 文件。

（b）在应用程序的 classpath 中加入 slf4j-log4j12.jar 文件。

（c）在应用程序的 classpath 中加入 Log4J 自身的类库文件。

（d）在 Hibernate 的配置文件中设定“hibernate.logger=log4j”。

（e）在应用程序的 classpath 中提供 Log4J 的配置文件。

第 20 章　声明数据库事务

数据库事务是指由一个或者多个 SQL 语句组成的工作单元，这个工作单元中的 SQL 语句相互依赖，如果有一个 SQL 语句执行失败，就必须撤销整个工作单元。本章将介绍数据库事务的概念，并且介绍在应用程序中声明事务边界的方法。

本章重点介绍通过 Hibernate API 以及 JTA API 来声明事务边界的方法。为了便于读者理解声明事务边界的原理，本章还简要介绍通过 MySQL.exe 客户程序，以及在程序中通过 JDBC API 来声明事务边界的过程。

20.1　数据库事务的概念

在现实生活中，事务是指一组相互依赖的操作行为，如银行交易、股票交易或网上购物。事务的成功取决于这些相互依赖的操作行为是否都能执行成功，只要有一个操作行为失败，就意味着整个事务失败。例如，Tom 到银行办理转账事务，把 100 元钱转到 Jack 的账号上，这个事务包含以下操作行为：

（1）从 Tom 的账户上减去 100 元。

（2）往 Jack 的账户上增加 100 元。

显然，以上两个操作必须作为一个不可分割的工作单元。假如仅第一步操作执行成功，使得 Tom 的账户上扣除了 100 元，但是第二步操作执行失败，Jack 的账户上没有增加 100 元，那么整个事务失败。

数据库事务是对现实生活中事务的模拟，它由一组在业务逻辑上相互依赖的 SQL 语句组成。假定 ACCOUNTS 表用于存放账户信息，它的数据如表 20-1 所示。

表 20-1　ACCOUNTS 表中的数据

ID	NAME	BALANCE
1	Tom	1000
2	Jack	1000

以上银行转账事务对应于以下 SQL 语句：

```
update ACCOUNTS set BALANCE=900 where ID=1;
update ACCOUNTS set BALANCE=1100 where ID=2;
```

这两条 SQL 语句只要有一条执行失败，ACCOUNTS 表中的数据就必须退回到最初的状态。如果两条 SQL 语句都执行成功，表示整个事务成功。图 20-1 显示了 ACCOUNTS 表中数据在转账事务中的状态转换图。

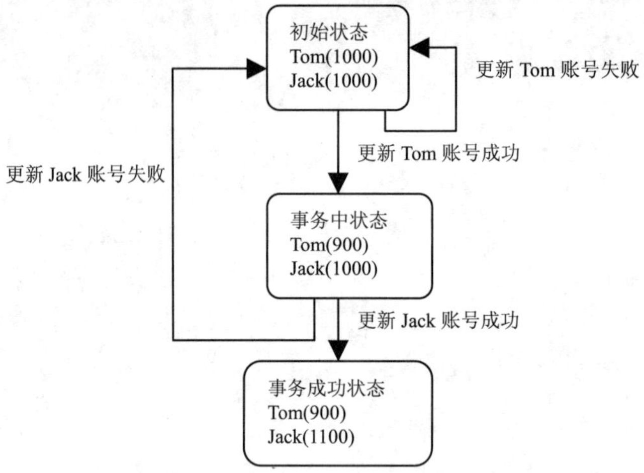

图 20-1 ACCOUNTS 表中数据在转账事务中的状态转换图

数据库事务必须具备 ACID 特征，ACID 是 Atomic（原子性）、Consistency（一致性）、Isolation（隔离性）和 Durability（持久性）的英文缩写。下面解释这几个特性的含义。

- 原子性：指整个数据库事务是不可分割的工作单元。只有事务中所有的操作执行成功，才算整个事务成功；事务中任何一个 SQL 语句执行失败，那么已经执行成功的 SQL 语句也必须撤销，数据库状态应该退回到执行事务前的状态。
- 一致性：指数据库事务不能破坏关系数据的完整性及业务逻辑上的一致性。如对于银行转账事务，不管事务成功还是失败，应该保证事务结束后 ACCOUNTS 表中 Tom 和 Jack 的存款总额为 2000 元。
- 隔离性：指的是在并发环境中，当不同的事务同时操纵相同的数据时，每个事务都有各自的完整数据空间。
- 持久性：指的是只要事务成功结束，它对数据库所做的更新就必须永久保存下来。即使发生系统崩溃，重新启动数据库系统后，数据库还能恢复到事务成功结束时的状态。

事务的 ACID 特性是由关系数据库管理系统（RDBMS，在本书中也简称为数据库系统）来实现的。数据库管理系统采用日志来保证事务的原子性、一致性和持久性。日志记录了事务对数据库所做的更新，如果某个事务在执行过程中发生错误，就可以根据日志撤销事务对数据库已做的更新，使数据库退回到执行事务前的初始状态。

数据库管理系统采用锁机制来实现事务的隔离性。当多个事务同时更新数据库中相同的数据时，只允许持有锁的事务能更新该数据，其他事务必须等待，直到前一个事务释放了锁，其他事务才有机会更新该数据。本书第 21 章的 21.2 节（数据库系统的锁的基本原理）会进一步介绍锁机制。

20.2　声明事务边界的方式

数据库系统的客户程序只要向数据库系统声明了一个事务，数据库系统就会自动保证事务的 ACID 特性。声明事务包含以下内容。

- 事务的开始边界（BEGIN）。
- 事务的正常结束边界（COMMIT）：提交事务，永久保存被事务更新后的数据库状态。
- 事务的异常结束边界（ROLLBACK）：撤销事务，使数据库退回到执行事务前的初始状态。

图 20-2 显示了事务的生命周期。当一个事务开始后，要么以提交事务结束，要么以撤销事务结束。

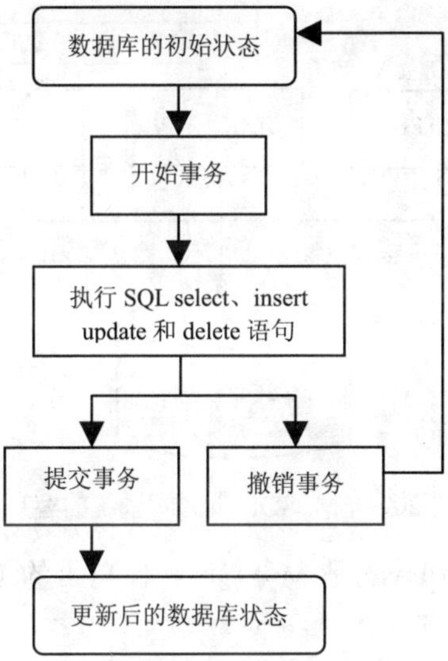

图 20-2　数据库事务的生命周期

数据库系统支持以下两种事务模式。

- 自动提交模式：每个 SQL 语句都是一个独立的事务，当数据库系统执行完一个 SQL 语句后，会自动提交事务。
- 手工提交模式：必须由数据库的客户程序显式指定事务开始边界和结束边界。

在 MySQL 中，数据库表分为 3 种类型：INNODB、BDB 和 MyISAM 类型。其中 InnoDB 和 BDB 类型的表支持数据库事务，而 MyISAM 类型的表不支持事务。在 MySQL 中用 create table 语句新建的表默认为 MyISAM 类型。如果希望创建 INNODB 类型的表，可以采用以下形式的 DDL 语句：

```
create table ACCOUNTS (
  ID bigint not null,
  NAME varchar(15),
  BALANCE decimal(10,2),
```

```
        primary key (ID)
    ) type=INNODB;
```

对于已存在的表，可以采用以下形式的 DDL 语句修改它的表类型：

```
alter table ACCOUNTS type=INNODB;
```

Tips

用 Hibernate 的 hbm2ddl 工具在 MySQL 中生成的表为 MyISAM 类型，因此必须手工把它改为 INNODB 或 BDB 类型，才能使它支持数据库事务。

图 20-3 以 MySQL 为例，列出了它的两个客户程序：mysql.exe 程序和 Java 应用程序。

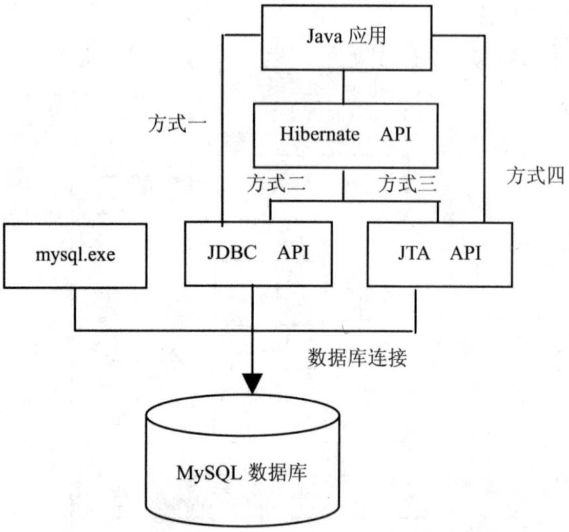

图 20-3　MySQL 数据库系统的客户程序

在图 20-3 中，mysql.exe 是 MySQL 软件自带的 DOS 命令行客户程序。对于 Java 应用，声明事务有以下方式：

- 方式一：直接通过 JDBC API 来声明 JDBC 事务。
- 方式二：直接通过 Hibernate API 来声明 JDBC 事务。
- 方式三：直接通过 Hibernate API 来声明 JTA 事务。
- 方式四：直接通过 JTA API 来声明 JTA 事务。

第 19 章的 19.2 节（配置事务类型）已经讲过，所谓 JDBC 事务，就是指依赖于 JDBC API 来声明事务边界的事务，所谓 JTA 事务，就是指依赖于 JTA API 来声明事务边界的事务。在图 20-3 中，方式一和方式二都使用 JDBC 事务，方式三和方式四都使用 JTA 事务。

20.3　在 mysql.exe 程序中声明事务

每启动一个 mysql.exe 程序，就会得到一个单独的数据库连接。每个数据库连接都有一个全局变量@@autocommit，表示当前的事务模式，它有两个可选值。

- 0：表示手工提交模式。
- 1：默认值，表示自动提交模式。

如果要查看当前的事务模式，可使用如下 SQL 命令：

```
mysql> select @@autocommit
```

如果要把当前的事务模式改为手工提交模式，可使用如下 SQL 命令：

```
mysql> set autocommit=0;
```

1．在自动提交模式下运行事务

在自动提交模式下，每个 SQL 语句都是一个独立的事务。如果在一个 mysql.exe 程序中执行 SQL 语句：

```
mysql>insert into ACCOUNTS values(1,'Tom',1000);
```

MySQL 会自动提交这个事务，这意味着向 ACCOUNTS 表中新插入的记录会永久保存在数据库中。此时在另一个 mysql.exe 程序中执行 SQL 语句：

```
mysql>select * from ACCOUNTS;
```

这条 select 语句会查询到 ID 为 1 的 ACCOUNTS 记录。这表明在第一个 mysql.exe 程序中插入的 ACCOUNTS 记录被永久保存，这体现了事务的 ACID 特性中的永久性。

2．在手工提交模式下运行事务

在手工提交模式下，必须显式指定事务开始边界和结束边界。

- 事务的开始边界：begin
- 提交事务：commit
- 撤销事务：rollback

下面举例说明如何在手工提交模式下声明事务，步骤如下。

（1）打开两个 DOS 控制台，分别转到 MySQL 根目录的 bin 子目录下，分别运行 mysql.exe 程序，在两个程序中都执行以下命令，以便设定手工提交事务模式：

```
mysql>set autocommit=0;
```

（2）在两个程序中都执行以下命令，转到 SAMPLEDB 数据库：

```
mysql>use sampledb;
```

（3）在第一个 mysql.exe 程序中执行 SQL 语句：

```
mysql>begin;
mysql>insert into ACCOUNTS values(2, 'Jack',1000);
```

（4）在第二个 mysql.exe 程序中执行 SQL 语句：

```
mysql>begin;
mysql>select * from ACCOUNTS;
mysql>commit;
```

如图 20-4 所示，以上 select 语句的查询结果中并不包含 ID 为 2 的 ACCOUNTS 记录，这是因为第一个 mysql.exe 程序还没有提交事务。

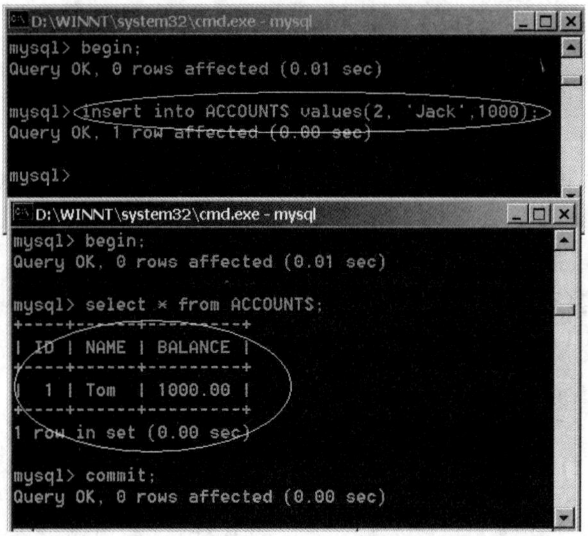

图 20-4　两个客户程序各自执行事务

（5）在第一个 mysql.exe 程序中执行以下 SQL 语句，从而提交事务：

```
mysql>commit;
```

（6）在第二个 mysql.exe 程序中执行 SQL 语句：

```
mysql>begin;
mysql>select * from ACCOUNTS;
mysql>commit;
```

此时，select 语句的查询结果中会包含 ID 为 2 的 ACCOUNTS 记录，这是因为第一个 mysql.exe 程序已经提交事务。

（7）在第一个 mysql.exe 程序中执行 SQL 语句：

```
mysql>begin;
mysql>delete from ACCOUNTS;
mysql>commit;
mysql>begin;
mysql>insert into ACCOUNTS values(1, 'Tom',1000);
mysql>insert into ACCOUNTS values(2, 'Jack',1000);
mysql>rollback;
mysql>begin;
mysql>select * from ACCOUNTS;
mysql>commit;
```

以上 SQL 语句共包含 3 个事务：第一个事务删除 ACCOUNTS 表中所有的记录，

然后提交该事务；第二个事务以撤销结束，因此它向 ACCOUNTS 表插入的两条记录不会被永久保存到数据库中；第三个事务的 select 语句查询结果为空。

20.4　Java 应用通过 JDBC API 声明 JDBC 事务

在 JDBC API 中，java.sql.Connection 类代表一个数据库连接。以下程序用于创建一个 Connection 类的实例：

```
//加载 MySQL 驱动程序
Class.forName("com.mysql.jdbc.Driver");
//注册 MySQL 驱动程序
DriverManager.registerDriver(new com.mysql.jdbc.Driver());
//指定连接数据库的 URL、用户名和口令
String dbUrl =
"jdbc:mysql://localhost:3306/SAMPLEDB?useUnicode=true&characterEncoding=GB2312";
String dbUser="root";
String dbPwd="1234";
//建立数据库连接
Connection con = java.sql.DriverManager.getConnection(dbUrl,dbUser,dbPwd);
```

Connection 类提供了以下用于控制事务的方法。

- setAutoCommit(boolean autoCommit)：设置是否自动提交事务。
- commit()：提交事务。
- rollback()：撤销事务。

对于新建的 Connection 实例，在默认情况下采用自动提交事务模式。可以通过 setAutoCommit(false)方法来设置手工提交事务模式，然后就可以把多条更新数据库的 SQL 语句作为一个事务，在所有操作完成后调用 commit()方法来整体提交事务，倘若其中一项 SQL 操作失败，就会抛出相应的 SQLException，此时应该在捕获异常的代码块中调用 rollback()方法撤销事务。示例如下：

```
try {
  con = java.sql.DriverManager.getConnection(dbUrl,dbUser,dbPwd);
  //设置手工提交事务模式
  con.setAutoCommit(false);
  stmt = con.createStatement();
  //数据库更新操作 1
  stmt.executeUpdate("update ACCOUNTS set BALANCE=900 where ID=1 ");
  //数据库更新操作 2
  stmt.executeUpdate("update ACCOUNTS set BALANCE=1000 where ID=2 ");
  con.commit(); //提交事务
}catch(Exception e) {
  try{
    con.rollback(); //操作不成功则撤销事务
  }catch(Exception ex){
    //处理异常
    ……
  }
  //处理异常
  ……
```

```
        }finally{
          try{
            stmt.close();
            con.close();
          }catch(Exception ex){
            //处理异常
            ......
          }
        }
```

对于基于 Hibernate 的 Java 应用，虽然直接通过 JDBC API 来声明事务是可行的，但不提倡这种声明事务的方式，因为它使得 Java 应用即要和 Hibernate API 绑定在一起，又要和 JDBC API 绑定在一起，这削弱了 Java 应用的独立性，不利于程序的维护和升级。

20.5 Java 应用通过 Hibernate API 声明 JDBC 事务

Hibernate 封装了 JDBC API 和 JTA API，Java 应用直接通过 Hibernate API 来声明事务，有两个优点：

（1）有利于跨平台开发。通过 Hibernate API 既可以声明 JDBC 事务（参见本节），也可以声明 JTA 事务（参见本章 20.6 节）。

（2）当应用程序通过 Hibernate API 声明事务时，事务与 Session 更加紧密地集成在一起。例如，当调用 org.hibernate.Transaction 的 commit()方法来提交事务时，该方法在默认情况下（清理缓存模式为 FlushMode.AUTO）会自动清理 Session 的缓存。而如果直接通过 JDBC API 或 JTA API 来提交事务时，在默认情况下不会自动清理 Session 的缓存。

只要让 Hibernate 配置文件中的 hibernate.transaction.factory_class 事务工厂属性取默认值 org.hibernate.transaction.JDBCTransactionFactory，那么通过 Hibernate API 声明的事务就是 JDBC 事务。下面介绍在程序中声明 JDBC 事务的过程。

首先必须获得一个 Session 实例。从 SessionFactory 中获得一个 Session 实例有两种方式。

（1）调用 SessionFactory 的不带参数的 openSession()方法：

```
Session session=sessionFactory.openSession();
```

以上 openSession()方法创建的 Session 对象将从数据库连接池中获得连接。值得注意的是，openSession()方法本身并不会为 Session 对象分配数据库连接，只有当程序声明开始一个事务时才会为 Session 对象分配数据库连接，下文还会对此做进一步介绍。

（2）调用 SessionFactory 的带参数的 openSession(Connection connection)方法：

```
java.sql.Connection con = java.sql.DriverManager.getConnection(dbUrl,dbUser,dbPwd);
//设置手工提交事务模式
con.setAutoCommit(false);
Session session=sessionFactory.openSession(con);
```

以上 openSession(Connection connection)方法由应用程序提供数据库连接，因此应用程序必须负责设置数据库连接的提交事务模式。这种方式允许应用程序绕过 Hibernate API，直接通过 JDBC API 的 Connection 接口来声明事务，但此时 Hibernate 无法跟踪在同一个事务中执行的所有 SQL 语句，而且无法使用 Hibernate 的第二级缓存，因此应该尽量避免使用这种方式。

Tips

下文如果没有特别说明，都是采用 SessionFactory 的不带参数的 openSession()方法，这种方法创建的 Session 对象将在开始一个事务时从数据库连接池中获得连接。

在 Hibernate API 中，Session 和 Transaction 接口提供了以下声明事务边界的方法。

（1）声明事务的开始边界：

```
Transaction tx=session.beginTransaction();
```

以上方法完成两个任务：

- 为 Session 对象分配数据库连接，并且自动把这个连接设为手工提交事务模式。Hibernate 的底层实现会自动调用代表数据库连接的 java.sql.Connection 对象的 setAutoCommit(false)方法。
- 开始一个新的 JDBC 事务。Session 的 beginTransaction()方法返回的 Transaction 实例的类型是由 Hibernate 配置文件中的 hibernate.transaction.factory_class 事务工厂属性决定的，该属性的默认值为 org.hibernate.transaction.JDBCTransactionFactory。JDBCTransactionFactory 表示 JDBC 事务工厂，它负责创建 JDBCTransaction 类的实例。因此在默认情况下，Session 的 beginTransaction()方法返回 JDBCTransaction 实例。

（2）提交事务：

```
tx.commit();
```

以上方法完成以下任务：

- 在默认情况下，Session 采用自动清理缓存模式，在这种模式下，commit()方法会先自动调用 Session 的 flush()方法清理缓存，即按照 Session 缓存中对象的变化去同步更新数据库。
- 向底层数据库提交事务。
- 释放 Session 占用的数据库连接。

Tips

Session 的 flush()方法根据缓存中的持久化对象的状态变化来同步更新数据库。flush()方法会执行一系列的 insert、update 和 delete 语句，但是 flush()方法不会提交事务。

（3）撤销事务：

```
tx.rollback();
```

以上方法立即撤销事务，并且释放 Session 占用的数据库连接。

从 Hibernate 3 版本开始，当调用 Session.beginTransaction()方法开始一个新事务时，Session 会自动从数据库连接池中获得一个新的连接。当调用 Transaction.commit()方法提交事务时，Session 会自动释放当前的数据库连接。由此可见，在 Hibernate 自身的实现中，从提高程序性能的角度出发，只有当 Session 与一个事务绑定时，才会占用数据库连接，这可以尽量缩短 Session 占用数据库资源的时间。

20.5.1 处理异常

在 Hibernate 3 以前的版本中，Hibernate 抛出的异常都属于受检查异常（Checked Exception），因此程序必须捕获并处理这种异常。Hibernate 之所以抛出受检查异常，主要是受 JDBC API 的影响，因为 JDBC API 抛出的异常都属于受检查异常。当 Hibernate 被广泛运用到实际 Java 应用中后，人们发现，在多数情况下，Hibernate 抛出的异常都是致命的，开发人员处理这种异常的最好方式是：释放程序占用的资源，向用户端显示错误消息，然后就终止应用程序。基于上述原因，从 Hibernate3 版本开始，Hibernate 抛出的异常都是运行时异常。例程 20-1 演示了处理 Hibernate 异常的基本流程。

例程 20-1　处理 Hibernate 异常的基本流程

```
public void doWork(){
  Session session = factory.openSession();
  Transaction tx;
  try {
    tx = session.beginTransaction(); //开始一个事务
    //执行一些操作
    ...
    tx.commit(); //提交事务
  }catch (RuntimeException e) {
    if (tx!=null){
      try{
        tx.rollback(); //操作不成功则撤销事务
      }catch(RuntimeException ex){
        log.error("无法撤销事务",ex);  //记录日志
      }
    }
    throw e; //继续抛出异常
  }finally {
    try{
      session.close();
    }catch(RuntimeException ex){
      log.error("无法关闭 Session",ex);  //记录日志
    }
  }

}
```

以上 doWork()方法用于执行一个事务，如果执行事务时出现异常，就在 catch 代码块中撤销事务，然后继续抛出异常。不管事务成功与否，最后都应该调用 Session 的 close()方法来关闭 Session，所以通常在 finally 代码块中关闭 Session。

当 doWork()方法继续抛出异常后，对于调用 doWork()方法的高层客户程序，如何

处理这个异常呢？由于 Hibernate 抛出的异常通常都是致命的，因此高层客户程序的一般处理方式为：释放程序占用的资源，向用户端显示错误消息，然后就终止应用程序。例外情况是 doWork()方法抛出 StaleObjectStateException，这种异常是为了避免并发问题而出现的异常，如果出现这种异常，一种处理方式为不必终止应用程序，而是与用户端经过一番交互后，在一个新的 Session 对象中重新开始一个事务，本书第 21 章的 21.5 节将进一步介绍处理 StaleObjectStateException 的方式。

Tips

doWork()方法中 catch 代码块的 tx.rollback()方法，以及 finally 代码块的 session.close()方法也会抛出运行时异常，这种释放资源过程中出现的异常可以由 doWork()方法自己处理，即把异常信息记录到日志中就行，而无须向高层客户程序继续抛出该异常。本书的其他范例程序为了缩短演示代码的篇幅，省略了对 tx.rollback()方法及 session.close()方法抛出的异常的处理。

- 图 20-5 显示了 Hibernate 的异常类的类框图。其中 org.hibernate.HibernateException 是所有具体 Hibernate 异常类的父类。它的 getCause()方法返回被包装的底层异常。org.hibernate.JDBCException 包装了由底层 JDBC API 抛出的异常，JDBCException 提供了以下用于获得异常信息的方法：
- getSQL()：返回导致异常的 SQL 语句。
- getSQLException()或 getCause()：返回被包装的由底层 JDBC API 抛出的异常。
- getErrorCode()：返回数据库层提供的与异常相关的错误代码。

JDBCException 具有若干子类，每个子类代表一种具体的 JDBC 异常，例如，JDBCConnectionException 代表数据库连接异常，SQLGrammarException 代表 SQL 语法异常，ConstraintViolationException 代表违反数据库检查约束异常。

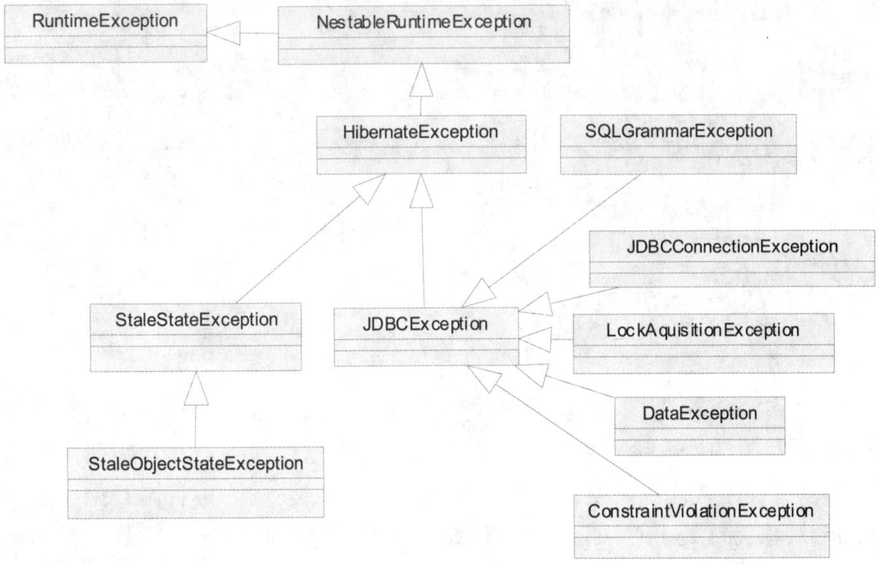

图 20-5　Hibernate 的异常类的类框图

20.5.2 Session 与事务的关系

关于 Session 与事务的关系，有以下值得注意的地方。

1．及时提交或撤销事务

即使事务中仅包含只读操作，也应该在事务执行成功后提交事务，并且在事务执行失败时撤销事务，因为在提交或撤销事务时，数据库系统会释放事务所占用的资源，这有利于提高数据库的运行性能。

2．一个 Session 对应多个事务

在 20.5.1 节的例程 20-1 的 doWork()方法中，一个 Session 对象仅用来执行一个事务，事务提交后，就关闭了这个 Session 对象。实际上，一个 Session 也可以对应多个事务，例如：

```
try{
  tx1 = session.beginTransaction(); //开始第一个事务
  //执行一些操作，加载 Account 对象
  Account account=(Account)a.get(Account.class,new Long(1));
  …
  tx1.commit(); //提交第一个事务

  //执行一些耗时的操作，这段操作不属于任何数据库事务
  double amount=new Scanner(System.in).nextDouble(); //等待用户输入取款数额
  account.setBalance(account.getBalance()-amount); //修改 Account 对象的属性

  tx2= session.beginTransaction(); //开始第二个事务
  //执行一些操作
  …
  tx2.commit(); //提交第二个事务

}catch(RuntimeException e){
  //撤销事务
  //注意：以下代码不能保证对话的原子性，既无法满足这样的需求：
  //当撤销 tx2 时，也需要撤销 tx1。因为如果已经提交了 tx1，
  //当撤销 tx2 时就无法撤销 tx1 了。
  //第 23 章的 23.2.2 节（使用手工清理缓存模式下的 Session）给出了保证对话原子性的方案。
  if(tx1!=null)tx1.rollback();
  if(tx2!=null)tx2.rollback();
  throw e;
}finally{
  //关闭 Session
  session.close();
}
```

用一个 Session 对象来执行多个相关的数据库事务的优点在于：这些事务能够重用 Session 缓存中的持久化对象，避免多个相关的数据库事务重复到数据库加载相同的数据。在以上程序代码中，当第一个事务提交后，Session 不再占用数据库连接，但此时 account 对象仍然处于 Session 对象的缓存中。接下来可以执行一些耗时的操作，这段操作不属于任何数据库事务：先等待用户输入取款数额，然后修改 account 对象的 balance 属性。接下来开始第二个事务时，Session 再次获得数据库连接，当提交第二个

事务时，Hibernate 会自动根据 account 对象的状态变化来同步更新数据库。

Tips

如果几个相关的数据库事务共享同一个 Session 对象，可以把这几个数据库事务看做一个应用事务，或者称为一个对话，本书第 23 章的 23.2.2 节（使用手工清理缓存模式下的 Session）将介绍用一个 Session 对象和多个事务来实现一个对话的方式。

值得注意的是，在任何时候，一个 Session 只允许有一个未提交的事务。以下代码对一个 Session 同时声明了两个未提交的事务，这是不允许的：

```
tx1 = session.beginTransaction(); //开始第一个事务
tx2= session.beginTransaction(); //开始第二个事务
//执行一些操作
……
tx1.commit(); //提交第一个事务
tx2.commit(); //提交第二个事务
```

3．放弃使用出现异常的 Session

如果在执行 Session 的一个事务时出现了异常，就必须立即关闭这个 Session，不能再利用这个 Session 来执行其他的事务。因为一旦执行 Session 的一个事务时出现了异常，那么 Session 的缓存中可能会出现不一致的数据，所以不能再使用这个 Session。例如，以下代码把两个事务各自放在单独的 try-catch 代码块中，即使第一个事务执行失败，仍然会执行执行第二个事务，这种做法是不可取的：

```
try{
  try{
    tx1 = session.beginTransaction(); //开始第一个事务
    //执行一些操作
    ......
    tx1.commit(); //提交第一个事务
  }catch(RuntimeException e){
    if(tx1!=null)tx1.rollback();
  }

  try{
    tx2= session.beginTransaction(); //开始第二个事务
    //执行一些操作
    ......
    tx2.commit(); //提交第二个事务
  }catch(RuntimeException e){
    if(tx2!=null)tx2.rollback();
  }

}finally{
  //关闭 Session
  session.close();
}
```

4．提倡在 Session 中显式声明事务边界

作为良好的编程习惯，应该在 Session 中显式声明事务边界。以下这段程序代码没有显式声明事务边界：

```
Session session=sessionFactory.openSession();
session.get(Account.class,new Long(1));
session.close();
```

以上 session.get()方法完成以下任务：

（1）先从数据库连接池中为 Session 分配一个数据库连接，即 java.sql.Connection 对象，调用它的 setAutoCommit(false)方法，把它设为手工提交模式。实际上隐式地开始了一个 JDBC 事务。

（2）在这个事务范围内执行 SQL select 语句，从数据库中加载 Account 对象。

以上 session.close()方法完成以下任务：

（1）先调用 Session 占用的 java.sql.Connection 对象的 close()方法，关闭数据库连接，然后再把这个数据库连接返回到数据库连接池。

（2）释放 Session 的缓存占用的资源。

由此可见，以上程序代码尽管隐式地开始了一个 JDBC 事务，但没有显式提交这个 JDBC 事务。这个 JDBC 事务到底是否会被提交呢？这取决于 java.sql.Connection 对象的 close()方法的实现。而 JDBC 规范并没有规定 Connection 对象的 close()方法的实现细节，它完全取决于供应商如何实现 JDBC 驱动程序。对于 Oracle 的 JDBC 驱动程序，它的 Connection 对象的 close()方法会自动提交事务，而对于还有一些 JDBC 驱动程序，它的 Connection 对象的 close()方法会自动撤销事务。

以下程序代码试图保存一个 Account 对象：

```
Session session=sessionFactory.openSession();
Long generatedId=session.save(account);
session.close();
```

以上程序代码只有在同时满足以下两个条件的情况下，才会永久地把一个 Account 对象保存到数据库中：

（1）对象标识符（OID）生成策略必须为 identity 或 select，使得 save()方法会立即向数据库插入数据。具体原因为：通过 Session 的 save()方法执行插入操作时，如果对象标识符生成策略为 identity 或 select，那么 save()方法会立即向数据库插入数据，然后生成对象标识符；如果对象标识符生成策略为 increment、sequence 或 hilo 等，那么 save()方法不用立即向数据库插入数据，就可以生成对象标识符，save()方法仅计划执行一条 SQL insert 语句，当 Hibernate 清理 Session 缓存时才会真正执行这条 SQL insert 语句。由于以上程序代码永远不会清理 Session 缓存，所以对象标识符生成策略必须为 identity 或 select，使得 save()方法会立即向数据库插入数据。

（2）所使用的 JDBC 驱动程序的 java.sql.Connection 的 close()方法会自动提交事务。

综上所述，如果在 Session 中不显式声明事务边界，会导致程序代码的运行时行为不稳定，依赖于 JDBC 驱动程序的实现，削弱了程序代码的独立性和可移植性，所以

应该养成显式声明事务边界的编程习惯。

5．自动提交事务模式

Hibernate 配置文件中有一个 hibernate.connection.autocommit 属性，它的默认值为 false。如果把它设为 true，那么 Hibernate 为 Session 对象分配的数据库连接将采用自动提交事务模式。在这种情况下，可以不用在 Session 中显式声明事务边界。以下程序代码试图保存两个 Account 对象：

```
Session session=sessionFactory.openSession();
Long generatedId1=session.save(account1);
Long generatedId2=session.save(account2);
session.flush();  //清理 Session 缓存
session.close();
```

在自动提交事务模式下，当清理 Session 缓存时，会执行两个 SQL insert 语句，每一个 insert 语句都对应一个独立的事务。

由于在自动提交事务模式下，无法把多个 SQL 语句放到同一个事务中，因此在实际应用中很少使用这种事务模式。

20.5.3　设定事务超时

org.hibernate.Transaction 接口的 setTimeout(int seconds)方法用于设定事务超时的时间，以秒为单位。例如，以下代码把事务超时时间设为 5 秒：

```
Transaction tx = session.beginTransaction(); //开始一个事务
tx.setTimeout(5);  //设定事务超时时间
//执行一些操作
...
tx.commit(); //提交第一个事务
```

值得注意的是，底层 JDBC 驱动程序实际上并没有能力监控 JDBC 事务是否超时，而只能监控 PreparedStatement 执行 SQL 语句是否超时，如果超时，就抛出 SQLException。

20.6　Java 应用通过 Hibernate API 声明 JTA 事务

JTA 事务主要运行在受管理环境中。此外，有些 JTA 实现（如 JBoss 提供的 JTA 实现）可以脱离容器独立运行，因此在不受管理环境中，也可以运行基于这种实现的 JTA 事务。与 JDBC 事务相比，JTA 事务具有以下特点：

（1）由底层 JTA 实现来提供和管理数据库连接池（也叫做数据源）。而对于 JDBC 事务，必须由 Hibernate 来管理数据库连接池。

（2）数据库连接池与 JNDI 绑定，应用程序可通过 JNDI API 来访问数据库连接池。

（3）在处理复杂的大事务方面，由 JTA 实现提供的数据库连接池更加健壮可靠，性能优越。

（4）通过 JTA API 来声明 JTA 事务时，支持分布式事务，参见本章 20.7 节。

（5）JTA 事务在运行时并不会产生额外的系统开销。对于非分布式的 JTA 事务，它和 JDBC 事务具有同样的运行效率。

Java 应用既可以直接通过 Hibernate API 来声明 JTA 事务，也可以直接通过 JTA API 来声明 JTA 事务。本节将介绍直接通过 Hibernate API 来声明 JTA 事务的步骤。

（1）在 Hibernate 配置文件中配置 hibernate.connection.datasource 属性、hibernate.transaction.factory_class 属性和 hibernate.transaction.manager_lookup_class 属性：

```
#指定数据库连接池（即数据源）的 JNDI
hibernate.connection.datasource= java:comp/env/jdbc/SAMPLEDB

#指定事务工厂
hibernate.transaction.factory_class=
org.hibernate.transaction.JTATransactionFactory

hibernate.transaction.manager_lookup_class=
org.hibernate.transaction.JbossTransactionManagerLookup
```

第 19 章（Hibernate 高级配置）介绍了以上属性的作用。当 hibernate.transaction.factory_class 属性为 org.hibernate.transaction.JTATransactionFactory 时，通过 Hibernate API 声明的事务就是 JTA 事务。

（2）通过 Hibernate API 声明 JTA 事务与声明 JDBC 事务的程序代码是完全一样的，可参见本章 20.5.1 节的例程 20-1 的 doWork()方法。不过，尽管程序代码看上去一样，但 Hibernate 内部实现的运行时行为有以下差别：

- 对于 JDBC 事务，当事务开始时，Session 被分配一个数据库连接，当事务结束时，Session 就释放数据库连接；而对于 JTA 事务，仅仅当执行一个 SQL 语句时 Session 才获得数据库连接，这个 SQL 语句执行完毕，Session 就立刻释放数据库连接。JTA 实现会保证同一个 JTA 事务中的所有 SQL 操作都使用同一个数据库连接。由此可见，JTA 事务进一步缩短了占用数据库连接的时间，具有更好的运行性能。
- 用 org.hibernate.Transaction 接口的 setTimeout()方法来设定超时时间时，对于 JDBC 事务，实际上设定的是 JDBC 层的 PreparedStatement 执行 SQL 语句的超时时间；而对于 JTA 事务，JTA 实现能够监控整个 JTA 事务是否超时，Transaction 接口的 setTimeout()方法与 javax.transaction.UserTransaction 接口的 setTransactionTimeout()方法是等价的。

20.7 Java 应用通过 JTA API 声明 JTA 事务

Java 应用通过 JTA API 声明 JTA 事务的步骤如下。

（1）在 Hibernate 配置文件中配置 hibernate.transaction.factory_class 属性和 hibernate.transaction.manager_lookup_class 属性：

```
hibernate.transaction.factory_class=
org.hibernate.transaction.JTATransactionFactory
```

```
hibernate.transaction.manager_lookup_class=
org.hibernate.transaction. JbossTransactionManagerLookup
```

（2）在程序中，通过 JTA 的 javax.transaction.UserTransaction 接口来声明 JTA 事务。以下程序代码声明了一个分布式的事务。sessionFactoryBeijing 代表运行在北京的一个数据库存储源，sessionFactoryShanghai 代表运行在上海的一个数据库存储源。session1 和 session2 会分别操纵这两个存储源中的数据。由于 session1 和 session2 所做的数据库操作都位于同一个 JTA 事务中，因此 JTA 实现会保证这个 JTA 事务的原子性。

```
UserTransaction utx=
(UserTransaction)new InitialContext().lookup("UserTransaction");
Session session1=null;
Session session2=null;

try{
  //声明开始事务
  utx.begin();

  session1=sessionFactoryBeijing.openSession();
  session2=sessionFactoryShanghai.openSession();

  //通过 session1 执行一些更新北京数据库的操作
  Account account1=(Account)session1.get(Account.class,new Long(1));
  account1.setBalance(account1.getBalance()-100);

  //通过 session2 执行一些更新上海数据库的操作
  Account account2=(Account)session2.get(Account.class,new Long(2));
  account2.setBalance(account2.getBalance()+100);

  session1.flush();  //清理 Session1 缓存
  session2.flush();  //清理 Session2 缓存

  //提交事务
  utx.commit();
}catch (RuntimeException e) {
  try{
    utx.rollback(); //操作不成功则撤销事务
  }catch(RuntimeException ex){
    log.error("无法撤销事务",ex);  //记录日志
  }
  throw e;  //继续抛出异常
}finally {
  try{
    session1.close();
    session2.close();
  }catch(RuntimeException ex){
    log.error("无法关闭 Session",ex);  //记录日志
  }
}
```

以上程序代码演示了一个分布式的转账事务，从位于北京的一个账户中转账 100 元到上海的一个账户中。JTA 实现会保证这个分布式的转账事务的原子性。

Tips

在 Hibernate 配置文件中不必配置数据库连接池，因为 UserTransaction 会直接从受管理的运行时环境或者支持 JTA 的不受管理运行时环境中获得数据库连接池（数据源）。

在默认情况下，通过 UserTransaction 的 commit()方法提交事务时，该方法不会自动清理 Session 的缓存，因此必须在程序中调用 Session 的 flush()方法来手工清理缓存。此外，程序必须在提交事务后手工关闭 Session。

Hibernate 配置文件中的以下两个属性用于设定自动清理缓存和关闭 Session：

- hibernate.transaction.flush_before_completion：如果为 true，在提交事务前自动清理缓存。
- hibernate.transaction.auto_close_session：如果为 true，在提交或撤销事务后自动关闭 Session。

假定在 Hibernate 配置文件中把以上两个属性设为 true，那么在程序中就不必手工清理缓存和关闭 Session 了：

```
UserTransaction utx=
  (UserTransaction)new InitialContext().lookup("UserTransaction");
Session session1=null;
Session session2=null;

try{
  //声明开始事务
  utx.begin();

  session1=sessionFactoryBeijing.openSession();
  session2=sessionFactoryShanghai.openSession();

  //通过 session1 执行一些更新北京数据库的操作
  Account account1=(Account)session1.get(Account.class,new Long(1));
  account1.setBalance(account1.getBalance()-100);

  //通过 session2 执行一些更新上海数据库的操作
  Account account2=(Account)session2.get(Account.class,new Long(2));
  account2.setBalance(account2.getBalance()+100);

  //提交事务
  utx.commit();
}catch (RuntimeException e) {
  try{
    utx.rollback(); //操作不成功则撤销事务
  }catch(RuntimeException ex){
    log.error("无法撤销事务",ex);  //记录日志
  }
  throw e;  //继续抛出异常
}
```

20.8　小结

数据库事务由一组在业务逻辑上相互依赖的 SQL 语句组成，它必须具备 ACID 特征。数据库管理系统采用日志来保证事务的原子性、一致性和持久化性，采用锁机制来实现事务的隔离性。

Hibernate 封装了 JDBC API 和 JTA API。对于使用了 Hibernate 的 Java 应用，可以通过 3 种方式来声明事务：

- 通过 Hibernate API 来声明 JDBC 事务。
- 通过 Hibernate API 来声明 JTA 事务。
- 通过 JTA API 来声明 JTA 事务。

表 20-2 对这 3 种方式做了比较。

表 20-2　比较声明事务的 3 种方式

区别	通过 Hibernate API 声明 JDBC 事务	通过 Hibernate API 声明 JTA 事务	通过 JTA API 声明 JTA 事务
Hibernate 配置文件中应该配置的相关属性	hibernate.connection.url hibernate.connection.username hibernate.connection.password 及特定数据库连接池的属性	hibernate.transaction .factory_class hibernate.transaction .manager_lookup_class hibernate.connection.datasource	hibernate.transaction .factory_class hibernate.transaction .manager_lookup_class

程序代码范例	Transaction tx =
	session.beginTransaction();
	//执行一些操作
	...
	tx.commit();
		同左侧一栏	UserTransaction utx=...;
			utx.begin();
			//用 session 执行数据库操作
			...
			session.flush();
			//提交事务
			utx.commit();

Session 何时占用数据库连接	事务开始时获得数据库连接，事务提交或撤销后释放数据库连接。	仅当执行一个 SQL 语句时 Session 才获得数据库连接，这个 SQL 语句执行完毕，Session 就立刻释放数据库连接。JTA 实现会保证同一个 JTA 事务中的所有 SQL 操作都使用同一个数据库连接	同左侧一栏
默认情况下提交事务时是否自动清理 Session 缓存	是	是	否

（续表）

区别	通过 Hibernate API 声明 JDBC 事务	通过 Hibernate API 声明 JTA 事务	通过 JTA API 声明 JTA 事务
是否支持分布式事务	否	否	是
健壮性、稳定性和性能	好	更好	更好
适用范围	适用于所有运行时环境	适用于受管理的运行时环境，以及支持 JTA 的不受管理运行时环境	同左侧一栏

20.9 思考题

1．数据库事务必须具备哪些特征？（多选）

（a）原子性　（b）一致性　（c）隔离性　（d）稳定性　（e）持久性

2．关于数据库事务，以下哪些说法正确？（多选）

（a）应用程序必须保证数据库事务的 ACID 特性。

（b）数据库系统的客户程序只要向数据库系统声明了一个事务，数据库系统就会自动保证事务的 ACID 特性。

（c）在手工提交事务模式下，必须由数据库的客户程序显式指定事务开始边界和结束边界。

（d）在默认情况下，Hibernate 为 Session 分配的数据库连接都采用手工提交事务模式。

3．关于 Java 应用直接通过 Hibernate API 来声明事务，以下哪些说法正确？（多选）

（a）有利于跨平台开发。通过 Hibernate API 既可以声明 JDBC 事务，也可以声明 JTA 事务。

（b）当应用程序通过 Hibernate API 声明事务时，事务与 Session 更加紧密地集成在一起。

（c）通过 Hibernate API 只能声明 JDBC 事务。

（d）无论是 JDBC 事务还是 JTA 事务，当执行 org.hibernate.Transaction 的 commit()方法时，该方法会释放 Session 占用的数据库连接。

4．对于以下这段通过 Hibernate API 声明 JDBC 事务的程序代码，以下哪些说法正确？（多选）

```
Session session=sessionFactory.openSession(); //第 1 行
Transaction tx = session.beginTransaction(); //第 2 行
tx.setTimeout(10); //第 3 行
Account account=(Account)session.get(Account.class,new Long(1)); //第 4 行
account.setBalance(100); //第 5 行
tx.commit(); //第 6 行
```

（a）第 1 行为 Session 分配数据库连接。

（b）第 2 行为 Session 分配数据库连接。

（c）第 4 行为 Session 分配数据库连接，执行完 SQL 查询语句后，再释放数据库连接。

（d）第 6 行释放 Session 占用的数据库连接。

5. 对于以下这段通过 JTA API 声明 JTA 事务的程序代码，以下哪些说法正确？（多选）

```
UserTransaction utx=
  (UserTransaction)new InitialContext().lookup("UserTransaction"); //第 1 行
Session session1=null; //第 2 行
Session session2=null;  //第 3 行

utx.begin();  //第 4 行

session1=sessionFactoryBeijing.openSession(); //第 5 行
session2=sessionFactoryShanghai.openSession();//第 6 行

Account account1=(Account)session1.get(Account.class,new Long(1)); //第 7 行
account1.setBalance(account1.getBalance()-100); //第 8 行

Account account2=(Account)session2.get(Account.class,new Long(2)); //第 9 行
account2.setBalance(account2.getBalance()+100); //第 10 行

session1.flush();  //第 11 行
session2.flush();  //第 12 行
utx.commit();  //第 13 行
```

（a）第 11 行和第 12 行是多余的。因为在默认情况下，第 13 行提交事务前会自动清理 Session 的缓存。

（b）第 5 行创建了 session1 对象后，会为该对象分配数据库连接。

（c）在 Hibernate 配置文件中必须配置 hibernate.transaction.factory_class 和 hibernate.transaction.manager_lookup_class 属性。

（d）以上程序代码定义了一个分布式的事务。

第 21 章　处理并发问题

第 20 章已经介绍了数据库事务的概念，以及在 Java 程序中声明事务边界的方法。第 20 章仅考虑了运行单个事务的情况。而在实际应用中，往往会有多个用户同时访问数据库系统，分别执行各自的事务。在这样的并发环境中，当多个事务同时访问相同的数据资源时，可能会造成各种并发问题。可以通过设定数据库系统的事务隔离级别来避免各类并发问题，此外，在应用程序中还可以采用悲观锁和乐观锁来解决丢失更新这一并发问题。本章将介绍事务隔离级别、悲观锁和乐观锁等概念，并且介绍在应用程序中设置事务隔离级别及运用悲观锁和乐观锁的方法。

21.1　多个事务并发运行时的并发问题

在并发环境中，一个数据库系统会同时为各种各样的客户程序提供服务，这些客户程序可以是 mysql.exe 客户程序，也可以是 Java 应用程序，有的 Java 应用程序在运行时可能还包含多个线程。图 21-1 列出了某一时刻多个客户程序同时访问数据库系统的状态。

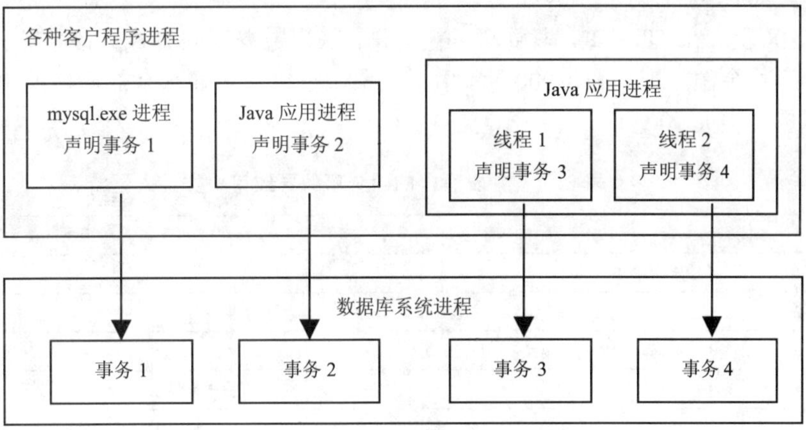

图 21-1　在并发环境中某个时刻各种客户程序同时访问数据库系统

对于同时运行的多个事务，当这些事务访问数据库中相同的数据时，如果没有采取必要的隔离机制，就会导致各种并发问题，这些并发问题可归纳为以下几类。

- 第一类丢失更新：撤销一个事务时，把其他事务已提交的更新数据覆盖。
- 脏读：一个事务读到另一事务未提交的更新数据。
- 虚读：一个事务读到另一事务已提交的新插入的数据。
- 不可重复读：一个事务读到另一事务已提交的更新数据。
- 第二类丢失更新：这是不可重复读中的特例，一个事务覆盖另一事务已提交的更新数据。

考虑一个取款事务和一个支票汇入事务操纵同一个账户的情形。先假定这两个事务不是同时发生的，而是先执行取款事务，然后再执行支票转账事务。取款事务包含以下步骤。

（1）某银行客户在银行前台请求取款 100 元，出纳员先查询账户信息，得知存款余额为 1 000 元。

（2）出纳员判断出存款额超过了取款额，就支付给客户 100 元，并将账户上的存款余额改为 900 元。

支票转账事务包含以下步骤。

（1）某出纳员处理一转账支票，该支票向一账户汇入 100 元。出纳员先查询账户信息，得知存款余额为 900 元。

（2）出纳员将存款余额改为 1 000 元。

由此可见，如果这两个事务在时间上错开运行，不会有任何问题，但是如果它们并发运行，就可能出现以上 5 种并发问题，下面分别介绍。

21.1.1 第一类丢失更新

这种并发问题是由于完全没有隔离事务造成的。当两个事务更新相同的数据资源，如果一个事务被提交，另一个事务却被撤销，那么会连同第一个事务所做的更新也被撤销。如表 21-1 所示，假如支票转账事务在 T6 时刻被提交，那么账户的存款余额变为 1 100 元。在 T8 时刻，取款事务被撤销，账户数据退回到执行该事务前的初始状态，因此存款余额又恢复为 1 000 元。由于支票转账事务对存款余额所做的更新被覆盖，银行客户会损失 100 元。

表 21-1 并发运行的两个事务导致第一类丢失更新

时　间	取 款 事 务	支票转账事务
T1	开始事务	
T2		开始事务
T3	查询账户的存款余额为 1 000 元	
T4		查询账户的存款余额为 1 000 元
T5		汇入 100 元，把存款余额改为 1 100 元
T6		提交事务
T7	取出 100 元，把存款余额改为 900 元	
T8	撤销事务，账户的存款余额恢复为 1 000 元	

Tips

既然两个事务同时运行，为什么表 21-1 中的每一步操作都发生在不同的时刻？这是因为数据库服务器在某个确定的时刻只可能执行一条 SQL 语句，可以把表 21-1 中的 T3 和 T4 理解为精确到毫秒或微秒的时间，假如 T3 代表 10 点 10 分 10 秒 100 毫秒，而 T4 代表 10 点 10 分 10 秒 101 毫秒，那么从宏观上看，可以认为在这两个时刻执行的操作是并发的，也可以说是同时进行的。

21.1.2　脏读

如果第二个事务查询到第一个事务未提交的更新数据，第二个事务依据这个查询结果继续执行相关的操作，但是接着第一个事务撤销了所做的更新，这会导致第二个事务操纵脏数据。如表 21-2 所示，取款事务在 T5 时刻把存款余额改为 900 元，支票转账事务在 T6 时刻查询账户的存款余额为 900 元，取款事务在 T7 时刻被撤销，支票转账事务在 T8 时刻把存款余额改为 1 000 元。

由于支票转账事务查询到了取款事务未提交的更新数据，并且在这个查询结果的基础上进行更新操作，如果取款事务最后被撤销，会导致银行客户损失 100 元。

表 21-2　并发运行的两个事务导致脏读

时　间	取 款 事 务	支票转账事务
T1	开始事务	
T2		开始事务
T3	查询账户的存款余额为 1 000 元	
T4		
T5	取出 100 元，把存款余额改为 900 元	
T6		查询账户的存款余额为 900 元（脏读）
T7	撤销该事务，把存款余额恢复为 1 000 元	
T8		汇入 100 元，把存款余额改为 1 000 元
T9		提交事务

21.1.3　虚读

虚读是由于一个事务查询到了另一事务已提交的新插入的数据引起的。如表 21-3 所示，假定一个网站的统计事务在两个时刻统计所有注册客户的总数，在这两个时刻中间一个注册事务新注册了一个客户，那么就会导致统计事务两次统计结果不一样。统计事务无法相信查询结果，因为查询结果是不确定的，随时可能被其他事务改变。

表 21-3　并发运行的两个事务导致虚读

时　间	注 册 事 务	统 计 事 务
T1	开始事务	
T2		开始事务
T3		统计网站的注册客户的总数为 10 000 人
T4	注册一个新客户	
T5	提交事务	
T6		统计网站的注册客户的总数为 10 001 人（虚读）
T7		到底是哪个统计数据有效

对于实际应用，在一个事务中不会对相同的数据查询两次，假定统计事务在 T3 时刻统计注册客户总数，执行的 select 语句为：

```
select count(*) from CUSTOMERS;
```

在 T6 时刻不再查询数据库，而是直接打印出统计结果为 10 000，这个统计结果与数据库中的当前数据有出入，确切地说，它反映的是 T3 时刻的数据状态，而不是当前的数据状态。

应该根据实际需要来决定是否允许虚读。以上面的统计事务为例，如果仅仅想大致了解一下注册客户总数，那么可以允许虚读；如果在同一个事务中，会依据查询的结果做出精确的决策，那么就必须采取必要的事务隔离措施，避免虚读。

21.1.4 不可重复读

不可重复读是由于一个事务查询到了另一事务已提交的对数据的更新引起的。当第二个事务在某一时刻查询某条记录，在另一时刻再查询相同记录时，看到了第一个事务已提交的对这条记录的更新，第二个事务无法判断到底以哪一时刻查询到的记录作为计算的基础，因为任何时候查询到的数据都有可能立刻被其他事务更新。

如表 21-4 所示，假如支票转账事务两次查询账户的存款余额，但得到了不同的查询结果，这使得银行出纳员无法相信查询结果，因为查询结果是不确定的，随时可能被其他事务改变。

表 21-4　并发运行的两个事务导致不可重复读

时　间	取 款 事 务	支票转账事务
T1	开始事务	
T2		开始事务
T3	查询账户的存款余额为 1 000 元	
T4		查询账户的存款余额为 1 000 元
T5	取出 100 元，把存款余额改为 900 元	
T6	提交事务	
T7		查询账户的存款余额为 900 元
T8		到底是把存款余额改为 1 000+100 元，还是 900+100 元

21.1.5 第二类丢失更新

第二类丢失更新是在实际应用中经常遇到的并发问题，它和不可重复读本质上是同一类并发问题，通常把它看做是不可重复读的一个特例。当两个或多个事务查询同样的记录，然后各自基于最初查询的结果更新该记录时，会造成第二类丢失更新问题。每个事务都不知道其他事务的存在，最后一个事务对记录所做的更新将覆盖由其他事务对该记录所做的已提交的更新。

如表 21-5 所示，取款事务在 T5 时刻根据在 T3 时刻的查询结果，把存款余额改为 1 000−100 元，在 T6 时刻提交事务。支票转账事务在 T7 时刻根据在 T4 时刻的查询结果，把存款余额改为 1 000+100 元。由于支票转账事务覆盖了取款事务对存款余额所做的更新，导致银行最后损失 100 元。

表 21-5　并发运行的两个事务导致第二类丢失更新

时　间	取款事务	支票转账事务
T1	开始事务	
T2		开始事务
T3	查询账户的存款余额为 1 000 元	
T4		查询账户的存款余额为 1 000 元
T5	取出 100 元，把存款余额改为 900 元	
T6	提交事务	
T7		汇入 100 元，把存款余额改为 1 100 元
T8		提交事务

21.2　数据库系统的锁的基本原理

在数据库系统的 ACID 特性中，隔离性就是指数据库系统必须具有隔离并发运行的各个事务的能力，使它们不会相互影响，避免出现 21.1 节介绍的各种并发问题，以保证数据的完整性和一致性。数据库系统采用锁来实现事务的隔离性。各种大型数据库采用的锁的基本理论是一致的，但在具体实现上各有差别。锁的基本原理如下。

- 当一个事务访问某种数据库资源时，如果执行 select 语句，必须先获得共享锁，如果执行 insert、update 或 delete 语句，必须获得独占锁，这些锁用于锁定被操纵的资源。
- 当第二个事务也要访问相同的资源时，如果执行 select 语句，也必须先获得共享锁，如果执行 insert、update 或 delete 语句，也必须获得独占锁。此时根据已经放置在资源上的锁的类型，来决定第二个事务应该等待第一个事务解除对资源的锁定，还是可以立刻获得锁，表 21-6 列出了不同情况下第二个事务的进展。

表 21-6　根据已放置在资源上的锁来决定第二个事务能否立刻获得特定类别的锁

资源上已经放置的锁	第二个事务进行读操作	第二个事务进行更新操作
无	立即获得共享锁	立即获得独占锁
共享锁	立即获得共享锁	等待第一个事务解除共享锁
独占锁	等待第一个事务解除独占锁	等待第一个事务解除独占锁

许多数据库系统都有自动管理锁的功能，它们能根据事务执行的 SQL 语句，自动在保证事务间的隔离性与保证事务间的并发性能之间做出权衡，然后自动为数据库资源加上适当的锁，在运行期间还会自动升级锁的类型，以优化系统的性能。事务间的并发性能是指数据库系统能够同时执行多个事务，很少出现因为一个事务占用了特定资源，而导致其他事务必须暂停下来长时间等待资源的情况。

对于普通的并发性事务，通过数据库系统的自动锁定管理机制基本可以保证事务之间的隔离性，但如果对数据安全、数据库完整性和一致性有特殊要求，也可以由事务本身来控制对数据资源的锁定和解锁，本章 21.4 节、21.5 节和 21.6 节会对此做进一步介绍。

21.2.1 锁的多粒度性及自动锁升级

数据库系统能够锁定的资源包括：数据库、表、区域、页面、键值（指带有索引的行数据）、行（即表中的单行数据）。按照锁定资源的粒度，锁可以分为以下类型。

- 数据库级锁：锁定整个数据库。
- 表级锁：锁定一张数据库表。
- 区域级锁：锁定数据库的特定区域。
- 页面级锁：锁定数据库的特定页面。
- 键值级锁：锁定数据库表中带有索引的一行数据。
- 行级锁：锁定数据库表中的单行数据（即一条记录）。

锁的封锁粒度大，事务间的隔离性就越高，但是事务间的并发性能就越低。数据库系统根据事务执行的 SQL 语句，自动对访问的数据资源加上合适的锁。假设某事务只操纵一个表中的部分行数据，系统可能只会添加几个行锁或页面锁，这样可以尽可能多地支持多个事务的并发操作。但是，如果某个事务频繁地对某个表中的多条记录操作，将导致对该表的许多记录行都加上了行级锁，数据库系统中锁的数目会急剧增加，这就加重了系统负荷，影响系统性能。因此，在数据库系统中，一般都支持锁升级。锁升级是指调整锁的粒度，将多个低粒度的锁替换成少数更高粒度的锁，以此来降低系统负荷。例如，当一个事务中的锁较多，达到锁升级门限时，系统自动将行级锁和页面级锁升级为表级锁。

21.2.2 锁的类型和兼容性

按照封锁程度，锁可以分为：共享锁、独占锁和更新锁，下面分别介绍它们的用法。

1．共享锁

共享锁用于读数据操作，它是非独占的，允许其他事务同时读取其锁定的资源，但不允许其他事务更新它。共享锁具有以下特征。

- 加锁的条件：当一个事务执行 select 语句时，数据库系统会为这个事务分配一把共享锁，来锁定被查询的数据。
- 解锁的条件：在默认情况下，数据被读取后，数据库系统立即解除共享锁。例如，当一个事务执行查询“SELECT * FROM ACCOUNTS”语句时，数据库系统首先锁定第一行，读取之后，解除对第一行的锁定，然后锁定第二行。这样，在一个事务读操作过程中，允许其他事务同时更新 ACCOUNTS 表中未被锁定的行。
- 与其他锁的兼容性：如果数据资源上放置了共享锁，还能再放置共享锁和更新锁。
- 并发性能：具有良好的并发性能，当多个事务读相同的数据时，每个事务都会获得一把共享锁，因此可以同时读锁定的数据。

2. 独占锁

独占锁也叫排他锁，适用于修改数据的场合。它所锁定的资源，其他事务不能读取也不能修改。独占锁具有以下特征。

- 加锁的条件：当一个事务执行 insert、update 或 delete 语句时，数据库系统会自动对 SQL 语句操纵的数据资源使用独占锁。如果该数据资源已经有其他锁存在时，无法对其再放置独占锁。
- 解锁的条件：独占锁一直到事务结束才能被解除。
- 兼容性：独占锁不能和其他锁兼容，如果数据资源上已经加了独占锁，就不能再放置其他的锁。同样，如果数据资源上已经有了其他的锁，就不能再放置独占锁。
- 并发性能：并发性能比较差，只允许有一个事务访问锁定的数据，如果其他事务也需要访问该数据，就必须等待，直到前一个事务结束，解除了独占锁，其他事务才有机会访问该数据。

3. 更新锁

更新锁在更新操作的初始化阶段用来锁定可能要被修改的资源，这可以避免使用共享锁造成的死锁现象。例如，对于以下的 update 语句：

```
update ACCOUNTS set BALANCE=900 where ID=1;
```

如果使用共享锁，更新数据的操作分为两步。

（1）获得一个共享锁，读取 ACCOUNTS 表中 ID 为 1 的记录。

（2）将共享锁升级为独占锁，再执行更新操作。

如果同时有两个或多个事务同时更新数据，每个事务都先获得一把共享锁，在更新数据的时候，这些事务都要先将共享锁升级为独占锁。由于独占锁不能与其他锁兼容，因此每个事务都进入等待状态，等待其他事务释放共享锁，这就造成了死锁。

如果使用更新锁，更新数据的操作分为以下两步。

（1）获得一个更新锁，读取 ACCOUNTS 表中 ID 为 1 的记录。

（2）将更新锁升级为独占锁，再执行更新操作。

更新锁具有以下特征。

- 加锁的条件：当一个事务执行 update 语句时，数据库系统会先为事务分配一把更新锁。
- 解锁的条件：当读取数据完毕，执行更新操作时，会把更新锁升级为独占锁。
- 与其他锁的兼容性：更新锁与共享锁是兼容的，也就是说，一个资源可以同时放置更新锁和共享锁，但是最多只能放置一把更新锁。这样，当多个事务更新相同的数据时，只有一个事务能获得更新锁，然后再把更新锁升级为独占锁，其他事务必须等到前一个事务结束后，才能获得更新锁，这就避免了死锁。
- 并发性能：允许多个事务同时读锁定的资源，但不允许其他事务修改它。

21.2.3 死锁及其防止办法

在数据库系统中，死锁是指多个事务分别锁定了一个资源，又试图请求锁定对方已经锁定的资源，这就产生了一个锁定请求环，导致多个事务都处于等待对方释放锁定资源的状态。例如，以下两个事务如果并发运行，就会导致死锁：

```
事务 1
begin;
update CUSTOMERS set NAME= 'Tom' where ID=1;
update ORDERS set ORDER_NUMBER= 'Tom_Order001' where ID=1;
commit;

事务 2
begin;
update ORDERS set ORDER_NUMBER= 'Jack_Order001' where ID=1;
update CUSTOMERS set NAME= 'Jack' where ID=1;
commit;
```

表 21-7 列出了这两个事务并发运行时，产生死锁的过程。

表 21-7 并发运行的事务导致死锁

时　间	事务 1	事务 2
T1	开始事务	
T2		开始事务
T3	update CUSTOMERS set NAME= 'Tom' where ID=1; 对 CUSTOMERS 表中 ID 为 1 的记录放置独占锁，只有当整个事务结束才会解除该锁	
T4		update ORDERS set ORDER_NUMBER='Jack_Order001' where ID=1; 对 ORDERS 表中 ID 为 1 的记录放置独占锁，只有当整个事务结束才会解除该锁
T5	update ORDERS set ORDER_NUMBER='Tom_Order001' where ID=1; 等待事务 2 解除对 ORDERS 表中 ID 为 1 的记录放置的独占锁	
T6		update CUSTOMERS set name='Jack' where ID=1; 等待事务 1 解除对 CUSTOMERS 表中 ID 为 1 的记录放置的独占锁

许多数据库系统能够自动定期搜索和处理死锁问题。当检测到锁定请求环时，系统将结束死锁优先级最低的事务，并且撤销该事务。

理解了死锁的概念，在应用程序中可以采用下面的一些方法来尽量避免死锁。

（1）合理安排表访问顺序。

（2）使用短事务。

（3）如果对数据的一致性要求不是很高，可以允许脏读。脏读不需要对数据资源加锁，可以避免锁冲突。

（4）如果可能的话，错开多个事务访问相同数据资源的时间，以防止锁冲突。

（5）使用尽可能低的事务隔离级别。隔离级别的概念参见本章 21.3 节。隔离级别过高，虽然系统可以因提供更好隔离性而更大程度上保证数据的完整性和一致性，但各事务间死锁的机会大大增加，反而影响了系统性能。

以上第二条提到了短事务，它是指在一个数据库事务中包含尽可能少的操作，并且在尽可能短的时间内完成。短事务不仅能避免死锁，而且能提高事务间的并发性能，因为如果一个事务锁定了某种资源，由于这个事务很快就结束，因此不会长时间锁定资源，其他事务也就不需要长时间等待前一个事务解除对资源的锁定。

为了实现短事务，在应用程序中可以考虑使用以下策略。

（1）如果可能的话，尝试把大的事务分解为多个小的事务，然后分别执行。这保证每个小事务都很快完成，不会对数据资源锁定很长时间。

（2）应该在处理事务前就准备好用户必须提供的数据，不应该在执行事务过程中，停下来长时间等待用户输入。以取款事务为例，应该在开始取款事务之前，就明确客户的取款数额，这使得取款事务不用中途停下来等待用户输入，例如：

```
//读取用户输入的取款数额
double amount=new Scanner(System.in).nextDouble();

tx = session.beginTransaction(); //开始事务
Account account=(Account)session.get(Account.class,new Long(1),LockMode.UPGRADE);
account.setBalance(account.getBalance()-amount);
tx.commit();
```

以下程序代码演示取款事务开始后，在中途停下来等待用户输入取款数额：

```
tx = session.beginTransaction(); //开始事务
Account account=(Account)session.get(Account.class,new Long(1),LockMode.UPGRADE);

//等待用户输入取款数额
double amount=new Scanner(System.in).nextDouble();

account.setBalance(account.getBalance()-amount);
tx.commit();
```

假如用户过了 1 小时才输入取款数额，那么取款事务暂停 1 小时后才恢复运行，这意味着它对 ACCOUNTS 表中 ID 为 1 的记录至少锁定了 1 小时。本书第 23 章的 23.2 节（实现对话）将介绍 Hibernate 的对话机制，在一个对话中可以包含多个短数据库事务，而整个对话则可看做是一个满足原子性的应用事务。

21.3　数据库的事务隔离级别

尽管数据库系统允许用户在事务中显式地为数据资源加锁（参见本章 21.4.1 节），但是首先应该考虑让数据库系统自动管理锁，它会分析事务中的 SQL 语句，然后自动为 SQL 语句所操纵的数据资源加上合适的锁，而且在锁的数目太多时，数据库系统会自动进行锁升级，以提高系统性能。

锁机制能有效地解决各种并发问题，但是它会影响并发性能。并发性能越好，数据库系统同时为各种客户程序提供服务的能力就越强。当一个事务锁定数据资源时，其他事务必须停下来等待，这就降低了数据库系统同时响应各种客户程序的速度。

为了能让用户根据实际应用的需要，在事务的隔离性与并发性之间做出合理的权衡，数据库系统提供了 4 种事务隔离级别供用户选择。

- Serializable：串行化。
- Repeatable Read：可重复读。
- Read Commited：读已提交数据。
- Read Uncommited：读未提交数据。

数据库系统采用不同的锁类型来实现以上 4 种隔离级别，具体的实现过程对用户是透明的。用户应该关心的是如何选择合适的隔离级别。在 4 种隔离级别中，Serializable 的隔离级别最高，Read Uncommited 的隔离级别最差，表 21-8 列出了各种隔离级别所能避免的并发问题。

表 21-8　各种隔离级别所能避免的并发问题

隔离级别	是否出现第一类丢失更新	是否出现脏读	是否出现虚读	是否出现不可重复读	是否出现第二类丢失更新
Serializable	否	否	否	否	否
Repeatable Read	否	否	是	否	否
Read Commited	否	否	是	是	是
Read Uncommited	否	是	是	是	是

1．Serializable（串行化）

当数据库系统使用 Serializable 隔离级别时，一个事务在执行过程中完全看不到其他事务对数据库所做的更新。当两个事务同时操纵数据库中相同数据时，如果第一个事务已经在访问该数据，第二个事务只能停下来等待，必须等到第一个事务结束后才能恢复运行。因此这两个事务实际上以串行化方式运行。

2．Repeatable Read（可重复读）

当数据库系统使用 Repeatable Read 隔离级别时，一个事务在执行过程中可以看到其他事务已经提交的新插入的记录，但是不能看到其他事务对已有记录的更新。

3．Read Committed（读已提交数据）

当数据库系统使用 Read Committed 隔离级别时，一个事务在执行过程中可以看到其他事务已经提交的新插入的记录，而且能看到其他事务已经提交的对已有记录的更新。

4．Read Uncommitted（读未提交数据）

当数据库系统使用 Read Uncommitted 隔离级别时，一个事务在执行过程中可以看到其他事务没有提交的新插入的记录，而且能看到其他事务没有提交的对已有记录的更新。

隔离级别越高，越能保证数据的完整性和一致性，但是对并发性能的影响也越大，图 21-2 显示了隔离级别与并发性能的关系。对于多数应用程序，可以优先考虑把数据库系统的隔离级别设为 Read Committed，它能够避免脏读，而且具有较好的并发性能。尽管它会导致不可重复读、虚读和第二类丢失更新这些并发问题，在可能出现这类问题的个别场合，可以由应用程序采用悲观锁或乐观锁来控制，参见本章 21.4、21.5 节和 21.6 节。

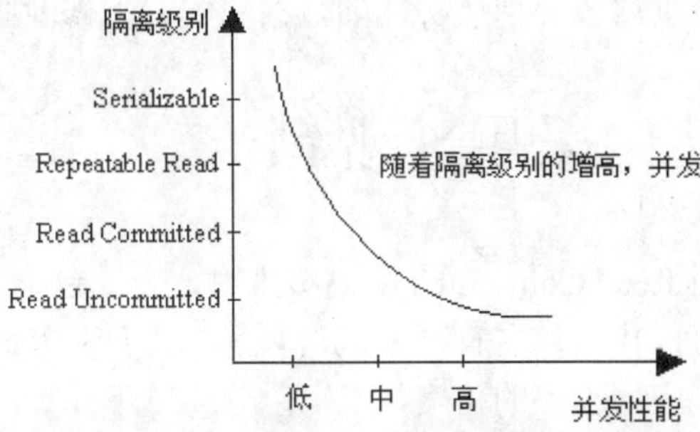

图 21-2　隔离级别与并发性能的关系

21.3.1　在 mysql.exe 程序中设置隔离级别

每启动一个 mysql.exe 程序，就会获得一个单独的数据库连接。每个数据库连接都有一个全局变量@@tx_isolation，表示当前的事务隔离级别。MySQL 默认的隔离级别为 Repeatable Read。如果要查看当前的隔离级别，可使用如下 SQL 命令：

```
mysql> select @@tx_isolation;
```

```
+-----------------+
| @@tx_isolation  |
+-----------------+
| REPEATABLE-READ |
+-----------------+
```

如果要把当前 mysql.exe 程序的隔离级别改为 Read Committed，可使用如下 SQL 命令：

```
mysql> set transaction isolation level read committed;
```

如果要设置数据库系统的全局的隔离级别，可使用如下 SQL 命令：

```
mysql> set global transaction isolation level read committed;
```

21.3.2　在应用程序中设置隔离级别

JDBC 数据库连接使用数据库系统默认的隔离级别。在 Hibernate 的配置文件中可以显式地设置隔离级别。每一种隔离级别都对应一个整数：

- 1：Read Uncommitted
- 2：Read Committed
- 4：Repeatable Read

- 8：Serializable

例如，以下代码把 hibernate.properties 配置文件中的隔离级别设为 Read Committed：

```
hibernate.connection.isolation=2
```

对于从数据库连接池中获得的每一个连接，Hibernate 都会把它改为使用 Read Committed 隔离级别。值得注意的是，在受管理环境中，如果 Hibernate 使用的数据库连接来自于应用服务器提供的数据源，Hibernate 不会修改这些连接的事务隔离级别，在这种情况下，应该通过修改应用服务器的数据源配置来修改隔离级别。

21.4 在应用程序中采用悲观锁

当数据库系统采用 Read Committed 隔离级别时，会导致不可重复读和第二类丢失更新的并发问题。在可能出现这种问题的场合，可以在应用程序中采用悲观锁或乐观锁来避免这类问题。从应用程序的角度，锁可以分为以下几类。

- 悲观锁：指在应用程序中显式地为数据资源加锁。悲观锁假定当前事务操纵数据资源时，肯定还会有其他事务同时访问该数据资源，为了避免当前事务的操作受到干扰，先锁定资源。尽管悲观锁能够防止丢失更新和不可重复读这类并发问题，但是它会影响并发性能，因此应该很谨慎地使用悲观锁。
- 乐观锁：乐观锁假定当前事务操纵数据资源时，不会有其他事务同时访问该数据资源，因此完全依靠数据库的隔离级别来自动管理锁的工作。应用程序采用版本控制手段来避免可能出现的并发问题。

Tips

从这两种锁的实现机制可以看出，悲观锁对事态估计很悲观，总是认为其他事务会占用待访问的资源；而乐观锁对事态估计很乐观，先不考虑其他事务是否会占用待访问的资源。悲观锁与乐观锁由此得名。

21.4.1 利用数据库系统的独占锁来实现悲观锁

悲观锁有两种实现方式。

- 方式一：在应用程序中显式指定采用数据库系统的独占锁来锁定数据资源。
- 方式二：在数据库表中增加一个表明记录状态的 LOCK 字段，当它取值为“Y”时，表示该记录已经被某个事务锁定，如果为“N”，表明该记录处于空闲状态，事务可以访问它。

本节介绍第一种实现方式。当一个事务执行 select 语句时，在默认情况下，数据库系统会采用共享锁来锁定查询的记录。此外，MySQL、Oracle 和 Ms SQL 都支持以下形式的 select 语句：

```
select … for update
```

以上语句显式指定采用独占锁来锁定查询的记录。执行该查询语句的事务持有这把锁，直到事务结束才会释放锁。在执行事务过程中，其他事务如果要查询、更新或删除这些被锁定的记录，必须等到第一个事务执行结束，才能有机会操纵这些记录。

例如，对于并发运行的取款事务和支票转账事务，假定取款事务先执行以下语句：

```
select * from ACCOUNTS  where ID=1 for update;
```

那么这条 ID 为 1 的 ACCOUNTS 记录就被锁定。其他事务如果也要对这条记录进行查询、更新或删除操作，就必须停下来等待，直到取款事务结束，其他事务才有机会访问这条记录。表 21-9 列出了取款事务和支票转账事务的执行过程。

表 21-9　利用悲观锁协调并发运行的取款事务和支票转账事务

时　间	取 款 事 务	支票转账事务
T1	开始事务	
T2		开始事务
T3	select * from ACCOUNTS where ID=1 for update; 查询结果显示存款余额为 1 000 元；这条记录被锁定	
T4		select * from ACCOUNTS where ID=1 for update; 执行该语句时，事务停下来等待取款事务解除对这条记录的锁定
T5	取出 100 元，把存款余额改为 900 元	
T6	提交事务	
T7		事务恢复运行，查询结果显示存款余额为 900 元。这条记录被锁定
T8		汇入 100 元，把存款余额改为 1 000 元
T9		提交事务

在 Hibernate 应用中，当通过 Session 的 get()和 load()方法来加载一个对象时，可以采用以下方式声明使用悲观锁：

```
Account account=(Account)session.get(Account.class,new Long(1), LockMode.UPGRADE);
```

org.hibernate.LockMode 类表示锁定模式，表 21-10 列出了它的几个静态实例的作用。

表 21-10　LockMode 类表示的几种锁定模式

锁 定 模 式	描　述
LockMode.NONE	如果在 Hibernate 的缓存中存在 Account 对象，就直接返回该对象的引用；否则就通过 select 语句到数据库中加载该对象。这是默认值
LockMode.READ	不管 Hibernate 的缓存中是否存在 Account 对象，总是通过 select 语句到数据库中加载该对象；如果映射文件中设置了版本元素，就执行版本检查，比较缓存中的 Account 对象是否和数据库中 Account 对象的版本一致
LockMode.UPGRADE	不管 Hibernate 的缓存中是否存在 Account 对象，总是通过 select 语句到数据库中加载该对象；如果映射文件中设置了版本元素，就执行版本检查，比较缓存中的 Account 对象是否和数据库中 Account 对象的版本一致；如果数据库系统支持悲观锁（如 Oracle 和 MySQL），就执行 select … for update 语句，如果数据库系统不支持悲观锁（如 Sybase），就执行普通的 select 语句

（续表）

锁定模式	描　述
LockMode.UPGRADE_NOWAIT	和 LockMode.UPGRADE 具有同样的功能。此外，对于 Oracle 等支持“update nowait”的数据库，执行 select…for update nowait 语句，“nowait”表明如果执行该 select 语句的事务不能立刻获得悲观锁，那么不会等待其他事务释放锁，而是立刻抛出一个锁定异常
LockMode.WRITE	当 Hibernate 向数据库保存一个对象时，会自动使用这种锁定模式。这种锁定模式仅供 Hibernate 内部使用，在应用程序中不应该使用它
LockMode.FORCE	强制更新数据库中对象的版本属性，从而表明当前事务已经更新了这个对象，参见 21.5.4 节

表 21-10 提到了 Hibernate 的缓存，它包括第一级缓存和第二级缓存，第 22 章（管理 Hibernate 的缓存）会对 Hibernate 的缓存做详细介绍。本章的 21.5 节会介绍映射文件中版本元素的作用与配置方法。

在默认情况下，Session 的 get()和 load()方法的锁定模式为 LockMode.NONE，如果设为 LockMode.UPGRADE，就表示采用悲观锁。对于 Oracle 数据库，还可以用 LockMode.UPGRADE_NOWAIT 来表明使用悲观锁。

LockMode.READ 主要和 Session 的 lock()方法联合使用，用于对一个游离对象进行版本检查，本章 21.5.3 节会对此做详细介绍。

下面通过具体的例子介绍悲观锁的运行机制。本节的范例程序位于配套光盘的 sourcecode\chapter21\21.4 目录下。运行该程序之前，需要先在 SAMPLEDB 数据库中手工创建 ACCOUNTS 表，然后加入测试数据，相关的 SQL 脚本文件为 21.4\schema\sampledb.sql。值得注意的是，为了让 ACCOUNTS 表支持事务，特地把它设为 INNODB 类型。

在范例程序的 hibernate.properties 文件中，把数据库的事务隔离级别设为 Read Committed 级别：

```
hibernate.connection.isolation=2
```

在 chapter21 目录下有两个 ANT 的工程文件：build1.xml 和 build2.xml，它们的区别在于文件开头设置的路径不一样，如在 build1.xml 文件中设置了以下路径：

```
<property name="source.root" value="21.4/src"/>
<property name="class.root" value="21.4/classes"/>
<property name="lib.dir" value="lib"/>
<property name="schema.dir" value="21.4/schema"/>
```

在 DOS 命令行下进入 chapter21 根目录，然后输入命令：

```
ant -file build1.xml run
```

就会运行 BusinessService 类。ANT 命令的-file 选项用于显式指定工程文件。例程 21-1 是 BusinessService 类的源程序。

例程 21-1　BusinessService 类

```
package mypack;
```

```
import org.hibernate.*;
import org.hibernate.cfg.Configuration;
import java.util.*;

public class BusinessService extends Thread{
  public static SessionFactory sessionFactory;
  /** 初始化Hibernate，创建SessionFactory实例 */
  static{..... }

  private String transactionType;
  private Log log;

  public BusinessService(String transactionType,Log log){
    this.transactionType=transactionType;
    this.log=log;
  }

  public void run(){
   try{
    if(transactionType.equals("withdraw"))
      withdraw();
    else
     transferCheck();
   }catch(Exception e){
     e.printStackTrace();
   }
  }

  /** 取款事务 */
  public void withdraw() throws Exception{......}

  /** 支票转账事务 */
  public void transferCheck() throws Exception{......}

  /** 持久化一个Account对象，它的存款余额为1000 */
  public void registerAccount(){......}

  public static void main(String args[]) throws Exception {
    Log log=new Log();
    Thread withdrawThread=new BusinessService("withdraw",log);
    Thread transferCheckThread=new BusinessService("transferCheck",log);

    //调用registerAccount()方法创建一个Account对象
    ((BusinessService)withdrawThread).registerAccount();

    //启动两个线程，它们分别执行取款事务和支票转账事务
    withdrawThread.start();
    transferCheckThread.start();

    while(withdrawThread.isAlive() ||transferCheckThread.isAlive()){
     Thread.sleep(100);
    }
    //打印日志
    log.print();
```

```
      sessionFactory.close();
    }
  }

  /** 日志类 */
  class Log{
    private ArrayList logs=new ArrayList();

    synchronized void write(String text){
      logs.add(text);
    }
    public void print(){
      for (Iterator it = logs.iterator(); it.hasNext();) {
         System.out.println(it.next());
      }
    }
  }
```

BusinessService 类继承了 java.lang.Thread 类，因此它是一个线程类。在 main()方法中启动了两个 BusinessService 线程： withdrawThread 和 transferCheckThread 线程。withdrawThread 线程运行 withdraw()方法，该方法执行取款事务：

```
tx = session.beginTransaction();
log.write("withdraw():开始事务");
Thread.sleep(500);

Account account=(Account)session.get(Account.class,new Long(1));

log.write("withdraw():查询到存款余额为: balance="+account.getBalance());
Thread.sleep(500);

account.setBalance(account.getBalance()-100);
log.write("withdraw():取出 100 元，把存款余额改为: "+account.getBalance());

log.write("withdraw():提交事务");
tx.commit();
Thread.sleep(500);
```

transferCheckThread 线程运行 transferCheck()方法，该方法执行支票转账事务：

```
tx = session.beginTransaction();
log.write("transferCheck():开始事务");
Thread.sleep(500);

Account account=(Account)session.get(Account.class,new Long(1));

log.write("transferCheck():查询到存款余额为: balance="+account.getBalance());
Thread.sleep(500);

account.setBalance(account.getBalance()+100);
log.write("transferCheck():汇入100元, 把存款余额改为: "+account.getBalance());

log.write("transferCheck():提交事务");
tx.commit();
Thread.sleep(500);
```

为了便于演示这两个线程并发运行的效果，每个线程执行一些代码后就会睡眠片刻，把 CPU 让给另一个线程。为了跟踪这两个线程执行事务的时间顺序，withdraw()方法和 transferCheck()方法都生成了一些日志，main()方法等到这两个线程结束后会输出这些日志。

当 transferCheck()和 withdraw()方法调用 Session 的 get()方法时，都采用默认的 LockMode.None 模式，因此 Hibernate 执行的 select 语句为：

```
select * from ACCOUNTS where ID=1;
```

以上 select 语句表明应用程序没有使用悲观锁，当这两个线程并发运行时，最后生成的日志如下：

```
[java] withdraw():开始事务
[java] transferCheck():开始事务
[java] transferCheck():查询到存款余额为：balance=1000.0
[java] withdraw():查询到存款余额为：balance=1000.0
[java] transferCheck():汇入 100 元，把存款余额改为：1100.0
[java] transferCheck():提交事务
[java] withdraw():取出 100 元，把存款余额改为：900.0
[java] withdraw():提交事务
```

以上日志反映了这两个线程执行事务的时间顺序。从日志可以看出，取款事务覆盖了支票转账事务对存款余额所做的更新，导致银行客户损失了 100 元。

在多线程环境中，线程运行的时间是随机的，由 JVM（Java 虚拟机）负责调度它们。这两个线程也可能按以下顺序执行：

```
[java] withdraw():开始事务
[java] transferCheck():开始事务
[java] transferCheck():查询到存款余额为：balance=1000.0
[java] withdraw():查询到存款余额为：balance=1000.0
[java] withdraw():取出 100 元，把存款余额改为：900.0
[java] withdraw():提交事务
[java] transferCheck():汇入 100 元，把存款余额改为：1100.0
[java] transferCheck():提交事务
```

从以上日志可以看出，支票转账事务覆盖了取款事务对存款余额所做的更新，导致银行损失了 100 元，银行客户净赚了 100 元。

由此可见，在数据库系统使用 Read Committed 隔离级别的情况下，如果应用程序没有采用悲观锁，当取款事务和支票转账事务并发运行时，会导致第二类丢失更新问题。

下面修改 withdraw()和 transferCheck()方法中的程序代码，使 Session 的 get()方法都采用 LockMode.UPGRADE 模式：

```
Account account=(Account)session.get(Account.class,new Long(1),LockMode.UPGRADE);
```

在 LockMode.UPGRADE 模式下，当运行 Session 的 get()方法时，Hibernate 执行以下 select 语句：

```
select * from ACCOUNTS where ID=1 for update;
```

如果取款事务和支票转账事务同时执行以上 select 语句，只会有一个事务获得悲观锁，另一个事务必须等待，直到前一个事务结束，然后释放了锁，另一事务才能获得锁并恢复运行。应用程序最后输出以下日志：

```
[java] transferCheck():开始事务
[java] withdraw():开始事务
[java] withdraw():查询到存款余额为：balance=1000.0
[java] withdraw():取出 100 元，把存款余额改为：900.0
[java] withdraw():提交事务
[java] transferCheck():查询到存款余额为：balance=900.0
[java] transferCheck():汇入 100 元，把存款余额改为：1000.0
[java] transferCheck():提交事务
```

应用程序也可能输出以下日志：

```
[java] transferCheck():开始事务
[java] withdraw():开始事务
[java] transferCheck():查询到存款余额为：balance=1000.0
[java] transferCheck():汇入 100 元，把存款余额改为：1100.0
[java] transferCheck():提交事务
[java] withdraw():查询到存款余额为：balance=1100.0
[java] withdraw():取出 100 元，把存款余额改为：1000.0
[java] withdraw():提交事务
```

从日志看出，不管取款事务和支票转账事务如何随机地并发运行，一个事务不会覆盖另一个事务对存款余额所做的更新。由此可见，使用悲观锁能有效地避免不可重复读和第二类丢失更新问题。但是，悲观锁会影响并发性能，导致一个事务锁定数据资源后，其他事务如果也要访问该资源，就必须先等待前一个事务执行结束。

21.4.2 由应用程序实现悲观锁

如果数据库系统不支持 select … for update 语句，也可以由应用程序来实现悲观锁。这需要在 ACCOUNTS 表中增加一个锁字段，这个字段可以是一个布尔类型，“true”表示锁定状态，“false”表示空闲状态。

当一个事务先查询 ACCOUNTS 表中 ID 为 1 的记录，然后再修改这条记录时，包含以下步骤。

（1）先根据 LOCK 字段判断这条记录是否处于空闲状态。

（2）如果处于锁定状态，那就一直等待，直到这条记录变为空闲状态；或者撤销事务，抛出一个异常，告诉用户系统正忙，请稍后再执行该事务。

（3）如果记录处于空闲状态，就先把 LOCK 字段改为“true”，锁定这条记录。

（4）更新这条记录的存款余额，并且把它的 LOCK 字段改为“false”，解除对这条记录的锁定。

21.5 利用 Hibernate 的版本控制来实现乐观锁

乐观锁是由应用程序提供的一种机制，这种机制既能保证多个事务并发访问数据，又能防止第二类丢失更新问题。在应用程序中，可以利用 Hibernate 提供的版本控制功能来实现乐观锁。对象-关系映射文件中的<version>元素和<timestamp>元素都具有版本控制功能。<version>元素利用一个递增的整数来跟踪数据库表中记录的版本，而<timestamp>元素用时间戳来跟踪数据库表中记录的版本。

21.5.1　使用<version>元素

下面介绍利用<version>元素对 ACCOUNTS 表中记录进行版本控制的步骤。

（1）在 Account 类中定义一个代表版本信息的属性：

```
private int version;
public int getVersion() {
    return this.version;
}

public void setVersion(int version) {
    this.version = version;
}
```

（2）在 ACCOUNTS 表中定义一个代表版本信息的字段：

```
create table ACCOUNTS (
  ID bigint not null,
  NAME varchar(15),
  BALANCE decimal(10,2),
  VERSION integer,
  primary key (ID)
) type=INNODB;
```

（3）在 Account.hbm.xml 文件中用<version>元素来建立 Account 类的 version 属性与 ACCOUNTS 表中 VERSION 字段的映射：

```
<id name="id" type="long" column="ID">
    <generator class="increment"/>
</id>
<version name="version" column="VERSION" />
……
```

Tips

在映射文件中，<version>元素必须紧跟在<id>元素的后面。

（4）BusinessService 类与本章 21.4.1 节的例程 21-1 基本相同，区别在于本节的 BusinessService 类的 transferCheck() 和 withdraw() 方法都会捕获 StaleObjectStateException 异常。

```
public void transferCheck() throws Exception{
  Session session = sessionFactory.openSession();
  Transaction tx = null;
  try {

    tx = session.beginTransaction();
    log.write("transferCheck():开始事务");
    Thread.sleep(500);
```

```
        Account account=(Account)session.get(Account.class,new Long(1));

        log.write("transferCheck():查询到存款余额为: balance="+account.getBalance());
        Thread.sleep(500);

        account.setBalance(account.getBalance()+100);
        log.write("transferCheck():汇入100元，把存款余额改为: "+account.getBalance());

        tx.commit(); //当Hibernate执行update语句时，可能会抛出StaleObjectException
        log.write("transferCheck():提交事务");
        Thread.sleep(500);

      }catch(StaleObjectStateException e){
         if (tx != null) {
           tx.rollback();
         }
         e.printStackTrace();
         System.out.println("账户信息已被其他事务修改，本事务被撤销，请重新开始支票转账事务
      ");
         log.write("transferCheck():账户信息已被其他事务修改，本事务被撤销");
      }catch (RuntimeException e) {
        if (tx != null) {
          tx.rollback();
        }
        throw e;
      } finally {
        session.close();
      }
    }
```

接下来介绍加入版本控制后 Hibernate 的运行时行为。BusinessService 类的 main()方法先调用 registerAccount()方法持久化一个 Account 对象：

```
tx = session.beginTransaction();
Account account=new Account();
account.setName("Tom");
account.setBalance(1000);
session.save(account);
tx.commit();
```

应用程序无须为 Account 对象的 version 属性显式赋值，在持久化 Account 对象时，Hibernate 会自动为它赋初始值为 0，Hibernate 执行的 insert 语句为：

```
insert into ACCOUNTS values(1, 'Tom',1000,0);
```

当 Hibernate 加载一个 Account 对象时，它的 version 属性表示 ACCOUNTS 表中相关记录的版本。当 Hibernate 更新一个 Account 对象时，会根据 Session 缓存中 Account 对象的 id 与 version 属性的当前值到 ACCOUNTS 表中去定位匹配的记录，假定 Session 缓存中 Account 对象的 version 属性为 0，那么在取款事务中 Hibernate 执行的 update 语句为：

```
update ACCOUNTS set NAME='Tom',BALANCE=900,VERSION=1
where ID=1 and VERSION=0;
```

如果存在匹配的记录，就更新这条记录，并且把 VERSION 字段的值增加为 1，此外，还会把 Session 缓存中 Account 对象的 version 属性也更新为 1。当支票转账事务接着执行以下 update 语句时：

```
update ACCOUNTS set NAME='Tom',BALANCE=1100,VERSION=1
where ID=1 and VERSION=0;
```

由于 ID 为 1 的 ACCOUNTS 记录的版本已经被取款事务修改，因此找不到匹配的记录，此时 Hibernate 会抛出 StaleObjectStateException。

在应用程序中应该捕获该异常，这种异常有两种处理方式。

- 方式一：自动撤销事务，通知用户账户信息已被其他事务修改，需要重新开始事务。本例程就采用这种方式。
- 方式二：通知用户账户信息已被其他事务修改，显示最新存款余额信息，由用户决定如何继续事务，用户也可以决定立刻撤销事务。

本节范例程序位于配套光盘的 sourcecode\chapter21\21.5 目录下。在运行该程序之前，需要先在 SAMPLEDB 数据库中手工创建 ACCOUNTS 表，相关的 SQL 脚本文件为 21.5\schema\sampledb.sql。在 DOS 下转到根目录 chapter21，输入命令：

```
ant -file build2.xml run
```

该命令将运行 BusinessService 类，它最后输出如下日志：

```
[java] withdraw():开始事务
[java] transferCheck():开始事务
[java] withdraw():查询到存款余额为：balance=1000.0
[java] transferCheck():查询到存款余额为：balance=1000.0
[java] withdraw():取出 100 元，把存款余额改为：900.0
[java] withdraw():提交事务
[java] transferCheck():汇入 100 元，把存款余额改为：1100.0
[java] transferCheck():账户信息已被其他事务修改,本事务被撤销
```

表 21-11 列出了取款事务和支票转账事务并发运行的过程。

表 21-11 利用乐观锁协调并发的取款事务和支票转账事务

时 间	取 款 事 务	支票转账事务
T1	开始事务	
T2		开始事务
T3	select * from ACCOUNTS where ID=1; 查询结果显示存款余额为 1 000 元，该记录的 VERSION 字段为 0	
T4		select * from ACCOUNTS where ID=1; 查询结果显示存款余额为 1 000 元，该记录的 VERSION 字段为 0
T5	取出 100 元，把存款余额改为 900 元。Hibernate 执行的 update 语句为： update ACCOUNTS set BALANCE=900 and VERSION=1 where ID=1 and VERSION=0;	

（续表）

时　间	取 款 事 务	支票转账事务
T6	提交事务	
T7		汇入 100 元，把存款余额改为 1 000 元。Hibernate 执行的 update 语句为： update ACCOUNTS set BALANCE=1100 and VERSION=1 where ID=1 and VERSION=0; 没有找到匹配的记录，Hibernate 抛出 StaleObjectStateException
T8		应用程序撤销本事务，通知用户账户信息已被修改，需要重新开始支票转账事务

下面再通过一系列状态图来展示两个事务并发运行时 Session 缓存及数据库的状态变化。

（1）两个事务先后开始时，两个 Session 缓存均为空，数据库中 ID 为 1 的 ACCOUNTS 记录的 BALANCE 字段为 1000，VERSION 字段为 0，参见图 21-3。

图 21-3　两个事务先后开始时的状态

（2）取款事务及支票转账事务先后执行以下程序代码：

```
Account account=(Account)session.get(Account.class,new Long(1));
```

以上程序代码通过 Session.get()方法加载 Account 对象，这两个事务的 Session 缓存中均有一个 OID 为 1 的 Account 对象，它们的 balance 属性为 1 000，version 属性为 0，参见图 21-4。

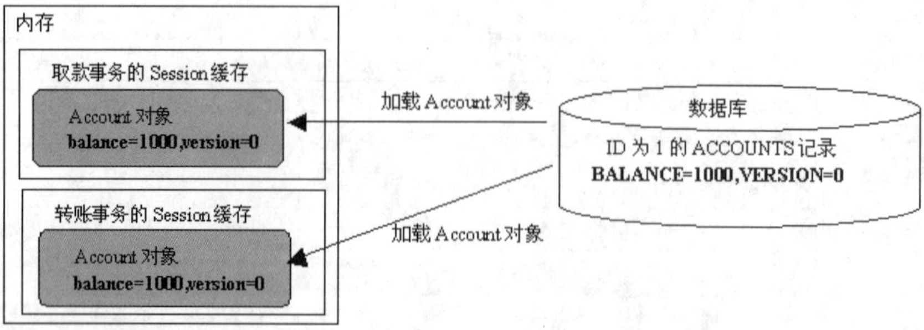

图 21-4　两个事务先后加载 Account 对象后的状态

（3）取款事务执行以下程序代码，修改 Session 缓存中 Account 对象的 balance 属性，把它改为 900，参见图 21-5。

```
account.setBalance(account.getBalance()-100);
```

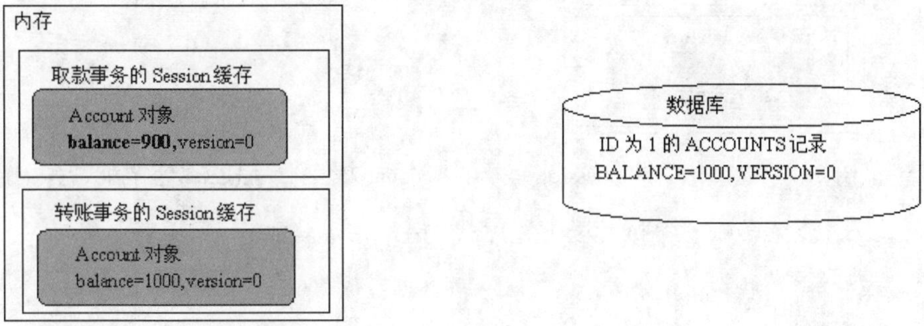

图 21-5　取款事务修改 Session 缓存中 Account 对象的 balance 属性后的状态

（4）取款事务执行以下程序代码：

```
tx.commit();
```

以上程序代码先清理缓存，根据 Session 缓存中 Account 对象的属性变化去同步更新数据库，最后再提交事务。同步更新数据库时执行的 update 语句为：

```
update ACCOUNTS set BALANCE=900 and VERSION=1 where ID=1 and VERSION=0;
```

清理缓存时还会把缓存中 Account 对象的 version 属性也同步更新为 1，参见图 21-6。

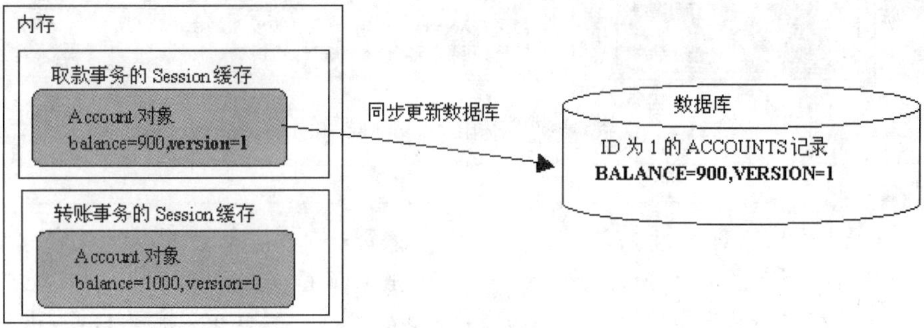

图 21-6　清理取款事务缓存及提交取款事务后的状态

（5）支票转账事务执行以下程序代码，修改 Session 缓存中 Account 对象的 balance 属性，把它改为 1 100，参见图 21-7。

```
account.setBalance(account.getBalance()+100);
```

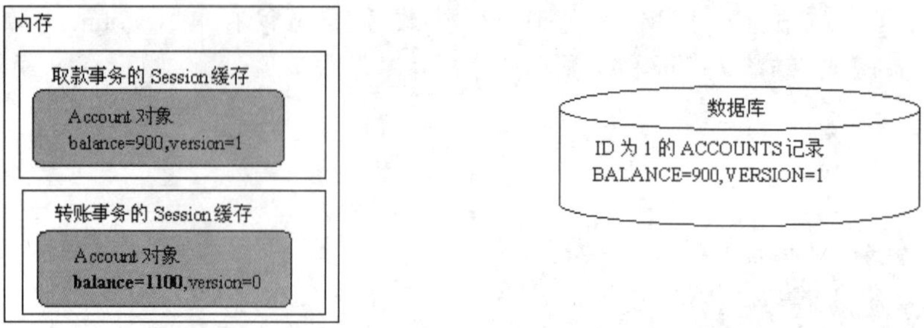

图 21-7 取款事务修改 Session 缓存中 Account 对象的 balance 属性后的状态

（6）支票转账事务执行以下程序代码：

```
tx.commit();
```

以上程序代码先清理缓存，试图根据 Session 缓存中 Account 对象的属性变化去同步更新数据库。同步更新数据库时执行的 update 语句为：

```
update ACCOUNTS set BALANCE=1100 and VERSION=1 where ID=1 and VERSION=0;
```

由于数据库中已经不存在 ID 为 1 并且 VERSION 为 0 的 ACCOUNTS 记录，因此以上程序代码抛出 StaleObjectStateException，参见图 21-8。

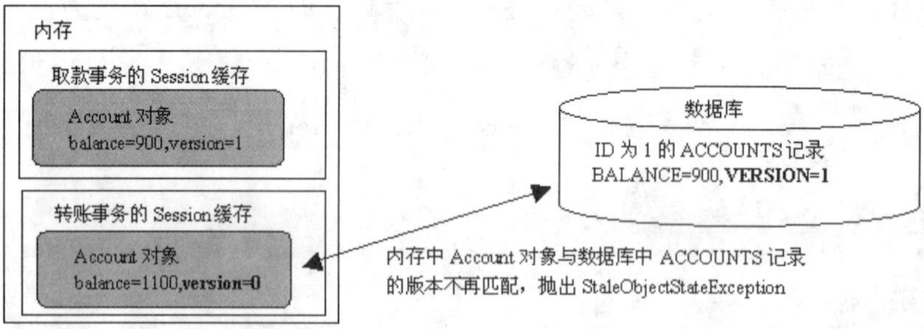

图 21-8 支票转账事务抛出 StaleObjectStateException

Tips

只有当 Hibernate 通过 update 语句更新一个对象时，才会修改它的 version 属性。对于存在关联关系的对象，如 Order 和 Customer 对象，如果只有 Order 对象的属性发生变化，而 Customer 对象的属性没有变化，那么 Hiberate 只会执行用于更新 Order 对象的 update 语句，并且会自动更新 Order 对象的 version 属性。此时 Hiberate 不会执行更新 Customer 对象的 update 语句，因此也不会更新 Customer 对象的 version 属性。由此可见，版本控制不具有级联特性。21.5.4 节将介绍通过强制更新版本来修改被关联的对象的版本的方法。

21.5.2 使用<timestamp>元素

除了<version>元素，<timestamp>元素也具有同样的版本控制功能。使用<timestamp>元素的步骤如下。

（1）在 Account 类中定义一个代表版本信息的属性：

```
private Date lastUpdatedTime;
public int getLastUpdatedTime() {
    return this.lastUpdatedTime;
}

public void setLastUpdatedTime(Date lastUpdatedTime) {
    this.lastUpdatedTime = lastUpdatedTime;
}
```

（2）在 ACCOUNTS 表中定义一个代表版本信息的字段：

```
create table ACCOUNTS (
  ID bigint not null,
  NAME varchar(15),
  BALANCE decimal(10,2),
  LAST_UPDATED_TIME timestamp,
  primary key (ID)
) type=INNODB;
```

（3）在 Account.hbm.xml 文件中用<timestamp>元素来建立 Account 类的 lastUpdated- Time 属性与 ACCOUNTS 表中 LAST_UPDATED_TIME 字段的映射：

```
<id name="id" type="long" column="ID">
    <generator class="increment"/>
</id>
<timestamp name="lastUpdatedTime" column="LAST_UPDATED_TIME" />
……
```

Tips

在映射文件中，<timestamp>元素必须紧跟在<id>元素的后面。

当持久化一个 Account 对象时，Hibernate 会自动用当前的系统时间为 lastUpdatedTime 属性赋值。当更新一个 Account 对象时，Hibernate 会根据 Session 缓存中 Account 对象的 id 和 lastUpdatedTime 属性的当前值来定位 ACCOUNTS 表中的记录，如果找到匹配的记录，就更新这条记录，并且把 LAST_UPDATED_TIME 字段改为当前的系统时间。此外，也会把 Session 缓存中 Account 对象的 lastUpdatedTime 属性改为当前的系统时间。Hibernate 执行的 update 语句为：

```
update ACCOUNTS set NAME='Tom', BALANCE=900,
LAST_UPDATED_TIME='2005-01-28 11:11:11'
where ID=1 and LAST_UPDATED_TIME='2005-01-27 12:01:02'
```

理论上，<version>元素比<timestamp>更安全一些。数据库中 timestamp 类型表示的时间只能精确到秒，假定取款事务在 12:01:02 100 毫秒更新 ACCOUNTS 表，执行的 update 语句为：

```
update ACCOUNTS set NAME='Tom', BALANCE=900,
LAST_UPDATED_TIME='2005-01-27 12:01:02'
where ID=1 and LAST_UPDATED_TIME='2005-01-27 12:01:02'
```

接着支票转账事务在 12:01:02 500 毫秒更新 ACCOUNTS 表，执行的 update 语句为：

```
update ACCOUNTS set NAME='Tom', BALANCE=900,
LAST_UPDATED_TIME='2005-01-27 12:01:02'
where ID=1 and LAST_UPDATED_TIME='2005-01-27 12:01:02'
```

显然，支票转账事务会覆盖取款事务对存款余额所做的更新。此外，在集群环境中，由于各个服务器节点上的时钟可能没有同步，也会导致<timestamp>元素无法正常工作。因此，如果从头开发一个新的项目，建议采用基于整数的<version>元素。

21.5.3 对游离对象进行版本检查

Session 的 lock()方法显式对一个游离对象进行版本检查：

```
Session session1=sessionFactory.openSession();
tx1 = session1.beginTransaction();
Account account=(Account)session1.get(Account.class,new Long(1));
tx1.commit();
session1.close();

account.setBalance(account.getBalance()-100); //修改 Account 游离对象的属性

Session session2=sessionFactory.openSession();
tx2 = session2.beginTransaction();
session2.lock(account, LockMode.READ);
tx2.commit();
session2.close();
```

Session 的 lock()方法执行以下步骤。

（1）把 Account 对象与当前 Session 关联。

（2）如果设定了 LockMode.READ 模式，就比较这个 Account 对象的版本是否与 ACCOUNTS 表中对应记录的版本一致。如果不一致，说明 ACCOUNTS 表中对应记录已经被其他事务修改，因此会抛出 StaleObjectStateException。

表 21-12 对 Session 的 lock()方法与 update()方法进行了比较。

表 21-12 比较 Session 的 lock()方法与 update()方法

比较两个方法	lock()方法	update()方法
不同之处	如果设定了 LockMode.READ 模式，则立即进行版本检查，执行类似以下形式的 select 语句： select ID from ACCOUNTS where ID=1 and VERSION=0; 如果数据库中没有匹配的记录，就抛出 StaleObjectStateException	执行 update()方法时不会立即进行版本检查，只有当 Session 在清理缓存时，真正执行 update 语句时才会进行版本检查
	不会计划执行一个 update 语句	会计划执行一个 update 语句： update ACCOUNTS set… where ID=1 and VERSION=0; 当 Session 清理缓存时才会执行这个 update 语句，并进行版本检查，如果数据库中没有匹配的记录，就抛出 StaleObjectStateException
相似之处	都能使一个游离对象与当前 Session 关联	

21.5.4　强制更新版本

假定 Customer 类和 Address 类之间为一对一关联关系。Address 类代表客户的地址。假定 Customer 类和 Address 类都有版本控制属性。以下程序代码更新了一个客户的地址：

```
Session session=sessionFactory.openSession();
Transaction tx = session.beginTransaction();
Customer customer=(Customer)session.get(Customer.class,new Long(1));
customer.getAddress().setCity("Beijing"); //更新客户的地址
tx.commit();
session.close();
```

当清理缓存时，Hibernate 会更新 Address 对象，执行以下 SQL update 语句：

```
update ADDRESSES set CITY='Beijing',VERSION=1 where ID=1 and VERSION=0
```

在这种情况下，尽管 Hibernate 会自动更新 Address 对象的 version 属性，但是不会自动更新 Customer 对象的 version 属性。如果希望更新 Customer 对象的 version 属性，从而表明客户的某些信息已经更新了，可以采用强制更新版本的方式：

```
Session session=sessionFactory.openSession();
Transaction tx = session.beginTransaction();
Customer customer=(Customer)session.get(Customer.class,new Long(1));
session.lock(customer,LockMode.FORCE); //强制更新 Customer 对象的版本
customer.getAddress().setCity("Beijing"); //更新客户的地址
tx.commit();
session.close();
```

当程序更新一个对象时，如果希望同时更新与它关联的对象的版本属性，就可以采用这种强制更新版本的方式。

21.6　实现乐观锁的其他方法

如果应用程序是基于已有的数据库，而数据库表中不包含代表版本或时间戳的字段，Hibernate 提供了其他实现乐观锁的办法。把<class>元素的 optimistic-lock 属性设为“all”：

```
<class name="Account" table="ACCOUNTS" optimistic-lock="all" dynamic-update="true">
```

Tips

如果把<class>元素的 optimistic-lock 属性设为“all”或者“dirty”，必须同时把 dynamic-update 属性设为 true。

Hibernate 会在 update 语句的 where 子句中包含 Account 对象被加载时的所有属性：

```
update ACCOUNTS set BALANCE=900 where ID=1 and NAME='Tom' and
BALANCE='1000';
```

如果把<class>元素的 optimistic-lock 属性设为“dirty”，并且 dynamic-update 属性

设为“true”：

```
<class name="Account" table="ACCOUNTS" optimistic-lock="dirty" dynamic-update="true">
```

那么在 update 语句的 where 子句中仅包含被更新过的属性：

```
update ACCOUNTS set BALANCE=900 where ID=1 and BALANCE='1000';
```

尽管上述方法也能实现乐观锁，但是这种方法速度很慢，而且只适用于在一个 Session 中加载了对象，然后又在同一个 Session 中修改这个持久化对象的场合。以下代码在一个 Session 中加载了 Account 对象，然后又在另一个 Session 中更新 Account 对象：

```
Session session1=sessionFactory.openSession();
tx1 = session1.beginTransaction();
Account account=(Account)session.get(Account.class,new Long(1));
tx1.commit();
session1.close();

account.setBalance(account.getBalance()-100); //修改 Account 游离对象的属性

Session session2=sessionFactory.openSession();
tx2 = session2.beginTransaction();
session2.update(account);
tx2.commit();
session2.close();
```

第二个 Session 只能读取 Account 对象的所有属性的当前值，但是无法知道 Account 对象被第一个 Session 加载时所有属性的初始值，因此不能在 update 语句的 where 子句中包含 Account 对象的属性的初始值，Hibernate 执行以下 update 语句：

```
update ACCOUNTS set NAME='Tom',BALANCE=900 where ID=1;
```

这会导致当前事务覆盖其他事务对这条记录已做的更新。

21.7 小结

对于同时运行的多个事务，当这些事务访问数据库中相同的数据时，如果没有采取必要的隔离机制，就会导致各种并发问题。数据库系统采用锁来实现事务的隔离性，锁可以分为共享锁、独占锁和更新锁。许多数据库系统都有自动管理锁的功能，它们能根据事务执行的 SQL 语句，自动在保证事务间的隔离性与保证事务间的并发性之间做出权衡，然后自动为数据库资源加上适当的锁，在运行期间还会自动升级锁的类型，以优化系统的性能。

锁机制能有效地解决各种并发问题，但是它会影响并发性能。为了能让用户根据实际应用的需要，在事务的隔离性与并发性之间做出合理的权衡，数据库系统提供了 4 种事务隔离级别供用户选择。隔离级别越高，越能保证数据的完整性和一致性，但是对并发性能的影响也越大。对于多数应用程序，可以优先考虑把数据库系统的隔离级别设为 Read Committed。它能够避免脏读，而且具有较好的并发性能。尽管它会导致不可重复读、虚读和第二类丢失更新这些并发问题，在可能出现这类问题的个别场合，可以由应用程序采用悲观锁或乐观锁来控制。乐观锁通过 Hibernate 的版本控制功能来实现，它比悲观锁具有更好的并发性能，所以应该优先考虑使用乐观锁。

21.8　思考题

1．关于事务隔离级别，以下哪些说法正确？（多选）

（a）隔离级别越高，程序的并发性能越好。

（b）隔离级别越高，越能有效地避免并发问题。

（c）事务隔离级别是由数据库系统采用各种锁机制来实现的。

（d）当数据库系统使用 Read Uncommitted 隔离级别时，一个事务在执行过程中可以看到其他事务没有提交的新插入的记录。

2．在并发环境中，如果一个事务在 T1 时刻查询特定账户的存款余额为 1 000 元，这个事务未对该账户做任何修改，但是到了 T2 时刻，再次查询特定账户时，发现存款余额变为 900 元。这可能属于什么类型的并发问题？（多选）

（a）第一类丢失更新　（b）脏读　（c）虚读　（d）不可重复读

3．在 Hibernate 配置文件中，哪个属性用于设置事务隔离级别？（单选）

（a）hibernate.connection.isolation

（b）hibernate.connection.autocommit

（c）hibernate.transaction.isolation

（d）hibernate.connection.url

4．关于悲观锁和乐观锁，以下哪些说法正确？（多选）

（a）悲观锁比乐观锁具有更好的并发性能。

（b）采用悲观锁，可以避免第二类丢失更新问题。

（c）采用悲观锁时，如果一个事务 A 访问数据库资源时，而该资源已经被其他事务 B 锁定，那么事务 A 会抛出 StaleObjectStateException。

（d）Hibernate 采用版本控制机制来实现乐观锁。

5．假定对 Account 类采用了自动版本控制机制，对于以下程序代码，以下哪些说法正确？（多选）

```
Transaction tx = session.beginTransaction(); //第1行

//假定此时加载的Account 类的 balance 属性为 1000，version 属性为 0
Account account=(Account)session.get(Account.class,new Long(1)); //第2行

account.setBalance(account.getBalance()+100); //第3行
tx.commit(); //第4行
```

(a)第 3 行程序代码会把 Session 缓存中 Account 对象的 version 属性改为 1。

（b）第 4 行执行的 SQL update 语句为：

```
update ACCOUNTS set NAME='Tom',BALANCE=1100,VERSION=1 where ID=1;
```

（c）第 4 行执行的 SQL update 语句为：

```
update ACCOUNTS set NAME='Tom',BALANCE=1100,VERSION=1 where ID=1 and VERSION=0;
```

（d）第 4 行可能会抛出 StaleObjectStateException。

6．以下哪些程序代码执行的 SQL select 语句为“select ... for update”？（多选）

（a）session.get(Account.class,new Long(1), LockMode.UPGRADE);

（b）session.get(Account.class,new Long(1), LockMode.UPGRADE_NOWAIT);

（c）session.get(Account.class,new Long(1), LockMode.READ);

（d）session.get(Account.class,new Long(1), LockMode.FORCE);

第 22 章　管理 Hibernate 的缓存

Session 的缓存是一块内存空间，在这个内存空间存放了相互关联的 Java 对象，这种位于 Session 缓存内的对象也被称为持久化对象，Session 负责根据持久化对象的状态变化来同步更新数据库。

Session 的缓存是内置的，不能被拆卸，也被称为 Hibernate 的第一级缓存；此外，SessionFactory 有一个内置缓存和一个外置缓存，内置缓存不能被拆卸，而外置缓存是可插拔的缓存插件，也被称为 Hibernate 的第二级缓存。第二级缓存本身的实现很复杂，必须实现并发访问策略及数据过期策略等。

本章先介绍缓存的基本原理，然后介绍 Hibernate 的二级缓存结构，接下来介绍第一级缓存和第二级缓存的管理和配置，重点介绍第二级缓存的配置方法。

22.1　缓存的基本原理

缓存是计算机领域非常通用的概念，它介于应用程序和永久性数据存储源（如硬盘上的文件或者数据库）之间，其作用是降低应用程序直接读写永久性数据存储源的频率，从而提高应用的运行性能。缓存中的数据是数据存储源中数据的复制，应用程序在运行时直接读写缓存中的数据，只在某些特定时刻按照缓存中的数据来同步更新数据存储源。图 22-1 显示了缓存在软件系统中的位置。

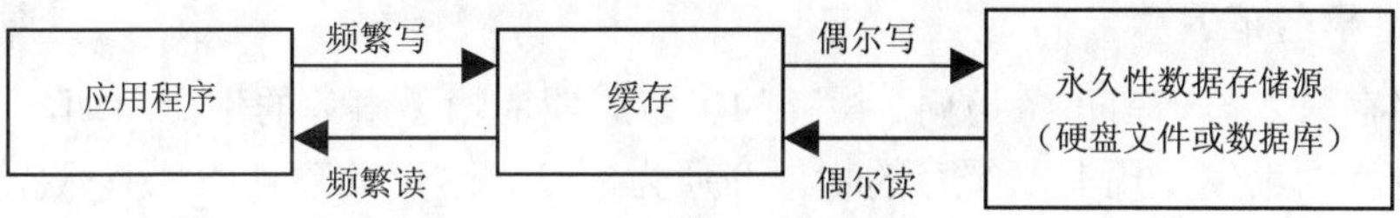

图 22-1　缓存在软件系统中的位置

缓存的物理介质通常是内存，而永久性数据存储源的物理介质通常是硬盘或磁盘，应用程序读写内存的速度显然比读写硬盘的速度快。如果缓存中存放的数据量非常大，也会用硬盘作为缓存的物理介质。

缓存的实现不仅需要作为物理介质的硬件，同时还需要用于管理缓存的并发访问和过期等策略的软件。因此，缓存是通过软件和硬件共同实现的。

下面举例解释缓存的概念。

（1）许多文本编辑工具，如 WinWord 软件，都通过缓存来存放工作数据。WinWord 的缓存中的数据是硬盘中文本文件的数据的复制。当用户编辑文本时，修改后的数据暂且存放在缓存中，当用户选择保存按钮，WinWord 就会照缓存中的数据来同步更新硬盘中的文本文件。此外，WinWord 软件还会定时自动保存文件。

（2）Hibernate 的 Session 缓存中存放的数据是数据库中数据的复制。在数据库中数据表现为关系数据形式，而在 Session 缓存中数据表现为相互关联的对象。在读写数据库时，Session 会负责这两种形式的数据的映射。Session 在某些时间点会按照缓存中的数据来同步更新数据库，这一过程被称为清理缓存，本书第 8 章已经对此做了详细介绍。

（3）SessionFactory 的缓存可分为两类：内置缓存和外置缓存。SessionFactory 的内置缓存是 Hibernate 自带的，不可拆卸。通常在 Hibernate 的初始化阶段，Hibernate 会把映射元数据和预定义 SQL 语句存放到 SessionFactory 的内置缓存中，映射元数据是映射文件中数据的复制，而预定义 SQL 语句是 Hibernate 根据映射元数据推导出来的。SessionFactory 的内置缓存是只读缓存，应用程序不能修改缓存中的映射元数据和预定义 SQL 语句，因此 SessionFactory 无须进行内置缓存与映射文件的同步。

（4）SessionFactory 的外置缓存是一个可配置的缓存插件。在默认情况下，SessionFactory 不会启用这个缓存插件。外置缓存中的数据是数据库数据的复制，外置缓存的物理介质可以是内存或者硬盘。

Session 的缓存被称为 Hibernate 的第一级缓存。SessionFactory 的外置缓存被称为 Hibernate 的第二级缓存。这两个缓存都位于持久化层，它们存放的都是数据库数据的复制，那么这两个缓存有什么区别呢？为了理解这二者的区别，需要先深入理解持久化层的缓存的两个特性：缓存的范围和缓存的并发访问策略。本章的 22.6 节最后总结第一级缓存与第二级缓存的区别。

22.1.1 持久化层的缓存的范围

持久化层的缓存的范围决定了缓存的生命周期及可以被谁访问。缓存的范围可以分为三类。

1．事务范围

缓存只能被当前事务访问。缓存的生命周期依赖于事务的生命周期，当事务结束，缓存也就结束生命周期。缓存的物理介质为内存。这里的事务可以是数据库事务或者应用事务。每个事务都有独自的缓存，缓存内的数据通常采用相互关联的对象形式。

> 本书第 23 章介绍的对话可看做包含了多个相关数据库事务的应用事务。

在同一个事务的缓存中，持久化类的每个对象具有唯一的 OID，如不会出现两个 OID 都为 1 的 Customer 对象，如图 22-2 所示。

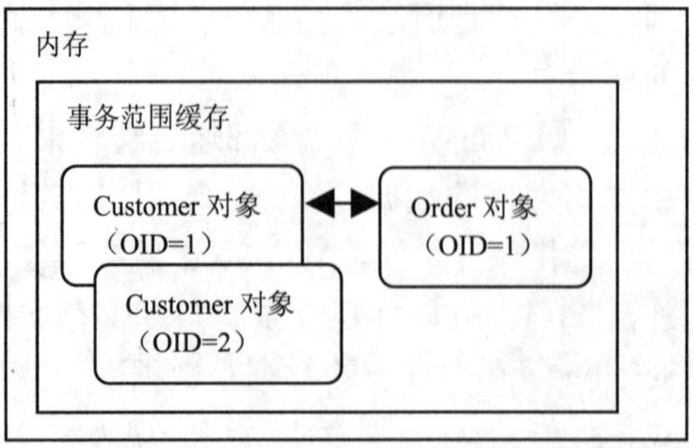

图 22-2　事务范围的缓存

2．进程范围

缓存被进程内的所有事务共享。这些事务有可能并发访问缓存，因此必须对缓存采取必要的事务隔离机制。缓存的生命周期依赖于进程的生命周期，当进程结束，缓存也就结束生命周期。进程范围的缓存可能会存放大量数据，它的物理介质可以是内存或硬盘。缓存内的数据既可以采用相互关联的对象形式，也可以采用对象的散装数据形式。对象的散装数据有点类似于对象的序列化数据，但是把对象分解为散装数据的算法通常比对象的序列化的算法更快。

在进程范围的缓存中，如果数据按照相互关联的对象形式存放，那么持久化类的每个对象都具有唯一的 OID。不同的事务到缓存中查询 OID 为 1 的 Customer 对象时，将获得相同的 Customer 对象，如图 22-3 所示。

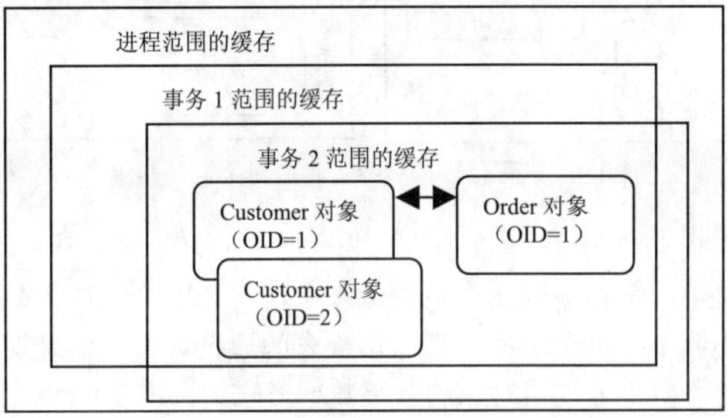

图 22-3　进程范围的缓存中存放相互关联的对象

对于图 22-3 所示的数据存放形式，数据库中 OID 为 1 的 Customer 对象在内存中始终只有一个复制。这种数据存放形式的优点是节省内存。但是在并发环境中，当执行不同事务的各个线程同时长时间操纵同一个 OID 为 1 的 Customer 对象时，必须对这些线程进行同步，而同步会影响并发性能，并且很容易导致死锁，所以在进程范围内不提倡这种数据存放形式。

如果缓存中的数据采用对象的散装数据形式，那么当不同的事务到缓存中查询 OID 为 1 的 Customer 对象时，获得的是 Customer 对象的散装数据，每个事务都必须分别根据散装数据重新构造出 Customer 实例，也就是说，每个事务都会获得不同的 Customer 对象，如图 22-4 所示。

对于图 22-4 所示的数据存放形式，数据库中 OID 为 1 的 Customer 对象在内存中可以有多个复制，每个事务拥有独自的 Customer 对象。这种数据存放形式尽管需要更多的内存空间，但是它能提高并发访问性能。当不同的事务同时操纵 OID 为 1 的 Customer 对象时，仅当它们同时从进程范围的缓存中读取 Customer 对象的散装数据的时刻，需要对进程范围的缓存采取事务隔离措施。接下来，每个事务操纵各自的 Customer 对象，无须对执行这些事务的线程进行同步。

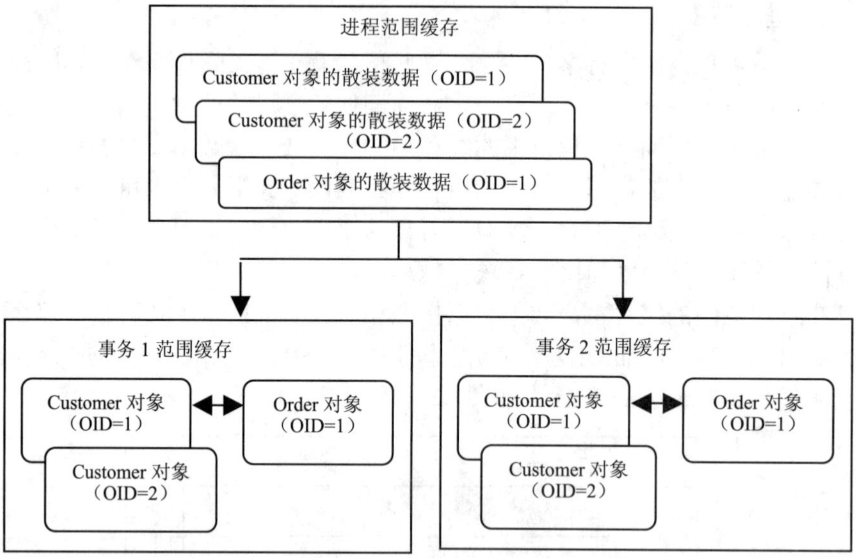

图 22-4　进程范围的缓存中存放对象散装数据

3．**集群范围**

在集群环境中，缓存被同一个机器或多个机器上的多个进程共享。缓存中的数据被复制到集群环境中的每个进程节点，进程之间通过远程通信来保证缓存中数据的一致性，缓存中的数据通常采用对象的散装数据形式。

对于大多数应用，应该慎重地考虑是否需要使用集群范围的缓存，有时它未必能提高应用性能，因为访问集群范围的缓存的速度不一定会比直接访问数据库的速度快多少。

持久化层可以提供多种范围的缓存。如图 22-5 所示，如果在事务范围的缓存中没有查询到相应的数据，还可以到进程范围或集群范围的缓存内查询，如果在进程范围或集群范围的缓存内也没有找到该数据，那么就只好查询数据库。事务范围的缓存是持久化层的第一级缓存，通常它是必需的；进程范围或集群范围的缓存是持久化层的第二级缓存，通常它是可选的。

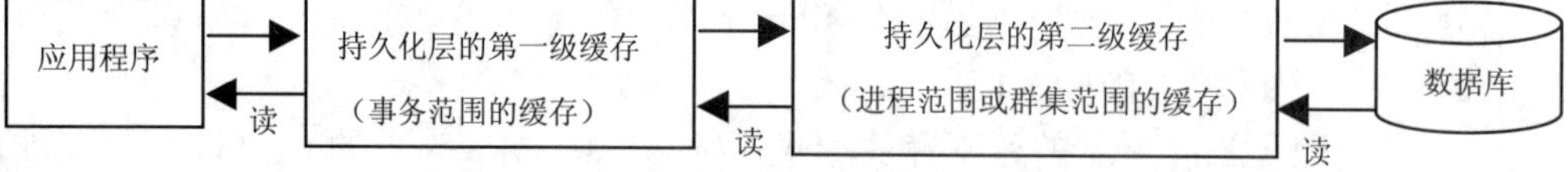

图 22-5　持久化层的二级缓存机制

22.1.2　持久化层的缓存的并发访问策略

第 21 章的 21.1 节（多个事务并发运行时的并发问题）已经介绍过，当两个并发的事务同时访问数据库的相同数据时，有可能出现五类并发问题，因此必须采取必要的事务隔离措施。同样，当两个并发的事务同时访问持久化层的缓存的相同数据时，也有可能出现各类并发问题。如图 22-6 所示，假定有两个事务同时访问 OID 为 1 的 Customer 对象，当执行事务 1 和事务 2 的线程同时在 T1 时刻访问各自的事务范围缓存中的 Customer 对象时，不会出现并发问题，因为它们操纵的是不同的 Customer 对象。当这两个线程在 T2 时刻同时访问进程范围缓存的相同 Customer 对象的散装数据时，有可能会出现并发问题。当这两个线程在 T3 时刻同时访问数据库中的 CUSTOMERS 表的相同数据时，也有可能会出现并发问题。

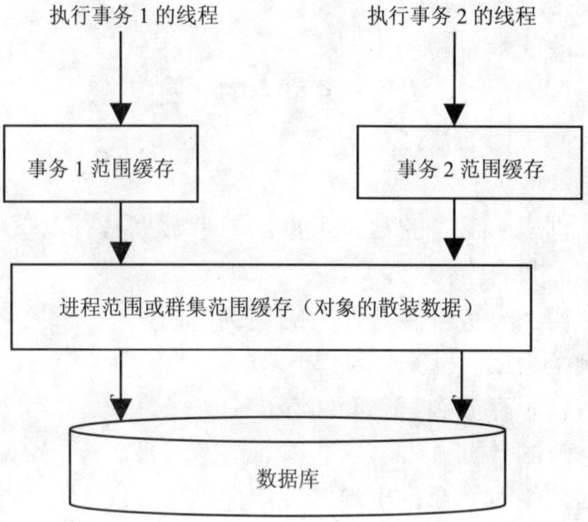

图 22-6　两个事务并发访问持久化层的缓存

Tips

在图 22-6 中，进程范围内存放的是对象的散装数据。如果进程范围内存放的是关联的对象，如 22.1.1 节的图 22-3 所示，那么事务 1 范围缓存、事务 2 范围缓存和进程范围缓存都引用相同的 OID 为 1 的 Customer 对象，因此在 T1 时刻也可能出现并发问题。

由此可见，进程范围或集群范围缓存，即第二级缓存，会出现并发问题。对第二级缓存可以设定以下 4 种类型的并发访问策略，每一种策略对应一种事务隔离级别。

- 事务型（Transactional）：仅在受管理环境中适用。它提供 Repeatable Read 事务隔离级别。对于经常被读但是很少被修改的数据，可以采用这种隔离类型，因为它可以防止脏读和不可重复读这类并发问题。
- 读写型（Read-write）：提供 Read Committed 事务隔离级别。仅在非集群的环境中适用。对于经常被读但是很少被修改的数据，可以采用这种隔离类型，因为它可以防止脏读这类并发问题。
- 非严格读写型（Nonstrict-read-write）：不保证缓存与数据库中数据的一致性。如果存在两个事务同时访问缓存中相同数据的可能，必须为该数据配置一个很短的数据过期时间，从而尽量避免脏读，数据过期策略的设置方法可参考本章的 22.4.1 节和 22.4.2 节。对于极少被修改（如连续几个小时、几天，甚至几个星期不会被修改），并且允许偶尔脏读的数据，可以采用这种并发访问策略。
- 只读型（Read-only）：对于从来不会被修改的数据，如参考数据，可以使用这种并发访问策略。

事务型并发访问策略的事务隔离级别最高，只读型的隔离级别最低。事务隔离级别越高，并发性能就越低。如果第二级缓存中存放的数据会经常被事务修改，就不得不提高缓存的事务隔离级别，但是这又会降低并发性能。因此，只有符合以下条件的数据才适合存放到第二级缓存中：

- 很少被修改的数据。
- 不是很重要的数据，允许出现偶尔的并发问题。
- 不会被并发访问的数据。
- 参考数据。

参考数据是指供应用参考的常量数据。参考数据具有以下特点：

- 它的实例的数目有限。
- 它的每个实例会被许多其他类的实例引用。
- 它的实例极少或者从来不会被修改。

以下数据不适合于存放到第二级缓存中：

- 经常被修改的数据。
- 财务数据，绝对不允许出现并发问题。
- 与其他应用共享的数据。因为当使用了第二级缓存的 Hibernate 应用与其他应用共享数据库中的某种数据时，如果其他应用修改了数据库中的数据，Hibernate 无法自动保证第二级缓存中的数据与数据库保持一致。

22.2 Hibernate 的二级缓存结构

Hibernate 提供了两级缓存，如图 22-7 所示，第一级缓存是 Session 的缓存。由于 Session 对象的生命周期通常对应一个数据库事务或者一个应用事务，因此它的缓存是事务范围的缓存。第一级缓存是必需的，不允许而且事实上也无法被卸除。在第一级缓存中，持久化类的每个实例都具有唯一的 OID。

第二级缓存是一个可插拔的缓存插件，它由 SessionFactory 负责管理。由于 SessionFactory 对象的生命周期和应用程序的整个进程对应，因此第二级缓存是进程范围或集群范围的缓存。这个缓存中存放的是对象的散装数据。第二级缓存有可能出现并发问题，因此需要采用适当的并发访问策略，该策略为被缓存的数据提供了事务隔离级别。缓存适配器（Cache Provider）用于把具体的缓存实现软件与 Hibernate 集成。第二级缓存是可选的，可以在每个类或每个集合的粒度上配置第二级缓存。

Hibernate 还为查询结果提供了一个查询缓存，它依赖于第二级缓存，第 18 章的 18.5.2 节（查询缓存）对此做了介绍，本章 22.5 节的样例会演示查询缓存的用法。

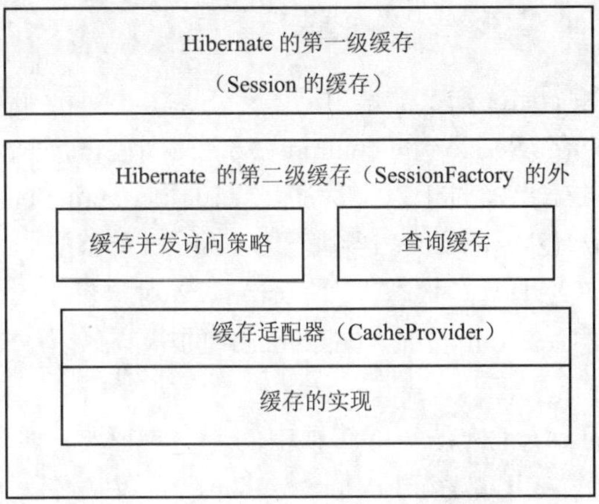

图 22-7　Hibernate 的二级缓存机制

22.3　管理 Hibernate 的第一级缓存

当应用程序调用 Session 的 save()、update()、saveOrUpdate()、load()或 get()方法，以及调用 Query 查询接口的 list()、iterate()或 filter()方法时，如果在 Session 的缓存中还不存在相应的对象，Hibernate 就会把该对象加入到第一级缓存中。当清理缓存时，Hibernate 会根据缓存中对象的状态变化来同步更新数据库。

Session 为应用程序提供了两个管理缓存的方法：

- evict(Object o)：从缓存中清除参数指定的持久化对象。
- clear()：清空缓存中所有持久化对象。

Session 的 evict()方法能够从缓存中清除特定的持久化对象，它适用于以下情况：

- 不希望 Session 继续按照该对象的状态变化来同步更新数据库。
- 在批量更新或批量删除的场合，当更新或删除一个对象后，及时释放该对象占用的内存。本书第 9 章的 9.4 节（批量处理数据）详细介绍了实现批量更新和批量删除的各种方式。

当 Session 的 evict()方法把一个 Customer 对象从缓存中清除后，如果 Session 再次加载 OID 相同的 Customer 对象，它会重新创建一个 Customer 对象。例如，以下程序代码在一个事务中两次加载了 OID 为 1 的 Customer 对象：

```
tx = session.beginTransaction();
Customer customer1=(Customer)session.load(Customer.class,new Long(1));
session.evict(customer1);

Customer customer2=(Customer)session.load(Customer.class,new Long(1));
System.out.println(customer1==customer2); //打印结果为false

System.out.println(session.contains(customer1)); //打印结果为false
System.out.println(session.contains(customer2)); //打印结果为true

customer2.setAge(19);
```

```
customer1.setAge(18);
tx.commit();
```

尽管 customer1 和 customer2 都是由同一个 Session 实例加载的，但它们是不同的对象，即拥有不同的内存。Session 的 contains()方法用来判断一个对象是否位于缓存中，它返回 boolean 类型的结果。对于以上程序，session.contains(customer1)返回 false，而 session.contains(customer2)返回 true。当执行 tx.commit()方法时，customer1 对象已经不在 Session 的缓存中，处于游离状态，而 customer2 对象位于 Session 的缓存中，处于持久化状态，因此 Session 按照 customer2 的状态变化来同步更新数据库的 CUSTOMERS 表。

当通过 Session 的 evict()方法清除缓存中的一个对象时，如果在映射文件中映射关联关系的 cascade 属性为 all 或者 all-delete-orphan，会级联清除关联的对象。

在多数情况下，不提倡通过 Session 的 evict()方法和 clear()方法来管理第一级缓存，因为它们并不能显著提高应用的性能。管理第一级缓存的最有效的办法是采用合理的检索策略和检索方式，如通过延迟加载、集合过滤或投影查询等手段来节省内存的开销，本书第 16 章、第 17 章和第 18 章已对此做了详细的论述。

22.4 管理 Hibernate 的第二级缓存

Hibernate 的第二级缓存是进程或集群范围内的缓存，缓存中存放的是对象的散装数据。第二级缓存是可配置的插件，Hibernate 允许选用以下类型的缓存插件：

- EHCache：可作为进程范围内的缓存，存放数据的物理介质可以是内存或硬盘，对 Hibernate 的查询缓存提供了支持。
- OpenSymphony OSCache：可作为进程范围内的缓存，存放数据的物理介质可以是内存或硬盘，提供了丰富的缓存数据过期策略，对 Hibernate 的查询缓存提供了支持。
- SwarmCache：可作为集群范围内的缓存，但不支持 Hibernate 的查询缓存。
- JBossCache：可作为集群范围内的缓存，支持事务型并发访问策略，对 Hibernate 的查询缓存提供了支持。

表 22-1 列出了以上 4 种缓存插件支持的并发访问策略。

表 22-1　各个缓存插件支持的并发访问策略

缓存插件	只读型	非严格读写型	读写型	事务型
EHCache	支持	支持	支持	否
OSCache	支持	支持	支持	否
SwarmCache	支持	支持	否	否
JBossCache	支持	否	否	支持

表 22-1 所示的 4 种缓存插件都是由第三方提供的，EHCache 来自于 Hibernate 开放源代码组织的另一个项目，而 JBossCache 由 JBoss 开放源代码组织提供。为了把这

些缓存插件集成到 Hibernate 中，Hibernate 提供了 org.hibernate.cache.CacheProvider 接口，它是缓存插件与 Hibernate 之间的适配器。Hibernate 为以上缓存插件分别提供了内置的 CacheProvider 实现：

- org.hibernate.cache.EhCacheProvider：EHCache 插件的适配器。
- org.hibernate.cache.OSCacheProvider：OSCache 插件的适配器。
- org.hibernate.cache.SwarmCacheProvider：SwarmCache 插件的适配器。
- org.hibernate.cache.TreeCacheProvider：JBossCache 插件的适配器。

图 22-8 显示了 Hibernate、缓存适配器和缓存插件的关系。

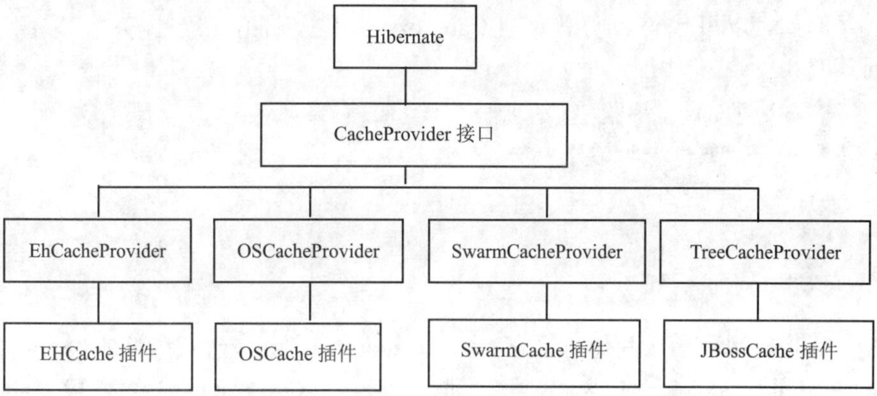

图 22-8　Hibernate、缓存适配器和缓存插件的关系

Tips

> 如果需要使用其他类型的缓存插件，只需为这个插件提供实现 org.hibernate.cache.CacheProvider 接口的类。

配置第二级缓存主要包含以下步骤：

（1）选择需要使用第二级缓存的持久化类，设置它的第二级缓存的并发访问策略。Hibernate 既允许在分散的各个映射文件中为持久化类设置第二级缓存，还允许在 Hibernate 的配置文件 hibernate.cfg.xml 中集中设置第二级缓存，后一种方式更有利于对与缓存相关的配置代码进行维护。

（2）选择合适的缓存插件，每一种缓存插件都有自带的配置文件，因此需要手工编辑该配置文件。EHCache 缓存的配置文件为 ehcache.xml，而 JBossCache 缓存的配置文件为 treecache.xml。在缓存的配置文件中通常需要为每个第二级缓存设置数据过期策略。

22.4.1　配置进程范围内的第二级缓存

Hibernate 允许在类和集合的粒度上设置第二级缓存。在映射文件中，<class>和<set>元素都有一个<cache>子元素，这个子元素用来配置第二级缓存。<cache>元素的详细用法如下：

```
<cache
   usage="transactional|read-write|nonstrict-read-write|read-only"
```

```
    region="RegionName"
    include="all|non-lazy"
/>
```

<cache>元素具有以下属性：

- usage 属性：必须的。指定并发访问策略。
- region 属性：可选的。指定第二级缓存的区域的名字，默认值为类或集合的名字。
- include 属性：可选的。如果取值为 non-lazy，表示当缓存一个对象时，不会缓存它的映射为延迟加载（lazy 属性为 true）的属性。默认值为 all。

例如，以下代码表明需要把 Category 实例放入第二级缓存中，采用读写并发访问策略：

```
<class name="mypack.Category" table="CATEGORIES" >
  <cache usage="read-write" />
  <id name="id" type="long" column="ID">
    <generator class="increment"/>
  </id>
  ……
</class>
```

每当应用程序从其他对象导航到 Category 对象，或者从数据库中加载 Category 对象时，Hibernate 就会把这个对象放到第二级缓存中。Category 对象代表商品类别，它极有可能被多个事务并发访问，因此对它设置了读写并发访问策略，该策略能保证 Read Committed 事务隔离级别。如果允许缓存中的 Category 对象和数据库中的对应数据偶尔出现不一致，那么也可以采用非严格读写并发访问策略。

<class>元素的<cache>子元素表明 Hibernate 会缓存 Category 对象的简单属性的值，但是它并不会同时缓存 Category 对象的 items 集合属性。如果希望缓存 items 集合属性中的元素，必须在<set>元素中加入<cache>子元素：

```
<class name="mypack.Category" table="CATEGORIES" >
  <cache usage="read-write" />
  <id name="id" type="long" column="ID">
    <generator class="increment"/>
  </id>
  ……
  <set  name="items"  inverse="true" lazy="true" >
    <cache usage="read-write" />
    <key …>
  </set>

</class>
```

当应用程序调用 category.getItems().iterate()方法时，Hibernate 会把 items 集合中的元素存放到缓存中。值得注意的是，此时 Hibernate 仅把与 Category 对象关联的 Item 对象的 OID 存放到缓存中。如果希望把整个 Item 对象的散装数据存入缓存，应该在 Item.hbm.xml 文件的<class>元素中加入<cache>子元素，代码如下所示：

```
<class name="mypack.Item" table="ITEMS" >
```

```
  <cache usage="read-write" />
  <id name="id" type="long" column="ID">
    <generator class="increment"/>
  </id>
  ……
</class>
```

EHCache 缓存插件是理想的进程范围内的缓存实现。如果使用这种缓存插件，需要在 Hibernate 的 hibernate.properites 配置文件中指定 EhCacheProvider 适配器，代码如下所示：

```
hibernate.cache.provider=org.hibernate.cache.EhCacheProvider
```

EHCache 缓存拥有自己的配置文件，名为 ehcache.xml，这个文件必须存放于应用的 classpath 中，例程 22-1 为该配置文件的一个样例。

例程 22-1　ehcache.xml 文件

```
<ehcache>

  <diskStore path="C:\\temp"/>

  <defaultCache
      maxElementsInMemory="10000"
      eternal="false"
      timeToIdleSeconds="120"
      timeToLiveSeconds="120"
      overflowToDisk="true"
      />

   <cache name="mypack.Category"
      maxElementsInMemory="500"
      eternal="true"
      timeToIdleSeconds="0"
      timeToLiveSeconds="0"
      overflowToDisk="false"
   />

   <cache name="mypack.Category.items"
     maxElementsInMemory="10000"
     eternal="false"
     timeToIdleSeconds="300"
     timeToLiveSeconds="600"
     overflowToDisk="true"

  />

   <cache name="mypack.Item"
      maxElementsInMemory="10000"
      eternal="false"
      timeToIdleSeconds="300"
      timeToLiveSeconds="600"
      overflowToDisk="true"
   />
```

```
    </ehcache>
```

Tips

Hibernate 核心软件包的 project/etc 目录下提供了 ehcache.xml 文件的样例，并且对它的配置元素做了详细的说明。

从例程 22-1 看出，ehcache.xml 文件的根元素为<ehcache>元素，它包含 3 个子元素：

- <diskStore>元素：指定一个文件目录，当 EHCache 把数据写到硬盘上时，将把数据写到这个文件目录下。
- <defaultCache>元素：设定缓存的默认数据过期策略。
- <cache>元素：设定具体的第二级缓存的数据过期策略。

在映射文件中，对每个需要二级缓存的类和集合都做了单独的配置，与此对应，在 ehcache.xml 文件中通过<cache>元素来为每个需要第二级缓存的类和集合设定缓存的数据过期策略。表 22-2 描述了<cache>元素的各个属性的作用。

表 22-2 <cache>元素的属性

属　性	描　述
name	设置缓存的名字，它的取值为类的完整名字或者类的集合的名字。如果 name 属性为“mypack.Category”，表示 Category 类的二级缓存；如果 name 属性为“mypack.Item”，表示 Item 类的二级缓存；如果 name 属性为“mypack.Category.items”，表示 Category 类的 items 集合的二级缓存
maxInMemory	设置基于内存的缓存可存放的对象的最大数目
eternal	如果为 true，表示对象永远不会过期，此时会忽略 timeToIdleSeconds 和 timeToLiveSeconds 属性。默认值为 false
timeToIdleSeconds	设定允许对象处于空闲状态的最长时间，以秒为单位。当对象自从最近一次被访问后，如果处于空闲状态的时间超过了 timeToIdleSeconds 属性值，这个对象就会过期。当对象过期，EHCache 将把它从缓存中清除。只有当 eternal 属性为 false，设置 timeToIdleSeconds 属性才有效。如果 timeToIdleSeconds 属性为 0，表示对象可以无限期地处于空闲状态
timeToLiveSeconds	设定对象允许存在于缓存中的最长时间，以秒为单位。当对象自从被存放到缓存中后，如果处于缓存中的时间超过了 TimeToLiveSeconds 属性值，这个对象就会过期。当对象过期，EHCache 将把它从缓存中清除。只有当 eternal 属性为 false，设置 timeToLiveSeconds 属性才有效。如果 timeToLiveSeconds 属性为 0，表示对象可以无限期地存在于缓存中。timeToLiveSeconds 属性值必须大于或等于 timeToIdleSeconds 属性值，才有意义
overflowToDisk	如果为 true，表示当基于内存的缓存中的对象数目达到了 maxInMemory 界限，会把溢出的对象写到基于硬盘的缓存中

Tips

每个类或集合的第二级缓存都有单独的名字，因此也称为命名缓存。每个命名缓存代表一个缓存区域，每个缓存区域有各自的数据过期策略。命名缓存机制使得用户能够在每个类及类的每个集合的粒度上设置数据过期策略。

Category 类的对象的数目不多，这些对象不会被修改，并且它们会被多个并发的事务进行读访问，因此把 eternal 属性设为 true，表示位于缓存中的 Category 对象永远不会过期。此外，可以把 overflowToDisk 属性设为 false，因为 Category 类的对象数目不多，不会消耗许多内存。以下配置代码表明在基于内存的缓存中最多只会存放 500 个 Category 对象，这些对象永远不会过期，并且不会启用基于硬盘的缓存：

```
<cache name="mypack.Category"
   maxElementsInMemory="500"
   eternal="true"
   timeToIdleSeconds="0"
   timeToLiveSeconds="0"
   overflowToDisk="false"
/>
```

Item 类的对象的数目很多，这些对象偶尔会被修改，因此必须清除过期的 Item 对象，以便及时释放它们占用的内存，此外，可以启用基于硬盘的缓存。以下配置代码表明在基于内存的缓存中最多只会存放 5 000 个 Item 对象，如果一个 Item 对象在缓存中处于空闲状态的时间超过了 300 秒，或者位于缓存中的总时间超过了 600 秒，EHCache 就会把它从缓存中清除。如果基于内存的缓存中已经存放了 5 000 个 Item 对象，接下来的 Item 对象将被加入到基于硬盘的缓存中：

```
<cache name="mypack.Item"
  maxElementsInMemory="5000"
  eternal="false"
  timeToIdleSeconds="300"
  timeToLiveSeconds="600"
  overflowToDisk="true"
/>
```

22.4.2　配置集群范围内的第二级缓存

EHCache 适用于 Hibernate 应用发布在单个机器中的场合。如果企业应用需要支持成千上万的用户的并发访问，可以把应用发布到多台机器中，每台机器分担一部分运行负荷，从而提高应用的运行性能。在这种集群环境下，可以用 JBossCache 作为 Hibernate 的二级缓存。接下来简单地介绍把 JBossCache 集成到 Hibernate 中的步骤。

（1）在 Hibernate 配置文件中设置 JBossCache 适配器，并且为需要使用第二级缓存的类和集合设置缓存的并发访问策略。Hibernate 的配置文件有两种形式，这里使用 XML 格式的配置文件，参见例程 22-2。

例程 22-2　hibernate.cfg.xml

```
<hibernate-configuration>
  <session-factory>
    <property....>

    <!--设置 JBossCache 适配器 -->
    <property name="cache.provider_class">
      org.hibernate.cache.TreeCacheProvider
    </property>

    <property name="cache.use_minimal_puts">true </property>
```

```
    <mapping.../>

    <!--设置 Category 类的二级缓存的并发访问策略 -->
    <class-cache
     class="mypack.Category"
     usage="transactional" />

    <!--设置 Category 类的 items 集合的二级缓存的并发访问策略 -->
    <collection-cache
     collection="mypack.Category.items"
     usage="transactional" />

    <!--设置 Item 类的二级缓存的并发访问策略 -->
    <class-cache
     class="mypack.Item"
     usage="transactional" />

  </session-factory>
</hibernate-configuration>
```

本章 22.4.1 节介绍了在映射文件中设置类或集合的二级缓存的并发访问策略的方式。例程 22-2 演示了在 Hibernate 配置文件中集中设置二级缓存的并发访问策略的方式。这种方式把设置二级缓存的并发访问策略的代码放在同一个文件中，更有利于配置代码的维护。如果不打算启用二级缓存，只需把 hibernate.cfg.xml 文件中的相关代码全部注释掉就可以了，这比逐个修改映射文件要方便多了。

当 Hibernate 的配置文件的 cache.use_minimal_puts 属性为 true，表示 Hibernate 会先检查对象是否已经存在于缓存中，只有当对象不在缓存中，才会向缓存加入该对象的散装数据。该属性以增加读数据的频率来减少写数据的频率。对于集群范围的缓存，通常读缓存的系统开销比写缓存的系统开销小，因此提倡将此属性设为 true，从而提高访问缓存的性能。而对于进程范围内的缓存，此属性不妨取默认值 false。

（2）编辑 JBossCache 自身的配置文件，名为 treecache.xml，这个文件必须存放于应用的 classpath 中。对于集群环境中的每个节点，都必须提供单独的 treecache.xml 文件。假如一个名为“MyCluster”的集群中有两个节点 node A 和 node B，例程 22-3 是 node A 节点的 treecache.xml 文件的样例。

例程 22-3　treecache.xml

```
<?xml version="1.0" encoding="UTF-8"?>
<server>
 <classpath codebase="./lib" archives="jboss-cache.jar, jgroups.jar"/>

 <!--把 TreeCache 发布为 JBoss 的一个 JMX 服务 -->
 <mbean code="org.jboss.cache.TreeCache"
  name="jboss.cache:service=TreeCache">

  <depends>jboss:service=Naming</depends>
  <depends>jboss:service=TransactionManager</depends>

  <attribute name="IsolationLevel">REPEATABLE_READ</attribute>
```

```
    <!--TreeCache 采用同步通信机制 -->
    <attribute name="CacheMode">REPL_SYNC</attribute>

    <!-- 集群的名字 -->
    <attribute name="ClusterName">MyCluster</attribute>

    <attribute name="MaxCapacity">20000</attribute>

    <attribute name="InitialStateRetrievalTimeout">20000</attribute>

    <attribute name="SyncReplTimeout">10000</attribute>

    <attribute name="LockAcquisitionTimeout">15000</attribute>

    <attribute name="LockLeaseTimeout">60000</attribute>

    <!--TreeCache 采用的数据过期策略 -->
    <attribute name="EvictionPolicyClass">LRUPolicy</attribute>

    <!--配置 JGroup -->
    <attribute name="ClusterConfig">
      <config>
        <UDP mcast_addr="228.1.2.3" mcast_port="45566"
            ip_ttl="64" ip_mcast="true"
            mcast_send_buf_size="150000" mcast_recv_buf_size="80000"
            ucast_send_buf_size="150000" ucast_recv_buf_size="80000"
            loopback="false"/>
        <PING timeout="2000" num_initial_members="3"
                  up_thread="false" down_thread="false"/>
        <MERGE2 min_interval="10000" max_interval="20000"/>
        <FD shun="true" up_thread="true" down_thread="true"/>
        <VERIFY_SUSPECT timeout="1500"
                  up_thread="false" down_thread="false"/>
        <pbcast.NAKACK gc_lag="50" retransmit_timeout="600,1200,2400,4800"
                  up_thread="false" down_thread="false"/>
        <pbcast.STABLE desired_avg_gossip="20000"
                  up_thread="false" down_thread="false"/>
        <UNICAST timeout="600,1200,2400" window_size="100" min_threshold="10"
                  down_thread="false"/>
        <FRAG frag_size="8192"
                  down_thread="false" up_thread="false"/>
        <pbcast.GMS join_timeout="5000" join_retry_timeout="2000"
                  shun="true" print_local_addr="true"/>
        <pbcast.STATE_TRANSFER up_thread="false" down_thread="false"/>
      </config>
    </attribute>
  </mbean>
</server>
```

以上配置文件把 JBossCache 配置为 JBoss 的一个 JMX 服务，此外还配置了 JGroup，它是一个通信库。JBoss 开放源代码组织为 JBossCache 提供了几种实现，Hibernate 采用的是 TreeCache 实现。treecache.xml 文件的开头几行是 JBoss 的 JMX 服务的发布描述符，表示把 TreeCache 配置为 JBoss 的一个 JMX 服务，如果 TreeCache 不运行在 JBoss

应用服务器中，那么这几行会被忽略。TreeCache 采用内置的 org.jboss.cache.eviction.LRUPolicy 策略，它是一种控制缓存中的数据过期的策略，由于当一个对象过期后，就会从缓存中清除，因此数据过期策略也叫做数据清除（Eviction）策略。最后配置了 JGroup，它包含一系列通信协议，这些通信协议的次序很重要，不能随意修改它们。第一个协议为 UDP，它和一个 IP 地址 228.1.2.3 绑定，这是当前节点的 IP 地址，UDP 协议使得该节点支持广播通信，如果节点选用的是微软的 Window 平台，必须把 loopback 属性设为 true。

其他 JGroup 属性很复杂，它们主要用于管理集群中节点之间的通信。这些属性的详细用法已超出了本书的讨论范围，如果想进一步了解它们，可以参考 JBoss 网站上的 JGroup 文档。

可以按照同样的方式配置 node B 节点的 treecache.xml 文件，只需修改其中 UDP 协议的 IP 绑定地址。

通过以上配置，Hibernate 将启用集群范围内的事务型缓存。每当一个新的元素加入到一个节点的缓存中时，这个元素就会被复制到其他节点的缓存中，如果缓存中的一个元素被更新，那么它就会过期，并从缓存中清除。

22.4.3 在应用程序中管理第二级缓存

只有在 Hibernate 的配置文件或映射文件中为一个持久化类设置了第二级缓存，Hibernate 在加载这个类的实例时才会启用第二级缓存。如果把和第二级缓存相关的配置代码都集中放在 hibernate.cfg.xml 文件中，只需把这些代码全部注释掉，就会关闭所有持久化类的第二级缓存。

Session 的 evict()方法用于从第一级缓存中清除一个特定的对象，同样，SessionFactory 也提供了 evict()方法，用于从第二级缓存中清除对象的散装数据，以下程序代码演示了它的用法：

```
//清除第二级缓存中 OID 为 1 的 Category 对象
sessionFactory.evit(Category.class,new Long(1));

//清除第二级缓存中 Category 类的所有对象
sessionFactory.evict("mypack.Category");

//清除第二级缓存中 Category 类的所有对象的 items 集合
sessionFactory.evictCollection("mypack.Category.items");
```

SessionFactory 的 getStatistics()方法用于察看第二级缓存中的数据：

```
Map cacheEntries = sessionFactory.getStatistics()
        .getSecondLevelCacheStatistics(regionName)
        .getEntries();
```

22.4.4 Session 与第二级缓存的交互模式

Session 与第二级缓存交互有好几种模式，分别用 org.hibernate.CacheMode 类的 5 个静态常量来表示：

- CacheMode.NORMAL：正常模式（默认模式），Session 会从第二级缓存中读取数据，也会向其中写入数据。
- CacheMode.IGNORAL：忽略模式，Session 不会从第二级缓存中读取数据，也不会向其中写入数据。
- CacheMode.GET：读取模式，Session 会从第二级缓存中读取数据，但不会向其中写入数据。
- CacheMode.PUT：写入模式，Session 不会从第二级缓存中读取数据，但会向其中写入从数据库读到的数据。
- CacheMode.REFRESH：刷新模式，Session 不会从第二级缓存中读取数据，但会向其中写入从数据库读到的数据。CacheMode.REFRESH 与 CacheMode.PUT 的区别在于，前者会忽略 Hibernate 配置文件中的 hibernate.cache.use_minimal_puts 属性，强制刷新第二级缓存中的所有数据。

Session 接口及 Query 接口都有一个用于设置交互模式的 setCacheMode()方法。假定在配置文件中已经为 Customer 类配置了第二级缓存，以下代码表明忽略第二级缓存：

```
Session session=sessionFactory.openSession();
session.setCacheMode(CacheMode.IGNORE);
Transaction tx=session.beginTransaction();
session.save(customer);
tx.commit();
```

如果忽略了第二级缓存，Session 仅访问数据库和第一级缓存，但不会访问第二级缓存，不会对第二级缓存进行读写操作。对于以上代码，Session 仅把 Customer 对象存放到第一级缓存和数据库中，但不会存放到第二级缓存中。

22.5　运行本章的范例程序

本章范例程序位于配套光盘的 sourcecode\chapter22 目录下，它用于演示第二级缓存的用法。运行本章程序前，需要在 SAMPLEDB 数据库中手工创建 CUSTOMERS 表和 ORDERS 表，然后加入测试数据，相关的 SQL 脚本文件为 schema/sampledb.sql。在 Customer.hbm.xml 和 Order.hbm.xml 映射文件中分别为 Customer 类、Customer 类的 orders 集合及 Order 类都设置了第二级缓存，在 Hibernate 的配置文件 hibernate.properties 中选用 EHCache，并且允许使用查询缓存，代码如下所示：

```
hibernate.cache.provider_class=org.hibernate.cache.EhCacheProvider
hibernate.cache.use_query_cache=true
```

Tips

如果在程序中使用了 EHCache，需要把它的类库文件加入到 classpath 中。在 Hibernate3 中，EHCache 的类库文件 ehcache-x.jar 文件位于 Hibernate 核心软件包的 lib\optional\ehcache 目录下。

在 EHCache 的配置文件 ehcache.xml 中对每个命名缓存设置了数据过期策略，例程 22-4 是它的源程序。值得注意的是，在这个例子中对 Customer 类的缓存设置的数据过期策略不具有实用参考价值，如把 maxElementsInMemory 属性设为 1，这主要是为了便于演示 Hibernate 在这种配置下的运行时行为。

例程 22-4　ehcache.xml

```
<ehcache>

  <diskStore path="C:\\temp"/>

  <defaultCache
      maxElementsInMemory="10000"
      eternal="false"
      timeToIdleSeconds="120"
      timeToLiveSeconds="120"
      overflowToDisk="true"
   />

   <!-- 设置 Customer 类的缓存的数据过期策略 -->
   <cache name="mypack.Customer"
      maxElementsInMemory="1"
      eternal="false"
      timeToIdleSeconds="300"
      timeToLiveSeconds="600"
      overflowToDisk="true"
   />

   <!-- 设置 Customer 类的 orders 集合的缓存的数据过期策略 -->
   <cache name="mypack.Customer.orders"
      maxElementsInMemory="1000"
      eternal="true"
      overflowToDisk="false"
   />

   <!-- 设置 Order 类的缓存的数据过期策略 -->
   <cache name="mypack.Order"
      maxElementsInMemory="10000"
      eternal="false"
      timeToIdleSeconds="300"
      timeToLiveSeconds="600"
      overflowToDisk="true"
   />

   <!-- 设置命名查询缓存 customerQueries 的数据过期策略 -->
   <cache name="customerQueries"
      maxElementsInMemory="1000"
      eternal="false"
      timeToIdleSeconds="300"
      timeToLiveSeconds="600"
      overflowToDisk="true"
   />

</ehcache>
```

在 DOS 命令行下进入 chapter22 根目录，然后输入命令：ant　run，就会运行 BusinessService 类。BusinessService 的 main()方法调用 test()方法，test()方法依次调用以下方法：

- batchUpdateCustomer1()：直接通过 Hibernate API 批量更新 Customer 对象。
- batchUpdateCustomer2()：直接通过 JDBC API 批量更新 Customer 对象。
- useQueryCache()：多次执行同一个查询语句，使用查询缓存。

（1）运行 batchUpdateCustomer1()方法，它的代码如下所示：

```
tx = session.beginTransaction();
Iterator customers=session.createQuery("from Customer c where c.age>0")
                    .list()
                    .iterator();
while(customers.hasNext()){
  Customer customer=(Customer)customers.next();
  customer.setAge(customer.getAge()+1);
  session.flush();
  session.evict(customer);
}
tx.commit();
```

当运行 Query 的 list()方法时，Hibernate 会从数据库中加载 6 个 Customer 对象，由于 Customer 类的第二级缓存的 maxElementsInMemory 属性为 1，因此在基于内存的第二级缓存中只能存放一个 Customer 对象，其余的 Customer 对象被存放到基于硬盘的第二级缓存中。ehcache.xml 文件中的<diskStore>元素指定了数据的存放路径。在本例中，Customer 对象的数据被存放到 C:\temp 目录下的 mypack.Customer.data 文件中。当程序运行时，在 Windows 资源管理器中会看到这个文件。在 C:\temp 目录下还有一个 mypack.Order.data 文件，但是它的大小为 0，因为 Order 类的第二级缓存的 maxElementsInMemory 属性为 10 000，表示只有当基于内存的第二级缓存中已经存放了 10000 个 Order 对象，才会把其余的 Order 对象存放到基于硬盘的第二级缓存中。由于在 Customer.hbm.xml 映射文件中对 Customer 类的 orders 集合使用延迟检索策略，内存中没有 Order 对象，因此硬盘文件 mypack.Order.data 中更加不可能存在 Order 对象的数据。

在以上程序中，修改了一个 Customer 对象的 age 属性后，就立即调用 Session 的 flush()方法和 evict()方法，flush()方法使 Hibernate 立刻根据这个 Customer 对象的状态变化同步更新数据库，从而立即执行相关的 update 语句；evict()方法用于把这个 Customer 对象从 Session 缓存中清除出去，从而及时释放它占用的内存。值得注意的是，evict()方法仅仅把这个 Customer 对象从 Session 缓存中清除出去，但不会把它从第二级缓存中清除出去。

batchUpdateCustomer1()方法用于演示第二级缓存的特性。值得注意的是，在实际应用中，进行批量操作时最好应该关闭第二级缓存，否则在第一级缓存中进行的批量操作还要在第二级缓存中重复进行，会降低批量操作的性能。

（2）运行 batchUpdateCustomer2()方法，它的代码如下所示：

```
tx = session.beginTransaction();

Connection con=session.connection();
PreparedStatement stmt=con.prepareStatement("update CUSTOMERS set AGE=AGE+1 "
```

```
        +"where AGE>0 ");
stmt.executeUpdate();
tx.commit();
```

该方法直接通过 JDBC API 执行用于批量更新的 update 语句，Hibernate 不会把任何 Customer 对象加载到第一级缓存和第二级缓存中。

（3）useQueryCache()方法，它的代码如下所示：

```
Query customerByAgeQuery=session.createQuery("from Customer c where c.age>:age");
customerByAgeQuery.setInteger("age",0);
customerByAgeQuery.setCacheable(true);
customerByAgeQuery.setCacheRegion("customerQueries");

for(int i=0;i<10;i++){
  customerByAgeQuery.list();
}
```

以上查询使用了查询缓存，缓存的名字为“customerQueries”。第 18 章的 18.5.2 节（查询缓存）已经介绍了查询缓存的概念，它实际上是第二级缓存中用于专门存放查询结果的缓存区域。在 ehcache.xml 文件中，为这个命名查询缓存设置了相应的数据过期策略：

```
<cache name="customerQueries"
      maxElementsInMemory="1000"
      eternal="false"
      timeToIdleSeconds="300"
      timeToLiveSeconds="600"
      overflowToDisk="true"
   />
```

在 for 循环中，执行了 10 次 Query 接口的 list()方法，但是从 Hibernate 向控制台输出的查询语句看出，Hibernate 仅在第一次执行 Query 的 list()方法时，通过 select 语句到数据库中加载 Customer 对象，接下来 Hibernate 只需到查询缓存中直接获得查询结果。如果把启用查询缓存的代码注释掉：

```
Query customerByAgeQuery=session.createQuery("from Customer c where c.age>:age");
customerByAgeQuery.setInteger("age",0);
//customerByAgeQuery.setCacheable(true);
//customerByAgeQuery.setCacheRegion("customerQueries");

for(int i=0;i<10;i++){
  customerByAgeQuery.list();
}
```

那么每次执行 Query 的 list()方法时，Hibernate 都会执行查询数据库的 select 语句。

BusinessService 类的 main()方法调用了 test()方法后，睡眠 1 分钟，然后关闭 SessionFactory:

```
new BusinessService().test();
Thread.sleep(60000); //睡眠 60000 毫秒，即 1 分钟
sessionFactory.close();
```

由于第二级缓存的生命周期依赖于 SessionFactory 对象的生命周期，因此从 Windows 的资源管理器中会看到，当执行 main()方法的主线程睡眠时，C:\temp 目录下

存放缓存数据的文件依然存在，而当调用 SessionFactory 的 close()方法时，该方法会清空第二级缓存，此时会删除 C:\temp 目录下的缓存文件。

22.6　小结

Hibernate 的缓存介于 Hibernate 应用和数据库之间，缓存中存放了数据库数据的复制，缓存主要用来减少直接访问数据库的频率，从而提高应用的性能。Hibernate 采用二级缓存机制，如果在第一级缓存中没有查询到相应的数据，还可以到第二级缓存内查询，如果在第二级缓存内也没有找到该数据，那么就只好查询数据库。第一级缓存是 Session 的缓存，第二级缓存是 SessionFactory 的外置缓存，表 22-3 对这两种缓存做了比较。

表 22-3　比较 Hibernate 的第一级缓存和第二级缓存

区别之处	第一级缓存	第二级缓存
存放数据的形式	相互关联的持久化对象	对象的散装数据
缓存的范围	事务范围，每个事务都拥有单独的第一级缓存	进程范围或集群范围，缓存被同一个进程或集群范围内的所有事务共享
并发访问策略	由于每个事务都拥有单独的第一级缓存，不会出现并发问题，因此无须提供并发访问策略	由于多个事务会同时访问第二级缓存中相同数据，因此必须提供适当的并发访问策略，来保证特定的事务隔离级别
数据过期策略	没有提供数据过期策略。处于第一级缓存中的对象永远不会过期，除非应用程序显式清空缓存或者清除特定的对象	必须提供数据过期策略，如基于内存的缓存中对象的最大数目，允许对象处于缓存中的最长时间，以及允许对象处于缓存中的最长空闲时间
物理介质	内存	内存和硬盘。对象的散装数据首先存放在基于内存的缓存中，当内存中对象的数目达到数据过期策略的 maxElementsInMemory 值，就会把其余的对象写入基于硬盘的缓存中
缓存的软件实现	在 Hibernate 的 Session 的实现中包含了缓存的实现	由第三方提供，Hibernate 仅提供了缓存适配器(CacheProvider)，用于把特定的缓存插件集成到 Hibernate 中
启用缓存的方式	只要应用程序通过 Session 接口来执行保存、更新、删除、加载或查询数据库数据的操作，Hibernate 就会启用第一级缓存，把数据库中的数据以对象的形式复制到缓存中。对于批量更新和批量删除操作，如果不希望启用第一级缓存，可以绕过 Hibernate API，直接通过 JDBC API 来执行批量操作	用户可以在单个类或类的单个集合的粒度上配置第二级缓存。如果类的实例被经常读但很少被修改，就可以考虑使用第二级缓存。只有为某个类或集合配置了第二级缓存，Hibernate 在运行时才会把它的实例加入到第二级缓存中
用户管理缓存的方式	第一级缓存的物理介质为内存，由于内存的容量有限，必须通过恰当的检索策略和检索方式来限制加载对象的数目。Session 的 evit()方法可以显式清空缓存中特定对象，但这种方法不值得推荐	第二级缓存的物理介质可以是内存和硬盘，因此第二级缓存可以存放大容量的数据，数据过期策略的 maxElementsInMemory 属性值可以控制内存中的对象数目。管理第二级缓存主要包括两个方面：选择需要使用第二级缓存的持久化类，设置合适的并发访问策略；选择缓存适配器，设置合适的数据过期策略。SessionFactory 的 evit()方法也可以显式清空缓存中特定对象，但这种方法不值得推荐

22.7 思考题

1．关于 Hibernate 的第一级缓存，以下哪些说法正确？（多选）

（a）它是 Session 的缓存。

（b）它是可拆卸的。

（c）它的物理介质可以是内存或硬盘。

（d）它存放的是相互关联的持久化对象。

2．关于 Hibernate 的第二级缓存，以下哪些说法正确？（多选）

（a）它是 SessionFactory 的外置缓存。

（b）它是可拆卸的。

（c）它的物理介质可以是内存或硬盘。

（d）它存放的是相互关联的持久化对象。

3．假定 Hibernate 的第一级缓存中有一个 OID 为 1 的 Customer 对象，以下哪些方法能够清空该缓存中的 Customer 对象？（多选）

（a）session.evict(customer);

（b）session.close();

（c）session.flush();

（d）session.clear();

4．Hibernate 的第二级缓存可以充当哪些范围内的缓存？（多选）

（a）事务范围　（b）进程范围　（c）集群范围

5．通常情况下，哪些类型的数据适合于存放到第二级缓存中？（多选）

（a）很少被修改的数据。

（b）不是很重要的数据，允许出现偶尔的并发问题。

（c）被频繁地并发修改的数据。

（d）财务数据。

6．在 Hibernate 的 hibernate.cfg.xml 配置文件中，以下哪段代码设置了 Category 类的 items 集合的二级缓存的并发访问策略？（单选）

（a）<cache class="mypack.Category" usage="transactional" />

（b）<cache collection="mypack.Category.items" usage="transactional" />

（c）<class-cache class="mypack.Category" usage="transactional" />

（d）<collection-cache collection="mypack.Category.items" usage="transactional" />

7．假定已经在配置文件中为 Customer 类配置了第二级缓存，名为“mypack.Customer”，此外，还配置了一个名为“customerQueries”的查询缓存。对于以下代码，以下哪些说法正确？（多选）

```
Query query=session.createQuery("from Customer c") //第1行
```

```
                .setCacheable(true) //第2行
                .setCacheRegion("customerQueries"); //第3行
List result=query.list(); //第4行
```

（a）以上 query.list()方法会把查询到的 Customer 对象的散装数据存放到名为“mypack.Customer”的第二级缓存区域中。

（b）以上 query.list()方法会把查询到的 Customer 对象的 OID 存放到名为“customerQueries”的查询缓存中。

（c）如果把第 2 行和第 3 行的程序代码注释掉，query.list()方法会忽略名为“mypack.Customer”的第二级缓存。

（d）如果把第 2 行和第 3 行的程序代码注释掉，query.list()方法会忽略名为“customerQueries”的查询缓存。

第 23 章　管理 Session 和实现对话

前面章节的范例都是由程序自主管理 Session 对象的生命周期，Session 对象的生命周期与一个事务的生命周期对应。所有访问数据库的方法都先创建一个 Session 对象，然后声明开始一个事务，当提交了事务后，就关闭 Session 对象。例如，第 21 章的 21.4 节的 BusinessService 类的 withdraw()取款方法的主要流程如下：

```
Session session = sessionFactory.openSession();  //创建一个 Session 对象
session.beginTransaction();  //声明开始一个事务

//具体的事务操作
Account account=(Account)session.get(Account.class,new Long(1));
account.setBalance(account.getBalance()-100);

session.getTransaction().commit();  //提交事务
session.close();  //关闭 Session 对象
```

以上处理方式作为示范代码，可以很清晰地演示 Hibernate API 的用法。但对于规模庞大的实际 Java 应用，这种处理方式有以下缺点：

（1）导致大量重复代码，在许多方法内都要重复编写创建 Session 对象和关闭 Session 对象的代码。

（2）在多个类之间共享同一个 Session 对象比较麻烦。

为了简化 Java 应用的程序代码和软件架构，Hibernate 3 把管理 Session 对象生命周期的任务包揽到自己头上，Hibernate 自身提供了 3 种管理 Session 对象的方法：

（1）Session 对象的生命周期与本地线程绑定。

（2）Session 对象的生命周期与 JTA 事务绑定。

（3）Hibernate 委托程序管理 Session 对象的生命周期，值得注意的是，这种方式与本章开头讲到的由程序自主管理 Session 对象的生命周期是不一样的。

对话是指包含了用户思考时间的长工作单元，本章提供了实现对话的几种方式，并且分析每一种实现方式的运行性能。这些实现方式的主要区别在于 Session 对象的生命周期、事务的生命周期及清理缓存的方式不一样。

23.1　管理 Session 对象的生命周期

尽管让程序自主管理 Session 对象的生命周期也是可行的，但是在实际 Java 应用中，把管理 Session 对象的生命周期交给 Hibernate，可以简化 Java 应用的程序代码和软件架构。Hibernate 自身提供了 3 种管理 Session 对象生命周期的方式：

（1）Session 对象的生命周期与本地线程绑定，参见 23.1.1 节。

（2）Session 对象的生命周期与 JTA 事务绑定，参见 23.1.2 节。

（3）Hibernate 委托程序管理 Session 对象的生命周期，参见 23.2.2 节。

Tips

为了叙述的方便，下文有时把管理 Session 对象的生命周期简称为管理 Session。

对于本书第 21 章的 21.4 节提到的 BusinessService 类，它包含了业务逻辑代码，创建 SessionFactory 对象的代码、管理 Session 对象的代码，以及执行数据库事务的代码。对于复杂的软件应用，需要细分 BusinessService 类的功能，建立精粒度的对象模型。精粒度的对象模型把功能逐步分解为多个模块，然后分配给多个类来协作完成。精粒度的对象模型可以减少重复代码，而且能提高每个类的独立性，有利于软件的维护和可重用。本节将进一步细分 BusinessService 类的功能，并且由多个类来分担 BusinessService 类的功能：

- HibernateUtil 类：实用类，负责创建一个应用范围内的 SessionFactory 对象，它的 getSessionFactory()静态方法返回这个 SessionFactory 对象。它的 getCurrentSession()静态方法返回当前的 Session 对象。
- Account 类：持久化类，代表银行账户。
- AccountDAO 类：封装了通过 Hibernate API 来访问数据库，进行查询及更新 Account 对象的代码。不负责声明数据库事务。DAO（Data Access Object）表示数据访问对象。
- BusinessService 类：负责处理取款业务，通过 AccountDAO 类来查询以及更新 Account 对象，数据库事务的声明由 BusinessService 类来完成。

图 23-1 显示了这些类之间的依赖关系。

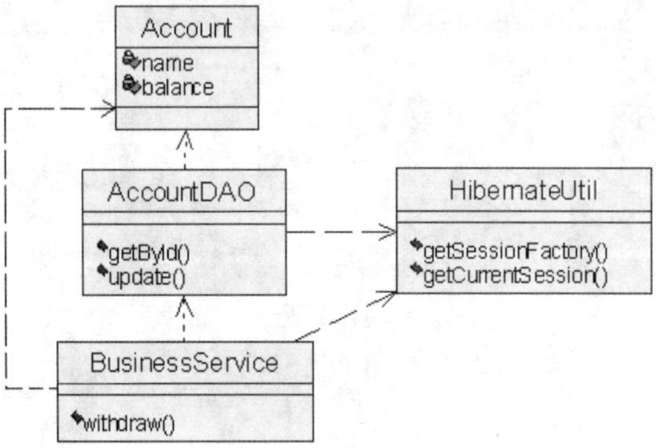

图 23-1 精粒度的对象模型

HibernateUtil 类是一个实用类，它的源代码参见例程 23-1。

例程 23-1 HibernateUtil.java

```
package mypack;
import org.hibernate.SessionFactory;
import org.hibernate.Session;
import org.hibernate.cfg.Configuration;

public class HibernateUtil {
```

```
    private static SessionFactory sessionFactory;

    static{
      try {
        //创建被整个 Java 应用共享的 SessionFactory 对象
        sessionFactory=new Configuration()
                                  .configure()
                                  .buildSessionFactory();
      }catch (Throwable ex) {
        throw new ExceptionInInitializerError(ex);
      }
    }

    public static SessionFactory getSessionFactory() {
      return sessionFactory;
    }

    public static Session getCurrentSession(){
      return sessionFactory.getCurrentSession();  //返回当前的 Session 对象
    }
  }
```

SessionFactory 对象是重量级对象，在一个 Java 应用中，对于一个数据库存储源，只需要创建一个代表该存储源的 SessionFactory 对象，它被整个 Java 应用共享。

AccountDAO 类封装了与 Account 对象有关的访问数据库的代码，参见例程 23-2。AccountDAO 类通过 HibernateUtil 类的 getCurrentSession()方法来得到当前的 Session 对象。AccountDAO 类的 getById()及 update()方法既不用管理 Session，也不用声明事务。

例程 23-2　AccountDAO.java

```
package mypack;
public class AccountDAO{
  public Account getById(long id){
    return (Account)HibernateUtil.getCurrentSession()
                    .get(Account.class,new Long(id));
  }

  public void update(Account account){
    HibernateUtil.getCurrentSession().saveOrUpdate(account);
  }
}
```

Hibernate 到底如何管理 Session 对 Java 应用是透明的。无论是那种管理方式，AccountDAO 类都不必自己创建 Session 对象，只需调用 HibernateUtil 类的 getCurrentSession()方法，就能获得当前的 Session 对象。

而 HibernateUtil 类的 getCurrentSession()方法实际上是调用 SessionFactory 对象的 getCurrentSession()方法，来获得当前的 Session 对象。由此可见，Hibernate 内部封装了管理 Session 对象的生命周期的实现细节。

当 Java 应用改变 Hibernate 的 Session 管理方式时，无须修改 Account 类、AccountDAO 类和 HibernateUtil 类的源代码，只需修改 Hibernate 的配置文件及

BusinessService 类就行了。在 Hibernate 的配置文件中，hibernate.current_session_context_class 属性用于指定 Session 管理方式，可选值包括：

- thread：Session 对象的生命周期与本地线程绑定。
- jta：Session 对象的生命周期与 JTA 事务绑定。
- managed：Hibernate 委托程序来管理 Session 对象的生命周期。

23.1.1 Session 对象的生命周期与本地线程绑定

如果把 Hibernate 配置文件的 hibernate.current_session_context_class 属性设为 thread，Hibernate 就会按照与本地线程绑定的方式来管理 Session 对象的生命周期。例程 23-3 为这种方式下 BusinessService 类的源代码。

例程 23-3 BusinessService.java

```
package mypack;
public class BusinessService{
  private AccountDAO ad=new AccountDAO();

  public void withdraw(long accountId,double amount){
   try {
     //声明开始事务
     HibernateUtil.getCurrentSession().beginTransaction();

     Account account=ad.getById(accountId);
     account.setBalance(account.getBalance()-amount);

     //提交事务
     HibernateUtil.getCurrentSession().getTransaction().commit();

   }catch (RuntimeException e) {
     try{
       //撤销事务
       HibernateUtil.getCurrentSession().getTransaction().rollback();
     }catch(RuntimeException ex){
       ex.printStackTrace();
     }
     throw e;
   }

  }

  public static void main(String args[]){
   new BusinessService().withdraw(1,100);
  }
}
```

当运行 BusinessService 类的 withdraw()方法时，该 withdraw()方法及 AccountDAO 对象的 getById()方法实际上都通过 SessionFactory 对象的 getCurrentSession()方法来获得当前的 Session 对象。当前的 Session 对象何时创建以及何时被销毁由 Hibernate 来管理。

Tips

AccountDAO 类及 BusinessService 类都没有通过 import 语句引入 Hibernate API 中的任何接口和类，从而提高了这些类的独立性。通过 SessionFactory 对象的 getCurrentSession()方法来获得当前 Session 对象的代码封装在 HibernateUtil 类中。

Hibernate 按照以下规则把 Session 与本地线程绑定：

- 当一个线程（假定为线程 A）第一次调用 SessionFactory 对象的 getCurrentSession()方法时，该方法会创建一个新的 Session 对象（假定为 SessionA 对象），把它与线程 A 绑定，并将 SessionA 对象返回。
- 接下来，当线程 A 再次调用 SessionFactory 对象的 getCurrentSession()方法时，该方法始终返回 SessionA 对象。
- 当线程 A 提交与 SessionA 对象关联的事务时，Hibernate 会自动清理 SessionA 对象的缓存，然后在提交事务后，关闭 SessionA 对象。此外，当线程 A 撤销与 SessionA 对象关联的事务时，也会自动关闭 SessionA 对象。
- 接下来如果线程 A 再次调用 SessionFactory 对象的 getCurrentSession()方法，该方法又会创建一个新的 Session 对象（假定为 SessionB 对象），把它与线程 A 绑定，并将 SessionB 对象返回。

本书范例位于配套光盘的 sourcecode/chapter23 目录下。运行 BusinessService 类时，其主线程执行 BusinessService 类的 withdraw()方法，BusinessService 类的 withdraw()方法还调用了 AccountDAO 类的 getById()方法。图 23-2 为主线程执行 BusinessService 类的 withdraw()方法的时序图。

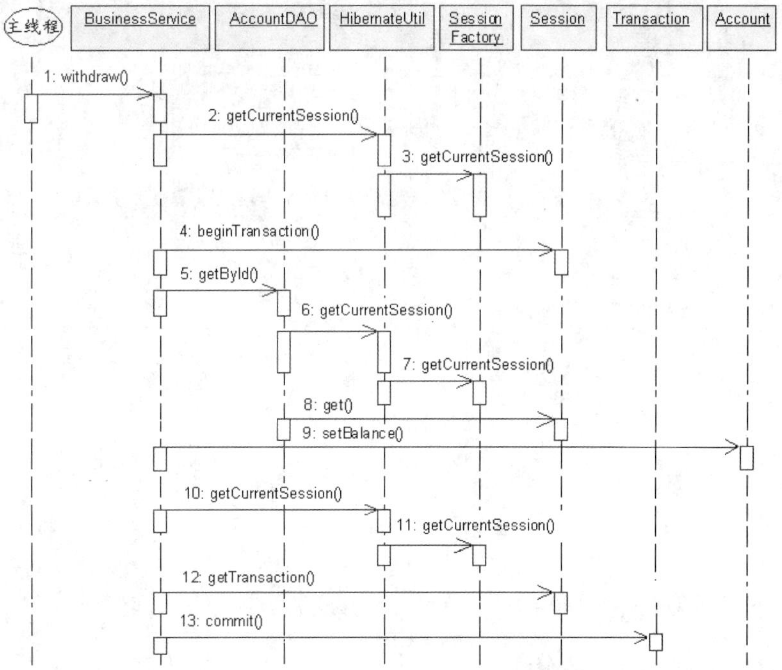

图 23-2　主线程执行 BusinessService 类的 withdraw()方法的时序图

从图 23-2 可以看出，主线程执行步骤 3、步骤 7 和步骤 11 时，都调用了 SessionFactory 对象的 getSession()方法，其中步骤 3 创建一个新的 Session 对象，这个 Session 对象与主线程绑定，接下来步骤 7 和步骤 11 都返回这个 Session 对象。步骤 13 提交事务，此时 Hibernate 会自动关闭与主线程绑定的 Session 对象。

23.1.2 Session 对象的生命周期与 JTA 事务绑定

如果把 Hibernate 配置文件的 hibernate.current_session_context_class 属性设为 jta，Hibernate 就会按照与 JTA 事务绑定的方式来管理 Session 对象的生命周期。例程 23-4 为这种方式下 BusinessService 类的源代码。

例程 23-4　BusinessService.java

```
package mypack;
import javax.naming.InitialContext;
import javax.transaction.UserTransaction;

public class BusinessService{
  private AccountDAO ad=new AccountDAO();
  private UserTransaction utx=null;

  public BusinessService()throws Exception{
    utx=(UserTransaction)new InitialContext().lookup("UserTransaction");
  }

  public void withdraw(long accountId,double amount)throws Exception{
    try {
      //声明开始事务
      utx.begin();

      Account account=ad.getById(accountId);
      account.setBalance(account.getBalance()-amount);

      //提交事务
      utx.commit();

    }catch (Exception e) {
      try{
        //撤销事务
        utx.rollback();
      }catch(Exception ex){
        ex.printStackTrace();
      }
      throw e;
    }
  }

  public static void main(String args[]) throws Exception {
    new BusinessService().withdraw(1,100);
  }
}
```

以上例程 23-4 与 23.1.1 节的例程 23-3 有些相似，区别在于：

（1）本节 BusinessService 类的 withdraw()方法通过 UserTransaction 来声明事务边界。

（2）本节 BusinessService 类的 withdraw()方法捕获的是 Exception，而不是 RuntimeException。这是因为 UserTransaction 的 begin()和 commit()等方法抛出的异常不属于运行时异常，而是受检查异常。

Hibernate 按照以下规则把 Session 与 JTA 事务绑定：

- 程序先通过 UserTransaction 接口声明开始一个 JTA 事务。接下来当程序第一次调用 SessionFactory 对象的 getCurrentSession()方法时，该方法会创建一个新的 Session 对象（假定为 SessionA 对象），把它与当前的 JTA 事务绑定，并将 SessionA 对象返回。
- 接下来，当程序多次调用 SessionFactory 对象的 getCurrentSession()方法时，该方法始终返回与当前 JTA 事务绑定的 SessionA 对象。
- 当程序提交当前 JTA 事务时，Hibernate 会自动清理 SessionA 对象的缓存，然后在事务提交后，关闭 SessionA 对象。此外，当程序撤销当前 JTA 事务时，也会关闭 SessionA 对象。

在 Session 与本地线程绑定的方式下，先出现 Session 对象，然后再由 Session 对象的 beginTransaction()方法声明开始一个事务。而在 Session 与 JTA 事务绑定的方式下，先通过 UserTransaction 接口声明开始 JTA 事务，然后再出现与该 JTA 事务绑定的 Session 对象。

在 Session 与 JTA 事务绑定的方式下，如果试图通过 Session 对象的 beginTransaction()方法声明开始一个事务是非法的，因为此时必须先有事务，然后才能创建与该事务绑定的 Session 对象。

23.2　实现对话

在本书中，对话是指包含了用户思考时间的长工作单元。假定把实际应用中的取款事务看做一个对话，图 23-3 显示了用户与应用程序之间的交互过程。对话与数据库事务的区别在于：在对话过程中会包含并不涉及操纵数据库的操作，并且这种操作会占用很长时间，例如等待用户输入特定数据的操作就可能会花去很长时间，这完全取决于用户的思考时间。

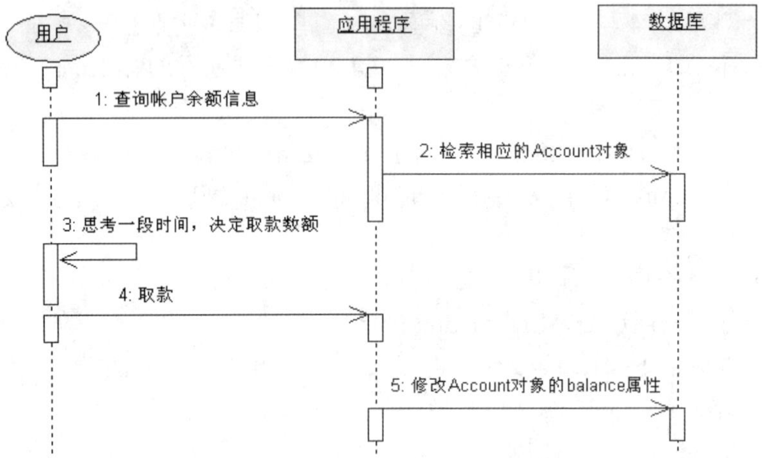

图 23-3　用户与应用程序之间的交互过程

为了保证对话顺利进行，应用程序在实现对话时必须满足以下两个要求：

（1）对话中的数据保持一致，即在多用户并发访问环境下不出现任何并发问题。

（2）对话和事务一样，也具有原子性。整个对话中的数据库操作要么全部提交，要么全部撤销。

到底如何实现对话呢？最简单的做法是把整个对话看做一个数据库事务，并且与一个 Session 对象对应。按照这种方式实现的取款对话过程的演示代码如下：

```
//声明开始事务
HibernateUtil.getCurrentSession().beginTransaction();

System.out.println("请输入您的账号 ID：");
//等待用户输入账号 ID，此操作可能会花去很长时间，取决于用户的思考时间
long accountId=new Scanner(System.in).nextLong();

Account account=ad.getById(accountId);
System.out.println("您的余额为："+account.getBalance());

System.out.println("请输入取款数额：");
//等待用户输入取款数额，此操作可能会花去很长时间，取决于用户的思考时间
double amount=new Scanner(System.in).nextDouble();

account.setBalance(account.getBalance()-amount);

//提交事务，在 Session 与本地线程绑定的方式下，会自动关闭 Session 对象
HibernateUtil.getCurrentSession().getTransaction().commit();
System.out.println("取款成功，您的余额为："+account.getBalance());
```

以上实现方式很容易满足对话的两个要求：

（1）采用乐观锁来解决并发问题。本书第 21 章的 21.5 节已经介绍了 Hibernate 利用版本控制机制来实现乐观锁的方法。

（2）由于整个对话就是一个数据库事务，因此数据库层会保证事务的原子性。

但用这种方式来实现对话会大大降低程序的运行性能，原因在于：

（1）长时间打开一个 Session 对象。一方面 Session 对象的缓存需要长时间占用内

存，另一方面，Session 对象还会长时间占用数据库连接。假如一个 Java 应用同时打开了很多对话，每个对话都对应一个 Session 对象，这些 Session 对象会消耗大量资源。

（2）整个对话对应一个数据库事务，导致这个数据库事务会长时间占用数据库的相关资源，从而降低数据库的运行性能。

为了解决上述问题，Hibernate 提供了两种更好的实现对话的方式：

（1）使用游离对象：一个对话包括多个短事务，并且每个事务对应一个 Session 对象。事务之间通过游离对象传递业务数据。

（2）使用手工清理缓存模式下的 Session 对象：一个对话包括多个短事务，并且整个对话对应一个 Session 对象。

下文仍然以取款对话为例，介绍以上两种实现方式的特点和利弊。

23.2.1　使用游离对象

以下程序代码把取款对话中包含用户思考时间的操作从事务中分离出来。取款对话由两个短事务构成：查询账户事务和修改账户事务。每个事务对应一个 Session 对象。本节的范例代码采用 Session 与本地线程绑定的方式。

```
System.out.println("请输入您的账号 ID: ");
//等待用户输入账号 ID，此操作可能会花去很长时间，取决于用户的思考时间
long accountId=new Scanner(System.in).nextLong();

//创建一个 Session 对象，声明开始查询账户事务
HibernateUtil.getCurrentSession().beginTransaction();
Account account=ad.getById(accountId);
//提交事务，在 Session 与本地线程绑定的方式下，会自动关闭 Session 对象
HibernateUtil.getCurrentSession().getTransaction().commit();

System.out.println("您的余额为: "+account.getBalance());

System.out.println("请输入取款数额: ");
//等待用户输入取款数额，此操作可能会花去很长时间，取决于用户的思考时间
double amount=new Scanner(System.in).nextDouble();

//account 为游离对象
account.setBalance(account.getBalance()-amount);

//创建一个 Session 对象，声明开始修改账户事务
HibernateUtil.getCurrentSession().beginTransaction();
ad.update(account);
//提交事务，在 Session 与本地线程绑定的方式下，会自动关闭 Session 对象
HibernateUtil.getCurrentSession().getTransaction().commit();

System.out.println("取款成功，您的余额为: "+account.getBalance());
```

以上两个短事务不包括用户思考时间，因此事务操作时间很短，不会长时间占用数据库资源。并且生命周期与短事务对应的 Session 对象也可以及时释放缓存和数据库连接。所以这种实现对话的方式可以提高程序的运行性能。

以下例程 23-5 的 BusinessService1 类按这种方式实现了取款对话。取款对话中的

查询账户及修改账户事务分别由 getAccount()和 updateAccount()方法实现。withdraw()方法中包括了与用户交互的操作，并且先后调用了 getAccount()和 updateAccount()方法。

例程 23-5 BusinessService1.java

```
package mypack;
import java.io.*;
import java.util.Scanner;

public class BusinessService1{
  private AccountDAO ad=new AccountDAO();

  public void withdraw()throws Exception{
    System.out.println("请输入您的账号 ID：");
    //等待用户输入账号 ID，此操作可能会化去很长时间，取决于用户的思考时间
    long accountId=new Scanner(System.in).nextLong();

    Account account=getAccount(accountId);

    System.out.println("您的余额为："+account.getBalance());

    System.out.println("请输入取款数额：");
    //等待用户输入取款数额，此操作可能会化去很长时间，取决于用户的思考时间
    double amount=new Scanner(System.in).nextDouble();

    account.setBalance(account.getBalance()-amount); //account 为游离对象

    updateAccount(account);

    System.out.println("取款成功，您的余额为："+account.getBalance());
  }

  public Account getAccount(long accountId){
    try{
      //创建一个 Session 对象，声明开始查询账户事务
      HibernateUtil.getCurrentSession().beginTransaction();

      Account account=ad.getById(accountId);

      //提交事务，在 Session 与本地线程绑定的方式下，会自动关闭 Session 对象
      HibernateUtil.getCurrentSession().getTransaction().commit();

      return account;
    }catch (RuntimeException e) {
      try{
        //撤销事务
        HibernateUtil.getCurrentSession().getTransaction().rollback();
      }catch(RuntimeException ex){
        ex.printStackTrace();
      }
      throw e;
    }

  }
```

```
        public void updateAccount(Account account){
          try{
            //创建一个 Session 对象，声明开始修改余额事务
            HibernateUtil.getCurrentSession().beginTransaction();

            ad.update(account);

            //提交事务，在 Session 与本地线程绑定的方式下，会自动关闭 Session 对象
            HibernateUtil.getCurrentSession().getTransaction().commit();

          }catch (RuntimeException e) {
            try{
              //撤销事务
              HibernateUtil.getCurrentSession().getTransaction().rollback();
            }catch(RuntimeException ex){
              ex.printStackTrace();
            }
            throw e;
          }
        }

        public static void main(String args[])throws Exception{
          new BusinessService1().withdraw();
        }
      }
```

这种实现对话的方式为了满足对话的第一个要求，可以采用乐观锁来解决并发问题。但是这种方式要满足对话的第二个要求，即保证对话的原子性有些麻烦，因为一个对话被分成了多个数据库事务，并且每个事务对应一个单独的 Session 对象。如果撤销其中一个事务，无法自动撤销对话中已经提交的其他事务。假定对话由 n 个事务组成，依次为事务 1、事务 2……事务 n。要保证对话的原子性，目前有两种办法可选：

（1）把与事务 1 至事务 n-1 对应的 Session 对象的清理缓存模式设为 FlushMode.MANUAL，这样，当提交事务 1 至事务 n-1 时，均不会自动清理缓存，因此不会对数据库有任何更新操作。仅把与事务 n 对应的 Session 对象的清理缓存模式设为默认的 FlushMode.AUTO。当提交事务 n 时，会自动清理缓存，根据缓存中对象的变化来同步更新数据库。

（2）在程序中提供补偿代码，手工撤销已经提交的事务。假定已经提交了事务 1、事务 2 和事务 3，但需要撤销事务 4，那么撤销事务 4 时，必须通过补偿代码手工撤销事务 1、事务 2 和事务 3 对数据库所做的更新。

23.2.2　使用手工清理缓存模式下的 Session

采用这种方式，整个对话由多个短事务构成，并且整个对话对应一个 Session 对象，这个 Session 对象的生命周期由程序自主管理。程序处理对话的主要流程如下：

（1）创建完 Session 对象后，立即调用 session.setFlushMode(FlushMode.MANUAL) 方法，把缓存模式设为手工清理模式。

（2）在手工清理缓存模式下，当程序声明提交事务时，Hibernate 不会自动清理缓

存，因此不会同步更新数据库；不过，Hibernate 会自动释放 Session 对象占用的数据库连接。

（3）当程序声明开始事务时，假如当前 Session 对象不占用数据库连接，Hibernate 会自动为它分配数据库连接。

（4）只有当对话快结束，在提交最后一个事务之前，程序需要调用 session.flush() 方法手工清理缓存，根据缓存中对象的变化去同步更新数据库。

以下例程 23-6 的 BusinessService2 的 withdraw()方法创建了一个 Session 对象，它的声明周期与整个取款对话的生命周期对应。

例程 23-6　BusinessService2.java

```
package mypack;
import java.io.*;
import java.util.Scanner;
import org.hibernate.*;

public class BusinessService2{
  private AccountDAO2 ad=new AccountDAO2();

  public void withdraw()throws Exception{
    Session session=null;
    try{
      System.out.println("请输入您的账号 ID: ");
      //等待用户输入账号 ID，此操作可能会化去很长时间，取决于用户的思考时间
      long accountId=new Scanner(System.in).nextLong();

      //创建一个 Session 对象,由程序自主管理 Session 对象的生命周期
      session=HibernateUtil.getSessionFactory().openSession();
      //设为手工清理缓存模式
      session.setFlushMode(FlushMode.MANUAL);

      //声明开始查询账户事务
      session.beginTransaction();
      Account account=ad.getById(accountId,session);
      //提交查询账户事务,释放 Session 占用的数据库连接
      session.getTransaction().commit();

      System.out.println("您的余额为: "+account.getBalance());

      System.out.println("请输入取款数额: ");
      //等待用户输入取款数额，此操作可能会花去很长时间，取决于用户的思考时间
      double amount=new Scanner(System.in).nextDouble();

      account.setBalance(account.getBalance()-amount);

      //声明开始修改账户事务，为 Session 重新分配数据库连接
      session.beginTransaction();
      ad.update(account,session);

      //清理缓存
      session.flush();
```

```
        //提交修改账户事务
        session.getTransaction().commit();

        System.out.println("取款成功，您的余额为："+account.getBalance());
      }catch (RuntimeException e) {
        try{
          //撤销事务
          session.getTransaction().rollback();
        }catch(RuntimeException ex){
          ex.printStackTrace();
        }
        throw e;
      }finally{
        session.close();
      }
    }

    public static void main(String args[]) throws Exception {
      new BusinessService2().withdraw();
    }
  }
```

以上两个事务不包括用户思考时间，因此事务操作时间很短，不会长时间占用数据库资源。Session 对象的生命周期尽管很长，与整个对话对应，但是由于每次提交事务时都会自动释放数据库连接，所以这种实现对话的方式也具有较好的运行性能。

这种实现对话的方式为了满足对话的第一要求，可以采用乐观锁来解决并发问题。这种方式也很容易满足对话的第二个要求，即保证对话的原子性。尽管整个对话被分成了多个事务，但是仅在提交最后一个事务之前才清理 Session 对象的缓存，所以实际上只有最后一个事务才会更新数据库。如果撤销最后一个事务，实际上就撤销了整个对话。

本方式的一个弱点在于，Session 对象的缓存需要长时间占用内存。因此，如果在对话中 Session 对象的缓存需要存放大量持久化对象，则不适合采用这种对话实现方式。

1．保证包含插入数据操作的对话的原子性

在手工清理 Session 缓存的模式下，只有当程序调用 Session 的 flush()方法时才会清理缓存。但有个例外情况，那就是通过 Session 的 save()方法执行插入操作时，如果对象标识符（OID）生成策略为 identity 或 select，那么 save()方法会立即向数据库插入数据，然后生成对象标识符；如果对象标识符生成策略为 increment、sequence 或 hilo 等，那么 save()方法不用立即向数据库插入数据，就可以生成对象标识符，save()方法仅计划执行一条 SQL insert 语句，当程序调用 Session 的 flush()方法清理缓存时才会真正执行这条 SQL insert 语句。

假定对象标识符生成策略为 identity 或 select，以下程序代码演示了一个无法保证原子性的对话：

```
Session session=HibernateUtil.getSessionFactory().openSession();
//设为手工清理缓存模式
session.setFlushMode(FlushMode.MANUAL);
```

```
//声明开始事务 1
session.beginTransaction();
session.save(account1);  //立即执行 SQL insert 语句
//提交事务 1
session.getTransaction().commit();

//声明开始事务 2
session.beginTransaction();
session.update(account1);
//清理缓存
session.flush();

//提交事务 2
session.getTransaction().commit();

session.close();
```

在事务 1 中执行了 SQL insert 语句，然后提交了事务 1。假如要撤销事务 2，则无法撤销事务 1 所做的插入操作，因此破坏了整个对话的原子性。有两种解决办法：

（1）放弃使用 identity 或 select 对象标识符生成策略，改为使用其他的对象标识符生成策略。

（2）在程序中提供补偿代码，手工撤销已经提交的事务。假定已经提交了事务 1，但需要撤销事务 2，那么撤销事务 2 时，必须通过补偿代码手工撤销事务 1 所做的插入操作，即应该删除数据库中新插入的数据。

Session 的 persist()方法和 save()方法一样，也面临着同样的问题。不过，对于 Session 的 persist()方法，除了可以使用以上的两种解决办法，还可以采用另外一种解决方法：在事务外执行 Session 的 persist()方法：

```
Session session=HibernateUtil.getSessionFactory().openSession();
//设为手工清理缓存模式
session.setFlushMode(FlushMode.MANUAL);

//在事务外调用 session.persist()方法，计划执行一条 SQL insert 语句
session.persist(account1);

//声明开始事务 1
session.beginTransaction();
session.update(account1);

//清理缓存
session.flush();

//提交事务 1
session.getTransaction().commit();

session.close();
```

不管采用什么样的对象标识符生成策略，只要在事务外执行 Session 的 persist()方法，该方法不会立即向数据库插入数据，仅仅计划执行一条 SQL insert 语句，当程序调用 Session 的 flush()方法清理缓存时才会真正执行这条 SQL insert 语句。对于以上程

序代码，插入数据的操作实际上是在事务 1 范围内完成的，因此可以事务 1 来保证整个对话的原子性。

2．Hibernate 委托程序来管理 Session

本节例程 23-6 的 BusinessService2 类完全由程序来自主管理 Session 对象的生命周期，何时创建 Session、何时清理缓存及何时关闭 Session，都由程序来负责。BusinessService2 类如果要和 AccountDAO2 类共享 Session 对象，就必须通过方法参数来传递 Session 对象。例如，BusinessService2 类调用 AccountDAO2 类的 getById()方法时，需要把当前的 Session 对象传给 getById()方法。getById()方法的定义如下：

```
public Account getById(long id,Session session){
  return (Account)session.get(Account.class,new Long(id));
}
```

如果 AccountDAO2 类也可以通过 SessionFactory 的 getCurrentSession()方法来获得当前 Session 对象，就可以简化程序的结构。为了达到这一目标，Hibernate 允许委托程序来管理 Session，步骤如下。

（1）把 Hibernate 配置文件的 hibernate.current_session_context_class 属性设为 managed。

（2）当程序创建 Session 对象后或者声明开始一个事务前，调用 org.hibernate.context.ManagedSessionContext 类的 bind()方法，该方法把 Session 对象与当前线程绑定。

（3）在一个事务中，程序可通过 SessionFactory 的 getCurrentSession()方法来获得当前 Session 对象。

（4）当程序提交对话中的一个事务之前，调用 org.hibernate.context.ManagedSessionContext 类的 unbind()方法，该方法解除当前 Session 对象与当前线程的绑定。

org.hibernate.context.ManagedSessionContext 类提供了以下静态方法：

- bind(Session session)：把 Session 与当前线程绑定。
- unbind(SessionFactory factory)：解除 Session 对象与当前线程的绑定。
- hasBind(SessionFactory factory)：判断是否存在与当前线程绑定的 Session 对象。

Tips

ManagedSessionContext 类的 unbind(SessionFactory factory)方法通过参数 factory 对象的 getCurrentSession()方法得到当前的 Session 对象，然后解除 Session 对象与当前线程的绑定。

例程 23-7 的 BusinessService3 类按照上述方式重现实现了取款对话。

例程 23-7　BusinessService3.java

```
package mypack;
import java.io.*;
import java.util.Scanner;
```

```
import org.hibernate.classic.Session;
import org.hibernate.context.ManagedSessionContext;
import org.hibernate.FlushMode;

public class BusinessService3{
  private AccountDAO ad=new AccountDAO();

  public void withdraw()throws Exception{
    Session session=null;
    try{
      System.out.println("请输入您的账号 ID: ");
      //等待用户输入账号 ID，此操作可能会化去很长时间，取决于用户的思考时间
      long accountId=new Scanner(System.in).nextLong();

      //创建一个 Session 对象,由程序自主管理 Session 对象的生命周期
      session=HibernateUtil.getSessionFactory().openSession();
      //设为手工清理缓存模式
      session.setFlushMode(FlushMode.MANUAL);
      ManagedSessionContext.bind(session);

      //声明开始查询账户事务
      session.beginTransaction();
      Account account=ad.getById(accountId);

      ManagedSessionContext.unbind(HibernateUtil.getSessionFactory());

      //提交查询账户事务,释放 Session 占用的数据库连接
      session.getTransaction().commit();
      System.out.println("您的余额为: "+account.getBalance());

      System.out.println("请输入取款数额: ");
      //等待用户输入取款数额，此操作可能会花去很长时间，取决于用户的思考时间
      double amount=new Scanner(System.in).nextDouble();

      account.setBalance(account.getBalance()-amount);

      ManagedSessionContext.bind(session);

      //声明开始修改账户事务，为 Session 重新分配数据库连接
      session.beginTransaction();
      ad.update(account);

      ManagedSessionContext.unbind(HibernateUtil.getSessionFactory());

      //清理缓存
      session.flush();

      //提交修改账户事务
      session.getTransaction().commit();

      System.out.println("取款成功，您的余额为: "+account.getBalance());
    }catch (RuntimeException e) {
      try{
        //撤销事务
        session.getTransaction().rollback();
```

```
            }catch(RuntimeException ex){
              ex.printStackTrace();
            }
            throw e;

          }finally{
            session.close();
          }
        }

        public static void main(String args[]) throws Exception {
          new BusinessService3().withdraw();
        }
      }
```

以下图 23-4 演示了取款对话中 Session 对象及两个事务的生命周期。MSC 为 ManagedSessionContext 的简写。

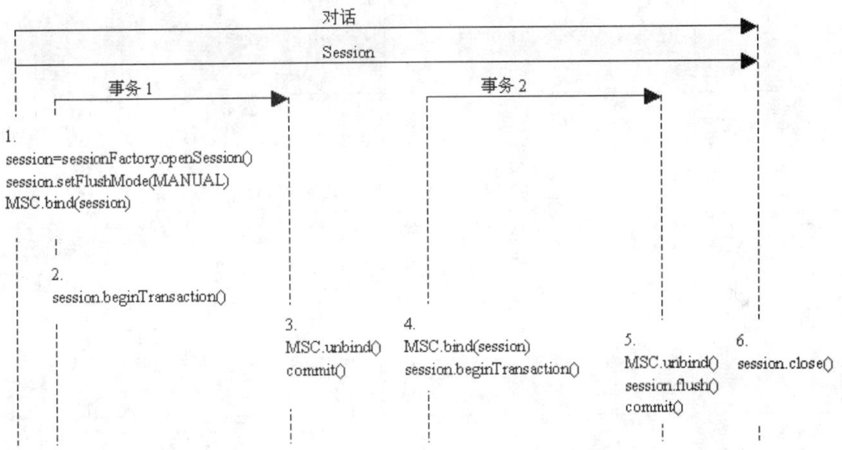

图 23-4 取款对话中 Session 对象以及两个事务的生命周期

23.3 小结

归纳起来，管理 Session 对象的生命周期有 4 种方式。第一种方式为完全由程序自主管理 Session，其余 3 种方式均由 Hibernate 来管理 Session，程序可通过 SessionFactory 的 getCurrentSession()方法来获得当前的 Session 对象。在 Hibernate 的配置文件中，hibernate.current_session_context_class 属性用于指定 Hibernate 管理 Session 的方式，可选值包括：

- thread：Session 对象的生命周期与本地线程绑定。
- jta：Session 对象的生命周期与 JTA 事务绑定。
- managed：Hibernate 委托程序来管理 Session 对象的生命周期。

表 23-1 总结了 Hibernate 管理 Session 的 3 种方式的特点。

表 23-1　Hibernate 管理 Session 的三种方式

管理 Session 的方式	何时创建 Session	何时关闭 Session	程序如何获得 Session
thread	当一个线程调用 SessionFactory 的 getCurrentSession()方法，而此时没有 Session 与当前线程绑定时，Hibernate 自动创建 Session 对象	当一个线程提交或撤销事务后，Hibernate 自动关闭 Session 对象	调用 SessionFactory 的 getCurrentSession()方法
jta	当程序调用 SessionFactory 的 getCurrentSession()方法，而此时没有 Session 与当前 JTA 事务绑定时，Hibernate 自动创建 Session 对象	当程序提交或撤销 JTA 事务后，Hibernate 自动关闭 Session 对象	
managed	由程序决定何时创建 Session。当程序创建 Session 对象后或者声明开始一个事务前，调用 ManagedSessionContext 类的 bind()方法，该方法把 Session 对象与当前线程绑定	由程序决定何时关闭 Session。当程序提交一个事务之前，调用 ManagedSessionContext 类的 unbind()方法，该方法解除 Session 对象与当前线程的绑定	

归纳起来，对话有 3 种实现方式，表 23-2 对这 3 种实现方式做了归纳。

表 23-2　对话的 3 种实现方式

对话实现方式	方式一：整个对话对应一个事务	方式二：使用游离对象	方式三：使用手工清理缓存模式下的 Session 对象
特点	整个对话对应一个 Session 对象，并且对应一个长事务	整个对话对应多个 Session 对象，并且每个 Session 对象对应一个短事务	整个对话对应一个 Session 对象，并且这个 Session 对象对应多个短事务
提高性能的优势		由于每个 Session 对象的生命周期与短事务对应，因此 Session 对象不会长时间占用内存和数据库连接；此外，数据库事务也不会长时间占用数据库的相关资源。	每次提交事务时，都会自动释放 Session 对象占用的数据库连接；此外，数据库事务也不会长时间占用数据库的相关资源。
降低性能的劣势	Session 对象的缓存需要长时间占用内存；Session 对象会长时间占用数据库连接；数据库事务会长时间占用数据库的相关资源	对话中的多个 Session 对象可能会重复访问数据库，到数据库中加载一些相同数据。	Session 对象的缓存需要长时间占用内存
如何保证对话的原子性	由单个数据库事务来保证对话的原子性	方法一：仅在对话的最后一个事务中才更新数据库；方法二：提供补偿代码，手工撤销已经提交的事务	仅在对话的最后一个事务中才更新数据库
如何避免并发问题	采用乐观锁来解决并发问题		

本章范例程序位于配套光盘的 sourcecode\chapter23 目录下。运行该程序之前，需要先在 SAMPLEDB 数据库中手工创建 ACCOUNTS 表，然后加入测试数据，相关的 SQL 脚本文件为 chapter23\schema\ sampledb.sql。在 DOS 下分别输入命令“ant run”、“ant run1”、“ant run2”和“ant run3”，它们将分别运行 BusinessService 类、BusinessService1 类、BusinessService2 类和 BusinessService3 类。在运行 BusinessService3 类时，要确保 hibernate.cfg.xml 配置文件中 hibernate.current_session_context_class 属性为“managed”。

23.4 思考题

1．在 Session 与本地线程绑定的管理方式下，对于以下程序代码，以下哪些说法正确？（多选）

```
Session session=sessionFactory.getCurrentSession();//第1行
session.beginTransaction(); //第2行

Account account=(Account)session.get(Account.class,new Long(1)); //第3行
account.setBalance(account.getBalance()-amount); //第4行

sessionFactory.getCurrentSession().getTransaction().commit(); //第5行
session.close(); //第6行
```

（a）第 1 行创建一个 Session 对象。

（b）第 4 行执行一条 SQL update 语句。

（c）第 5 行关闭 Session 对象。

（d）第 6 行程序代码是多余的。

2．在 Session 与 JTA 事务绑定的管理方式下，以下哪些说法正确？（多选）

（a）程序调用 SessionFactory 的 getCurrentSession()方法，就能得到当前 Session 对象。

（b）当通过 UserTransaction 接口声明开始一个 JTA 事务时，Hibernate 会自动创建一个 Session 对象。

（c）当通过 UserTransaction 接口声明提交一个 JTA 事务时，Hibernate 会自动关闭与 JTA 事务绑定的 Session 对象。

（d）在同一时刻，一个 JTA 事务可以和多个 Session 对象绑定。

3．为了让 Hibernate 委托程序管理 Session 对象的生命周期，以下哪些步骤是必需的？（多选）

（a）把 Hibernate 配置文件的 hibernate.current_session_context_class 属性设为 thread。

（b）程序通过 ManagedSessionContext 类的 bind()和 unbind()方法，把 Session 对象与当前线程绑定或者解除绑定。

（c）由程序负责创建和关闭 Session 对象。

（d）把 Hibernate 配置文件的 hibernate.current_session_context_class 属性设为 managed

4. 以下程序代码实现了一个对话，为了保证对话的原子性，需要如何修改程序代码？（多选）

```
Session session=sessionFactory().openSession();//第 1 行
session.beginTransaction(); //第 2 行
//事务 1
...
session.getTransaction().commit(); //第 5 行

//与用户交互
...

session.beginTransaction();//第 10 行
//事务 2
...
session.getTransaction().commit();//第 13 行
session.close(); //第 14 行
```

（a）在第 1 行后插入一行：session.setFlushMode(FlushMode.MANUAL);
（b）在第 1 行后插入一行：ManagedSessionContext.bind(session);
（c）在第 13 行前插入一行：session.flush();
（d）在第 14 行前插入一行：session.flush();

第 24 章　Hibernate 与 Struts 框架

Struts 是基于 MVC 的 Java Web 应用框架，它把 Java Web 应用分为模型、视图和控制器 3 层。模型由实现业务数据和业务逻辑的 JavaBean 或 EJB 组件构成，控制器由 ActionServlet 和 Action 来实现，视图由一组 JSP 文件构成。图 24-1 显示了 Struts 1.3 实现的 MVC 框架。

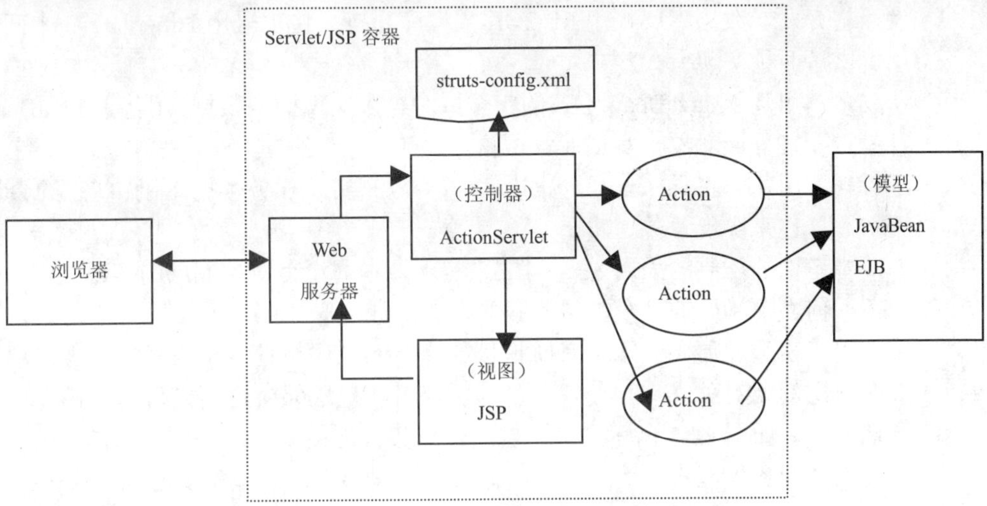

图 24-1　Struts 1.3 实现的 MVC 框架

模型是应用中最重要的一部分，它包含了业务数据和业务逻辑。模型应该和视图及控制器之间保持独立。在分层的框架结构中，位于上层的视图和控制器依赖于下层模型，而下层模型不应该依赖于上层的视图和控制器。图 24-2 显示了采用 MVC 框架的应用的各个层次之间的依赖关系。

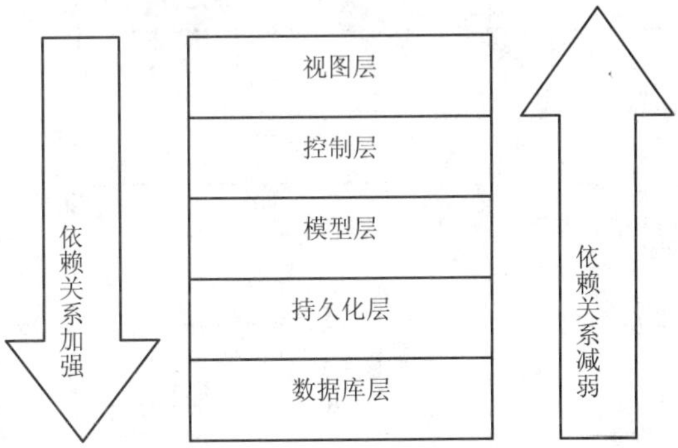

图 24-2　采用 MVC 框架的应用的各个层次之间的依赖关系

Tips

在 Struts 框架中，把数据库层和持久化层统统归并为模型层，图 24-2 对模型做了细化，把它分为模型层、持久化层和数据库层。

如果在模型组件中，通过 Java 的 import 语句引入了视图和控制器组件，这就说明违反了以上原则。下层组件访问上层组件会使应用的维护、重用和扩展变得困难。此外，下层组件应该封装实现细节，只向上层暴露接口，这可以提高上层组件的相对独立性。

本章以一个名为 netstore 的购物网站应用为例，介绍模型层、持久化层与数据层的设计与开发。数据库层采用 MySQL 数据库，持久化层采用 Hibernate 3 中间件，模型层提供了两种实现方式。

- 用基于 JavaBean 形式的实体域对象来实现业务数据，用基于 JavaBean 形式的过程域对象来实现业务逻辑。
- 用基于 JavaBean 形式的实体域对象来实现业务数据，用无状态的会话 EJB 组件来实现业务逻辑。

本范例的控制层采用 Struts 1.3 来实现，本书没有对控制层的实现做深入介绍，仅介绍如何在控制层调用模型层的服务方法。

出于表达的便利，下文有时把依赖模型的上层组件统称为模型的客户层。为了提高客户层的相对独立性，使得模型的实现对客户层保持透明，可以在模型层使用业务代理模式。如图 24-3 所示，客户层通过业务代理接口访问模型，当模型的实现发生变化，只要业务代理接口不变，就不会影响客户层中访问模型层的程序代码。

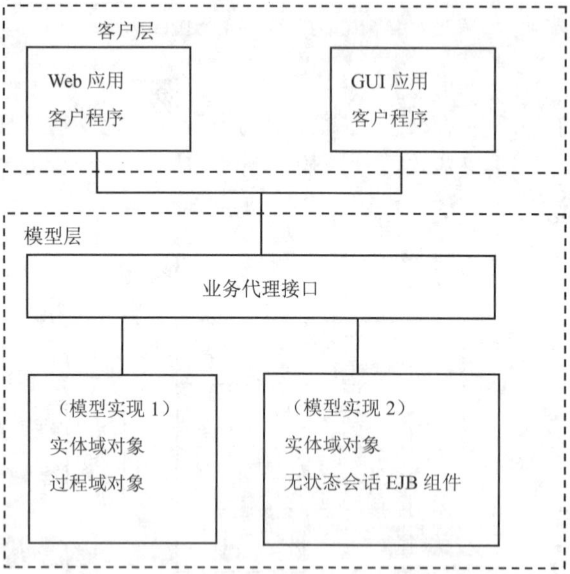

图 24-3　业务代理模式的结构

24.1 实现业务数据

业务数据在内存中表现为实体域对象，在数据库中表现为关系数据。实现业务数据包含以下内容。

- 设计面向对象的域模型，创建实体域对象。
- 设计关系数据模型，创建数据库 Schema。
- 创建对象-关系映射文件。

本书第 1 章已经介绍了域模型和关系数据模型的概念，并且详细介绍了建立各种对象-关系映射的方法。因此本章不再详细介绍实现业务数据的各种细节，仅概要介绍 netstore 应用的完整的域模型、关系数据模型和对象-关系映射文件。图 24-4 显示了 netstore 应用的域模型，主要包括以下类：

- Customer 类：表示客户。Customer 类与 Order 类之间为一对多关联关系。
- Order 类：表示订单。Order 类与 Item 类之间是多对多的关联关系，如在编号为“Order001”的订单中包含以下内容：2 台海尔冰箱，1 台联想电脑；在编号为“Order002”的订单中包含以下内容：3 台海尔冰箱，4 台联想电脑。可见一个 Order 对象和多个 Item 对象关联，一个 Item 对象也和多个 Order 对象关联。“Order001”订单和“海尔冰箱”商品关联，关联的数量为 2，“Order001”订单还和“联想电脑”商品关联，关联的数量为 1。可以通过专门的组件类 LineItem 来描述 Order 类与 Item 类的关联信息。
- Item 类：表示商品。
- LineItem 类：组件类，用于描述 Order 类与 Item 类的关联信息。
- Category 类：表示商品类别。Category 类与 Item 类之间为多对多关联关系。
- ShoppingCart 类：表示购物车。ShoppingCart 类与 Item 类为多对多关联关系，通过专门的组件类 ShoppingCartItem 来描述关联信息。
- ShoppingCartItem 类：组件类，用于描述 ShoppingCart 类与 Item 类的关联信息。

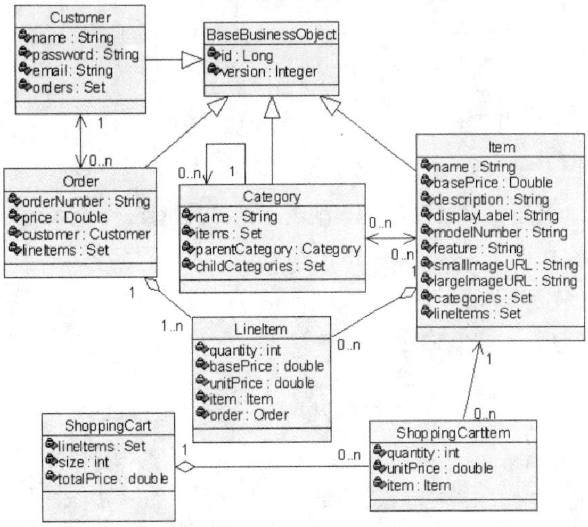

图 24-4 netstore 应用的域模型

在图 24-4 中，所有需要持久化到数据库中的实体域对象都继承了 BaseBusinessObject 类，它定义了 id 和 version 属性。id 属性代表对象的 OID，而 version 属性用于版本控制。

ShoppingCart 和 ShoppingCartItem 对象不需要持久化，它们只存在于内存中，更确切地说，它们存在于 javax.servlet.HttpSession 会话范围内，它们的生命周期依赖于 HttpSession 对象的生命周期，因此它没有继承 BaseBusinessObject 类。

LineItem 类是组件类，不会被单独持久化，不需要 OID，因此它没有继承 BaseBusinessObject 类。Customer、Order、Category 和 Item 对象都需要持久化，它们在数据库中都有对应的表。图 24-5 显示了 netstore 应用的关系数据模型。

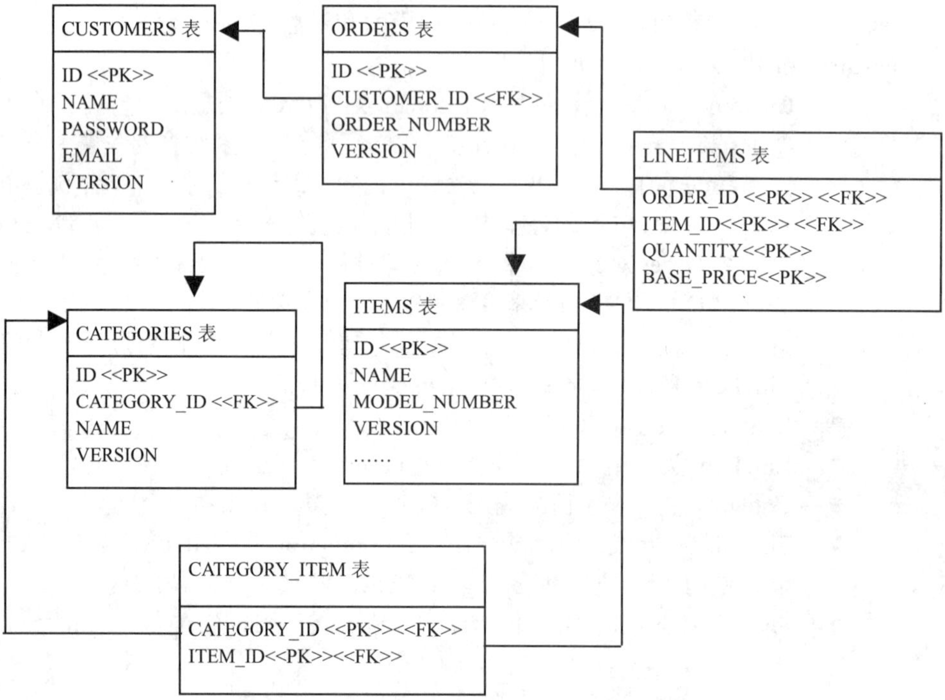

图 24-5 netstore 应用的关系数据模型

在图 24-5 中，CATEGORY_ITEM 表和 LINEITEMS 表都是连接表，它们都以表中所有字段作为联合主键。LINEITEMS 表和 LineItem 组件类对应，而 CATEGORY_ITEM 表没有对应的类。CUSTOMERS、ORDERS、ITEMS 和 CATEGORIES 表都以 ID 作为主键，并且具有版本控制字段 VERSION。

Customer、Order、Item 与 Category 类都有对应的映射文件，例程 24-1 为 Category.hbm.xml 文件的源代码。

例程 24-1 Category.hbm.xml

```
<hibernate-mapping >

  <class name="netstore.businessobjects.Category" table="CATEGORIES" >
    <id name="id" type="long" column="ID">
      <generator class="increment"/>
```

```
    </id>
   <version name="version" column="VERSION" type="int"/>

    <property name="name" type="string" >
      <column name="NAME" length="15" not-null="true" />
    </property>

    <set name="items" table="CATEGORY_ITEM"
        lazy="true"
        cascade="save-update">
        <key column="CATEGORY_ID" />
        <many-to-many class="netstore.businessobjects.Item" column="ITEM_ID" />
    </set>

    <set
        name="childCategories"
        cascade="save-update"
        lazy="true"
        inverse="true"
        >
        <key column="CATEGORY_ID" />
        <one-to-many class="netstore.businessobjects.Category" />
     </set>

    <many-to-one
        name="parentCategory"
        column="CATEGORY_ID"
        class="netstore.businessobjects.Category"
        cascade="save-update"
       />

  </class>
</hibernate-mapping>
```

例程 24-1 的 Category.hbm.xml 文件的<property>元素中加入了<column>子元素，主要是为了精确地定义字段，如果使用 hbm2ddl 工具自动生成数据库 Schema，hbm2ddl 工具会参考<column>子元素。在这个映射文件中还定义了用于版本控制的<version>元素。只有那些会经常被并发访问，有可能导致并发问题的持久化类才需要版本控制。如果在持久化类中已经定义了 version 属性，并且在数据库表中也已经定义了 VERSION 字段，那么如何取消 Hibernate 的版本控制功能呢？很简单，只要在映射文件中删除<version>元素，Hibernate 在更新或删除持久化类的对象时就会忽略检查版本属性。

对于 Customer、Order、Item 和 Category 类的所有集合属性，都使用延迟检索策略，例如 Category 类的 items 集合就使用了延迟检索策略：

```
<set name="items" table="CATEGORY_ITEM"
    lazy="true"
    cascade="save-update">
    <key column="CATEGORY_ID" />
    <many-to-many class="netstore.businessobjects.Item" column="ITEM_ID" />
 </set>
```

由于延迟检索策略为集合属性默认的延迟策略，因此也可以不必在<set>元素中显式设置 lazy 属性。

24.2 实现业务逻辑

netstore 应用在持久化层选用 Hibernate 中间件，模型层通过 Hibernate API 访问持久化层，而控制层的 Action 通过业务代理接口访问模型层。netstore 应用的业务代理接口为 INetstoreService，在本书中共提供了两种实现方式。

- 方式一：由业务代理实现类 NetstoreServiceImpl 来实现业务逻辑，它通过 Hibernate API 访问数据库。
- 方式二：采用无状态会话 EJB 组件来实现业务逻辑。EJB 组件通过 Hibernate API 访问数据库，业务代理实现类 NetstoreEJBFromFactoryDelegate 调用 EJB 组件方法来为控制层提供服务，参见第 25 章（Hibernate 与 EJB 组件）。

图 24-6 显示了 netstore 应用的分层结构。

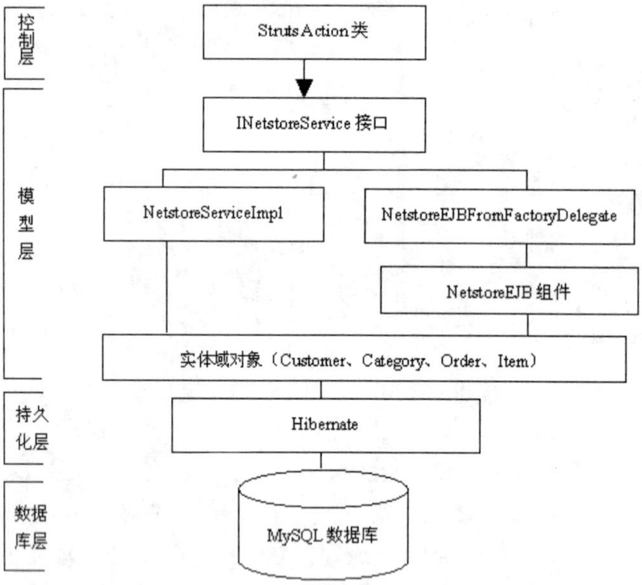

图 24-6　netstore 应用的分层结构

例程 24-2 为 Netstore 应用的业务代理接口 INetstoreService 的源程序。

例程 24-2　业务代理接口 INetstoreService.java

```
package netstore.service;

//此处省略 import 语句
......

public interface INetstoreService extends IAuthentication {

  /** 批量检索 Item 对象，beginIndex 参数指定查询结果的起始位置，length 指定检索的 Item
```

```
  对象的数目。对于 Item 对象的所有集合属性，都使用延迟检索策略 */
  public List getItems(int beginIndex,int length) throws DatastoreException;

  /** 根据 id 加载 Item 对象 */
  public Item getItemById( Long id )
    throws DatastoreException;

  /** 根据 id 加载 Customer 对象，对于 Customer 对象的 orders 属性，
显式采用迫切左外连接检索策略 */
  public Customer getCustomerById( Long id )
    throws DatastoreException;

  /** 保存或者更新 Customer 对象，并且级联保存或更新它的 orders 集合中的 Order 对象 */
  public void saveOrUpdateCustomer(Customer customer )
    throws DatastoreException;

  /** 保存订单 */
  public void saveOrder(Order order)
    throws DatastoreException;

  public void setServletContext( ServletContext ctx );

  public void destroy();
}
```

例程 24-2 的 INetstoreService 接口定义了所有被客户层调用的服务方法。INetstoreService 用来削弱服务和客户程序的关系，即使是其他类型的非 Web 客户程序也可以使用同样的服务。

INetstoreService 扩展了 IAuthentication 接口。IAuthentication 接口中声明了安全验证方法。例程 24-3 为 IAuthentication 接口的源程序，它仅包含两个方法。

例程 24-3　IAuthentication 接口

```
package netstore.framework.security;

//此处省略 import 语句
……
public interface IAuthentication {

  /**  登出 Web 应用   */
  public void logout(String email);

  /**  根据客户的 email 和 password 验证身份，如果验证成功，返回匹配的 Customer 对象，
  它的 orders 集合属性采用延迟检索策略，不会被初始化 */
  public Customer authenticate(String email, String password)
     throws  InvalidLoginException,
    ExpiredPasswordException,AccountLockedException,DatastoreException;
}
```

例程 24-4 提供了 INetstoreService 接口的一种实现 NetstoreServiceImpl，也可以采用其他方式来实现这一接口，这不会影响客户程序，因为客户程序调用的是接口，而不是实现。

例程 24-4　NetstoreServiceImpl.java

```
package netstore.service;
//此处省略 import 语句
......

public class NetstoreServiceImpl implements INetstoreService{
  ServletContext servletContext = null;

  public NetstoreServiceImpl() throws DatastoreException {
    super();
  }

  public void setServletContext( ServletContext ctx ){
    this.servletContext = ctx;
  }

  public ServletContext getServletContext(){
    return servletContext;
  }

  public List getItems(int beginIndex,int length) throws DatastoreException {
    Session session = HibernateUtil.getSession();
    Transaction tx = null;
    try {
      tx = session.beginTransaction();
      Query query = session.createQuery("from Item i order by i.basePrice asc");
      query.setFirstResult(beginIndex);
      query.setMaxResults(length);
      List result = query.list();
      tx.commit();

      return toGBEncoding(result);
    }catch (RuntimeException ex) {
      HibernateUtil.rollbackTransaction(tx);
      throw DatastoreException.datastoreError(ex);
    }
  }

  public Item getItemById( Long id)throws DatastoreException{...... }

  public Customer authenticate(String email, String password) throws
    InvalidLoginException,DatastoreException{

    Session session = HibernateUtil.getSession();
    Transaction tx = null;
    try {
      tx = session.beginTransaction();
      Query query = session.createQuery("from Customer c where c.email=:email
                     and c.password=:password");
      query.setString("email",email);
      query.setString("password",password);
      List result = query.list();
      tx.commit();
```

```
      if(result.isEmpty())
        throw new InvalidLoginException();

      return (Customer)result.iterator().next();

    }catch (RuntimeException ex) {
      HibernateUtil.rollbackTransaction(tx);
      throw DatastoreException.datastoreError(ex);
    }
  }

  public void saveOrUpdateCustomer(Customer customer) throws
    DatastoreException{

    Session session = HibernateUtil.getSession();
    Transaction tx = null;
    try {
      tx = session.beginTransaction();
      session.saveOrUpdate(customer);
      tx.commit();

    }catch (RuntimeException ex) {
      HibernateUtil.rollbackTransaction(tx);
      throw DatastoreException.datastoreError(ex);
    }
  }

  public void saveOrder(Order order) throws DatastoreException{......}

  public Customer getCustomerById(Long id) throws DatastoreException{
    Session session = HibernateUtil.getSession();
    Transaction tx = null;
    try {
      tx = session.beginTransaction();
      Query query = session.createQuery("from Customer c left outer join fetch c.orders
                     where c.id=:id");
      query.setLong("id",id.longValue());
      Customer customer =(Customer) query.uniqueResult();

      tx.commit();
      return customer;
    }catch (RuntimeException ex) {
      HibernateUtil.rollbackTransaction(tx);
      throw DatastoreException.datastoreError(ex);
    }
  }

  public void logout(String email){
    //在范例中什么也没做。在实际应用中，可以把用户登出应用的行为记录到日志中
  }

  public void destroy(){
    HibernateUtil.close();
  }
```

```
    //此处省略显示字符编码转换方法，用于进行 ISO-8859-1 和 GB2312 字符编码转换
    …
}
```

以上类实现了 INetstoreService 接口中的所有方法。因为 INetstoreService 接口扩展了 IAuthentication 接口，NetstoreServiceImpl 类也必须实现安全验证方法。业务代理接口的实现和客户程序完全独立，这使得它可以被各种类型的客户程序重用，这是在本章开头就提出要达到的目标。

Tips

NetstoreServiceImpl 类既是业务代理接口的实现类，也是过程域对象，因为它本身实现了业务逻辑。第 25 章介绍的 NetstoreEJBFrom FactoryDelegate 类尽管是业务代理接口的实现类，但不是过程域对象，因为它本身不实现业务逻辑，而是委托 NetstoreEJB 组件来实现业务逻辑。在模型层，实体域对象实现业务数据，而过程域对象实现业务逻辑。

在作者的另一本书《精通 Struts：基于 MVC 的 Java Web 设计与开发》中，也介绍了这个 netstore 应用例子，在不同的层之间采用 DTO 来传输数据，例如，在控制层和模型层之间不是直接传递 Item 实体域对象，而是传递相应的 ItemSummaryView 或 ItemDetailView 对象。采用 DTO 来传输数据，有两个好处：

- 减少传输数据的冗余，提高传输效率。例如，对于显示所有商品信息的视图，并不需要显示每个商品的详细信息，因此可以创建针对这个视图的 ItemSummaryView Bean，它仅包含了商品的简要信息。
- 有助于实现各个层之间的独立，使每个层分工明确。模型层负责业务逻辑，视图层负责向用户展示模型状态。采用 DTO，模型层对视图层封装了业务逻辑细节，向视图层提供可以直接显示给用户的数据。

DTO 的缺点在于增加了重复编码，如在 Item 类和 ItemSummaryView 类中包含相同的属性和访问方法。此外，在业务方法中，必须增加把实体域对象转换为 DTO 对象，或者把 DTO 对象转换为实体域对象的操作。

本书介绍的 netstore 应用没有使用 DTO，模型层与控制层之间传递的是处于游离状态的实体域对象。在业务方法中，可以采用适当的检索策略来控制对象图的深度。如在 getCustomerById()方法中，显式指定了迫切左外连接检索策略，使得 Customer 对象的 orders 集合被初始化，这样，当 Customer 对象变为游离对象后，客户层能正常访问 Customer 对象的 orders 集合中的 Order 对象。而在 authenticate()方法中，则对 orders 集合采用由 Customer.hbm.xml 映射文件指定的延迟检索策略。那么，如何决定 INetstoreService 接口中的检索方法采用何种检索策略呢？由于 INetstoreService 接口是供客户层调用的，因此应该由客户层决定需要加载的对象图的深度。总的原则是，只有当客户层需要从 Customer 对象导航到关联的 Order 对象时，才应该初始化 Customer 对象的 orders 集合，否则就对 orders 集合使用延迟检索策略。

NetstoreServiceImpl 类调用 HibernateUtil 类来获得 Session 实例，HibernateUtil 负责初始化 Hibernate，创建全局的 SessionFactory 实例，并且提供了创建 Session 实例及

重新创建 SessionFactory 实例的实用方法。例程 24-5 是 HibernateUtil 的源程序。

例程 24-5　HibernateUtil.java

```
package netstore.service;
//此处省略 import 语句
......
public class HibernateUtil {
  private static Log log = LogFactory.getLog(HibernateUtil.class);
  private static Configuration configuration;
  private static SessionFactory sessionFactory;

  // 按照默认的配置创建 SessionFactory
  static {
    try {
      configuration = new Configuration();
      configuration.configure();

      //在受管理环境中，如果为 SessionFactory 配置了 JNDI，
      //那么以下方法会自动把 SessionFactory 与 JNDI 绑定
      sessionFactory = configuration.buildSessionFactory();

    }catch (Throwable ex) {
      //初始化阶段如果出现异常，必须终止整个应用，
      //否则继续运行应用会导致其他异常
      log.error(ex.getMessage());
      throw new ExceptionInInitializerError(ex);
    }
  }

  /**
   * 返回 SessionFactory
   */
  public static SessionFactory getSessionFactory() {
    /* 在受管理环境中，如果为 SessionFactory 配置了 JNDI
             应该通过 JNDI 来查找 SessionFactory 对象
    SessionFactory sessions = null;
    try {
      Context ctx = new InitialContext();
      String jndiName = "java:hibernate/HibernateFactory";
      sessions = (SessionFactory)ctx.lookup(jndiName);
    }catch (NamingException ex) {
      throw new InfrastructureException(ex);
    }

    return sessions;
    */

    return sessionFactory;
  }

  /**
   * 返回 Hibernate 配置信息
   */
  public static Configuration getConfiguration() {
```

```
    return configuration;
  }

  /**
   * 重新创建 SessionFactory
   */
  public static void rebuildSessionFactory()
 throws DatastoreException {
    synchronized(sessionFactory) {
      try {
 sessionFactory = getConfiguration().buildSessionFactory();
      } catch (RuntimeException ex) {
 log.error(ex.getMessage());
        throw DatastoreException.datastoreError(ex);
      }
    }
  }

  /**
   * 根据给定的配置信息，重新创建 SessionFactory 对象
   */
  public static void rebuildSessionFactory(Configuration cfg)
       throws DatastoreException {
    synchronized(sessionFactory) {
      try {
 sessionFactory = cfg.buildSessionFactory();
 configuration = cfg;
      } catch (RuntimeException ex) {
        log.error(ex.getMessage());
        throw DatastoreException.datastoreError(ex);
      }
    }
  }

  public static Session getSession()throws DatastoreException{
    try {
      //返回当前 Session，Session 的生命周期与当前线程绑定
      return sessionFactory.getCurrentSession();
    }catch(RuntimeException ex){
      log.error(ex.getMessage());
      throw DatastoreException.datastoreError(ex);
    }
  }

  public static void close(){
    try {
      sessionFactory.close();
    }catch(RuntimeException ex){
      log.error(ex.getMessage());
    }
  }

  public static void rollbackTransaction(Transaction transaction)
    throws DatastoreException{
     try {
```

```
        if(transaction!=null)
          transaction.rollback();
      }catch(RuntimeException ex){
        log.error(ex.getMessage());
        throw DatastoreException.datastoreError(ex);
      }
    }
  }
```

netstore应用由Hibernate来管理Session对象的生命周期。本书第23章（管理Session和实现对话）已经详细介绍了 Hibernate 管理 Session 对象的生命周期的各种方式。当 netstore 应用在 Servlet 容器中运行，可以把 Session 对象与本地线程绑定。Servlet 容器为每个 HTTP 请求分配一个线程，而每个线程对应一个 Session 对象，通过这种方式，可以保证每个 HTTP 请求对应一个 Session 对象。这种设计模式的优点是可以使同一个 HTTP 请求包含的多个数据库事务共享同一个 Session 对象的缓存。当 netstore 应用在 J2EE 应用服务器中运行，则可以把 Session 对象与 JTA 事务绑定，此时程序必须通过 JTA API 来声明事务。

Hibernate 配置文件中 hibernate.current_session_context_class 属性决定了管理 Session 的方式，如果为“thread”，Session 对象就与本地线程绑定；如果为“jta”，Session 对象就与当前 JTA 事务绑定。

在 BusinessService 类的服务方法中，不必提供用于关闭 Session 对象的 finally 程序代码块，因为当提交或撤销事务后，Hibernate 会自动关闭 Session 对象。

业务代理实现类的构造方法应该由客户程序来调用。在本应用中使用一个工厂类，它同时也是个 Struts 插件（PlugIn），它决定初始化哪个业务代理实现类。例程 24-6 为工厂类 NetstoreServiceFactory 的源程序。

例程 24-6　NetstoreServiceFactory 类

```
package netstore.service;

//此处省略 import 语句
……

public class NetstoreServiceFactory implements INetstoreServiceFactory, PlugIn{
  private ActionServlet servlet = null;
   String serviceClassname =
   "netstore.service.NetstoreServiceImpl";

   public INetstoreService createService() throws
    ClassNotFoundException, IllegalAccessException, InstantiationException {
    String className = servlet.getInitParameter( IConstants.SERVICE_CLASS_KEY );

    if (className != null ){
      serviceClassname = className;
    }
    INetstoreService instance =
     (INetstoreService)Class.forName(serviceClassname).newInstance();

    instance.setServletContext( servlet.getServletContext() );
```

```
        return instance;
    }

    public void init(ActionServlet servlet, ModuleConfig config)
      throws ServletException{

      this.servlet = servlet;
      servlet.getServletContext().setAttribute(IConstants.SERVICE_FACTORY_KEY,
this);
    }

    public void destroy(){
      // 暂且什么也未做
    }
  }
```

NetstoreServiceFactory 类从 web.xml 文件中读取初始化参数，该参数指明需要实例化的 INetstoreService 实现类的类名。如果不存在这个初始化参数，就使用默认的实现类（本例中为 NetstoreServiceImpl）。如果希望实例化 NetstoreEJBFromFactoryDelegate，可以在 web.xml 文件中对 ActionServlet 类配置如下初始化参数：

```
<servlet>
  <servlet-name>netstore</servlet-name>
  <servlet-class>netstore.framework.ExtendedActionServlet</servlet-class>
  ......
  <init-param>
    <param-name>netstore-service-class</param-name>
   <param-value>netstore.service.ejb. NetstoreEJBFromFactoryDelegate </param-value>
  </init-param>
  <load-on-startup>1</load-on-startup>
</servlet>
```

由于工厂类实现了 Struts 插件接口，netstore 应用启动时将加载该插件类，创建它的实例，并且调用它的 init()方法进行初始化。该 init()方法把服务工厂类本身的实例保存到 application 范围中，在需要的时候可以再把它取出来：

```
servlet.getServletContext().setAttribute( IConstants.SERVICE_FACTORY_KEY, this );
```

为了创建服务实现类的实例，客户程序（如 Action 类）需要从 ServletContext 中取出工厂类实例，然后调用它的 createService()方法。createService()方法将调用服务实现类的不带参数的构造方法。图 24-7 为 Action 类为调用 netstore 业务代理接口的时序图。

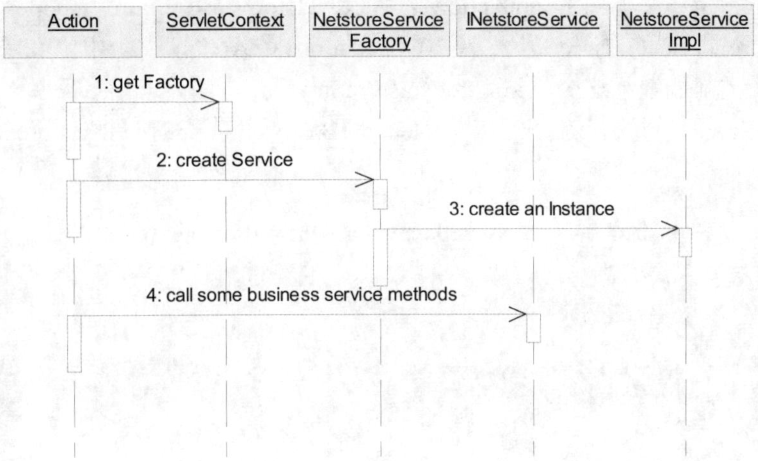

图 24-7 Action 类调用 netstore 业务代理接口的时序图

例程 24-7 为 LoginAction 类的源程序，调用 netstore 业务代理接口的相关代码用粗体字来表示。

例程 24-7 LoginAction 类

```
package netstore.security;

//此处省略 import 语句
……

/** 负责验证用户的身份 */
public class LoginAction extends NetstoreBaseAction {
  protected static Log log = LogFactory.getLog( NetstoreBaseAction.class );

  /** 当用户试图登入到netstore 应用中时，ActionServlet 会调用此方法 */
  public ActionForward execute( ActionMapping mapping,
                                ActionForm form,
                                HttpServletRequest request,
                                HttpServletResponse response )
  throws Exception{

    String email = ((LoginForm)form).getEmail();
    String password = ((LoginForm)form).getPassword();

    ServletContext context = getServlet().getServletContext();

    INetstoreService serviceImpl = getNetstoreService();

    Customer  customer= serviceImpl.authenticate(email, password);
    SessionContainer existingContainer = getSessionContainer(request);
    existingContainer.setCustomer(customer);

     return mapping.findForward(IConstants.SUCCESS_KEY);
  }
}
```

第一行粗体字表明 LoginAction 类继承 NetstoreBaseAction 类，第二行粗体字调用 getNetstoreService()方法，这一方法在 NetstoreBaseAction 父类中定义，以便让所有的 Action 子类都能继承这个方法。getNetstoreService()方法先取出工厂实例，再调用工厂的 createService()方法。例程 24-8 为 NetstoreBaseAction 类的 getNetstoreService()方法的源代码。

例程 24-8　NetstoreBaseAction 类的 getNetstoreService()方法

```
protected INetstoreService getNetstoreService(){
  INetstoreServiceFactory factory =

(INetstoreServiceFactory)getApplicationObject(IConstants.SERVICE_FACTORY_KEY);
  INetstoreService service = null;

  try{
    service = factory.createService();
  }catch( Exception ex ){
    log.error( "Problem creating the Netstore Service", ex );
  }
  return service;
}
```

LoginAction 类中第三行粗体字调用服务方法 authenticate()。authenticate()方法返回一个 Customer 对象：

```
Customer  customer= serviceImpl.authenticate(email, password);
```

如果安全验证失败，authenticate()方法将抛出 InvalidLoginException 异常，在 LoginAction 类中没有处理这个异常，因为在 Struts 的配置文件 struts-config.xml 中声明了处理这种异常的方式：

```
<global-exceptions>
  <exception
    key="global.error.invalidlogin"
    path="/security/signin.jsp"
    scope="request"
    type="netstore.framework.exceptions.InvalidLoginException"/>
 </global-exceptions>
```

如果安全验证成功，authenticate()方法就把 Customer 游离对象保存在 HttpSession 范围内。值得注意的是，这个 Customer 对象的 orders 集合没有被初始化。

LoginAction 类引用的是 INetstoreService 接口，而不是它的实现类。正如前面所说，这可以保证当 INetstoreService 接口的实现发生改变时，不对 Action 类的程序代码构成任何影响。

24.3　netstore 应用的订单业务

当用户在网站上选购了商品，购物信息先保存在 ShoppingCart 对象中；当用户发出生成订单的请求，在控制层，ProcessCheckoutAction 负责处理这一请求，例程 24-9

是它的源程序。

例程 24-9 ProcessCheckoutAction.java

```
package netstore.order;

//此处省略 import 语句
......

public class ProcessCheckoutAction extends NetstoreLookupDispatchAction {

  protected Map getKeyMethodMap() {
    Map map = new HashMap();
    map.put("button.checkout", "checkout" );
    map.put("button.saveorder", "saveorder" );
    return map;
  }

  public ActionForward saveorder(ActionMapping mapping,
                          ActionForm form,
                          HttpServletRequest request,
                          HttpServletResponse response)
            throws IOException, ServletException {
      saveOrder(request);
      return mapping.findForward(IConstants.SUCCESS_KEY);
  }

 public ActionForward checkout(ActionMapping mapping,
        ActionForm form,
        HttpServletRequest request,
        HttpServletResponse response)
        throws IOException, ServletException {


     saveOrder(request);
     return mapping.findForward(IConstants.SUCCESS_KEY);
 }

 public void saveOrder(HttpServletRequest request)
        throws IOException,ServletException {
   try{

    INetstoreService serviceImpl = getNetstoreService();
    SessionContainer sessionContainer = getSessionContainer(request);
    ShoppingCart cart=sessionContainer.getCart();
    Customer customer=sessionContainer.getCustomer();

    Order order=new Order();
    order.setCustomer(customer);
    //随机生成唯一的订单编号
    order.setOrderNumber(new
    Double(Math.random()*System.currentTimeMillis()).toString().substring(3,8));

    //根据 ShoppingCart 对象中的 ShoppingCartItem 对象生成 LineItem 对象
    List items=cart.getItems();
```

```
      Iterator it=items.iterator();
      while(it.hasNext()){
        ShoppingCartItem cartItem=(ShoppingCartItem)it.next();

        LineItem lineItem=new LineItem(cartItem.getQuantity(),
        cartItem.getBasePrice().doubleValue(),order,cartItem.getItem());
        order.getLineItems().add(lineItem);
      }

      serviceImpl.saveOrder(order);
      sessionContainer.setCurrentOrderNumber(order.getOrderNumber());

    }catch(DatastoreException ex){
      throw new ServletException(ex);
    }
  }
}
```

在 ProcessCheckoutAction 的 saveOrder()方法中，先从 HttpSession 会话范围内取得当前的 Customer 游离对象与 ShoppingCart 对象，接着创建了一个 Order 临时对象，把它与 Customer 对象关联，然后根据 ShoppingCart 对象的 items 集合中的 ShoppingCartItem 对象生成 LineItem 对象，再把这些 LineItem 对象都加入到 Order 对象的 lineItems 集合中，最后调用 serviceImpl 业务代理类的 saveOrder()方法保存这个 Order 对象。

当用户登入到网站上，如果选择“查看并编辑订单”链接，这个请求先由 ViewCustomerAndOrdersAction 处理，例程 24-10 是它的源程序。

例程 24-10　ViewCustomerAndOrdersAction.java

```
package netstore.order;

//此处省略 import 语句
……

/** 负责检索 Customer 及关联的 Order 对象  */
public class ViewCustomerAndOrdersAction extends NetstoreBaseAction {
  public ActionForward execute( ActionMapping mapping,
                              ActionForm form,
                              HttpServletRequest request,
                              HttpServletResponse response )
    throws Exception {

    // 先判断用户是否已经登入
    if(!isLoggedIn(request)) {
      String path = mapping.findForward(IConstants.SUCCESS_KEY).getPath();
      return mapping.findForward(IConstants.SIGNON_KEY);
    }

    INetstoreService serviceImpl = getNetstoreService();
    SessionContainer sessionContainer = getSessionContainer(request);
    Customer customer=sessionContainer.getCustomer();
    customer=serviceImpl.getCustomerById(customer.getId());
```

```
        sessionContainer.setCustomer(customer);
        return mapping.findForward( IConstants.SUCCESS_KEY );
      }
    }
```

ViewCustomerAndOrdersAction 先判断用户是否已经登入，如果没有登入，就把请求转发到登入页面。如果已经登入，就先从 HttpSession 范围内取出 Customer 游离对象，然后调用 getCustomerById()方法重新加载 Customer 对象，再把它保存到 HttpSession 范围内，最后把请求转发给 customerandorders.jsp 文件。之所以重新加载 Customer 对象，是为了初始化 Customer 对象的 orders 集合，因为接下来的 customerandorders.jsp 会显示 Customer 对象的所有订单信息，图 24-8 显示了 customerandorders.jsp 生成的网页。假如 ViewCustomerAndOrdersAction 没有先重新加载 Customer 对象，就直接把请求转发给 customerandorders.jsp，那么当该 JSP 文件访问 Customer 对象的 orders 集合时，会抛出 LazyInitializationException。这是在编写控制层和视图层代码时最常遇到的异常，这是由于访问了游离对象的没有被初始化的属性造成的。

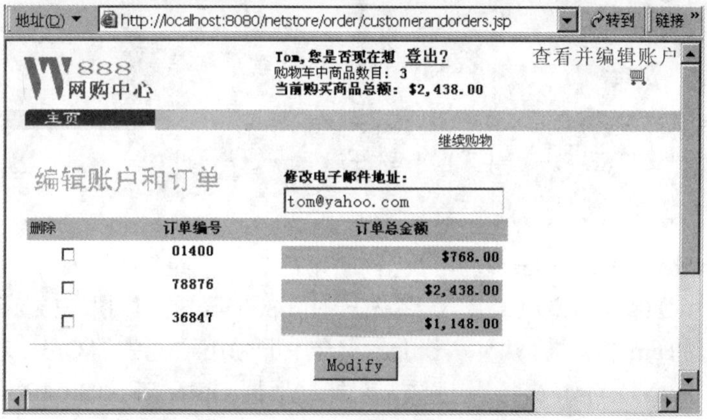

图 24-8　customerandorders.jsp 生成的网页

customerandorders.jsp 网页允许用户修改 Customer 对象的 email 属性，以及删除 orders 集合中的 Order 对象。当用户按【Modify】按钮，该请求由 EditCustomerAndOrdersAction 处理，例程 24-11 是它的源程序。

例程 24-11　EditCustomerAndOrdersAction.java

```
package netstore.order;
//此处省略 import 语句
……

/** 负责编辑账户和订单信息 */
public class EditCustomerAndOrdersAction extends NetstoreBaseAction {
  public ActionForward execute( ActionMapping mapping,
                                ActionForm form,
                                HttpServletRequest request,
                                HttpServletResponse response )
    throws Exception {
```

```
      // 先判断用户是否已经登入
      if(!isLoggedIn(request)) {
        String path = mapping.findForward(IConstants.SUCCESS_KEY).getPath();
        return mapping.findForward(IConstants.SIGNON_KEY);
      }

      INetstoreService serviceImpl = getNetstoreService();
      SessionContainer sessionContainer = getSessionContainer(request);
      Customer customer=sessionContainer.getCustomer();
      String email=request.getParameter("email");
      customer.setEmail(email);

      String[] deleteIds = request.getParameterValues("deleteOrder");

      // 创建待删除的 Order 对象的清单
      if(deleteIds != null && deleteIds.length > 0) {
        int size = deleteIds.length;
        List orderIds = new ArrayList();
        for(int i = 0;i < size;i++) {
          orderIds.add(deleteIds[i]);
        }
        customer.removeOrders(orderIds);
      }
      serviceImpl.saveOrUpdateCustomer(customer);
      return mapping.findForward( IConstants.SUCCESS_KEY );
    }
  }
```

EditCustomerAndOrdersAction 先判断用户是否已经登入，如果没有登入，就把请求转发到登入页面。如果已经登入，就先从 HttpSession 范围内取出 Customer 游离对象，然后修改它的 email 属性，并且从 orders 集合中删除用户选中的 Order 对象。在 Customer 类中定义了 removeOrders()实用方法，它能够根据 Order 对象的 OID 删除相应的 Order 对象。EditCustomerAndOrdersAction 最后调用业务代理类的 saveOrUpdateCustomer()方法更新 Customer 对象。saveOrUpdateCustomer()方法将执行更新 Customer 对象的 update 语句，以及删除 Order 对象和相关的 LineItem 对象的 delete 语句，并且在更新 Customer 对象及删除 Order 对象时，都会进行版本检查。

24.4 小结

本章以 netstore 应用为例，介绍了把 Hibernate 集成到 Struts 框架中的方法。在分层的软件结构中，Hibernate 位于持久化层，位于模型层的过程域对象访问 Hibernate API，对实体域对象进行持久化操作。控制层不会直接访问 Hibernate，而是调用模型层的各种业务方法，来响应用户的请求。为了提高控制层的相对独立性，模型层使用了业务代理模式，模型层向控制层提供了业务代理接口，而具体的业务实现细节对控制层是透明的。

控制层与模型层之间传递的是临时对象或游离对象，但不会是持久化对象，例如：

- 控制层的 ProcessCheckoutAction 生成一个 Order 临时对象，再把它传给模型层，模型层的 saveOrder()方法把这个 Order 对象保存到数据库中。

- 模型层的 authenticate()方法把一个 Customer 游离对象传给控制层的 LoginAction，这个 Customer 对象的 orders 集合没有被初始化。
- 模型层的 getCustomerById()方法把一个 Customer 游离对象传给控制层的 ViewCustomerAndOrdersAction，这个 Customer 对象的 orders 集合被初始化。
- 控制层的 EditCustomerAndOrdersAction 修改 Customer 游离对象的 email 属性，并删除 orders 集合中的一些 Order 游离对象，再把它传给模型层，模型层的 saveOrUpdateCustomer()方法根据 Customer 游离对象的状态来更新数据库。

控制层或视图层访问游离对象时，最常遇到的异常就是 LazyInitializationException，这是由于访问了游离对象的没有被初始化的属性造成的。因此在编写访问游离对象的代码时，必须先明确这个游离对象哪些属性没有被初始化，假如必须访问还没有被初始化的属性，应该通过模型的相关方法到数据库中加载该属性。

在 Tomcat 服务器上发布本章样例的详细步骤请参见附录 D 的 D.5.1 节（在工作模式 1 下发布 netstore 应用）。

第 25 章　Hibernate 与 EJB 组件

本章将创建一个基于 J2EE 1.4 的 netstore 应用，它包含一个无状态会话 EJB 组件，名为 NetstoreEJB，这个 EJB 组件实现了业务逻辑。新的 netstore 应用的体系结构如图 25-1 所示。

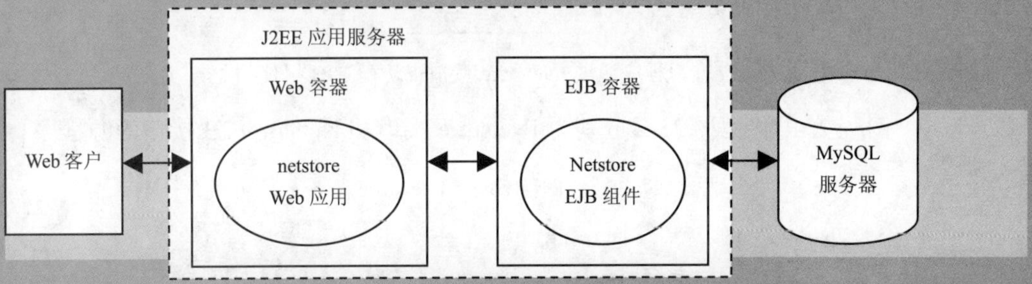

图 25-1　基于 J2EE 的 netstore 应用的体系结构

在本书第 24 章（Hibernate 与 Struts 框架）介绍的 netstore 应用中，业务逻辑的实现类为 netstore.service.NetstoreServiceImpl，这个类的实例及 SessionFactory 实例都运行在 Web 容器中。采用 J2EE 结构后，业务逻辑由 NetstoreEJB 组件来实现，这个 EJB 组件及 SessionFactory 实例都运行在 EJB 容器中。本书选用 JBoss 服务器来发布 J2EE 应用，它能够同时充当 Web 容器和 EJB 容器。

25.1　创建 EJB 组件

在范例中，将创建一个无状态的会话 EJB 组件，名为 NetstoreEJB。它通过中间件 Hibernate 来操纵数据库。

一个 EJB 至少包括 3 个 Java 文件：Remote 接口、Home 接口和 Enterprise Bean 类。本例中 NetstoreEJB 组件的 3 个 Java 文件分别介绍，如下。

- NetstoreEJB.java：Remote 接口。
- NetstoreEJBHome.java：Home 接口。
- NetstoreEJBImpl.java：Enterprise Bean 类。

25.1.1　编写 Remote 接口

NetstoreEJB 组件的 Remote 接口为 NetstoreEJB.java。在 Remote 接口中声明了客户程序可以调用的业务方法。本例中为了削弱客户程序与模型的关系，先定义了一个 INetstore 接口，它没有引入任何 J2EE API 中的类，接下来让 Remote 接口继承 INetstore 接口。客户程序将通过 INetstore 接口来访问 EJB 组件的业务方法，如图 25-2 所示。

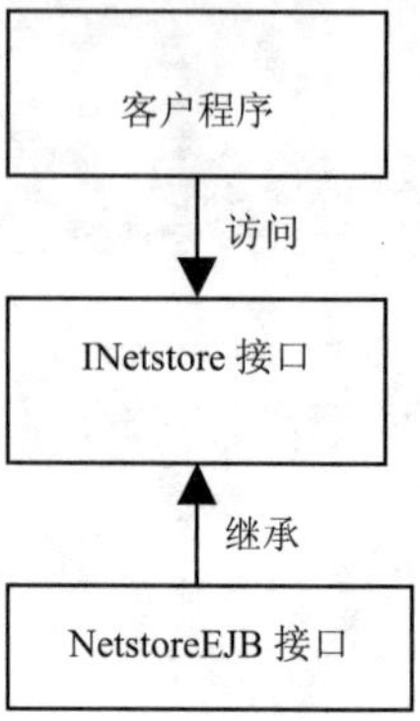

图 25-2　客户程序通过 INetstore 接口来访问 EJB 组件的业务方法

例程 25-1 和例程 25-2 分别为 INetstore 接口和 NetstoreEJB 接口的源程序。

例程 25-1　INetstore.java

```
package netstore.service.ejb;

//此处省略 import 语句
……

public interface INetstore {

  public Customer authenticate(String email, String password)
      throws InvalidLoginException,ExpiredPasswordException,
      AccountLockedException,DatastoreException,RemoteException;

  public List getItems(int beginIndex,int length)
    throws DatastoreException, RemoteException;

  public Item getItemById( Long id )
   throws DatastoreException, RemoteException;

  public Customer getCustomerById( Long id )
   throws DatastoreException, RemoteException;

  public void saveOrUpdateCustomer(Customer customer )
   throws DatastoreException, RemoteException;

  public void saveOrder(Order order)
   throws DatastoreException, RemoteException;

  public void destroy( ) throws RemoteException;
}
```

例程 25-2　Remote 接口 NetstoreEJB.java

```
package netstore.service.ejb;

import javax.ejb.EJBObject;

public interface NetstoreEJB extends EJBObject, INetstore {
 /**
  * 所有的业务方法都在 INetstore 接口中声明
```

```
  */
}
```

25.1.2　编写 Home 接口

Home 接口定义了创建、查找和删除 EJB 的方法。本例中的 NetstoreEJBHome 接口包含了一个 create()方法，这个方法返回一个 NetstoreEJB 对象的远程引用。例程 25-3 是 NetstoreEJBHome 的源程序。

例程 25-3　NetstoreEJBHome.java

```
package netstore.service.ejb;

import java.rmi.RemoteException;
import javax.ejb.CreateException;
import javax.ejb.EJBHome;

public interface NetstoreEJBHome extends EJBHome {
  public NetstoreEJB create() throws CreateException, RemoteException;
}
```

25.1.3　编写 Enterprise Java Bean 类

本例中的 Enterprise Java Bean 名为 NetstoreEJBImpl，它实现了远程接口 NetstoreEJB 中定义的业务方法。例程 25-4 是 NetstoreEJBImpl 类的源代码。

例程 25-4　NetstoreEJBImpl.java

```
package netstore.service.ejb;

//此处省略 import 语句
……

public class NetstoreEJBImpl implements SessionBean, INetstore {
  SessionContext ctx;

  public List getItems(int beginIndex,int length)
    throws DatastoreException ,RemoteException{

    Session session = HibernateUtil.getSession();
    Transaction tx = null;
    try {
      tx = session.beginTransaction();
      Query query = session.createQuery("from Item i order by i.basePrice asc");
      query.setFirstResult(beginIndex);
      query.setMaxResults(length);
      List result = query.list();
      tx.commit();

      return toGBEncoding(result);
    }catch (RuntimeException ex) {
      HibernateUtil.rollbackTransaction(tx);
      throw DatastoreException.datastoreError(ex);
    }
```

```
    }

    public Item getItemById( Long id)throws DatastoreException,RemoteException{
      Session session = HibernateUtil.getSession();
      Transaction tx = null;
      try {
        tx = session.beginTransaction();
        Item item =(Item)session.get(Item.class,id);;
        tx.commit();

        return toGBEncoding(item);
      }catch (RuntimeException ex) {
        HibernateUtil.rollbackTransaction(tx);
        throw DatastoreException.datastoreError(ex);
      }
    }

    public Customer authenticate(String email, String password) throws
      InvalidLoginException,DatastoreException,RemoteException{

      Session session = HibernateUtil.getSession();
      Transaction tx = null;
      try {

        tx = session.beginTransaction();
        Query query = session.createQuery("from Customer c where c.email=:email and
                    c.password=:password");
        query.setString("email",email);
        query.setString("password",password);
        List result = query.list();
        tx.commit();

        if(result.isEmpty())
          throw new InvalidLoginException();

        return (Customer)result.iterator().next();

     }catch (RuntimeException ex) {
        HibernateUtil.rollbackTransaction(tx);
        throw DatastoreException.datastoreError(ex);
      }
    }

    public void saveOrUpdateCustomer(Customer customer) throws
      DatastoreException,RemoteException{

      Session session = HibernateUtil.getSession();
      Transaction tx = null;
      try {
        tx = session.beginTransaction();
        session.saveOrUpdate(customer);
        tx.commit();

      }catch (RuntimeException ex) {
        HibernateUtil.rollbackTransaction(tx);
```

```
        throw DatastoreException.datastoreError(ex);
      }
    }

    public void saveOrder(Order order) throws DatastoreException,RemoteException{..... }

    public          Customer          getCustomerById(Long          id)throws
DatastoreException,RemoteException{
      Session session = HibernateUtil.getSession();
      Transaction tx = null;

      try {
        tx = session.beginTransaction();
        Query query = session.createQuery("from Customer c left outer join fetch c.orders
        where c.id=:id");
        query.setLong("id",id.longValue());
        Customer customer =(Customer) query.uniqueResult();

        tx.commit();
        return customer;
      }catch (RuntimeException ex) {
        HibernateUtil.rollbackTransaction(tx);
        throw DatastoreException.datastoreError(ex);
      }
    }

    public void destroy()throws RemoteException{
     HibernateUtil.close();
    }

    public void setSessionContext( SessionContext assignedContext ) {
      ctx = assignedContext;
    }

    public void ejbCreate( ) throws CreateException { }
    public void ejbRemove() { }
    public void ejbActivate(){ }
    public void ejbPassivate(){ }
  }
```

NetstoreEJBImpl 类和第 24 章 24.2 节例程 24-4 的 NetstoreServiceImpl 类的业务方法的实现方式很相似，两者都通过 Hibernate API 访问数据库，区别在于 NetstoreEJBImpl 类的所有业务方法都声明抛出 RemoteException 异常，因为 NetstoreEJBImpl 类的实例运行在 EJB 容器中，它的业务方法被运行在 Web 容器中的 NetstoreEJBFromFactoryDelegate 代理类的实例远程调用，所以要抛出远程异常。

25.2　在业务代理类中访问 EJB 组件

第 24 章介绍了如何通过业务代理模式来削弱 Web 应用和模型之间的关系，本章依然使用这种业务代理模式，当模型的实现方式发生变化时，无须修改控制层组件，只需为控制层提供一个新的业务代理实现类 NetstoreEJBFromFactoryDelegate 即可，如图 25-3 所示。

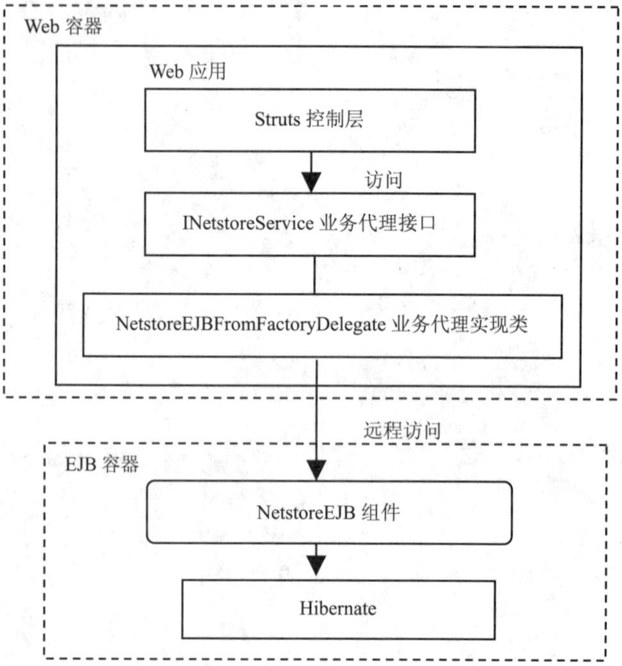

图 25-3　Struts 控制层组件通过业务代理接口访问 EJB 组件

当客户程序访问 EJB 组件的业务方法时，必须先通过 JNDI API 获得 EJB 组件的 HOME 接口的引用，然后再调用 HOME 接口的 create()方法，获得 EJB 组件的远程引用。通过 JNDI 查找 HOME 接口是一项非常耗时的工作。如果对于每个需要访问 EJB 组件的客户请求，都先执行查找 HOME 接口的步骤，那么显然会降低 Web 应用的运行效率。事实上，HOME 接口是无状态的，不和特定的客户关联，因此同一个 HOME 接口引用可以被多个客户请求或客户线层共享。

为了提高访问 EJB 组件的效率，可以把已经获得的 HOME 接口引用保存在 Web 应用的缓存中，避免以后重复查找相同的 HOME 接口。保存 HOME 接口引用有两种方式：一种方式是把 HOME 接口引用存放在 javax.servlet.ServletContext 中；还有一种方式是运用 EJBHomeFactory 模式，把 HOME 接口引用存放在专门的 EJB HOME 工厂类中。第二种方式不依赖于 ServletContext 类，对于不是基于 Web 的应用程序也同样适用。

例程 25-5 给出了 EJBHomeFactory 的一种实现方式。

例程 25-5　EJBHomeFactory.java

```
package netstore.service.ejb;

import java.io.InputStream;
import java.io.IOException;
import java.util.*;
import javax.ejb.*;
```

```
import javax.naming.*;
import javax.rmi.PortableRemoteObject;

public class EJBHomeFactory {
  private Map homes;
  private static EJBHomeFactory singleton;
  private InitialContext ctx;

   private EJBHomeFactory() throws NamingException {
    homes = Collections.synchronizedMap(new HashMap());
    ctx = new InitialContext();
  }

  public static EJBHomeFactory getInstance() throws NamingException {
    if (singleton == null) {
      singleton = new EJBHomeFactory();
    }
    return singleton;
  }

  public EJBHome lookupHome(String jndiName, Class homeClass)
   throws NamingException {
    EJBHome home = (EJBHome)homes.get(homeClass);
    if (home == null) {
      home = (EJBHome)PortableRemoteObject.narrow(ctx.lookup(
        jndiName), homeClass);
      // 把 Home 接口放在缓存中，以便重复使用
      homes.put(homeClass, home);
    }
    return home;
  }
}
```

EJBHomeFactory 类包含一个 Map 类型的 homes 成员变量，它充当 HOME 接口引用的缓存。EJBHomeFactory 类的 lookupHome()方法先查看是否在 homes 缓存中存放了所要查找的 HOME 接口引用，如果存在，就直接返回这个接口引用；如果不存在，就通过 JNDI API 查找 HOME 接口引用，把找到的接口引用保存在 homes 缓存中，并返回这个接口引用。

运用 EJBHomeFactory 模式后，EJBHomeFactory 类和业务代理类的实例都运行在 Web 容器中，业务代理类只需从 EJB HOME 工厂中获得 HOME 接口引用。例程 25-6 为业务代理实现类 NetstoreEJBFromFactoryDelegate 的源程序。

例程 25-6　NetstoreEJBFromFactoryDelegate.java

```
package netstore.service.ejb;

//此处省略 import 语句
......
public class NetstoreEJBFromFactoryDelegate implements INetstoreService {

  private INetstore netstore;
  ServletContext servletContext = null;
  public NetstoreEJBFromFactoryDelegate(){
```

```
      init();
    }

  private void init(){
    try {
      NetstoreEJBHome home = (NetstoreEJBHome)EJBHomeFactory.getInstance().
        lookupHome("java:comp/env/ejb/NetstoreEJB",
        NetstoreEJBHome.class);
      netstore = home.create();
    }
    catch (NamingException e) {
      throw new RuntimeException(e.getMessage());
    }
    catch (CreateException e) {
      throw new RuntimeException(e.getMessage());
    }
    catch (RemoteException e) {
      throw new RuntimeException(e.getMessage());
    }
  }

  public Customer authenticate(String email, String password)
      throws  InvalidLoginException,ExpiredPasswordException,
      AccountLockedException,DatastoreException{
    try {
      return netstore.authenticate(email, password);
    }
    catch (RemoteException e) {
      throw DatastoreException.datastoreError(e);
    }
  }

  public Customer getCustomerById(Long id) throws DatastoreException{
    try {
      return netstore.getCustomerById( id );
    }
    catch (RemoteException e) {
      throw DatastoreException.datastoreError(e);
    }
  }

  public Item getItemById( Long id)throws DatastoreException{
    try {
      return netstore.getItemById( id );
    }
    catch (RemoteException e) {
      throw DatastoreException.datastoreError(e);
    }
  }

  public List getItems(int beginIndex,int length) throws DatastoreException {
    try {
      return netstore.getItems( beginIndex,length);
    }
    catch (RemoteException e) {
```

```
      throw DatastoreException.datastoreError(e);
    }
  }

  public void saveOrder(Order order) throws DatastoreException{
   try {
      netstore.saveOrder( order);
    }
    catch (RemoteException e) {
      throw DatastoreException.datastoreError(e);
    }
  }


   public void saveOrUpdateCustomer(Customer customer) throws DatastoreException{
    try {
      netstore.saveOrUpdateCustomer( customer);
    }
    catch (RemoteException e) {
      throw DatastoreException.datastoreError(e);
    }
  }

  public void logout( String email ) {
    // 在本范例中什么也未做
  }

  public void destroy() {
    try {
      netstore.destroy();
    }
    catch (RemoteException e) {
      e.printStackTrace();
    }
  }

 public void setServletContext( ServletContext ctx ){
    this.servletContext = ctx;
  }

  public ServletContext getServletContext(){
    return servletContext;
  }
}
```

NetstoreEJBFromFactoryDelegate 类本身并没有实现业务逻辑，而是调用 NetstoreEJB 组件的业务方法，来实现各种业务逻辑。当 NetstoreEJBFromFactoryDelegate 类远程调用 NetstoreEJB 组件的业务方法时，会捕获 RemoteException 异常，把它重新包装为 DatastoreException 异常，通过这种方式能够向控制层封装远程访问的细节。不管模型采用哪种方式实现业务，控制层只需统一处理 DatastoreException 异常。

25.3　发布 J2EE 应用

在发布 Web 应用时，可以把它打包为 WAR 文件。如果单独发布一个 EJB 组件，应该把它打包为 JAR 文件。对于 J2EE 应用，在发布时，应该把它打包为 EAR 文件。本节介绍如何在 JBoss 服务器上发布 netstore J2EE 应用。在 JBoss 服务器中，发布 J2EE 组件的目录为<JBOSS_HOME>\server\default\deploy。

25.3.1　在 JBoss 上部署 EJB 组件

一个 EJB 组件由相关的类文件和 EJB 的发布描述文件构成，它的目录结构如图 25-4 所示。

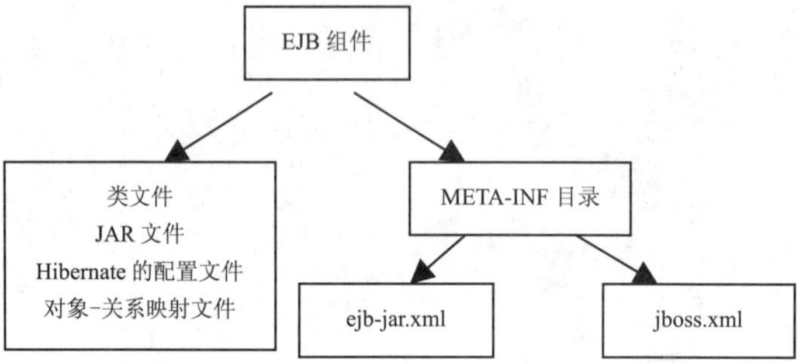

图 25-4　EJB 组件的文件目录结构

1．创建 ejb-jar.xml 文件

ejb-jar.xml 是 EJB 组件的发布描述文件。在这个文件中定义了 EJB 组件的类型，并指定了它的 Remote 接口、Home 接口和 Enterprise Bean 类对应的类文件。以下是 NetstoreEJB 组件的 ejb-jar.xml 文件：

```
<?xml version="1.0" encoding="UTF-8"?>
<!DOCTYPE ejb-jar PUBLIC '-//Sun Microsystems, Inc.//DTD Enterprise JavaBeans 2.0//EN'
'http://java.sun.com/dtd/ejb-jar_2_0.dtd'>

<ejb-jar>
    <description>Netstore Application</description>
    <display-name>Netstore EJB</display-name>
    <enterprise-beans>
      <session>
        <ejb-name>NetstoreEJB</ejb-name>
        <home>netstore.service.ejb.NetstoreEJBHome</home>
        <remote>netstore.service.ejb.NetstoreEJB</remote>
        <ejb-class>netstore.service.ejb.NetstoreEJBImpl</ejb-class>
        <session-type>Stateless</session-type>
        <transaction-type>Bean</transaction-type>
      </session>
    </enterprise-beans>
</ejb-jar>
```

以上配置文件定义了一个无状态的会话 Bean（Stateless Session Bean），<ejb-name>元素指定 EJB 组件的名字，<home>元素指定 Home 接口对应的类名，<remote>元素指定 Remote 接口对应的类名，<ejb-class>元素指定 Enterprise Bean 类对应的类名。

2．创建 jboss.xml 文件

jboss.xml 是当 EJB 组件发布到 JBoss 服务器中时才必须提供的发布描述文件，在这个文件中为 EJB 组件指定 JNDI 名字。以下是 NetstoreEJB 的 jboss.xml 源文件：

```
<?xml version="1.0" encoding="UTF-8"?>
<jboss>
  <enterprise-beans>
    <session>
      <ejb-name>NetstoreEJB</ejb-name>
      <jndi-name>ejb/NetstoreEJB</jndi-name>
    </session>
  </enterprise-beans>
</jboss>
```

以上代码为 NetstoreEJB 组件指定了 JNDI 名字：ejb/NetstoreEJB。

3．给 EJB 组件打包

在发布 EJB 组件时，应该把它打包为 JAR 文件。假定 NetstoreEJB 组件的源文件都位于<netstoreejb>目录下。在 DOS 窗口中，转到<netstoreejb>目录，运行如下命令：

```
jar cvf netstoreejb.jar *.*
```

在<netstoreejb>目录下将生成 netstoreejb.jar 文件。如果希望单独发布这个 EJB 组件，只要把这个 JAR 文件复制到<JBOSS_HOME>\server\default\deploy 下即可。在本章的 25.3.3 节，将把这个 EJB 组件加入到 netstore J2EE 应用中，然后再发布整个 J2EE 应用。

25.3.2 在 JBoss 上部署 Web 应用

如果要在 JBoss 上发布 Web 应用，应该在 WEB-INF 目录下增加一个 jboss-web.xml 文件，此外还应该对原来的 web.xml 文件做适当修改。

1．修改 web.xml 文件

在 netstore Web 应用中访问了 NetstoreEJB 组件，所以应该在 web.xml 文件中加入<ejb-ref>元素，声明对这个 EJB 组件的引用，其代码如下：

```
<!-- ### EJB References (java:comp/env/ejb) -->
<ejb-ref>
    <ejb-ref-name>ejb/NetstoreEJB</ejb-ref-name>
    <ejb-ref-type>Session</ejb-ref-type>
    <home>netstore.service.ejb.NetstoreEJBHome</home>
    <remote> netstore.service.ejb.NetstoreEJB</remote>
</ejb-ref>
```

在以上代码中声明了对 NetstoreEJB 的引用，<ejb-ref-type>元素声明所引用的 EJB 的类型，<home>元素声明 EJB 的 Home 接口，<remote>元素声明 EJB 的 Remote 接口。

此外，还应该在 web.xml 文件中配置业务代理实现类，ActionServlet 类的初始化参数“netstore-service-class”用来指定业务代理实现类，代码如下所示：

```
<servlet>
    <servlet-name>netstore</servlet-name>
    <servlet-class>netstore.framework.ExtendedActionServlet</servlet-class>
    ……
    <init-param>
      <param-name>netstore-service-class</param-name>
      <param-value>netstore.service.NetstoreEJBFromFactoryDelegate</param-value>
    </init-param>
    ……
</servlet>
```

2．创建 jboss-web.xml 文件

jboss-web.xml 是当 Web 应用发布到 JBoss 服务器中才必须提供的发布描述文件，在这个文件中指定<ejb-ref-name>和<jndi-name>的映射关系。以下是 jboss-web.xml 的源文件：

```
<?xml version="1.0" encoding="UTF-8"?>
<jboss-web>
   <ejb-ref>
      <ejb-ref-name>ejb/NetstoreEJB</ejb-ref-name>
      <jndi-name>ejb/NetstoreEJB</jndi-name>
   </ejb-ref>
</jboss-web>
```

3．给 Web 应用打包

在发布 Web 应用时，应该把它打包为 WAR 文件。假定 netstore 应用的所有源文件位于<netstore>目录下。在 DOS 窗口中，转到<netstore>目录，运行如下命令：

```
jar cvf netstore.war *.*
```

在<netstore>目录下将生成 netstore.war 文件。如果希望单独发布这个 Web 应用，只要把这个 WAR 文件复制到<JBOSS_HOME>\server\default\deploy 下即可。在下一节中，将把这个 Web 应用加入到 netstore J2EE 应用中，然后再发布整个 J2EE 应用。

25.3.3 在 JBoss 上部署 J2EE 应用

一个 J2EE 应用由 EJB 组件、Web 应用及发布描述文件构成，它的目录结构如图 25-5 所示。

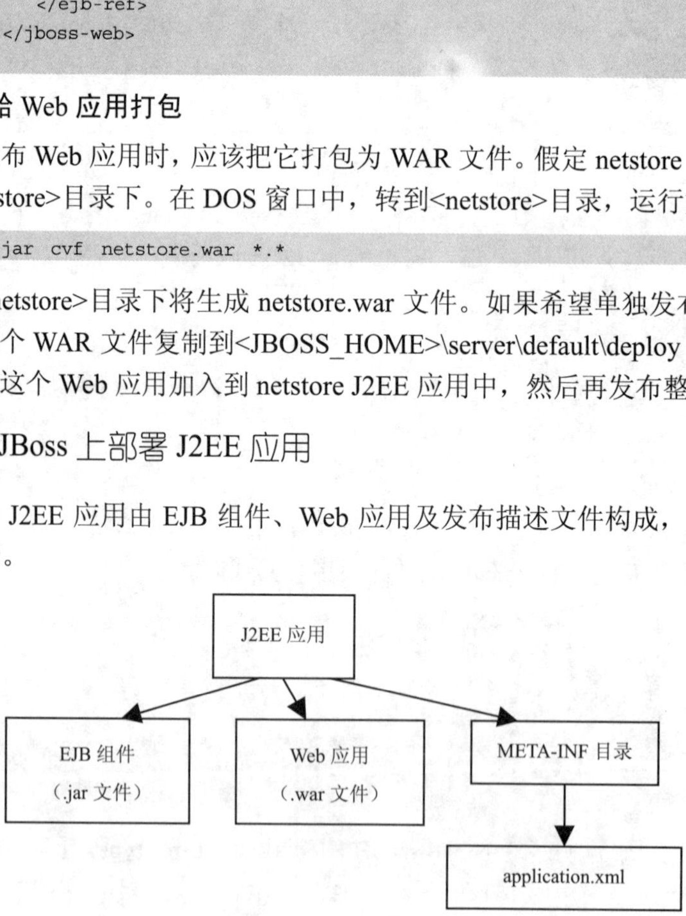

图 25-5　J2EE 应用的目录结构

假定 netstore J2EE 应用的文件位于<netstoreear>目录下，它的目录结构如图 25-6 所示。

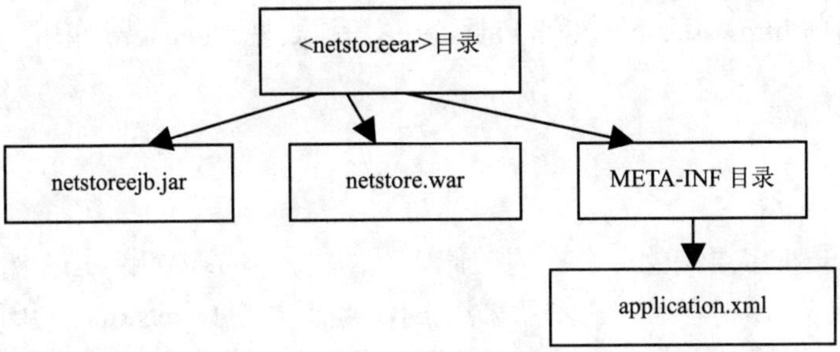

图 25-6　netstore J2EE 应用的目录结构

1．创建 application.xml 文件

application.xml 是 J2EE 应用的发布描述文件，在这个文件中声明 J2EE 应用所包含的 Web 应用及 EJB 组件。以下是 application.xml 源文件：

```
<?xml version="1.0" encoding="UTF-8"?>

<application>
  <display-name>Netstore J2EE Application</display-name>

  <module>
    <web>
      <web-uri>netstore.war</web-uri>
      <context-root>/netstore</context-root>
    </web>
  </module>

  <module>
    <ejb>netstoreejb.jar</ejb>
  </module>

</application>
```

以上代码指明在 netstore J2EE 应用中包含一个 Web 应用，WAR 文件为 netstore.war，URL 路径为“/netstore”；此外还包含一个 EJB 组件，这个组件的 JAR 文件为 netstoreejb.jar。

2．给 J2EE 应用打包

在发布 J2EE 应用时，应该把它打包为 EAR 文件。在 DOS 窗口中，转到<netstoreear>目录，运行如下命令：

```
jar cvf netstore.ear *.*
```

在<netstoreear>目录下将生成 netstore.ear 文件。

3．发布并运行 netstore J2EE 应用

在 JBoss 服务器上发布并运行 netstore J2EE 应用的步骤如下。

（1）将 netstore.ear 文件复制到<JBOSS_HOME>\server\default\deploy 目录下。
（2）启动 MySQL 服务器。
（3）运行<JBOSS_HOME>/bin/run.bat，该命令启动 JBoss 服务器。
（4）访问 http://localhost:8080/netstore/，将会进入 netstore 应用的主页。

25.4 小结

J2EE 是一种多层次的分布式的软件体系结构，业务逻辑由 EJB 组件来实现，EJB 组件必须运行在 EJB 容器中。本章采用 EJB 组件实现了 netstore 应用的业务逻辑，由于合理运用了业务代理模式，因此当模型的实现方式发生变化时，对 Struts 控制层组件没有任何影响。范例中的 SessionFactory 实例仍由 HibernateUtil 来负责创建，此外，也可以按照第 19 章的 19.3 节（把 SessionFactory 与 JNDI 绑定）的配置方式把它发布为 JNDI 资源。

在 JBoss 服务器上发布本章样例的详细步骤请参见附录 D 的 D.5.2 节（在工作模式 2 下发布 netstore 应用）。

附录 A　标准 SQL 语言的用法

SQL（Structured Query Language）语言是目前最通用的关系数据库语言。ANSI SQL 是指由美国国家标准局（ANSI）的数据库委员会制定的标准 SQL 语言，多数关系数据库产品支持标准 SQL 语言，但是它们也往往有各自的 SQL 方言。

在分层的软件结构中，关系数据库位于最底层，它的上层应用都被称为数据库的客户程序。以 MySQL 为例，mysql.exe 和 Java 应用就是它的两个客户程序。这些客户程序最终通过 SQL 语言与数据库通信。

SQL（Structured Query Language）的英语全称可翻译为结构化查询语言，但实际上它除了具有数据查询功能，还具有数据定义、数据操纵和数据控制功能。表 A-1 列出了 SQL 语言的类型。

表 A-1　SQL 语言的类型

语言类型	描　述	SQL 语句
DDL（Data Definition Language）	数据定义语言，定义数据库中的表、视图和索引等	create、drop 和 alter 语句
DML（Data Manipulation Language）	数据操纵语言，保存、更新或删除数据	insert、update 和 delete 语句
DQL（Data Query Language）	数据查询语言，查询数据库中的数据	select 语句
DCL（Data Control Language）	数据控制语言，用于设置数据库用户的权限	grant 和 revoke 语句

Tips

Hibernate 提供了面向对象的 HQL（Hibernate Query Language）语言，但是该语言只能用于查询数据，因此它和 SQL 的 DQL 语言对应。

附录先介绍数据完整性的概念，接下来从 SQL 运用的角度，以 CUSTOMERS 表和 ORDERS 表为例，介绍 DDL、DML 和 DQL 语言的用法。如果要全面了解 SQL 语言的语法，可参阅相关的介绍 SQL 的书籍。图 A-1 显示了 CUSTOMERS 表和 ORDERS 表的结构。在配套光盘的 sourcecode\appendixA\schema 目录下提供了创建这两个表并加入测试数据的 SQL 脚本文件 sampledb.sql。

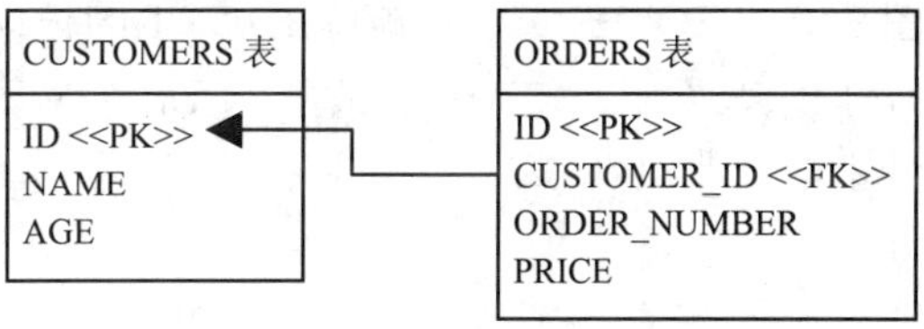

图 A-1　CUSTOMERS 表和 ORDERS 表的结构

A.1 数据完整性

当用户向数据库输入数据时，由于种种原因，用户有可能输入错误数据。保证输入的数据符合规定，成为数据库系统，尤其是多用户的关系数据库系统首要关注的问题。为了解决这一问题，在数据库领域出现了数据完整性的概念。数据完整性（Data Integrity）就是指数据必须符合的规范，它主要分为三类：实体完整性（Entity Integrity）、域完整性（Domain Integrity）和参照完整性（Referential Integrity）。

A.1.1 实体完整性

实体完整性规定表的每一行（即每一条记录）在表中是唯一的实体。实体完整性通过表的主键来实现。如果把 CUSTOMERS 表的 ID 字段定义为主键，数据库系统会保证每条记录有唯一的 ID 值，当用户试图向 CUSTOMERS 中插入主键重复的记录时，数据库系统会禁止这一非法操作。

A.1.2 域完整性

域完整性是指数据库表的列（即字段）必须符合某种特定的数据类型或约束。not null 约束就属于域完整性的范畴。如果为 CUSTOMERS 表的 NAME 字段设置了 not null 约束，数据库系统会保证 NAME 字段的取值不为 null。当用户试图向 CUSTOMERS 表插入一条 NAME 字段值为 null 的记录时，数据库系统会禁止这一非法操作。

A.1.3 参照完整性

参照完整性保证一个表的外键和另一个表的主键对应。如果把 ORDERS 表的 CUSTOMER_ID 字段作为外键参照 CUSTOMERS 表的 ID 主键，那么数据库系统会保证主键与外键的对应关系，这体现在以下几个方面。

- 当用户试图向 ORDERS 表插入一条 CUSTOMER_ID 为 1 的记录时，如果在 CUSTOMES 表中没有 ID 为 1 的记录，数据库系统会禁止这一非法操作。
- 当用户试图把 ORDERS 表中一条记录的 CUSTOMER_ID 改为 1 时，如果在 CUSTOMES 表中没有 ID 为 1 的记录，数据库系统会禁止这一非法操作。
- 当用户试图从 CUSTOMERS 表中删除 ID 为 1 的记录时（假如没有设置级联删除选项），如果在 ORDERS 表中还存在 CUSTOMER_ID 为 1 的记录，数据库系统会禁止这一非法操作。

A.2 DDL 数据定义语言

DDL 语言用于定义数据库中的表、视图和索引等。和定义表相关的 DDL 语句如下。

- create table 语句：创建一个表。

- alter table 语句：修改一个表。
- drop table 语句：删除一个表，同时删除表中所有记录。

例如，以下 SQL 语句用于创建 CUSTOMERS 表：

```
create table CUSTOMERS (
  ID bigint not null,
  NAME varchar(15) not null,
  AGE int,
  primary key (ID)
);
```

其中 primary key 关键字用于定义主键，数据库系统根据这个主键来保证实体完整性，not null 关键字用于定义 not null 约束，数据库系统根据每个字段的类型及 not null 约束来保证域完整性。例如，当用户试图向 CUSTOMERS 中插入一条 NAME 字段为 null 的记录时，数据库系统会禁止插入这条记录。

以下 SQL 语句用于创建 ORDERS 表：

```
create table ORDERS (
  ID bigint not null,
  ORDER_NUMBER varchar(15) not null,
  PRICE double precision,
  CUSTOMER_ID bigint,
  primary key (ID),
  foreign key(CUSTOMER_ID) references CUSTOMERS(ID)
);
```

其中 foreign key 关键字用于定义外键，数据库系统根据外键来保证参照完整性。ORDERS 表的 CUSTOMER_ID 外键参照 CUSTOMERS 表的 ID 主键，可以把 ORDERS 表称为子表，把 CUSTOMERS 表称为父表。在创建数据库 Schema 时，通常所有表的 DDL 语句都放在同一个 SQL 脚本文件中，必须按照先父表后子表的顺序来定义 DDL 语句。假如表之间的参照关系发生变化，就必须修改 DDL 语句的顺序，这增加了维护 SQL 脚本文件的难度。为了解决这一问题，可以采用另一种方式来定义外键，例如：

```
create table ORDERS (
  ID bigint not null,
  ORDER_NUMBER varchar(15) not null,
  PRICE double precision,
  CUSTOMER_ID bigint,
  primary key (ID)
);
create table CUSTOMERS (……);
create table ITEMS (……);
……
alter table ORDERS add constraint FK_CUSTOMER
foreign key (CUSTOMER_ID) references CUSTOMERS (ID);
```

以上代码在创建 ORDERS 表时没有定义外键，当所有的表创建完后，再通过 alter table 语句为 ORDERS 表增加外键，这种方式使得主表与子表的创建可以不分先后顺序。

为了提高主表与子表的连接查询的性能，可以为 ORDERS 表的 CUSTOMER_ID

建立索引，形式如下：

```
alter table ORDERS add index IDX_CUSTOMER (CUSTOMER_ID),
add constraint FK_CUSTOMER foreign key (CUSTOMER_ID) references CUSTOMERS (ID);
```

此外，还可以为 ORDERS 表设置级联更新或级联删除选项，如以下语句设置了级联删除：

```
alter table ORDERS add index IDX_CUSTOMER (CUSTOMER_ID),
add constraint FK_CUSTOMER foreign key (CUSTOMER_ID) references CUSTOMERS (ID)
on delete cascade;
```

设置了级联删除选项后，当用户通过以下 delete 语句删除 CUSTOMERS 表中 ID 为 1 的记录时：

```
delete from CUSTOMERS where ID=1;
```

数据库系统会自动级联删除 ORDERS 表中所有 CUSTOMER_ID 为 1 的记录。在本书第 7 章（映射一对多关联关系）介绍过，在 Hibernate 的对象-关系映射文件 Customer.hbm.xml 中也可以为 Customer 类的 orders 集合属性设定级联删除。

Tips

值得注意的是，Hibernate 实现的级联删除功能并不依赖底层数据库的级联删除功能。

以下代码把 Customer.hbm.xml 文件中用于映射 orders 集合的<set>元素的 cascade 属性设为“delete”：

```
<set   name="orders"      cascade="delete"       inverse="true"    >
```

当 Hibernate 删除一个 OID 为 1 的 Customer 对象时，会执行以下 delete 语句：

```
delete from CUSTOMERS where ID=1;
delete from ORDERS where CUSTOMER_ID=1;
```

可见，如果在映射文件中设置了级联删除，不管数据库的 ORDERS 表有没有设置级联删除，Hibernate 都会保证删除 Customer 对象时，同时删除关联的所有 Order 对象。对于 Hibernate 应用，提倡由 Hibernate 来负责各种级联操作，应该避免由底层数据库进行自动级联更新或级联删除，因为数据库所做的自动级联操作对 Hibernate 是透明的，这会导致 Hibernate 的第一级缓存和第二级缓存中的数据和数据库中的数据不一致。简而言之，在定义表的外键时，应该避免使用“on delete cascade”和“on update cascade”子句。

A.3 DML 数据操纵语言

DML 用于向数据库插入、更新或删除数据，这些操作分别对应 insert、update 和 delete 语句。例如，以下两条 insert 语句分别向 CUSTOMERS 表和 ORDERS 表插入一条记录：

```
insert into CUSTOMERS(ID,NAME,AGE) values(1,'Tom',21);

insert into ORDERS(ID,ORDER_NUMBER,PRICE,CUSTOMER_ID)
values(1, 'Tom_Order001',100,1);
```

在执行 insert、update 或 delete 语句时，数据库系统先进行数据完整性检查，如果这些语句违反了数据完整性，数据库系统会异常终止执行 SQL 语句。例如，以下 insert 语句试图向 CUSTOMERS 插入 NAME 字段值为 null 的记录：

```
insert into CUSTOMERS(ID,NAME,AGE) values(2,null,21);
```

如果在 MySQL 中执行该 SQL 语句，MySQL 会抛出以下错误信息：

```
ERROR 1048 (23000): Column 'NAME' cannot be null
```

以下 delete 语句删除 CUSTOMERS 表中一条记录：

```
delete from CUSTOMERS where ID=1;
```

如果 ORDERS 表的 CUSTOMER_ID 外键没有设定级联删除选项，数据库系统先进行参照完整性检查，假如 ORDERS 表中还存在 CUSTOMER_ID 字段为 1 的记录，就会终止删除操作。如果在 MySQL 中执行该 SQL 语句，MySQL 会抛出以下异常：

```
ERROR 1217 (23000): Cannot delete or update a parent row:
a foreign key constraint fails
```

A.4　DQL 数据查询语言

SQL 语言的核心就是数据查询语言。查询语句的语法如下：

```
select 目标列
from 基本表（或视图）
[where 条件表达式]
[group by 列名 1[having 条件表达式]]
[order by 列名 2[asc|desc]]
```

Hibernate 的 HQL 语言和 SQL 查询语言有许多相似之处，因此掌握 SQL 查询语言，有助于更加熟练地使用 HQL 语言。图 A-2 为 CUSTOMERS 表和 ORDERS 表中的测试数据。接下来举例介绍的 SQL 查询语句都针对这些数据进行查询。

ORDERS 表

ID	ORDER_NUMBER	PRICE	CUSTOMER_ID
1	Tom_Order001	100	1
2	Tom_Order002	200	1
3	Tom_Order003	300	1
4	Mike_Order001	100	2
5	Jack_Order001	200	3
6	Linda_Order001	100	4
7	UnknownOrder	200	null

CUSTOMERS 表

ID	NAME	AGE
1	Tom	21
2	Mike	24
3	Jack	30
4	Linda	25
5	Tom	null

图 A-2　CUSTOMERS 表和 ORDERS 表的数据

A.4.1 简单查询

下面举例介绍简单的 SQL 查询语句，其中 where 子句设定查询条件，order by 子句设定查询结果的排序方式。

（1）查询年龄在 18 到 50 之间的客户，查询结果先按照年龄降序排列，再按照名字升序排列：

```
select * from CUSTOMERS where AGE between 18 and 50 order by AGE desc,NAME asc;
```

（2）查询名字为“Tom”、“Mike”或“Jack”的客户：

```
select *  from CUSTOMERS where NAME in ('Tom','Mike','Jack');
```

（3）查询姓名的第二个字母是“a”的客户：

```
select * from CUSTOMERS where NAME  like  ''_a%''
```

“_a%”中的下画线（_）代表任意的单个字符；百分号（%）代表任意长（可以为零）的字符串。

（4）查询年龄为 null 的客户的名字：

```
select NAME from CUSTOMERS where AGE is null;
```

以上查询语句返回 CUSTOMERS 表中 ID 为 5 的记录。值得注意的是，不能用表达式“AGE=NULL”来比较 AGE 是否为 null，因为这个表达式的取值既不是 true，也不是 false，而是永远为 null。当 where 子句的取值为 null，select 查询语句的查询结果为空。如以下查询语句的查询结果都为空：

```
select * from CUSTOMERS where null;
select * from CUSTOMERS where AGE=null;
```

（5）在查询语句中为表和字段指定别名：

```
select NAME C_NAME,AGE C_AGE from CUSTOMERS c where c.ID=1;
```

以上查询语句为 NAME 字段指定别名“C_NAME”，为 AGE 字段指定别名“C_AGE”，为 CUSTOMERS 表指定别名“c”，查询结果如下：

```
+--------+-------+
| C_NAME | C_AGE |
+--------+-------+
|  Tom   |  21   |
+--------+-------+
```

A.4.2 连接查询

连接查询的 from 子句的连接语法格式为：

```
from TABLE1 join_type TABLE2 [on (join_condition)] [where (query_condition)]
```

其中，TABLE1 和 TABLE2 表示参与连接操作的表，TABLE1 为左表，TABLE2 为右表。on 子句设定连接条件，where 子句设定查询条件，join_type 表示连接类型，可分为 3 种。

- 交叉连接（cross join）：不带 on 子句，返回连接表中所有数据行的笛卡儿积。
- 内连接（inner join）：返回连接表中符合连接条件及查询条件的数据行。
- 外连接：分为左外连接（left outer join）、右外连接（right outer join）。与内连接不同的是，外连接不仅返回连接表中符合连接条件及查询条件的数据行，也返回左表（左外连接时）或右表（右外连接时）中仅符合查询条件但不符合连接条件的数据行。

下面举例说明这几种连接查询的用法。

（1）交叉连接查询 CUSTOMERS 表和 ORDERS 表：

```
select * from CUSTOMERS,ORDERS;
```

CUSTOMERS 表有 5 行数据，ORDERS 表有 7 行数据，查询结果中包含 35（5×7）行数据。

（2）显式内连接查询，使用 inner join 关键字，在 on 子句中设定连接条件：

```
select c.ID, o.CUSTOMER_ID,c.NAME,o.ID ORDER_ID,ORDER_NUMBER
from CUSTOMERS c inner join ORDERS o on c.ID=o.CUSTOMER_ID;
```

以上查询语句的查询结果中的数据行都符合 c.ID=o.CUSTOMER_ID 的连接条件：

ID	CUSTOMER_ID	NAME	ORDER_ID	ORDER_NUMBER
1	1	Tom	1	Tom_Order001
1	1	Tom	2	Tom_Order002
1	1	Tom	3	Tom_Order003
2	2	Mike	4	Mike_Order001
3	3	Jack	5	Jack_Order001
4	4	Linda	6	Linda_Order001

（3）隐式内连接查询，不包含 inner join 关键字和 on 关键字，在 where 子句中设定连接条件：

```
select c.ID, o.CUSTOMER_ID,c.NAME,o.ID ORDER_ID,ORDER_NUMBER
from CUSTOMERS c,ORDERS o where c.ID=o.CUSTOMER_ID;
```

以上查询语句和例（2）中的显式内连接查询语句等价。

（4）左外连接查询，使用 left outer join 关键字，在 on 子句中设定连接条件：

```
select c.ID, o.CUSTOMER_ID,c.NAME,o.ID ORDER_ID,ORDER_NUMBER
from CUSTOMERS c left outer join ORDERS o on c.ID=o.CUSTOMER_ID;
```

以上查询语句的查询结果不仅包含符合 c.ID=o.CUSTOMER_ID 连接条件的数据行，还包含 CUSTOMERS 左表中的其他数据行：

ID	CUSTOMER_ID	NAME	ORDER_ID	ORDER_NUMBER
1	1	Tom	1	Tom_Order001
1	1	Tom	2	Tom_Order002
1	1	Tom	3	Tom_Order003
2	2	Mike	4	Mike_Order001
3	3	Jack	5	Jack_Order001
4	4	Linda	6	Linda Order001
5	**NULL**	**Tom**	**NULL**	**NULL**

（5）带查询条件的左外连接查询，在 where 子句中设定查询条件：

```
select c.ID, o.CUSTOMER_ID,c.NAME,o.ID ORDER_ID,ORDER_NUMBER
from CUSTOMERS c left outer join ORDERS o on c.ID=o.CUSTOMER_ID
where o.ID>4 and c.ID>2;
```

以上查询语句对例 4 的查询结果进一步筛选，仅返回其中符合 ORDERS 表的 ID 大于 4 并且 CUSTOMERS 表的 ID 大于 2 的数据行：

ID	CUSTOMER_ID	NAME	ORDER_ID	ORDER_NUMBER
3	3	Jack	5	Jack_Order001
4	4	Linda	6	Linda_Order001

（6）右外连接查询，使用 right outer join 关键字，在 on 子句中设定连接条件：

```
select c.ID, o.CUSTOMER_ID,c.NAME,o.ID ORDER_ID,ORDER_NUMBER
from CUSTOMERS c right outer join ORDERS o on c.ID=o.CUSTOMER_ID;
```

以上查询语句的查询结果不仅包含符合 c.ID=o.CUSTOMER_ID 连接条件的数据行，还包含 ORDERS 右表中的其他数据行：

ID	CUSTOMER_ID	NAME	ORDER_ID	ORDER_NUMBER
1	1	Tom	1	Tom_Order001
1	1	Tom	2	Tom_Order002
1	1	Tom	3	Tom_Order003
2	2	Mike	4	Mike_Order001
3	3	Jack	5	Jack Order001
4	4	Linda	6	Linda Order001
NULL	**NULL**	**NULL**	**7**	**UnknownOrder**

（7）带查询条件的右外连接查询，在 where 子句中设定查询条件：

```
select c.ID, o.CUSTOMER_ID,c.NAME,o.ID ORDER_ID,ORDER_NUMBER
from CUSTOMERS c right outer join ORDERS o on c.ID=o.CUSTOMER_ID
where o.ID>5 and c.ID=4;
```

以上查询语句对例（6）的查询结果进一步筛选，仅返回其中符合 ORDERS 表的 ID 大于 5 并且 CUSTOMERS 表的 ID 等于 4 的数据行：

ID	CUSTOMER_ID	NAME	ORDER_ID	ORDER_NUMBER
4	4	Linda	6	Linda_Order001

A.4.3　子查询

子查询也叫嵌套查询，是指在 select 子句或者 where 子句中又嵌入 select 查询语句，下面举例说明它的用法。

（1）查询具有 3 个以上订单的客户：

```
select * from CUSTOMERS c
where 3<=(select count(*) from ORDERS o where c.ID=o.CUSTOMER_ID);
```

（2）查询名为“Mike”的客户的所有订单：

```
select * from ORDERS o
where o.CUSTOMER_ID in (select ID from CUSTOMERS where NAME= 'Mike ');
```

（3）查询没有订单的客户：

```
select * from CUSTOMERS c
where 0=(select count(*) from ORDERS o where c.ID=o.CUSTOMER_ID);
```

或者：

```
select * from CUSTOMERS c
where not exists (select * from ORDERS o where c.ID=o.CUSTOMER_ID);
```

（4）查询 ID 为 1 的客户的姓名、年龄及它的所有订单的总价格：

```
select NAME,AGE,
(select sum(PRICE) from ORDERS where CUSTOMER_ID=1) TOTAL_PRICE
from CUSTOMERS where ID=1;
```

以上查询语句中的 TOTAL_PRICE 是子查询语句的别名，该查询语句的查询结果如下：

NAME	AGE	TOTAL_PRICE
Tom	21	600

也可以通过左外连接查询来完成相同的功能：

```
select NAME,AGE,sum(PRICE) from CUSTOMERS c left outer join ORDERS o
on c.ID=o.CUSTOMER_ID where c.ID=1 group by c.ID;
```

Tips

如果数据库不支持子查询，可以通过连接查询来完成相同的功能。事实上，所有的子查询语句都可以改写为连接查询语句。

A.4.4 联合查询

联合查询能够合并两条查询语句的查询结果，去掉其中的重复数据行，然后返回没有重复数据行的查询结果。联合查询使用 union 关键字，例如：

```
select * from CUSTOMERS where AGE<25 union select * from CUSTOMERS where  AGE>=24;
```

该语句的查询结果如下：

ID	NAME	AGE
1	Tom	21
2	Mike	24
3	Jack	30
4	Linda	25

A.4.5 报表查询

报表查询对数据行进行分组统计，其语法格式为：

```
[select…] from … [where…] [group by… [having… ]] [order by…]
```

其中 group by 子句指定按照哪些字段分组，having 子句设定分组查询条件。在报表查询中可以使用以下 SQL 聚集函数。

- count()：统计记录条数。
- min()：求最小值。
- max()：求最大值。
- sum()：求和。
- avg()：求平均值。

下面举例说明报表查询的用法。

（1）按照客户分组，查询每个客户的所有订单的总价格：

```
select c.ID,c.NAME, sum(PRICE)
from CUSTOMERS c left outer join ORDERS o on c.ID=o.CUSTOMER_ID group by c.ID ;
```

以上查询语句的查询结果如下：

ID	NAME	sum(PRICE)
1	Tom	600
2	Mike	100
3	Jack	200
4	Linda	100
5	Tom	NULL

（2）按照客户分组，查询每个客户的所有订单的总价格，并且要求订单的总价格大于 100：

```
select c.ID,c.NAME, sum(PRICE) from CUSTOMERS c left outer join ORDERS o
on c.ID=o.CUSTOMER_ID group by c.ID having( sum(PRICE)>100);
```

以上查询语句对例 1 的查询结果进一步筛选，只返回订单的总价格大于 100 的数据行：

ID	NAME	sum(PRICE)
1	Tom	600
3	Jack	200

附录 B　Java 语言的反射机制

Hibernate 能够将各种持久化类的实例持久化到数据库中。例如，它的 Session 接口的 save(Object object)方法的参数为 Object 类型，如果 object 参数实际引用的是 Customer 类的实例，Hibernate 就会调用它的 getName()和 getAge()等方法，从而获得该实例的所有属性值，然后把这些属性值绑定到以下预定义 insert 语句中：

```
insert into CUSTOMERS(ID,NAME,AGE…) values(?,?,?…);
```

如果 object 参数实际引用的是 Order 类的实例，Hibernate 就会调用它的 getOrderNumber()和 getPrice()等方法，从而获得该实例的所有属性值，然后把这些属性值绑定到以下预定义 insert 语句中：

```
insert into ORDERS(ID,ORDER_NUMBER,PRICE…) values(?,?,?…);
```

那么，Hibernate 是如何在运行时判断持久化类的对象的实际类型，并且如何获得它的各种 getXXX()和 setXXX()方法的呢？这应该归功于 Java 语言的反射机制。Java 反射机制提供了以下功能。

- 在运行时判断任意一个实例所属的类。
- 在运行时构造任意一个类的实例。
- 在运行时判断任意一个类所具有的属性和方法。
- 在运行时调用任意一个实例的方法。

B.1　Java Reflection API 简介

在 JDK 中，主要由以下类来实现 Java 反射机制，这些类都位于 java.lang.reflect 包中。

- Class 类：代表一个类。
- Field 类：代表类的属性。
- Method 类：代表类的方法。
- Constructor 类：代表类的构造方法。

例程 B-1 的 ReflectTester 类演示了 Reflection API 的基本使用方法，ReflectTester 类有一个 copy(Object object)方法，这个方法能够创建一个和参数 object 同样类型的对象，然后把 object 对象中的所有属性复制到新建的对象中，并将它返回。

这个例子只能复制简单的 JavaBean，假定 JavaBean 的每个属性都有 public 类型的 getXXX()和 setXXX()方法。

例程 B-1　ReflectTester.java

```
package mypack;
import java.lang.reflect.*;
```

```
public class ReflectTester {

  public Object copy(Object object) throws Exception{
    //获得对象的类型
    Class classType=object.getClass();
    System.out.println("Class:"+classType.getName());

    //通过默认构造方法创建一个新的对象
   Object objectCopy=classType.getConstructor(new Class[]{}).newInstance(new Object[]{});

    //获得对象的所有属性
    Field fields[]=classType.getDeclaredFields();

    for(int i=0; i<fields.length;i++){
          Field field=fields[i];

          String fieldName=field.getName();
          String firstLetter=fieldName.substring(0,1).toUpperCase();
          //获得和属性对应的 getXXX()方法的名字
          String getMethodName="get"+firstLetter+fieldName.substring(1);
          //获得和属性对应的 setXXX()方法的名字
          String setMethodName="set"+firstLetter+fieldName.substring(1);

          //获得和属性对应的 getXXX()方法
          Method getMethod=classType.getMethod(getMethodName,new Class[]{});
          //获得和属性对应的 setXXX()方法
       Method setMethod=classType.getMethod(setMethodName,new Class[]{field.getType()});

          //调用原对象的 getXXX()方法
          Object value=getMethod.invoke(object,new Object[]{});
          System.out.println(fieldName+":"+value);
          //调用复制对象的 setXXX()方法
        setMethod.invoke(objectCopy,new Object[]{value});
    }
    return objectCopy;
  }

  public static void main(String[] args) throws Exception{
    Customer customer=new Customer("Tom",21);
    customer.setId(new Long(1));

    Customer customerCopy=(Customer)new ReflectTester().copy(customer);
   System.out.println("Copy information:"+customerCopy.getName()+" "+customerCopy.getAge());
  }
}
```

ReflectTester 类的 copy(Object object)方法依次执行以下步骤。

（1）获得对象的类型：

```
Class classType=object.getClass();
System.out.println("Class:"+classType.getName());
```

在 java.lang.Object 类中定义了 getClass()方法，因此对于任意一个 Java 对象，都可以通过此方法获得对象的类型。Class 类是 Reflection API 中的核心类，它包括以下方法。

- getName()：获得类的完整名字。
- getFields()：获得类的 public 类型的属性。
- getDeclaredFields()：获得类的所有属性。
- getMethods()：获得类的 public 类型的方法。
- getDeclaredMethods()：获得类的所有方法。
- getMethod(String name, Class[] parameterTypes)：获得类的特定方法，name 参数指定方法的名字，parameterTypes 参数指定方法的参数。
- getConstrutors()：获得类的 public 类型的构造方法。
- getConstrutor(Class[] parameterTypes)：获得类的特定构造方法，parameterTypes 参数指定构造方法的参数。

（2）通过默认构造方法创建一个新的对象：

```
Object objectCopy=
    classType.getConstructor(new Class[]{}).newInstance(new Object[]{});
```

以上代码先调用 Class 类的 getConstructor()方法获得一个 Constructor 对象，它代表默认的构造方法，然后调用 Constructor 对象的 newInstance()方法构造一个实例。

（3）获得对象的所有属性：

```
Field fields[]=classType.getDeclaredFields();
```

Class 的 getDeclaredFields()方法返回类的所有属性，包括 public、protected、default 和 private 类型的属性。

（4）获得每个属性相应的 getXXX()和 setXXX()方法，然后执行这些方法，把原来对象的属性复制到新的对象中：

```
for(int i=0; i<fields.length;i++){
    Field field=fields[i];

    String fieldName=field.getName();
    String firstLetter=fieldName.substring(0,1).toUpperCase();
    //获得和属性对应的 getXXX()方法的名字
    String getMethodName="get"+firstLetter+fieldName.substring(1);
    //获得和属性对应的 setXXX()方法的名字
    String setMethodName="set"+firstLetter+fieldName.substring(1);

    //获得和属性对应的 getXXX()方法
    Method getMethod=classType.getMethod(getMethodName,new Class[]{});
    //获得和属性对应的 setXXX()方法
    Method setMethod=classType.getMethod(setMethodName,new Class[]{field.getType()});

    //调用原对象的 getXXX()方法
    Object value=getMethod.invoke(object,new Object[]{});
    System.out.println(fieldName+":"+value);
    //调用复制对象的 setXXX()方法
    setMethod.invoke(objectCopy,new Object[]{value});
}
```

以上代码假定每个属性都有相应的 getXXX()和 setXXX()方法，并且在方法名中，

“get”或“set”的后面一个字母为大写。Method 类的 invoke(Object obj,Object args[]) 方法用于动态执行一个对象的特定方法，它的第一个 obj 参数指定具有该方法的对象，第二个 args 参数指定该方法的参数。

B.2 运用反射机制来持久化 Java 对象

本节将介绍如何运用反射机制来持久化任意一个持久化类的实例。在 PersistenceManager 类中定义了两个方法。

- save(Object object)：向数据库保存一个对象。
- load(Class classType, long id)：从数据库中加载一个对象。

PersistenceManager 类本身的实现很简单，它依赖 ObjectMapper 类来进行对象-关系映射。ObjectMapper 类能够根据对象的类型生成相应的带参数的 insert 和 update 语句，并且能把对象的属性值和 insert 或 update 语句中的参数绑定。例程 B-2 是 ObjectMapper 类的源程序。

例程 B-2　ObjectMapper.java

```
package mypack;

import java.sql.*;
import java.lang.reflect.*;

public class ObjectMapper {

  private Object object;
  /** 实例的类型 */
  private Class classType;
  /** 类的名字 */
  private String className;
  /** 对应的表的名字 */
  private String tableName;
  /** 表中所有的字段的名字 */
  private String tableFieldNames[];
  /** 类的所有属性*/
  private Field fields[];
  /** 类的所有 get 方法 */
  private Method getMethods[];
  /** 类的所有 set 方法 */
  private Method setMethods[];
  /** 类的 getId 方法 */
  private Method getIdMethod;
  /** 类的 setId 方法 */
  private Method setIdMethod;

  /** 对象的 id */
  private Long id;

  public ObjectMapper(Class classType)throws Exception{
    this(classType.getConstructor(new Class[]{}).newInstance(new Object[]{}));
```

```
  }
  public ObjectMapper(Object object)throws Exception{
    this.object=object;
    this.classType=object.getClass();
    //获得类名，不带包的名字
    int dotLocation=classType.getName().lastIndexOf(".");
    this.className=classType.getName().substring(dotLocation+1);

    //获得对应的表名
    this.tableName=className.toUpperCase()+"S";

    // 获得类的所有属性
    this.fields=classType.getDeclaredFields();

    //获得表的所有字段名，类的所有 get 方法和 set 方法
    this.tableFieldNames=new String[fields.length];
    this.getMethods=new Method[fields.length];
    this.setMethods=new Method[fields.length];
    for(int i=0;i<fields.length;i++){
      tableFieldNames[i]=fields[i].getName().toUpperCase();
      getMethods[i]=getMethod(fields[i],"get");
      setMethods[i]=getMethod(fields[i],"set");

      if(fields[i].getName().equals("id")){
        this.id=(Long)executeGetMethod(getMethods[i]);
        this.getIdMethod=getMethods[i];
        this.setIdMethod=setMethods[i];
      }
    }
  }

  public void setId(Long id){  this.id=id;  }

  /** 执行 getXXX()方法 */
  private Object executeGetMethod(Method method)throws Exception{
    return method.invoke(this.object,new Object[]{});
  }

  /**执行 setXXX()方法 */
  private void executeSetMethod(Method method,Object parameter)throws Exception{
    method.invoke(this.object,new Object[]{parameter});
  }

  /** 获得和属性对应的 getXXX()和 setXXX()方法 */
  private Method getMethod(Field field, String prefix)throws Exception{
    String methodName=prefix;
    String fieldName=field.getName();
    String firstLetter=fieldName.substring(0,1).toUpperCase();
    methodName=prefix+firstLetter+fieldName.substring(1);

    if(prefix.equals("set"))
       return this.classType.getMethod(methodName,new Class[]{field.getType()});
    else
       return this.classType.getMethod(methodName,new Class[]{});
  }
```

```
/** 生成 insert 语句 */
private String getInsertSql()throws Exception{
  String sql="insert into "+ tableName+"(";

  for(int i=0;i<tableFieldNames.length;i++){
    sql=sql+tableFieldNames[i];
    if(i!=tableFieldNames.length-1)
      sql=sql+",";
  }
  sql=sql+")values(";

  for(int i=0;i<tableFieldNames.length;i++){
    sql=sql+"?";
    if(i!=tableFieldNames.length-1)
      sql=sql+",";
  }
  sql=sql+")";

  System.out.println(sql);
  return sql;
}

/** 生成 select 语句 */
 private String getSelectSql()throws Exception{
  String sql="select ";

  for(int i=0;i<tableFieldNames.length;i++){
    sql=sql+tableFieldNames[i];
    if(i!=tableFieldNames.length-1)
      sql=sql+",";
  }

  sql=sql+" from "+tableName+" where ID=?" ;
  System.out.println(sql);
  return sql;
}

/** 创建负责执行 insert 语句的 PreparedStatement 对象,
把持久化类的实例的所有属性和 insert 语句中的参数绑定,
仅考虑了数据类型为 int、Long 和 String 的情况*/
public PreparedStatement getInsertStatement(Connection con)throws Exception{
  PreparedStatement stmt=con.prepareStatement(getInsertSql());

  for(int i=0;i<fields.length;i++){
    Field field=fields[i];
    Method getMethod=getMethods[i];

    if(field.getName().equals("id")){
      this.id=new Long(getNextId(con));
      executeSetMethod(setIdMethod,id);
      stmt.setLong(i+1,this.id.longValue());
      continue;
    }
```

```
      Class fieldType=field.getType();

      if(fieldType.getName().equals("int"))
        stmt.setInt(i+1,((Integer)executeGetMethod(getMethod)).intValue());

      if(fieldType.getName().equals("java.lang.String"))
        stmt.setString(i+1,(String)executeGetMethod(getMethod));

      if(fieldType.getName().equals("long"))
         stmt.setLong(i+1,((Long)executeGetMethod(getMethod)).longValue());
    }
   return stmt;
  }

  /** 创建负责执行 select 语句的 PreparedStatement 对象，
  把持久化类的实例的 id 属性和 select 语句中的参数绑定 */
  public PreparedStatement getSelectStatement(Connection con)throws Exception{
    PreparedStatement stmt=con.prepareStatement(getSelectSql());
    stmt.setLong(1,this.id.longValue());
    return stmt;
  }

  /** 解析 ResultSet，把它包含的关系数据映射到持久化类的实例中，
  仅考虑了数据类型为 int、Long 和 String 的情况 */
  public Object parseResultSet(ResultSet rs)throws Exception{
  if(rs.next()){
     for(int i=0;i<fields.length;i++){
      Field field=fields[i];
      Class fieldType=field.getType();
      Method setMethod=setMethods[i];

      if(fieldType.getName().equals("int"))
        executeSetMethod(setMethod,new Integer(rs.getInt(i+1)));

      if(fieldType.getName().equals("java.lang.String"))
         executeSetMethod(setMethod, rs.getString(i+1));

      if(fieldType.getName().equals("java.lang.Long"))
         executeSetMethod(setMethod,new Long(rs.getLong(i+1)));
    }
   }
    return this.object;
  }

   /** 生成一个新的主键值，取值为表的当前最大主键值+1，如果表不包含记录，就返回 1 */
  private long getNextId(Connection con) throws Exception {
    long nextId=0;
    PreparedStatement stmt = null;
    ResultSet rs = null;
    try {
      stmt = con.prepareStatement("select max(ID) from "+tableName);
      rs = stmt.executeQuery();
      if ( rs.next() ) {
        nextId = rs.getLong(1) + 1;
        if ( rs.wasNull() ) nextId = 1;
```

```
        }
        else {
          nextId = 1;
        }
        return nextId;
      }finally {
        try{
          rs.close();
          stmt.close();
        }catch(Exception e){
          e.printStackTrace();
        }
      }
    }
  }
```

ObjectMapper 类提供了以下供 PersistenceManager 类调用的 public 类型的方法。

- setId()：设置被加载对象的 OID，仅当 PersistenceManager 类加载一个对象时会调用此方法。当 PersistenceManager 类保存一个对象时，ObjectMapper 类通过自身的 getNextId()方法获得新的 OID。
- getInsertStatement()：创建一个负责执行 insert 语句的 PreparedStatement 对象，把持久化类的实例的所有属性和 insert 语句中的参数绑定。getInsertStatement()方法调用 getInsertSql()方法获得 insert 语句，getInsertSql()方法生成的 insert 语句的形式为：

```
insert into TABLE_NAME(FIELD1,FIELD2,…) values(?,?,…)
```

- getSelectStatement()：创建负责执行 select 语句的 PreparedStatement 对象，把持久化类的实例的 id 属性和 select 语句中的参数绑定。getSelectStatement()方法调用 getSelectSql()方法获得 select 语句，getSelectSql()方法生成的 select 语句的形式为：

```
select FIELD1,FIELD2… from TABLE_NAME  where ID=?
```

- parseResultSet()：解析 ResultSet，把它包含的关系数据映射到持久化类的实例中。

PersistenceManager 类的 save()方法调用 ObjectMapper 类的 getInsertStatement()方法的代码如下所示：

```
//获得数据库连接
con=getConnection();
//开始一个数据库事务
con.setAutoCommit(false);

ObjectMapper om=new ObjectMapper(object);
stmt=om.getInsertStatement(con);
stmt.execute();

//提交数据库事务
con.commit();
```

PersistenceManager 类的 load()方法调用 ObjectMapper 类的 setId()、getSelectStatement()和 parseResultSet()方法的代码如下所示：

```
//获得数据库连接
con=getConnection();

ObjectMapper om=new ObjectMapper(classType);
om.setId(new Long(id));
stmt=om.getSelectStatement(con);
rs=stmt.executeQuery();

Object object=om.parseResultSet(rs);
return object;
```

本附录的范例程序位于配套光盘的 sourcecode/appendixB 目录下，运行该程序前，需要在 SAMPLEDB 数据库中手工创建 CUSTOMERS 表，相关的 SQL 脚本文件为 schema\sampledb.sql。

在 DOS 命令行下进入 appendixB 根目录，然后输入命令：ant run，就会运行 PersistenceManager 类。PersistenceManager 类的 main()方法调用 test()方法，它的代码如下：

```
public void test() throws Exception{
  Customer customer=new Customer("Tom",21);
  save(customer);

  customer=(Customer)load(Customer.class,1);
  System.out.println(customer.getId()+" "+customer.getName()+" "+customer.getAge());
}
```

执行以上方法的输出结果如下：

```
[java] insert into CUSTOMERS(ID,NAME,AGE)values(?,?,?)
[java] select ID,NAME,AGE from CUSTOMERS where ID=?
[java] 1 Tom 21
```

本节例子模拟了 Hibernate 的 Session 的 save()和 load()方法，但是 PersistenceManager 类的 save()和 load()方法只能处理最简单的对象-关系映射，没有考虑对象之间的关联关系，而且它对持久化类和数据库表做了以下限制。

- 持久化类的 OID 为 Long 类型。
- 持久化类的属性只能是 int、Long 或 String 类型。
- 持久化类的每个属性都有相应的 public 类型的 getXXX()和 setXXX()方法。
- 持久化类在数据库中有对应的表，表名与类名的关系为：表名=类名的大写+“S”。
- 持久化类的每个属性在表中都有对应的字段，字段名与属性名的关系为：字段名=属性名的大写。

相比之下，Hibernate 对持久化类及数据库表的定义几乎没有什么严格限制，Hibernate 的这种灵活性应该归功于可配置的对象-关系映射文件。Hibernate 从映射文件中获取对象-关系的详细映射信息，因此能对各种复杂的域模型和关系模型进行映射。

另一方面，Hibernate 要求持久化类必须符合 JavaBean 风格，因为这可以简化 Hibernate 通过 Java 反射机制来获得持久化类的访问方法的过程。例如，对于 Customer.hbm.xml 文件中的以下代码：

```
<property name="name" column="NAME" />
```

Hibernate 会自动调用 getName()方法来读取 Customer 对象的 name 属性，并调用 setName()方法来设置 Customer 对象的 name 属性。假如对象的属性名及相应的访问方法名不存在固定的对应关系，会使 Hibernate 的实现更加复杂。

附录 C　用 XDoclet 工具生成映射文件

XDoclet 是一种通过读取 Java 源文件中的特定标记，然后生成指定格式的文件的工具。XDoclet 工具对 JBoss、Struts 和 Hibernate 等提供了内置的支持，它能够解析 Java 源文件中的@jboss、@struts 和@hibernate 等标记。此外，XDoclet 还具有可扩展性，允许用户为 Java 源文件自定义客户化标记。XDoclet 的优点在于可以使擅长编程的开发人员把主要精力放在编写 Java 源文件上，减轻开发人员手工编写与 Java 源文件对应的映射文件或其他配置文件的负担。

本附录介绍如何用 XDoclet 工具生成 Hibernate 映射文件，步骤如下。

（1）创建 Java 源文件，在源文件中插入@hibernate 标记。

（2）运行 XDoclet 工具，XDoclet 工具会解析 Java 源文件中的所有@hibernate 标记，然后生成相应的对象-关系映射文件。

在本附录的例子中，先创建带有@hibernate 标记的 Customer.java、Order.java 和 Address.java 源文件，Customer 类与 Address 类之间为组成关系，而 Customer 类与 Order 类之间为双向一对多关联关系。接下来利用 XDoclet 工具自动生成 Customer.hbm.xml 和 Order.hbm.xml 文件，再利用 hbm2ddl 工具自动生成数据库 Schema。

C.1　创建带有@hibernate 标记的 Java 源文件

下面先创建带有@hibernate 标记的 Java 源文件，例程 C-1 是 Customer 类的源文件，在这个源文件中加入了@hibernate.class、@hibernate.id、@hibernate.property、@hibernate.component 和@hibernate.set 标记，这些标记用来指定对应的映射文件的内容。

例程 C-1　Customer.java

```
package mypack;
import java.io.Serializable;
import java.util.Set;
import java.util.HashSet;

/**
 * @hibernate.class
 * table="CUSTOMERS"
 */
public class Customer implements Serializable {

   private Long id;
   private String name;
   private Address address;
   private Set orders=new HashSet();

   public Customer(String name, Address address, Set orders) {
```

```
        this.name = name;
        this.address = address;
        this.orders = orders;
    }

    public Customer() { }

    /**
     * @hibernate.id
     * column="ID"
     * unsaved-value="null"
     * generator-class="increment"
     */
    public Long getId() {
        return this.id;
    }

    protected void setId(Long id) {
        this.id = id;
    }

    /**
     * @hibernate.property
     * column="NAME"
     * length="15"
     * not-null="true"
     * update="false"
     */
    public String getName() {
        return this.name;
    }

    public void setName(String name) {
        this.name = name;
    }

    /**
     * @hibernate.component
     */
    public Address getAddress() {
        return this.address;
    }

    public void setAddress(Address address) {
        this.address = address;
    }

    /**
     * @hibernate.set table="ORDERS" inverse="true"
     * lazy="true"  cascade="save-update"
     * @hibernate.key  column="CUSTOMER_ID"
     * @hibernate.one-to-many  class="mypack.Order"
     */
    public Set getOrders() {
        return this.orders;
```

```
    }

    public void setOrders(Set orders) {
       this.orders = orders;
    }
}
```

在 Customer 类的源文件中加入了各种@hibernate 标记，XDoclet 工具根据这些标记来生成相应的映射代码。下面举例说明各种@hibernate 标记的用法。

（1）用@hibernate.class 标记指定类的映射代码，例如：

```
/**
 * @hibernate.class
 * table="CUSTOMERS"
 */
public class Customer implements Serializable {……}
```

XDoclet 工具根据以上@hibernate.class 标记，生成如下映射代码：

```
<class
      name="mypack.Customer"
      table="CUSTOMERS"
      dynamic-update="false"
      dynamic-insert="false"
      select-before-update="false"
      optimistic-lock="version"  >
```

（2）用@hibernate.id 标记指定类的 OID 的映射代码，例如：

```
/**
 * @hibernate.id
 * column="ID"
 * unsaved-value="null"
 * generator-class="increment"
 */
 public Long getId() {……}
```

XDoclet 工具根据以上@hibernate.id 标记，生成如下映射代码：

```
<id
     name="id"
     column="ID"
     type="java.lang.Long"
     unsaved-value="null" >

   <generator class="increment">
     <!--
        To add non XDoclet generator parameters, create a file named
        hibernate-generator-params-Customer.xml
        containing the additional parameters and place it in your merge dir.
     -->
   </generator>
</id>
```

（3）用@hibernate.property 标记指定类的属性的映射代码，例如：

```
/**
* @hibernate.property
* column="NAME"
* length="15"
* not-null="true"
* update="false"
*/
public String getName() {……}
```

XDoclet 工具根据以上@hibernate.property 标记，生成如下映射代码：

```
<property
     name="name"
     type="java.lang.String"
     update="false"
     insert="true"
     access="property"
     column="NAME"
     length="15"
     not-null="true"  />
```

（4）用@hibernate.component 标记指定类的组件的映射代码，例如：

```
/**
* @hibernate.component
*/
public Address getAddress() {……}
```

XDoclet 工具根据以上@hibernate.component 标记，生成如下映射代码：

```
<component
        name="address"
        class="mypack.Address" >

<property
          name="street"
          type="java.lang.String"
          update="true"
          insert="true"
          access="property"
          column="STREET"
          length="128" />
          ……
</component>
```

Address 类是组件类，没有 OID，也没有单独的 Address.hbm.xml 映射文件。在 Address 类的源文件中，不必用@hibernate.class 标记指定类的映射代码，也不必用@hibernate.id 标记指定 OID 的映射代码，只需用@hibernate.property 标记为 street、city、province 和 zipcode 属性指定映射代码。

（5）用@hibernate.set 标记指定类的集合属性的映射代码，例如：

```
/**
 * @hibernate.set  table="ORDERS" inverse="true"
 * lazy="true"  cascade="save-update"
 * @hibernate.key  column="CUSTOMER_ID"
```

```
 * @hibernate.one-to-many  class="mypack.Order"
 */
public Set getOrders() {……}
```

XDoclet 工具根据以上@hibernate.set 标记，生成如下映射代码：

```
<set
    name="orders"
    lazy="true"
    inverse="true"
    cascade="save-update"
    sort="unsorted" >

    <key  column="CUSTOMER_ID" ></key>
    <one-to-many  class="mypack.Order" />
</set>
```

在 Order.java 文件中，用@hibernate.many-to-one 标记设定 Order 类的 customer 属性的映射代码：

```
/**
 * @hibernate.many-to-one
 * column="CUSTOMER_ID"
 * cascade="none"
 * not-null="true"
 */
public Customer getCustomer() {……}
```

XDoclet 工具根据以上@hibernate. many-to-one 标记，生成如下映射代码：

```
<many-to-one
        name="customer"
        class="mypack.Customer"
        cascade="none"
        outer-join="auto"
        update="true"
        insert="true"
        access="property"
        column="CUSTOMER_ID"
        not-null="true"  />
```

Tips

@hibernate.id、@hibernate.property、@hibernate.component、@hibernate.set，以及@hibernate.many-to-one 标记都必须位于类的属性的 getXXX()方法之前。如果把这些标记放在类的属性的 setXXX()方法之前或者其他地方，XDoclet 工具会忽略这些标记。

C.2　建立项目的目录结构

XDoclet 和 Hibernate 一样，也是一个开放源代码工具，XDoclet 的下载网址为：http://xdoclet.codehaus.org/。XDoclet 软件包的文件名为 xdoclet-bin-2.x.zip，把它解压到本地硬盘，然后把它 lib 目录下的以下 JAR 文件复制到本应用的 lib 目录下。

本应用的源代码位于配套光盘的 sourcecode\appendixC 目录下，图 C-1 显示了本应用的初始目录结构。

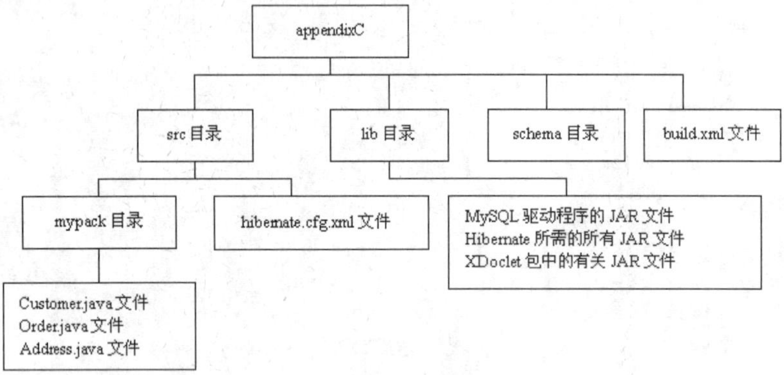

图 C-1　本应用的初始目录结构

在图 C-1 中，schema 目录用于存放由 hbm2ddl 工具生成的数据库 Schema 的脚本文件。本章利用 ANT 工具来运行 XDoclet 和 hbm2ddl 工具，例程 C-2 为 build.xml 文件的源代码。

例程 C-2　build.xml 文件

```
<?xml version="1.0"?>
<?xml version="1.0"?>
<project name="Learning Hibernate" default="prepare" basedir=".">

  <property name="source.root" value="src"/>
  <property name="class.root" value="classes"/>
  <property name="lib.dir" value="lib"/>
  <property name="schema.dir" value="schema"/>

  <path id="project.class.path">
     <!-- Include our own classes, of course -->
     <pathelement location="${class.root}" />
     <!-- Include jars in the project library directory -->
     <fileset dir="${lib.dir}">
       <include name="*.jar"/>
     </fileset>
  </path>

  <target name="xdoclet" description="Generate all O/R mapping files">
    <taskdef name="xdocletTask"
      classname="org.xdoclet.ant.XDocletTask"
      classpathref="project.class.path" />

    <xdocletTask>
      <fileset dir="${source.root}">
        <include name="**/*.java"/>
      </fileset>

      <component
        classname="org.xdoclet.plugin.hibernate.HibernateMappingPlugin"
```

```
        destdir="${source.root}"
        version="3.0" />
    </xdocletTask>
  </target>

  <target name="prepare"
    description="Sets up build structures" depends="xdoclet">
    <delete dir="${class.root}"/>
    <mkdir dir="${class.root}"/>

    <copy todir="${class.root}" >
      <fileset dir="${source.root}" >
        <include name="**/*.properties"/>
        <include name="**/*.hbm.xml"/>
        <include name="**/*.cfg.xml"/>
      </fileset>
    </copy>
  </target>

  <target name="compile" depends="prepare"
        description="Compiles all Java classes">
    <javac srcdir="${source.root}"
         destdir="${class.root}"
         debug="on"
         optimize="off"
         deprecation="on">
      <classpath refid="project.class.path"/>
    </javac>
  </target>

  <target name="schema" depends="compile">
    <taskdef name = "hbm2ddlTask"
      classname = "org.hibernate.tool.ant.HibernateToolTask"
      classpathref = "project.class.path" />
    <hbm2ddlTask destdir = "${schema.dir}">
      <configuration configurationfile ="${class.root}/hibernate.cfg.xml" />
      <hbm2ddl export="true" console="true"
        create="true"  drop="true" outputfilename="sampledb.sql" />
    </hbm2ddlTask>
  </target>

  <target name="run" description="Run a Hibernate sample"
        depends="schema">
    <java classname="mypack.BusinessService" fork="true">
       <classpath refid="project.class.path"/>
    </java>
  </target>
</project>
```

在 build.xml 文件中定义了 5 个 target。

- xdoclet target：利用 XDoclet 工具生成对象-关系映射文件，这些映射文件存放在 src 子目录下。
- prepare target：如果存在 classes 子目录，先将它删除。接着重新创建 classes

子目录。然后把 src 子目录下所有扩展名为 properties 或 hbm.xml 的文件复制到 classes 目录下。

- compile target：编译 src 子目录下的所有 Java 源文件。编译生成的类文件存放在 classes 子目录下。
- schema target：利用 hbm2ddl 工具生成数据库 Schema，数据库 Schema 的脚本文件存放在 schema 子目录下，文件名为 sampledb.sql。
- run target：运行 BusinessService 类。

图 C-2 显示了以上 5 个 target 的依赖关系。

从图 C-2 看出，如果用 ANT 工具运行 run target，将依次执行 xdoclet、prepare、compile、schema 和 run target。

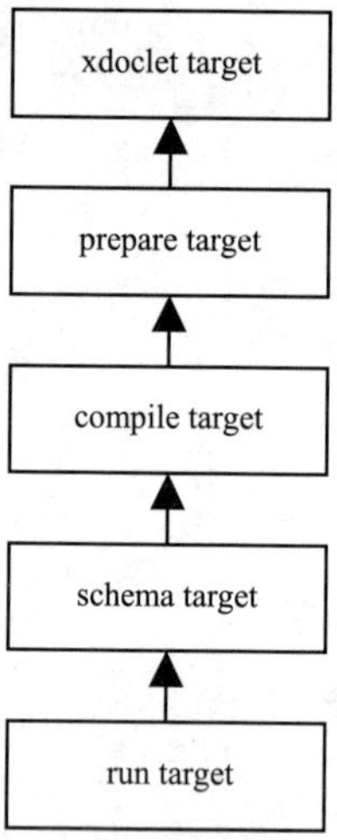

图 C-2　build.xml 文件中 5 个 target 的依赖关系

C.3　运行 XDoclet 工具

如果要用 ANT 工具来运行 XDoclet，需要先在 build.xml 文件中定义如下 xdoclet target:

```
<target name="xdoclet" description="Generate all O/R mapping files">
 <taskdef name="xdocletTask"
  classname="org.xdoclet.ant.XDocletTask"
  classpathref="project.class.path" />

 <xdocletTask>
  <fileset dir="${source.root}">
   <include name="**/*.java"/>
  </fileset>

  <component
   classname="org.xdoclet.plugin.hibernate.HibernateMappingPlugin"
   destdir="${source.root}"
   version="3.0" />
 </xdocletTask>
</target>
```

以上代码的<xdocletTask>元素用来设置 XDoclet 工具的各种命令选项。例如，它的<fileset>子元素指定映射文件存放在 src 子目录下，<component>子元素的 destdir 属性指定生成的映射文件的存放路径，version 属性指定 Hibernate 的版本。

如果要运行 xdoclet target，只需要在 DOS 命令行下进入 appendixC 根目录，然后输入如下命令：

```
ant  xdoclet
```

以上命令会自动在 src\mypack 子目录下创建 Customer.hbm.xml 和 Order.hbm.xml 文件。

Tips

假如在 src\mypack 子目录下已经存在 Customer.hbm.xml 和 Order.hbm.xml 文件，应该先将其删除，然后再运行“ant　xdoclet”命令。

在本附录的 build.xml 文件中还定义了 run target，运行 run target 的步骤如下。

（1）启动 MySQL 服务器。

（2）通过 mysql.exe 客户程序创建 SAMPLEDB 数据库，sql 命令为:

```
create database SAMPLEDB;
```

（3）在 DOS 命令行下进入 appendixC 根目录，然后输入如下命令：

```
ant  run
```

以上命令将依次执行 xdoclet、prepare、compile、schema 和 run target。schema target 将在 SAMPLEDB 数据库中创建 CUSTOMERS 和 ORDERS 表，并且在 schema 子目录下生成 sampledb.sql 文件。

run target 运行 BusinessService 类。BusinessService 类的 main()方法调用 test()方法，test()方法先分别创建 Customer、Address 和 Order 对象，接着建立了 Customer 对象与 Address 对象的组成关系，以及 Customer 对象与 Order 对象的关联关系，然后调用 saveCustomer()方法保存这个 Customer 对象，再调用 loadCustomer()方法加载这个 Customer 对象，最后调用 printCustomer()方法打印这个 Customer 对象，printCustomer()方法的输出结果如下：

```
Name: Tom
Address: Stree1 City1 Province1 100001
OrderNumber: Tom_Order001
```

附录 D　发布和运行 netstore 应用

netstore 应用是本书的综合 Hibernate 应用样例，它实现了电子商务网站的以下业务逻辑：

- 用户登入管理。
- 购物车管理。
- 显示所有商品概要信息，以及商品的明细信息。
- 生成订单。
- 查看并修改账户及订单信息。

netstore 应用的模型有两种实现方式，与之对应，netstore 应用有两种工作模式，参见表 D-1。

表 D-1　netstore 应用的工作模式

工 作 模 式	持久化数据的存放位置	模型实现方式	业务代理实现类
工作模式 1	MySQL 数据库	JavaBean	netstore.service.NetstoreServiceImpl
工作模式 2	MySQL 数据库	JavaBean 和 EJB 组件	netstore.service.ejb.NetstoreEJBFromFactoryDelegate

可以在 netstore 应用的 web.xml 文件中设置其工作模式，ActionServlet 类的初始化参数“netstore-service-class”用来指定业务代理实现类，例如：

```
<servlet>
    <servlet-name>netstore</servlet-name>
    <servlet-class>netstore.framework.ExtendedActionServlet</servlet-class>
    ……
<init-param>
     <param-name>netstore-service-class</param-name>
     <param-value>netstore.service.NetstoreServiceImpl</param-value>
</init-param>
……
</servlet>
```

D.1　运行 netstore 所需的软件

表 D-2 列出了运行 netstore 应用所需的软件及下载网址。

表 D-2　运行 netstore 应用所需的软件及下载网址

软　件	下 载 网 址
Tomcat 服务器	http://tomcat.apache.org
MySQL 服务器	http://www.mysql.com
JBoss 服务器	http://www.jboss.org

此外，在本书配套光盘的 software 目录下也提供了上述软件。在用户本地安装了这些软件后，下文用<CATALINA_HOME>指代 Tomcat 的安装根目录，<JBOSS_HOME>指代 JBoss 软件的安装根目录。

D.2 netstore 应用的目录结构

netstore 应用的所有源文件位于配套光盘的 sourcecode\netstore 目录下，图 D-1 显示了它的目录结构。

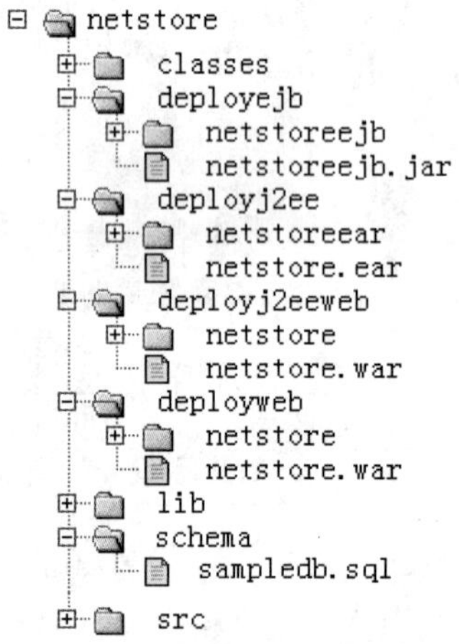

图 D-1 netstore 应用的源文件的目录结构

表 D-3 对 netstore 目录下的子目录做了说明。

表 D-3 netstore 的目录结构说明

目　录	说　明
src	包含所有的 Java 源文件，以及 Hibernate 的配置文件和对象－关系映射文件
schema	包含安装数据库的 SQL 脚本文件
lib	包含编译所有 Java 源文件所需的 JAR 文件
deployweb	包含一个 netstore.war 文件和一个 netstore 子目录。netstore.war 文件为 netstore Web 应用的发布文件；netstore 子目录中包含了 netstore.war 文件的展开内容
deployj2eeweb	包含一个 netstore.war 文件和一个 netstore 子目录。netstore.war 文件为 netstore Web 应用的发布文件，该 Web 应用能够访问 NetstoreEJB 组件；netstore 子目录中包含了 netstore.war 文件的展开内容
deployj2ee	包含一个 netstore.ear 文件和一个 netstore 子目录。netstore.ear 文件为 netstore J2EE 应用的发布文件；netstore 子目录中包含了 netstore.ear 文件的展开内容
deployejb	包含一个 netstoreejb.jar 和一个 netstoreejb 子目录。netstoreejb.jar 文件为 NetstoreEJB 组件的发布文件；netstoreejb 子目录中包含了 netstoreejb.jar 文件的展开内容
classes	包含编译所有 Java 源文件生成的类文件

在 netstore 应用的根目录下还有一个 build.xml 文件，它是 ANT 的工程文件，定义

了以下 target。

- prepare target：如果存在 classes 子目录，先将它删除。接着重新创建 classes 子目录。然后把 src 子目录下所有扩展名为“.properties”、“.hbm.xml”或者“.cfg.xml”的文件复制到 classes 目录下。
- compile target：编译 src 子目录下的所有 Java 源文件。编译生成的类文件存放在 classes 子目录下。
- run target：运行 NetstoreServiceImpl 类的 main() 方法，以便测试 NetstoreServiceImpl 类的各种业务方法。

D.3　安装 SAMPLEDB 数据库

netstore 应用采用 MySQL 作为数据库服务器，因此必须在 MySQL 服务器中安装 SAMPLEDB 数据库。以下是安装步骤。

（1）确保 MySQL 服务器具有用户名为“root”的账号，口令为“1234”。持久化层的 Hibernate 中间件在访问数据库时将用这个账号连接数据库。

（2）运行 schema\sampledb.sql 脚本中的 SQL 语句，该脚本负责创建 SAMPLEDB 数据库，以及创建和业务相关的表，并且向表中添加记录。

D.4　安装和配置 JBoss 服务器

最新版本的 JBoss 支持 Sun EJB 2.0 和 3.0 规范，是一个免费的 JavaEE 服务器软件。早期的 JBoss 版本只包含 EJB 容器，而不包含 Servlet 容器，因此需要把 JBoss 与 Tomcat 集成，二者协同工作，才能构成完整的 JavaEE 服务器。新版本的 JBoss 同时提供了 Servlet 容器和 EJB 容器，因此既能运行 JavaWeb 应用，又能运行 EJB 组件。

JBoss 的一个显著优点是需要比较小的内存和硬盘空间，可以在 64MB 内存及几兆空间上运行得很好。安装和启动 JBoss 的步骤如下。

（1）JBoss 是一个纯 Java 软件，它的运行需要 JDK，因此在安装 JBoss 前应该先安装好 JDK。建议安装 JDK 1.5 或者以上的版本，并且在操作系统中加入 JAVA_HOME 系统环境变量，它的取值为 JDK 的安装目录。

（2）JBoss 的下载地址为 http://www.jboss.org/，从该网址可以下载 JBoss 的最新安装软件包。在本书配套光盘的 software 目录下提供了 jboss-4.2.2.GA.zip 文件，它是 JBoss 4.2.2 版本的安装软件包，也可以使用这个文件。

（3）JBoss 安装软件包是个压缩文件，应该把这个压缩文件解压到本地硬盘（例如，把它解压到 C:\jboss 目录），假定 JBoss 的根目录为<JBOSS_HOME>。

（4）接下来运行<JBOSS_HOME>/bin/run.bat，这个命令启动 JBoss 服务器。JBoss 服务器监听的 HTTP 端口为 8080。通过浏览器访问 http://localhost:8080/，会出现如图 D-2 所示的页面。

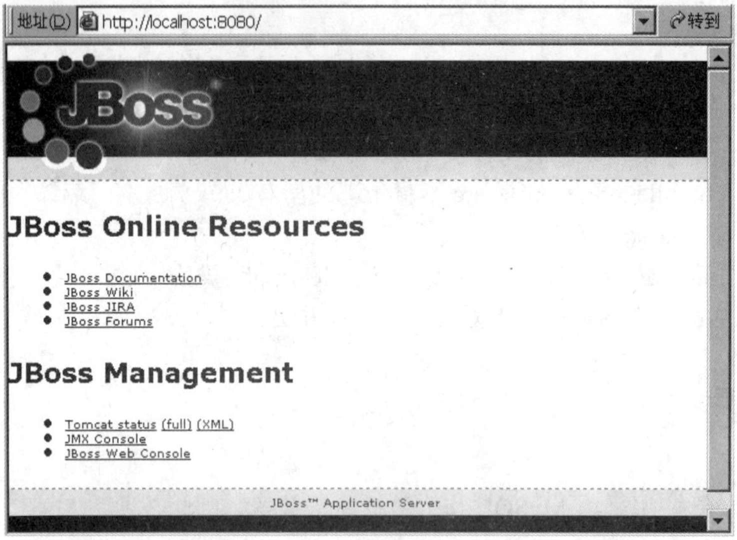

图 D-2　JBoss 的主页

如果访问上述 URL，看到的结果和本书描述相同，就说明 JBoss 已经安装成功。

Jboss 4.0 以前的版本的默认配置与 JavaEE 1.4 规范一致，因此可以在这些版本中直接发布基于 JavaEE 1.4 的应用。而 Jboss 4.2 版本的默认配置采用标准的类加载器来加载所有的 JavaEE 组件，并且所有组件都发布在同一个 Java 虚拟机中，这种配置方式能获得最优化的性能，但是，这种配置并不完全符合 JavaEE 1.4 的规范。

如果把基于 JavaEE 1.4 的应用发布到刚安装好的 Jboss 4.2 服务器中，运行时在执行 PortableRemoteObject.narrow()方法时可能会抛出 ClassCastException。

必须按如下步骤修改 Jboss 4.2 的配置，使它能正常运行基于 JavaEE 1.4 的应用。

（1）修改 <JBOSS_HOME>/server/default/conf/jboss-service.xml 文件，将 NamingService 的 CallByValue 属性设为 true：

```
<mbean code="org.jboss.naming.NamingService"
    name="jboss:service=Naming"
    xmbean-dd="resource:xmdesc/NamingService-xmbean.xml">

  <attribute name="CallByValue">true</attribute>
  ……
</mbean>
```

（2）修改 <JBOSS_HOME>/server/default/deploy/ear-deployer.xml 文件，将 EARDeployer 的 Isolated 属性和 CallByValue 属性设为 true：

```
<mbean code="org.jboss.deployment.EARDeployer"
    name="jboss.j2ee:service=EARDeployer">

    <attribute name="Isolated">true</attribute>
    <attribute name="CallByValue">true</attribute>
    <attribute name="EnablelibDirectoryByDefault">true</attribute>
</mbean>
```

（3）修改 jboss-service.xml 文件，该文件的路径为：

```
<JBOSS_HOME>/server/default/deploy/jboss-web.deployer/META-INF/jboss-service.xml
```

将 JBossWeb 的 UseJBossWebLoader 属性和 Java2ClassLoadingCompliance 属性设为 true：

```
<mbean code="org.jboss.web.tomcat.service.JBossWeb"
      name="jboss.web:service=WebServer"
xmbean-dd="META-INF/webserver-xmbean.xml">
    ……
    <attribute name="Java2ClassLoadingCompliance">true</attribute>
    <attribute name="UseJBossWebLoader">true</attribute>
   ……
</mbean>
```

D.5　发布 netstore 应用

本节依次介绍在两种工作模式下发布 netstore 应用的步骤。为了便于读者运行这个样例，在配套光盘中提供了现成的 netstore.war 和 netstore.ear 文件，以及它们的展开目录结构。

D.5.1　在工作模式 1 下发布 netstore 应用

在工作模式 1 下，netstore 应用为普通的 Java Web 应用，运行在 Tomcat 服务器上。此时，web.xml 文件中对 ActionServlet 的配置代码如下：

```
<servlet>
   <servlet-name>netstore</servlet-name>
   <servlet-class>netstore.framework.ExtendedActionServlet</servlet-class>
   ……
   <init-param>
     <param-name>netstore-service-class</param-name>
     <param-value>netstore.service.NetstoreServiceImpl</param-value>
   </init-param>
   ……
</servlet>
```

在工作模式 1 下发布 netstore 应用的步骤如下。

（1）按照 D.3 节的内容安装 SAMPLEDB 数据库。

（2）把 deployweb/netstore.war 文件复制到 Tomcat 服务器的<CATALINA_HOME>\webapps 目录下。

D.5.2　在工作模式 2 下发布 netstore 应用

在工作模式 2 下，netstore 应用为 J2EE 应用，运行在 JBoss 服务器上。此时，web.xml 文件中对 ActionServlet 的配置代码如下：

```
<servlet>
  <servlet-name>netstore</servlet-name>
  <servlet-class>netstore.framework.ExtendedActionServlet</servlet-class>
  ……
```

```
      <init-param>
         <param-name>netstore-service-class</param-name>
         <param-value>netstore.service.NetstoreEJBFromFactoryDelegate</param-value>
      </init-param>
      ......
   </servlet>
```

以下是发布 netstore 应用的步骤。

（1）按照 D.3 节的内容安装 SAMPLEDB 数据库。

（2）把 netstoreear\netstore.ear 文件复制到<JBOSS_HOME>\server\default\deploy 目录下。

D.6 运行 netstore 应用

不管 netstore 应用运行在哪种工作模式下，提供的视图都是一样的，只有模型的实现方式不同。netstore 应用主要包含以下页面：

- 主页。
- 用户登入页面。
- 显示商品详细信息页面。
- 管理购物车页面。
- 填写送货地址页面。
- 生成订单的确认页面。
- 查看并编辑账户及订单的页面。

访问 http://localhost:8080/netstore，将进入 netstore 应用的主页，如图 D-3 所示。

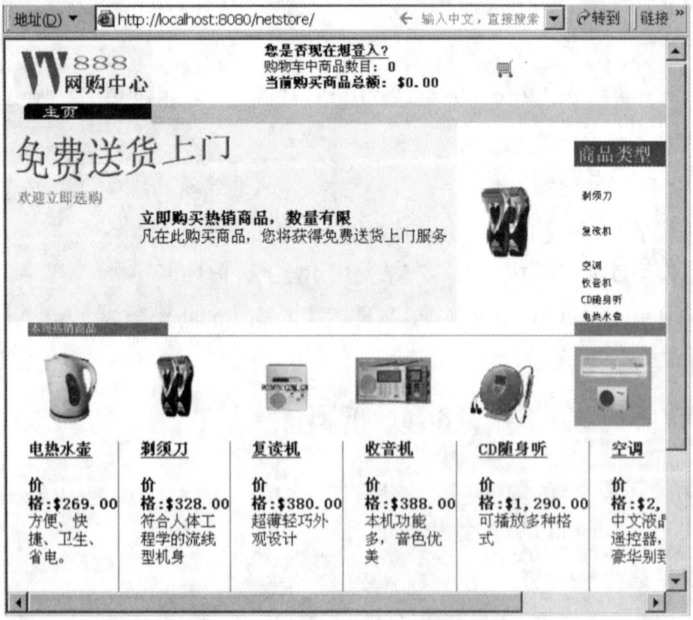

图 D-3 netstore 应用的主页

从 netstore 主页上选择“登入”链接，就会进入到用户登入页面，如图 D-4 所示。

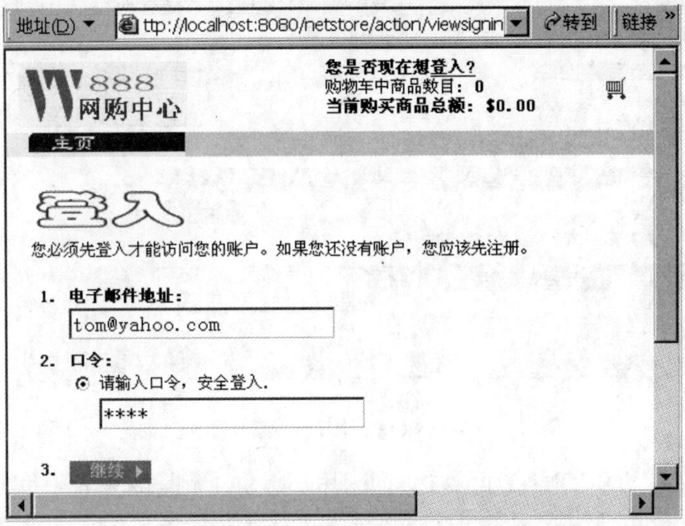

图 D-4　netstore 应用的登入页面

netstore 应用的登入页面提供了默认的账户信息，选择“继续”图标，服务器端将进行用户验证。如果验证通过，就会返回到如图 D-3 所示的主页面。在主页面上选择某样商品的链接，如“电热水壶”链接，就会进入显示该商品详细信息的网页，如图 D-5 所示。

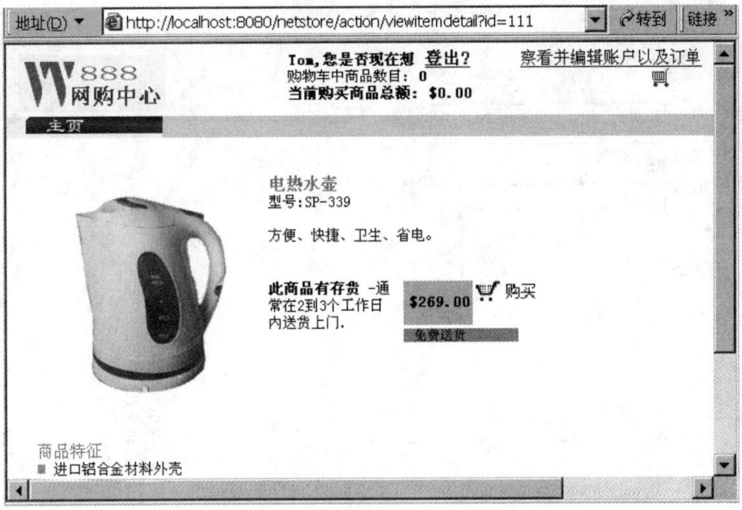

图 D-5　显示商品详细信息的网页

在如图 D-5 所示的页面上选择“购买”链接，将进入购物车管理页面，如图 D-6 所示。

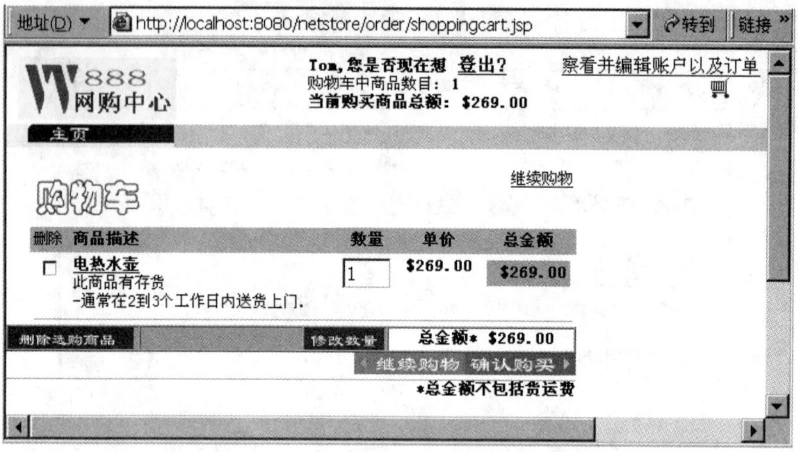

图 D-6 netstore 应用的购物车管理页面

如图 D-6 所示的购物车管理页面为用户提供了删除选购商品和修改购买数量的功能。如果选择“确认购买”图标，将进入填写送货地址页面，如图 D-7 所示。

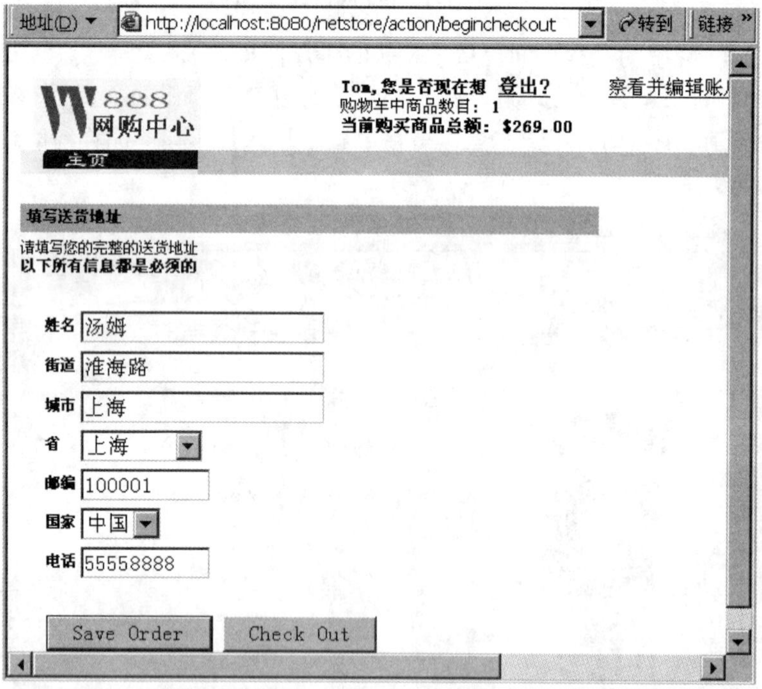

图 D-7 填写送货地址页面

在如图 D-7 所示的送货地址表单中输入正确的信息后，单击【Save Order】或【Check Out】按钮，都将返回生成订单的确认页面，如图 D-8 所示，在确认页面上会显示订单编号。

图 D-8　生成订单的确认页面

当用户登入网站后，在每个网页上方都会显示“查看并编辑账户以及订单”的链接，选择这个链接，将进入账户及订单管理页面，如图 D-9 所示。该页面提供了修改电子邮件地址，以及删除订单的功能。

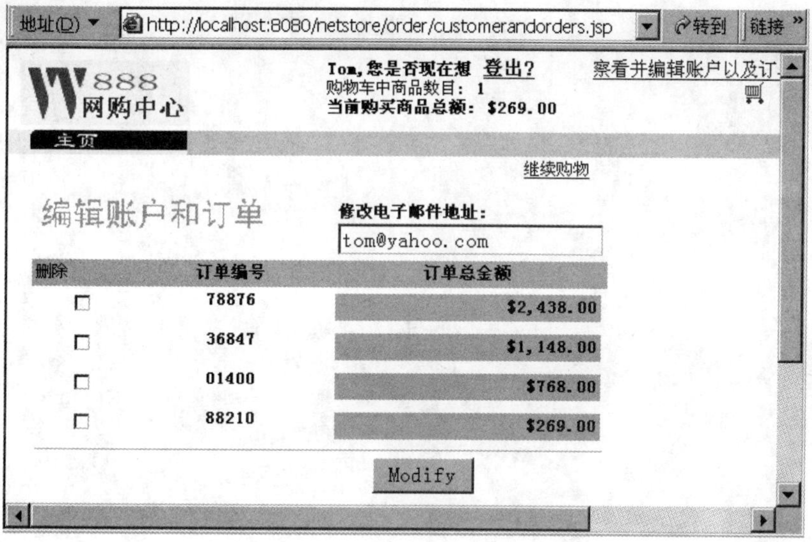

图 D-9　管理账户及订单的页面

附录 E　Hibernate 3 升级指南

尽管 Hibernate 3 与 Hibernate 2 的源代码是不兼容的，但是当 Hibernate 开发小组在设计 Hibernate 3 时，为简化升级 Hibernate 版本做了周到的考虑。对于现有的基于 Hibernate 2 的 Java 项目，可以很方便地把它升级到 Hibernate 3。

本附录描述了 Hibernate 3 版本的新变化，Hibernate 3 版本的变化包括 3 个方面：

（1）API 的变化，它将影响到 Java 程序代码。

（2）元数据，它将影响到对象-关系映射文件。

（3）HQL 查询语句。

值得注意的是，Hibernate 3 并不会完全取代 Hibernate 2。在同一个应用程序中，允许 Hibernate 3 和 Hibernate 2 并存。

E.1　Hibernate API 变化

E.1.1　包名

Hibernate 3 的包的根路径为：“org.hibernate”，而在 Hibernate 2 中为“net.sf.hibernate”。这一命名变化使得 Hibernate 2 和 Hibernate 3 能够同时在同一个应用程序中并存。

如果希望把已有的应用升级到 Hibernate 3，那么升级的第一步是把 Java 源程序中的所有“net.sf.hibernate”替换为“org.hibernate”。

Hibernate 2 中的“net.sf.hibernate.expression”包被改名为“org.hibernate.criterion”。假如应用程序使用了 Criteria API，那么在升级的过程中，必须把 Java 源程序中的所有“net.sf.hibernate.expression”替换为“org.hibernate.criterion”。

如果应用使用了除 Hibernate 以外的其他外部软件，而这个外部软件又引用了 Hibernate 的接口，那么在升级时必须十分小心。例如，EHCache 拥有自己的 CacheProvider：net.sf.ehcache.hibernate.Provider，在这个类中引用了 Hibernate 2 中的接口，在升级应用时，可以采用以下办法之一来升级 EHCache：

（1）手工修改 net.sf.ehcache.hibernate.Provider 类的源代码，使它引用 Hibernate 3 中的接口。

（2）等到 EHCache 软件本身升级为使用 Hibernate 3 后，使用新的 EHCache 软件。

（3）使用 Hibernate 3 中内置的 CacheProvider：org.hibernate.cache.EhCacheProvider。

E.1.2　org.hibernate.classic 包

Hibernate 3 把一些被废弃的接口都转移到 org.hibernate.classic 包中。

E.1.3 Hibernate 所依赖的第三方软件包

在 Hibernate 3 的软件包的 lib 目录下的 README.txt 文件中，描述了 Hibernate 3 所依赖的第三方软件包的变化。

E.1.4 异常模型

在 Hibernate 3 中，HibernateException 异常及它的所有子类都继承了 java.lang.RuntimeException。因此在编译时，编译器不会再检查 HibernateException。

E.1.5 Session 接口

在 Hibernate 3 中，原来 Hibernate 2 的 Session 接口中的有些基本方法也被废弃，但为了简化升级，这些方法依然是可用的，可以通过 org.hibernate.classic.Session 子接口来访问它们，例如：

```
org.hibernate.classic.Session  session=sessionFactory.openSession();
session.delete("delete from Customer ");
```

在 Hibernate 3 中，org.hibernate.classic.Session 接口继承了 org.hibernate.Session 接口，在 org.hibernate.classic.Session 接口中包含了一系列被废弃的方法，如 find()、interate()等。SessionFactory 接口的 openSession()方法返回 org.hibernate.classic.Session 类型的实例。如果希望在程序中完全使用 Hibernate 3，可以采用以下方式创建 Session 实例：

```
org.hibernate.Session  session=sessionFactory.openSession();
```

如果是对已有的程序进行简单的升级，并且希望仍然调用 Hibernate 2 中 Session 的一些接口，可以采用以下方式创建 Session 实例：

```
org.hibernate.classic.Session  session=sessionFactory.openSession();
```

在 Hibernate 3 中，Session 接口中被废弃的方法包括：

- 执行查询的方法：find()、iterate()、filter()和 delete(String hqlSelectQuery)。
- saveOrUpdateCopy()。

Hibernate 3 一律采用 createQuery()方法来执行所有的查询语句，采用 DELETE 查询语句来执行批量删除，采用 merge()方法来替代 saveOrUpdateCopy()方法。

Tips

在 Hibernate 2 中，Session 的 delete()方法有几种重载形式，其中参数为 HQL 查询语句的 delete()方法在 Hibernate 3 中被废弃，而参数为 Ojbect 类型的 delete()方法依然被支持。delete(Object o)方法用于删除参数指定的对象，该方法支持级联删除。

Hibernate 2 没有对批量更新和批量删除提供很好的支持，参见本书的第 9 章的 9.4 节（批量处理数据），而 Hibernate 3 对批量更新和批量删除提供了支持，能够直接执行批量更新或批量删除语句，无须把被更新或删除的对象先加载到内存中。以下是通过 Hibernate 3 执行批量更新的程序代码：

```
Session session = sessionFactory.openSession();
Transaction tx = session.beginTransaction();

String hqlUpdate = "update Customer set name = :newName where name = :oldName";
int updatedEntities = session.createQuery( hqlUpdate )
                   .setString( "newName", newName )
                   .setString( "oldName", oldName )
                   .executeUpdate();
tx.commit();
session.close();
```

以下是通过 Hibernate 3 执行批量删除的程序代码：

```
Session session = sessionFactory.openSession();
Transaction tx = session.beginTransaction();

String hqlDelete = "delete Customer where name = :oldName";
int deletedEntities = session.createQuery( hqlDelete )
                   .setString( "oldName", oldName )
                   .executeUpdate();
tx.commit();
session.close();
```

E.1.6　createSQLQuery()

在 Hibernate 3 中，Session 接口的 createSQLQuery()方法被废弃，被移到 org.hibernate.classic.Session 接口中。Hibernate 3 采用新的 SQLQuery 接口来完成相同的功能。

E.1.7　Lifecycle 和 Validatable 接口

Lifecycle 和 Validatable 接口被废弃，并且被移到 org.hibernate.classic 包中。

E.1.8　Interceptor 接口

在 Interceptor 接口中加入了两个新的方法。用户创建的 Interceptor 实现类在升级的过程中，需要为这两个新方法提供方法体为空的实现。此外，instantiate()方法的参数做了修改，isUnsaved()方法被改名为 isTransient()。

E.1.9　UserType 和 CompositeUserType 接口

在 UserType 和 CompositeUserType 接口中都加入了一些新的方法，这两个接口被移到 org.hibernate.usertype 包中，用户定义的 UserType 和 CompositeUserType 实现类必须实现这些新方法。

Tips

> Hibernate 3 提供了 ParameterizedType 接口，用于更好地重用用户自定义的类型。

E.1.10 FetchMode 类

FetchMode.LAZY 和 FetchM
ode.EAGER 被废弃。取而代之的分别为 FetchMode.SELECT 和 FetchMode.JOIN。

E.1.11 PersistentEnum 类

PersistentEnum 被废弃并删除。已经存在的应用应该采用 UserType 来处理枚举类型。

E.1.12 对 Blob 和 Clob 的支持

Hibernate 对 Blob 和 Clob 实例进行了包装，使得那些拥有 Blob 或 Clob 类型的属性的类的实例可以被游离、序列化或反序列化，以及传递到 merge()方法中。

E.1.13 Hibernate 中供扩展的 API 的变化

org.hibernate.criterion、org.hibernate.mapping、org.hibernate.persister 和 org.hibernate.collection 包的结构和实现发生了重大的变化。多数基于 Hibernate 2 的应用不依赖于这些包，因此不会被影响。如果你的应用扩展了这些包中的类，那么必须非常小心地对受影响的程序代码进行升级。

E.2 元数据的变化

E.2.1 检索策略

在 Hibernate 2 中，lazy 属性的默认值为“false”，而在 Hibernate 3 中，lazy 属性的默认值为“true”。在升级映射文件时，如果原来的映射文件中的有关元素，如<set>、<class>等没有显式设置 lazy 属性，那么必须把它们都显式的设置为 lazy=“true”。如果觉得这种升级方式很麻烦，可以采取另一简单的升级方式，即在<hibernate-mapping>元素中设置: default-lazy=“false”。

E.2.2 对象标识符的映射

unsaved-value 属性是可选的，在多数情况下，Hibernate 3 将把 unsaved-value=“0”作为默认值。

在 Hibernate 3 中，当使用自然主键和游离对象时，不再强迫实现 Interceptor.isUnsaved()方法。如果没有设置这个方法，当 Hibernate 3 无法区分对象的状态时，会查询数据库，来判断这个对象到底是临时对象，还是游离对象。不过，显式地使用 Interceptor.isUnsaved()方法会获得更好的性能，因为这可以减少 Hibernate 直接访问数据库的次数。

E.2.3　集合映射

<index>元素在某些情况下被<list-index>和<map-key>元素替代。此外，Hibernate 3 用 <map-key-many-to-many> 元素来替代原来的<key-many-to-many>. 元素，用<composite-map-key>元素来替代原来的<composite-index>元素。

E.2.4　DTD

对象-关系映射文件中的 DTD 文档，由原来的：

```
http://hibernate.sourceforge.net/hibernate-mapping-2.0.dtd
```

改为：

```
http://hibernate.sourceforge.net/hibernate-mapping-3.0.dtd
```

E.3　查询语句的变化

Hibernate 3 采用新的基于 ANTLR 的 HQL/SQL 查询翻译器，不过，Hibernate 2 的查询翻译器也依然存在。在 Hibernate 的配置文件中，hibernate.query.factory_class 属性用来选择查询翻译器。例如：

（1）选择 Hibernate 3 的查询翻译器：

```
hibernate.query.factory_class= org.hibernate.hql.ast.ASTQueryTranslatorFactory
```

（2）选择 Hibernate 2 的查询翻译器

```
hibernate.query.factory_class=
    org.hibernate.hql.classic.ClassicQueryTranslatorFactory
```

Tips

ANTLR 是用纯 Java 语言编写出来的一个编译工具，它可生成 Java 语言或者 C++的词法和语法分析器，并可产生语法分析树并对该树进行遍历。ANTLR 由于是纯 Java 的，因此可以安装在任意平台上，但是需要 JDK 的支持。

Hibernate 开发小组尽力保证 Hibernate 3 的查询翻译器能够支持 Hibernate 2 的所有查询语句。不过，对于许多已经存在的应用，在升级过程中，也不妨仍然使用 Hibernate 2 的查询翻译器。

值得注意的是，Hibernate 3 的查询翻译器存在一个 BUG：不支持某些 theta-style 连结查询方言：如 Oracle 8i 的 OracleDialect 方言，以及 Sybase11Dialect。解决这一问题的办法有两种：

（1）改为使用支持 theta-style 连结查询的方言，如 Oracle9Dialect。

（2）如果升级的时候遇到这一问题，那么还是改为使用 Hibernate 2 的查询翻译器。

E.3.1　indices()和 elements()函数

在 HQL 的 select 子句中废弃了 indices()和 elements()函数，因为这两个函数的语法很让用户费解，可以用显式的连接查询语句来替代 select elements(...)。而在 HQL 的 where 子句中，仍然可以使用 elements()函数。

E.4 把 Hibernate 2 应用升级到 Hibernate 3 应用

下面以本书第 1 版的第 2 章（对应第 2 版的第 3 章）中的 helloapp 应用范例为例，介绍如何把基于 Hibernate 2 的应用升级到基于 Hibernate 3 的应用。升级的主要步骤如下。

（1）用本书第 2 版的 helloapp 应用中 lib 目录下的所有 JAR 文件替换第一版的 helloapp/lib 目录下的所有 JAR 文件。

（2）修改对象-关系映射文件，把文档类型声明中的“2.0”改为“3.0”：

```
修改前：
<!DOCTYPE hibernate-mapping
PUBLIC "-//Hibernate/Hibernate Mapping DTD 2.0//EN"
"http://hibernate.sourceforge.net/hibernate-mapping-2.0.dtd">

修改后：
<!DOCTYPE hibernate-mapping
PUBLIC "-//Hibernate/Hibernate Mapping DTD 3.0//EN"
"http://hibernate.sourceforge.net/hibernate-mapping-3.0.dtd">
```

（3）修改 BusinessService.java，把其中的“import net.sf.hibernate.XXX”改为“import org.hibernate.XXX”，把其中的 session.find(“XXX”)语句改为 session.CreateQuery(“XXX”).list()

附录 F　思考题答案

第 1 章

1. a，b，c　2. c　3. a，c，d　4. a　5. d

第 2 章

1. a，b，d　2. b，c　3. b　4. c，d　5. a，b，c

第 3 章

1. a，d　2. b　3. b　4. a，b，d　5. d　6. c　7. b　8. a，c，d

第 4 章

1. d　2. a　3. a，b，c　4. a，b，d　5. b，c，d

第 5 章

1. b　2. b　3. c　4. a，c　5. d

第 6 章

1. b，c，e　2. b　3. a，c，d　4. a，d　5. c

第 7 章

1. b　2. c　3. c　4. b　5. c

第 8 章

1. b，c　2. a，c，d　3. a，b，c，d　4. a，b，e　5. b，c，d　6. b
7. a，c　8. b，c，d　9. b

第 9 章

1. b　2. a，b，c　3. a，d　4. c，d　5. a

第 10 章

1. a，b，d　2. d　3. c　4. b　5. a，b，d

第 11 章

1. b　2. b　3. c　4. c，d　5. b，d　6. b，c，d，e

第 12 章

1. a，b，d　2. a，b，c，d　3. a，c，d

第 13 章

1. c 2. d 3. b 4. c 5. a

第 14 章

1. c 2. a，c，d 3. a，d 4. a，b，d

第 16 章

1. a 2. a，d 3. b 4. b，c，d 5. c，d 6. b，d

第 17 章

1. a，b，c，d 2. b 3. b，d 4. a，c 5. c 6. d 7. a，d 8. a，d

第 18 章

1. c 2. a，b 3. a，b，d 4. d 5. a，b，c 6. b，c

第 19 章

1. a，b，d 2. a 3. b，c，d 4. a 5. a，b，c，e

第 20 章

1. a，b，c，e 2. b，c，d 3. a，b 4. b，d 5. c，d

第 21 章

1. b，c，d 2. b，d 3. a 4. b，d 5. c，d 6. a，b

第 22 章

1. a，d 2. a，b，c 3. a，b，d 4. b，c 5. a，b 6. d 7. a，b，d

第 23 章

1. a，c，d 2. a，c 3. b，c，d 4. a，c

参 考 文 献

1. Clifton Nock,2003, Data Access Patterns: Database Interactions in Object-Oriented Applications , Pearson

2. Terry Halpin,2001,Information Modeling and Relational Databases: From Conceptual Analysis to Logical Design , Morgan Kaufmann

3. Craig Larman,2004,Applying UML and Patterns: An Introduction to Object-Oriented Analysis and Design and Iterative Development (3rd Edition) ,Prentice Hall PTR

4. Hibernate Organization,2009,Hibernate Documentation, http://www.hibernate.org

5. Christian Bauer, Gavin King, 2007,Hibernate In Action, Manning Publications Co.

6. James Elliott,2004, Hibernate : A Developer's Notebook , O'Reilly

7. Kevin Loney,George Koch , 2003,Oracle9i:The Complete Reference ,McGraw-Hill

8. Vikram Vaswani,2003,MYSQL: The Complete Reference,McGraw-Hill

9. Marc Fleury,Scott Stark,Jboss,Inc,2004,Jboss Administration and Development Third Editor ,Sams

10. Stephanie Bodoff,Dale Green,Kim Haase,Eric Jendrock,Monica Pawlan,Beth Stearns , 2003, The J2EE Tutorial , Pearson Education

反侵权盗版声明

电子工业出版社依法对本作品享有专有出版权。任何未经权利人书面许可，复制、销售或通过信息网络传播本作品的行为；歪曲、篡改、剽窃本作品的行为，均违反《中华人民共和国著作权法》，其行为人应承担相应的民事责任和行政责任，构成犯罪的，将被依法追究刑事责任。

为了维护市场秩序，保护权利人的合法权益，我社将依法查处和打击侵权盗版的单位和个人。欢迎社会各界人士积极举报侵权盗版行为，本社将奖励举报有功人员，并保证举报人的信息不被泄露。

举报电话：（010）88254396；（010）88258888

传　　真：（010）88254397

E-mail：dbqq@phei.com.cn

通信地址：北京市万寿路173信箱

电子工业出版社总编办公室

邮　　编：100036